本书受国家社科基金重点项目（项目编号：15AZD038）
河北大学宋史研究中心建设经费资助

中国传统科学技术思想史研究

南宋卷

吕变庭◎著

科学出版社
北京

内 容 简 介

南宋在北宋科技成就的基础上虽然又有一定程度的进步，但从整体上看，南宋是由中国封建社会的科技高峰逐渐向低落转折的特殊时期，在这个历史阶段，各种社会矛盾相互交织在一起，给南宋科技思想的发展以深刻影响。本书以典型人物为骨架，力求观照南宋科技思想中的人文情怀，并且通过对吕本中、陈旉、陈言、范成大、朱熹、秦九韶、杨辉等诸多科技人物思想的分析，试图在中西比较文化的大背景下，对南宋科技思想的主要特点及其历史地位进行认真剖析，尽量客观地反映南宋科技思想发展的内在规律和历史本真。

本书史论结合，文约义丰，适合对中国传统科技史感兴趣的大学生和研究生参考阅读。

图书在版编目（CIP）数据

中国传统科学技术思想史研究. 南宋卷 / 吕变庭著. —北京：科学出版社，2023.6

ISBN 978-7-03-075270-3

Ⅰ. ①中… Ⅱ. ①吕… Ⅲ. ①科学技术-思想史-研究-中国-南宋 Ⅳ. ①N092

中国国家版本馆 CIP 数据核字（2023）第 048422 号

责任编辑：王 媛 / 责任校对：贾伟娟
责任印制：师艳茹 / 封面设计：楠竹文化

科学出版社出版
北京东黄城根北街16号
邮政编码：100717
http://www.sciencep.com

北京汇瑞嘉合文化发展有限公司 印刷
科学出版社发行 各地新华书店经销
*
2023年6月第 一 版 开本：787×1092 1/16
2023年6月第一次印刷 印张：26 1/2
字数：568 000

定价：268.00元

（如有印装质量问题，我社负责调换）

目　　录

绪　论

一、问题的提出与国内外研究概况

如何看待北宋、南宋的历史？元代史家认为："宋传九世而徽、钦陷于金，高宗缵图于南京：六君者，史皆称为中兴而有异同焉。"[①]胡昭曦先生亦主张："在宋史的分期上，宜通观两宋历史，对其纵贯三百二十年的进程予以划分，或可对宋代历史发展的整体性、连续性、系统性、阶段性有更加明晰的认识。"[②]如果我们把北宋和南宋看作宋代历史发展的两个阶段，那么，从科学技术思想史的角度看，北宋、南宋都经历了有起有伏的历史演变历程。因此，北宋前后167年历史大体可分为初兴期（960—1020）、高峰期（1021—1080）和转折期（1081—1126）三个不同历史单元。与之相应，南宋前后152年历史亦可分为孕育期（1127—1163）、高潮期（1164—1233）和交峰期（1234—1279）三个不同历史单元。

从北宋到南宋，经过"徽、钦陷于金"的亡国之痛，宋高宗注意吸取宋徽宗时期的教训，兴文重教，在偏居一隅的南方大力发展工商业和农业，因而"南宋很快就恢复成了一个富有的政权"[③]。诚如《宋史》所评价的那样：

> 高宗恭俭仁厚，以之继体守文则有余，以之拨乱反正则非其才也。况时危势逼，兵弱财匮，而事之难处又有甚于数君者乎？君子于此，盖亦有悯高宗之心，而重伤其所遭之不幸也。然当其初立，因四方勤王之师，内相李纲，外任宗泽，天下之事宜无不可为者。顾乃播迁穷僻，重以苗、刘群盗之乱，权宜立国，确虖艰哉。其始惑于汪、黄，其终制于奸桧，恬堕猥懦，坐失事机。甚而赵鼎、张浚相继窜斥，岳飞父子竟死于大功垂成之秋。一时有志之士，为之扼腕切齿。帝方偷安忍耻，匿怨忘亲，卒不免于来世之诮，悲夫！[④]

当然，南宋科学技术思想的发展既与整个南宋的政治、经济和军事状况相联系，同时又有自身的相对独立性，有其自身的发展规律和特点。尤其是南宋延续北宋崇儒重教的政策，恪守祖训，不断强化皇帝育学效应，将程朱理学逐渐推向政坛，鼓励科技创新，重视培育新思想和新理念，所有这一切都成为南宋立国后孕育新文化和新人才的必要条件。宋

① 《宋史》卷32《高宗本纪》，北京：中华书局，1977年，第611页。

② 胡昭曦：《略论晚宋史的分期》，《四川大学学报（哲学社会科学版）》1995年第1期。

③ 高宇、高静：《瓷里看中国：一部地缘文化史》，南京：江苏人民出版社，2018年，第242页。

④ 《宋史》卷32《高宗本纪》，第612页。

孝宗“卓然为南渡诸帝之称首”①，在对待宗教的态度上，他“尤精内景”②。王十朋称：“永嘉自元祐以来，士风浸盛……涵养停蓄，波澜日肆，至建炎、绍兴间，异才辈出，往往甲于东南。”③宋光宗则“薄赋缓刑，见于绍熙初政”④，宋宁宗“初年以旧学辅导之功，召用宿儒，引拔善类，一时守文继体之政，烨然可观”⑤。纵观这个时期，南宋在总体上进入学术繁荣期。故时人叶适盛赞：“每念绍兴末，淳熙终，若汪圣锡（即汪应辰）、芮国瑞、王龟龄（即王十朋）、张钦夫（即张栻）、朱元晦（即朱熹）、郑景望（即郑伯熊）、薛士隆（即薛季宣）、吕伯恭（即吕祖谦）及刘宾之（即刘夙）、复之（即刘朔）兄弟十余公，位虽屈，其道伸矣；身虽没，其言立矣。”⑥可以说，此时已经“形成了中国学术思想史上又一次‘百家争鸣’和学术创新时代”⑦，而宋代第二次科学技术思想发展的高峰也就在这种文化氛围中出现了。

（一）国外研究概况

就目前所知，成书于南宋晚期的数学名著《杨辉算法》是我国最早传入国外的少数科技史文献之一。据考，1275年《杨辉算法》即传入朝鲜。⑧朝鲜数学家庆善徵（1616—？）《默思集算法》吸收了《杨辉算法》《算学启蒙》等著作里的中算思想精髓，并对17—18世纪的朝鲜数学发展产生了重大影响；作为“儒家名算法者”的崔锡鼎（1645—1715）则将《杨辉算法》《算学启蒙》等中算著作加以形而上的“儒学”解释，遂撰成《九数略》（1646）一书。继朝鲜之后，被誉为“日本数学之父”的关孝和（？—1708）从《杨辉算法》中得到了“翦管术”的名称和问题形式；薮内清（1906—2000）是日本京都大学中国自然科学史研究班的首任班长，他的《宋末的数学家杨辉》（1947）及《宋元时代的科学技术史》（1967）等论著，迄今仍是欧洲学者涉足中国南宋数理科学研究领域的门径。

15世纪初叶，名为《洗冤录》（实际上是元代王与根据《洗冤录》改编的《无冤录》）的版本首先传入朝鲜。德川幕府时期（1603—1867），经过朝鲜增补的《无冤录》版本又传到了日本，并定名为《无冤录述》（1768），是为司法检案之助。之后，日本不断出现《洗冤录》的改写本，如《检尸考》（1877）、《变死伤检视必携无冤录述》（1891）、《刑罪珍书集无冤录述》（1930）等。

在德国，毕尔纳茨基（K.L.Biernatzki）于1856年用德文发表了伟烈亚力（A.Wylie，1815—1887）的《中国算书科学摘要》一文，秦九韶的《数书九章》开始引起德国科学界的重视，可惜，毕尔纳茨基在译文中混淆了《易经》（Yih King）和僧一行（Yih King）两

① 《宋史》卷35《孝宗本纪》，第692页。

② （宋）叶绍翁撰，沈锡麟、冯惠民点校：《四朝闻见录》丙集《高士》，北京：中华书局，1989年，第108页。

③ （宋）王十朋：《梅溪后集》卷9《何提刑墓志铭》，《王十朋全集》，上海：上海古籍出版社，2012年，第1008页。

④ 《宋史》卷36《光宗本纪》，第710页。

⑤ 《宋史》卷40《宁宗本纪》，第781页。

⑥ （宋）叶适著，刘公纯等点校：《叶适集》，北京：中华书局，1961年，第306页。

⑦ 苗春德、赵国权：《南宋教育史》，上海：上海古籍出版社，2008年，第10页。

⑧ ［韩］李光延：《有趣的数学》第2集，金红子译，北京：北京理工大学出版社，2005年，第65页。

个概念，结果误导了西方学界对《数书九章》“蓍卦发微”一术源流的正确认识和判断，如马蒂森（L.Matthiessen，1830—1906）、康托、三上义夫、萨顿等学者都将大衍术归功于唐朝的僧一行。随后，马蒂森经过分析研究认为伟烈亚力主张大衍术与印度库塔卡类似的观点是站不住脚的。①

在法国，1779年《洗冤录》节译本在《中国历史艺术科学杂志》上发表。特凯（Olry Terquem，1782—1860）将毕尔纳茨基介绍秦九韶“大衍术”的《中国算书科学摘要》译文翻译为法文，并在《数学新年刊》（*Nouvelles Annales des Mathematiques*）上发表。1869年，贝特朗（J.Bertrand，1822—1900）对毕文进行重译后在《博物者杂志》上发表。1882年，马丁医师（Dr.Ern.Martin）在《远东评论》上发表《洗冤录介绍》一文。

在英国，伟烈亚力于1852年在上海《华北先驱周报》（*North China Herald*）上用英文发表了《中国科学的记述》（亦译为《中国算书科学摘要》）一文，第一次用近代数学方法解析了秦九韶的“大衍术”，并把《数书九章》中的“大衍术”及“蓍卦发微”算题介绍到欧洲。1853年，英国海兰医师（W.A.Harland，M.D.）撰写的《洗冤录集证》论文在《亚洲文会会报》上发表。1873年，翟理斯（H.A.Giles）将《洗冤录》（*The Hsi yuan lu, or Instruction to Coroners*）全部译为英文。

从20世纪中叶始，以李约瑟（Joseph Needham，1900—1995）为代表，国外学界出现了一大批研究宋代科技的学者。其中李约瑟通过《中国与西方的数学和科学》（1956）比较研究之后，肯定中国科技发展到宋朝已达到峰值水平，他说：“在这一时期虽然武功不利，且屡为北蛮诸邦所困，但帝国的文化和科学却达到了前所未有的高峰……每当人们在中国的文献中查考任何一种具体的科技史料时，往往会发现它的主焦点就在宋代。”②这里的“宋代”既包括北宋，又包括南宋。在李约瑟的学术观念影响之下，自20世纪60年代以降，国外致力于南宋科技史研究的学者日渐增多，高水平成果不断出现，如比利时鲁汶大学李倍始（U.LIbbrecht）的《十三世纪中国数学——秦九韶的〈数书九章〉》（1973）③、日本阿部乐方的《杨辉算法中的方阵》（1976）④、新加坡蓝丽蓉（Lam Lay Yong）的《十三世纪数学论著〈杨辉算法〉初探》（1977）⑤、美国学者麦克奈特（Brain E.Mcknight）翻译出版的元刻本《洗冤集录》（1981 ）。此外，还有日本寺地遵的《陈旉〈农书〉与南宋初期的诸状况》（1982）⑥、大泽正昭的《〈陈旉农书〉研究》（1993）⑦、

---

① L.Matthiessen，Ueber die Algebra die Algebra der Chinese n（Sehreiben an Cantor）. *Zeitschrift für Mathematik Und Physik*，1874，19：270.

② ［英］李约瑟：《中国科学技术史》第1卷《总论》第1分册，《中国科学技术史》翻译小组译，北京：科学出版社，1975年，第284—287页。

③ ［比利时］李倍始：《十三世纪中国数学——秦九韶的〈数书九章〉》，马萨诸塞州剑桥：美国麻省理工学院出版社，1973年。

④ ［日］阿部乐方：《杨辉算法中的方阵》，日本数学史学会：《数学史研究》，1976年。

⑤ ［新加坡］蓝丽蓉：《十三世纪数学论著〈杨辉算法〉初探》，新加坡：新加坡大学出版社，1977年。

⑥ ［日］寺地遵：《陈旉〈农书〉与南宋初期的诸状况》，《东洋的科学和技术・薮内清先生颂寿纪念论文集》，京都：同朋舍，1982年。

⑦ ［日］大泽正昭：《〈陈旉农书〉研究》，东京：农山渔村文化协会，1993年，第40—44页。

城地茂的《〈杨辉算法〉伝说再考》(2003)[①]等。

当然，考察南宋科学技术思想的发展历史，朱熹理学是一个重要界标。李约瑟曾评价说：朱熹是“中国历史上最高的综合思想家”[②]。又说：“新儒学家这一思想体系代表着中国哲学思想发展的最高峰，它本身是唯物主义的，但不是机械的唯物主义。实际上，它是对自然的一种有机的认识，一种综合层次的理论，一种有机的自然主义。”[③]正是由于这个原因，国外学界特别重视对朱熹有机主义思想的研究。

1. 亚洲学者的研究概况

在日本，学界对宋元自然观和宇宙观的重视，是通过研究和批判朱熹哲学而逐步呈现出来的。朱子学虽然早在13世纪末即传入了镰仓中期的日本，但日本从江户时代(1603—1867)才开始使朱子学走上独立研究之路。尤其是随着哥白尼地动说和牛顿力学传入日本，朱子学内含的自然科学属性被日本学者不断地挖掘、加工和改造，从而促进了日本数理科学(特别是物理学)的发展。在自然观方面，理气说无疑是构成程朱理学思想体系之核心的基本原理。古学派代表伊藤仁斋(1627—1705)在《语孟字义》(1705)一书中批判了程朱理学的“理先气后说”，提出了“天地之间，一元气而已”[④]的气一元论。贝原益轩(1630—1714)的《大疑录》(1714)则对新儒学提出怀疑，认为天地之间，都是一气。安藤昌益(1703—1762)的《自然真营道》(1752)更从朱熹的“理气说”中，别立“真气说”，并用“真气说”解释世界，展开生成论。[⑤]三浦梅园(1723—1789)师承朱子学及古学派，又接触西方自然科学知识，他在《梅园三语》(写于1753—1775)中综合宋儒的“物”“体”“气”“性”概念，提出“气一元论”宇宙观。[⑥]佐久间象山(1811—1864)进一步将朱子学与西方的自然科学相结合，强调朱子学的“格致之说”与“西洋穷理(即数理科学)之科”的相通性。诚如有学者所言：“在日本，由于强调了理观念的经验主义方面，从而使朱子学与科学相结合，并成为接受西欧科学的基础。可以说，这是日本朱子学的一个特点。”[⑦]进入20世纪以后，朱子的自然哲学思想越来越受到重视。出身京都大学宇宙物理学科的山田庆儿(1932—)所著《朱子的自然学》(1978)，堪称研究朱熹自然哲学思想的扛鼎之作。此书从自然科学发展史的角度发掘了朱熹思想中常人未曾注意到的特殊价值，认为“朱熹是一位被遗忘的自然学家”[⑧]。20世纪70年代由小野泽精一等几十位学者集体编著的《气的思想——中国自然观与人的观念的发展》，可以说是一项中国文化研究的基础工程。其中今井宇三郎《易学的新发展》重点讨论了《河图洛书》

---

① [日]城地茂：《〈杨辉算法〉伝说再考》，《京都大学数理解析研究所讲究录》，2003年。

② [英]李约瑟：《中国科学技术史》第2卷《科学思想史》，北京：科学出版社；上海：上海古籍出版社，1990年，第489页。

③ [英]李约瑟：《四海之内——东方和西方的对话》，劳陇译，北京：生活·读书·新知三联书店，1987年，第61页。

④ [日]伊藤仁斋：《语孟字义》，《日本儒林丛书》(六)解说部2，东京：风出版，1926—1938年，第2页。

⑤ 陈化北：《安藤昌益思想研究》，东北师范大学2014年博士学位论文。

⑥ 朱谦之：《三浦梅园》，《朱谦之文集》第9卷《日本哲学史》，福州：福建教育出版社，2002年，第133—137页。

⑦ [日]源了圆：《朱子学“理”的观念在日本的发展》，黄玮译，《哲学研究》1987年第12期。

⑧ [日]山田庆儿：《朱子的自然学》，东京：岩波书店，1978年，第1页。

《先天图》《太极图》的渊源与包容思想；大岛晃《邵雍、张载的气的思想》、土田健次郎《程颐、程颢的气的概念》及山井涌《朱熹思想中的气——理气哲学的完成》，比较系统地勾画了宋代气论发展的宏阔图景。

在韩国，朱子学传入的时间差不多与日本同时，但对朱子学的研究进路却表现出不同的学术特点和走向。由于受朝鲜士林派代表人物李彦迪（1491—1553）“太极即理”之唯理论，以及徐花潭（1489—1546）“唯气论”思想的影响，朝鲜朝（1392—1910）朱子学的研究分为“主理”和“主气”两派。当然，李退溪（1501—1570）的“理气互发”说，也有较大的影响力，李大山（1710—1781）的《理气汇编》、李寒洲（1818—1885）的《理学综要》都是光大朱子理气说的代表作。相比较而言，“唯气论”与朝鲜数理科学的发展联系更密切，这里仅介绍朝鲜“气论”方面的研究成果。学界公认真正建立朝鲜气哲学体系的是徐敬德（1489—1546），徐敬德继承和发展北宋张载的气元论和朝鲜传统的“气论”思想，提出特色鲜明的“气论先天”说。[①]数学家洪大容（1731—1783）撰《毉山问答》《筹解需用》等著作，他反对朱子的“理为气宰”说，认为太古宇宙空间“充满者气也”[②]，“承认宇宙在时间空间上是无限的，物质运动是物体本身固有的吸引力引起的”[③]。崔汉绮（1803—1877）著《气测体义》（1836），他反对程朱理学的“理在气先”说，认为“理是气之条理（即规律）”。进入20世纪以后，朱子的自然哲学思想越来越受到重视。日本以山田庆儿为代表，而韩国则以金永植（1930—）的《朱熹的自然哲学》（2000）为翘楚。此书被我国学者称为“中国科学技术研究史的一个成功个案”，它几乎是全方位地展现了朱熹的自然哲学。尤其可贵的是金永植通过与西方科学传统相比较，发现朱熹自然哲学观中存在着功亏一篑式的遗憾，那就是朱熹在对具体自然现象的研讨中确乎提出过与西方运动研究传统相似的一些基本原理，如惯性、运动相对性，但他对这些基本原理没有总体的本质的把握。

2. 欧洲学者的研究概况

直到16世纪，宋代新儒学的著作才通过传教士如利玛窦、龙华民、白晋等人介绍而部分地传入欧洲。其中龙华民（1559—1654）著《论中国人宗教中的某些问题》（1701年法文版）一书，书中大量引用朱熹《四书集注》等著作中的篇章，从中引出朱子学所涉及的太极、气、理、心、性等概念，并与西方哲学中的上帝、实体、灵魂等相比较，引发了欧洲知识界对朱子学的兴趣。当时，随着西方理性主义思潮（代表人物是笛卡儿、斯宾诺莎和莱布尼茨）的兴起，朱熹理学恰好在客观上适应了这种思潮的发展需要，所以欧洲学者开始高度关注朱子学。当时的笛卡儿、伏尔泰、魁奈等很多启蒙思想家都曾研究过朱子学。而朱熹的“理”“道”理性原则曾是17世纪笛卡儿倡导的理性主义思想来源之一。法国哲学家马勒伯朗士（1638—1715）在《一个基督教哲学家与一个中国哲学家的对话——论上帝的存在和本性》（1708）一书中，重新解释了朱熹自然哲学的核心范畴——理，并

① ［韩］黄秉泰：《儒学与现代化——中韩日儒学比较研究》，刘李胜等译，北京：社会科学文献出版社，1995年，第389页。

② ［韩］洪大容：《湛轩书》内集卷1《心性论》，首尔：景仁文化社，1969年，第6页。

③ ［韩］朴星来：《洪大容的科学思想》，《韩国学报》1981年第23期。

以此来代替神。

德国哲学家莱布尼茨（1646—1716）在《致德雷蒙先生的信：论中国哲学》（1715）的书信中，称程朱理学是“自然神学”，他吸收并阐述了朱子学“道”“太极”“理”的概念和其与宇宙及其各部分互相联系、运动变化、和谐发展的思想。认为朱子学所说的“‘理’可称之为天的自然规律，因为由于它的作用，万物才因其状态一致地受重量和度量所主宰。这种天的规律称为‘天道’”。在此基础上，提出了影响深远的“唯理论”学说，并发表了关于“道”的《单子论》，从而开创了德国古典思辨哲学。康德（1724—1804）也深受朱子学思想的熏陶，他在《宇宙发展史概论》（1755）中提出了天体起源假说，与朱熹所讲的“阴阳二气宇宙演化论”的基本观点非常相似。因此，康德被学界称为“歌尼斯堡的伟大的中国人”①。

朱子学在16世纪末通过耶稣会士传入英国，17—18世纪朱熹《四书集注》被译成英文。在欧洲和英国的启蒙运动中，朱子学曾是“格外重要”的“中国思想”。特别是朱熹的“格物致知”说备受弗朗西斯·培根和洛克的称赞，弗朗西斯·培根（1561—1626）是近代归纳法的创始人，他认为朱熹认知方法是理性与经验相结合的科学研究方法。李约瑟认为：“宋代理学本质上是科学性的。”②并且认为：“朱熹被人比拟成中国的斯宾塞与托马斯·阿奎那。为了理解所见的宇宙，理学家只用到两个基本概念——‘气’，即现在所谓的质能，与‘理’，即组织之原则、格式。令人奇怪的是，在一个不仅没有发展近代科学、且命中注定不能自然发展近代科学之文明中，理学家竟能想到如此经济之原理，而其宇宙观竟然与近代科学如此相符。”③

3. 北美学者的研究概况

美国一直到18世纪才由来华传教士传入朱子学，同时传入的还有欧洲启蒙思想家关于中国新儒学的著作。美国启蒙思想家本杰明·富兰克林、托马斯·潘恩、托马斯·杰斐逊等，也都受到过朱子学的影响。陈荣捷（1901—1994）是朱熹哲学研究方面的国际性权威，《中国哲学资料书》（1963）是他的成名作，其中朱熹一章所占篇幅最大，资料最丰富，是有史以来向英语世界介绍朱熹思想最多最系统的文本资料。被称为中国思想史泰斗的狄百瑞（1919—2017）著《为己之学》（1991），提出“人格主义”概念。他认为自从宋明理学之后，有两条不同的论述：一条是朱熹理学所代表的为己之学，具有知识主义的倾向；另一条是阳明心学所代表的良知之学，具有意志主义的特征。而更新观念是新儒学全部学说的基石，“新”的概念在宋代被频繁使用，使得儒家经典的再诠释具有了新的批判精神。成中英（1935—）则强调，朱熹之所以以太极说发展了二程的天理论，就已表示他接受了一个整体统一的本体宇宙论。宋元时期的数理科学成就非凡，而程朱理学亦闪烁着“更新”的思想火花，可是在美国科学史家席文（1931—）看来，宋代的“自然知识”有些虽在历史上也可以叫科学，却并未在哲学领域下整合、革命为现代科学。这是一种颇有

① 姚进生：《朱熹道德教育思想论稿》，厦门：厦门大学出版社，2013年，第181页。

② ［英］李约瑟：《中国科学技术史》第2卷《科学思想史》，第527页。

③ 王钱国忠、钟守华编著：《李约瑟大典：传记·学术年谱长编·事典》下册，北京：中国科学技术出版社，2012年，第472—473页。

见地的观点，它体现了哲学对于数理科学之进步具有无可置疑的拉力作用。

此外，葛艾儒《张载的思想》（1982）是西方人研究张载思想的第一部专著，该书试图通过辨析阐释其中的主要概念，重新建构张载的哲学体系。

加拿大对朱子学的了解和研究相对都较晚，朱子学在加拿大的传播始于20世纪后期，其研究主体是旅居加拿大的华人，其代表人物首推旅居加拿大的华人学者秦家懿（1934—2001）。1979年，秦家懿发表《太极论：朱熹的秘传学说》一文，她认为，太极学说用阴阳五行及变化等关系对宇宙、宇宙的起源、动静的循环过程给予形而上的解释。太极是宇宙之道，更是宇宙之源，而非宇宙之因。太极还是宇宙的本体原型。如果把“太极论”置于整个西方哲学发展历史的背景之下，那么，“太极论”的奥秘就是西方哲学所讲的“对立协调性”。秦家懿总结说：“‘对立协调性’实际上是中国哲学的奥秘，以此可解释其独特的发展进程及其追求的象征”，而在西方“库萨人尼古拉斯的‘对立协调性’概念追溯到新柏拉图学派及中世纪神秘主义思想家埃克哈尔特与近代哲学家怀特海德”。随后，在《莱布尼茨和中国理学思想》（1983）一文中，秦家懿将朱熹的“理”与莱布尼茨的“单子”作了比较研究。她说：“莱布尼茨觉得‘理’所指的，很像他说的‘至高单子’或‘最崇高而最简单纯粹的本性’……因为莱布尼茨看到，朱熹的‘理’既是事事物物各有的、个别的‘小’理，又是唯一无二。同乎太极的‘大’理。从这个角度来看，个别的‘理’就像个别的单子，而太极的‘理’（绝对体的理），就像至高的单子。”①

（二）国内研究概况

在国内，宋慈的《洗冤集录》最先受到重视。1909年陈援庵在《医学卫生报》第6期和第7期上连续刊发了《洗冤集录略史》一文，这是目前所见研究南宋科技史的最早文献。1912年李俨从清抄本《诸家算法》中得到属于《永乐大典》系统的《杨辉算法》，不久，日本学者石黑准一郎将三上义夫《杨辉算法》的再度抄本送给李俨，1917年李俨完成了对该抄本的校勘（现保存在中国科学院自然科学史研究所图书馆）。于是，正式开启了学者们研究南宋数理科学思想史的先河。1930年李俨发表《宋杨辉算数考》一文，分“书录”和“辑佚”两节。1957年石声汉在《生物学通报》第5期发表《以“盗天地之时利”为目标的农书——陈旉农书的总结分析》一文，认为“唐以后，最早的农家书，是南宋初年的陈旉农书”②。1965年万国鼎出版《陈旉农书校注》一书，强调《陈旉农书》已经“具有系统性的理论”③，因而“标志着我国农学上一种重要的进步”④。1994年方健在《中国历史地理论丛》第4辑发表《杰出的地理学家范成大》一文，该文评价说：“作为地理学家的范成大，似尚鲜为人知，他在地理学上的贡献厥功至伟，求之中国古代史

① ［加拿大］秦家懿：《莱布尼茨和中国理学思想》，《中国哲学史研究》1983年第4期。

② 石声汉：《以“盗天地之时利”为目标的农书——陈旉农书的总结分析》，《生物学通报》1957年第5期。

③ 万国鼎：《〈陈旉农书〉评介》，（宋）陈旉撰，万国鼎校注：《陈旉农书校注》，北京：农业出版社，1965年，第19页。

④ 万国鼎：《〈陈旉农书〉评介》，（宋）陈旉撰，万国鼎校注：《陈旉农书校注》，第19页。

上，亦卓荦大家。”[①]

在南宋的诸多医家中，以往学界对宋慈和陈自明的关注度较高。通观整个20世纪，国内学界发表有关宋慈法医学方面的学术论文总计23篇[②]，其中诸葛计在《历史研究》1979年第4期上发表的《宋慈及其〈洗冤集录〉》一文[③]，比较全面地讨论了《洗冤集录》的版本、法医学成就及对世界法医学发展的巨大影响。研究陈自明《妇人大全良方》方面的主要论文有孔淑贞《妇产科家陈自明》[④]、高德明《我国古代的妇产科专家——陈自明》[⑤]、蔡景峰《陈自明和〈妇人大全良方〉》[⑥]和《中国医学妇产科学奠基者陈自明》[⑦]，以及王大鹏《〈妇人大全良方〉对中医妇产科的贡献》[⑧]等。进入21世纪，仅研究陈自明《妇人大全良方》的硕博士论文就有十余篇，足见陈自明医学思想的影响力。

近年来，陈无择作为“中医病因学说”的奠基人之一[⑨]，其《三因极一病证方论》广受中医临床研究的重视，人们不断采用新角度和新视野深入挖掘该著所蕴涵的各种医学价值和思想精髓。如禄颖等《〈三因极一病证方论〉七情学说特点分析》（2013）认为“《三因极一病证方论》关于七情学说的特点，是对中医病因学的一个突破性贡献，成为七情学说成熟的里程碑”[⑩]。庞铁良《论七情理论由来的陈无择精神》（2015）主张陈无择在中医学中独树一帜，在《三因极一病证方论》中“确立了一种系统的中医病因学说——七情理论”[⑪]。邹勇《陈无择五运六气学术思想》（2016）强调：陈氏“言以《内经》五运六气理论为指导，开创性的研制五运时气民病证治方十首，六气时行民病证治方六首”[⑫]。樊毓运等通过临床验证，肯定了陈无择所创制“紫菀汤”在治疗多汗症、肠激惹综合征、哮喘和慢性支气管炎等肺系及大肠系疾病的疗效。[⑬]方跃坤等在《浅谈永嘉医派陈无择七情诊疗学术思想》（2019）一文中不仅肯定了陈无择“七情致病”的理论特色，而且认为“永嘉医派七情致病理论的创立对中医病因学具有突破性贡献，对现今仍有临床指导意义”[⑭]。

至于20世纪朱熹理学的研究成果，若从系统性来讲，当以谢无量《朱子学派》（1916）[⑮]一书为最早，此书可以被称作是现、当代研究朱熹理学思想的开山之作。而庞景

---

① 方健：《杰出的地理学家范成大》，《中国历史地理论丛》1994年第4辑。
② 方建新编：《二十世纪宋史研究论著目录》，北京：北京图书馆出版社，2006年，第1048—1049页。
③ 诸葛计：《宋慈及其〈洗冤集录〉》，《历史研究》1979年第4期。
④ 孔淑贞：《妇产科家陈自明》，《中华医史杂志》1955年第3期。
⑤ 高德明：《我国古代的妇产科专家——陈自明》，《中医杂志》1958年第6期。
⑥ 蔡景峰：《陈自明和〈妇人大全良方〉》，《健康报》1964年2月29日。
⑦ 蔡景峰：《中国医学妇产科学奠基者陈自明》，《自然科学史研究》1987年第2期。
⑧ 王大鹏：《〈妇人大全良方〉对中医妇产科的贡献》，《黑龙江中医药》1983年第4期。
⑨ 《陈无择：中医病因学说奠基人》，《温州日报》2011年5月21日。
⑩ 禄颖等：《〈三因极一病证方论〉七情学说特点分析》，《吉林中医药》2013年第8期。
⑪ 庞铁良：《论七情理论由来的陈无择精神》，《中国中西医结合学会精神疾病专业委员会第十四届学术年会暨首届国际中西医结合精神病学研究进展培训班专题报告与论文汇编》，2015年。
⑫ 邹勇：《陈无择五运六气学术思想》，《中国中医药现代远程教育》2016年第11期。
⑬ 樊毓运等：《陈无择紫菀汤临床应用心得》，《中国中医药现代远程教育》2017年第14期。
⑭ 方跃坤等：《浅谈永嘉医派陈无择七情诊疗学术思想》，《新中医》2019年第8期。
⑮ 谢无量：《朱子学派》，上海：中华书局，1916年。

仁《马勒伯朗士的“神”的观念和朱熹的“理”的观念》（法文版，1942）[①]则开启了我国比较哲学的研究历史。庞氏认为朱熹的“理”与马勒伯朗士的“神”都具有“至上性”“完满性”“创生性”的特点，这是二者可以作比较的前提，而前述三个特点正是这两位哲学家体系中最高范畴的本质特征之所在。张立文《朱熹思想研究》（1981）[②]的特色是不仅考察了朱熹哲学的逻辑结构，而且还深入讨论了宇宙、天文、气象的自然学说。杨天石《朱熹及其哲学》（1982）[③]对“理气不相离”“理生气”“天命之性”“理一分殊”“气禀”“格物致知”“一旦豁然开朗”“存天理，灭人欲”“一中又自‘有对’”等朱熹哲学的重要命题都进行了条分缕析、深入浅出的评述。陈来《朱熹哲学研究》（1988）[④]认为，对于朱熹的理气关系，应分两个层面，从理气作为构成事物的两种质素的角度看，朱熹在理气论上是二元论者。从理气作为本原的角度看，朱熹最终是肯定理的决定性的，是一元论者。从时间演变的角度看，朱熹对理气先后关系的认识经历了复杂的演变过程。蒙培元《理学范畴研究》（1989）接受程朱的天理论思想，认为“理”是宇宙本体，它本身具有超验性、抽象性和绝对性，而这个“理”是可知的，它是知觉之心的认识对象。周瀚光《朱熹与朱子学派的科学思想（研究提纲）》（1996）[⑤]是国内最早系统研究朱熹科学思想的论著，可惜仅拟定了一个撰写提纲。乐爱国《朱熹的理学与科学（研究纲要）》（2001）一文认为：“作为科学家的朱熹，他①具有为科学而科学的精神，当然，经常又与其理学目的融合在一起；②采用了古代科学家，或者说属于古代科学范畴的科学方法，但仍存在一定的缺陷；③取得了相当大的成就，尤其在天文领域，在古代天文学史上具有重要地位。”[⑥]胡化凯《朱熹科学思想探讨》（2004）[⑦]比较系统地展示了朱熹在自然科学方面的思想认识成果。周济和兑自强《试论朱熹的科学思想》（2015）[⑧]从“科学思想的哲学基石”“宇宙学和天文思想”“地质、生物等思想及科学认识方法”三个方面总结了朱熹对中国古代科学的贡献。黄昊则从科学和哲学相互作用的角度探讨了朱熹科学思想的方法论特色，认为“朱熹科学活动是在一定哲学思想指导下进行的，同时其科学研究活动更进一步地促进了其哲学思想的建构和发展”[⑨]。章林《试论朱熹思想中的经验主义》（2017）[⑩]一文提出了

---

① ［法］庞景仁：《马勒伯朗士的“神”的观念和朱熹的“理”的观念》，冯俊译，北京：商务印书馆，2005年。

② 张立文：《朱熹思想研究》，北京：中国社会科学出版社，1981年。

③ 杨天石：《朱熹及其哲学》，北京：中华书局，1982年。

④ 陈来：《朱熹哲学研究》，北京：中国社会科学出版社，1988年。

⑤ 周瀚光：《周瀚光文集》第1卷《中国科学哲学思想探源》上，上海：上海社会科学院出版社，2017年，第325—326页。

⑥ 乐爱国：《朱熹的理学与科学（研究纲要）》，武夷山朱熹研究中心主编：《朱子学与21世纪国际学术研讨会论文集》，西安：三秦出版社，2001年，第340页。

⑦ 胡化凯：《朱熹科学思想探讨》，朱万曙主编：《徽学》第3卷，合肥：安徽大学出版社，2004年，第228—245页。

⑧ 周济、兑自强：《试论朱熹的科学思想》，高令印、薛鹏志主编：《国际朱子学研究的新开端——厦门朱子学国际学术会议论集》，厦门：厦门大学出版社，2015年，第505—513页。

⑨ 黄昊：《朱子学与河图洛书说研究》，成都：西南交通大学出版社，2015年，第53页。

⑩ 章林：《试论朱熹思想中的经验主义》，中国实学研究会编：《传统实学与现代新实学文化（二）》，北京：中国言实出版社，2017年，第82页。

朱熹思想中已经出现了经验主义萌芽的观点。贺威在《宋元福建科技史研究》（2019）[①]一书中单列“朱熹的科学思想及其成就”一章，既有总结又有反思，可视为21世纪以来我国学界研究朱熹科学思想的最新代表性成果之一。

二、南宋科技思想发展的社会经济基础

（一）生产资料发生了新的变化

马克思指出：“各种经济时代的区别，不在于生产什么，而在于怎样生产，用什么劳动资料生产。劳动资料不仅是人类劳动力发展的测量器，而且是劳动借以进行的社会关系的指示器。”[②]中国古代是一个以自然经济为主体的农业社会，而在漫长的社会历史发展过程中，我国古代劳动人民创造了不断解放自己双手的生产工具和劳动资料，并通过适当的机械而占有一定的科学力量。为此，荆三林先生将中国古代生产工具的发展历史划分为三个阶段：手工操作工具生产时代（前2世纪以前）、半机械化工具生产时代（前3—19世纪）、机械化生产时代（19世纪以来）。其中第二个阶段又分前期（前221—420年），其特点是“普遍使用机械工程学的原理创造和改进生产工具”；中期（包括南北朝至隋唐五代），其特点是“在秦汉生产工具的基础上作进一步发展”；晚期（包括宋元至清朝末叶），其特点是“宋元生产工具的改造是‘生产工具发展史’的转折点，最大成就就是在生产工具动力机与工具机的连（联）系，以及传动装置上的革命”。[③]而为了说明这个观点，荆三林引证了耕犁的改进和“绳套及钩环”在手工业工具上的应用等比较具有代表性的史实。他说：

> 农具中的犁，在唐代前以一个长直的木辕，加在两个牛的中间，工作机与动力机连在一起，转动不便，且工作机的结构笨重，除犁铧和犁壁为铁制外，其余都是木制。甚至有复杂到‘木金凡十有一事’，长至一丈二尺的一个大木架子。这样的犁，工作效率低。长曲辕犁虽是在唐代出现的，但仍很笨重。宋元在犁架构造上，首先是减化工作机使其轻便灵活，同时发明耕犁与牛轭组合成的‘软耕索’服牛。在套（动力机）与犁（工作机）之间‘中置钩环’（联接装置），初步形成了一个垦耕机械。其它如耖、劳、碎、碌碡、石砺礋、木砺碎、耧、锄、刬刀……也都得到了改进。在手工业工具上如砻、碾、磨，以及水车，也由于绳套及钩环的使用更加灵便。[④]

除了上述一般的技术性改进和发展以外，南宋在具体的技术细节方面还有不少的革新。根据目前学界的研究成果，归纳起来，其要者有：

（1）畜力龙骨水车。龙骨水车又叫翻车，是一种灌排工具，由三国时期的马钧发明。《太平御览》载：马钧“居京都，城内有地，可为园，患无水以溉之，先生乃作翻车，令

---

① 贺威：《宋元福建科技史研究》，厦门：厦门大学出版社，2019年，第650—659页。

② 《马克思恩格斯全集》第23卷，北京：人民出版社，2016年，第204页。

③ 荆三林：《关于中国生产工具史阶段的划分》，《中国农史》1986年第1期，第102—104页。

④ 荆三林：《关于中国生产工具史阶段的划分》，《中国农史》1986年第1期，第104页。

童儿转之，而灌水自覆，其巧百倍于常”[1]。可见，此时的龙骨水车以人力为动力，大约在南宋初年，南方的水稻生产需要及时的灌溉排水，而为了适应这种灌排农业发展的客观需要，人们将人力龙骨水车改进为畜力龙骨水车。赵继柱先生说：畜力龙骨水车的出现，使龙骨水车发展到了一个新阶段，就其结构而言，它的水车部分的构造与人力龙骨水车的构造相同，只是动力机械方面有了新的改进，即“在水车上端的横轴上装有一个竖齿轮，旁边立一根大立轴，立轴的中部装上一个大的卧齿轮，让卧齿轮和竖齿轮的齿相衔接。立轴上装一根大横杆，让牛拉着横杆转动，经过两个齿轮的传动，带动水车转动，把水刮上来。因为畜力比较大，能把水车上比较大的高度，汲水量也比较大”[2]。

（2）筒车在隋唐及北宋的基础上又有了新的突破。唐启宇说：“孤轮运水灌田，其载运水量自属有限，为了适应于湖湘山溪之地，其地溪涧既多，复饶竹产，乃系以若干竹筒于轮上，增加输灌水量，乃有筒车或竹车的名称。这项增益到南宋时才见推行，距水轮装置的北宋已有一两百年之久。”[3]这里，唐先生把“水轮”与“筒车”区分开来，认为是两种灌田效率不一样的灌溉工具，而后者的效率更高。如南宋张孝祥诗云：“筒车无停轮，木枧着高格，粳稌接新润，草木丐余泽。”[4]筒车究竟有何功效？张孝祥在“诗序”中描写道：“前日出城，苗犹立槁，今日过兴安境上，田水灌输，郁然弥望，有秋可必。乃知贤者之政，神速如此。”[5]他又有题“湖湘以竹车激水，粳稻如云”诗云：“象龙唤不应，竹龙起行雨，联绵十车辐，伊轧百舟橹。转此大法轮，救汝旱岁苦，横江锁巨石，溅瀑叠城鼓。神机日夜运，甘泽高下普，老农用不知，瞬息了千亩。”[6]用“瞬息了千亩”来概括筒车的灌溉功效，说明筒车确实在稻作农业发展过程中发挥着非常重要的作用。关于筒车的结构，《王祯农书》有详细记载：“凡制此车，先视岸之高下，可用轮之大小；须要轮高于岸，筒贮于槽，乃为得法。其车之所在，自上流排作石仓，斜擗水势，急凑筒轮，其轮就轴作毂，轴之两傍阁于椿柱山口之内。轮辐之间除受水板外，又作木圈缚绕轮上，就系竹筒或木筒于轮之一周；水激轮转，众筒兜水，次第下倾于岸上所横木槽，谓之‘天池’，以灌田稻。日夜不息，绝胜人力，智之事也。若水力稍缓，亦有木石制为陂栅，横约溪流，旁出激轮，又省工费。或遇流水狭处，但垒石敛水凑之，亦为便易。此筒车大小之体用也。有流水处俱可置此。”[7]可见，筒车的最大特点是能利用水流为动力，并用若干竹筒系在轮上，这样，由水池和连筒相互配合，通过增加输灌水量的方式，使低水高送，灌溉农田。

（3）水田区的农具从成套发展到体系。据《宋会要辑稿》记载：南宋乾道五年

---

① （宋）李昉等：《太平御览》卷752《工艺部九・巧》，北京：中华书局，1998年，第3340页。

② 赵继柱：《中国古代的农业机械》，自然科学史研究所主编：《中国古代科技成就》，北京：中国青年出版社，1978年，第527页。

③ 唐启宇编著：《中国农史稿》，北京：农业出版社，1985年，第579页。

④ （宋）张孝祥著，徐鹏校点：《于湖居士文集》卷5，上海：上海古籍出版社，1980年，第45页。

⑤ （宋）张孝祥著，徐鹏校点：《于湖居士文集》卷5，第45页。

⑥ （宋）张孝祥著，徐鹏校点：《于湖居士文集》卷4，第30页。

⑦ （元）王祯著，王毓瑚校：《王祯农书・农器图谱集之十三・灌溉门・筒车、流水筒轮》，北京：农业出版社，1981年，第327—328页。

（1169）正月十七日，诏令楚州、宝应、山阳、淮阴等县“归正官”，分配给其“归正人”各种农具和相应的畜力资源。其文云：

> 今措置，欲每名给田一顷，五家结为一甲，内一名为甲头，并就种田去处，随其顷亩、人数多寡，置为一庄。每种田人二名，给借耕牛一头，犁、耙各一副，锄、锹、镢、镰刀各一件。每牛三头，用开荒銐刀一副。每一甲用踏水车一部，石辘轴二条，木勒泽一具。每一家用草屋二间，两牛用草屋一间。①

张国刚先生将“每牛三头”矫正为“每三头牛”。②这样，我们便获得了一甲及两个劳动力当时所拥有的基本生产资料或称物的系统。由于宋代的社会组织类型逐渐由以家族为生产单位转向以个体家庭为生产单位的历史阶段。所以，生产资料在向个体家庭转移的过程中，相应地结成了“庄”“甲”“家”这样的层级社会结构形式。其中“甲”与“家”既是南宋的基本生产单位，又是南宋土地资源配置体系的基本单元。其基本的配置关系是：

一家

按两名种田人计算，其基本的生产资料配置应为：

耕牛一头 ←→ 犁、耙各一副

锄、锹、镢、镰刀各一件

每牛三头用开荒銐刀一副

一甲

踏水车一部、石辘轴二条，木勒泽一具

也就是说，在南宋只要具备了上述生产资料之后，就可以进行精耕细作的农业生产了。从农业生产的角度看，精耕细作本身由许多生产环节组成。依生产工具的性质和功能，上述以“家”和“甲”为生产单位的农具配置，可分成下面几个类型：①耕地工具：犁；②开荒工具：銐刀，刘仙洲先生在《中国古代农业机械发明史》一书中对它的出现并应用于开荒倍加赞赏。漆侠先生认为：銐刀的出现是对犁的一项重大改进，他说：“这种工具，是‘劈荒刃也，其制如短镰，而背则加厚’。其锋刃则已不是前此铸铁铸成的，而是同其他带锋刃的农具一样，具有了钢，因而更加锋利耐用，所以称之为钢刃农具”，所以，“两宋三百年间，曾对两浙江淮大片低洼地进行了大力的改造。这种改造，一是排水或筑圩御水……一是排水后芟夷丛生的蒲芦杂草。安置在耕犁前部的䥽刀，是改造这种低洼地的一种极其得力的工具”③；③整地工具：耙；④中耕工具：锄、锹、镢；⑤打草工具：木勒泽④；⑥灌排工具：踏水车；⑦收获工具：镰刀；⑧脱粒工具：石辘轴。当然，在上述农具配置中，我们虽然没有发现施肥的工具，但是南宋的陈旉已经提出了“地力常新”的理论，他说：“若能时加新沃之土壤，以粪治之，则益精熟肥美，其力当常新壮

① （清）徐松辑，刘琳等校点：《宋会要辑稿》食货63之144、145，上海：上海古籍出版社，2014年，第7688页。

② 张国刚：《中国家庭史》第2卷《隋唐五代时期》，广州：广东人民出版社，2007年。

③ 漆侠：《漆侠全集》第3卷，保定：河北大学出版社，2009年，第106—107页。

④ 王毓瑚：《略论中国古来农具的演变》，李军、王秀清主编：《历史视角中的“三农”：王毓瑚先生诞辰一百周年纪念文集》，北京：中国农业出版社，2008年，第337—392页。

矣。”[①]可见，施肥是保证精耕细作农业顺利发展的重要条件之一。

（二）劳动对象在广度和深度上都有新的拓展

劳动对象是指人们在生产过程中将劳动加于其上的一切东西，马克思指出：“整个自然界——首先作为人的直接的生活资料，其次作为人的生命活动的材料、对象和工具——变成人的无机的身体。”[②]依此，则劳动对象可分为两类：一类是天然自然物，即没有经过人类加工的物体；另一类是人工自然，即人类为了从自然界中获得生命和生活所需要的物质条件，而通过一定的科技手段在驾驭和改造天然自然的过程中所创造的属于人的物体。与北宋之前统治王朝相比，南宋由于人口、环境和军事战争等方面的生存压力，在土地资源、矿产资源、内陆水资源及海洋资源的开发和利用方面都有一定程度的发展，而这种发展在客观上体现了南宋时期整个科技水平的提高和商品经济的发达。

（1）土地资源的开发和利用。南宋的人地矛盾十分突出，其直接表现是耕地的不足。虽然《宋会要辑稿》《文献通考》《元丰九域志》《宋史》《玉海》《太平寰宇记》等文献对宋代各个时期户数的统计互有出入，因而使人们对宋代户数变化的认识颇难求得一致，但是“从北宋初到南宋中叶，户口一直是在增长着”[③]，则是学界公认的事实。由于北方民族矛盾不断激化，战乱频发，人口大量向南方迁移，于是出现了“浙间无寸土不耕，田垅之上又种桑种菜”[④]、“江（南）东西无旷土”[⑤]、福建“土地迫狭，生籍繁伙；虽硗确之地，耕耨殆尽，亩直浸贵”[⑥]的土地利用现象。

特别是由于南宋普遍种植水稻，在人与平原耕地早已饱和的情况下，如何解决不断迁入南宋之人口的生计问题，南宋统治者开始鼓励人们到山区、丘陵、沼泽、江河湖滩等地方去开发新的土地资源，如《夷坚志·夷坚三志己》卷7《周麸麵》载：“平江城北民周氏，本以货麸麵为生业。因置买沮洳陂泽，围裹成良田，遂致富赡。”[⑦]当时，像山区、丘陵、沼泽、江河湖滩这些地方被人们看作是“下下之田”[⑧]，不过，经过垦者的开发治理，“且黑壤之地，信美矣，然肥沃之过，或苗茂而实不坚，当取生新之土以解利之，即疏爽得宜也。硗确之土，信瘠恶矣，然粪壤滋培，即其苗茂盛而实坚栗也。虽土壤异宜，顾治之如何耳，治之得宜，皆可成就”[⑨]，考《陈旉农书》把积肥视为保证“下下之田”获得高产的一种重要措施，它甚至“提到扫除之土，烧燃之灰，簸扬之糠秕，断稿落叶等的收

---

① （宋）陈旉：《陈旉农书》卷上《粪田之宜篇》，任继愈总主编，范楚玉主编：《中国科学技术典籍通汇·农学卷》第1册，郑州：河南教育出版社，1994年，第342页。

② 《马克思恩格斯全集》第42卷，第95页。

③ 林文勋：《中国古代“富民社会”的形成及其历史地位》，《中国经济史研究》2006年第2期；葛金芳：《史学“奇葩”与大师风范》，《历史学》2008年第7期。

④ （宋）黄震：《黄氏日抄》卷78《咸淳八年春劝农文》，《景印文渊阁四库全书》第708册，台北：台湾商务印书馆，1986年，第810页。

⑤ （宋）陆九渊著，钟哲点校：《陆九渊集》卷16《与章德茂书》，北京：中华书局，1980年，第205页。

⑥ 《宋史》卷89《地理志五》，第2210页。

⑦ （宋）洪迈撰，何卓点校：《夷坚志·夷坚三志己》，北京：中华书局，1981年，第1357页。

⑧ （宋）袁燮：《絜斋家塾书钞》卷4《夏书》，《景印文渊阁四库全书》第57册，第721页。

⑨ （宋）陈旉：《陈旉农书》卷上《粪田之宜篇》，任继愈总主编，范楚玉主编：《中国科学技术典籍通汇·农学卷》第1册，第342页。

聚，以及注意粪屋粪池的构造，来提高聚积的肥料价值”[①]。这样，根据土壤的性质，通过比较讲究的施肥过程，使原来的“下下之田”一变而为丰壤膏腴之地。

（2）矿产资源的开发和利用。鉴于钢铁冶炼对南宋军事和经济发展所起的特殊作用，本书着重叙述铁、铜矿产生产的情况。一般地讲，与北宋相比，南宋的钢铁冶炼在总体上呈下降趋势[②]，但在局部尤其是在南方广大地区推广钢铁冶炼技术方面，较北宋则有所发展和提高[③]。首先，由于矿产的品位及开采手段落后等方面的原因，矿产开采有兴有废，从矛盾的性质来看，兴与废虽然是很正常的事情，但“兴”体现着矿业生产的发展趋势，因而是矛盾的主要方面。依洪咨夔《大冶赋》的记载和王菱菱先生的研究，南宋初期至中期新开采的矿场主要有蒙山、石堰、昭宝、富宝、宝成、双瑞、嘉瑞、兴国、广富、通利、通济等。[④]所以，漆侠先生把采掘冶铁地区的扩大看作是宋代冶铁业高度发展的首要标志。[⑤]而随着新开采矿场的不断增加，南宋孝宗之后，其铜、铁、铅、锡的生产量比宋高宗时期有了较明显的增加，关于这一点，我们完全可以通过当时政府每年征收的矿产品岁课额反映出来。如李心传记南宋淳熙三年（1176）以后的矿产品岁课额情况是：“铜，三十九万五千八百十三斤八两；铅，三十七万七千九百斤；锡，一万九千八百七十五斤；铁，二百三十二万八千斤。”[⑥]尽管这组数字不能完全展示南宋中、后期矿冶生产发展的全貌，但它至少可以证明南宋中、后期在疆土日渐缩减的情况下，南宋统治者通过各种赏罚措施，使各地的矿场开采始终维持在一个较高的水平之上，这应是保证南宋军事、经济能够同元朝顽强抗衡的物质前提。其次，开采规模和产量有了提高。从铁矿的产量看，北宋时岁课额在 10 万斤以上的冶铁场均分布在北方，而南方却没有一处。[⑦]然而，这种状况在南宋则发生了很大的变化。对此，杨宽先生说：南宋时，“南方有好几处地点每年所纳铁在 10 万斤以上。例如吉州安福县（今江西省安福县）连岭场是 714 000 斤，庐陵县（今江西省吉安县）黄岗场是 106 500 斤，信州铅山场（今江西省铅山县）是 147 671 斤，弋阳县（今江西省弋阳县）是 120 000 斤，上饶县（今江西省上饶县）也是 120 000 斤，郁林州南流县（今广西省郁林县）是 126 240 斤。显而易见，南宋时南方的冶铁业是在迅速的成长”[⑧]。最后，在冶炼技术方面，不仅魏晋南北朝时期出现的“灌钢”“百炼钢”技术在宋代得到了进一步的推广，而且南宋还在原有冶铁技术的基础上，创造了“铜合金铁”冶炼法。据《岭外代答》载：“梧州生铁最良，藤州有黄岗铁最易。融州人以梧铁淋铜，以黄岗铁夹盘煅之，遂成松文，刷丝工饰，其制剑亦颇铦，然终不可以为良。”[⑨]又“梧州生铁在熔则如流水，然以之铸器，则薄几类纸，无穿破。凡器既轻且耐久。诸郡铁工煅

---

① 陈祖椝：《中国文献上的水稻栽培》，《农史研究集刊》第 2 册，北京，科学出版社，1960 年，第 82 页。
② 漆侠：《漆侠全集》第 4 卷，第 556 页。
③ 杨宽：《中国古代冶铁技术的发明和发展》，上海：上海人民出版社，1956 年，第 71 页。
④ 王菱菱：《宋代矿冶业研究》，保定：河北大学出版社，2005 年，第 24 页。
⑤ 漆侠：《漆侠全集》第 4 卷，第 533 页。
⑥ （宋）李心传：《建炎以来朝野杂记》甲集卷 16《铸钱诸监》，台北：文海出版社，1967 年，第 508 页。
⑦ 王菱菱：《宋代矿冶业研究》，第 23 页。
⑧ 杨宽：《中国古代冶铁技术的发明和发展》，第 71 页。
⑨ （宋）周去非著，屠友祥校注：《岭外代答》卷 6《融剑》，上海：上海远东出版社，1996 年，第 119 页。

铜，得梧铁杂淋之，则为至刚，信天下之美材也”[①]。对梧州铁工所创造的这项冶炼技术，杨宽先生名为“铜合金铁”[②]，而漆侠先生则名为“淋铜钢”[③]，两者结合在一起，恰好反映了梧州铁工如何将铁变成钢的冶炼过程。实际上，所谓“淋铜钢”即是始于西汉时期的炒钢技术。从工艺上讲，炒钢是用生铁为原料，把铁矿石入炉冶炼成“铁水”，然后再煅成各种钢制器物，整个过程是：生铁→熟铁→钢铁。另外，灌钢技术在福建、湖南也获得了进一步的推广和发展，如《淳熙三山志》载铁“宁德（俗称闽东，引者注）、永福等县有之，其品有三。初炼去矿，用以铸器物者，为生铁。再三销拍，又以作鍱者，为鑐铁，亦谓之熟铁。以生柔相杂和，用以作刀剑锋刃者为钢铁”[④]。在此，“以生柔相杂和”是指把生铁和熟铁按一定比例配合起来冶炼[⑤]，而古人称这种冶炼法为灌钢。据《骖鸾录》载：范成大于乾道八年（1172）看到潭州醴陵县有一种“方响”铁，方响是由十六块大小相同的长方形铁板组成的一种打击乐器，其制作方法是“以岁久铛铁为胜，常以善价买之，甚破碎者亦入用”[⑥]，即发音板由锻铁制成。对这种方响铁，漆侠先生推断它系一种“灌钢”[⑦]。可见，南宋的钢铁冶炼技术既有继承又有创新和发展，尤其北方各种传统的冶炼钢铁技术在南方广大地区都得到了推广，这对于促进南方农业生产的发展起到了非常重要的历史作用。

（3）水资源的开发和利用。有效地开发和利用南方比较丰富的水资源，尤其是与江湖之水争田，使其更好地为当时的农业生产和城市建设服务，是南宋社会经济发展的重要内容。前面说过，南宋地狭人众，水多田少，而为了增辟粮源，广植水稻，南宋劳动人民创造了许多开发和利用水资源的成功经验。例如，在易干旱的丘陵地修造塘田，《陈旉农书》载其法云：“若高田，视其地势，高水所会归之处，量其所用而凿为陂塘，约十亩田，即损二三亩以潴畜水”，它的作用是“春夏之交，雨水时至，高大其堤，深阔其中，俾宽广足以有容……旱得决水以灌溉，潦即不致于弥漫而害稼”[⑧]；在低洼地修造圩田，杨万里说：“江东水乡，堤河两岸而田其中，谓之圩，农家云：圩者，围也。内以围田，外以围水，盖河高而田反在水下，沿堤通斗门，每门疏港以溉田，故有丰年而无水患。余自溧水县南一舍所，登蒲塘河，小舟至镇，水行十二里，备见水之曲折。上自池阳，下至当涂，圩河皆通大江。而蒲塘河之下十里所，有湖曰石臼，广八十里，河入湖，湖入江。乡有圩长，岁晏水落，则集圩丁日具土石楗枝以修圩。”[⑨]圩田源自唐末五代，盛于北宋而延及南宋，比如杨万里所考察的圩田大则八、九百顷，甚至上千顷，小则三、五百亩，在

---

① （宋）周去非著，屠友祥校注：《岭外代答》卷6《梧州铁器》，第121页。

② 杨宽：《中国古代冶铁技术发展史》，上海：上海人民出版社，1982年，第162—163页。

③ 漆侠：《漆侠全集》第4卷，第540页。

④ （宋）梁克家：《淳熙三山志》卷41《土俗类·铁》，《宋元方志丛刊》第8册，北京：中华书局，1990年，第8252页。

⑤ 韩汝玢、柯俊主编：《中国科学技术史·矿冶》，北京：科学出版社，2007年，第627页。

⑥ （宋）范成大撰，孔凡礼点校：《骖鸾录》，《范成大笔记六种》，北京：中华书局，2002年，第53页。

⑦ 漆侠：《漆侠全集》第4卷，第539页。

⑧ （宋）陈旉：《陈旉农书》卷上《地势之宜篇》，任继愈总主编，范楚玉主编：《中国科学技术典籍通汇·农学卷》第1册，第339页。

⑨ （宋）杨万里：《诚斋集》卷32《圩丁词十解》，《景印文渊阁四库全书》第1160册，第345—346页。

南宋，圩田已经成为江南东路水稻生产的主要载体和形式。故《王祯农书》说：圩田“叠为圩岸，捍护外水……虽有水旱，皆可救御。凡一熟之余，不惟本境足食，又可赡及邻郡。实近古之上法，将来之水利，富国富民，无越于此”[①]。尽管圩田由于豪强地主的专横，其不顾自然规律的乱占乱围，导致“梗塞水道”[②]而“众圩俱受其害”[③]的严重后果，但是就宋代圩田的主流方面来说，在当时，它是利多害少、稳产高产的良田，是人们与江湖争田的力量体现。梯田在南宋已经普遍存在于浙、赣、湘山岭间，范成大《骖鸾录》载：江西袁州的仰山，“岭阪之上，皆禾田层层，而上至顶，名梯田”[④]。陆游则有诗云：“有山皆种麦，有水皆种粳。”[⑤]王祯进一步解释说：“上有水源，则可种秔秫。”[⑥]这说明梯田种稻亦充分考虑到对水资源的利用。此外，筒车及畜力龙骨水车的出现，标志着南宋劳动人民利用水资源的手段已经发展到一个新阶段。

在城市建设方面，开发和利用水资源更是一个不可忽视的构成要件。例如，南宋的都城杭州四周环水，西则西湖，南濒钱塘江，东挨贴沙河，北接京杭大运河、上塘河，中间有贯穿南北的中河、东河等。因此，如何利用上述水资源，使其成为都城联系海内外国家和地区的经济纽带，便是南宋统治者治理杭州城的一项重要内容。李心传说：“临安古都会，引江为河，支流于城之内外，交错而相通，舟楫往来，为利甚溥。”[⑦]西湖原本是一个与钱塘江相通的浅海湾，后由于泥沙淤塞而形成了周约 15 公里的潟湖，唐代将其名为“西湖”。为了防止西湖被淤塞，南宋统治者于绍兴九年（1139）、绍兴十八年（1148）、乾道五年（1169）、乾道九年（1173）、淳熙十六年（1189）等多次进行较大规模的疏浚治理，因而成为时人的“游观胜地”[⑧]。不仅如此，西湖水还可供城内居民饮用和酿酒。周淙在乾道五年奏云：“西湖水面唯务深阔，不容填溢，并引入城内诸井，一城汲用，尤在涓洁。”[⑨]此“涓洁”之西湖水自北宋以来，一直供杭州酿酒之用[⑩]，因此，如何保持西湖的“涓洁”也就成为南宋统治者治理西湖的一件大事。钱塘江作为浙江的要津，它时常威胁着杭州城的安全。与前代多筑土堤泥塘不同，南宋将靠近城市的土质堤塘如六和塔、庙子湾等处均改为石质，并派专门人员进行日常维护工作。城内诸河多以钱塘江为水源，当其不能满足城内的各种用水需要时，即补以钱塘江水。但钱塘江水往往携带泥污，因此之故，南宋统治者加强了对浑水和清水两闸的管理，以尽量保证城内诸河水质的清净。当然，由于有效地利用城内河道与城外运河支流相互沟通的便利条件，杭州始终保持着江南

---

① （元）王祯撰，孙显斌、攸兴超点校：《王祯农书·农器图谱·田制门·围田》，长沙：湖南科学技术出版社，2014 年，第 187 页。

② （清）徐松辑，刘琳等校点：《宋会要辑稿》食货 61 之 118，第 7528 页。

③ （清）徐松辑，刘琳等校点：《宋会要辑稿》食货 61 之 118，第 7528 页。

④ （宋）范成大撰，孔凡礼点校：《骖鸾录》，《范成大笔记六种》，第 52 页。

⑤ （宋）陆游：《剑南诗稿》卷 32《农家叹》，北京：中华书局，1978 年，第 845 页。

⑥ （元）王祯著，王毓瑚校：《王祯农书·农器图谱集之一·田制门·梯田》，第 191 页。

⑦ （宋）李心传：《建炎以来系年要录》卷 123“绍兴八年十一月癸巳”条，台北：文海出版社，1980 年，第 3891 页。

⑧ （宋）潜说友：《咸淳临安志》卷 32《西湖》，《景印文渊阁四库全书》第 490 册，第 353 页。

⑨ 《宋史》卷 97《河渠志七》，第 2398 页。

⑩ 梁庚尧：《南宋城市的公共卫生问题》，《“中央研究院”历史语言研究所集刊》第 70 本第 1 分，1999 年。

运河南端终点货物集散中心的地位。于是，《宋史》称：“国家驻跸钱塘，纲运粮饷，仰给诸道，所系不轻。”①而为了不断增强运河的粮运能力，南宋统治者在余杭门外至奉口新开了长达18公里的新航道，“往来浙右者，亦皆称其便焉”②。

又如雷州城，其就是南宋依靠开发和利用水资源而发展起来的一个郡城，就城建本身来说，先是，王趯于绍兴十五年（1145）知雷州府，“旧子城圮坏，乃创筑外城以遏寇盗，雷人赖之”③；接着，赵伯柽于绍兴二十四年（1154）知雷州，“以东西城壁未完，乃陶砖甓甃其东西，合黄勋所砌南北二城，坚完高广，遂前功，弭后患，盖有力焉”④。众所周知，南宋的水稻已普遍推广于南方各地，而为了适应水稻种植的客观需要，水利工程建设被提升到了战略高度，倍受各级官员的重视。所以，《宋史》有“大抵南渡后水田之利，富于中原，故水利大兴”⑤之说。

在雷州的城市发展史上，南宋是重要的奠基期。在经过了南宋初期的大规模开发和建设之后，到南宋后期，雷州城已经发展成为“州多平田沃壤，又有海道可通闽、浙”，其“市井居庐之盛，甲于广右”的“居民富实”⑥之邦了。

（4）海洋资源的开发和利用。有人说：“从海外贸易看，南宋开辟了古代中国东西方交流的新纪元。对外贸易港口近20个，还兴起一大批港口城镇，形成了南宋万余里海岸线上全面开放的新格局，这种盛况不仅唐代未见，就是明清亦未能再现。与南宋有外贸关系的国家和地区增至60个以上，范围从南洋、西洋直至波斯湾、地中海和东非海岸。进口商品以原材料与初级制品为主，而出口商品则以手工业制成品为主，表明其外向型经济在发展程度上高于其外贸伙伴。”⑦在这里，南宋的10多个对外贸易港口，仅仅是当时开发和利用海洋资源的一个方面，此外，尚有滩涂、岛屿、能源等，它们也构成南宋开发和利用海洋资源的主要内容。

与海争田是南宋开发和利用滩涂的主要方式之一，与之相适应，南宋出现了涂田这种圩田的发展形式。《王祯农书》说：“（濒海之地有涂田）其潮水所泛，沙泥积于岛屿，或垫溺盘曲，其顷亩多少不等。上有咸草丛生，候有潮来，渐惹涂泥。初种水稗，斥卤既尽，可为稼田……沿边海岸筑壁，或树立桩橛，以抵潮泛。田边开沟，以注雨潦，旱则灌溉，谓之甜水沟。其稼收比常田利可十倍。”⑧涂田的修造需要防潮和去卤同步进行，因而是一项既费时又费力的水利工程。其具体过程：第一步是修筑堤塘；第二步是去卤蓄淡；第三步是种植稗草、柑橘等；第四步是造田种植水稻。如《赤城集》载：台州“为田五百二十二亩有奇，地已垦者一百二十亩而缩，未垦者二百四十亩而赢，潴水之所一

① 《宋史》卷97《河渠志七》，第2406页。

② （宋）施锷：《淳祐临安志》卷10《城外运河》，浙江省地方志编纂委员会编：《宋元浙江方志集成》，杭州：杭州出版社，2009年，第1册，第176页。

③ （清）陈昌齐等：《广东通志》卷239《名宦志省总・王趯传》，《中国省志汇编》，台北：华文书局，1968年，第3977页。

④ （清）陈昌齐等：《广东通志》卷239《名宦志省总・赵伯柽传》，《中国省志汇编》，第3977页。

⑤ 《宋史》卷173《食货志上一》，第4182页。

⑥ （宋）祝穆撰，祝洙增订，施和金点校：《方舆胜览》卷42《雷州》，北京：中华书局，2003年，第760页。

⑦ 王国平：《还原一个真实的南宋——兼论杭州生活品质之城建设》，《学习时报》2008年11月17日。

⑧ （元）王祯撰，孙显斌、攸兴超点校：《王祯农书・农器图谱・田制门・涂田》，第197页。

百三十七亩有半，斯亦广袤矣，而涂之增者，日未已也”[①]。宁宗时（1195—1224），台州的临海和黄岩两县已有涂田3.5万多亩，其中临海县有涂田24771亩，黄岩县有涂田11811亩。[②]南宋时，定海垦辟涂田276顷等。[③]涂田之外，尚有沙田这种“与海争田”的方式。顾名思义，所谓“沙田”实际上就是人们对海边沙淤地的改造。南宋人叶颙说：“沙田者，乃江滨出没之地，水激于东，则沙涨于西；水激于西，则沙复涨于东。百姓随沙涨之东西而田焉。”[④]可见，沙田是由海水携带泥沙淤积而成，或可说是人们在新涨滩地上所开垦出来的农田。在南宋，人们对沙田的土地性质和归属，有两种认识：一是认为沙田为民产，如蔡戡说：“濒江沙田所产微细，自来人户以为己业”[⑤]；二是认为沙田为官产，刘宰说：“沙涨于江，江非民产，沙聚而涨，涨非民力也”[⑥]。因此，官府对其租课甚重，以至于“惟务增数”[⑦]。据有关资料统计，孝宗乾道六年（1170），浙西、淮东、江西三路共括到沙田芦场280多万亩[⑧]；理宗时，建康府五县共有沙田16.2万多亩。[⑨]从一定意义上说，沙田数量的增多反映了南宋人民“与海争地”取得了比较显著的成效。

岛屿的开发在南宋亦进入了一个新的历史时期，如赵汝适《诸蕃志》载：“泉（即泉州）有海岛曰彭湖，隶晋江县。”[⑩]又《古今图书集成·职方典》载：“台湾之北曰澎湖，二岛相连，互为唇齿，在宋时编户甚蕃。”[⑪]编户是封建统治政权的一种措施，其目的主要是为了保证国家的赋税收入及加强国防的后备力量。从唐代开始，为了保证南海航运的通畅，同时也为了开发南海诸岛，历代封建统治者都非常重视对南海诸岛的管理。如《旧唐书·地理志》载振州的行政区域，其六至为：“东至万安州陵水县一百六十里，南至大海，西北至儋州四百二十里，北至琼州四百五十里，东南至大海二十七里，西南至大海千里，西北至延德县九十里。”[⑫]其中“西南至大海千里”之大海即为南海诸岛。可见，我国至少从唐代起就对南海诸岛行使主权了，而《武经总要》更记载着北宋政府派遣水师巡视南海诸岛的事实：“命王师出戍，置巡海水师……七日至九乳螺州。”[⑬]此“九乳螺州”即南海诸岛，在这里，“置巡海水师”应是宋朝对南海岛屿行使主权的一种主要形式。入南宋以后，随着中外商贸交往日益繁忙，通过南海诸岛的海船越来越多。比如，周去非在

① （宋）董亨复：《州学增高涂田记》，（清）黄瑞编著：《台州金石录》，北京：文物出版社，1982年，第18页。
② （宋）陈耆卿：《嘉定赤城志》卷13《版籍门一》，《宋元方志丛刊》第7册，第7389—7390页。
③ 何兆泉：《元代浙江农业发展试探》，《湖州师范学院学报》2006年第3期。
④ （宋）罗大经撰，王瑞来点校：《鹤林玉露》卷6《税沙田》，北京：中华书局，1983年，第114页。
⑤ （宋）蔡戡：《定斋集》卷4《论扰民四事札子》，《景印文渊阁四库全书》第1157册，第606页。
⑥ （宋）刘宰：《漫塘集》卷35《故长洲开国寺丞孔公行述》，《景印文渊阁四库全书》第1170册，第773页。
⑦ 《宋史》卷173《食货志上一》，第4190页。
⑧ 《宋史》卷173《食货志上一》，第4191页。
⑨ 蔡美彪等：《中国通史》第5册，北京：人民出版社，1978年，第365页。
⑩ （宋）赵汝适著，杨博文校释：《诸蕃志校释》卷上《毗舍耶》，北京：中华书局，2008年，第149页。
⑪ （清）陈梦雷等：《古今图书集成》卷1110《台湾府部·杂录》，《职方典》第147册，北京：中华书局；成都：巴蜀书社，1985年，第38页。
⑫ 《旧唐书》卷41《地理志四》，北京：中华书局，1975年，第1764页。
⑬ （宋）曾公亮、丁度撰，浦伟忠、刘乐贤整理：《武经总要·前集》卷21《广南东路》，海口：海南国际新闻出版中心，1995年，第464页。

《岭外代答》中说："海南四郡之西南，其大海曰交趾。洋中有三合流，波头濆涌，而分流为三……其一东流，入于无际，所谓东大洋海也……传闻东大洋海有长砂石塘数万里，尾闾所泄，沦入九幽。昔尝有舶舟为大西风所引，至于东大海。尾闾之声，震汹无地。俄得大东风以免。"①据刘南威先生考证，这是第一次把南海诸岛的珊瑚岛看成以沙岛为主的"长沙"和把珊瑚礁看成以环礁为主的"石塘"组成。②另《诸蕃志》卷下"海南"记南海诸岛的地理形势说："至吉阳（今三亚），乃海之极，亡复陆涂。外有洲曰乌里、曰苏密、曰吉浪，南对占城，西望真腊，东则千里长沙、万里石床，渺茫无际，天水一色，舟舶来往，惟以指南针为则，昼夜守视唯谨，毫厘之差，生死系焉。"③经考古发现证实，南海诸岛是海上陶瓷之路的重要枢纽，因而史学界将沿西沙、中沙、南沙群岛航行到东南亚国家甚至更远目的地的航线，称之为"外沟"航线。④

在南宋，指南针和季风（一种海洋能量）是进行远洋航行的两个重要条件。当时，宋代的航海者已经非常熟练地掌握了季风规律，并能利用季风的更换规律进行航海贸易。其中季风又称贸易风，或者称舶风，是年内风向随着季节有规律变化的风。通常在夏季（5—8月），由于受季风环流的影响，即海洋形成高压带而大陆形成低压带，低层气流由海洋流向大陆，高层气流则由大陆流向海洋，因而东南季风由海洋吹向我国沿海各地，此为外国商船驶入南宋沿海口岸的最佳季节。另外，古代帆船航行主要以风为动力，所以，凡是经过我国南海航行到南宋沿海各个港口的外国海船都需要借助东南季风才能顺利抵达目的地。故宋人廖刚说："（海船）必趁风信时候，冬南夏北，未尝逆施，是以舟行平稳，少有疏虞，风色既顺，一日千里，曾不为难。"⑤与夏季"海舶初回"相反，到冬季盛行东北季风，低层气流自大陆流向海洋，高层气流则自海洋流向大陆，因此，外出的海船需要在这个时期离港远航，而那些蕃商也在这个时候乘船返回，一旦错过回航季风时节就需要"住冬""住蕃"⑥。例如，据考古学专家魏峻分析，南宋的远洋海船"南海一号"在沉没时船头朝向西南240度，表明它是从中国驶出，将赴新加坡或者印度等地进行海外贸易的。⑦诚如宋人周去非所言："沿海州郡类有市舶。国家绥怀外夷，于泉、广二州置提举市舶司，故凡蕃商急难之欲赴诉者，必提举司也。岁十月，提举司大设蕃商而遣之。其来也，当夏至之后，提举司征其商而覆护焉。"⑧这里，按照宋朝的惯例，凡是蕃商在东北季风到来后，欲返回其国，提举司都会"犒设"一番。对此，有人这样议论说："每年发舶月份，宋政府还动支官钱，排办筵宴，由市舶司及地方官员宴送诸国外商，以

---

① （宋）周去非著，屠友祥校注：《岭外代答》卷1《三合流》，第19页。

② 刘南威：《南海诸岛地名初探》，《岭南文史》1985年第2期。

③ （宋）赵汝适原著，杨博文校释：《诸蕃志校释》卷下《志物·海南》，北京：中华书局，1996年，第216页。

④ 《〈海南周刊〉解密西沙沉船水下考古挖掘》，《海南日报》2009年1月12日。

⑤ （宋）廖刚：《高峰文集》卷5《漳州到任条具民间利病五事奏状》，《景印文渊阁四库全书》第1142册，第363页。

⑥ （宋）朱彧：《萍洲可谈》卷2，金沛霖主编：《四库全书子部精要》下册，天津：天津古籍出版社；北京：中国世界语出版社，1998年，第764页。

⑦ 《"南海一号"与南宋海外贸易》，《中国交通报》2007年6月20日。

⑧ （宋）周去非著，屠友祥校注：《岭外代答》卷3《航海外夷》，第69—70页。

示朝廷招徕外商的厚意，欢迎外商次年再来。”①宋代的提举司为什么如此礼遇各地蕃商呢？那是因为蕃商为南宋统治者带来了巨大的经济利益，甚至外贸经济已经成为南宋立国的重要物质基础。例如，南宋绍兴年间市舶司的收入为200万缗，比北宋元祐时的80万缗高出2.5倍，为南宋政府收入的1／20，说明南宋海外贸易的规模是巨大的。②所以，南宋高宗曾谕大臣说：“市舶之利最厚，若措置合宜，所得动以万计，岂不胜取之于民！”③

（三）劳动者的知识素质和技能有了新的提高

南宋人口的增长与北方人的大量迁入直接相连，宋人庄绰说：“建炎之后，江、浙、湖、湘、闽、广，西北流寓之人遍满。”④诚然，迁入南宋的北方人成分比较复杂，既有皇室成员、士大夫、军人，又有农民、手工业者和商人。如凌景夏在绍兴二十六年（1156）说：“切见临安府自累经兵火之后，户口所存裁十二三，而西北人以驻跸之地，辐凑骈集，数倍土著，今之富室大贾，往往而是。”⑤不过，相比较而言，在南迁的北方人中，农民和手工业者占有相当大的比重，如《建炎以来系年要录》载：“今江北流寓之人失所者甚众，而淮甸耕夫往往多在南方，樵刍不给。”⑥耐得翁又说：“都城食店，多是旧京师人开张。”⑦当时，随着都城南迁，原来直接为中央掌控的官营手工业，如军械制造、印刷、陶瓷、土木营造及“御用品”制造业等，都相继南迁至临安。与此同时，很多民营手工业也都南迁，如定州瓷的烧制技术在南宋传至景德镇，遂有“南定”之称。又如：“二浙旧少冰雪，绍兴壬子，车驾在钱唐，是冬大寒屡雪，冰厚数寸。北人遂窖藏之，烧地作荫，皆如京师之法。临安府委诸县皆藏，率请北人教其制度。”⑧可见，北方人在迁入南方之后，带来了许多先进的手工业技术，有力地推动了南宋手工业生产的恢复和发展。而对于南宋手工业的一般发展状况，有人这样评论说：“北宋时，南方手工业生产的总体水平虽然已经赶上北方，但还有不少生产部门在南方之上。到了南宋，随着农业生产的发展，北方手工业者的大批南下以及比较先进的生产技术的传入，使南方的手工业生产上了一个新的台阶，除了矿冶业因受资源条件限制，仍较落后以外，其他生产部门如纺织、瓷器、造船、造纸、印刷业等全都超过了北方。”⑨到此时，我国经济文化重心的南移已成定局。

就传统文化的大背景来说，在衣食住行方面，北方人与南方人有比较大的差距。例如，北方人多种植小麦，喜吃面食，而南方人多种植水稻，喜吃米饭；北方人代步习惯以马车，而南方人则多用船舶；由于气候的不同，南方屋顶高而尖，以避风雨，北方屋顶则

---

① 木易：《试论唐宋的对外开放》，《云南师范大学哲学社会科学学报》1995年第1期。

② 王棣：《宋代经济史稿》，长春：长春出版社，2001年，第162页。

③ （宋）熊克：《中兴小记》卷23“绍兴七年闰十月庚申”，台北：文海出版社，1968年，第596页。

④ （宋）庄绰撰，萧鲁阳点校：《鸡肋编》卷上，北京：中华书局，1983年，第36页。

⑤ （宋）李心传：《建炎以来系年要录》卷173“绍兴二十六年六月丁巳”条，北京：中华书局，1988年，第2858页。

⑥ （宋）李心传：《建炎以来系年要录》卷80“绍兴四年九月乙卯”条，第1307页。

⑦ （宋）耐得翁：《都城纪胜·食店》，北京：中国商业出版社，1982年，第6页。

⑧ （宋）庄绰撰，萧鲁阳点校：《鸡肋编》卷中，第52—53页。

⑨ 何忠礼：《南宋在中国历史上的地位和影响》，《河北学刊》2006年第5期。

厚而平，以防寒冷，用我国园林学家陈从周先生的话说，就是“南方建筑为棚，多敞口；北方建筑为窝，多封闭。前者原出巢居，后者来自穴处”[①]等等。从一种文化环境到另一种新的文化环境，往往对人的生存能力是个极大的考验，适者生存，这是一条铁的定律。北方人迁入南方，他们必须要适应环境，然后才有可能在此基础上去改造环境，并且因地制宜地去创造新的文化和新的生活。因此，在这种文化移植的历史过程中，北方人不仅要改造自然，而且还要改造自身。以饮食习惯为例，北方人喜欢麦食，正是由于这种生活习惯才在客观上刺激了南方小麦的价格上涨，并促使人们在新的自然地理条件下去种植小麦，以满足北方人喜欢麦食的生理需要。所以，南宋人庄绰说：“绍兴初，麦一斛至万二千钱，农获其利，倍于种稻。而佃户输租，只有秋课。而种麦之利，独归客户。于是竞种春稼，极目不减淮北。”[②]毫无疑问，把小麦从北方推广到南方，是南宋时期北方农民对中国农业发展的一个历史性贡献。由于小麦属于旱地农业，而水稻属于水田农业，如何将两者有机地统一起来，就成为南宋田农提高粮食亩产量的一个关键措施。前面说过，南宋绍兴年间北方南来的人口已经遍及浙江、江苏、安徽、江西、湖北、湖南、福建、广东、广西、四川等南方广大地区，与之相适应，各地的地方官吏纷纷出台奖励种植小麦的政策和措施，如方大琮在福建南剑州所写的“劝种麦”文中说：“汝知种麦之利乎……禾则主佃均之，而麦则农专其利。”[③]另外，黄震在江西抚州[④]、吴泳在江西隆兴（含南昌、新建、奉新、丰城、分宁、武宁、靖安及进贤等县）亦劝农播种小麦。如吴泳说：“吴中之民开荒垦洼，种粳稻，又种菜、麦、麻、豆，耕无废圩，刈无遗陇。”[⑤]从中不难看出，吴泳在隆兴府推广播种小麦所采用的模式是吴中的“稻—麦两熟制”。对于北方田农来说，从一年一熟到一年两熟需要突破一系列技术难关，当然，更需要其农作水平的进一步提高。所以，唐启宇先生说：“一年两熟栽培制度的实现，涉及到许多有关农事措施的改革事项：①用水量的增加和用水时间的延长，要求举办农田水利事业和改良灌排器具。②需肥量的增加要求开辟肥源，改善堆制使用方法。③需要改善栽培技术与其配合，如适当安排作物，改善土壤，慎选种子，进行肥培管理事项等。④解决劳动力问题，发挥劳动人民的积极性，提高工作效率。”[⑥]显然，对于从事一年两熟制的田农来说，如果不提高他们的专业知识水平，就不可能胜任这项技术含量相对较高的农事任务。

南宋海上贸易的大发展，是以海运技术的专业化分工为基础的。从史料记载来看，南宋的民营造船工厂以福建为上，而官方在福建不曾设置造船厂，这是福建民间造船得以发展的外部条件。对此，吕颐浩说：“南方木性，与水相宜，故海舟以福建船为上，广东、西船次之，温、明州船又次之。”[⑦]而“漳、泉、福、兴化，凡滨海之民所造舟船，乃自备

---

① 陈从周：《说园——中国古典园林艺术谈（五）》，《说园》，上海：同济大学出版社，2017年，第66页。

② （宋）庄绰撰，萧鲁阳点校：《鸡肋编》卷上，第36页。

③ （宋）方大琮：《铁庵集》卷30《将邑丙戌秋劝种麦》，《景印文渊阁四库全书》第1178册，第298页。

④ （宋）黄震：《黄氏日抄》卷78《咸淳八年中秋劝种麦文》，张伟、何忠礼主编：《黄震全集》第7册，杭州：浙江大学出版社，2013年，第2221—2224页。

⑤ （宋）吴泳：《鹤林集》卷39《隆兴府劝农文》，《景印文渊阁四库全书》第1176册，第383页。

⑥ 唐启宇编著：《中国农史稿》，第576页。

⑦ （宋）吕颐浩：《忠穆集》卷2《论舟楫之利》，《景印文渊阁四库全书》第1131册，第273页。

财力兴贩牟利而已"[①]。事实上，福建的"滨海之民"不仅善于建造各种性能良好的舟船，而且还具有良好的海上巡防知识和能力。正因如此，福建民船在当时不得不担负起海上巡防和警卫帝室的任务。如"淳熙三年（1176），周必大奏请福建籍定船依旧分番差使，当番人前期告报祗备，不当番人纵使营运为生"[②]。又淳祐三年（1243）八月戊午"令福建安抚司照沿海例，团结福、泉、兴化民船，以备分番遣戍"[③]，以卫帝昺。据唐文基先生分析，当时福建所造海船的主要特点是载重量大、尖底造型、设置多根桅杆、构造坚固、隔舱防水、利用指南针辨识方向等。[④]在航海行程中，如果发生漏船事故，就由专门负责补漏的"鬼奴"及时处理海损事故。如朱彧《萍洲可谈》曾载："船忽发漏，既不可入治，令鬼奴持刀絮自外补之，鬼奴善游，入水不瞑。"[⑤]又"舟师识地理，夜则观星，昼则观日，阴晦观指南针，或以十丈绳钩，取海底泥嗅之，便知所至。海中无雨，凡有雨则近山矣"[⑥]。可见，就福建造船与航海的技术水平而言，宋代沿海的船民已经具备了相当系统的机械力学、海洋动力学、潜水技术、气象学等知识，这是南宋之所以能够实现海上交通大发展的重要条件。

如众所知，南宋的科举制对于广大的读书人来说，它的光环渐渐淡去，而它的残酷性却不断呈现出来。据统计，当时福州取解的比例为150∶1，有的州郡取解比例甚至高达500或600∶1。[⑦]如《夷坚志》载：绍兴二十九年（1159），"歙士赴举者二千人，而解额才十二，制胜为难"[⑧]。在这种历史条件下，科场竞争必然是越来越激烈，而其伴随产物则是场屋内外徇私舞弊活动猖獗，以至于不少读书人为了应试而误入歧途，甚或人格沦丧，因而它遭到张栻、朱熹、真德秀等理学家的抨击是可以理解的。例如，南宋遗民谢枋得就曾严厉地贬驳科场弊端云："以学术杀天下者，皆科举程文之士。"[⑨]此话虽然说得严重了一些，但当时科举制已与广大读书人的意志相背反，亦是客观存在的事实。不过，任何事物的发展都有两面性，都有正反两个方面的表现，科举制也复如此。从矛盾分析的角度讲，南宋科举制固然有种种弊端，但是它在那个时代，其主流还是顺乎民心的。我们认为，在南宋科举制背后，至少有两种现象对于提高大多数民众的知识素质有所裨益：一是读书的人数不断增多，它在客观上有利于提高整个国民的知识素质。宋代立国的基本方针之一就是"以文化成天下"[⑩]，而南宋则将宋朝的文化发展推向了新的历史高峰，民间读

① （清）徐松辑，刘琳等校点：《宋会要辑稿》刑法2之137，第8365页。

② （清）孙尔準等修纂：《(道光重纂）福建通志》卷86《历代防御》，陈彬强等主编：《泉州海上丝绸之路历史文献汇编初编》上册，厦门：厦门大学出版社，2020年，第265页。

③ （元）佚名撰，李之亮校点：《宋史全文》卷33"淳祐三年八月戊午"条，哈尔滨：黑龙江人民出版社，2005年，第2250页。

④ 唐文基主编：《福建古代经济史》，福州：福建教育出版社，1995年，第279页。

⑤ （宋）朱彧撰，李伟国点校：《萍洲可谈》卷2，北京：中华书局，2007年，第133页。

⑥ （宋）朱彧撰，李伟国点校：《萍洲可谈》卷2，第133页。

⑦ 何忠礼：《科举与宋代社会》，北京：商务印书馆，2006年，第77—78页。

⑧ （宋）洪迈撰，何卓点校：《夷坚志》第4册，第1515页。

⑨ （元）刘埙：《隐居通议》卷16《谢枋得·程汉翁诗序》，《丛书集成新编》第8册，台北：新文丰出版公司，1986年，第431页。

⑩ （宋）赵与时著，齐治平校点：《宾退录》卷9，上海：上海古籍出版社，1983年，第117页。

书蔚然成风，已经成为一种普遍的社会风尚。如南宋莆田名儒方渐曾云：“梅人无植产，恃以为生者，读书一事耳。”[①]四川眉州，其民“以诗书为业”[②]。江西广信府“南渡以后，遂为要区。人知敦本积学，日趋于盛”[③]。“吴、越、闽、蜀，家能著书，人知挟册。”[④]因此，朱熹称：“国朝文明之盛，前世莫及。”[⑤]二是科举制将大量的落第士子引向社会的各个实际领域，从事具体的科学技术研究或者教书工作。南宋袁采说：士大夫之子弟，“不能习进士业者，上可以事笔札，代笺简之役，次可以习点读，为童蒙之师。如不能为儒，则巫医、僧道、农圃、商贾、伎术，凡可以养生而不至于辱先者，皆可为也”[⑥]。尽管让士大夫之子弟从事上述工作，乃属无奈，但是从长远的效应来看，大量儒生被引入到南宋现实生活的各个社会层面，那对于促进整个社会的文化发展和科技进步，无疑具有非常重要的积极意义。何忠礼先生说：“北宋时，乡塾村校已遍及全国各地……南宋科举更盛，入乡塾村校读书的学生越来越多”，而“乡塾村校作为地方官学和书院的补充，在宋代更为普及，从而将两宋文化教育事业由城镇推进到穷乡僻壤”。[⑦]与儒生“百工”化的社会发展趋势相对应，“百工”或儒化或释化或道化的现象也比较突出，两者呈现出一种“你中有我，我中有你”的互动关系。下面以《夷坚志》为例，列举数事于下：

（1）“政和间，学校方盛，诸州士子坌集泮宫，出必冠带。余干县帽匠吴翁，徙居饶城，谓之‘吴纱帽’，日与诸生接，观其济济，心慕焉。教子任钧使读书，钧少而警拔，于经学颖悟有得。其比邻史老，与吴翁相好，虽为市贾，亦重儒术，欲以女归钧。”[⑧]

（2）“陈俞，字信仲，临川人。豪侠好义，自京师下第归，过谒伯姊，值其家病疫，闭门待尽，不许人来，人亦无肯至者。俞欲入，妇止之曰：‘吾家不幸，罹此大疫，付之于命，无可奈何，何为甘心召祸！’俞不听，推户径前，见门内所奉神像，香火甚肃，乃巫者所设。俞为姊言：‘凡疫疠所起，本以蒸郁熏染而得之，安可复加闭塞，不通内外！’即取所携苏合香丸十枚，煎汤一大锅，先自饮一杯，然后请姊及一家长少各饮之。以余汤遍洒房壁，撤去巫具。”[⑨]

（3）“鄱阳少年稍有慧性者，好相结诵经持忏，作僧家事业，率十人为一社，遇人家吉凶福愿，则偕往建道场，斋戒梵呗，鸣铙击鼓。起初夜，尽四更乃散，一切如僧仪，各务精诚，又无捐匄施与之费，虽非同社，而投书邀请者亦赴之。一邦之内，实繁有徒，多著皂衫，乃名为白衣会。市居百姓蒋二，盖其尤者，寻常装造印香贩售以赡生。”[⑩]

（4）“临州有人以弄蛇货药为业。一日，方作场，为蝮所啮，即时殒绝，一臂之大如

---

① 《光绪嘉应州志》卷 8《礼俗》，台北：成文出版社，1969 年，第 2 页。

② （宋）祝穆撰，祝洙增订，施和金点校：《方舆胜览》卷 53《眉州》，第 946 页。

③ 江西省省志编辑室：《江西地方志风俗志文辑录》，1987 年，第 149 页。

④ （宋）叶适著，刘公纯等点校：《叶适集》卷 9《汉阳军新修学记》，第 140 页。

⑤ （宋）朱熹集注：《楚辞集注》卷 6《服胡麻赋第四十八》，上海：上海古籍出版社，1979 年，第 300 页。

⑥ （宋）袁采著，齐豫生、夏于全主编：《袁氏世范》卷中《子弟当习儒业》，长春：北方妇女儿童出版社，2006 年，第 102 页。

⑦ 何忠礼：《科举与宋代社会》，第 92—93 页。

⑧ （宋）洪迈撰，何卓点校：《夷坚志》第 4 册，第 1562 页。

⑨ （宋）洪迈撰，何卓点校：《夷坚志》第 4 册，第 1558—1559 页。

⑩ （宋）洪迈撰，何卓点校：《夷坚志》第 4 册，第 1512—1513 页。

股，少选，遍身皮胀作黄黑色，遂死。一道人方傍观，出言曰：‘此人死矣，我有药能疗，但恐毒气益深，或不可活，诸君能相与证明，方敢为出力。’众咸竦踊劝之，乃求钱二十文以往。才食顷，奔而至，命汲新水，解裹中药，调一升，以杖抉伤者口，灌入之。药尽，觉腹中搰搰然，黄水自其口出，腥秽逆人，四体应手消缩，良久复故，已能起，与未伤时无异，遍拜观者，且郑重谢道人。道人曰：‘此药不难得，亦甚易办，吾不惜传诸人，乃香白芷一物也。法当以麦门冬汤调服，适事急不暇，姑以水代之。吾今活一人，可行矣。’拂袖而去。郭邵州传得其方，鄱阳徼卒夜直更舍，为蛇啮腹，明旦，赤肿欲裂，以此饮之，即愈。”①

通过上述四例，我们不难发现，在南宋，儒释道对医学的发展影响至深，因而人们常以“儒医”“释医”“道医”称之。儒释道并行是宋代文化发展的重要特征，当然也是宋代科技思想发展的理论泉源。受此特定之宗教文化的熏陶，南宋的“巫医、僧道、农圃、商贾、伎术”等各层从业者，他们的专业素质和道德素养的普遍提高应是一种必然结果。

因此，综合以上因素，南宋江浙地区在精耕细作农业生产的基础上，加之农作物品种的改良，劳动者素质的提高以及劳动对象进一步扩大，其生产力的性质和水平都发生了新的变化，比如两种轮作制的出现，而稻米亩产量也呈现出逐年递长的发展态势。对此，漆侠先生以江浙为例，作了这样的对比总结，他说：“宋仁宗时亩产二三石，北宋晚年到南宋初已是三四石，南宋中后期五六石，是不断增长的。”②所以，当时南宋人有“苏湖熟，天下足”③，或“苏常熟，天下足”④的谚语。

目前，史学界关于稻麦轮作起源于何时的问题主要有唐代说⑤、北宋说⑥及南宋说⑦，其中南宋说的史料依据较北宋说和唐代说更具说服力，所以本书赞同南宋说。

三、南宋科技思想的基本内容和主要特点

1. 南宋科技思想的基本内容

本篇按照南宋科技主体的不同类型将南宋科技思想分为三个部分：理学家的科技思想、诸多科技实践家的科技思想及其他人文学者的科技思想。

首先，理学家的科技思想是本书重点研究的内容之一。如果把从孔孟思想的形成到董仲舒提出“罢黜百家，独尊儒术”的命题这段历史时期，看作是儒学的肯定阶段，那么，从东汉明帝永平十年佛教的传入到唐代儒释道并行及儒学的渐弱则为儒学发展的否定阶段。自此，由韩愈开始提出建立儒学思想体系的愿望，到朱熹对唐宋儒学发展作出系统化和理论化的总结，这段历史时期是儒学发展的否定之否定时期，或称“第二次否定”时

① （宋）洪迈撰，何卓点校：《夷坚志》第1册，第351—352页。
② 漆侠：《漆侠全集》第3卷，第133页。
③ （宋）高斯得：《耻堂存稿》卷5《宁国府劝农文》，《景印文渊阁四库全书》第1182册，第88页。
④ （宋）陆游：《渭南文集》卷20《常州犇牛闸记》，《景印文渊阁四库全书》第1163册，第465页。
⑤ 郭文韬：《略论中国古代南方水田的耕作体系》，《中国农史》1989年第3期。
⑥ 唐启宇编著：《中国农史稿》，第584页。
⑦ 漆侠：《漆侠全集》第3卷，第129页；游修龄：《太湖地区稻作起源及其传播和发展问题》，《中国农史》1986年第1期。

期。由于“第二次否定”是在“更高阶段上”“重新达到了原来的出发点”①，因此，它既吸收了肯定阶段之儒学思想及处在否定阶段之佛学思想中的积极性因素，同时又克服了肯定阶段之儒学思想及处在否定阶段之佛学思想中的消极性因素，从而获得了新的思想内容和特征，是故，史学界才将宋代儒学称为“新儒学”。

宋代新儒学具有非常丰富的道德思想和科技思想内容，仅以儒家的科技思想而论，截至目前，学界已经取得了不少研究成果。如范楚玉先生在《大自然探索》1991 年第 4 期上发表《儒学与中国古代科学技术》一文；1995 年 8 月 9—11 日，中国孔子基金会学术委员会召开了“儒学与科学”的学术讨论会；朱成全先生在《江苏社会科学》1995 年第 1 期上发表《论儒学对中国古代科学技术的作用》一文；徐光台先生在《清华学报》1996 年第 4 期上发表《儒学与科学：一个科学史观点的探讨》一文；何俊华先生在《文史杂志》1997 年第 5 期上发表《略谈儒学对古代科技发展的影响》一文；白龙飞先生在《孔学研究》1998 年第 5 辑上发表《儒学变革与中国古代科技》一文；黄世瑞先生在《孔子研究》2000 年第 6 期上发表《儒家文化与科学技术》一文；郭红卫先生在 2002 年完成了她的硕士学位论文《儒家文化背景下中国古代科学的发展——以北宋为中心的考察》的研究；美国夏威夷大学哲学教授成中英先生于 2005 年 5 月 24 日在山东大学作了题为《从本体到真理——论儒学和科学的整合》的讲座；丁原明的《儒学的求真求善与科学技术》一文收录在 2005 年出版的《易学与儒学国际学术研讨会论文集》（儒学卷）里；乐爱国先生于 2007 年出版了《宋代的儒学与科学》专著；刘芹先生于 2008 年完成了她的硕士学位论文《儒学与中国古代科技》的研究，等等。随着人们对儒学与科技问题的愈益关注，有关该课题的研究成果必定会越来越多，这是毋庸置疑的。综合来看，究竟如何看待儒学与科技的关系问题应是各种学术观点交锋和碰撞的靶标，而儒学对科学技术所起的作用究竟是正作用大于负作用，还是负作用大于正作用，则是靶标的靶心，围绕着这个靶心，学术界将会在一个相当长的历史时期内，在争论中不断将这个问题引向深入。可以肯定，从个案的角度来研究宋代儒学的科技思想，前人已经作了很多工作，并且已经达到了一个比较高的水平。因此，我们下面拟从群体的角度，试对宋代儒学的科技思想略作评述。

中国古代儒学从魏晋始在经过一段时期的沉寂之后，到宋代逐渐在国家意识形态中占据了优势地位，这个巨大的思想转变，其直接动力来自于统治阶级的客观需要。于是，“与士大夫共天下”便成为宋朝皇帝的共同理念，从而也成为宋朝最有特点的一种政权运行模式。诚然，考察“与士大夫共天下”的政治内涵，不是本书研究的范围，但是，如果我们将“科学看成历史研究的对象”②，就不难看到，“与士大夫共天下”与宋代科技的高峰现象存在着内在的必然联系。那是因为在“与士大夫共天下”的“士大夫”群体中，平民出身者占了绝对优势，如南宋宝祐四年（1256）登第的 601 名进士中，70%为平民出身。③相较于贵族、官僚阶级，平民这个阶层比较面向实际，而他们本身则接近于农、

① 《马克思恩格斯全集》第 20 卷，第 673 页。

② 徐光台：《儒学与科学：一个科学史观点的探讨》，《清华学报》1996 年第 4 期。

③ 俞兆鹏：《南宋人才之盛及其原因》，《杭州日报》2005 年 11 月 14 日。

工、商等劳动生产者的一般生活，因而他们更容易发挥六经之旨。例如，周必大在《帝王经世图谱题辞》中说：

> 金华唐仲友字与政，于书无不观，于理无不究。凡天文地理、礼乐刑政、阴阳度数、兵农王霸，皆本之经典，兼采传注，类聚群分，旁通午贯，使事时相参，形声相配，或推消长之象，或列休咎之证，而于郊庙学校、畿疆井野尤致详焉。①

在这里，“凡天文地理、礼乐刑政、阴阳度数、兵农王霸，皆本之经典”，虽然是就唐仲友这个独立个体而发，但它对于南宋整个士大夫群体却有着普遍的实用价值和意义。宋代新儒学之所以高于汉唐儒学，正是因为它吸取了儒释道中各自的思想精华，进而依据宋代社会发展的客观实际来不断充实自己、丰富自己和完善自己。众所周知，李约瑟撰写《中国科学技术史》所采用的史料主要源自道家，也就是说，道家思想中更多地包含着科学技术的内容，比如，火药的发明、指南针的应用及药物化学、宇宙演化学说、中医学基本理论等，都与道家的科技实践活动有关。如果从更深层的本质来讲，周敦颐的《太极图说》、刘牧的《易数钩隐图》、邵雍的《皇极经世说》、唐仲友的《帝王经世图谱》、秦九韶的《数书九章》等，都是道家思想的产物。本来《周礼》《诗经》《尚书》《周易》《春秋》《乐经》，是儒家推崇的经典，但是“六经”这个概念却始见于《庄子·天运》篇中。《庄子·天运》篇载：

> 孔子谓老聃曰：“丘治《诗》《书》《礼》《乐》《易》《春秋》六经，自以为久矣，孰知其故矣，以奸者七十二君，论先王之道而明周、召之迹，一君无所钩用。甚矣！夫人之难说也？道之难明邪？”老子曰：“幸矣，子之不遇治世之君也！夫六经，先王之陈迹也，岂其所以迹哉！今子之所言，犹迹也。夫迹，履之所出，而迹岂履哉？”②

此段言论，提出了一个非常重要的思想范畴，那就是“迹”与“履”的关系问题。在老子看来，六经是“迹”，而不是“履”，那“履”又是什么呢？这个问题长时间困扰着孔子，于是：

> 南之沛见老聃，老聃曰：“子来乎！吾闻子，北方之贤者也。子亦得道乎？”孔子曰：“未得也。”老子曰：“子恶乎求之哉？”曰：“吾求之于度数，五年而未得也。”老子曰：“子又恶乎求之哉？”曰：“吾求之于阴阳，十有二年而未得。”老子曰：“然……古之至人，假道于仁，托宿于义，以游逍遥之虚，食于苟简之田，立于不贷之圃。逍遥，无为也；苟简，易养也；不贷，无出也。古者谓是采真之游……怨、恩、取、与、谏、教、生、杀八者，正之器也，唯循大变无所湮者为能用之。”③

可见，“履”即是“循变”，即是“虚”，即是面向社会实际和自给自足的生活状态。

---

① （宋）周必大：《平原续稿》卷14《帝王经世图谱题辞》，王蓉贵、[日]白井顺点校：《周必大全集》，成都：四川大学出版社，2017年，第508页。

② 《庄子·天运》，《百子全书》第5册，长沙：岳麓书社，1993年，第4564页。

③ 《庄子·天运》，《百子全书》第5册，第4563页。

仅从这一点来看，老子确实是代表着小农的经济利益，是一种狭隘的思想文化意识。然而，封建制的小农经济毕竟是对奴隶制的土地国家所有制的否定，因而在当时是一种社会的进步。不过，在小农经济的条件下，农民的粮食收入多半仅够负担赋税或田租，根本不能依靠种田来养家糊口，所以，为了维持其全家的生活，小农就必须从事副业生产或手工业生产，这样，便形成了“以副养农”“以织助耕”即农业与家庭手工业相结合的小农经济模式。马克思在《资本论》中指出：小农“这种生产方式是以土地和其他生产资料的分散为前提的，它既排斥生产资料的积聚，也排斥协作，排斥同一生产过程内部的分工，排斥社会生产力的自由发展”①。既然如此，我们就很难从经济基础的角度来理解宋代的科学技术为什么远远高于汉唐的科学技术？为此，葛金芳先生提出了“同质社会假说”。他认为，汉唐社会属于以“编户齐民”即小农经济为基础的汉唐吏民社会，而宋代社会则属于工商业文明在农业社会母胎内全面成长的宋明租佃制社会。②按照量变中有部分质变的事物发展规律，将中国封建社会的经济形态划分为同质不同类型的两个阶段，基本上符合汉唐与宋明社会发展的实际，尤其是它能较好地解释宋代科技发展的内部原因，因此，我们可以将小农经济与租佃制经济看作是中国古代科技发展的两个“循变”的社会基础。在老聃看来，对于他和孔子所生活的那个时代，六经只是社会存在的一种现象，而以自耕农为主体的小农经济才是其社会存在的本质。可惜，随着社会制度的变革，“士”这个社会阶层开始在春秋战国之际兴起，并“从固定的封建关系中游离了出来”而成为一个特殊的社会阶层。对此，余英时指出了当时知识阶层兴起的几个关节点：

（1）春秋战国时代，社会阶级的流动比较频繁，既有上层贵族的下降，又有下层庶民的上升，而士阶层恰好处于两者之间，是上下流动的汇合之所。③

（2）到了春秋末叶，士庶的界限已经很难截然划分了。④

（3）春秋、战国之际，农民之秀者可以上升为士。⑤

（4）士已从固定的封建关系中游离了出来而进入了一种“士无定主”的状态。⑥

（5）春秋是古代贵族文化的最后而同时也是最高阶段，而以六经为内在传承系统的士阶层受到各国诸侯的普遍重视，它表明贵族时代已经到了曲终奏雅的时候了。⑦

（6）春秋、战国的“礼坏乐崩”是“百家争鸣”的前奏。⑧

（7）士的价值取向必须以“道”为最后的依据。⑨

关于老聃这个人物，学界尚有争议，本书存而不论。但由于论题的需要，我们认为老聃与孔子生活的时代，正当贵族制逐渐解体的春秋末期，此时，新兴的地主阶级急切地需

---

① ［德］卡尔·马克思：《资本论》第1卷，邵新顺编译，北京：中国工人出版社，2015年，第830页。
② 葛金芳：《关于中国古代社会性质、结构及其演进轨迹的思考》，《史学集刊》2006年第1期。
③ 余英时：《士与中国文化》，上海：上海人民出版社，2003年，第10页。
④ 余英时：《士与中国文化》，第12页。
⑤ 余英时：《士与中国文化》，第13页。
⑥ 余英时：《士与中国文化》，第15页。
⑦ 余英时：《士与中国文化》，第19页。
⑧ 余英时：《士与中国文化》，第20页。
⑨ 余英时：《士与中国文化》，第25页。

要士人为其统治政权的现实合理性寻找论据，于是，六经之学大盛。严格说来，六经是一种士文化。当时，士的来源多为平民，如《墨子·尚贤上》说："虽在农与工肆之人，有能则举之。"又如《管子·小匡》载："朴野而不慝，其秀才之能为士者，则足赖也。"像子贡、季路、子张等，都是平民出身的士人，而从士本身的发展过程来讲，由平民到士是一种地位的上升，因而他们必然会带有这种由上升状态所迸发出来的活力和锐气。前面说过，从自耕农成长起来的士人，他们一般对科技创造本身怀有比较浓厚的兴趣和热情，比如，墨翟就是由工匠上升为"士大夫"的著名代表；庄周则是由贫苦农民上升为"士"（曾为"漆园吏"），他"处穷闾阨巷，困窘织屦"[①]；许行自称"氓"（即草野之人）[②]，可见，他也是由平民上升为士的百家代表人物之一。其他像《管子》和《考工记》的作者及后期墨家，都属于由个体生产的手工业者上升为士的学者群体，他们具有丰富的自然科学知识和生产实践经验，因而在当时拥有众多信徒，甚至出现了士人弃儒从农的现象，说明那个时代有知识的"劳力者"是颇为士人尊重和爱戴的。所以，《韩非子·显学》载："世之显学，儒、墨也。"[③]鲁迅则进一步认为春秋战国百家中，"足称'显学'者，实止三家，曰道，曰儒，曰墨"[④]。而大体上说，"道""儒"倾向于"治道"，而"墨"倾向于"治艺"，形成了两种不同的学术路径。不过，从六经的知识构成看，力耕与为士并非是对立的，而更多的人是在屈原"宁诛锄草茅，以力耕乎？将游大人，以成名乎？"[⑤]的两难境地中，选择了中间道路，即力耕与为士兼而有之，诸如前面所举的例子都是介乎两者之间。虽然"道""儒""墨"的表现形式不同，甚或相互攻讦，但对自然知识和科技知识的重视却是它们共同的特征。如李约瑟说："因为当初法术、占卜和科学未曾分家，所以我们要探讨中国科学思想的渊源，就必须向道家思想中去追寻。"[⑥]

关于儒家对待科学的态度，历来就存在着截然对立的两派观点，否定者有之，如王小波、黎鸣、蒲慕明等；肯定者有之，如周瀚光、乐爱国、王蒲生、黄世瑞等；既肯定又否定者有之，如李约瑟等。一方面，李约瑟认为："天文和历法一直是'正统'的儒家之学。"[⑦]另一方面，他又认为："在整个中国历史里，儒家对于那些以科学来了解自然，及寻求工艺的科学根据及发扬工艺的技术都持反对的立场。"[⑧]从李约瑟对儒家之科技态度所作出的这种前后矛盾的论述中，我们深深感到儒家思想的复杂性和多元性。这不能怪李约瑟，因为儒家本身就存在如下两种截然不同的声音：

《周礼·仪礼·礼记》说："作淫声、异服、奇技、奇器以疑众，杀！"[⑨]

---

① 《庄子杂篇·列御寇》，《百子全书》第5册，第4611页。
② （宋）朱熹编撰：《四书章句集注·孟子集注》，武汉：长江出版社，2016年，第231页。
③ 《韩非子》卷19《显学》，《百子全书》第2册，第1793页。
④ 鲁迅：《鲁迅全集》第9卷《汉文学史纲要·老庄》，北京：人民文学出版社，1981年，第362页。
⑤ （战国）屈原著，方元平主编：《楚辞·离骚·卜居章句》，桂林：漓江出版社，2018年，第221页。
⑥ [英]李约瑟：《中国古代科学思想史》，陈立夫等译，南昌：江西人民出版社，1999年，第65—66页。
⑦ [英]李约瑟：《中国科学技术史》第4卷《天学》，《中国科学技术史》翻译小组译，第2页。
⑧ [英]李约瑟：《中国古代科学思想史》，陈立夫等译，第10页。
⑨ 《周礼·仪礼·礼记》，长沙：岳麓书社，1995年，第335页。

《明名臣琬琰录》云："一物不知，儒者所耻。"①

从更大的时空背景来观察，在中国古代历史上，儒士和道士时而融合时而分解的现象是经常发生的事情，即使儒家内部各个学派之间相互驳难的情况也不乏见。不过，由西方近代以来的科技发展历程知，上述状况并不是中国古代科技发展的缺点，恰恰相反，不同观点的相互争论和辩难，正是科技发展的必要条件。没有百家争鸣，就没有中国古代科技的辉煌成就，这是不可否定的事实。例如，春秋战国的百家争鸣刺激了当时科学技术的快速成长与发展，从而形成了中国古代科技发展的第一次高峰。②杜石然等在《中国科学技术史稿》一书中评述道：

> 春秋战国时期，正值古希腊奴隶制鼎盛的时期。在世界的西方，这时出现了从泰勒斯到亚里士多德、欧几里德、阿基米德等一批哲学家、科学家。他们大都结成不同的学派，对包括自然科学在内的广泛的问题进行研究，在天文学、几何学、物理学、医学等领域取得了巨大的成就，成为西方古代科学技术发展的一个高潮时期。而世界的东方，我国差不多也在这一时期内，由于生产力的发展导致奴隶制向封建制转化的社会变革和上述各种因素的推动，科学技术迅速地发展起来，产生了可以与古希腊相媲美的科学家、哲学家和科学技术成就。③

可见，不止是儒家，也不止是道家，而是整个士阶层在百家争鸣中形成一种"合力"，共同推动了中国古代科学技术的发展和进步。春秋战国如此，宋朝也是如此。两宋的学派分立已经构成宋学发展的一个重要特色，譬如，《宋元学案》开列了两宋共 82 个学案，其中儒学居于主流地位，这是宋代文化最为繁荣的重要标志之一。陈钟凡先生说："有宋一代，学派繁兴，其荦荦大者，莫不穷理致知，推寻宇宙真理，与夫人生究竟，为其最大之鹄的；而仁知之见，众说放纷，致矜气相陵，愤情党伐者，则以各家所持论证之根据，彼此乖违，故各引一端，崇其所尚，或见于畸，或见于齐，徒锐偏解，莫能折衷一是也。"④在这里，"莫能折衷一是"反映了一种独立之精神，它确实是宋代科技思想的积极推动力。在南宋，像朱熹与陆九渊之间的学术论争及陈亮、叶适与朱熹之间的思想对立，各种新知识和新思想在相互碰撞中孕育，又在相互吸收中成长，"形成了继春秋战国之后中国历史上第二次'百家争鸣'的盛况"⑤，并在此基础上，"形成了更加富有中国气派、中国风格的文化"⑥。

其次，突出阐释南宋科技实践家的科技思想内涵，使其成为人们观察南宋科技思想发展和变化的主要指示器。不知人们是否注意到这样一个事实：南宋的科技工作者已经开始自觉地把"善的知识"作为其努力追求的学术目标和研究境界。

---

① （明）宋濂：《銮坡后集》卷 7《大明故中顺大夫礼部侍郎曾公神道碑铭序》，《四部丛刊初编》本，第 151 页。

② 李思孟、宋子良主编：《科学技术史》，武汉：华中理工大学出版社，2000 年，第 102 页。

③ 杜石然等编著：《中国科学技术史稿》上册，北京：科学出版社，1982 年，第 88—89 页。

④ 陈钟凡：《两宋思想述评》，上海：商务印书馆，1936 年，第 18 页。

⑤ 王国平：《以杭州为例——还原一个真实的南宋》，粟品孝等：《南宋军事史·代序》，上海：上海古籍出版社，2008 年，第 15 页。

⑥ ［美］刘子健：《略论南宋的重要性》，《大陆杂志》1985 年第 2 期。

陈旉在《陈旉农书·序》中说：

多闻择其善者而从之，多见而识之以言。闻见虽多，必择其善者，乃从而识其不善者也。若徒知之，虽多曾何足用！[①]

陈自明在《妇人大全良方·原序》中亦说：

仆……暇时闭关净室，翻阅涵泳，究极天人，采摭诸家之善，附以家传经验方，萃而成编。[②]

赵希鹄在《洞天清录集·制琴不当用俗工》中又说：

工人供斤削之役，若绳墨尺寸厚薄方圆，必善琴高士主之。仍不得促办，如槽腹琴面之类，每一事毕，方治一事，必相度审思之，既斫削去，则不复可增，度造一琴并漆，必三月或半年方办。合底面必用胶漆，如皮纸厚，合讫置琴于卓上，横厚木于卓下，夹卓以篾绞缚之，依法匣讫，候一月方解。底灰必杂以金铜细屑或磁器屑，薄如连纸，候极干再上一次。面灰用极细骨灰如薄连纸，止一上并一月方干。面上糙漆仅取遮灰，光漆糙底，灰漆差厚无害。又徽者，绳也；准绳墨以定声，尤宜留意，岂俗工所能哉！若制造之法，诸琴书备载，宜择其善者，参用之。[③]

以上事例有一个共同之处，即以“多见”来成就其功。一般地讲，“多见”有两种含义：一是多实践，多观察，此为直接经验；二是多看书，多比较，此为间接经验。曾雄生先生注意到中国农学发展的一种特殊现象：隐士农学家的大量出现，如陆羽的《茶经》、陆龟蒙的《耒耜经》、沈括的《茶论》和《梦溪忘怀录》、陈翥的《桐谱》、朱肱的《北山酒经》等。由于隐士往往居住在山区或丘陵地区，过着一种自耕而食的田园生活，因此，曾雄生先生将隐士所著农书称之为“山居系统农书”[④]。以南宋为例，“山居系统农书”主要有林洪的《山家清供》《山家清事》和陈旉的《陈旉农书》等。与一般的官修农书不同，隐士所著农书不是从以往的典籍文献中寻章摘句，以便矜能盗誉，而是从生产实际出发，以自身的耕种经验为依据，注重实用，切合农情。所以，陈旉说：“士大夫每以耕桑之事，为细民之业，孔门所不学，多忽焉而不复知，或知焉而不复论，或论焉而不复实。旉躬耕西山，心知其故，撰为《农书》三卷，区分篇目，条陈件别而论次之。是书也，非苟知之，盖尝允蹈之，确乎能其事，乃敢著其说以示人。”[⑤]从士大夫的价值观来讲，说农学在南宋是一门边缘学科，应该不虚，但是说“孔门所不学”却未必确当，关键是要看士

① （宋）陈旉：《陈旉农书·序》，任继愈总主编，范楚玉主编：《中国科学技术典籍通汇·农学卷》第1册，第337页。

② （宋）陈自明著，潘远根、胡静娟整理：《妇人大全良方·原序》，《中华医书集成》第15册，北京：中医古籍出版社，1999年，第2页。

③ （宋）赵希鹄：《洞天清录集·制琴不当用俗工》，《丛书集成初编》本，北京：中华书局，1985年，第2—3页。

④ 曾雄生：《隐士与中国传统农学》，《自然科学史研究》1996年第1期。

⑤ （宋）陈旉：《陈旉农书·序》，任继愈总主编，范楚玉主编：《中国科学技术典籍通汇·农学卷》第1册，第337页。

大夫究竟用什么形式来体现和承载农学的内容。例如，南宋绍兴年间楼璹的《耕织图诗》就是士大夫积极学习和传播农业生产技术的一个成功范例。而楼璹的成功在于他采用了图画和诗歌的形式来宣扬南宋的农业科学，否则，他的农学思想也不会产生那么持久的社会影响，可惜，原图已失，目前人们所能见到的只是清朝的摹绘本。①在此，楼璹虽然不像陈旉那样“允蹈之”，但是他也毕竟深入到了乡间地头去观察了解农作的一般过程。据他的侄子楼钥称：“伯父时为临安于潜令，笃意民事，慨念农夫蚕妇之作苦，究访始末，为耕、织二图。耕自浸种以至入仓，凡二十一事。织自浴蚕以至剪帛，凡二十四事，事为之图，系以五言诗一章，章八句。农桑之务，曲尽情状。”②可以想象，如果没有实际生活的观察和体验，楼璹就万万不能使江浙一带的农业生产气象一下子都跃然纸上，并且是那么生动逼真和活灵活现。

当然，除农业生产以外，南宋还有许多需要很多间接经验才能把握的知识领域，比如，天文历法、医学、数学、地理沿革等学科，其不像农业生产那样直观和感性，这些学科往往需要长期的积淀和累进，因而是一个循序渐进的过程。因此，后人想要超出前人，就必须懂得前人的研究成果。从这个角度讲，读书是不可或缺的功夫。南宋士人好读书，亦好藏书，据杨渭生先生统计：当时，“仅浙江湖州一地，拥书数万卷的藏书家就有七八家”③。譬如，叶梦得（1077—1148），居乌程，藏书10万卷；丁安义（1097—1151），居德清，藏书万卷；倪思（1147—1220），居归安，藏书数万卷；陈振孙（1183—1249），居安吉，藏书5万多卷；周密（1232—1298），居吴兴，藏书4万多卷；沈瀛，生卒年不详，绍兴三十年（1160）进士，居吴兴，藏书数万卷；程大昌（1123—1195），居吴兴，藏书数万卷；等等。只有生活在这样的时代风尚里，南宋士大夫翁森才会由衷地发出“人生唯有读书好”的感叹。④洪迈在《容斋随笔》里记饶州风俗云：“为父兄者，以其子与弟不文为咎；为母妻者，以其子与夫不学为辱。”⑤所以南宋的许多科学家就是在这种“为母妻者，以其子与夫不学为辱”的氛围和风习中把读书当作一种自觉的行动，因而成就了一番事业。如前揭陈自明著《妇人大全良方》即是一例，他“家藏医书数千卷”，且又“遍行东南，所至必尽索方书以观”。⑥实际上，南宋的许多医学家都像陈自明一样，都具有饱览群书和通晓古今的基本功。如张杲“固三世之医也。季明（即张杲）则欲博观远览，弘畅其道，凡书之有及于医者必记之，名之曰《医说》”⑦；周守忠从130多种古籍中，择其善者，而成《养生类纂》一书；杨士瀛撰《仁斋直指方》则“摘诸家已效之方，济以《家传》，参之《肘后》，使读者心目了然”⑧；王良叔“冤前者之死也，遂发念，取诸医书，

---

① （宋）楼璹撰，（清）焦秉贞绘：《耕织图诗》，北京：当代中国出版社，2014年，第7—51页。

② （宋）楼钥：《跋扬州伯父〈耕织图〉》，曾枣庄主编：《宋代序跋全编》第7册，济南：齐鲁书社，2015年，第4573页。

③ 杨渭生等：《两宋文化史研究》，杭州：杭州大学出版社，1998年，第499页。

④ （清）厉鹗辑撰：《宋诗纪事》卷81《翁森·四时读书乐》，上海：上海古籍出版社，1983年，第1966页。

⑤ （宋）洪迈：《容斋随笔·容斋四笔》卷5《饶州风俗》，长沙：岳麓书社，1998年，第450页。

⑥ （宋）陈自明著，潘远根、胡静娟整理：《妇人大全良方·原序》，《中华医书集成》第15册，第2页。

⑦ （宋）罗颂：《医说序》，曾枣庄主编：《宋代序跋全编》第2册，第987页。

⑧ ［日］丹波元胤著，郭秀梅、［日］冈田研吉校译：《医籍考》，北京：学苑出版社，2007年，第376页。

研精探索，如其为学然。久之无不通贯，辨证察脉，造神入妙，如庖丁解牛，伛偻承蜩”[①]，等等。那么，南宋科技专业工作者之“博观远览”的结果，究竟是简单地重复前人的东西，还是在前人成果的基础上又有了进一步的提高和创新？答案当然是后者。不过，我们始终在陈述这样一种观点，在目前的科学技术体系成果评价框架内，南宋的很多科技成果都属于普及性质的成果，还不能计入创新性成果之列。另外，由于北宋与南宋的自然环境变化，原来适用于北方地区的手工业技术一旦被移植到南方地区之后，中间必然有一个转换过程，这个转换有时也需要技术的再创造，而这种技术的再创造由于不是原创技术，所以一般也不计入创新性科技成果的名下。如此一来，南宋所剩的技术成果就没有几项了，因此，在创新性科技成果的数量方面，南宋远不如北宋突出和丰富。例如，中国古代经济重心的南移最终完成于南宋，用张家驹先生的话说就是：“宋王朝的南渡标志着南方经济文化的空前发展，并说明这一时期是我国历史上经济重心完成其南移行程的时代。”[②]客观地讲，经济重心的南移是一个非常巨大的系统工程，需要许多的技术环节，就农作物的移栽来说，如何使适宜于北方生态条件的农作物同样适宜于南方的生态条件，那可不是简单的一件事情。以小麦的移栽为例，从小麦的引入，到在中国南北方的定位，中间经过了多次的技术转移。对此，曾雄生先生说：“小麦自出现在中国西北新疆等地之后，在中国扩张经历了一个由西向东，由北而南的扩张过程，直到唐宋以后才基本上完成了在中国的定位。小麦扩张挤对了本土原有的一些粮食作物，也改变中国人的食物习惯。成为仅次于水稻的第二大粮食作物。但由于自然和历史的原因，小麦扩张也遇到了很大的障碍，尤其是在南方。”[③]在他看来，“南方种麦所遇到的困难和北方不同，其主要的障碍便是南方地势低湿”[④]，那么，如何克服这个困难，人们在由北向南的移栽过程中创造了“灌排”技术。[⑤]一方面，“北方移民不仅给南方带来了麦种，还带来了小麦的生产技术和麦子的食用习惯。这种情况在南宋初年表现得尤其明显”[⑥]；另一方面，从小麦的移栽历史来看，南宋的成就也是最大。如张家驹先生说：“至于粮食作物，南渡后的特点是麦产的普遍。由于北方人口南迁麦的市场有了扩大，它的产地也就遍布于两浙、江东西、湖南北及淮东西路，主要系属冬作。”[⑦]我们确实承认，为了在南方地区广泛播种小麦，南宋不少地方官员付出了极大努力，他们苦口婆心，劝民种麦。[⑧]即使如此，小麦移栽作为中国古代农学的一项属于世界水平的科技成就，也不能归于南宋。因为在此之前，东晋太兴元年（318），晋元帝即诏令“徐、扬二州土宜三麦，可督令旱地，投秋下种，至夏而熟，继新故之交，于以周济，所益甚大”[⑨]。且《晋书》还有“其后频年麦虽有旱蝗，而为益犹

---

① ［日］丹波元胤著，郭秀梅、［日］冈田研吉校译：《医籍考》，第376页。
② 张家驹：《两宋经济重心的南移·内容提要》，武汉：湖北人民出版社，1957年。
③ 曾雄生：《论小麦在古代中国之扩张》，《中国饮食文化》2005年第1期。
④ 曾雄生：《论小麦在古代中国之扩张》，《中国饮食文化》2005年第1期。
⑤ 唐启宇编著：《中国农史稿》，第573页。
⑥ 曾雄生：《论小麦在古代中国之扩张》，《中国饮食文化》2005年第1期。
⑦ 张家驹：《两宋经济重心的南移》，第72页。
⑧ 曾雄生：《论小麦在古代中国之扩张》，《中国饮食文化》2005年第1期。
⑨ 《晋书》卷26《食货志》，北京：中华书局，1974年，第791页。

多”[①]的记载，此为江南麦作的最早历史文献。虽然东晋的小麦属一年一熟制，它与两宋的稻—麦轮作制在技术上还有一定距离，但那毕竟是小麦从北方第一次较大规模地向南方移栽，它的历史内涵远远大于它的技术内涵。再比如，雕版印刷术发明于唐朝，而活字印刷术则发明于北宋，但是这两项轻工技术的大发展和大推广却是在南宋。举例来说，宿白先生对南宋雕版印刷技术的发展状况，曾作了这样的评价。他说：

> 从现存大量的南宋刻本书籍和版画中，可以看出雕版印刷业在南宋是一个全面发展的时期。中央和地方官府、学宫、寺院、私家和书坊都从事雕版印刷，雕版数量多，技艺高，印本流传范围广，不仅是空前的，甚至有些方面明清两代也很难与之相比。[②]

至于活字印刷，依使用材料的不同，可分为金属活字和非金属活字两类。王祯在《造活字印书法》中载：“近世又有注锡作字，以铁条贯之。”[③]这说明南宋已有锡活字的出现[④]，经有关专家考证，南宋出现的锡活字是活字印刷发明后出现得最早的金属活字印刷，因而就其工艺而言，它可看作是在毕昇活字印刷术基础上的进一步演变与改进。[⑤]另外，毕昇胶泥活字印刷术亦在南宋开始得到应用。据黄宽重先生考证，周必大曾用毕昇活字印刷术印成《玉堂杂记》一书。[⑥]后来，由于通商的原因，毕昇活字印刷术通过波斯商人、欧洲传教士等多种途径西传到了欧洲，从而“在人类历史上创立了新纪元”[⑦]。

毫无疑问，探讨和总结南宋科技发展的内在必然性和客观规律，是南宋科技思想史研究的主要内容，正是从这个前提出发，我们通过上述事例，可以初步得出下面的结论：与北宋相比较，南宋的科学技术成就多具有典型的添加性质，其科技发展是一种继承中的发展和继承中的再创造，而少有原创性的科技成果。但我们绝不能因为这个缘故就降低南宋科技发展的实际水平，事实上，南宋的应用技术能力有不少方面已在北宋的基础上又有了新的提高。拿雕版印刷《大藏经》来说，宋太祖开宝四年（971）敕益州雕版《大藏经》，共 4800 卷，到太平兴国八年（983）版成运至汴京[⑧]，仅雕版就用了 12 年。同是《大藏经》，在南宋雕印的效率就不一样了。据友岚先生考证，《思溪圆觉藏》题：“丙午靖康元年（1126）二月日修武郎阁门祗候王冲久亲书此经开板，续大藏之因缘。”[⑨]并引证《嘉泰吴兴志》等文献，认为“全藏（5400 多卷）印就于南宋绍兴二年（1132）四月”[⑩]。从

---

① 《晋书》卷 26《食货志》，第 791 页。

② 宿白：《唐宋时期的雕版印刷》，北京：文物出版社，1999 年，第 84 页。

③ （元）王祯撰，孙显斌、攸兴超点校：《王祯农书·造活字印书法》，第 752 页。

④ 张树栋、庞多益、郑如斯：《简明中华印刷通史》，桂林：广西师范大学出版社，2004 年，第 153、167 页。

⑤ 张树栋、庞多益、郑如斯：《简明中华印刷通史》，第 153、167 页。

⑥ 黄宽重：《南宋活字印刷史料及其相关问题》，宋史座谈会编辑：《宋史研究集》第 17 辑，台北：编译馆，1988 年，第 483—485 页。

⑦ 葛金芳：《南宋手工业史》，上海：上海古籍出版社，2008 年，第 254 页转引德国学者维莱姆的话。

⑧ （宋）志磐撰，释道法校注：《佛祖统记校注》卷 44《法运通塞志十七之十》，上海：上海古籍出版社，2012 年，第 1015—1017 页。

⑨ 宿白：《唐宋时期的雕版印刷》，第 85 页注释。

⑩ 宿白：《唐宋时期的雕版印刷》，第 85 页注释。

1126—1132年，连雕版带印刷前后才用了6年时间，较之北宋，其雕印效率至少提高了一倍。

2. 南宋科技思想的主要特点

把科学技术成果看作是物化的思想，这是马克思经济学的一个基本观点。[①]因此，科学技术思想往往以科学技术的结晶——器物来展示自身和表现自我。用《周易》的范畴来讲，科学技术的成果与科学技术思想的关系其实就是器与道的关系。《周易·系辞上》说："形而上者谓之道，形而下者谓之器。"在这里，所谓"上"与"下"不是指地位的高低和尊卑，而是指两者在逻辑上的体现与被体现的关系，其中所体现的是宇宙万物的现象，而被体现的则是宇宙万物的本质，两者是一种对立统一的关系，是一种谁也离不开谁的关系。于是，围绕着道与器的关系问题，南宋士人对科学技术思想提出了许多不同的观点和看法，可以肯定，这些观点和看法既反映了南宋社会发展的客观存在，同时又体现了整个士人群体在精神世界方面的变化印记，因而具有鲜明的时代特色。

（1）在人多地少的经济背景下，南宋士大夫为了缓解社会矛盾，大多开始逐渐改变鄙视"执技"者的传统看法，而有条件地提升"执技"者的社会地位，并为与国计民生直接相关之诸技术领域的优先发展营造舆论氛围。从历史上看，中国古代是一个官僚气息非常浓厚的封建社会，出自封建统治者的权力需要，划分等级是必需的，于是，"君君臣臣"便成为考虑一切知识的首要标准，依此，则《礼记》区分了"执技以事上"与"士（包括俊士、造士、进士等）志于道"的不同。《礼记·王制》载：

> 大司徒帅国之俊士与执事焉。[②]
>
> 凡执技以事上者，祝、史、射、御、医、卜及百工。凡执技以事上者，不贰事，不移官，出乡不与士齿。仕于家者，出乡不与士齿。[③]

在这里，"执事"与"执技"是指两个地位不同的社会群体，《春秋繁露·深察名号》载："士者，事也；民者，瞑也。士不及化，可使守事从上而已。"[④]《左传》昭公七年孔疏："士者事也，言能理庶事也。"[⑤]可见，士是指受过教育而掌握一定文化知识且以晋升为官作为目的的社会群体，也包括一些已居官有职的官僚在内。[⑥]从本质上说，士是国家官僚政治体系中的一个基本组成部分，它是个以官为本位且具有"劳心"性质的社会群体。与之不同，一般说来，"执技"虽然也是国家官僚政治体系中的一个组成部分，但它却是个以知识为本位且具有"劳力"性质的社会群体。所以，《尚书·胤征》云："官师相规，工执艺事以谏。"[⑦]按《穆天子传》郭璞注："官师，群士号也。"[⑧]此"官师"有别于

---

① 《马克思恩格斯全集》第46卷上，第469页。

② 《礼记·王制》，陈戍国点校：《四书五经》上册，长沙：岳麓书社，2014年，第480页。

③ 《礼记·王制》，陈戍国点校：《四书五经》上册，第481页。

④ （汉）董仲舒著，陈蒲清校注：《春秋繁露 天人三策》，长沙：岳麓书社，1997年，第169—170页。

⑤ （唐）孔颖达等：《春秋左传正义》昭公七年，济南：山东友谊书社，1993年，第2737页。

⑥ 葛志毅：《重论士之兴起及其社会历史文化地位》，《管子学刊》2008年第3期。

⑦ 《尚书·胤征》，陈戍国点校：《四书五经》上册，第228页。

⑧ （晋）郭璞注，（清）洪颐煊校，谭承耕、张耘校点：《山海经 穆天子传》，长沙：岳麓书社，1992年，第255页。

“士大夫”，它是指具有一定技艺和技能的知识群体，且在士这个阶层中居于主流地位，可惜，它的地位非常低贱，故《礼记》有“出乡不与士齿”的说法。此外，在社会上还生活着一大批游离于国家官僚政治体系之外的“私士”“游士”等，他们是儒学关注的一个特殊社会群体。因此，一方面，尽管春秋战国之际的社会变革严重地冲击了奴隶主贵族政治制度，但是儒学却基本上保留了士本身被贵族制所附加上去的各种身份标识；另一方面，随着西周奴隶制的解体，大量“执事”的“公士”一变而为“执技”以自食其力的“游士”和“隐士”，他们的存在自然会被赋予“士”以新的时代色彩，因而“士”在新的社会历史条件下便具有了更加丰富的内涵和意义。针对这种状况，孔子在不改变“士”的“执事”功能的基础上，重新打造了一个以“君子不器”①为特征的士群体形象。李泽厚先生对“君子不器”有一段十分精彩的阐释，而为了论题的需要，特转引于下：

> 这句话今天可以读作人非robot（机器人），即人不要被异化，不要成为某种特定的工具和机械。人“活”着不是作为任何机器或机器（科技的、社会的、政治的）部件，不是作为某种自己创造出来而又压迫、占领、控制自己的“异己的”力量（从科技成果到权力意志到消费广告）的奴隶。人应使自己的潜在才能、个性获得全面发展和实现。这才叫作“活”，这是从哲学说。从社会学说，“君子不器”在中国传统社会里，是说明士大夫（以占有土地为经济来源）作为“社会脊梁”，不是也不可能和不应该是某种专业人员。他们读书、做官和做人（道德）是为了“治国平天下”，其职责是维系和指引整个社会的生存。②

在此，我们实际上又回到了《周易》关于“道”与“器”之关系的基本论题，显然，对这个论题，孔子作出的回答是：否定“器”对于士的意义和作用。我们说，孔子的这个认识与他追求“克己复礼”的价值目标相一致。在孔子看来，在“礼”的场景里，士必然是“官本位”的、“执事”的和在朝的，然而，还有一种场景是非政治性的，当然也是“非礼”的，是“科学本位”的、“执技”的和在野的。如子路说：士者，“不仕无义”③。虽然，孔子积极主张“入世”，主张去与命运抗争，而不主张消极避世，但是，他从来不把自己的意志强加于隐者身上，而是设身处地为他们着想，并尊重他们的选择。例如，《论语·微子》篇举出了7位隐民，他们是伯夷、叔齐、虞仲、夷逸、朱张、柳下惠、少连。经考，在上述7人中，多是以科学为人生追求之境界，如伯夷、叔齐在放弃继承王位之后，“闻西伯昌善养老，盍往归焉”④。朱熹注：“虞仲，即仲雍，与泰伯同窜荆蛮者……仲雍居吴，断发文身，裸以为饰。隐居独善，合乎道之清。放言自废，合乎道之权。”⑤又《论语·微子》篇载：“柳下惠为士师，三黜。”⑥而他被黜的原因是“直道而事人”⑦。朱熹

---

① 《论语·为政》，陈戍国点校：《四书五经》上册，第19页。

② 李泽厚：《论语今读》，合肥：安徽文艺出版社，1998年，第61—62页。

③ 《论语·微子》，陈戍国点校：《四书五经》上册，第57页。

④ 《史记》卷61《伯夷列传》，北京：中华书局，1959年，第2123页。

⑤ （宋）朱熹注：《四书集注》，北京：北京古籍出版社，2000年，第202页。

⑥ 《论语·微子》，陈戍国点校：《四书五经》上册，第56页。

⑦ 《论语·微子》，陈戍国点校：《四书五经》上册，第56页。

注："士师，狱官。"[1]按照葛志毅的解释，古代所谓"师"多指掌握某一具体技术、技艺者。[2]这说明，无论是伯夷、叔齐，还是虞仲、柳下惠，他们都有一技之长。这一点正是南宋理学家想要挖掘的思想资源。因为在士遇方面，南宋也出现了两种现象：一种是走入仕途的技艺者，他们被称为"技术官"，其生活待遇和政治处境都可堪忧，具体状况见张邦炜先生[3]和包伟民先生[4]的相关研究成果。另一种则是由于种种原因而无缘于仕途的执技者，这部分人的数量很大，是南宋科技发展的主要力量。那么，对于南宋的统治者而言，究竟是排斥他们还是利用他们的技能为繁荣南宋的社会经济服务？有两派意见：前者以廖刚为代表，认为"世之名技术者，类多异端末习，徒以投好流俗，初无补于名教"[5]。可见，他对技术本身持否定态度。后者以袁采为代表，引文见前。在肯定派里，还可具体分为两种倾向：一种倾向是采取全面肯定的态度，如陈亮、高承等；另一种则是采取部分肯定的态度，如黄震等。

陈亮公开表示：他"于阴阳卜筮，书画伎术，凡世所有而未易去者，皆存而信之"[6]。此主张与其一贯坚持的功利观有关，在他看来，只要是有市场的"伎术"，就意味着它本身具有一定的现实合理性，因而"未易去"，就有其存在的价值。

高承在《事物纪原》中专门列有"伎术医卜部"，将伎术医卜归之于轩辕（即黄帝），实际上，这是把"伎术医卜"都看作了圣人之业，在思想观念上，它是一个很大的进步。高承说：

> 黄帝内传曰：帝既升为天子，名勾芒等司五行，于是针经、脉诀、天文、地理、卜法、算术、吉凶、丧葬，无不备也。凡伎术皆自轩辕始。[7]

对"伎术"诸科，高承开出了医、医书、方书、小方、难经、本草、百药、九针、明堂、医兽、日者、卜、筮、三式、占岁、杂占、灵棋、画、射御、规矩、百巧等，计21项。在这里，具体还可分为医学（医、医书、方书、小方、难经、本草、百药、九针、明堂、医兽）、手工业（规矩、百巧）、绘画及杂艺（日者、卜、筮、三式、占岁、杂占、灵棋、画、射御）四类。在这四类中，与人们日常生活关系最为密切的应是医学和手工业技术。

此外，南宋潘自牧在《记纂渊海》里亦专门设有"伎术"一部，其具体分类与高承略有不同，即有：医、巫、卜、相术、命术、克择、风水、射覆、遁甲、孤虚、六壬、画、写真、画山水、画龙、画马、画牛、画竹、画花木等。[8]按照潘氏的理解，"伎术"只包括医学、绘画和卜类，而不包括手工业技术。

---

① （宋）朱熹注：《四书集注》，第199页。

② 葛志毅：《重论士之兴起及其社会历史文化地位》，《管子学刊》2008年第3期。

③ 张邦炜：《宋代伎术官研究》，《大陆杂志》1991年第1、2期。

④ 包伟民：《宋代技术官制度述略》，《漆侠先生纪念文集》，保定：河北大学出版社，2002年，第218—226页。

⑤ （宋）廖刚：《书赠冯生》，曾枣庄主编：《宋代序跋全编》第3册，第1977页。

⑥ （宋）陈亮著，邓广铭点校：《陈亮集》卷23《跋朱晦庵送写照郭秀才序》，北京：中华书局，1987年，第257页。

⑦ （宋）高承：《事物纪原》卷7《伎术医卜部》，《丛书集成初编》本，北京：中华书局，1985年，第277页。

⑧ （宋）潘自牧编纂：《记纂渊海》卷87《伎术部》，北京：中华书局，1988年。

所以为了避免走入一般地和不加区别地否认伎术之科学价值的认识误区，黄震根据南宋社会现实的需要而对伎术的社会地位则作了更为明确的规定和划分。他说：

> 国家四民，士、农、工、商，应有词诉，今分四项。先点唤士人听状……士人状了，方点唤农人，须是村乡种田务本百姓方是农人。农者，国家之本，居士人之次者也，余人不许冒此吉善之称。农人状了，方点唤工匠，应干手作匠人，能为器具有资民生日用者皆是。工匠状了，方点唤商贾。行者为商，坐者为贾，凡开店铺及贩卖者皆是。四民听状之后，除军人日夕在州，有事随说，不须听状外，次第方及杂人，如伎术、师巫、游手、末作（末作谓非造有用之器者）、牙侩、船稍、妓乐、歧路干人、僮仆等，皆是杂人。①

士与非士的社会身份截然有别，但对于具体的个人来讲，士与非士的界限不是固定的，在两者之间，既可以由士降为农、工匠、伎术等，同时又可以由农、工匠、伎术等升为士。在南宋，由非士的身份转变为士的身份，社会各层人士均不持异议，唯独由士的身份降为非士的身份后，社会各层人士的反响不一。不过，士人从事农、工、商、医等与国计民生关系密切的职业，人们多能接受。除此之外，其他的伎术职业则往往遭到儒士的反对。如，黄震说："天下之伎术皆为民生蠹，惟医为有益，故世或以儒医并称，尊之也。"②

在政策方面，北宋统治者对民间伎术人的限制甚严，例如，宋真宗景德元年（1004）春正月辛丑，诏"图纬、推步之书，旧章所禁，私习尚多，其申严之。自今民间应有天象器物、谶候禁书，并令首纳，所在焚毁，匿而不言者论以死，募告者赏钱十万，星算伎术人并送阙下"③。这种以极刑的方式来压制民间伎术的研究活动，对天文学的发展是不利的。又，宋仁宗明道二年（1033）春正月辛巳，"供备库副使杨安节、东染院使张怀德并除名，配隶广南。技术人张永信杖脊配沙门岛"④。与之不同，南宋统治者虽然对民间私习天文也心有余悸，但是从总的来看，南宋统治者的"伎术"政策是开放性的，同时施与"伎术官"的恩泽也较深厚。例如，《建炎以来系年要录》载：建炎二年（1128）二月乙亥，"言者论兵兴以来，借补官资之弊，以为所借皆给，使伎术下至屠沽之人，望委逐路宪帅司，依弓马所格法比试，合格人申省部给进"⑤。淳熙三年（1176）冬十月甲戌，宋孝宗又说："古者日官居卿以底日，今太史局⑥官制太轻，且如医官，有大夫数阶，太史独无之。可创大夫阶，如医官保安、和安之类，庶几稍重其事。医官昨来多有转行遥郡者，既名伎术官，却带遥郡，轻重不伦，自后宜罢之。"⑦按照《礼记》的分类，"史"属于"执技"者之列，透过宋孝宗为太史"创大夫阶"这个举措，我们可以看出南宋与北宋在

---

① （宋）黄震：《黄氏日抄》卷 78《词诉约束》，张伟、何忠礼主编：《黄震全集》第 7 册，第 2214—2215 页。

② （宋）黄震：《黄氏日抄》卷 90《赠台州薛大丞序》，张伟、何忠礼主编：《黄震全集》第 7 册，第 2382 页。

③ （宋）李焘：《续资治通鉴长编》卷 56"真宗景德元年春正月辛丑"条，北京：中华书局，1995 年，第 1226—1227 页。

④ （宋）李焘：《续资治通鉴长编》卷 112"仁宗明道二年春正月辛巳"条，第 2622 页。

⑤ （宋）李心传：《建炎以来系年要录》卷 13"建炎二年二月乙亥"条，第 289 页。

⑥ 在宋代，天文历算归于太史局，引者注。

⑦ （元）佚名撰，李之亮校点：《宋史全文》下册，第 1798 页。

对待“伎术”者态度上的微妙变化。前引《论语》有“君子不器”之说，而在南宋，尽管“伎术”者转行较难，但是鼓励“伎术”者潜心钻研本专业的理论知识，并使他们尽量在自己的专业领域内深造和发展，却是南宋统治者的一个基本立场。例如，洪适曾奏云：

> 太史局迁转资格，自局令至直长共九阶，并系十年无过犯，方许下磨勘，诸灵台郎满二年，遇直长有阙，必须试历算科，方许转行。近者朝请至中奉大夫，该遇覃恩，亦曾引例得转行一官，因臣（阙）论列并作减四年磨勘，其伎术官于赦文中初无转官之文，而灵台郎必须经试，方可转直长，纵使合转一官，正与朝请大夫以上一同，若辄攀医官例，暗得转行则为灵台郎（阙）。尽皆不试而迁，诚为冒滥。[①]

太史局由于其专业性比较强，因此，在转官的过程中，需要考核专业知识，其目的主要是为了保证转官者应具有与之相适应的专业知识和技能。可以肯定，此项措施从客观上有利于南宋科学技术的发展，而南宋农学、医学、手工技术、数学、天文等学科的进步，与南宋统治者尊崇伎术的这种理念分不开。所以，那种一般地认为南宋统治者鄙视伎术官的看法，是不够全面的和不妥当的，事实上也不完全或者说不尽符合南宋历史发展的客观实际。

（2）理学和功利学思想逐渐强化了对科学技术领域的渗透作用，从而使哲学与科学技术之间的相互关系变得更加紧密和更加交融。从历史上讲，《周易》和《周礼》属于两种不同的话语体系和生活场景，前者是知识的，后者是制度的。在先秦，知识分子基本上以《周易》为其活动场景，因而他们的话语体系也多以知识为背景材料和交流对象。譬如，黄玉顺先生认为[②]，《易经》（指《周易》古经）成于殷末周初，它的文献构成如下：符号系统（卦爻符号）；文字系统（卦辞爻辞），包括象辞（殷周歌谣、原始史记）和占辞（吉凶断语），而先秦诸子百家都是在这个根系中生长出来的。如孔子说：“《易》，我后其祝卜矣！我观其德义耳也。幽赞而达乎数，明数而达乎德，又仁［守］者而义行之耳。赞而不达于数，则其为之巫；数而不达于德，则其为之史。史巫之筮，乡之而未也，好之而非也。后世之士疑丘者，或以《易》乎？吾求其德而已，吾与史巫同途而殊归者也。君子德行焉求福，故祭祀而寡也；仁义焉求吉，故卜筮而希也。祝巫卜筮其后乎 ？”[③]我们说，《易经》的知识有两种：道德知识和自然科学知识，本来这两种知识是相互联系，不可分割的，然而，由于封建贵族官僚制度本身的需要，孔子就把《易经》的知识放进《周礼》的思想过滤器里过滤，结果《易经》中的自然科学知识被过滤掉了。这样，《易经》中的道德知识与《周礼》中的贵族官僚体制相结合，便形成了儒家思想的基本方面。而上述孔子所说“吾与史巫同途而殊归者也”即道出了儒家对《易经》内容取舍的一般态度，在孔子看来，史巫（主要包括医学和天文历法）汲取了《易经》中的自然科学思想，即“赞而不达于数，则其为之巫；数而不达于德，则其为之史”，而他本人则仅“观其德义耳”。

日本学者内藤湖南在《概括的唐宋时代观》一文中提出了中世与近世在政治上的重要

① （宋）洪适：《盘洲文集》卷47《缴太史局转官札子》，《景印文渊阁四库全书》第1158册，第555页。

② 黄玉顺：《〈周易〉及其哲学》，《走向生活儒学》，济南：齐鲁书社，2017年，第160—161页。

③ 廖名春：《帛书〈要〉释文》，《帛书〈周易〉论集》，上海：上海古籍出版社，2008年，第389页。

区别之一就是："贵族政治的式微和君主独裁的出现。"[①]国内学者更愿意将唐与宋之间的政治变化，用身份性地主（即门阀士族）与非身份性地主（即官僚地主）来表述。[②]而邓广铭先生则主要用"士族地主势力之消逝，庶族地主之繁兴"来概括宋代文化的高度发展。[③]在"贫富无定势，田宅无定主"[④]的社会条件下，官僚地主与庶族地主之间的地位实际上处于经常的变动之中，因此，"在宋代的社会条件下，地主阶级主要由官僚地主和庶民地主两部分构成"[⑤]。一般地讲，在宋代，官僚地主主要不是依靠"门第高下"的途径而是依靠科举的途径来发迹的，从这个角度说，宋代是一个科举社会，而"科举时代的本质是士大夫政治"，或称为官僚政治。[⑥]如果说北宋对科举的条件还有所限制的话，如其科举的条件仅仅放宽到"工商杂类人"[⑦]，那么，南宋对科举的条件则全部放开，基本上不加任何身份的限制了。[⑧]这说明，南宋是一个更加开放的历史时期。

从等级森严的贵族政治进入到"取士不问家世"[⑨]的官僚政治，其服务于贵族等级制的传统儒学是需要在内容上进行一定程度的调整，以与变化了的宋代官僚政治相适应。于是，宋儒开始逐渐分别《周礼》与《周易》，其中面对知识分子的实际需要，以自然知识为特征的《周易》备受宋儒的关注，治《易》者形成了一个非常庞大的社会群体，而《易》也就成为宋学超迈前贤的一个理论根基，如"纵览《二程遗书》，其中引用《易经》而发为理论之处甚多，这暗示着二程子的学问的根源要在《易经》"[⑩]。依此，陈钟凡先生说，宋代诸家思想之论证法，可分为三期，各期的特点是：

> 第一期论证法。北宋之初，太宗、真宗，颇崇道教；固非惑于长生久视之说，吐纳引导之术也；岂不以其图书象数各派，于《周易》一书，多所发明，足以耐人寻味者哉？[⑪]
>
> 第二期论证法。宋人思想，至于二程而丕变。二程并能修正旧说，独辟新解；而颢与颐又微有不同。盖颢仍承旧说，以阴阳为道也。[⑫]
>
> 第三期论证法。北宋思想，至程颢而一变，至程颐而再变，由是启南宋之先声，朱熹乃闻其风而兴起，取《大学》一篇，次其编第，补其阙遗，遂成有系统之新方法论矣。北宋诸家思想集中于宇宙论，以形而上学为根据；至是乃转而注重穷理之方法，推求知识之性质及其来原，思想界乃以方法论为入门而"致知格物"一言，为首

---

① ［日］内藤湖南：《概括的唐宋时代观》，刘俊文主编：《日本学者研究中国史论著选译》第1卷《通论》，黄约瑟译，北京：中华书局，1992年，第10页。

② 朱瑞熙：《宋代社会研究》，郑州：中州书画社，1983年，第23—25页。

③ 邓广铭：《邓广铭治史丛稿》，北京：北京大学出版社，1997年，第66页。

④ （宋）袁采：《袁氏世范》卷下《富家置产当存仁心》，北京：中华书局，1985年，第62页。

⑤ 王善军：《宋代宗族和宗族制度研究》，石家庄：河北教育出版社，2000年，第8—9页。

⑥ 葛金芳：《宋代经济史讲演录》，桂林：广西师范大学出版社，2008年，第24页。

⑦ （清）徐松辑，刘琳等校点：《宋会要辑稿》选举14之15，第5538页。

⑧ 何忠礼：《科举与宋代社会》，第71页。

⑨ （宋）郑樵撰，王树民点校：《通志二十略・氏族略・氏族序》，北京：中华书局，1995年，第1页。

⑩ 范寿康：《朱子及其哲学》，北京：中华书局，1983年，第35页。

⑪ 陈钟凡：《两宋思想述评》，第18页。

⑫ 陈钟凡：《两宋思想述评》，第19页。

当解释之门题矣。①

我们认为，陈先生从方法论的角度将南宋理学思想的特点定位在“致知格物”这个新的价值观念上，是正确的。因为南宋科学技术的发展，非常典型地体现了这个新的价值观念。如朱熹说：“天地中间，上是天，下是地，中间有许多日月星辰，山川草木，人物禽兽，此皆形而下之器也。然这形而下之器之中，便各自有个道理，此便是形而上之道。所谓格物，便是要就这形而下之器，穷得那形而上之道理而已。”②又说：“小道不是异端，小道亦是道理，只是小。如农圃、医卜、百工之类，却有道理在。”③在这里，我们必须强调一点，“形而上”与“形而下”是《周易》的基本思想范畴，所以宋人说：“致知格物，只是一部《周易》。”④

既然“要就这形而下之器，穷得那形而上之道理”，那么，从哲学思维的层面看，此“形而上”必然会促使其特定专业知识走向理论化和系统化的阶段。从这个前提出发，我们不难发现南宋相对于北宋，在科学技术方面的显著变化，就是前者已经自觉地去创建系统化的学科理论了。如朱熹的“理学体系”，陈旉《农书》与江南地区水稻生产体系的形成，宋慈与法医学的创立，陈景沂的《全芳备祖》与南宋的植物学体系，郑樵《通志·校雠略》与图书馆学，等等。又如，南宋造船业已经普遍使用“船模”，它表明南宋的造船工匠具有较高的理论思维能力。⑤可见，从学科发展史的意义上说，南宋士人的科学理论思维水平确实在北宋的基础上又有了进一步的提高。其具体表现是：

第一，在六经中，尤其与研究《周礼》的人数相较，研究易学的士人占有比较明显的优势。例如，《宋史·艺文一》载有南宋时期的易学著述110部，而同期研究《周礼》的著述才有73部，其中还包括《大学》和《中庸》在内。按照任俊华先生的研究，《大学》和《中庸》“是儒家大量吸收易学思想的产物”⑥。实际上，南宋士人早已意识到《周礼》被冷落的现象。如绍兴三十一年（1161）五月甲申，礼部郎王普说：“后生举子竞习词章，而通经老儒，存者无几，恐自今以往，经义又当日销，而《二礼》《春秋》，必先废绝。”⑦淳熙元年（1174）六月四日又有臣僚言：“习诗赋者比之经义每多数倍，至于二《礼》、《春秋》之学，习者绝少。”⑧尽管南宋科举，“后生举子竞习词章”，但是，《周易》在经学中的地位比较特殊，正如陆游在《冬夜读书示子聿》诗中所说：“易经独不遭秦火，字字皆如见圣人。汝始弱龄吾已耄，要当致力各终身。”⑨因此，对于南宋士人来说，

① 陈钟凡：《两宋思想述评》，第23页。

② （宋）黎靖德编，王星贤点校：《朱子语类》卷62《中庸一》，北京：中华书局，1986年，第1496页。

③ （宋）黎靖德编，王星贤点校：《朱子语类》卷49《论语三十一》，第1200页。

④ （清）纳兰性德辑：《合订删补大易集义粹言》卷7，《通志堂经解》4，扬州：江苏广陵古籍刻印社，1996年，第492页。

⑤ 葛金芳：《南宋手工业史》，第174—175页。

⑥ 任俊华：《再塑民族之魂：易学与儒学》，北京：中国书店，2001年，第120页。

⑦ （宋）李心传：《建炎以来系年要录》卷190“绍兴三十一年五月甲申”条，上海：上海古籍出版社，1986年，第6219页。

⑧ （清）徐松辑，刘琳等校点：《宋会要辑稿》选举5之11，第5341页。

⑨ （宋）陆游：《剑南诗稿》卷42《冬夜读书示子聿》，张春林编：《陆游全集》上册，北京：中国文史出版社，1999年，第638页。

即使不致力终身，也需十年、八年的功夫，如宋人王炎就曾感慨地说："读易三十年，不得其门。"[①]张葆光则"默诵《系辞》二十年"[②]，所以真德秀等南宋士人总结程颐的学易经验是："吾四十以前读诵，五十以前研究其义，六十以前反覆䌷绎，六十以后著书。"[③]一方面，"六经惟《易》最难"[④]；另一方面，"六经无非出于易"[⑤]，或云"因读《易》，知五经所以言鬼神之端"[⑥]。可见，南宋士人对《周易》的研究，已经注意从"理"的层面去把握其事物运动变化的内在规律性，这是南宋科学技术进一步向深处发展的理论条件。例如，朱熹说："形而上者谓之道，物之理也。形而下者谓之器，物之物也。"[⑦]此"物之理"与"物之物"的概念是朱熹第一次提出，它表明南宋新儒家对《周易》的研究业已跳出空洞的哲学思辨窠臼，而渐渐地进入了科学的和"唯物"的认识境界，从物中求理，道器不分离。故朱熹又说："形而上为道，形而下为器。如今事物莫非天理之所在，然一物之中，其可见之形即所谓器，其不可见之理即所谓道。然两者未尝相离。"[⑧]陆九渊亦说："自形而上者言之谓之道，自形而下者言之谓之器。天地亦是器，其生覆形载必有理。"[⑨]真德秀说得更直白："且如灯烛者，器也；其所以能照物，形而上之理也。且如床卓，器也；而其用，理也。天下未尝有无理之器，无器之理，即器以求之，则理在其中，如即天地则有健顺之理，即形体则有性情之理，精粗本末初不相离，若舍器而求理，未有不蹈于空虚之见，非吾儒之实学也。"[⑩]将"理学"称之为"实学"，体现了理学与科学技术之间存在着一种相互渗透和相互作用的关系，同时，我们也可看出，"实学"的出现正是南宋科学技术发展的一种历史必然，当然也是南宋功利学派与理学发展相互影响的一种客观表现。

第二，从科学技术的角度，对六经的思想内涵作出更加令人信服的解释。郑樵说："何物为'六经'？集言语、称谓、宫室、器服、礼乐、天地、山川、草木、虫鱼、鸟兽而为经，以义理行乎其间而为纬，一经一纬，错综而成文。"[⑪]这种解释是把被汉唐经学家头足倒置了的关系再重新恢复到本来的位置，如众所知，自然科学是六经产生和发展的基础，而不是相反。在北宋之前，经学家却并不这样认识。如《三国志》述"六经"产生的

---

① （宋）王炎：《双溪类稿》卷25《读易笔记序》，《景印文渊阁四库全书》第1155册，第724页。

② （宋）冯椅：《厚斋易学》附录一《葆光解》，《景印文渊阁四库全书》第16册，第832页。

③ （宋）真德秀：《西山读书记（二）》，上海师范大学古籍整理研究所编：《全宋笔记》第10编第2册，郑州：大象出版社，2018年，第395页。

④ （宋）吴泳：《鹤林集》卷30《与汪尚中书二》，四川大学古籍整理研究所编：《宋集珍本丛刊》第74册，北京：线装书局，2004年，第562页。

⑤ （宋）冯椅：《厚斋易学》附录二，《景印文渊阁四库全书》第16册，第841页。

⑥ （宋）李石：《鬼神论》，曾枣庄、刘琳主编：《全宋文》第205册，上海：上海辞书出版社；合肥：安徽教育出版社，2006年，第356页。

⑦ （宋）朱熹撰，郭齐、尹波点校：《朱熹集》卷48《答吕子约》，成都：四川教育出版社，1996年，第2332页。

⑧ （宋）朱熹撰，郭齐、尹波点校：《朱熹集》卷51《别纸》，第2514页。

⑨ （宋）陆九渊著，钟哲点校：《陆九渊集》卷35《语录下》，北京：中华书局，2008年，第476页。

⑩ （宋）真德秀：《真西山文集》卷30《问大学只说格物不说穷理》，王云五主编：《万有文库》第2集700种《西山先生真文忠公文集》，上海：商务印书馆，1935年，第528—529页。

⑪ （宋）郑樵：《尔雅注·序》，（清）谢启昆原著，李文泽、霞绍晖、刘芳池校点：《小学考》，成都：四川大学出版社，2015年，第42页。

直接原因是："河、洛由文兴，六经由文起。"①《旧唐书》亦载白居易的话说："夫文尚矣，三才各有文。天之文三光首之，地之文五材首之，人之文《六经》首之。"②对于汉唐一般儒者的这种认识，李翱批评道："盖为文者，又非游、夏、迁、雄之列，务于华而忘其实，溺于文而弃其理。故为文则失《六经》之古风，纪事则非史迁之实录。"③按照李翱的理解，《六经》之于"文"和"理"的关系，从原始的意义上，应当是以"理"为基础，"文"服务于"理"，两者的关系实际上是内容和形式的关系。可见，汉唐一般儒者的认识颠倒了内容和形式的关系，因而导致了他们研治《六经》流于"务于华而忘其实，溺于文而弃其理"的形式主义弊端。列宁说："内容和形式以及形式和内容的斗争。抛弃形式、改造内容。"④从这层意义上说，北宋的"疑经思潮、批判西昆体的华艳文风以及政治改革思潮的初步形成"⑤，也可看作是"抛弃形式、改造内容"的一次思想解放运动，或可说是经过两次否定之后，在更高阶段上向《六经》原典和《六经》本旨的回归。那么，如何改造被汉唐"尚文"化了的《六经》内容？当然是从"尚文"回归"尚理"，使之再现《六经》的本来面目，而宋儒在这个过程中，虽然流派纷呈，观点多样，但是把"物之理"作为理解《六经》的立论基础，却为多数士人所认同。如胡瑗说："夫万物之理、万事之原，不能出于圣人之知。"⑥又说："言大易之道皆本起于乾坤。凡是天地之道，万物之理，变化之道，皆在大易之中。"⑦而在释"复，小而辨于物"中之"物"的涵义时，胡瑗更是单刀直入："物者，万物之理也。"⑧所谓"物"不是"万物之文"，而是"万物之理"，此理即是科学和哲学研究的对象。宋代科学的发展，正是以宋儒对"理"的尊崇为前提的，没有宋人的"求理"之风习，就不可能有宋代科学技术的繁荣和辉煌，也更不可能有儒学的变革。

恩格斯指出："不管自然科学家采取什么样的态度，他们还是得受哲学的支配。"⑨我们知道，宋人试图从科学技术的视角来阐释《六经》，事实上，他们已经比较成功地做到了这一点。然而，《六经》毕竟属于哲学层面的知识，它最终还需用于指导人们的科学技术研究。所以，"理"这个思维范畴的出现，对于宋代哲学与科学思想的发展就有了特别重要的方法论意义。例如，朱震从对立统一的高度对"理"这个概念作了辩证地阐释，他说："万物之理，无有独立而无友者，有一则有两得配也，有两则有一致一也。有两者益也，有一者损也。两则变，一则化，是谓天地生生之本，非致一其能生乎？"⑩在这里，"有一则有两"可以称之为"一分为二"，而"有两则有一"可以称之为"合二为一"。前

---

① 《三国志・蜀书》卷 38《秦宓传》，北京：中华书局，1959 年，第 974 页。

② 《旧唐书》卷 166《白居易传》，第 4345 页。

③ 《旧唐书》卷 160《李翱传》，第 4208 页。

④ [俄] 列宁：《列宁选集》第 2 卷，北京：人民出版社，1972 年，第 608 页。

⑤ 韩钟文：《中国儒学史（宋元卷）》，广州：广东教育出版社，1998 年，第 20 页。

⑥ （宋）胡瑗：《周易口义》卷 10《系辞上》，杨军主编：《十八名家解周易》第 5 辑，长春：长春出版社，2009 年，第 435 页。

⑦ （宋）胡瑗：《周易口义》卷 10《系辞上》，杨军主编：《十八名家解周易》第 5 辑，第 453 页。

⑧ （宋）胡瑗：《周易口义》卷 10《系辞上》，杨军主编：《十八名家解周易》第 5 辑，第 470 页。

⑨ 《马克思恩格斯选集》第 3 卷，北京：人民出版社，1972 年，第 533 页。

⑩ （宋）朱震：《汉上易传》卷 4，北京：九州出版社，2012 年，第 139 页。

者是自然界一切事物的内部矛盾的对立，如阴和阳、吸引和排斥、静和动、分解和化合、死和生等等。列宁指出："统一物之分为两个部分以及对它的矛盾着的部分的认识，是辩证法的实质。"[①]用毛泽东的话说，这是"认识诸种事物的共同的本质"[②]。后者则是指自然界一切事物的内部矛盾的转化，是由旧的矛盾的不平衡过渡到新的矛盾的暂时平衡。那么，朱震用"损"来概括和总结"一则化"的运动特征，符合不符合矛盾相互转化的原理呢？答案是肯定的。马克思指出："任何一方只有实现在另一方身上时，才能失去自己和另一方相对立的规定。任何一方都不能在它过渡到另一规定时仍保持自己原有的规定。"[③]这表明事物矛盾的相互转化是以"损"为特点的，比如，粒子与反粒子相碰撞而"湮灭"的同时生成了新的粒子，像费米子与它的反粒子相遇而生成光子或介子，质子与反质子相互碰撞而生成光子和正、负及中性介子等。

另外，张栻则将"物之文"和"物之理"表述为现象和本质的关系，这本身也是哲学思维的一个进步。他说："观其植物之文，则知物之理从可知矣。"[④]其中"物之文"是客观事物的外在规定性，而"物之理"则是客观事物的根本性质，是组成客观事物基本要素的内在联系。在通常的条件下，客观事物的根本性质往往通过丰富多彩的外在联系表现出来，所以，科学研究必须进行广泛的调查研究，并通过观察和掌握大量生动具体的现象和事实，尽量占有丰富而真实的感性材料，然后，才能认识和抓住客观事物发展变化的内在规定性，才能达到科学的认识。对此，张栻举例说：

> 上古之时，禽兽多而人民少，兽蹄鸟迹之道交于中国，故包牺氏为之网罟以教民佃渔者，非徒使民知鲜食之利，抑亦去其害而俾民得安其居也。[⑤]

此例是把客观事物的"文"与"理"之关系，归结于这样一个事实：人类的生活不仅要适应自然界，而且通过科学技术实践而能够改造自然界，使之成为人类社会生活的物质保障。于是，张栻便提出了下面的问题："思者索其所欲，虑者防其所恶，思而有所欲，虑而有所恶，皆生于心之有妄也。"[⑥]可见，对于人类的社会生活而言，科学技术的本质就是四个字"趋利避害"。有基于此，南宋科学技术非常重视实用技术的开发和利用，如《夷坚志》用大量的事例描述像炖鸭[⑦]、相船[⑧]、鳅干制作[⑨]、陶瓷烧制[⑩]、良杀牛[⑪]、养蚕[⑫]、制

---

① ［俄］列宁：《列宁选集》第2卷，北京：人民出版社，1995年，第711页。

② 《毛泽东选集》第1卷，北京：人民出版社，1991年，第310页。

③ 《马克思恩格斯全集》第46卷下，第482页。

④ （宋）张栻：《南轩易说》卷2《系辞》，（清）沈家本编：《枕碧楼丛书》，北京：知识产权出版社，2006年，第14页。

⑤ （宋）张栻：《南轩易说》卷2《系辞》，（清）沈家本编：《枕碧楼丛书》，第14页。

⑥ （宋）张栻：《南轩易说》卷2《系辞》，（清）沈家本编：《枕碧楼丛书》，第17—18页。

⑦ （宋）洪迈撰，何卓点校：《夷坚志·夷坚丁志》卷4《王立炖鸭》，第571页。

⑧ （宋）洪迈撰，何卓点校：《夷坚志·夷坚丁志》卷8《宜黄人相船》，第602页。

⑨ （宋）洪迈撰，何卓点校：《夷坚志·夷坚甲志》卷4《陈五鳅报》，第32页。

⑩ （宋）洪迈撰，何卓点校：《夷坚志·夷坚支甲》卷2《九龙庙》，第725—726页。

⑪ （宋）洪迈撰，何卓点校：《夷坚志·夷坚支乙》卷8《江牛屠》，第860页。

⑫ （宋）洪迈撰，何卓点校：《夷坚志·夷坚支景》卷7《南昌胡氏蚕》，第935页。

作驴肠[①]、捕蛇法[②]、面加工[③]、沙书[④]、制甑[⑤]、杀蚊剂[⑥]、疗蛇毒[⑦]、庞安常针法[⑧]、治消渴方[⑨]、疡医手法[⑩]、绿豆解毒[⑪]、朱肱治伤寒[⑫]、姜治雁[⑬]、无缝船[⑭]、造纸[⑮]、水利工程[⑯]等科学技术，而造成这种状况的因素主要有两个：一是延续了中国以实用为特征的中国古代科学技术的传统，二是适应了南宋商品经济和对外贸易发展的客观需要。如"邹氏，世为兖人。至于师孟，徙居徐州萧县之北白土镇，为白器窑户总首。凡三十余窑，陶匠数百"[⑰]。在"数百人"分布于"三十余窑"中，没有专业化分工生产，要完成整个瓷器生产工序，显然是不大可能的。[⑱]所以，葛金芳先生将"门类齐全，分工细密，与百姓生活相关的日用品行业生产规模扩大"看成是南宋手工业获得的第一项发展成就。[⑲]可见，南宋科学技术的发展与其实用哲学精神是相互联系着的。

（3）受传统哲学思想、不同地域文化等因素的影响，加工型和再造型成果数量较多。从科学技术思想史的发展状态来讲，原创固然具有更高的意义，但是，由于社会历史阶段的特殊性以及各个国家和地区在其历史发展进程中往往受到自然资源、人才结构、内外经济环境、文化传统、思维模式等诸方面的影响，其科学技术的发展以加工和再造为特点，从世界范围内来看，这也是科学技术发展的一种常态。比如，日本的科学技术发展就具有这个特点。中国古代历史上，南宋也具有这个特点。这是因为：第一，南宋地狭人众，可耕土地严重不足，因而迫使更多的劳动力转向"末作"，而"为技艺者"。比如，曾丰说："居今之人，自农转而为士、为道、为释、为技艺者，在在有之，而惟闽为多。闽地褊，不足以衣食之也，于是散而之四方。"且"有闽之技艺，其散而在四方者固日加多，其聚而在闽者率未尝加少也"[⑳]。其"在在有之"说明"为技艺者"在南宋的普遍性，非一州一县所特有，而在江淮地区则出现了"有田之人，预于江南经营牛种；其无田者，多入城

① （宋）洪迈撰，何卓点校：《夷坚志・夷坚支丁》卷1《韩庄敏食驴》，第973页。
② （宋）洪迈撰，何卓点校：《夷坚志・夷坚支戊》卷3《成俊治蛇》，第1070页。
③ （宋）洪迈撰，何卓点校：《夷坚志・夷坚支戊》卷7《许大郎》，第1110页。
④ （宋）洪迈撰，何卓点校：《夷坚志・夷坚支癸》卷9《申先生》，第1293页。
⑤ （宋）洪迈撰，何卓点校：《夷坚志・夷坚志补》卷21《铁鼎甑》，第1747页。
⑥ （宋）洪迈撰，何卓点校：《夷坚志・夷坚丙志》卷18《阆州道人》，第516页。
⑦ （宋）洪迈撰，何卓点校：《夷坚志・夷坚乙志》卷19《疗蛇毒药》，第351页。
⑧ （宋）洪迈撰，何卓点校：《夷坚志・夷坚甲志》卷10《庞安常针》，第83页。
⑨ （宋）洪迈撰，何卓点校：《夷坚志・夷坚支庚》卷8《道人治消渴》，第1202页。
⑩ （宋）洪迈撰，何卓点校：《夷坚志・夷坚三志己》卷7《疡医手法》，第1354页。
⑪ （宋）洪迈撰，何卓点校：《夷坚志・夷坚三志辛》卷2《槐娘添药》，第1399页。
⑫ （宋）洪迈撰，何卓点校：《夷坚志・夷坚再补・朱肱治伤寒》，第1789页。
⑬ （宋）洪迈撰，何卓点校：《夷坚志・夷坚再补・姜附治雁》，第1795页。
⑭ （宋）洪迈撰，何卓点校：《夷坚志・夷坚乙志》卷8《无缝船》，第251页。
⑮ （宋）洪迈撰，何卓点校：《夷坚志・夷坚甲志》卷7《周世亨写经》，第61页。
⑯ （宋）洪迈撰，何卓点校：《夷坚志・夷坚支甲》卷2《阳武四将军》，第720页。
⑰ （宋）洪迈撰，何卓点校：《夷坚志・夷坚三志己》卷4《萧县陶匠》，第1329页。
⑱ 张锦鹏：《试论宋代手工业分工与商品供给增长的关系》，《云南社会科学》2002年第3期。
⑲ 葛金芳：《南宋手工业史》，第414页。
⑳ （宋）曾丰：《缘督集》卷17《送缪帐干解任诣铨改秩序》，《景印文渊阁四库全书》第1156册，第193页。

市开张店业”[①]的现象。第二，与北方相比，除土地资源和铁矿、煤矿资源外，南宋时南方在森林、动植物、水、有色金属、瓷土等资源方面，具有明显的优势。据不完全统计，《桂海虞衡志》记述了广东、广西等地区的动植物133种，包括禽类13种、兽类17种、虫鱼类13种、花类16种、果类47种和草木类27种。[②]在造纸原料中，南方的竹类资源占绝对优势，此外，可用于造纸的草木类资源也非常丰富，约计有58种[③]，成为南宋形成中国造纸中心的重要物质条件。至于金属资源的分布，则南方的有色金属较北方分布广泛，且蕴藏量丰富。第三，北方大量人口南迁，他们在新的生活环境中，多注重技术的移植及其在技术重组过程中的革新与再创造。例如，牛耕与犁。还有，像“铁搭”的出现，即是在原有铁犁基础上的一种再创造，因为铁搭较传统铁犁具有接触面小、减少土壤阻力、增加耕垦效率等优点。[④]又“原有农具形制由于不同需要而增加其类型”[⑤]，如整地所用杴分铁杴、木杴、铁刃杴、竹扬杴；场圃收获作业所用杷分大杷、小杷、谷杷、竹杷、耘杷；中耕锄草作业所用的锄增加了两种类型，即耧锄和镫锄；收获作业所用的镰则增加了一种类型，即推镰[⑥]等，这些农具的出现从本质上看也是一种再创造。第四，宋代手工业等“末业”备受重视[⑦]，如北宋的高锡就曾说：凡“务奇伎淫巧，浮薄浇诡，业专于是者，货易于是者，不苦于体，不疲于神，皆坐而获利焉。即如雕一寸之金，镂一寸之玉，比谷之价有几也？文一尺之绮，饰一尺之纨，比帛之价有几也？既金玉绮纨与谷帛之价不侔，又无凶稔轻重之弊，食以之具，衣以之余，以此则谁肯勤于农哉！”[⑧]因此，在商品经济的冲击下，南宋从事技术开发和推广应用的人群越来越庞大，尤以农民居多。例如，陆九渊说：“金溪陶户，大抵皆农民于农隙时为之，事体与番阳镇中甚相悬绝。今时农民率多穷困，农业利薄，其来久矣。当其隙时，借他业以相补助者，殆不止此。”[⑨]又王之望说：四川铜山县“铜矿有无不常，每遇一窟，苗脉尽灭，即于旁近寻访，窟之深者，至数十百丈，若是坑苗丰盛，岂有弃旧图新。今新旧二百余窟，见可采者只一十七处，后又添两窟，窟之多，盖以铜之少也。诸村匠户多以耕种为业，间遇农隙，一二十户相纠入窟。或有所赢，或至折阅，系其幸不幸，其间大半往别路州军铜坑盛处趁作工役，非专以铜为主而取足于此土也”[⑩]。所以在南宋，“士、农、工、商，虽各有业，然锻铁工匠未必不耕种水田，纵使不耕种水田，春月必务蚕桑，必种园圃”[⑪]。第五，受“经学态度”的

---

① （宋）李心传：《建炎以来朝野杂记》乙集卷17《李伯和放散忠义民兵》，《中国野史集成》编委会：《先秦—清末 中国野史集成》第9册，成都：巴蜀书社，1993年，第931页。

② 吕变庭：《中国南部古代科学文化史》第2卷《珠江流域部分》，北京：方志出版社，2004年，第322页。

③ 孙宝明、李钟凯编著，张永惠校订：《中国造纸植物原料志》，北京：轻工业出版社，1959年，第1—149页。

④ 唐启宇编著：《中国农史稿》，第619页。

⑤ 唐启宇编著：《中国农史稿》，第620页。

⑥ 唐启宇编著：《中国农史稿》，第620—621页。

⑦ 程民生：《论宋代的流动人口问题》，《学术月刊》2006年第7期。

⑧ （宋）高锡：《劝农论》，曾枣庄、刘琳主编，四川大学古籍整理研究所编：《全宋文》卷40《高锡》，成都：巴蜀书社，1988年，第663页。

⑨ （宋）陆九渊著，钟哲点校：《陆九渊集》卷10《与张元鼎》，第132页。

⑩ （宋）王之望：《汉滨集》卷8《论铜坑朝札》，《景印文渊阁四库全书》第1139册，第761—762页。

⑪ （宋）王炎：《双溪类稿》卷22《上宰执论造甲》，《景印文渊阁四库全书》第1155册，第680页。

影响，许多科学技术研究仅仅限于重复或者复制前人的工作。例如，朱熹的“假天仪”模型[①]和浑仪[②]，即是对前人已有成果的复制。而王应麟的《六经天文编》则直接把《六经》中的天文思想分类汇总在一起，更谈不上突破与创新。至于朱熹及其弟子的科学技术思想基本上都限于《六经》之内，或者说他们的科学技术思想多是从《六经》中引申出来，这表明他们当时还没有将科学技术看作是一种独立于经学之外的知识，恰恰相反，在他们看来，科学技术仅仅是经学的附庸，所以，在这样的思想背景下，欲使科学技术有所突破是非常艰难的。故赵纪彬先生在总结造成这种状况的思想根源时说：

> 中国的哲学思想，从孔子起，就是一种“述而不作”的态度。这种态度到秦汉以后就变成了“经学态度”。所谓经学态度，就是哲学家不敢有自我作古的创造，所有自己的意见，都托始于圣人之言——“这不是我说的，这是经书上圣人早已说过的话”云云。他们的著作，多不采取创造的形式，而采取疏解经书的形式……这种对于经书只敢解释不敢研究，对于圣人只敢信仰不敢批评的经学态度，无疑地是从“祖述尧舜”的先王观念派生而出。从先王观念产生了“以背前进”的历史观，从经学态度产生了“以述为作”的研究法。[③]

与北宋的“疑经”思潮相比，虽然南宋亦表现出续未竟之绪的主观努力，但是那强度却不能与北宋相比。正是从这个角度，刘子健先生认为：“宋代中国特别是南宋，是顾后的，是内向的。许多原本趋向洪阔的外向的进步，却转向了一连串混杂交织的、内向的自我完善和自我强化。”[④]我们始终承认，南宋的社会历史是比较复杂的，因此，一方面，我们不能把复杂的问题简单化；另一方面，我们也同样不能把简单的问题复杂化，这是一个问题的两个方面。目前，学界对南宋史的研究日趋火热，不过，南宋的科学技术思想在总体上从北宋的高峰状态中开始走下坡路，这是史学界公认的事实。而在这种下降的趋势中，南宋的科学技术必然呈现出少创新而多重复的时代特点，这是我们认识和理解南宋科学技术发展诸特征时必须强调的一个观点。

为了说明南宋科学技术发展的这个特点，我们根据葛金芳先生的研究成果，不妨再举数例如下：在铁和有色金属的开采冶炼技术方面，南宋基本上沿用着北宋的技术成果，但在具体应用过程中也有部分改进。如灌钢法、水法冶铜及冶银工艺中的“吹灰法”等等，基本上都是北宋所取得的技术成就，至于南宋对上述技术成就的作用，主要是进行了一定程度的改进或者再创造，如炼铁炉出现了“高炉”“平炉”“小炉”等不同类型。而北宋晚期发明的煎铜法，到南宋时发展为淋铜法，其工艺较煎铜法更为简洁。[⑤]在纺织技术方面，北宋《蚕书》载有脚踏缫车，而南宋的《耕织图》中亦绘有脚踏缫车的图样，说明南

① （宋）朱熹撰，郭齐、尹波点校：《朱熹集·续集》卷3《答蔡伯静》，第5201—5203页。

② （宋）黎靖德编，王星贤点校：《朱子语类》卷23《论语五·为政篇上·为政以德章》，北京：中华书局，2004年，第535页。

③ 赵纪彬：《困知录》上册，北京：中华书局，1982年，第70页。

④ ［美］刘子健：《中国转向内在——两宋之际的文化内向》，赵冬梅译，南京：江苏人民出版社，2002年，第6页。

⑤ 葛金芳：《南宋手工业史》，第82页。

宋的脚踏缫车沿用了北宋的技术成果；唐代广泛使用多综多蹑机，在此基础上，唐末五代又创制了大花本提花机，到南宋时，提花机技术已发展到成熟阶段。在桥梁建造方面，北宋出现的“石墩梁桥”以及“筏形基础”和“养蛎固基”技术，至南宋开始大量被推广应用，遂成为南宋桥梁数量急剧增长的技术保障，至于《宋元方志丛刊》所载南宋新建、重建和改建的桥梁，更是举不胜举，具体内容可参见葛金芳先生所著《南宋手工业史》第 8 章表 15，兹不赘述。由此可见，在南宋的整个思想价值开始逐渐转向内在的历史条件下，其科技发展不能不表现出一定的收敛性和因袭性。

四、南宋科技思想的历史地位

关于如何评价南宋的历史地位（包括科技思想地位），本书不打算再过多重复和强调南宋科技发展的细节和具体的科技成就，而想从另外一个角度，谈谈南宋科技发展为什么不能从原始工业走向近代工业。杨沛霆先生曾就历史上的技术革命问题讲到了南宋一个值得人们关注的现象，他说：

> 宋朝末年我国手工业、商业繁荣，是专业化、协作化的“黄金季节”，但很快被帝王的“重本抑末”政策与人们传统思想的束缚给压制下去了，失掉了一次很好的机会。[①]

在此，“失掉了一次很好的机会”是指第三次技术革命，即工业技术的出现，它是资本主义社会形成的物质前提。在学术界，人们或许认同这样一种观点：“近代的中国文化，其实皆脱胎于南宋文化。”[②]刘子健先生亦说：从南宋算起，“此后中国近八百年来的文化，是以南宋文化为模式，以江浙一带为重点，形成了更加富有中国气派、中国风格的文化”[③]。那么，什么是“中国风格的文化”？而“此后中国近八百年来的文化”为什么不是以北宋文化为模式，而是“以南宋文化为模式”？北宋文化为什么不能成为主导中国封建社会后期的思想意识和观念形态？要系统地回答这些问题，显然是本书的篇幅所不允许的。因此，我们着重从两个方面，拟对上述三个问题作一简要回答。

1. “述而不作，信而好古”的思维风格与新思想和新观念的边缘化

如众所知，北宋新学的核心思想是王安石提出的“三不足”观，而“三不足”观的灵魂则是“祖宗不足法”[④]。此“祖宗”当然属于“古”的范畴，是应当“信而好”且要“足法”的。为了贯彻这一思想，王安石采取了一个非常之举，那就是“罢黜中外老成人几尽，多用门下儇慧少年”[⑤]。王安石“新政”的推行，宋神宗支持固然是一个重要因素，但是起用“儇慧少年”而“罢黜中外老成人”无疑是其“成功”的关键。虽然“儇慧

---

① 杨沛霆：《技术革命的历史经验——关于思想方式若干问题的讨论》，《迎接新的技术革命》下册，长沙：湖南科学技术出版社，1984 年，第 44 页。

② ［日］池田静夫：《中国水利地理史研究》，东京：日本生活社，1940 年，第 303 页。

③ ［美］刘子健：《略论南宋的重要性》，《大陆杂志》1985 年第 2 期。

④ 《宋史》卷 327《王安石传》，第 10550 页。

⑤ 《宋史》卷 327《王安石传》，第 10551 页。

少年”是《宋史》作者对拥护变法者的故意贬低，但不管怎么说，那“儇慧少年”毕竟容易接受新事物，容易认同新思想和新观念，他们是推动宋代社会进步的重要物质力量。正如陈独秀在《敬告青年》一文中所说：“青年之于社会，犹新鲜活泼细胞之在人身。新陈代谢，陈腐朽败者无时不在天然淘汰之途，与新鲜活泼者以空间之位置及时间之生命。人身遵新陈代谢之道则健康，陈腐朽败之细胞充塞人身则人身死；社会遵新陈代谢之道则隆盛，陈腐朽败之分子充塞社会则社会亡。”①从这个角度讲，所谓“儇慧少年”就是指支持王安石变法的“新鲜活泼者”，而王安石变法本身则是“遵新陈代谢之道”，是培育新思想和新观念的土壤，所以北宋的物质生产和科学技术都达到了中国封建社会的最高峰②，其间王安石变法功不可没。因此，程颐概括北宋学界的学术特色是：“人执私见，家为异说。”③

然而，与王安石的新学思想不同，面对同样的文化场景，朱熹理学所采取的态度却是“述而不作，信而好古”。此言出自《论语·述而》篇，对这句话的思想内涵，朱熹解释说：

> 述，传旧而已。作，则创始也。故作非圣人不能，而述则贤者可及……盖信古而传述者也。孔子删《诗》《书》，定礼乐，赞《周易》，修《春秋》，皆传先王之旧，而未尝有所作也，故其自言如此。盖不惟不敢当作者之圣，而亦不敢显然自附于古之贤人，盖其德愈盛而心愈下，不自知其辞之谦也。然当是时，作者略备，夫子盖集群圣之大成而折衷之。其事虽述，而功则倍于作矣，此又不可不知也。④

这段解释至少有两层含义：一是做学问的思维方式为“传先王之旧，而未尝有所作也”；二是欲“创始”则须是“集群圣之大成而折衷之”，一句话，对先圣的观点，只能“折衷”或“中庸”，而不能批评和否定。所以，钱穆先生说：

> 中国学术有一特征，亦可谓是中国文化之特征，即贵求与人同，不贵与人异。请从孔子说起。孔子自言其为学曰：“述而不作，信而好古。”人之为学，能于所学有信有好，称述我之所得于前人以为学，不以自我创作求异前人为学。⑤

在这样的思维模式里，一切新思想和新观念，自然被看作是边缘，是异端，因而拒斥之，排挤之，甚至施以高压手段，此即是明清封建统治者为什么在一个很长时期内不接受西方近代文明的思想根源，甚至康有为的“维新变法”，也不得不在形式上打出“托古改制”的幌子，可见，“述而不作，信而好古”这种思维模式，在一定范围内，束缚着新思想和新观念的形成，则是毫无疑问的。因此，朱熹在《论语精义》里引谢上蔡的话说：

> 事有述有作，至于道则无述作之殊。时有古有今，至于道则无古今之变。⑥

---

① 陈独秀：《独秀文存·论文》上，北京：首都经济贸易大学出版社，2018年，第1页。

② 引证材料参见本书“结语”部分。

③ （宋）程颢、程颐著，王孝鱼点校：《二程集》上册，北京：中华书局，2004年，第448页。

④ （宋）朱熹注：《四书集注·论语集注·述而》，第103页。

⑤ 钱穆：《宋代理学三书随札》，北京：生活·读书·新知三联书店，2016年，第233页。

⑥ （宋）朱熹：《论语精义》卷4上《述而第七》，朱杰人、严佐之、刘永翔主编：《朱子全书》第7册，上海：上海古籍出版社；合肥：安徽教育出版社，2010年，第243页。

于是，在程朱理学被定型为一种文化模式之后，无可否认，它在客观上确实限制了南宋学者的“创新”思想，结果使南宋的科技发展始终不能走向一个新的历史高度。譬如，秦九韶的《数书九章》不乏创新思想，然而，他的创新思想又不得不“称述我之所得于前人以为学，不以自我创作求异前人为学”[①]。故此，他便有了以下的种种说法：“周教六艺，数实成之”[②]，“爰自《河图》《洛书》，阐发秘奥”[③]，“要其归，则数与道非二本也”[④]，等等。又譬如，陈旉在《陈旉农书·序》里除了祖述黄帝之外，他非常冷视有“述作”的科学家，他说：“仆之所述，深以孔子不知而作为可戒。文中子慕名而作为可耻，与夫葛抱朴、陶隐居之述作，皆在所不取也。此盖叙述先圣王撙节爱物之志。”[⑤]在南宋的科学家中，陈旉算是最接近农业生产实际的儒士了，可他就坚决反对以“述作”为特征的科技思想家，像文中子、葛洪、陶弘景以至于《齐民要术》《四时纂要》，都是他批判的对象，而他将自己的著作视为“述”，而不是“作”。由此可见，“述而不作，信而好古”的思维模式对南宋科学技术的发展产生了多么巨大的影响，同时，它也造成了非常严重的后果。以宋慈为例，《洗冤集录》卷3《验骨》开首就说：“人有三百六十五节，按一年三百六十五日。”[⑥]人体究竟有多少块骨头，在宋慈的时代，只要将墓中的尸骨取出来数一数就清楚了，我们想一想，南宋的实用数学是比较发达的，那个时代，商品经济发达，科举盛兴，所以不会数数的官吏，恐怕是很少见的。况且，对于宋慈来说，做到这一点也非常容易，比如，《洗冤集录》卷3《验骨》在最后就有这样的规定：“骸骨各用麻、草小索或细篾串讫，各以纸签标号某骨，检验时不至差误。”[⑦]据此，我们有理由相信，对于人体有多少块骨头，宋慈是清楚的，而他之所以不敢“作”，正是因为《黄帝内经》有言在先：“人有精气津液，四支九窍，五藏十六部，三百六十五节。”[⑧]在“信而好古”的“求同”思维框架内，即使面对实际勘验的真实数据，都不敢提出与先圣见解相异的论点，想见当时“述而不作，信而好古”对科学家求新思维的束缚是多么牢固，它从另一个角度反映了南宋儒士的内向思维已经发展到十分僵化的程度了。再者，由宋慈的例子，我们还能够看出南宋乃至整个中国古代科技思想所沿袭已久的一个缺陷：科技研究不求精确。这恐怕也是南宋的科技发展为什么老是停留在定性研究阶段而不能走向定量研究的一个重要因素。

当然，南宋科技发展毕竟在“述而不作，信而好古”所允许的范围内，推进了中国古

---

① 钱穆：《略论朱子学之主要精神》，《宋代理学三书随札》，第233页。

② （宋）秦九韶：《数书九章·序》，任继愈总主编，郭书春主编：《中国科学技术典籍通汇·数学卷》第1册，郑州：河南教育出版社，1993年，第439页。

③ （宋）秦九韶：《数书九章·序》，任继愈总主编，郭书春主编：《中国科学技术典籍通汇·数学卷》第1册，第439页。

④ （宋）秦九韶：《数书九章·序》，任继愈总主编，郭书春主编：《中国科学技术典籍通汇·数学卷》第1册，第439页。

⑤ （宋）陈旉：《陈旉农书·序》，任继愈总主编，范楚玉主编：《中国科学技术典籍通汇·农学卷》第1册，第337页。

⑥ （宋）宋慈著，杨奉琨校译：《洗冤集录校译》卷3《验骨》，北京：群众出版社，1980年，第42页。

⑦ （宋）宋慈著，杨奉琨校译：《洗冤集录校译》卷3《验骨》，第43页。

⑧ 《黄帝内经素问》卷17《调经论》，陈振相、宋贵美编：《中医十大经典全录》，北京：学苑出版社，1995年，第85页。

代科技思想的进步，这一点，我们也不能忽视。而本书所研究的南宋科技思想，即是以此为原则的。

2. “背海立国”的繁荣与临界以商立国的历史尴尬

“背海立国”是刘子健先生叙述南宋地理特征所惯用的一个术语，在刘先生看来，“背海立国，也就是说背海面陆。我们印象中的地图，都是居南望北。讨论南宋，需要把地图，往右扭转九十度，从海上往内陆看”①。为什么看南宋要转变传统的思维方式，那是因为大陆文明与海洋文明具有不尽相同的文化内涵，用人们习惯的称谓，中国的大陆文明是一种以农立国的文明，而西方的海洋文明是一种以商立国的文明。而南宋恰好处于上述两种文明之间，或者说它正好处在由大陆文明向海洋文明的转折点上，用历史的眼光看，也可将南宋的科技发展定位于徘徊在大陆文明与海洋文明交界的十字路口，可惜，南宋统治者没有看到它本身在历史发展进程中所遇到的这一次奇遇，将会对中国乃至人类历史所产生的伟大影响，结果，他们仍然用传统的思维方式来看待正在成长中的海洋文明，他们试图用中国固有的文化传统来吸收和消化来自于海洋世界的新思想和新文化，而不是想方设法地去开辟新的文化资源和扩张新的海外市场。所以，不管人们承认与否，这个历史事实就给南宋统治者带来了一个单纯依靠它自身所无法逾越的和两种文明之间业已存在的那条代沟和界河。

史学界一致认为，南宋经济增长的方式主要是依靠海外贸易，因而有“国课”之称。②据葛金芳先生研究，南宋海外贸易表现为三个特点：一是对外贸易港口多，计有20个左右，从而形成了北起淮南或东海，中经杭州湾和福、漳、泉金三角，南到广州湾和琼州海峡的南宋万余里海岸线上全面开放的新格局；二是贸易范围有了进一步拓展，当时与南宋通商的国家和地区多达60多个，其通商范围从南洋一直延伸到地中海；三是出口商品的附加值有所提高，它表明南宋外向型经济在发展程度上已经高于进口商品的质量。③但是，我们在研究南宋的科技思想时，往往会遇到这样的困惑：南宋既然已经形成了如此广大的开放型市场，那它为什么不能从以农立国的文明逐步转进到一个新兴的、全方位和真正意义上的以商立国的文明呢？

于是，我们就需要一个思维向度。南宋统治者对待海外贸易的基本态度是：“市舶之利，颇助国用，宜循旧法，以招徕远人，阜通货贿。”④而“熙宁初创立市舶（掌蕃货、海舶、征榷、贸易之事，引者注）一司，所以来远人、通物货也”⑤。显然，南宋通海商的目的在于“招徕远人，阜通货贿”,“招徕远人”而不是把国内处于贫困状态的多余人口转移到海外，让他们去开拓海外市场，此种救急的方案，肯定是一种筑巢引凤和借鸡下蛋的战略。从科技思想史的角度看，它既是一种政策，当然，更是一种思维，而且是一种内敛性思维。

---

① ［美］刘子健：《两宋史研究汇编》，台北：联经出版事业公司，1987年，第25页。

② （宋）真德秀：《真西山文集》卷15《申尚书省乞措置收捕海盗》，王云五主编：《万有文库》第2集700种《西山先生真文忠公文集》，第253页。

③ 葛金芳：《南宋：走向开放型市场的重大转折》，《杭州研究》2007年第2期。

④ （清）徐松辑：《宋会要辑稿》职官44之24，北京：中华书局，1957年，第3375页。

⑤ （元）佚名撰，李之亮校点：《宋史全文》卷24上“宋孝宗一”条，第1653页。

众所周知，海外贸易的发展需要贸易主导国具有相对雄厚的科学技术实力。在这个问题上，我们毫不怀疑南宋已经具备了垄断当时海上贸易的物质条件，比如，南宋的造船业居于世界领先地位，航海罗盘的大规模使用，纺织技术的突飞猛进，造纸技术的发达，火药的推广与使用，制瓷技术的纯熟完美，印刷业的空前繁荣，桥梁建造技术的巨大进步，农业生产效率的提高，等等。然而，跟欧洲人为了追求金银和财富而开辟新航路的目的不同，南宋开辟通往东南亚、马六甲海峡、印度洋、红海及非洲大陆的航线，具体包括欧洲、非洲、亚洲西部、中亚、印度半岛等地区[①]，虽说也有为了追求财富的因素，但是政治因素远远重于经济的因素。对此，绍兴二年（1132）六月，广南舶司有言道：南宋统治者奖掖通商，“非特营办课利，盖欲招徕外夷，以致柔远之意”[②]。这样，南宋人仍然用传统的“夏夷观”来看待番商对南宋的贸易活动，在这样的思想背景下，南宋与诸国家和地区的通商前提必然是不平等的。于是，南宋统治者一面鼓励番商之贸易，一面又对其贸易活动加以必要的限制，因而使外商的对华贸易成为一种并非是自由出入的贸易。例如，《宋史》载：“令蕃商欲往他郡者，从舶司给券，毋杂禁物、奸人。”[③]根据宋朝对番商的政策及其实际运行机制，李剑农先生对宋朝的海外贸易政策概括为两点：即对海舶之统制和对舶来商品之统制。[④]马克思指出：“罗盘针打开了世界市场并建立了殖民地。”[⑤]然而，就南宋的商品贸易而言，我们即使往大处说，它也仅仅是“打开了世界市场”而已。因为南宋统治者开埠的主要目的不在于掠夺海外的黄金和白银，更不在于霸权，而在于“柔远”，在于“推恩”。[⑥]所以，南宋统治者不是想方设法去垄断海上贸易，而是采取“招诱”和“优异推赏”[⑦]的办法，刺激他们尽量多地把他们的商品运销中国。故绍兴六年（1136）八月三十日，提举福建路市舶司上奏：“大食蕃国蒲啰辛，造船一只，般载乳香投泉州，市舶计抽解价钱三十万贯，委是勤劳，理当优异。”因此，“诏蒲啰辛特补承信郎，仍赐公服、履、笏，仍开谕以朝廷存恤远人，优异推赏之意”，并“候回本国，令说喻蕃商、广行，般贩乳香前来，如数目增多，依此推恩”。[⑧]“推恩”的经济本质依然属于内敛而不是外展，故而南宋统治者从来都没有主动地进行技术输出，以及相配套的手工工场、技术工人、工场管理者等硬件和设备向国外的转移。难道是南宋统治者不缺乏矿产资源吗？当然不是。以美国郝若贝先生的估算，宋神宗时期宋代的需铁量为7.5万—15万吨，是1640年英国产业革命时的2.5—5倍。[⑨]而杨宽先生曾对两宋的铁产量进行统计，如表0-1所示[⑩]：

① 张星烺：《中世纪泉州状况》，《史学年报》1929年第1期。
② （清）徐松辑：《宋会要辑稿》职官44之14，第3370页。
③ 《宋史》卷186《食货志下八》，第4561页。
④ 李剑农：《宋元明经济史稿》，北京：生活·读书·新知三联书店，1957年，第148—149页。
⑤ ［德］马克思：《机器、自然力和科学的应用》，北京：人民出版社，1978年，第61页。
⑥ （清）徐松辑：《宋会要辑稿》蕃夷4之94，第7760页。
⑦ （清）徐松辑：《宋会要辑稿》蕃夷4之94，第7760页。
⑧ （清）徐松辑：《宋会要辑稿》蕃夷4之94，第7760页。
⑨ 漆侠：《漆侠全集》第4卷，第538页。
⑩ 杨宽：《中国古代冶铁技术的发明和发展》，第68—69页。

表 0-1　两宋铁产量统计表

年代	公元	铁冶数	每年政府铁的收入/斤
宋太宗至道末年	约 997 年	4 监、12 冶、20 务、25 场	5 748 000
宋真宗天禧末年	约 1021 年		6 293 000
宋仁宗皇祐年间	1049—1053 年		7 241 000
宋英宗治平年间	1064—1067 年	77	8 241 000
宋神宗元丰元年	1078 年		5 501 097
南宋初期	约 1127 年	638	2 162 144
宋孝宗乾道年间	1165—1173 年		880 300

由表 0-1 可知，南宋初年的铁产量较宋神宗元丰元年减少了一半多，这个事实说明南宋的铁产量远远不能满足社会经济发展对铁的需求，所以海外贸易的进口物品中“大率盐铁居十之八，茶居其一，香矾杂收又居其一焉”①。按照 B.M.施坦因的认识，南宋的制铁业、采矿业、印刷业及造船业等部门已经出现了“大生产”，甚至在一定部门和领域还出现了资本主义手工工场。②事实上，南宋所出现的“大工业”只是封建性的生产关系在一定历史阶段内通过自我调节而产生的一种历史效应，而不是由一种新的生产关系的生长所致。如前揭《夷坚志》《陆九渊集》《汉滨集》等文献记载，南宋的很多“大工业”是以农村而不是以城市为中心发展起来的，其劳动力资源也是主要来自农村，来自农村里“以耕种为业”的农民，他们从事手工生产，仅仅是“间遇农隙”所从事的一种副业，它跟真正的资本主义大工业生产还不是一码事。因为南宋的“大工业”还没有发展到对农民土地的剥夺，并使其成为真正的自由民，相反，他们当中有很大一部分却被牢固地束缚在土地上，甚至变成了境况更加糟糕的“农奴”。③换言之，“终南宋之世，所有耕作之农民，大多数皆为豪富所役使之佃户，自耕农极难存在”④。漆侠先生亦说：“当着土地兼并尚不算多么严重、国家赋役还在一定范围内增加之时，宋代土地政策或多或少地有利于自耕农经济的发展，对一部分客户的转化乃至上升为自耕农也具有积极的意义。从北宋客户比数下降、自耕农比数增长的这一事实中，就可以说明这一点。可是，宋代土地政策中的这点积极意义，在北宋时还有所表现，到南宋便逐步消失了。”⑤显然，农村的封建势力仍具有很强的生命力，特别是在土地兼并中所出现的官僚地主及其“私有土地”十分不稳定，因为皇帝对它有绝对的处分权，“没官田”的大量存在以及景定四年（1263）实行的买“公田”法即是明证。按：针对“土地兼并”过程中出现的“佃户”逃移现象，宋仁宗皇祐四年（1052）颁布了《官庄客户逃移之法》，史称《皇祐法》，其通行范围仅限于夔州路的施、黔二州。到南宋孝宗淳熙十四年（1187），封建统治者进一步把《皇祐法》的通行范围

① （宋）佚名：《皇宋中兴两朝圣政》卷 20“绍兴六年八月癸亥纪事”条，北京：北京图书馆出版社，2007 年，第 911 页。

② B.M.施坦因：《在欧洲列强侵入以前东方各国的经济中是否已有资本主义因素？》，“历史研究”编辑部编译：《资本主义起源的研究译文集》，北京：科学出版社，1961 年，第 147 页。

③ 李剑农：《宋元明经济史稿》，第 197 页。

④ 李剑农：《宋元明经济史稿》，第 194 页。

⑤ 漆侠：《漆侠全集》第 3 卷，第 228 页。

扩大到夔州路的忠、万等州。由于淳熙修订的“逃田法”逐渐暴露出许多不利于巩固封建统治的问题，所以开禧元年（1205）“夔路转运判官范荪言：‘本路施、黔等州荒远，绵亘山谷，地旷人稀，其占田多者须人耕垦，富豪之家诱客户举室迁去。乞将皇祐官庄客户逃移之法校定：凡为客户者，许役其身，毋及其家属；凡典卖田宅，听其离业，毋就租以充客户；凡贷钱，止凭文约交还，毋抑勒以为地客；凡客户身故、其妻改嫁者，听其自便，女听其自嫁。庶使深山穷谷之民，得安生理。’刑部以皇祐逃移旧法轻重适中，可以经久，淳熙比附略人之法太重，今后凡理诉官庄客户，并用皇祐旧法。从之”[1]。此外，“江南、两淮、两浙、福建、广南、荆湖等路，佃客的人身束缚也在逐步强化”[2]。可见，南宋统治者的这种不断强化佃客人身自由限制的政策严重限制了手工业生产的发展和新的生产关系的形成。而这种状况的发生，究其思想根源，还在于中国古代传统的“重农贱商”观念。尽管南宋的商业较为发达，货币财富的积累也较巨大，但是，正如马克思所说：像古代的罗马和拜占庭等地方，它们都有发达的商业和货币财富的积累，然而，它们却不能产生出资本主义的因素，因为“在那里，旧的所有制关系的解体，也是与货币财富——商业等等的发展相联系着的。但，这种解体事实上不是为工业铺设道路，而是引起了乡村统治城市”[3]。于是，我们看到南宋的海外贸易尽管如此发达却为什么不能引发改变中国城市被统治地位的“城市革命”，其问题的症结正在于此，而南宋为什么不能产生资本主义的萌芽，其问题的症结也在于此。

因此，“乡村统治城市”便是我们探究南宋科技思想发展史的经济基础和文化背景。

① 《宋史》卷173《食货志上一》，第4178页。
② 蔡美彪等：《中国通史》第5册，第391页。
③ ［德］马克思：《资本主义生产以前各形态》，日知译，北京：人民出版社，1956年，第48页。

第一章 南宋理学科技思想的孕育

南宋科技思想的突出特点是理学已经成为多数士大夫从事科研活动的一种价值观，然而，这种思想自觉不是一蹴而就，而是经过了几代学者的共同努力。正是从这样的文化视野，钱穆认为："中国文化重在其内部生命力之一气贯通。欧洲文化则由多方面之组织而成，虽曰取精用宏，终是拼凑堆垛。换言之，中国文化是'一本'的；而欧洲文化则是'多元'的。"[①]此"一本"亦即"理学"，所以南宋的科技思想也以"一本"为其存在和发展的根基。

第一节 紫微学派与吕本中的生态思想

吕本中是"吕氏家族"的重要一分子，论学术影响他不及吕祖谦，但他的科学思想在"吕氏"学派中却最为显著，故本节舍"祖谦"而取"本中"，道理也在于此。另外，吕本中是江北人，他的学术思想被立为"紫微学案"[②]，并在南宋之初亦颇风光了一阵子，不仅如此，据说"紫微之学，本之家庭，而遍叩游、杨、尹诸老之门，亦尝及见元城（即刘安世），多识前言往行以畜德。成公（即吕祖谦）之先河，实自此出"[③]。而吕本中的"家学"继承了"保泰持盈"[④]的北方学术传统，故其"对现实带有妥协性，没有革命的一股劲"[⑤]。

吕本中（1084—1145），字居仁，寿州（今属安徽）人。他的曾祖吕公著为元祐宰相，其父吕好问也官至御史中丞，虽为官宦之家，但吕本中的家庭，似乎充满了学术气息。据《宋元学案·范吕诸儒学案》载："考正献（吕公著）子希哲、希纯，为安定门人，而希哲自为《荥阳学案》；荥阳子切问，亦见学案；又和问、广问及从子稽中、坚中、弸中，别见《和靖学案》；荥阳孙本中及从子大器、大伦、大猷、大同，为《紫微学案》；紫微之从孙祖谦、祖俭、祖泰，又别为《东莱学案》。共十七人，凡七世。"[⑥]这确实是中国古代学术史上值得深入探究的文化现象，由于这层关系，史学界称吕本中为"东莱

① 钱穆：《民族与文化》，《钱宾四先生全集》第37册，台北：联经出版事业公司，1998年，第28页。

② （清）黄宗羲原著，（清）全祖望补修，陈金生、梁运华点校：《宋元学案》卷36《紫微学案》，北京：中华书局，2007年，第1233页。

③ （清）黄宗羲原著，（清）全祖望补修，陈金生、梁运华点校：《宋元学案》卷36《紫微学案》，第1241页。

④ 钱穆：《宋明理学概述》，台北：台湾学生书局，1977年，第199页。

⑤ 钱穆：《宋明理学概述》，第200页。

⑥ （清）黄宗羲原著，（清）全祖望补修，陈金生、梁运华点校：《宋元学案》卷19《范吕诸儒学案》，第789页。

先生”，也称“紫微先生”，而称祖谦为“小东莱”。全祖望说：

> （吕本中）不名一师，亦家风也。自元祐后诸名宿，如元城（刘世安）、龟山（杨时）、鹰山（游酢）、了翁（陈瓘）、和靖（尹焞）以及王信伯（王苹）之徒，皆尝从游。多识前言往行，以畜其德。而溺于禅，则又家门之流弊乎！[①]

这段话把“紫微先生”的学术思想“一分为二”，一面是“多识前言往行，以畜其德”，这是吕氏治学的一贯作风；另一面则是“溺于禅”，吕本中晚年习禅，以“无”为本，他的自然观和人生观受禅学的影响极大，故从宋学追求奋发进取的截面去看，全祖望对吕本中学术思想的整体评价是成立的。

吕本中因遭受过“元祐党禁”的冲击，且他的官俸大概也不甚丰厚，故其家庭经济不是很富裕，有诗为证：“秋风袭残暑，忽过江上林。旦日扶杖来，不见十亩阴。蔬畦甚寂寞，亦受霜雪侵。”[②]像吕本中这样有身份和地位的家庭，才有十亩左右的菜地，难怪他在诗中经常会写出“我无良田归不得，忍穷气味君应识”[③]、“富儿巨家饱欲死，笑我陋巷长蓬蒿”[④]这样苦穷的诗句，正因为“穷”，所以他才拿“贫贱不可忘，富贵安足羡”[⑤]的话来激励家人，而这种家风确实有利于后代的成长，吕本中的从子及从孙不废家学，刻苦励志，承前继后，各有作为，就是“皆有得于家学者也”[⑥]。

宋代学术有两种倾向：一种是对传统经典开始大胆地怀疑，并“好以己意改经”[⑦]，史称“疑经派”，其代表人物主要是江南人如欧阳修、王安石、陆九渊等；还有一种是对传统经传及其汉注提出挑战，舍汉注而取经义，甚至他们用宋注取代了汉注，从而给儒家经典输入了新的血液，有助于儒学精神的发扬广大，史称“疑传派”，其代表人物主要是江北人如石介（兖州人）、刘颜（徐州人）、张洞（济州人）等。而吕本中的学术倾向明显属于“疑传派”，如他治《春秋》“自三传而下，集诸儒之说不过陆氏、两孙氏、两刘氏、苏氏、程氏、胡氏数家而已。其所择颇精，却无自己议论”[⑧]，其中吕本中“集诸儒之说”均为宋代治《春秋》之名家，充分体现了他“多识前言”的学术思想，而且他虽“无自己议论”，但“所择”本身就表明了他的观点和立场，就是他“议论”之一种独特方式。

据《宋史》本传载，吕本中于绍兴六年（1136）中进士，并“擢起居舍人兼权中书舍人”[⑨]，他曾向宋高宗建言：

> 当今之计，必先为恢复事业，求人才，恤民隐，讲明法度，详审刑政，开直言之

---

① （清）黄宗羲原著，（清）全祖望补修，陈金生、梁运华点校：《宋元学案》卷36《紫微学案》，第1233页。

② （宋）吕本中撰，沈晖点校，汪福润审订：《东莱诗词集》卷4《遣怀三首》，合肥：黄山书社，1991年，第47页。

③ （宋）吕本中撰，沈晖点校，汪福润审订：《东莱诗词集》卷2《答无逸惠书》，第22页。

④ （宋）吕本中撰，沈晖点校，汪福润审订：《东莱诗词集》卷3《岁晚作》，第37页。

⑤ （宋）吕本中撰，沈晖点校，汪福润审订：《东莱诗词集》卷4《示内》，第55页。

⑥ （清）黄宗羲原著，（清）全祖望补修，陈金生、梁运华点校：《宋元学案》卷36《紫微学案》，第1243页。

⑦ （清）永瑢等：《四库全书总目》卷33《七经小传》，北京：中华书局，2003年，第270页。

⑧ （清）永瑢等：《四库全书总目》卷27《吕氏春秋集解》提要，北京：中华书局，1997年，第344页。

⑨ 《宋史》卷376《吕本中传》，第11635页。

路，俾人人得以尽情。然后练兵谋帅，增师上流，固守淮甸，使江南先有不可动之势，伺彼有衅，一举可克。①

从军事的角度看，吕本中的策略未免过于保守，但他看到南宋的首要任务是“求人才，恤民隐”，同时他想以强化宋朝内部的经济和政治力量的手段，来实现其“固守淮甸”的方略，在当时的历史条件下，这个建议是合理的，其“九江、鄂渚，荆南诸路，当宿重兵”②的军事构想是切实可行的。可惜，他的良策未被采用，后来因政见不同，吕本中受到秦桧的排挤，尤其他对秦桧“汲用亲党，一除目下”③的行径很是不满，但又无可奈何，遂不得志而死于上饶，享年62岁。

一、“万物皆备于我”的人本主义自然观

由于人们对待自然界和人类社会相互关系的着眼点不同，在自然观上形成了截然不同的观点，凡认为自然界是一个自我运动和自我发展的客观历史过程，人类仅仅是自然界不可分割的有机组成部分的观点，都称为“自然主义的自然观”；那些认为作为客体存在的自然界绝不能离开作为主体存在的人类而独立存在的观点，则属于“人本主义的自然观”。随着科学技术的发展，特别是近代工业革命以后，在自然经济条件下的自然界被分成了两个部分，一是“天然自然”，即尚未打上人类意识烙印的客观物质世界；二是“人化自然”，即被打上人类意识烙印的客观物质世界，它是人类在一定范围内改造天然自然的历史产物。其中天然自然是人化自然的基础，而人化自然则是对天然自然的再造。这种再造过程体现着人类知识对天然自然的巨大作用，它必然会在人类历史的不同阶段引起人们的高度关注，并对它作出各种各样的解释。庄子说：“夫弓弩毕弋机变之知多，则鸟乱于上矣；钩饵网罟罾笱之知多，则鱼乱于水矣；削格罗落罝罘之知多，则兽乱于泽矣。”④看来庄子是惧怕由知识所创造的“人化自然”的，在他眼中，人类知识破坏了大自然的和谐，造成了动物世界的混乱，我们尽管给他悲观的理解，但庄子的这个思想给人类自身发展所留下的警示意义将是永恒的，所以庄子指给我们的“希望之路”就是“同与禽兽居，族与万物并”⑤，这样一来整个世界便剩下“天然自然”一界了，这就叫作“至德之隆”⑥。循此路则通过王弼的“贵无”思想而走向禅学。而与庄子的理路不同，荀子既承认“天然自然”，也崇尚“人化自然”。他一方面说“列星随旋，日月递照”⑦，谓之“天”（天然自然）；另一方面又主张“从天而颂之，孰与制天命而用之”⑧，所谓“制天命而用之”就是再造一个属于人类自己的世界即“人化自然”。循此路则通过王充、刘禹锡的

① 《宋史》卷376《吕本中传》，第11636页。
② 《宋史》卷376《吕本中传》，第11636页。
③ （清）黄宗羲原著，（清）全祖望补修，陈金生、梁运华点校：《宋元学案》卷36《紫微学案》，第1235页。
④ 《庄子·胠箧》，《百子全书》第5册，第4550页。
⑤ 《庄子·马蹄》，《百子全书》第5册，第4549页。
⑥ 《庄子·盗跖》，《百子全书》第5册，第4604页。
⑦ 《荀子·天论》，《百子全书》第1册，第187页。
⑧ 《荀子·天论》，《百子全书》第1册，第189页。

“天与人交相胜而已矣，还相用而已矣”[①]思想而走向宋代的“功利主义”。如果依此来论，那吕本中的自然观显然应归于庄子一路。但他又有区别于庄子的东西。吕本中说：

> 万物皆备于我。反身而诚，富有之大业；至诚无息，日新之盛德也。[②]

对于孟子提出的“万物皆备于我”[③]这个命题，吕本中并没有多少发挥。不过，他看中的是“人化自然”这一面，因为只有人类再造出来的“自然界”，才谈得上“备于我”，才能使万物“合同而化”。然而，在吕本中心目中，“天然自然”似乎占着一个不太重要的位置，因为他只在很少的地方，引述过庄子的“浑沌”说和周敦颐的“太极”思想，如他云：“二程始从周茂叔先生为穷理之学，后更自光大。茂叔名敦颐，有《太极图说》传于世，其辞虽约，然用志高远可见也。”[④]所以他把“人化自然”作为其自然观的物质基础。而“人化自然”说到底就是“尽天道”，他说：“穷理尽性，以至于命。命也，性也，理也，皆一事也。在物谓之理，在人谓之性，在天谓之命。至于命者，言尽天道也。”[⑤]同是“尽天道”，周敦颐、二程把它跟“天然自然”相联系，而吕本中则把它跟“人化自然”绑在了一起，这便是吕本中自然观的特点，我们认为就这一点而言，吕本中对王阳明“心学”思想的影响比二程还要直接。

首先，吕本中把天人区分开来，并强化了“人”的本体地位。他说：

> 读《易》初有味。初看象数殊，忽此爻象异。纷纷者众说，行各半途滞。大言累千百，杂解记一二。坐令天人分，复以小大计。[⑥]

如果按律诗的对仗形式来理解，“天”就应该对应于“小”，而“人”则对应于“大”。这不是搞文字游戏，也不是玩智力魔方，因为吕本中的《读〈易〉》诗反映了作者的一种思想状态，他赋予“物质”以“人”学的意义，即“物生无荣贱，悉是君所见”[⑦]。因此，“性与天道，万事有无，皆其分内所固有也，虽有出于思虑之表者，亦是分内”[⑧]。所谓“分内”，其实就是“吾心”。邵雍说：“物莫大于天地，天地生于太极，太极即是吾心。太极所生之万化万事，即吾心之万化万事也，故曰天地之道备于人。”[⑨]而吕本中就是循着邵雍的这条路子走下来的。有了这样的逻辑前提，吕本中便顺理成章地得出以下结论：

---

① （唐）刘禹锡撰，卞孝萱校订：《刘禹锡集·天论中》，北京：中华书局，1990年，第67—68页。

② （清）黄宗羲原著，（清）全祖望补修，陈金生、梁运华点校：《宋元学案》卷36《紫微学案》，第1235页。

③ 《孟子·尽心》，陈成国点校：《四书五经》上册，第126页。

④ （宋）吕本中：《童蒙训》卷上，楼含松主编：《中国历代家训集成》第1册，杭州：浙江古籍出版社，2017年，第295页。

⑤ （宋）吕本中：《紫微杂说》，《景印文渊阁四库全书》第863册，第829页。

⑥ （宋）吕本中撰，沈晖点校，汪福润审订：《东莱诗词集》卷11《读〈易〉》，第159页。

⑦ （宋）吕本中撰，沈晖点校，汪福润审订：《东莱诗词集》卷8《新霜行》，第111页。

⑧ （宋）吕本中：《紫微杂说》，《景印文渊阁四库全书》第863册，第838页。

⑨ （清）黄宗羲原著，（清）全祖望补修，陈金生、梁运华点校：《宋元学案》卷9《百源学案上·渔樵问答》，第458页。

体合于心，心合于气，气合于神，神合于无。①

从表面上看，这是转引了《列子》的话，但传达的却是吕本中自己的心音。那么，“神合于无”之“无”在吕本中的思想体系中究竟是什么意思呢？冯友兰先生曾说：“先秦道家，如老庄所谓无，系指其所谓道。依他们的所见，一件一件底实际底事物是有；道不是一件一件底实际底事物，所以称为无。其所以称为无，乃所以别于他们所谓有，并不是真正底无。惟郭象所说有，并不是指一件一件底实际底事物，而是指实际，其所谓无，亦是真正底无。”②而吕本中对“无”的理解显然在“先秦道家”的范畴之内，他说：“韩退之言，行而宜之之谓义。义者，见于行事者也。事有体有用，义则其用也，道则体也。”③所以“无”可作“道”解，也就是冯友兰先生说的“所谓无，系指其所谓道”。除此之外，我们认为还有一义即可作“静”解。吕本中说过这样的话：“善，故静也；万物无足以扰心者，故静也。水静犹明，而况精神，盖言圣人之静非以静为善，故静耳，万物无足以扰心者，则自然静也，水静犹明，而况精神，静之至也，自然之应也。”④如果我们把上述内容串联起来，就会看出“无”在吕本中看来其实就是表示事物从“天然自然”向“人化自然”过渡的一种状态，因为在人类未诞生之前，“人化自然”相对于“天然自然”是“无”，而就人类的精神活动来说，当它尚未变成物质产品之前，即当它还没有成为“人化自然”的组成部分时，也是“无”。对此，冯友兰先生用“真际”与“实际”两个概念来表达了这层意思：“天有本然、自然之义。真际是本然而有，实际是自然而有。真际是本然，实际是自然。天兼本然自然，即是大全，即是宇宙。”⑤在这里，“真际”可以理解为“天然自然”，而“实际”则可理解为“人化自然”。可见，不论“真际”还是“实际”，人始终是它们的“重心”，而这也就是“惟生论”的哲学基础。

其次，吕本中承认宇宙万物及人生的根本动力来源于“气”。他引胡安国的话说：

万物，一气也。观于阴阳寒暑之变，以察其消息盈虚。⑥

“气”在吕本中看来就是一种“本然”的存在状态，所谓“客房夜凉冷，气体亦粗胜”⑦之“气”即是人生的本原。吕本中又说：“论养生者，以神气相守为本”⑧，且“气合于神，神合于无”⑨。若联系到他所说的“地载神气”⑩及“穷神知化由通于礼乐”⑪等话语文本，那么我们有理由认为吕本中所说的“神”，实际上就是“大而化之，则非力行

① （宋）吕本中：《紫微杂说》，《景印文渊阁四库全书》第863册，第839页。
② 冯友兰：《新理学》，《民国丛书》第五编14，上海：上海书店，1991年，第34页。
③ （宋）吕本中：《紫微杂说》，《景印文渊阁四库全书》第863册，第831页。
④ （宋）吕本中：《紫微杂说》，《景印文渊阁四库全书》第863册，第842页。
⑤ 冯友兰：《新理学》，《民国丛书》第五编14，第38页。
⑥ （宋）吕本中：《春秋集解》卷17《成公》，《景印文渊阁四库全书》第150册，第318页。
⑦ （宋）吕本中撰，沈晖点校，汪福润审订：《东莱诗词集》卷11《读司马公集解〈太玄〉》，第166页。
⑧ （宋）吕本中：《紫微杂说》，《景印文渊阁四库全书》第863册，第839页。
⑨ （宋）吕本中：《紫微杂说》，《景印文渊阁四库全书》第863册，第839页。
⑩ （宋）吕本中：《紫微杂说》，《景印文渊阁四库全书》第863册，第822页。
⑪ （宋）吕本中：《紫微杂说》，《景印文渊阁四库全书》第863册，第826页。

可至”[①]的“天道”和“消息盈虚之运”[②]。此“神”既存在于“天然自然”之中，也存在于“人化自然”和人类自身之中，总之，它无处不在又无时不有。因此，“能尽人，则能事鬼神矣”[③]。

最后，“惟生”是吕本中自然观的根本和大要。

事实上，“惟生”早已成为北宋诸学者的话题，如王安石说：“神生于性，性生于诚，诚生于心，心生于气，气生于形。形者，有生之本。故养生在于保形，充形在于育气，养气在于宁心，宁心在于致诚，养诚在于尽性，不尽性不足以养生。”[④]同样，吕本中也说：

> 庄周言生之来不能却，其去不能止，悲夫！世之人以为养形足以存生，而养形果不足以存生，则世奚足为哉！此谓有意于养形以存生者也。有意于养形以存生，则实有不可存生，若无意于养形以存生，则养形岂有不存生之理。庄周又言，虽不足为，而不可不为者，其为不免矣。夫欲免为形者，莫如弃世，弃世则无累，无累则正平，正平则与彼更生，更生则几矣。夫所谓弃世无累，是无意者也，至于更生则几矣，则所谓无意于养形以存生者，方可以存生也。所谓虽不足为，不可不为也，不可不为者，任之而已，非实为也，其为不免矣。实为之而有所为也，故不免此养生之要也。[⑤]

为了“养形以存生”，吕本中特别强调“和柔”的意义和作用。他借晁文元《法藏碎金》中的话说：“道引以和柔为至”[⑥]，而“芝草生，甘露降，醴泉出，皆是此等和气熏蒸所生”[⑦]，所以求生存是人类最基本的物质条件，但在不同的历史时期，人类求生的愿望和要求是不一样的，而当人们连最基本的生存权也不能保障时，争取生存权的斗争就成为该社会的主题，当然也往往是该社会思想精英所思考的学术主题。南宋社会的主题是求生存，这是不言而喻的。谢方叔云：

> 国朝（指南宋）驻跸钱塘，百有二十余年矣。外之境土日荒，内之生齿日繁，权势之家日盛，兼并之习日滋，百姓日贫，经制日坏，上下煎迫……识者惧焉……今百姓膏腴皆归贵势之家……小民百亩之田，频年差充保役，官吏诛求百端，不得已，则献其产于巨室，以规免役。小民田日减而保役不休，大官田日增而保役不及。以此……民无以遂其生。[⑧]

故“求生”不仅是南宋社会的现实，而且也是吕本中自己所面临的生活现实。有诗为证：“鼻息咈然君莫惊，饥肠渠自作雷鸣。须公一勺羔儿酒，伴我夜窗听雨声。”[⑨]又：“囊

① （宋）吕本中：《紫微杂说》，《景印文渊阁四库全书》第863册，第827页。
② （宋）吕本中：《紫微杂说》，《景印文渊阁四库全书》第863册，第829页。
③ （宋）吕本中：《紫微杂说》，《景印文渊阁四库全书》第863册，第830页。
④ （宋）王安石著，唐式标校：《王文公文集》卷29《礼乐论》，上海：上海人民出版社，1974年，第333页。
⑤ （宋）吕本中：《紫微杂说》，《景印文渊阁四库全书》第863册，第838—839页。
⑥ （宋）吕本中：《紫微杂说》，《景印文渊阁四库全书》第863册，第839页。
⑦ （宋）吕本中：《紫微杂说》，《景印文渊阁四库全书》第863册，第839页。
⑧ 《宋史》卷173《食货志上一》，第4179—4180页。
⑨ （宋）吕本中撰，沈晖点校，汪福润审订：《东莱诗词集》卷2《就宁子仪求酒》，第30页。

贮未了岁寒计，学道空愧琳与璧。”[①]在如此尴尬的生存环境之下，“惟生”成为他思想的重心，就不难理解了。虽然吕本中晚年有“援禅入儒”的倾向，但看问题要看其实质，吕本中之“惟生”观跟王安石有所不同，前者求和而后者求变。对于吕本中“和”的思想体现，秦桧就曾指责吕本中说：“本中受鼎风旨，伺和议不成，为脱身之计。”[②]这表明吕本中在思想上主张“以和柔为至”，而且在政治上也“以和柔为至”，暴露了他向异族势力妥协的消极立场，这是有背于南宋广大人民的爱国愿望的。但正像王弼“贵无”的思想意义一样，吕本中之“惟生”观也有他的积极之处，那就是他在一定程度上体现了“人本主义”的立场。李泽厚先生说：“无论庄、禅，都在即使厌弃否定现实世界追求虚无寂灭之中，也依然透出了对人生、生命、自然、感性的情趣和肯定，并表现出直观领悟高于推理思维的特征。”[③]与近代德国哲学相比，“以朱熹为首要代表的宋明理学（新儒学）在实质意义上更接近康德”[④]，而恰恰就是康德开启了现代西方人本主义的思想之门。

二、以“惟生”为特色的科学观和方法论

1. 以“惟生”为特色的科学观

吕本中“惟生”观的第一层科学内涵就是对中国古代传统医学理论和医学原理的进一步探究。人是什么？在“纷纷驹过隙，忽忽豹隐雾”[⑤]的时间之流里，吕本中不无感慨地说：“今日视昨日，但见有不如。”[⑥]他的意思是说，人是一个不断退化的动物，同时人又是一个永远不知足的动物，前者说明人在生理上会走向死亡，而后者则表明人就是在不断走向死亡的过程当中去创造更多的财富，从而走向新的生活和新的世界。显然，这是一种朴素唯物主义的人生观和世界观。现在的问题是人类究竟应该如何延缓那个无情的生理衰老过程，为此吕本中提出了许多积极的科学主张。如他引晁文元的话说：

> 道气令和，引体令柔，是知道引以和柔为至，气和体平，疾不得入矣……然则气错杂体，强梗乃疾。病，死伤之本也。[⑦]

“气和体平”的确是人类健康的基本标准之一。这是从内因来说，而环境（包括生态环境、社会环境和文化环境诸如传统习俗等）因素也是人类致病的重要因子，吕本中说：“浮屠断食肉，此语说始尽。人生惯便习，奉法乃不谨。要当守淡薄，万事可坚忍。”[⑧]吕本中力主“蔬食”，虽然不切实际，但他的养生原则是积极的和健康的。吕本中又说：“春温疮疥繁，衣敝虮虱细。”[⑨]气候变化和个人卫生习惯与疾病的形成有直接关系，尤其是他

① （宋）吕本中撰，沈晖点校，汪福润审订：《东莱诗词集》卷2《答无逸惠书》，第22页。
② 《宋史》卷376《吕本中传》，第11637页。
③ 李泽厚：《中国古代思想史论》，北京：人民出版社，1986年，第219页。
④ 李泽厚：《中国古代思想史论》，第220页。
⑤ （宋）吕本中撰，沈晖点校，汪福润审订：《东莱诗词集》卷1《寄璧上人》，第13页。
⑥ （宋）吕本中撰，沈晖点校，汪福润审订：《东莱诗词集》卷4《遣怀三首》，第47页。
⑦ （宋）吕本中：《紫微杂说》，《景印文渊阁四库全书》第863册，第839页。
⑧ （宋）吕本中撰，沈晖点校，汪福润审订：《东莱诗词集》卷19《蔬食三首》，第284页。
⑨ （宋）吕本中撰，沈晖点校，汪福润审订：《东莱诗词集》卷11《读〈易〉》，第159页。

看到了疮疥与虮虱之间的因果关系，这是对中国古代疫（即传染病）病的新认识，极大地丰富了中国传统病因学的内容。如吕本中自己就身受疮疥之苦，“瘙痒挠肤无春冬，为害略与恶疾同。只有疮痂不相负，夜阑长满寝衣中”①。由于疮疥是由疥螨引起的一种传染性皮肤病，形状呈丘疹和水疱状，甚痒。于是，吕本中才发出“人生纵病莫病此，此病虽微更作恶”②的悲叹。此外，他还模模糊糊地意识到“人体免疫力”的问题，吕本中云：

文中子称北山黄公善医，先寝膳而后针药。孙思邈《千金方·恶疾大风论》云：难疗易疗，属在前人不关医药，又著医书称凡病自治八分，师治二分。观此数者，则所以治疾者，亦可知其大概矣。③

在这里，吕本中特别强调“凡病自治”（即提高自身免疫力）的作用，反映了他观察问题的敏锐性和科学性，可惜他没有在此基础上作更加深入的研究。

吕本中“惟生”观的第二层科学内涵则是倡导积极的“生态科学”思想。人类是万物之灵，这是一种很流行的观点。自然界在漫长的进化过程中，曾诞生过成千上万种生物，但只有人类获得了“主宰万物”的地位。那么，是不是“主宰者”对地球上的生命体就天然地握有“生杀予夺”的权力呢？1866年，德国学者海克尔首先提出“生态学”这个概念，但人们对生态问题的真正关注却是始于1962年，因为这一年卡森的生态学名著《寂静的春天》出版，从此拉开了“生态学时代”的序幕。在书中，卡森通过大量事例揭示了人类与各种动、植物之间生死与共的内在关系。而从历史上看，吕本中可能是世界古代历史上第一个具有生活实践理性的生态学家。他曾在一首诗序中说：“往岁在白沙见江上往来祠神者，杀猪羊鹅鸭日夕相属也。有感于心，后至济阴因成长韵，当托白沙故人投之庙前，庶几神少知自戒乎！”④其诗云：

今日杀一羊，明日杀一猪，问神何所乐，而必为此欤！羊死噤无声，猪死足号呼，伤哉鸭与鹅，闭目颈已朱！问神此何负，神亦何所取，吾知斯民愚，非是神所许。江船一帆风，江田一犁雨。民或谢神劳，尚使相告语。但采涧溪毛，足以荐筐筥。何须污刀几，而后羞鼎俎。于物固无怨，于神亦无苦。⑤

何止为神献祭是一种无知（即愚）的行为，今天那些食用珍稀野生动物者又何尝不是一种愚蠢的行为！巴西的生态学家卢岑贝格说“科学是一种价值”⑥，而这种价值直接关系人类自己的命运，从这层意义上说，保护野生动物本身就是一种科学。吕本中说：

历观自古儒者，未尝以食肉杀生淫欲为当然者，惟近世学者，因攻佛说，遂以此数事为当然，处之益安，至禽兽断命受至苦，以为于义当尔。⑦

---

① （宋）吕本中撰，沈晖点校，汪福润审订：《东莱诗词集》卷10《疥》，第252页。
② （宋）吕本中撰，沈晖点校，汪福润审订：《东莱诗词集》卷18《疥》，第265页。
③ （宋）吕本中：《紫微杂说》，《景印文渊阁四库全书》第863册，第839页。
④ （宋）吕本中撰，沈晖点校，汪福润审订：《东莱诗词集》卷5《庶几神少知自戒》，第65—66页。
⑤ （宋）吕本中撰，沈晖点校，汪福润审订：《东莱诗词集》卷5《庶几神少知自戒》，第66页。
⑥ ［巴西］何塞·卢岑贝格：《自然不可改良》，黄凤祝译，北京：生活·读书·新知三联书店，1999年，第1页。
⑦ （宋）吕本中：《东莱吕紫微师友杂志》，上海：商务印书馆，1939年，第11页。

自然界长期进化而来的各种动植物，都是地球生物圈系中的一个链条，相依为命，共荣共存。生态专家说："一个由众多生物物种组成的复杂生态系统总是比一个只有少数几种物种组成的简单生态系统，更能承受人为的压力和自然灾变的冲击，从而保持较好的稳定状态。"[①]据世界野生生物保护联盟调查统计，在不远的将来可能会有1.1万多个物种要灭绝，其中近24%的哺乳动物、12%的鸟类、25%的爬行类、20%的两栖类和30%的鱼类面临灭绝危险。[②]这是多么触目惊心的数字！这是多么可怕的危险！于是，人们便有了"敬畏生命"的呼喊，有了"生物多样性公约"（1992年），有了"生物安全备忘录"（1995年）。这时，人们所要解决的最大难题不是技术本身而是如何转变我们的生活观念，面对连地球上最残忍的动物在人类技术面前都瑟瑟发抖的现实，吕本中的"幼稚"也许有助于我们不断去矫正自己的不良生活习惯：

虎狼非不仁，天机使之然。蛇虺肆百毒，此亦受之天。愿君勿憎怒，悯此心谬用。仁气苟熏蒸，终皆变麟凤。[③]

吕本中"惟生"观的第三层科学内涵是明确指出人类的不良行为是造成各种自然灾害的主要原因之一。在人与自然的关系问题中，人类似乎更加关注自身对于自然的征服和改造作用，而至于由此带来的生态灾难则往往置若罔闻，所以在这种情形之下，那些敢于对人类不负责任的社会行为提出警示的人就显得更加伟大。在宋代科学思想的发展史上，吕本中大概是敢于对人类不负责任的社会行为提出警示的人物之一。他的《春秋集解》以大量的事实说明人类如果对自然环境的破坏一点也不负责任的话，那么自然界就必然会以它特有的方式来报复人类。吕本中引胡安国释"宣公十六年'饥'"这一史事时说：

春秋饥岁多矣，书于经者三而宣公独有其二，何也？古者三年耕，余一年之蓄，九年耕，余三年之蓄，虽有凶旱民无菜色。是岁虽虫蝝而遽至于饥者，宣公为国务华去实，虚内事外，烦于朝会聘问赂遗之末而不敦其本，府库竭矣，仓廪匮矣，水旱虫蝝天降饥谨亦无以振业贫乏矣。经所以独两书饥以示后世，为国之不可不敦本也。[④]

又"宣公六年秋八月虫"条引胡安国释云：

先是，公伐莒取向后再如齐伐莱，军旅数起，赋敛既繁，戾气应之矣。夫善恶之感萌于心而灾祥之应见于事，宣公不知舍恶迁善以补前行之愆，而用兵不息，灾异数见。年谷不丰，国用空乏，卒至改助法而税民，盖自此始矣，经于虫螟一物之变必书于策示后世。[⑤]

像战争、围猎、庙宇、寺观等都要耗费大量的生物资源，是造成南宋时期生态不平衡

① 陈敏豪：《生态文化与文明前景》，武汉：武汉出版社，1995年，第140页。

② 韩露：《〈思想道德修养与法律基础〉精彩教案》，武汉：武汉大学出版社，2017年，第84页；赵清建：《科普：世界自然保护联盟濒危物种红色名录是什么》，新华网，2021年9月5日。

③ （宋）吕本中撰，沈晖点校，汪福润审订：《东莱诗词集》卷19《戒杀八首》，第286页。

④ （宋）吕本中：《春秋集解》卷16《宣公十六年'饥'》，《景印文渊阁四库全书》第150册，第312页。

⑤ （宋）吕本中：《春秋集解》卷15《宣公六年》，《景印文渊阁四库全书》第150册，第287页。

的根源之一。我们知道，地球生物资源是一个有机统一的系统，其中每一种生物都是这个系统里的因素和环节。它们既相生又相克，共同构成了环环相扣的生物链条。在此，如果虫蝝的天敌被人们猎杀掉了，那虫灾的发生就不可避免了。如吕本中引孙觉释“宣公十六年‘冬蝝生’”条云：“蝝者，虫之子也，春秋之秋，夏时之夏也，春秋之冬，夏时之秋也，虫为灾于夏而蝝生于秋，一岁而再为灾，故谨志之耳。”①众所周知，两宋的水灾、旱灾和虫灾的发生率较高，据有人统计，两宋前后487年，遇灾874次，平均一年罹灾1.8次。②其中仅《宋史·五行志》载两宋所遭虫灾就多达40次，而庆元三年（1197）秋最为严重，几乎整个浙江省都闹了螟灾。究其原因，恐怕跟南宋滥垦和滥伐的造田运动有关，如临安都城外的西湖，南宋时“湖上屋宇相连，不减城中”③，且近湖居民又“占以为田”④。而庆元府城中的日湖为官宦之家所侵占，到嘉定年间已“仅存湖之名”⑤了，泉州则“光孝塘半鞠为蔬场”⑥等。这种围湖造田现象究竟给人们的生存环境带来什么样的后果呢？其一，“渠道堙塞，积久淤填”⑦；其二，“臭朽之所蒸，蜗蚓之所家”⑧；其三，“雨俄顷，浊潦没道，甚或破扉啮屋，春夏湿蒸，疾疠以滋”⑨。因此，只要我们把上述问题联系起来，就能感觉出吕本中的“惟生”观具有深远的历史意义。他至少告诉我们这样一个科学道理：“天然自然”与“人化自然”之间以均衡态的形式存在着和发展着，而任何破坏这种均衡态的社会行为都会给人类自身的存在和发展造成危害，恩格斯指出：“我们不要过分陶醉于我们人类对自然界的胜利。对于每一次这样的胜利，自然界都对我们进行报复。每一次胜利，在第一线都确实取得了我们预期的结果，但是在第二线和第三线却有了完全不同的、出乎预料的影响，它常常把第一个结果重新消除。”⑩

2. 吕本中的方法论

吕本中对“格物致知”有他自己的理解，他说：“庄子称南郭子綦隐几啮缺睡寐。又称天地固有常，日月固有明矣之类，此正与今说休歇者一致。若于其中能有自得，方可谓之物格知至。”⑪所以，吕本中从方法论的角度看“格物致知”，可能更近于“格物致知”的本意。冯友兰先生说：“对于事物之分析，可以说是‘格物’，因对于事物之分析而知形上，可以说是‘致知’。”⑫在这里，冯先生亦是从方法论的视角来对待“格物致知”这个科学范畴的。那么，如何“格物致知”呢？吕本中提出了“事”的原则。他说：“今日记

---

① （宋）吕本中：《春秋集解》卷16《宣公十六年》，《景印文渊阁四库全书》第150册，第312页。

② 唐启宇编著：《中国农史稿》，第653页。

③ （宋）周煇著，刘永翔校注：《清波杂志校注》卷3《钱塘旧景》，北京：中华书局，1997年，第117页。

④ （宋）张津：《乾道四明图经》卷10《西湖记》，《宋元方志丛刊》第5册，第4958页。

⑤ （清）周道遵：《甬上水利志》卷1《日湖》，《四明丛书》第3集第72册，扬州：广陵书社，2006年，第17页。

⑥ （清）周学曾等纂修：《晋江县志》卷9《城池志》，福州：福建人民出版社，1990年，第192页。

⑦ （清）徐松辑，刘琳等校点：《宋会要辑稿》食货8之49，第6172页。

⑧ （宋）王十朋：《夔州新迁诸葛武侯祠堂记》，王瑞功主编：《诸葛亮研究集成》上册，济南：齐鲁书社，1997年，第734页。

⑨ （宋）姜容：《州（台州）治浚河记》，曾枣庄、刘琳主编：《全宋文》第323册，第195页。

⑩ ［德］恩格斯：《自然辩证法》，于光远等译编，北京：人民出版社，1984年，第304—305页。

⑪ （宋）吕本中：《紫微杂说》，《景印文渊阁四库全书》第863册，第827页。

⑫ 冯友兰：《新理学》，《民国丛书》第五编14，第49页。

一事，明日记一事，久则自然贯穿；今日辨一理，明日辨一理，久则自然浃洽；今日行一难事，明日行一难事，久则自然坚固，涣然冰释，怡然理顺，久自得之，非偶然也。”[①]又说：

> 天下万物一理，苟致力于一事者，必得之理，无不通也。[②]

把“事”作为方法论之范畴，体现了吕本中人本主义的思想根本，现代人本主义的思想大师海德格尔就非常明确地说过，现象学要求思想走向事情本身，而他的学生博德尔则认为世界理性开始于事情。可见，对于事情本身的关注正是现代人本主义的思想特征。从这个意义上说，吕本中对“事”的认识，对南宋理学思想的发展具有指南性的理论价值。

那么，是不是每一个人只要“行事”，就会自然而然地有所得呢？当然不是。吕本中通过张长史的例子回答了这个问题。他说：

> 张长史见公主担夫争道，及公孙氏舞剑，遂悟草书法。盖心存于此，遇事则得之，以此知天下之理本一也。如使张长史无意于草书，则见争道舞剑，有何交涉？学以致道者亦然，一意于此，忽然遇事得之，非智巧所能知也。德成而上，艺成而下，其愿学者虽不同，其用力以有得，则一也。[③]

这里所说的“悟”肯定是非逻辑性的，有“顿悟”之意。钱学森先生曾把“顿悟”列为人类三大思维方法之一，他认为顿悟“就是突然发现。在做科学研究时碰到一个难题，归纳推理，抽象（逻辑）思维不行，弄不通，这手不行，再用高一手的，用形象（直感）思维，想借助于其它的东西，怎么一下蹦过来结合上，也不行，根本没招儿，到处碰壁。有时很长时间处在这么一种没办法的状态下，没办法就找熟人去聊聊天吧，解解闷儿，或者白天左思右想不行，脑袋不灵，不灵就睡觉吧，哎，或者你跟别人聊天时，或者你睡觉做梦时一下子通了，这个问题解决了，而且这种出现是很突然的，你也不知道它是怎么来的，没有理由它就来了。我不知道在座的同志们有没有这样的经历，我是有的，所以我相信有这样的事。对于在科学研究中这样的事，我想是客观存在的”[④]。杨振宁也说：“科学绝对不是只有逻辑。只有逻辑的科学只是科学中的一部分，而且在讨论科学的创造性的时候，这部分不是最重要的。”[⑤]同时，杨振宁还将“灵感”作为非常重要的一种非逻辑思维方法，但“悟”不是“无中生有”，而是“浃洽涵养蕴蓄之久”的必然结果，吕本中说：

> 学问功夫全在浃洽涵养蕴蓄之久，左右采择，一旦冰释理顺，自然逢原（源）矣。[⑥]

此外，吕本中还本着由简而繁、从易到难的认识规律，提出“学问当以《孝经》《论

---

① （宋）吕本中：《紫微杂说》，《景印文渊阁四库全书》第 863 册，第 831 页。
② （宋）吕本中：《紫微杂说》，《景印文渊阁四库全书》第 863 册，第 830 页。
③ （宋）吕本中：《紫微杂说》，《景印文渊阁四库全书》第 863 册，第 830 页。
④ 钱学森：《人体科学与现代科技发展纵横观》，北京：人民出版社，1996 年，第 66—67 页。
⑤ 宁平治、唐贤民、张庆华主编：《杨振宁演讲集》，天津：南开大学出版社，1996 年，第 135 页。
⑥ （宋）吕本中：《紫微杂说》，《景印文渊阁四库全书》第 863 册，第 832 页。

语》《中庸》《大学》《孟子》为本，熟味详究，然后通求之《诗》《书》《易》《春秋》，必有得也。既自做得主张，则诸子百家长处，皆为吾用矣”①的思想。在吕本中看来，一切学问的根本是“仁”，而立人的根本也是“仁”，他说：

> 孝弟（悌）也者，其为仁之本与。夫孝弟（悌）何以为仁之本也？曰：孝弟（悌）者，仁之本心。亲生之，膝下以养，父母日严，孩提之童，无不知爱其亲者，及其长也，无不知敬其兄也。然则，爱亲敬兄之心，心之本如此，无有丝毫伪者，非勉强而为之也。故圣人因严以教敬，因亲以教爱，皆因其所固有而导之耳。仁者，身之本体也，孝弟（悌）为仁之本根而充之耳。②

又说：

> 仁，人心也。知物己本同，故无私心，无私心故能爱人之有，忧由有私己心也。仁则私己之心尽，故不忧。③

“物己本同”应当成为一种科学理念，而在当今的历史条件下，科学家更应把“孝弟（悌）”作为一种精神传统来发扬光大。

第二节 五峰学派与胡宏的“性本论”科学观

胡宏（1105—1161）④，生于福建崇安，字仁仲，因其长期生活在湖南衡山五峰之下，故学界称“五峰”先生。胡宏的思想激烈而奋进，宋学味十足，因而“卒开湖湘之学统”⑤。如果跟吕本中的门第家庭相比，胡宏无疑地就是那宋代新兴的平民派的杰出代表。其学术思想“析太极精微之蕴，穷皇王制作之端，综事物于一源，贯古今于一息”⑥，为南宋理学的转盛立下了汗马功劳。

胡宏的父亲胡安国是一位经学大家，以治《春秋》见长，从学术渊源上讲，胡安国应为“湖湘学派”之祖，钱穆先生云：“南渡以后，洛学传统有两大派。一传自杨时，其后有朱熹，称闽学。一传自胡安国、胡宏父子。宏有大弟子张栻，称‘湖湘之学’。”⑦据说，“安国所与游者，游酢、谢良佐、杨时皆程门高弟。良佐尝语人曰：‘胡康侯如大冬严雪，百草萎死，而松柏挺然独秀者也。’ 安国之使湖北也，（杨）时方为府教授，良佐为应城

① （宋）吕本中：《童蒙训》卷上，楼含松主编：《中国历代家训集成》第1册，第294页。

② （宋）吕本中：《紫微杂说》，《景印文渊阁四库全书》第863册，第823页。

③ （宋）吕本中：《紫微杂说》，《景印文渊阁四库全书》第863册，第825页。

④ 关于胡宏的生卒年，目前学界意见不一，如上海辞书出版社《辞海》认为其生卒年是1105—1155年；台湾鼎文书局《宋人传记资料索引》认为是1106—1162年；姜亮夫《历代人物年里碑传综表》认为是1102—1161年；吴仁华《胡宏集·代序》则考订为1105—1161年，而吴氏的研究成果已为学界大多数人认可，我们也采其说。

⑤ （清）黄宗羲原著，（清）全祖望补修，陈金生、梁运华点校：《宋元学案》卷42《五峰学案》，北京：中华书局，1986年，第1366页。

⑥ （宋）张栻：《南轩文集》卷14《胡子知言序》，台北：广文书局，1993年，第757页。

⑦ 钱穆：《宋明理学概述》，台北：台湾学生书局，1984年，第137页。

宰，安国质疑访道，礼之甚恭，每来谒而去，必端笏正立目送之”[①]。其谓胡安国之学“独秀者”，说明胡安国治《春秋》的路径与众不同，而他的“尊王攘夷”思想则是其家学的根本，故胡宏“卒传其父之学”大概亦不外乎此，但他同时还受到杨时和侯仲良的影响，《宋元学案》称：先生“尝见龟山（即杨时）于京师，又从侯师圣于荆门”[②]。虽然杨时与胡安国的学问都源于程颐，但由于他们各自的文化背景不同，且治学的路径亦殊异，所以他们在学术上分成两派，而胡宏则兼而有之，既传家学又不废外家之说，遂开一派学术风气。至于胡宏早期的治学经历，他自己回忆说：一方面，“愚晚生于西南僻陋之邦，幼闻过庭之训，至于弱冠，有游学四方，访求历世名公遗迹之志，不幸戎马生于中原，此怀不得伸久矣”[③]；另一方面，北宋灭亡后，胡氏徙居荆门，时“河南门人河东侯仲良师圣自三山避乱来荆州，某兄弟得从之游。议论圣学，必以《中庸》为至”[④]。建炎四年（1130），胡宏与父亲一起在湖南湘潭创建“碧泉书堂”，开始其讲学生涯，后改“书堂”为“书院”，其办学规模日盛，影响亦愈广，张栻说：胡宏之学“指人欲之偏，以见天理之全，即形而下者而发无声无臭之妙”[⑤]。而从传统哲学（形而上）和科学（形而下）的划分标准看，胡宏之学具有典型的“科学”特征。

一、胡宏科技思想的内容和特点

在宋代理学的思想体系里，自然观是由一系列逻辑范畴构成的。但究竟应当如何去整合那些逻辑范畴，却是因人而异。就此而言，胡宏既没有把周敦颐的“太极”作为宇宙本体，也没有将张载的“气”看成世界万物的本原，同时他还背离了程颐“惟理为实”的“理”本体思想，而是独辟奇径，立“性”为万物之宗，从而形成了有别于理学正统的思想构架和自然观体系。

“性”是什么？孔子云：“性相近也，习相远也。”[⑥]从对自然现象的关注到对人类本质的追问，体现了我国古人思维能力的提高，此后在生物界层面上探讨人生与人性问题就成了我国古代思想家的重要课题。而“性善论”（孟子）及“性恶论”（荀子）也就成为关于“人性”问题的两大互相对立的思想阵线。到宋代，周敦颐通过“立人极”的方式将“人性”问题自然化，他说：“五行之生也，各一其性。无极之真，二五之精，妙合而凝。乾道成男，坤道成女，二气交感，化生万物。万物生生而变化无穷焉。惟人也，得其秀而最灵。形既生矣，神发知矣，五性感动而善恶分，万事出矣。”[⑦]在周敦颐的思想体系里，“性”由单纯人的层面上升到与“五行”同源的层面，这已经是一个很大的进步了。故明

---

① 《宋史》卷435《胡安国传》，第12915—12916页。

② （清）黄宗羲原著，（清）全祖望补修，陈金生、梁运华点校：《宋元学案》卷42《五峰学案》，北京：中华书局，1986年，第1367页。

③ （宋）胡宏著，吴仁华点校：《胡宏集・杂文・题司马傅公帖》，北京：中华书局，1987年，第190页。

④ （宋）胡宏著，吴仁华点校：《胡宏集・杂文・题吕与叔中庸解》，第189页。

⑤ （宋）张栻：《南轩文集》卷14《胡子知言序》，北京：中华书局，1981年，第757页。

⑥ 《论语・阳货》，陈戍国点校：《四书五经》上册，第53页。

⑦ （宋）周敦颐著，谭松林、尹红整理：《周敦颐集》，长沙：岳麓书社，2002年，第5—7页。

儒王夫之说："宋自周子出而始发明圣道之所由，一出于太极阴阳人道生化之终始。"[①]这是宋学在"性"问题上的一次大转折。不过，从周敦颐始一直到南宋初年的杨时，"性"始终是从属于"太极"或"理"的思想范畴，仅此而已。而"性"观念的第二次飞跃则是由胡宏来完成的，在宋学的发展史上，胡宏首先把"性"提升到"本体"的高度，并大胆地建立起他的"性"本体自然观。胡宏说：

大哉性乎！万理具焉，天地由此而立矣。世儒之言性者，类指一理而言之尔，未有见天命之全体者也。[②]

"全体"即"大全"，即"宇宙"[③]，这就是说，"性"属于"大全"，是宇宙的根本，而"理"属于"局部"，是宇宙的分支，所以"性"与"理"的关系就是整体和局部的关系。胡宏又说：

非性无物，非气无形。性，其气之本乎！[④]

同"性"与"理"的关系一样，"性"与"气"的关系也是"整体"跟"局部"的关系。这就是说，"性"是宇宙的根本，而"气"则是宇宙的分支。

那么，"性"与"理"、"气"及万物如何进行沟通呢？胡宏在《知言》中说：

圣人指明其体曰性，指明其用曰心。性不能不动，动则心矣。[⑤]

"心"不单是"用"，更是"体"。胡宏自己称："夫性无不体者，心也。"[⑥]又说："气之流行，性为之主。性之流行，心为之主。"[⑦]"气有性，故其运不息。"[⑧]可见，胡宏把"心"看成是"性"发展变化的内部动力，是"性不能不动"的内在根据。他说："天地之心，生生不穷者也。必有春秋冬夏之节、风雨霜露之变，然后生物之功遂。"[⑨]有了这样的前提，我们就可以将胡宏的自然观表述如下：

宇宙万物的本源是"性"，故"万物皆性所有也"[⑩]，而"性"在"心"的作用下，生成"气"，即"气之流行，性为之主"，也即"心纯，则性定而气正"[⑪]。当"气"生成具体事物时，同时形成具体事物的"形"和"理"，所谓"天地之生生万物，圣人之生生万民，固其理也"[⑫]。"形"作为具体事物存在的现象，可以言"有"和"无"，而"理"作为具体事物存在的本质，则不可言"有"与"无"，这是胡宏自然观的一个重要特征，他

---

① （明）王夫之：《张子正蒙注·序》，北京：中华书局，1975年，第4页。
② （宋）胡宏著，吴仁华点校：《胡宏集·知言·一气》，第28页。
③ 冯友兰：《新理学》，上海：商务印书馆，1939年，第38页。
④ （宋）胡宏著，吴仁华点校：《胡宏集·知言·事物》，第22页。
⑤ （宋）胡宏著，吴仁华点校：《胡宏集·附录一》，第336页。
⑥ （宋）胡宏著，吴仁华点校：《胡宏集·知言·仲尼》，第16页。
⑦ （宋）胡宏著，吴仁华点校：《胡宏集·知言·事物》，第22页。
⑧ （宋）胡宏著，吴仁华点校：《胡宏集·知言·好恶》，第11页。
⑨ （宋）胡宏著，吴仁华点校：《胡宏集·知言·修身》，第6页。
⑩ （宋）胡宏著，吴仁华点校：《胡宏集·知言·一气》，第28页。
⑪ （宋）胡宏著，吴仁华点校：《胡宏集·知言·仲尼》，第16页。
⑫ （宋）胡宏著，吴仁华点校：《胡宏集·知言·阴阳》，第10页。

说："物之生死，理也。理者，万物之贞也。生聚而可见，则为有；死散而不可见，则为无。夫可以有无见者，物之形也。物之理，则未尝有无也。"①在胡宏看来，"理"是"性"发展变化的一个阶段，所以"理"不能脱离"性"而独立存在，就此而言，则"性外无物，物外无性"②。然而，万物的发展变化是个有序的演进过程，而能够体现这个过程的范畴是"仁"，所以"惟仁者为能尽性至命"③。由此，推而广之到整个宇宙世界，那么"仁者，天地之心也"④。而人类作为自然界唯一有思维能力的动物，担负着"达于天地，一以贯之"⑤的责任，其"达于天地"的途径就是"知"。故胡宏说："自观我者而言，事至而知起，则我之仁可见矣；事不至而知不起，则我之仁不可见也。自我而言，心与天地同流，夫何间之？"⑥不过，胡宏特别强调"知"以"物"与"性"的统一为基础，这就是"性外无物，物外无性"的意思，他说："道不能无物而自道，物不能无道而自物。"⑦而在这个根本问题上，胡宏坚决驳斥了佛教"绝物遁世"的虚无主义思想，他说：

> 释氏绝物遁世，栖身冲寞，窥见天机有不器于物者，遂以此自大。谓万物皆我心，物不觉悟而我觉悟；谓我独高乎万物。于是颠倒所用，莫知所止，反为有适有莫，不得道义之全。名为识心见性，然四达而实不能一贯。⑧

综上所述，我们看到胡宏"性"本体的自然观实际上为以后理学的发展开辟了两条道路：第一条是陆九渊的"心学"路线，陆九渊说："宇宙便是吾心，吾心即是宇宙。"⑨这实际就是把胡宏的"夫性无不体者，心也"即"心……以成性"⑩改变为宇宙之体了；第二条是朱熹的"理学"路线，朱熹说："天即理也，命即性也，性即理也。"⑪而"性者，人生所禀之天理也"⑫，也就是说"理"是宇宙的本体，而"性"只是"理"发展到一定阶段才出现的客观精神现象。

如何正确地认识"人在自然界中的位置"一直是进化论所要解决的科学问题，而胡宏根据宋代科学技术发展的实际水平，从两个方面考察了"人在自然界中的位置"这一问题：其一，他肯定了人是自然界长期发展和演化的结果，他说："天道保合而太极立，氤氲升降而二气分。天成位乎上，地成位乎下，而人生乎其中。故人也者，父乾母坤，保立天命，生生不易也。"⑬在胡宏看来，人是天地相结合的产物，人在整个宇宙演进的序列

---

① （宋）胡宏著，吴仁华点校：《胡宏集・知言・阴阳》，第 8 页。
② （宋）胡宏著，吴仁华点校：《胡宏集・知言・修身》，第 6 页。
③ （宋）胡宏著，吴仁华点校：《胡宏集・知言・天命》，第 1 页。
④ （宋）胡宏著，吴仁华点校：《胡宏集・知言・天命》，第 4 页。
⑤ （宋）胡宏著，吴仁华点校：《胡宏集・知言・修身》，第 6 页。
⑥ （宋）胡宏著，吴仁华点校：《胡宏集・知言・好恶》，第 12 页。
⑦ （宋）胡宏著，吴仁华点校：《胡宏集・知言・修身》，第 4 页。
⑧ （宋）胡宏著，吴仁华点校：《胡宏集・知言・修身》，第 6 页。
⑨ （宋）陆九渊著，钟哲点校：《陆九渊集》，第 273 页。
⑩ （宋）胡宏著，吴仁华点校：《胡宏集・附录一》，第 328 页。
⑪ （宋）黎靖德编，王星贤点校：《朱子语类》卷 5《性理二》，北京：中华书局，2004 年，第 82 页。
⑫ （宋）朱熹注：《四书集注・孟子集注・告子章句上》，第 337 页。
⑬ （宋）胡宏著，吴仁华点校：《胡宏集・杂文・皇王大纪序》，第 163 页。

中，顶多处于第三的位置，即道→乾坤→人。虽然这个结论尚不精细，但对胡宏而言，这已经算是一个很不简单的认识成果了；其二，从理性的角度区别了人与动物的本质不同，他说："目之所可睹者，禽兽皆能视也。耳之所可闻者，禽兽皆能听也。视而知其形，听而知其声，各以其类者，亦禽兽之所能也。视万形，听万声，而兼辨之者，则人而已。"①"兼辨"就是一种理性的思维能力，而从感性和理性的角度去界定人之区别于动物的基本特征，可以说是胡宏长期观察和思考的结果。

在天体物理方面，胡宏提出了类似物质不灭，场及黑、白洞的思想。他说：

> 有而不能无者，性之谓欤！宰物而不死者，心之谓欤！感而无息者，诚之谓欤！往而不穷者，鬼之谓欤！来而不测者，神之谓欤！②

这段话共有五个宇宙学命题组成，第一个命题是"有而不能无者，性之谓欤"。前面讲过，在胡宏看来，"性"是宇宙的根本，或是宇宙本身，换言之，即"万物皆性所有也"③。所以"性"是"实有"，是"物质"，而宇宙中充满了物质，即使是宇宙创生论中所说的"无"，也不是什么都没有，而是"在真空中实际上充满着忽隐忽现的粒子，它们的状态变化十分迅速，以至无法观测到，即使在绝对零度的情况下，真空也在向四面八方散发能量"④。而所谓真空"其实它就是一种暂未感知的有"⑤，用现代物质不灭原理的话说就是物质既不能创造也不能消灭，这就是胡宏所说的"性"；第二个命题是"宰物而不死者，心之谓欤"，从现代科学的视觉看，宇宙中能称得上"宰物而不死者"的唯有"人"，人是个"有限体"，怎么能说"不死"呢？的确，在宇宙学的"人择原理"未出现之前，上述命题是没有办法解释清楚的。因为它需要两个前提条件：一是主体（人）与客体（量子现象）的不可分割性，"作用量子本质上的不可分性，使人们不再能原则上无限精细地划分量子客体和测量仪器之间的界限而去认识客体的'自在'状态，而只能认识作为相互作用结果的量子现象整体"⑥，这是20世纪最大的物理学思想革命之一；二是对狄拉克"大数假设"⑦的解释，这种解释"强调了人在宇宙中的特殊地位和人与宇宙相互依赖的关系，即用人类存在的条件去说明宇宙的初始条件和基本物理常数"⑧。胡宏说："人者，天地之精也，故行乎其中而莫御。"⑨而这正是"人择原理"的基本内容之一，在"人择原理"看来，"人类的存在，这一全部科学认识的出发点，和宇宙的本质特征内在关联，人类只能产生、存在和认识于这样的宇宙，这样的演化阶段，只能是这样的宇宙中的人，无可选择和回避，而这样的宇宙，也正是人的宇宙，人所参与其间、既作观众

---

① （宋）胡宏著，吴仁华点校：《胡宏集·知言·往来》，第14页。

② （宋）胡宏著，吴仁华点校：《胡宏集·知言·一气》，第28页。

③ （宋）胡宏著，吴仁华点校：《胡宏集·知言·一气》，第28页。

④ 白光润主编：《当代科学热点》，北京：科学出版社，2000年，第4页。

⑤ 李元杰：《寻找上帝的科学》，武汉：湖北人民出版社，2000年，第120页。

⑥ 吴国盛主编：《自然哲学》第1辑，北京：中国社会科学出版社，1994年，第229页。

⑦ 狄拉克认为，电磁力与万有引力之比，与以原子时标衡量的宇宙年龄、以质子质量衡量的宇宙总质量、宇宙中光子与重子数之比等等在数量级上都与1039有关，这就是"大数假设"。

⑧ 吴国盛主编：《自然哲学》第1辑，第247页。

⑨ （宋）胡宏著，吴仁华点校：《胡宏集·知言·纷华》，第26页。

也作演员的宇宙”[①]。用卡特的话说就是“我们能够预期观测到什么，必然受到我们作为观测者存在所必需的条件的限制”[②]。所以“万物生于天，万事宰于心”[③]，“德合天地，心统万物，故与造化相参而主斯道也”[④]，而这种“天人一体”的思想就构成了“天地之心，生生不穷者也”[⑤]的宇宙图景，最后“人通于道，不死于事者，可以语尽心之道矣”[⑥]；第三个命题是“感而无息者，诚之谓欤”，所谓“感而无息者”，我们认为就是一种宇宙场，尽管胡宏还不知道“宇宙场”这个概念，但他的思想主旨却与现代宇宙场概念不谋而合。在宇宙场中，有我们无法感知的物理场形式如“真空黑格斯场”，但只要宇宙场处在运动状态（即无息）之中，它就能被感知。因此，凡是运动着的物质，都处于宇宙场之中，而杨振宁把这个思想概括为：“所有的相互作用都起源于规范场。”[⑦]钱学森更明确地说：“意识不是物质的本身，而是与物质有相互作用。”[⑧]既然人与自然界是一种相互作用的关系，所以从原则上讲，人类意识本身也是宇宙场的一种形式，故有人说：“人大脑的意识，在宇宙就是意念场。”[⑨]这种观点可能还缺乏足够的根据，但随着脑科学的深入发展，把场与意识联系起来进行研究的可能性不是没有，而生物磁学的主要内容之一就是研究生物磁场现象，由研究生物磁场再往前走，则必然会进入到人类的意识领域，如钱学森就认为“脑电”现象就是一种“电场”[⑩]；第四个命题是“往而不穷者，鬼之谓欤”，“往”是指物质只能进而不能出的天体现象，从形式上看就好像一种不可逆的死亡过程，宇宙物理学称之为“黑洞”。所谓“黑洞”就是说在宇宙的“一个时空区域，其中的引力场强到使任何物质和辐射都不能逃逸出来”[⑪]。尽管“黑洞本身是不可见的，但其引力场所及的范围（天文学上称为‘事界’）却能被探测到”[⑫]，所以胡宏说：“感应，鬼神之性情也。”[⑬]“黑洞”之“引力场”能被探测到，其实就是一种“感应”，不承认这一点就陷入了神秘主义和不可知论；第五个命题是“来而不测者，神之谓欤”，而“来”的内涵跟“往”恰好相反，是指那种物质只能出而不能进的天体物理现象，宇宙学将它称为“白洞”。

此外，胡宏也注意到“生物进化史中的大绝灭与复苏”现象，他说：

> 一气大息，震荡无垠，海宇变动，山勃川湮，人消物尽，旧迹亡灭，是所以为鸿荒之世欤？气复而滋，万物生化，日以益众，不有以道之则乱，不有以齐之则争。敦

---

① 吴国盛主编：《自然哲学》第1辑，第247页。
② 肖巍：《宇宙的观念》，北京：中国社会科学出版社，1996年，第239页。
③ （宋）胡宏著，吴仁华点校：《胡宏集·知言·修身》，第6页。
④ （宋）胡宏著，吴仁华点校：《胡宏集·知言·往来》，第14页。
⑤ （宋）胡宏著，吴仁华点校：《胡宏集·知言·修身》，第6页。
⑥ （宋）胡宏著，吴仁华点校：《胡宏集·知言·汉文》，第41页。
⑦ 宁平治、唐贤民、张庆华主编：《杨振宁演讲集》，第320页。
⑧ 钱学森：《人体科学与现代科技发展纵横观》，第121页。
⑨ 柯云路：《柯云路生命科学系列》，银川：宁夏人民出版社，1994年，第1192页。
⑩ 钱学森：《人体科学与现代科技发展纵横观》，第172页。
⑪ 白光润主编：《当代科学热点》，第24页。
⑫ 白光润主编：《当代科学热点》，第25页。
⑬ （宋）胡宏著，吴仁华点校：《胡宏集·知言·义理》，第29页。

伦理，所以道之也；饬封井，所以齐之也。[①]

“人消物尽”的生物大绝灭经化石生物学证明，我们所处的“显生宙”至少存在过五次大绝灭。[②]而这五次生物大绝灭的共同特征是：“①每次大绝灭都是一个复杂、综合、相对短暂的过程，最终总以一次异常的绝灭事件为标志；②它们所处的是全球性大灾变的环境，控制因素是综合的、复杂的，用单一因素很难解释清楚规模如此巨大的灾变；③历次大绝灭通常包括两幕或多幕事件；④大绝灭毁坏的是原有的生态系统，但没有一次大绝灭将地球上所有的生物一扫而光；⑤每次大绝灭后都紧跟着生物的残存期与复苏期。”[③]对于大绝灭后的生物复苏，科学界一般分为三个阶段：即残存期、复苏期和辐射期。其中“残存期”相当于胡宏所说的“气复而滋”，此期的特点是“生物类型较为单一，最常见和最丰富的是灾后泛滥种，生物分异度很低，但生物量很大”[④]；“复苏期”则相当于胡宏所说的“万物生化”，此期的特点是“环境开始好转，生物分异度开始增高，生物和生态类型增多，灾后泛滥种消失或数量大减，复活类型纷纷返回家园，成种速率增高，新生的广布分子、土著分子开始出现，占领更多的生态空位；群落类型增多，群落结构趋于复杂，生物地理区系开始分异、土著性增强”[⑤]；最后，“辐射期”相当于胡宏所说的“日以益众”，此期的特点是“新的生态系统已经建立且不断完善，各类环境变得大大有利于各种生物的生存和分异，成种速率和规模均大大超过复苏阶段，各种生物快速分异，爆发式地成功地占领新的生态领域，生物丰富度和分异度均达到顶峰，新的较高级别的分类单元大量产生，演化新质普遍出现；新的群落类型明显增多，群落结构变得相当复杂；新的生物地理区系格局已经定型”[⑥]。胡宏生活在12世纪的南宋王朝，当时的科学条件尚不足以让他在古生物化石方面有所依据，但这并不妨碍他天才地提出只有到20世纪后期才有人敢于问鼎的有关地质历史时期集群绝灭的思想，这个事实说明胡宏不仅具有一颗聪慧的大脑，而且还有一种敢为天下先的科学创新意识与探险精神。

关于知识的来源问题，从来都有两种互相对立的观点，孔子云：“生而知之者，上也；学而知之者，次也；困而学之，又其次也。”[⑦]这里孔子把知识的来源分成“先验”与“后验”两个源泉，相应地人类社会也分成“上智”与“下愚”两个等次，其“上智”的“知识”具有“超验性”，故为圣人，否则就是“凡人”；与孔子的观点不同，墨子则认为“天下之所以察知有与无之道者，必以众之耳目之实，知有与亡（无）为仪者也”[⑧]。可见，墨子明确地肯定了知识来源于“经验”的科学认识论。在这个问题上，虽然胡宏给“良知良能”留下了一定的地盘，如他说“人之生也，父天母地，天命所固有也。方孩

① （宋）胡宏著，吴仁华点校：《胡宏集·知言·一气》，第27页。

② 戎嘉余：《生物进化史中的大绝灭与复苏》，张焘主编：《科学前沿与未来》第2集，北京：科学出版社，1996年，第241页。

③ 戎嘉余：《生物进化史中的大绝灭与复苏》，张焘主编：《科学前沿与未来》第2集，第247页。

④ 戎嘉余：《生物进化史中的大绝灭与复苏》，张焘主编：《科学前沿与未来》第2集，第254页。

⑤ 戎嘉余：《生物进化史中的大绝灭与复苏》，张焘主编：《科学前沿与未来》第2集，第254页。

⑥ 戎嘉余：《生物进化史中的大绝灭与复苏》，张焘主编：《科学前沿与未来》第2集，第254—255页。

⑦ 《论语·季氏》，陈戍国点校：《四书五经》上册，第52页。

⑧ 《墨子·明鬼下》，《百子全书》第3册，第2427页。

提，未免于父母之怀。及少长，聚而嬉戏，爱亲敬长，良知良能在，而良心未放也”①，又说“人之生也，良知良能，根于天，拘于己，汩于事，诱于物，故无所不用学也”②，但是相比较而言，他更加强调“缘事物而知”的经验论观点。他说：

夫人非生而知之，则其知皆缘事物而知。③

人皆谓人生则有知者也。夫人皆生而无知，能亲师取友，然后有知者也。④

同时，胡宏把事物分成“表”（即现象）和“内”（即本质）两个层次，认为“物之感人无穷”，故人类的知识也应随之分为“感性知识”与“理性知识”两种。胡宏说：

儒者之道，率性保命，与天同功，是以节事取物，不厌不弃，必身亲格之，以致其知焉。夫事变万端，而物之感人无穷。格之之道，必立志以定其本，而居敬以持其志。志立于事物之表，敬行乎事物之内，而知乃可精。⑤

“居敬以持其志”已经包含着“理性认识”（即敬）来源于“感性认识”（即志）的萌芽了，不仅如此，胡宏还看到了“理性认识”对“感性认识”起着过滤和辨析的作用，因此“理性认识”才是人之为人的根本特征。他说：

目流于形色，则志（根据下文，这里应为“知”字）自反，而以理视。耳流于音声，则知自反，而以理听。口流于唱和，则知自反，而以理言。⑥

机器能否思维？这是20世纪中叶以来科学界不断争论的热点问题之一。恩格斯在《反自然辩证法·导言》中曾经说过：思维是“物质运动的基本形式之一”⑦。既然思维的基础是物质性的，那么它就有被人类模拟的可能性，而计算机的问世则使思维模拟由理论变为现实。随着“思维—脑—计算”关系问题研究的逐步深入，科学家已经提出“计算神经科学”的设想，其最终目标是“要阐明大脑是怎样使用其电信号和化学信号来表达信息和处理信息的”⑧。而人们现在最关心的问题是机器能否代替人脑而思维？实际上，当我们把人界定为不仅有自然的属性而且还有社会的属性时，答案其实已很清楚了。所以，胡宏正确地说：

有为之为，出于智巧。血气方刚，则智巧出焉；血气既衰，则智巧穷矣。⑨

这就是说，“血气”是“智巧”的物质基础，机器没有“血气”，故机器是不能思维的，更不会有创造的能力。那么，如何将“智巧”转化为人的一种实际能力呢？胡宏说：

---

① （宋）胡宏著，吴仁华点校：《胡宏集·杂文·复斋记》，第152页。
② （宋）胡宏著，吴仁华点校：《胡宏集·知言·义理》，第31页。
③ （宋）胡宏著，吴仁华点校：《胡宏集·杂文·复斋记》，第152页。
④ （宋）胡宏著，吴仁华点校：《胡宏集·知言·汉文》，第43页。
⑤ （宋）胡宏著，吴仁华点校：《胡宏集·杂文·复斋记》，第152页。
⑥ （宋）胡宏著，吴仁华点校：《胡宏集·杂文·复斋记》，第152—153页。
⑦ 《马克思恩格斯选集》第3卷，北京：人民出版社，2016年，第459页。
⑧ 郭爱克：《脑的复杂性——脑与思维关系的新探索》，张焘主编：《科学前沿与未来》第2集，第36页。
⑨ （宋）胡宏著，吴仁华点校：《胡宏集·知言·好恶》，第11页。

人虽备天道，必学然后识，习然后能，能然后用。①

即“学”“习”“用”是人类认识世界和改造世界的三个环节，或称三大阶段。其中“学”是人类自主能力不断提高的基础，胡宏说：“学进，则所能日益。”②而“能”最终要体现在“用”之上，所以胡宏非常强调“用”的实践意义，他说：“学圣人之道，得其体，必得其用。有体而无用，与异端何辨？”③但如何“用”，人云亦云还是独立思考？其结果是大不相同的，胡宏则坚持在“用”的过程中要有自主意识和创新精神。他说：

读书一切事，须是有见处方可。不然，汩没终身，永无超越之期矣。④

凡有疑，则精思之。思精而后讲论，乃能大有益耳。若见一义即立一说，初未尝求大体，权轻重，是为穿凿。穿凿之学，终身不见圣人之用。⑤

学问之道，但患自足自止耳。若勉进不已，则古人事业决可继也。⑥

由此而上溯，胡宏进一步看到了思维的至上性问题。他说：

噫！六尺之躯有神妙，而人不自知也。圣人诏之曰：“人者，天地之心也。”此心宰制万物，象不能滞，形不能婴，名不能荣辱，利不能穷通，幽赞于鬼神，明行乎礼乐，经纶天下，充周咸遍，日新无息。虽先圣作乎无始，而后圣作乎无穷，本无二性，又岂有阴阳寒暑之累，死生古今之间哉！是故学为圣人者，必务识心之体焉。识其体矣，不息所以为人也。此圣人与天地为一之道。⑦

而“圣人与天地为一之道”正是思维至上性的表现，因为就人类认识的本性而言，人的思维能力是永无止境的，用胡宏的话说，即“识其体矣，不息所以为人也”。因此，胡宏的观点是对中国古代传统认识论的深化，是对宋代日益丰富的科学经验事实的一个总结，其方法论的意义不可低估。尽管他没有明确指出人类思维还有其“非至上性”的一面，但他承认“天地之道”有“不可以智虑测度”的地方。他说：

夫天地之道，一往一来，否泰相应，变化无方，人日用而不穷。不可以智虑测度，不可以才能作为者，谓之鬼神。⑧

而胡宏《皇王大纪论》中内含“逻辑与历史相统一”的认识方法，不可不提。“逻辑与历史相统一”的认识方法肇始于黑格尔，黑格尔认为：“历史上的那些哲学系统的次序，与理念里那些概念规定的逻辑推演的次序是相同的。”⑨列宁将其概括为“哲学在历史

---

① （宋）胡宏著，吴仁华点校：《胡宏集・知言・好恶》，第11页。
② （宋）胡宏著，吴仁华点校：《胡宏集・知言・修身》，第7页。
③ （宋）胡宏著，吴仁华点校：《胡宏集・与张敬夫书》，第131页。
④ （宋）胡宏著，吴仁华点校：《胡宏集・与彪德美书》，第138页。
⑤ （宋）胡宏著，吴仁华点校：《胡宏集・与彪德美书》，第143页。
⑥ （宋）胡宏著，吴仁华点校：《胡宏集・与彪德美书》，第136页。
⑦ （宋）胡宏著，吴仁华点校：《胡宏集・杂文・不息斋记》，第155页。
⑧ （宋）胡宏著，吴仁华点校：《胡宏集・皇王大纪论・周礼礼乐》，第254页。
⑨ ［德］黑格尔：《哲学史讲演录》第1卷，贺麟、王太庆等译，北京：商务印书馆，2017年，第34页。

中的发展应当符合于逻辑哲学的发展”①，并把被黑格尔所颠倒了的关系重新恢复过来。所以列宁指出：“在逻辑中思想史应当和思维规律相吻合。”②而胡宏像黑格尔一样，也遵循着“哲学在历史中的发展应当符合于逻辑哲学的发展”的理路。从表面上看，《皇王大纪论》由一系列互不相关的历史现象所构成，似乎缺乏内在的逻辑关联性，其实不然。在胡宏看来，人类社会的历史实际就是“合天地之道”的历史，他说：

> 夫阴阳刚柔，天地之体也，体立而变，万物无穷矣。人生，合天地之道者也，故君臣、父子、夫妇交而万事生焉。③

所以，胡宏把人类社会的发展历史就看成是“天地之体也，体立而变”的历史，他所说的“体”就是“三纲”。按照胡宏的历史逻辑，从三皇开始，到孟子时，人类历史便达到了顶峰，故《皇王大纪论》以“三皇”开其篇，而以“孟子辟杨墨”终其文，这种体例的编排，当然是胡宏思维逻辑的一种体现，是其“逻辑与历史相统一”方法的必然结果。胡宏在《孟子辟杨墨》一文中说：

> 愚读《孟子》书，谓杨、朱、墨翟之言盈天下。及考诸史，则朱、翟未尝用于时君，时君亦莫有信用其言者，安在其为盈天下而孟氏辟之如此其力，似空言侈大，无益于实者。后人虽信诵其言，亦莫能究明其义。愚始而疑，中而惑，卒乃慨然长叹，见孟氏指意深远广大，非苟为夸辞而已也。何以言之？天下之道，为人、为己二端而已，惟圣人合内外之道，得时措之宜，故不塞不流而王道行，百姓宁。舍是，则或失于为人太重而不知立己，或失于为己太重而不知立人。失己与人，则天地否塞而人之类顿灭矣。五伯之末，仁义益不明，有志于为己者，直欲高飞深入，不在人间，如接舆、沮溺之徒是也。于是杨、朱倡为我之论，而此徒翕然是之矣。有志于为人者，直欲自沽自献，必行其说，如卫鞅、仪、秦之徒是矣。于是墨翟倡兼爱之说，而此徒翕然是之矣。此二氏之言所以盈天下也。然孟子所以不辟沮溺者，为其无词说而杨、朱之言近义故也；所以不辟仪、秦者，为其事浅陋而墨翟之言近仁故也。近于仁，则不仁，近于义，则不义，不仁不义，近于禽兽，又将何以立于天地之间？故孟氏拔其本，塞其源，则末流将自正矣。有见于此，然后知孟氏辟杨、墨，承先圣，有大功于王道，而可以为万世法也。④

二、吕本中与胡宏科技思想之比较

1. 自然观的比较

从学术源流上看，吕本中与胡宏有着大体相同的思想命脉，《宋史》云：“祖谦学以关、洛为宗。”⑤吕本中是祖谦的伯祖，其家学渊源是相同的，至于胡宏则“予小子恨生之

① ［俄］列宁：《列宁全集》第38卷，北京：人民出版社，1959年，第292页。
② ［俄］列宁：《列宁全集》第38卷，第356页。
③ （宋）胡宏著，吴仁华点校：《胡宏集·皇王大纪论·西方佛教》，第224页。
④ （宋）胡宏著，吴仁华点校：《胡宏集·皇王大纪论·孟子辟杨墨》，第281—282页。
⑤ 《宋史》卷434《吕祖谦传》，第12874页。

晚，不得供洒扫于先生（即程颐）之门，姑集其遗言，行思而坐诵”①。所以他俩在自然观方面就存在着很重要的趋同之处，如“心”这个概念在吕本中与胡宏思想中的凸显，与洛学就有一定的内在关系。吕本中说：

万物皆备于我。反身而诚，富有之大业；至诚无息，日新之盛德也。②

胡宏亦云：

人备万物，贤者能体万物，故万物为我用。物不备我，故物不能体我。应不为万物役而反为万物役者，其不智孰甚焉！③

天人不二，万物皆备于我。反身而诚，天地之间，何物非我？何我非物？④

可见，吕本中与胡宏的主体意识都很强，当是孟子思想在南宋的复活。不过，由吕本中的“物己本同”到胡宏的“性主乎心”，在自然观上却有着不同的文本语言。

吕本中以“理”为其自然观的核心，而胡宏自然观的核心则是“心”。在南宋，“理学”与“心学”已分成两脉。吕本中虽不是理学的开山祖，但他是理学由二程向朱熹转变的一个极其关键的环节，假如没有吕本中的架构，就很难说朱熹的理学思想会那么快出现。吕本中重视事物之理，而这事物之理也就成为他自然观的立论基础。他说：

天下万物一理。苟致力于一事者，必得之理，无不通也。⑤

义者，见于行事者也。事有体有用，义则其用也；道则体也。⑥

由一事一理到宇宙万物于一理，这就是吕本中“物己本同”的自然观意义。而胡宏不然，他认为“心”是万物的主宰，是宇宙的本原，他说：

天下莫大于心，患在不能推之尔。⑦

气主乎性，性主乎心。⑧

所以，漆侠先生说：“‘心’在胡宏理论框架中的意义和作用，是起着决定性意义和作用的。”⑨

吕本中自然观的基本骨架是“义”与“气”，而胡宏自然观的基本骨架则是“性”与“仁”。把自然界人化为有“性情”之物，是南宋思想最突出的特色。吕本中为了将宇宙万物做近距离的透视，他把人类社会中微妙的“性”周延为世界万物发展变化的质料，并在“气”的作用下，使“性”成为事物相互联系的主要环节。吕本中认为：“性与天道，万事

---

① （宋）胡宏著，吴仁华点校：《胡宏集·程子雅言前序》，第158页。

② （清）黄宗羲原著，（清）全祖望补修，陈金生、梁运华点校：《宋元学案》卷36《紫微学案》，第1235页。

③ （宋）胡宏著，吴仁华点校：《胡宏集·知言·事物》，第22页。

④ （宋）胡宏著，吴仁华点校：《胡宏集·与原仲兄书》，第121页。

⑤ （宋）吕本中：《紫微杂说》，《景印文渊阁四库全书》第863册，第830页。

⑥ （宋）吕本中：《紫微杂说》，《景印文渊阁四库全书》第863册，第831页。

⑦ （宋）胡宏著，吴仁华点校：《胡宏集·知言·纷华》，第25页。

⑧ （宋）胡宏著，吴仁华点校：《胡宏集·知言·仲尼》，第16页。

⑨ 漆侠：《宋学的发展和演变》，石家庄：河北人民出版社，2002年，第537页。

有无，皆其分内所固有也。”[①]他说：

> 和顺于道德，而理于义，配义与道。既曰道矣，而又曰义，既曰道德而又曰理于义，盖义者，就其日见之行而中节者言之也。行义以达其道，盖惟日见之行而后可以达其道也。穷理尽性，以致于命，命也，性也，理也，皆一事也。在物谓之理，在人谓之性，在天谓之命，至于命者，言尽天道也。[②]

既然用“义”来沟通“物理”与“天道”之间的联系，即“行义以达其道”[③]，那么，如何“行义以达其道”呢？吕本中认为，还需“气”的催化和整合，他说：

> 赏必当功，罚必当罪，刻核之论也。罪疑惟轻，功疑惟重，君子长者之心也，以君子长者之心为心，则自无刻核之论，如君子不尽人之忠，不竭人之欢，去其臣也，必使可复仕，去其妻也，必使可复嫁，如此等论，上下熏蒸，则太平之功，可立致也。芝草生，甘露降，醴泉出，皆是此等和气熏蒸所生。[④]

“和气”又称“道气”，即“道气令和”[⑤]。在吕本中看来，由于“道引以和柔为至”[⑥]，因此人们就应该以“和”来调节自己的社会行为。他说：“君子气象难遽形容，惟平易安和者为近之。”[⑦]“和”是孔子所倡导的一种自然与社会相统一的理想状态，吕本中继承了这一思想，并纳入到他的自然观框架之内，使之成为“义”与“气”相互沟通的纽带。

与吕本中不同，胡宏则用“性”与“仁”这两个范畴来架构他的自然观体系。如果把他的自然观体系分成三个层次，那“性”与“仁”就处在第二层次上，胡宏说：“气之流行，性为之主。性之流行，心为之主。”[⑧]可见，在胡宏的自然观系列中，“性”是连接“气”与“心”的关键环节，用式子表示即气 →性→心。不过，“性”有“人之性”与“物之性”的区分，他说：圣人“尽人之性，尽物之性，德合天地，心统万物”[⑨]，而“人也，性之极也。故观万物之流形，其性则异；察万物之本性，其源则一”[⑩]。既然“察万物之本性，其源则一”，那么如何去“察”就成了问题，所以胡宏用另外一个范畴直通万物之源，这个范畴就是“仁”。他说：“仁者，天地之心也”[⑪]，又说：“仁者，道之生也”[⑫]，何谓道？在胡宏看来，“道者，体用之总名。仁，其体；义，其用。合体与用，斯

---

① （宋）吕本中：《紫微杂说》，《景印文渊阁四库全书》第863册，第838页。
② （宋）吕本中：《紫微杂说》，《景印文渊阁四库全书》第863册，第829页。
③ （宋）吕本中：《紫微杂说》，《景印文渊阁四库全书》第863册，第829页。
④ （宋）吕本中：《紫微杂说》，《景印文渊阁四库全书》第863册，第839页。
⑤ （宋）吕本中：《紫微杂说》，《景印文渊阁四库全书》第863册，第839页。
⑥ （宋）吕本中：《紫微杂说》，《景印文渊阁四库全书》第863册，第839页。
⑦ （宋）吕本中：《紫微杂说》，《景印文渊阁四库全书》第863册，第833页。
⑧ （宋）胡宏著，吴仁华点校：《胡宏集·知言·事物》，第22页。
⑨ （宋）胡宏著，吴仁华点校：《胡宏集·知言·往来》，第14页。
⑩ （宋）胡宏著，吴仁华点校：《胡宏集·知言·往来》，第14页。
⑪ （宋）胡宏著，吴仁华点校：《胡宏集·知言·天命》，第4页。
⑫ （宋）胡宏著，吴仁华点校：《胡宏集·知言·修身》，第4页。

为道矣”[①]，因此，人类知识就是“求所以为仁”[②]的工具，这是胡宏思想体系的独到之处。

2. 科学观的比较

吕本中和胡宏都借助于宋代的科技成果来建构他们的思想体系，但由于各自的文化背景不同，前者把他的研究重点放在有关“人”自身的存在与发展问题上，而后者则把他对宇宙万物的思考作为其科学观的支点和基础。具体地讲，吕本中科学观的核心就是他的养生思想。与一般的养生思想相比，吕本中将养生放在整个地球生物的平台上来考察。一方面，他认为“存想一处，心不外驰，皆可以却疾延年”[③]，借此，吕本中从精神因素的角度正确地解释了“内热”形成的原因，他说：内热之疾，“大抵皆由思虑纷扰，不能内省，一意外慕，不求诸己，以致心火上炎，血脉错乱，而生此疾。故养生者深谨之”[④]。另一方面，他从人类的饮食结构方面，说明了多吃蔬菜对养生的重要性，他说：“浮屠断食肉，此语说始尽。人生惯便习，奉法乃不谨。要当守淡薄，万事可坚忍。”[⑤]如果说吕本中的养生思想仅仅停留在这个层面，那么我们就看不出他的养生思想有什么特别之处。就吕本中的养生思想而言，他由此生发出的生态思想才是最有价值的。

首先，他看到了很多自然灾害的发生都与人的活动有关。如吕本中在《春秋集解》一书中例举了大量事实说明许多虫灾都是由战争这类社会行为所引起，他说：宣公“不知舍恶迁善，以补前行之愆而用兵不息，灾异数见”[⑥]。据统计，宣公六年、十三年、十五年、十六年连续多年闹虫灾，这就是极不正常的自然灾害了，恐怕其跟宣公“用兵不息”导致该地的生物链条失衡有关，从而使控制虫害发生的鸟类严重缺乏，结果出现虫螟繁殖过滥而危害农田的现象，如宣公十六年就有“螽为灾于夏而蝝生于秋，一岁而再为灾”[⑦]的记载。

其次，吕本中认识到地上的所有动物都有“仁”的内质，只不过它们的这种内质被遮蔽了而不能显现出来。过去人们总是用一种仇视的态度来对待那些毒蛇猛兽，应当承认在特定历史条件下，这种观念具有一定的合理性和正当性，但从长远的眼光看则是弊多利少，故吕本中说：“虎狼非不仁，天机使之然。蛇虺肆百毒，此亦受之天。”[⑧]他举例云：“韩退之书北平王家猫相乳事，以为猫人畜，无仁义之性者。予窃以为不然，予顷自岭外归，畜数马，前马得草未食，视后马未有草，即衔草回顾与后马，如此，岂可谓无仁义性也哉！但蔽之甚耳。”[⑨]

最后，基于上述理由，吕本中主张善待与我们相处的各种动物。他以古人的食物结构

---

① （宋）胡宏著，吴仁华点校：《胡宏集·知言·阴阳》，第10页。
② （宋）胡宏著，吴仁华点校：《胡宏集·知言·义理》，第31页。
③ （宋）吕本中：《紫微杂说》，《景印文渊阁四库全书》第863册，第839页。
④ （宋）吕本中：《紫微杂说》，《景印文渊阁四库全书》第863册，第826页。
⑤ （宋）吕本中撰，沈晖点校，汪福润审订：《东莱诗词集》卷19《蔬食三首》，第284页。
⑥ （宋）吕本中：《春秋集解》卷15《宣公六年“秋八月虫”条》，《景印文渊阁四库全书》第150册，第287页。
⑦ （宋）吕本中：《春秋集解》卷16《宣公十六年》，《景印文渊阁四库全书》第150册，第312页。
⑧ （宋）吕本中撰，沈晖点校，汪福润审订：《东莱诗词集》卷19《戒杀八首》，第286页。
⑨ （宋）吕本中：《紫微杂说》，《景印文渊阁四库全书》第863册，第826页。

为例，认为古人食肉现象是很少见的。他说：

> 古人自奉简约，类非后人所能及，如饮食高下，固自有制度，诸侯无故不杀牛，大夫无故不杀羊，士无故不杀犬豕，此犹是极盛时制度也。大抵古人得食肉者至少，而食肉之禄，冰皆与焉。肉食者谋之，肉食者无墨，此言贵者方得肉食也。①

因此，提倡节制肉食在保护整个地球生态方面，无疑地具有积极的现实意义。就此而言，人类应建立一套有效的生态道德规范不仅是可能的，而且是完全必要的。

自然界是一个复杂的物质体系，人与各种生物体仅仅是其中很小的一个组成部分，而宇宙更加广大的部分可能对我们来说还十分陌生，因此，我们对许多的物质现象还知之甚少。正因为如此，人类的好奇心和探究欲才更加强烈。从这种意义上说，宇宙学永远是人类最有魅力的知识领域。康德在《实践理性批判》最后一部分的开头说："有两种东西，我们愈时常、愈反复加以思维，它们就给人心灌注了时时在翻新、有加无已的赞叹和敬畏：头上的星空和内心的道德法则。"②而胡宏就是以这样一种"敬畏之情"来面对我们"头上的星空"。

前面讲过，胡宏有着丰富的宇宙学思想，如他用自己的文本语言表述了现代的"物质不灭""黑洞""引力场"等观念，而这些观念不要说在胡宏生活的那个时代绝对属于超前的思想认识，即使在今天它们都很时髦，也没有过时。不过，胡宏并未陶醉于"头上的星空和内心的道德法则"之中，而他时刻都关注社会的变迁及其社会发展对人类生存的影响，尤其是不利的影响。他曾从科学的角度考察了黄河之患形成的历史原因。他说：

> 龙门、华阴、底柱、孟津、大坯、大陆，皆河之冲也。九河之处，徒骇最北，鬲津最南，其中二百余里，地势平延，其流弥漫，易以淤塞，迁徙不常。故禹多与之地，使下流通广，则中国无河患。及齐桓公擅一时之利，不顾大河形便，为万世虑，适河行徒骇，遂因以太史马颊覆釜胡苏，简洁钩盘鬲津入河之地，兴树艺，立城邑，河之下流始迫隘矣。自是以后，中国始以河为患焉。为天下者，何必与水争此地乎！不计其利，深计其害，捐河故地以与河，亦省事安民、永世之一策也。③

"为天下者，何必与水争此地乎"，这是多么令人深刻反思的话题。当然，"与水争地"还应历史地看和唯物地看。在南宋，由于人多地少的矛盾很突出，甚至在某种程度上，它已经成为阻碍南宋社会经济发展的最大因素。就此而言，"与水争地"多少具有积极的现实意义。对此，我们应当具体问题具体分析。但是，回顾人类几千年的文明史尤其是近世以来的社会发展历史，我们不得不承认，我们在取得辉煌成绩的同时也付出了沉重的代价，而究其原因之一就是人类与河湖争地盘、与森林和草原争空间、与野生动物争食物资源等，从而造成了湖泊干涸、河流改道、森林缩减、草原荒芜、动物灭绝、气候反常等一系列殃及子孙的严重生态后果，所以胡宏主张"捐河故地以与河"，意思就是说人类

---

① （宋）吕本中：《紫微杂说》，《景印文渊阁四库全书》第863册，第826页。

② ［德］康德：《实践理性批判》，关文运译，北京：商务印书馆，1960年，第164页。

③ （宋）胡宏著，吴仁华点校：《胡宏集·皇王大纪论·九河之迹》，第228页。

应该把从河湖中争夺来的土地再返还给河湖，这是非常积极的保护人类生存环境的措施，由此及彼，我们还可以说“捐森林故地以与森林”“捐草原故地以与草原”等等，而“绿色革命”可以说就是拯救地球的国际行动，我们要用“绿色”托起《我们共同的未来》。“当今的时代是人类整体觉悟的时代，是人类文明进步的新阶段……这是人类文明的又一次飞跃，也可以说是人类在人与自然关系上的第二觉悟”①。

3. 方法论的比较

科学方法论总是与人类知识的话题紧密相关，而吕本中和胡宏也都自觉或不自觉地使用不同的话语来阐明他们对人类知识的态度。吕本中说：“天地固有常，日月固有明矣……若于其中能有自得，方可谓之物格知至。”②可见，吕本中承认知识是对客观规律的认识与反映。而在这一点上，胡宏也有同感，他说：“人心应万物，如水照万象。”③把人对事物的认识看作是“水照万象”，这是一种典型的直观反映论，是直观唯物主义的具体表现。尽管如此，他毕竟也承认了客观存在的决定作用，同时，他认为：“盖天地之间无独必有对，有此必有彼，有内则有外，有我则有物。”④既承认直观的反映论，又承认矛盾的辩证法，这便是胡宏科学思想的哲学基础，而从南宋科学思想的整个发展历程看，胡宏的这个思想认识，无疑是南宋科学思想所取得的重要成就之一，值得一书。

除此之外，吕本中也有他独特的地方，那就是他提出了“知轻重”的认识方法。他说：

> 从师问学，当知轻重。既知轻重，然后慎择而谨守之可也。所谓知轻重者，如七十子之徒从孔子，则当事事模范，不当少异。然有不安于心者，尤当详问以释其疑。疑释心安，而后从之。如子路之问孔子，反复问难，亦可见矣。自孔子以降，性各有偏，见或未至……事事学之，安得不为大害？此圣人之后，所以多流而入于异端，皆由不知轻重也。然学者从师，便有私心，以己所传为是。私心既生，百弊俱出，此固未足以语学矣。⑤

在这里，吕本中指出了两条学术发展之路，即“事事模范，不当少异”，它说明任何学术思想都应有连续性和相对的稳定性，但它也允许辩难，这是一条传统的路子；另外一条路子则是“以己所传为是”，从传统思想的角度看，这就是一种“异端”。实际上，吕本中在这里提出了学术知识的继承与创新的问题。从上述引文中不难看出，他倾向于前者，而反对后者，可见他本人在认识方法上具有保守性。但他认为继承传统绝不等于墨守成规而一成不变，他既然推崇子路“反复问难”的认识方法，就说明他还是倡导一定的怀疑精神的。故他说：

> 前辈尝说后生才性过人者不足畏，惟读书寻思推究者，为可畏耳。又云：读书只

① 白光润主编：《当代科学热点》，第396页。

② （宋）吕本中：《紫微杂说》，《景印文渊阁四库全书》第863册，第827页。

③ （宋）胡宏著，吴仁华点校：《胡宏集·知言·大学》，第34页。

④ （宋）胡宏著，吴仁华点校：《胡宏集·论语指南》，第308页。

⑤ （宋）吕本中：《东莱杂说》，郑福田主编：《永乐大典》卷921《师》，呼和浩特：远方出版社，2006年，第30—31页。

怕寻思，盖义精深，惟寻思用意，为可以得之，卤莽厌烦者，决无有成之理。①

何谓“才性过人者不足畏”，据我们理解，应当是指那些智力有天赋但却没有“问题意识”的人。这种人诚然也能为人类知识的积累进行必要的和重复性的填充，而这种量的填充丝毫不能为人类知识的发展增加新质成分，因为他们不知求异，更不知求新，仅此而已，故有“不足畏”之说。与之相反，“读书寻思推究者”通常是指那些问题意识最强的人，他们对于人类知识的发展，绝不仅仅是增加知识的积累程度，因为他们开发新知识的能力也强，尤其是在读书过程中，“寻思推究者”往往是不盲从古人，敢发前人之未发者，这恰恰体现了知识不断更新的本质，故有“可畏耳”的赞叹。而如何做到这一点呢？吕本中说：

薰陶渐染之功，与讲究持论互相发明者也，要之薰陶之益，过于讲究，知此理者，方可以语学也。②

说白了，“薰陶渐染之功，与讲究持论互相发明者也”的方法，就是一种理论与实践相结合的方法，就是一种培养和提高学习者个人独立思考能力的方法。

与吕本中的方法论略有不同，胡宏在方法论上则承认人的知识的先验性。同古希腊哲学家柏拉图一样，胡宏认为学习的过程就是“回忆”，就是心灵在万物的激动（即物格）下，唤醒其“良知良能”的过程。他说：“人之生也，良知良能，根于天，拘于己，汩于事，诱于物，故无所不用学也。”③其中“拘于己”可以理解为先天地存在人身之中的“良知良能”，既受到人自身生理条件的限制（即拘），又受到人主观方面各种假象（培根提出了“四种假象”）的影响，所以要想寻求对客观事物的正确反映，就必须学习，但“学必习，习必熟，熟必久，久则天，天则神”④，也就是说学习本身是一个由量变到质变的积累过程，也是一个既需要“习必熟”（熟练掌握各种专门知识）又需要“熟必久”（对所学知识进行长期的消化和吸收，从而形成自己的思想）的“致其知”⑤的过程，当然还是“敬以直内”⑥的体仁过程。胡宏说：

是以《大学》之方在致其知。知至，然后意诚；意诚，则过不期寡而自寡矣。⑦敬以直内，固学者之本。⑧

所谓“过不期寡而自寡矣”是指人们在认识事物的过程中，只要做到“知至”和“意诚”，就能减少人们在认识客观真理方面所出现的差错和谬误，从而大大提高其主观认识与客观事物内部各种信息的符合率，并为“敬以直内”创造条件。至于怎么使人们的主观

① （宋）吕本中：《紫微杂说》，《景印文渊阁四库全书》第863册，第833页。
② （宋）吕本中：《紫微杂说》，《景印文渊阁四库全书》第863册，第829页。
③ （宋）胡宏著，吴仁华点校：《胡宏集·知言·义理》，第31页。
④ （宋）胡宏著，吴仁华点校：《胡宏集·知言·义理》，第31页。
⑤ （宋）胡宏著，吴仁华点校：《胡宏集·知言·事物》，第22页。
⑥ （宋）胡宏著，吴仁华点校：《胡宏集·论语指南》，第314页。
⑦ （宋）胡宏著，吴仁华点校：《胡宏集·知言·事物》，第22—23页。
⑧ （宋）胡宏著，吴仁华点校：《胡宏集·论语指南》，第314页。

认识与客观事物内部各种信息相符合，胡宏的主张是“物格”[①]。他说：“《论语》之所谓礼，即《中庸》之所为善。颜子有不善，未尝不知，至明也。非物格者，不能也。知之，未尝复行，至勇也。若非仁者，不能也。”[②]由“物格”到“至明”，是认识的第一个阶段，也可称之为由感性认识上升到理性认识的阶段；由“至明”再到“至勇”则是认识的第二个阶段，也可称为由理性认识到实践的阶段，从“复行”由“仁”（即正确的思想）来指导的具体阐释看，胡宏似乎已经触及真理（仁）的实践标准问题了。至少从形式上说是这样，因为在不同的历史阶段，人们对真理的认识是不同的。

第三节　多元文化视野下的陈旉水作型农学思想

中国以长江为界，形成了南与北两大农作体系。大体说来，北方农业属于旱作型，而南方农业则属于水作型。根据考古资料知，公元前5400年，北方的黄河流域已经开始种粟；公元前5000年，南方的长江流域则开始种植油稻与粳稻。接着，新疆孔雀河下游又学会了种植小麦。水稻作为江南的主要粮食农作物，为了提高它的产量，江南人民在公元25—220年间不仅创建了小型的农田灌溉系统，而且珠江三角洲还出现了双季连作稻。此时，由于北方人口不断向南方各地迁移，于是，北方先进的农耕技术和粮食作物亦随之传入南方，如东汉章帝时，庐江太守王景在“楚相孙叔敖所起芍陂稻田”的基础上，更“修起芜废，教用犁耕，由是垦辟倍多……训令蚕织，为作法制”。[③]又“九真俗以射猎为业，不知牛耕”[④]，而任延“乃令铸作田器，教之垦辟。田畴岁岁开广，百姓充给”[⑤]。在湖南郴州一带地区，茨充“教民种殖桑柘麻纻之属，劝令养蚕织屦，民得利益焉”[⑥]。可见，这个时期南方的大部分地区都实现了农耕技术的跃进，即由“火耕水耨”转向犁耕耘耨。在此前提下，成于晋代的《广志》一书，载有当时南方培育的水稻品种已达13个，其中“盖下白稻”为一再生稻品种，它“正月种，五月获；获讫，其茎根复生，九月熟”[⑦]。到南北朝时期，南方水稻品种已增加为24种[⑧]，且据《水经注》卷39《耒水》说，便县“有温泉水，在郴县之西北，左右有田数千亩，资之以溉。常以十二月下种，明年三月谷熟。度此水冷，不能生苗，温水所溉，年可三登”[⑨]。此为大田生产上利用地热的最早记载，显示了南方水稻种植技术水平的迅猛提高。尤其值得一提的是，原本属于北方旱作的粮食作物小麦于此间亦开始较大规模地被推广于江南各地，如南朝宋于元嘉二十

---

① （宋）胡宏著，吴仁华点校：《胡宏集·杂文·题张敬夫希颜录》，第193页。
② （宋）胡宏著，吴仁华点校：《胡宏集·杂文·题张敬夫希颜录》，第193页。
③ 《后汉书》卷76《王景传》，北京：中华书局，1965年，第2466页。
④ 《后汉书》卷76《任延传》，第2462页。
⑤ 《后汉书》卷76《任延传》，第2462页。
⑥ 《后汉书》卷76《卫飒传》，第2460页。
⑦ 《齐民要术》卷2《水稻》，《百子全书》第2册，第1837页。
⑧ 《齐民要术》卷1《收种第二》，《百子全书》第2册，第1821页。
⑨ （北魏）郦道元著，陈桥驿校证：《水经注校证》，北京：中华书局，2013年，第873页。

一年（444）诏令“南徐、兖、豫及扬州浙江西属郡，自今悉督种麦，以助阙乏”[①]。又南朝陈于天嘉元年（560）也诏令“思俾阻饥，方存富教。麦之为用，要切斯甚，今九秋在节，万实可收，其班宣远近，并令播种”[②]。虽说当时还不能结合稻、麦两熟于特定的土地面积之上，但是小麦在南方的普遍引种有利于改善南方单一的粮食种植结构和居民的饮食结构，它对于提高广大南方劳动人民的身体素质是非常有好处的。进入唐代以后，《四民月令》中所出现的“别稻”（即水稻移栽）技术在南方得到普遍推广，故在四川，杜甫有“插秧适云已，引溜加灌溉”[③]的诗句；而在江西江州及浙江杭州，白居易则分别有“泥秧水畦稻”[④]和“水苗泥易耨”[⑤]的记述，等等。在这里，“秧田”一方面表明水稻种植开始向高质优产的方向发展，另一方面也显示了集约化经营的科技实践越来越深入，而它的直接效用就是能够通过节约用水量和扩大水稻栽培面积的方式而达到丰产增收的目的，另外，由于“秧田”育苗错开了小麦的成熟期，这就解决了一年两季作物播种与收获时间两者相互冲突的问题，从而使一年两熟栽培制成为可能。尽管学界对于中国经济重心何时南移的问题尚有不同的看法，但是从理论上讲，南方农业生产体系形成于南宋初年，却是不争的事实，而它的标志便是《陈旉农书》的出现。

陈旉是南宋初期著名的农学家，可惜关于他的生平，我们只能从丹阳洪兴祖为《陈旉农书》所撰写的“题跋”中略窥一二。其文云：

> 西山陈居士于六经诸子百家之书，释老氏黄帝神农氏之学，贯穿出入，往往成诵，如见其人，如指诸掌。下至术数小道，亦精其能。其尤精者《易》也。平生读书，不求仕进，所至即种药治圃以自给。绍兴己巳，自西山来访予于仪真，时年七十四。出所著《农书》三卷，曰：“此吾闾中事业，不足拈出，然使沮溺耦耕之徒见之，必有忻然相契处。樊迟请学稼，子曰‘吾不如老农’。先圣之言，吾志也；樊迟之学，吾事也。是或一道也。”仆喜其言，取其书读之三复，曰：“如居士者可谓士矣。”[⑥]

既然南宋绍兴己巳（1149）时陈旉74岁，则他的生年当在1076年，即北宋熙宁九年。此时，王安石变法的震动效应还在继续，客观地讲，尽管王安石变法的社会效果在学界尚有争议，但王安石变法促进了宋代科技的进步却是任何人都无法否认的，尤以农业生产为突破口的“新法”给北宋农业经济带来了全面的发展。如“青苗法”是具有现代意义的最早的农业贷款；宋神宗认为：“灌溉之利，农事大本。”[⑦]故王安石积极推行“农田水利法”，并取得了全国兴修农田水利10793处、溉田363万余亩的成就，这个成就“不仅在两宋三百年间是极为突出的，就是在整个封建时代也是罕见的”[⑧]。而当时南方和北方

---

① 《宋书》卷5《文帝本纪》，北京：中华书局，1974年，第92页。

② 《陈书》卷3《世祖本纪》，北京：中华书局，1972年，第51页。

③ （唐）杜甫：《杜工部集》卷6《行官张望补稻畦水归》，长沙：岳麓书社，1989年，第98页。

④ （唐）白居易著，喻岳衡点校：《白居易集》卷10《孟夏思渭村旧居寄舍弟》，长沙：岳麓书社，1992年，第152页。

⑤ （唐）白居易著，喻岳衡点校：《白居易集》卷52《和三月三十日四十韵》，第792页。

⑥ （宋）洪兴祖：《〈农书〉后序》，曾枣庄主编：《宋代序跋全编》第6册，第3732页。

⑦ 《宋史》卷95《河渠志五》，第2369页。

⑧ 漆侠：《宋代经济史》上册，上海：上海人民出版社，1988年，第77页。

的农田水利建设和发展极不平衡，据唐启宇先生统计，整个北宋期间，北方的灌溉事业数为 66 项，而南方的灌溉事业数则为 224 项，由此可知，“南方灌排农业的发展，实以农田水利事业的发展为其先导有以致之”①。在此期间，江南农业经济发展尤其迅猛，它具体表现在三个方面：其一，为了提高水稻移栽的效率，鄂州人创造了用于插秧的秧马，故苏轼在《禾谱・序》中有“昔游武昌，见农夫皆骑秧马”的说法；其二，在灌溉排水方面，普及推广了水车；其三，在农作物种植结构方面，宋神宗鼓励长江流域地区广种小麦，从而改变了这一地区“专种粳稻”的耕作制度。所以，王安石变法对整个社会产生的影响应当分作两个认识层面来看，一个层面是实践的层面，因为王安石非常重视科学技术在农业生产中的作用，由此而激发了人们的科技创新意识和热情；另一个层面是理论的层面或者观念的层面，正如陈旉所说：“宋兴，承五代之弊，循唐汉之旧，追虞周之盛，列圣相继，惟在务农桑，足衣食，此礼义之所以起，孝弟之所以生，教化之所以成，人情之所以固也。然士大夫每以耕桑之事，为细民之业。孔门所不学，多忽焉而不复知，或知焉而不复论，或论焉而不复实。旉躬耕西山，心知其故，撰为《农书》三卷。”②虽然宋代的科举制相当发达，可是科技人才在科举竞争中却往往处于劣势地位，而在这样的文化氛围里，陈旉能够“躬耕西山”，以农业实践与农学研究为己任，实在是一位务实的“隐者”，一位以“饱暖为务”③的农学家。

一、充分发挥科学技术在农业生产中的决定作用

前面说过，在南方，原始的“刀耕火种”农业，因其技术含量不高而逐渐退出了历史舞台，并被先进的“精耕细作”农业所代替。不过，由于南方的自然条件与北方的自然条件有所不同，故北宋在南方地区推进“精耕细作”农业的历史过程中，走出了一条颇具特色的水旱作与灌排相结合的农业发展之路。

自南宋以后，随着南方人口的急剧增加，如何扩大和提高土地资源的利用率，实际上已经成为当时人们寻找解决人们吃饭问题的一个切点。而南方多山泽薮地，因此，如何将这些山泽薮地改造成适宜耕作的农田，便很自然地转化为上述问题的焦点。对此，陈旉总结了宋代江南劳动人民的开薮造田的实践经验，并加以科学的解释，因而形成了一种“地宜”理论，或者说是一种土地利用规划思想。他说：

> 夫山川原隰，江湖薮泽，其高下之势既异，则寒燠肥瘠各不同。大率高地多寒，泉冽而土冷，传所谓高山多冬，以言常风寒也；且易以旱干。下地多肥饶，易以渰浸。故治之各有宜也。若高田视其地势，高水所会归之处，量其所用而凿为陂塘，约十亩田即损二三亩以潴畜水；春夏之交，雨水时至，高大其堤，深阔其中，俾宽广足

---

① 唐启宇编著：《中国农史稿》，第 577 页。

② （宋）陈旉：《陈旉农书・序》，任继愈总主编，范楚玉主编：《中国科学技术典籍通汇・农学卷》第 1 册，第 337 页。

③ （宋）陈旉：《陈旉农书・序》，任继愈总主编，范楚玉主编：《中国科学技术典籍通汇・农学卷》第 1 册，第 337 页。

以有容；堤之上，疏植桑柘，可以系牛。牛得凉荫而遂性，堤得牛践而坚实，桑得肥水而沃美，旱得决水以灌溉，潦即不致于弥漫而害稼。高田早稻，自种至收，不过五六月，其间旱干不过灌溉四五次，此可力致其常稔也。又田方耕时，大为塍垄，俾牛可牧其上，践踏坚实而无渗漏。若其塍垄地势，高下适等，即并合之，使田丘阔而缓，牛犁易以转侧也。其下地易以渰浸，必视其水势冲突趋向之处，高大圩岸环绕之。其欹斜坡陁之处，可种蔬茹麻麦粟豆，两傍亦可种桑牧牛。牛得水草之便，用力省而功兼倍也。若深水薮泽，则有葑田，以木缚为田丘，浮系水面，以葑泥附木架上而种艺之。其木架田丘，随水高下浮泛，自不渰溺。《周礼》所谓“泽草所生，种之芒种”是也。[①]

在这段话里，陈旉至少告诉我们三种“田制”：塘田，适宜于干旱的丘陵地；圩田，适宜于多水的薮泽地；架田，适宜于无地的水乡。从实践上看，南方山泽农业的开发，在当时是一个崭新的领域，虽然“圩田”这种利用土地的形式始兴于五代，但就整个山泽农业的规划而言，“圩田”农业的真正被重视却是从北宋开始的。不仅如此，宋代将南方的山泽地开发看作是一个系统工程，因地制宜，创造了“塘田”“圩田”“架田”等多位一体的山泽农业开发模式，尤其是“架田”的出现，应为现代“无土”栽培农业的雏形，它的科技含量是很高的，因而具有广阔的发展和应用前景，甚至在某种程度上讲它开辟了一条水乡或海洋农业的发展之路。如近代广东珠江三角洲和福建有些地方的菜农，以芦苇或类似材料扎成筏，浮于水面，用来种植蕹菜，即为一种无土架田。[②]因此，王祯在评价“架田”的种植优点与发展前景时说：“架田附葑泥而种，既无旱暵之灾，复有速收之效，得置田之活法，水乡无地者宜效之。”[③]与传统的葑田相比，架田是一种真正意义上的人造耕地，由于它的浮动性较大，为了防止“不看茭青难护岸，小舟撑取葑田归”[④]的事情发生，人们便创造了“以木缚为田丘”的“固田”形式。众所周知，海洋占地球总面积71%，被日本称为当代“三大尖端技术”之一，因而海洋科学技术就一跃成为世界新的技术革命的重要内容，显示了无比的生命力。作为陆地农业的进一步延伸，目前人类对海洋农业的开发仍然停留在“海涂围垦”的阶段，而从“海涂围垦”到“架田”是海洋农业发展的必然趋势。因为随着海上城市（如日本神户人工岛、六甲人工岛等）、海上机场（如日本的长崎机场、英国伦敦的第三机场、美国纽约的拉瓜迪亚机场等）、海上工厂（如美国新泽西州的海上原子能发电厂、巴西亚马孙河口的海上纸浆厂等）的出现，海上农业必将成为未来海洋开发的一个崭新领域。

在开发山泽农业的具体实践过程中，陈旉已经认识到农作物生长与其自然环境之间的相互联系。在陈旉看来，不仅地势本身对农作物种植影响巨大，而且地温、水旱、土壤肥

① （宋）陈旉：《陈旉农书》卷上《地势之宜篇》，任继愈总主编，范楚玉主编：《中国科学技术典籍通汇·农学卷》第1册，第339页。

② 汪子春、范楚玉：《中华文化通志》第七志《农学与生物学志》，上海：上海人民出版社，1998年，第48页。

③ （元）王祯：《王氏农书》卷11《田制门·架田》，《景印文渊阁四库全书》第730册，第418页。

④ （宋）范成大著，富寿荪标校：《范石湖集》卷27《四时田园杂兴》，上海：上海古籍出版社，2006年，第373页。

瘠等因素对农作物的种植结构亦有直接的影响。于是，为了合理地和科学地利用山泽资源，陈旉根据当时的社会实际，提出了“循环经济”的思想，即人们于山田的高处凿为陂塘，然后在其高大的堤岸上“疏植桑柘”，这样做的好处是：其一，可以“系牛，牛得凉荫而遂性，堤得牛践而坚实，桑得肥水而沃美”；其二，农作物可以利用牛粪作肥料，同时牛粪还能够疏松土壤，提高地力，从而保持新壮。陈旉说：“或谓土敝则草木不长，气衰则生物不遂，凡田土种三五年，其力已乏。斯语殆不然也，是未深思也。若能时加新沃之土壤以粪治之，则益精熟肥美，其力当常新壮矣。”[①]这样，从山田、陂塘到堤岸、桑柘，再到牛粪、农作物和“地力常新”，往而复始，形成一个相对闭合的良性循环，而在这个循环过程中，山泽综合农业的各个环节与要素都得到了充分的利用，养用结合，用中有养，养中有用，开辟了宋代农业发展的一条新路径。

关于土壤改良与水稻高产的关系是《陈旉农书》重点探讨的技术问题之一，仅从《陈旉农书》的篇章结构来看，它的上卷共 14 篇，而“耕耘”则各占一篇，显示了耘耕在水稻丰产过程中的关键地位。

首先，耕作是中国传统农业用以改良土壤的主要措施。在《陈旉农书》之前，《吕氏春秋·任地》《氾胜之书》《齐民要术》等农学典籍都非常强调通过耕作来达到土壤熟化的目的，然方法比较单一。《陈旉农书》的创新之处就在于它因地制宜，在“土脉论”的思想原则指导下，以土地性质为基础，提出了“耕”“烧”“施肥”相结合的综合改良土壤的技术思想。他说：

> 夫耕耨之先后迟速，各有宜也。早田获刈才毕，随即耕治晒暴，加粪壅培，而种豆麦蔬茹，因以熟土壤而肥沃之，以省来岁功役，且其收足又以助岁计也。晚田宜待春乃耕，为其藁秸柔韧，必待其朽腐，易为牛力。山川原隰多寒，经冬深耕，放水干涸，雪霜冻冱，土壤苏碎；当始春，又遍布朽薙腐草败叶，以烧治之，则土暖而苗易发作，寒泉虽冽，不能害也。若不能，然则寒泉常浸，土脉冷而苗稼薄矣。诗称“有冽氿泉，无浸获薪”，“冽彼下泉，浸彼苞稂、苞萧、苞蓍”，盖谓是也。平陂易野，平耕而深浸，即草不生，而水亦积肥矣。俚语有之曰：“春浊不如冬清”，殆谓是也。将欲播种，撒石灰渥漉泥中，以去虫螟之害。[②]

其中“早田”究竟是“早稻田”还是“早熟的晚稻田”，目前学界尚有争议。主张前者的代表人物当推日本学者北田英人[③]，而主张后者的代表人物则为国内的王曾瑜和李根蟠两位先生[④]。诚然，上述两派主张尽管各有道理，但他们是否符合陈旉“复种制”的本

---

① （宋）陈旉：《陈旉农书》卷上《粪田之宜篇》，任继愈总主编，范楚玉主编：《中国科学技术典籍通汇·农学卷》第 1 册，第 342 页。

② （宋）陈旉：《陈旉农书》卷上《耕耨之宜篇》，任继愈总主编，范楚玉主编：《中国科学技术典籍通汇·农学卷》第 1 册，第 340 页。

③ ［日］北田英人：《宋明清时期江南三角洲农业的进步与农村手工业发展的相关问题研究》第一章，1986—1987 年度科学研究费补助金研究成果报告书，高崎，1988 年。

④ 王曾瑜：《宋代的复种制》，《平准学刊》第 3 辑上，北京：中国商业出版社，1986 年，第 199—208 页；李根蟠：《长江下游稻麦复种制的形成和发展——以唐宋时代为中心的讨论》，《历史研究》2002 年第 5 期。

义，这个问题留待下面再论。在此，我们所讨论的主要问题是陈旉通过什么样的途径使水稻田变为“豆麦蔬茹”田。换言之，就是“水改旱”的技术关键在哪里？由前面引文知，陈旉给出的答案是“耕治晒暴，加粪壅培”。用最短的时间将地势较高的水地改变为旱地，其保持土壤温度在一定水平是前提，故“晒暴”这个环节非常重要。就光照的强度来说，六七月份的阳光比较适宜于土壤的“晒暴”，因此，我们在考察宋代的“复种制”时，这个因素不能不加以认真地考虑。至于“平陂易野”，采用“平耕而深浸”法。一般而言，平耕是应用“江东犁”与“铁搭”的一种客观效果，当然也是南方水旱地的一种基本耕作方式。它的特点是在水稻收获后立即排干田水，燥耕细耙，整得深浅一致，田面上没有犁脊和僵块。在没有牛和犁的情况下，稻农创制了一种“以代耕垦”的人力“铁搭”，其式样类锄，但其头是由 4 根或 6 根尖中带钩的齿组成，稻农用它来耕田，所付出的劳动量是很大的，而江苏扬州曾于 1956 年出土了宋时的一具四齿“铁搭”实物，可证南宋稻农已经开始推行“铁搭”耕制。所谓“深浸”是指在冬季灌水沤田，与春季灌水相比，它对于农作物的生长更加有利。特别是陈旉提出“将欲播种，撒石灰渥漉泥中，以去虫螟之害”的杀虫方法，既彻底又“绿色”，即使今天也是可以认真总结和研究的一种十分环保的灭虫方法。在长期的耕作实践中，陈旉根据江南山泽地的性质和特点，对“冷浸田”提出了“深耕”与“烧治”相结合的利用措施。在南宋，江东迅速发展成为全国著名的水稻高产区，是与农业耕作技术的提高直接相连的，比如，宋人高斯得就曾经这样说过：“浙人治田，比蜀中尤精，土膏既发，地力有余，深耕熟犁，壤细如面，故其种入土，坚致而不疏。”①可见，深耕和烧治不仅能提高土壤肥力，大量增加铵态氮，促进还原物质的氧化，使土壤保持水稻种子发芽所需的适当温度，而且能够增强抗旱保墒能力，有利于提高水稻的亩产量与品质。

其次，耘田与水稻丰产的关系，是陈旉非常关注的一个问题，同时也是其农学思想的一个突出特色。从历史上看，水稻田之耘始见于《淮南子·泰族训》。其文云：“离先稻熟，而农夫耨之，不以小利伤大获也。”②然而，如何耨，《淮南子》没有说，后来的《齐民要术·水稻篇》亦没有说，一直到《陈旉农书》才具体地记述了耘水稻田的方法。陈旉说：

> 且耘田之法，必先审度形势，自下及上，旋干旋耘。先于最上处收滀水，勿致水走失。然后自下旋放令干而旋耘。不问草之有无，必遍以手排摝，务令稻根之傍，液液然而后已。所耘之田，随于中间及四傍为深大之沟，俾水竭涸，泥坼裂而极干。然后作起沟缺，次第灌溉。夫已干燥之泥，骤得雨即苏碎，不三五日间，稻苗蔚然，殊胜于用粪也。又次第从下放上耘之，即无卤莽灭裂之病。田干水暖，草死土肥，浸灌有渐，即水不走失。如此思患预防，何为而不得乎？今见农者不先自上滀水，自下耘上，乃顿然放令干，务令速了。及工夫不逮，恐泥干坚，难耘摝，则必率略，未免灭裂。土未及干，草未及死，而水已走失矣。不幸无雨，因循干甚，欲水灌溉，已不可

① （宋）高斯得：《耻堂存稿》卷 5《宁国府劝农文》，《景印文渊阁四库全书》第 1182 册，第 88 页。
② 《淮南子·泰族训》，《百子全书》第 3 册，第 2998 页。

得，遂致旱涸焦枯，无所措手。如是失者十常八九，终不省悟，可胜叹哉。[①]

在此，陈旉告诉我们江南水稻田的耘法是由低到高，分块层累，依次递进。具体的操作程序是“先于最上处收滀水”，然后在低处开始放水薅耘，一边放水，一边耘田，“旋放令干而旋耘”，其耘田的效果与标准是：用手排摝，捣翻泥土，不管有没有草，都要将稻根周围的土壤收拾得干干净净，即使弯身屈腰，甚或匍匐膝行，也不能省略这道工序。因为这样做，一方面可以将稻根周围的杂草除去，而且只要除得尽，就会出现“工三亩”（即一个工日要拔三亩田的杂草）而不是“亩三工”的效果[②]；另一方面也可把水稻的须根断掉，以利于水稻向下生长新根，促使水稻生长旺盛。而对于除下来的杂草，陈旉提出了“再利用”的思想，即将除去的杂草深埋于稻根之下，待土面干裂时，再行灌水，从而使干燥的土壤快速碎化，达到“田干水暖，草死土肥”的目的。

对于水稻品种的优化问题，陈旉着重强调了“善其根苗”的思想，并且在此基础上还总结出了一套比较先进的培育水稻壮秧技术。他说：

凡种植先治其根苗，以善其本，本不善而末善者鲜矣。欲根苗壮好，在夫种之以时，择地得宜，用粪得理。三者皆得，又从而勤勤顾省修治，俾无旱干、水潦、虫兽之害，则尽善矣。根苗既善，徙植得宜，终必结实丰阜。[③]

那么，怎样才能做到“根苗壮好”呢？陈旉认为其技术关键就在于秧田的整治和管理。由文献记载知，我国至少在东汉成书的《四民月令》中就出现了“五月可别稻”的说法，其中“别稻”就是移栽稻，说明当时已有秧田的设置。南宋时，由于“土狭人稠”，为了提高“复种指数”，人们愈益重视“秧田”的选择与秧苗的培育。例如，朱熹说：“耕田之后，春间须是拣选肥好田段，多用粪壤拌和种子，种出秧苗。”[④]而自南宋以后，选择肥地以作秧田则成为稻农的一项基本生产经验，倍受人们的重视，且对“秧田”的选择越来越严格。如清人刘应棠对“种田”的条件提出了这样的要求：“雨不至潦，晴不至亢，泉甘土肥者乃可。”[⑤]不过，“秧田”本身的自然条件固然重要，但如果“秧田”的经营管理跟不上，就无法保证“秧田”育苗的优良品质。所以陈旉强调说：

今夫种谷，必先修治秧田。于秋冬即再三深耕之，俾霜雪冻冱，土壤苏碎。又积腐败叶，刬薙枯朽根荄，遍铺烧治，即土暖且爽。于始春又再三耕耙转，以粪壅之，若用麻枯尤善。但麻枯难使，须细杵碎，和火粪窖罨，如作曲样；候其发热，生鼠毛，即摊开，中间热者置四傍，收敛四傍冷者置中间，又堆窖罨。如此三四次，直待不发热，乃可用，不然即烧杀物矣。切勿用大粪，以其瓫腐芽蘖，又损人脚手，成疮

① （宋）陈旉：《陈旉农书》卷上《薅耘之宜篇》，任继愈总主编，范楚玉主编：《中国科学技术典籍通汇·农学卷》第1册，第343页。

② （清）张履祥辑补，陈恒力校释，王达参校、增订：《补农书校释》，北京：农业出版社，1983年，第32—33页。

③ （宋）陈旉：《陈旉农书》卷上《善其根苗篇》，任继愈总主编，范楚玉主编：《中国科学技术典籍通汇·农学卷》第1册，第347页。

④ （宋）朱熹：《晦庵先生朱文公文集》卷99《劝农文》，朱杰人、严佐之、刘永翔主编：《朱子全书》第25册，上海：上海古籍出版社；合肥：安徽教育出版社，2002年，第4587页。

⑤ （清）刘应棠著，王毓瑚校注：《梭山农谱·整秧田》，北京：农业出版社，1960年，第6页。

> 瘐难疗。唯火粪与焊猪毛及窖烂粗谷壳最佳。亦必渥漉田精熟了，乃下糠粪，踏入泥中，荡平田面，乃可撒谷种。①

可见，从“修治秧田”到“可撒谷种”，绝不是一件轻而易举的事情。一般地讲，水稻秧田有三种：水秧田、旱秧田与半旱秧田。由陈旉上述的记述可知，陈旉所讲的“秧田”特指旱秧田，这种秧田具有不淹水、土壤中空气流通、秧苗根多、苗壮、不烂秧等优点，其缺点是秧苗生长较慢且不齐、拔秧困难。而为了扬长避短，促使秧苗快速生长，陈旉提出了“再三深耕之”的思想，而元代的《农桑撮要》更有“其犁杷三、四遍”的具体要求。根据江南的气候条件，三月（播前10—15天）开始犁秧田，即用四齿耙翻耕，一般耕深五寸，将其杂草与绿肥（“积腐稿败叶，刬薙枯朽根荄”）深埋到犁底层，使其腐烂，耕后灌水进行耙田，其间大约间隔3—5天，即可耙第二遍，并随机进行第二耕。第二耕通常深约三寸，以防将杂草与绿肥翻上表层。最后，临近播种前两天进行第三耕，耕后用四齿耙削田摊平，直至使泥土细烂无强土，达到精熟的程度。所以，“修治秧田”是很辛苦的一个劳动环节。

二、从系统的角度看陈旉对传统农学的创新与发展

系统（system）一词来源于古希腊，它的意思是指部分组成整体的“集合”过程，而英文“system”的意思则是“有组织的和被组织化了的全体”。因此，所谓系统其实就是把对象中的各个环节和要素按照一定规律而结构成为一个具有特殊功能的有机整体。它具有以下主要特征：一是整体性，这个特征本着有序原则，强调由全体要素来决定系统的结构、功能和行为，根据这个特征，贝塔朗菲把“系统”称作是关于等级秩序的原理②；二是综合性，它包含目的性和历时性两个部分，前者是说任何整体都是诸要素按照一定目的而组成的综合体，而后者强调整体随着时间发生变化，因此，我们在研究整体时必须从总体出发，将诸要素及其相互作用都综合起来，全面地加以研究；三是关联性，即各要素之间相互作用和相互影响，具体地讲就是，一方面，由于各要素之间相互依存，因此，其中任何一个要素的变化都会引起其他要素的连锁反应；另一方面，系统对每个要素都存在着确定的制约作用；四是开放性，它表现为整体与环境之间以确定的方式进行物质和能量的交换，整体的状态受环境的影响，反过来，整体状态也以某种特定的方式影响环境；五是最优化，它是运用系统方法所能达到的目标，而整体与部分的相互关系通过一定的动态协调使部分的功能和目标服从于整体的最佳目标，以便达到总体最优。

按照《陈旉农书》的篇章编排，从“财力之宜”到“念虑之宜”，共由十二部分组成：即①财力之宜，②地势之宜，③耕耨之宜，④天时之宜，⑤六种之宜，⑥居处之宜，⑦粪田之宜，⑧薅耘之宜，⑨节用之宜，⑩稽功之宜，⑪器用之宜，⑫念虑之宜。这十二部分以“生产”作为一个系统，目的明确（“取必效”），方法切实，体现了“整体”思想

---

① （宋）陈旉：《陈旉农书》卷上《善其根苗篇》，任继愈总主编，范楚玉主编：《中国科学技术典籍通汇·农学卷》第1册，第347页。

② ［美］贝塔朗菲：《一般系统论导论》，《自然科学哲学问题丛刊》1979年第3期。

的基本原则与要求。如陈旉在《财力之宜篇》中说：

> 况稼穑在艰难之尤者，讵可不先度其财足以赡，力足以给，优游不迫，可以取必效，然后为之，傥或财不赡、力不给，而贪多务得，未免苟简灭裂之患，十不得一二，幸其成功，已不可必矣。虽多其田亩，是多其患害，未见其利益也。若深思熟计，既善其始，又善其中，终必有成遂之常矣，岂徒苟徼一时之幸哉？①

在这里，“深思熟计，既善其始，又善其中，终必有成遂之常”就是一种农业经营管理思想，它的实践意义主要体现在将生产看作是一个可以操作的和整体效果最优的系统方案（即“成遂之常”的“常”）。在这个系统方案中，“天时”“地势”“耕耨”“薅耘”“粪田”等都成为“水稻生产”的要素和环节。如果我们把“取必效”作为确定未来系统的目的和目标，那么，“天时”“地势”“耕耨”“薅耘”“粪田”等要素与环节就是达到设想目标所需要的技术措施，当然，这些技术措施的成功应用又必然是以掌握一定的生产规律、原理与原则为前提的。比如，陈旉在处理“天时”与“理”两者之间的关系问题时，就体现了这个思想。他说，一方面，“农事必知天地时宜，则生之、蓄之、长之、育之、成之、熟之，无不遂矣”②，在中国传统农业的框架内，“天时”具有某种至上的意义，甚至董仲舒还提出了“法天而行”③的思想；另一方面，“其或气至而时未至，或时至而气未至，则造化发生之理因之也”④，又“天地之间，物物皆顺其理也”⑤，故“在耕稼，盗天地之时利，可不知耶！”⑥“然则顺天地时利之宜，识阴阳消长之理，则百谷之成，斯可必矣。”⑦众所周知，“理”是宋代士大夫用以解释宇宙万物发生变化规律的一个新的逻辑范式，陈旉将这个范式运用到他的农学思想中，去分析水稻生产的客观规律，显示了其科学思想的深度。在陈旉看来，“盗”就是人的一种主观能动性，就是运用与掌握自然规律的意思。在此基础上，陈旉更提出了水稻生产的可持续发展思想。这个思想包含两个基本内容：一是在充分发挥人们积极改造地力的前提下，对土地不断采取科学的管理措施，使地力“常新壮”；二是倡导“念虑之宜”。陈旉说：

> 凡事豫则立，不豫则废。求而无之实难，过求何害？农事尤宜念虑者也。孟子曰：农夫岂为出疆舍其耒耜哉？常人之情，多于闲裕之时，因循废事，惟志好之，行

---

① （宋）陈旉：《陈旉农书》卷上《财力之宜篇》，任继愈总主编，范楚玉主编：《中国科学技术典籍通汇·农学卷》第1册，第338页。

② （宋）陈旉：《陈旉农书》卷上《天时之宜篇》，任继愈总主编，范楚玉主编：《中国科学技术典籍通汇·农学卷》第1册，第340页。

③ 曾振宇：《“法天而行”：董仲舒天论新识》，《孔子研究》2000年第5期。

④ （宋）陈旉：《陈旉农书》卷上《天时之宜篇》，任继愈总主编，范楚玉主编：《中国科学技术典籍通汇·农学卷》第1册，第340页。

⑤ （宋）陈旉：《陈旉农书》卷上《天时之宜篇》，任继愈总主编，范楚玉主编：《中国科学技术典籍通汇·农学卷》第1册，第340页。

⑥ （宋）陈旉：《陈旉农书》卷上《天时之宜篇》，任继愈总主编，范楚玉主编：《中国科学技术典籍通汇·农学卷》第1册，第340页。

⑦ （宋）陈旉：《陈旉农书》卷上《天时之宜篇》，任继愈总主编，范楚玉主编：《中国科学技术典籍通汇·农学卷》第1册，第341页。

安之，乐言之，念念在是，不以须臾忘废，料理缉治，即日成一日，岁成一岁，何为而不充足备具也？[①]

此“念虑”，首先是对水稻生产规律的认识与把握，尤其对水稻生产的重复性要有相应的技术支持；其次是鉴于南方“复种制”的逐步推广，如何提高单位面积的粮食产量已经成为人们必须认真思考的问题，而且是“念念在是，不以须臾忘废”。春秋时期的郑子产曾经说过：“政如农功。日夜思之，思其始而成其终。朝夕而行之，行无越思，如农之有畔，其过鲜矣。”[②]显然，陈旉的“念虑之宜”思想是对春秋以来我国传统“农功”思想的继承和发展，是长江中下游地区精耕细作农业获得长足发展的一种客观反映。具体地讲，陈旉的“念虑”观以水稻的可持续发展为基点，他强调“日成一日，岁成一岁”[③]，希望“一岁所资，绵绵相继”[④]。“绵绵相继”应是陈旉对水稻可持续发展思想的最好表述，它不仅反映了当时广大农民对温饱生活的渴望，所谓“何匮乏之足患，冻馁之足忧哉”[⑤]是也，而且更加促使人们去总结先人的经验，开拓创新，积极进取，把农业科学技术不断推向更新更高的发展水平。譬如，陈旉提出的“时加新沃之土壤，以粪治之”[⑥]的思想主张就是一种科技创新，它在推进现代农业的历史发展过程中仍然具有很强的借鉴价值和现实意义。

系统科学的一项重要内容便是建立未来状态的模式或模型。

从系统论的角度看，由于陈旉以江南农业区域作为一个整体的研究对象，因而他所建立的关于未来状态的农业经营生产模式，则必然也是适用于江南这个特定局域的。如前所述，江南的农田一般可分为三种类型：水田、旱田和半旱田。而对于不同的农田类型，其未来状态的农业经营生产模式是不同的。例如，对于水田，陈旉设想了两种发展模式，即一年两熟制的“早稻”——麦、豆等旱地作物类型与一年一熟制的“晚稻”——冬闲类型。在这里，一年两熟的“复种制”农业生产模式格外引人注目。就《陈旉农书》所提示的相关信息知，南宋时期的“复种轮作制”尚不成熟，亦不完善，因此，后人对陈旉所说的“早田”一词不免引起争议，或说“早田”为“早稻”[⑦]，或说“早田”为“收获较早的晚稻”[⑧]。然而，在以上两种见解之外，我们不排除还有第三种可能，即“早田”是指在时间上收割较早的水稻，它既有可能是“早稻”又有可能是“晚稻”。简言之，不论是

---

① （宋）陈旉：《陈旉农书》卷上《念虑之宜篇》，任继愈总主编，范楚玉主编：《中国科学技术典籍通汇·农学卷》第1册，第345页。

② 《春秋左传》襄公二十五年，陈戍国点校：《四书五经》下册，第1009页。

③ （宋）陈旉：《陈旉农书》卷上《念虑之宜篇》，任继愈总主编，范楚玉主编：《中国科学技术典籍通汇·农学卷》第1册，第345页。

④ （宋）陈旉：《陈旉农书》卷上《六种之宜篇》，任继愈总主编，范楚玉主编：《中国科学技术典籍通汇·农学卷》第1册，第341页。

⑤ （宋）陈旉：《陈旉农书》卷上《六种之宜篇》，任继愈总主编，范楚玉主编：《中国科学技术典籍通汇·农学卷》第1册，第341页。

⑥ （宋）陈旉：《陈旉农书》卷上《粪田之宜篇》，任继愈总主编，范楚玉主编：《中国科学技术典籍通汇·农学卷》第1册，第342页。

⑦ 中国农业科学院中国农业遗产研究室：《太湖地区农业史稿》，北京：农业出版社，1990年，第123—124页。

⑧ 李根蟠：《长江下游稻麦复种制的形成和发展——以唐宋时代为中心的讨论》，《历史研究》2002年第5期。

“早稻”还是“晚稻”，他们都有可能成为“早田”的水稻。这种说法有根据吗？当然有的。李根蟠认为，《陈旉农书》中所说的“早田”是一种地势较高的田，是符合南宋江南水稻种植实际的。[①]用陈旉的话说就是“高田早稻，自种至收，不过五六月”[②]。而对于“早稻”，《禾谱》解释说：“曰稻云者，兼早、晚之名。大率西昌俗以立春、芒种节种，小暑、大暑节刈为早稻；清明节种，寒露、霜降节刈为晚稻。”[③]又说：“今江南早禾种率以正月、二月种之，惟有闰月，则春气差晚，然后晚种，至三月始种。则三月者，未为早种也。以四月、五月种为稚，则今江南盖无此种。”[④]依此，则“早稻”的直播或移栽时间应该在“正月”或“二月”，只有遇有闰月时，才推迟到“三月”。如果上述的说法不误，或者是江南各地水稻种植时间的总结，那么，我们将得到如下几种组合：

（1）正月（播种期）＋五个月（生长期）=六月（收获期）

（2）正月（播种期）＋六个月（生长期）=七月（收获期）

（3）二月（播种期）＋五个月（生长期）=七月（收获期）

（4）二月（播种期）＋六个月（生长期）=八月（收获期）

（5）三月（播种期）＋五个月（生长期）=八月（收获期）

（6）三月（播种期）＋六个月（生长期）=九月（收获期）

可见，由于江南各地的气候变化不一，水稻种植的时间与收获的时间便有所不同，但收获期集中在六、七、八、九四个月却是可以肯定的。在这里，《禾谱》已经排除了江南有“四月五月种”的水稻品种，也就是说收获在十月的水稻品种并不适宜于在江南种植。如此一来，我们就可以集中精力去讨论江南水稻与小麦的“复种”情况了。《宋会要辑稿》载：“早禾收以六月，中禾收以七月，晚禾收以八月。”[⑤]《梦溪笔谈》又载：“稻有七月熟者，有八、九月熟者，有十月熟者，谓之‘晚稻’。”[⑥]倘若以“六月”收获的早稻计，则它的播种期当在正月是没有问题的。一般说来，正月的气候与土壤条件并不适宜于早稻种植，但南宋时期的稻农已经通过“烤田”的方式使早田的土壤温度达到适宜种植早稻的水平。在水稻的栽培实践中，水稻种子萌芽所需的最低温度为10—12℃，最高温度为36—38℃，适当温度为30—32℃。而小麦种子萌芽所需的最低温度为3—4.5℃，最高温度为30—32℃，适当温度为25℃。[⑦]显然，江南地区的稻农在烤田实践中已经掌握了早稻生长的一些规律，并且使早稻在正月种植获得成功，从而为小麦的种植和收获赢得了时间。那么，在六月收获了早稻之后，人们是否立即就转为种植小麦了呢？当然不是的。明人万表曾经肯定地说过：“江南地暖，八月种麦，麦芽初抽，为地蚕所食，至立冬后种

---

① 李根蟠：《长江下游稻麦复种制的形成和发展——以唐宋时代为中心的讨论》，《历史研究》2002年第5期。

② （宋）陈旉：《陈旉农书》卷上《地势之宜篇》，任继愈总主编，范楚玉主编：《中国科学技术典籍通汇·农学卷》第1册，第339页。

③ （宋）曾安止著，廖莲婷整理校点：《禾谱》，顾宏义主编：《宋元谱录丛编·促织经（外十三种）》，上海：上海书店，2017年，第164页。

④ （宋）曾安止著，廖莲婷整理校点：《禾谱》，顾宏义主编：《宋元谱录丛编·促织经（外十三种）》，第165页。

⑤ （清）徐松辑，刘琳等校点：《宋会要辑稿》食货58之24，第7370页。

⑥ （宋）沈括著，侯真平校点：《梦溪笔谈》卷26《药议》，长沙：岳麓书社，1998年，第222页。

⑦ 陈鸿佑编著：《作物生产通论》，北京：中华书局，1954年，第63页。

方无此患。”[①]既然小麦不宜在六月份种植，而事实上小麦的种植又在八月或者八月之后，那么，早田的生存状态应当就有两种可能：或者在此间闲置，或者在此间种植“蔬茹”。一般地讲，早稻与“蔬茹”复种，能够确保一年两熟，而早稻与小麦复种则只能保证两年三熟，却不能做到一年两熟。在此，我们仅限于讨论早稻与小麦的复种情形。我们承认，从六月到八、九月之间种植小麦时节，有二三个月的“休田”期。在农业实践上，从早稻收割到小麦播种，恢复地力是绝对必要的。正是因为这个缘故，所以陈旉才强调说：“七月治地，屡加粪锄转，八月社前，即可种麦，宜屡耘而屡粪，麦经两社，即倍收而子颗坚实。”[②]可见，为了在早田上复种小麦，稻农尚需付出艰苦的体力，如“屡加粪锄转”就是一个例证。根据小麦的生长特点，在江南的气候条件下，小麦从播种到收获一般需要八个月左右，因此，在通常条件下，小麦在八月播种，于次年四月便可以收割。故南宋人黄震针对抚州的小麦生产时节说：“收麦在四月。”[③]又鄂州的罗愿亦说：“蚕沙麦种，四月收贮。”[④]这样，对下一年度来说，当小麦收割之后，则必然是种植晚稻。对此，宋人朱长文说：“刈麦种禾，一岁再熟。”[⑤]范成大亦有诗云：“腰镰刈熟趁晴归，明朝雨来麦沾泥。犁田待雨插晚稻，朝出移秧夜食麨。”[⑥]陆游更说：“处处稻分秧，家家麦上场。”[⑦]足证在同一年度，出现了麦—晚稻复种景象，而第三年的晚稻田一般会有两种情形：或者休田，或者复种小麦。对于后者，有虞俦的诗句为证：“腰镰刈晚禾，荷锄种新麦。”[⑧]又“土豪大姓、诸色人就耕淮南，开垦荒闲田地归官庄者，岁收谷、麦两熟，欲只理一熟。如稻田又种麦，仍只理稻，其麦佃户得收”[⑨]。这是晚稻与小麦复种的例证，它说明至少在稻—麦复种问题上南宋存在着以下两种情形：早稻—小麦复种（两种一熟）；小麦—晚稻—小麦复种（两种两熟）。因此，如果从连续性的角度看，那么，认为《陈旉农书》所说的“复种轮作”属于一年两熟制，则是不确切的，严格来讲，不是一年两熟制，实际上应当称作两年三熟制。

除了水稻田，陈旉还提出一种旱田作物的“绵绵相继”模式。对此，《陈旉农书》卷上《六种之宜篇》具体表述如下：

> 正月种麻枲，间旬一粪，五六月可刈矣。驱别绢绩以为布，妇功之能事也。二月种粟，必疏播种子，碾以辘轴，则地紧实，科本鬯茂，穑穟长而子颗坚实，七月可济

① （明）万表辑：《灼艾余集》卷2《郊外农谈》，《续修四库全书》第1188册，上海：上海古籍出版社，1996年，第385页。

② （宋）陈旉：《陈旉农书》卷上《六种之宜篇》，任继愈总主编，范楚玉主编：《中国科学技术典籍通汇·农学卷》第1册，第341页。

③ （宋）黄震：《黄氏日抄》卷78《咸淳八年中秋劝种麦文》，张伟、何忠礼主编：《黄震全集》第7册，第2224页。

④ （宋）罗愿：《罗鄂州小集》卷1《鄂州劝农》，四川大学古籍整理研究所编：《宋集珍本丛刊》第61册，第687页。

⑤ （宋）朱长文撰，金菊林点校：《吴郡图经续记》卷上，南京：江苏古籍出版社，1999年，第9页。

⑥ （宋）范成大著，富寿荪标校：《范石湖集》卷11《刈麦行》，第139页。

⑦ （宋）陆游：《剑南诗稿》卷27《五月一日作》，张春林编：《陆游全集》上册，第442页。

⑧ （宋）虞俦：《尊白堂集》卷1《和姜总管喜民间种麦》，《景印文渊阁四库全书》第1154册，第4页。

⑨ （清）徐松辑，刘琳等校点：《宋会要辑稿》食货3之3，第6008页。

乏绝矣。油麻有早晚二等，三月种早麻，才甲拆，即耘锄令苗稀疏，一月凡三耘锄，则茂盛，七八月可收也。四月种豆，耘锄如麻，七月成熟矣。五月中旬后，种晚油麻，治如前法，九月成熟矣。不可太晚，晚则不实，畏雾露蒙幂之也。早麻白而缠荚者佳，谓之缠荚麻。晚麻名叶里熟者最佳，谓之乌麻，油最美也。其类不一，唯此二者人多种之。凡收刈麻，必堆罨一二夕，然后卓架晒之，即再倾倒而尽矣，久罨则油暗。五月治地，唯要深熟。于五更承露，锄之五七遍，即土壤滋润。累加粪壅，又复锄转。七夕已后，种萝卜、菘菜，即科大而肥美也。筛细粪和种子，打垄撮放。唯疏为妙，烧土粪以粪之，霜雪不能雕，杂以石灰，虫不能蚀，更能以鳗鲡鱼头骨，煮汁渍种尤善。七月治地，屡加粪锄转，八月社前，即可种麦，宜屡耘而屡粪，麦经两社，即倍收而子颗坚实。①

在传统农业的前提下，这个作物种植模式对于解决南宋社会的吃饭问题，是有其现实意义的，故陈旉才有“尚何穷匮乏绝之患耶”②的赞叹。当然，作为一个“田场”系统，仅仅局限于上述农作物的耕种是远远不够的。因为人与田场处在一个相互联系的链条之中，而人的“居处”与农田的管理具有直接的关系，所以，在广大农村便形成了以田场为中心而建设民居的格局，用《诗经》的话说就是“中田有庐者”。而所谓“中田有庐”的意思即是把房屋建筑在田场的中心，以便“农事”。陈旉认为：“民居去田近，则色色利便，易以集事。”③这样，民居作为整个田场系统的有机组成部分，其居舍还附带有一个经济功能，即“墙下植桑，以便育蚕”④。据考古发掘知，公元前5400年，河北正定南阳庄已有仿家蚕制作成的陶蚕蛹。公元前2750年，浙江吴兴钱山漾原始居民利用蚕丝织成绢片与丝带，它说明桑蚕业在江南的出现也是很古老的。春秋战国时期，不仅养蚕有专室，而且桑树的品种已有乔木桑、高干桑与灌木桑之分别。秦汉以后，桑蚕技术进一步推广到长江中下游地区，如王景为庐江太守，教民“蚕织”。⑤茨充为桂阳（今湖南郴州市）太守，“教民种殖桑”，“劝令养蚕”。⑥在此期间，“地桑”培育成功。故《氾胜之书》比较详细地记述了“地桑”的栽培方法，尤其是这种桑树不仅便于采摘，而且枝嫩叶肥，非常适宜养蚕。至少到南北朝时期，人们就已经掌握了用桑树枝条来繁殖新桑树的“压条法”。自此，经过隋唐五代的进一步发展，宋代的桑蚕业又跨入了一个新的发展阶段，出现了两项标志性的技术成就。其中一项是南宋杭嘉湖地区的桑农，在引种“地桑”（亦称“鲁桑”）的基础上，人工培育出更加高产优质的“湖桑”。“湖桑”的形成，有力地促进了我

① （宋）陈旉：《陈旉农书》卷上《六种之宜篇》，任继愈总主编，范楚玉主编：《中国科学技术典籍通汇・农学卷》第1册，第341页。

② （宋）陈旉：《陈旉农书》卷上《六种之宜篇》，任继愈总主编，范楚玉主编：《中国科学技术典籍通汇・农学卷》第1册，第341页。

③ （宋）陈旉：《陈旉农书》卷上《居处之宜篇》，任继愈总主编，范楚玉主编：《中国科学技术典籍通汇・农学卷》第1册，第342页。

④ （宋）陈旉：《陈旉农书》卷上《居处之宜篇》，任继愈总主编，范楚玉主编：《中国科学技术典籍通汇・农学卷》第1册，第341页。

⑤ 《后汉书》卷76《王景传》，第2466页。

⑥ 《后汉书》卷76《卫飒传》，第2460页。

国桑蚕业的发展。另一项则是用“地桑”枝条嫁接荆桑，揭开了桑树嫁接的崭新一页。《陈旉农书》卷下《种桑之法》载：“若欲接缚，即别取好桑直上生条，不用横垂生者，三、四寸长截，如接果子样接之。其叶倍好，然亦易衰，不可不知也。湖中安吉人皆能之。”①在南宋，桑树嫁接技术可能尚不普及，但它无疑是一种先进的栽桑技术，具有广泛的推广价值，因为它“对旧桑树的复壮更新，保存桑树的优良性状，加速桑苗繁殖，培育优良品种，都有重要的意义，到现在也还在生产中发挥着重大的作用”②。

《山海经·海内经》说：“稷之孙曰叔均，是始作牛耕。”③司马迁亦说：“公刘虽在戎狄之间，复修后稷之业，务耕种，行地宜。”④由此知，早在殷商时期，我国就出现了牛耕，而牛耕是实现精耕细作农业的物质前提和基础。鉴于牛对于传统农业的特殊性和重要性，所以有“牛者稼穑之资”⑤的说法。因此，从西周开始，政府设有专门“掌牧六牲”的牛官。北宋初年，由于牛疫造成大量耕牛死亡，这种局面迫使不少农民以踏犁代替耕犁，如《宋史·食货志》载：“（宋太宗）淳化五年（994），宋、亳数州牛疫，死者过半……太子中允武允成献踏犁，运以人力，即分命秘书丞、直史馆陈尧叟等即其州依式制造给民。”⑥虽然踏犁的推行在短时期内对农业生产没有太大的影响，但随着复种制的出现，它对耕地提出了越来越高的要求，尤其是耕耙的次数亦增加到三、四次之多，这样，从长远的观点看，牛耕毕竟是传统农业的主要生产方式，所以，《陈旉农书》单独列“牛说”为一卷，使“稻田建设”“耕牛的饲养和管理”“种桑养蚕”组成一个完整的立体农业体系，这在我国古代农学史上是一个伟大的创造。仅就牛的管理而言，《陈旉农书》卷中《牛说》共分两部分：一部分是《牧养役用之宜》，另一部分是《医治之宜》。而“医治”篇的头等问题就是当牛疫爆发时，严格实行“隔离”措施，这是避免耕牛大量死亡的有效举措。同时，陈旉认为，防治牛疫的最好办法是保持牛舍卫生，其具体做法是“于春之初，必尽去牛栏中积滞蓐粪，亦不必春也。但旬日一除，免秽气蒸郁，以成疫疠，且浸渍蹄甲，易以生病”⑦。至于如何医治牛病，陈旉初步区分了消化系统疾病与呼吸系统疾病，因病施治，依系统的特点而用药，这在家畜内科方面应是一大进步。例如，“其便溺有血，是伤于热也。以便血溺血之药，大其剂灌之”⑧。又如“冷结即鼻干而不喘，以发散药投之。热结即鼻汗而喘，以解利药投之”⑨。在陈旉看来，爱护耕牛，关键使全社会

---

① （宋）陈旉：《陈旉农书》卷下《种桑之法》，任继愈总主编，范楚玉主编：《中国科学技术典籍通汇·农学卷》第1册，第352页。

② 汪子春：《中国养蚕科学技术的发展和传播》，自然科学史研究所主编：《中国古代科技成就》，第385页。

③ （晋）郭璞注：《山海经》卷18《海内经》，上海：上海古籍出版社，1991年，第83页。

④ 《史记》卷4《周本纪》，第112页。

⑤ （宋）魏了翁：《周易要义》卷3上《牛者稼穑之资六三僭耕有司系牛》，《景印文渊阁四库全书》第18册，第189页。

⑥ 《宋史》卷173《食货志一》，第4159页。

⑦ （宋）陈旉：《陈旉农书》卷中《牧养役用之宜》，任继愈总主编，范楚玉主编：《中国科学技术典籍通汇·农学卷》第1册，第348页。

⑧ （宋）陈旉：《陈旉农书》卷中《医治之宜》，任继愈总主编，范楚玉主编：《中国科学技术典籍通汇·农学卷》第1册，第349页。

⑨ （宋）陈旉：《陈旉农书》卷中《医治之宜》，任继愈总主编，范楚玉主编：《中国科学技术典籍通汇·农学卷》第1册，第349页。

形成一种“贵而重之”的风尚，若夫农之与牛也，“视牛之饥渴犹己之饥渴，视牛之困苦羸瘠犹己之困苦羸瘠，视牛之疫疠若己之有疾也，视牛之字育犹己之有子也。若能如此，则牛必蕃盛滋多，奚患田畴之荒芜，而衣食之不继乎！”①从饲养技术的角度看，南方水牛体质不健与其粗糙的养牛和用牛习惯有着紧密联系。因此，陈旉反复强调说：于养，“春夏草茂放牧，必恣其饱。每放必先饮水，然后与草，则不腹胀。又刈新刍，杂旧稾剉细和匀，夜喂之”②。冬天则“方旧草朽腐新草未生之初，取洁净藁草细剉之，和以麦麸、谷糠或豆，使之微湿，槽盛而饱饲之。豆仍破之可也。稾草须以时暴干，勿使朽腐。天气凝凛，即处之燠暖之地，煮糜粥以啖之，即壮盛矣。亦宜预收豆楮之叶，与黄落之桑，舂碎而贮积之，天寒即以米泔和剉草糠麸以饲之”③。于用，春夏“至五更初，乘日未出，天气凉而用之，即力倍于常，半日可胜一日之功，日高热喘，便令休息”，而“当盛寒之时，宜待日出晏温乃可用，至晚天阴气寒即早息之”。④把“养”与“用”看作是饲养耕牛的一对基本矛盾，并由此形成了一整套切实有效的养牛方法，这应是《陈旉农书》的又一创新之处。

总之，《陈旉农书》三卷将水稻生产、养牛和桑蚕作为一个有机的整体，书中既强调他们每一部分的相对独立性和特殊性，同时又不割裂他们之间的内在联系和统一性，尤其在将农、林、牧、副、渔作为一个综合体来阐释其农业发展规划思想时，包含着“大农业”和可持续发展的现代农业思想雏形，体现了陈旉农学思想的前瞻性。正如陈旉自己所说：“列圣相继，惟在务农桑。”⑤所以，在陈旉系统农学思想的影响下，元朝的农书多以“农桑”命名，如元代司农司编的《农桑辑要》和鲁明善写的《农桑衣食撮要》等都是重要的综合性农书。其中《陈旉农书》“十二宜篇”紧紧围绕着“水稻田”与“旱田”两种土地类型，抓住合理有效地利用土地资源这个中心问题，依据江南农业生产和经营管理的实践经验，概括出了一些带有普遍性的农学原理，并建构了一个颇具特色的农学理论体系，从这种意义上说，《陈旉农书》是中国南方水田精耕细作技术体系形成的重要标志。

三、陈旉农学思想中的自然观和方法论

儒释道合流是宋代学术思想发展的一个基本特征，关于这一点，在陈旉的农学思想中亦有鲜明表现。比如，陈旉自号“全真子”，此名号表明陈旉应是一个“全真教”或者“真大道教”的信徒。据洪兴祖《陈旉农书·题后》称：陈旉“平生读书，不求仕进，所

---

① （宋）陈旉：《陈旉农书》卷中《牧养役用之宜》，任继愈总主编，范楚玉主编：《中国科学技术典籍通汇·农学卷》第1册，第348页。

② （宋）陈旉：《陈旉农书》卷中《牧养役用之宜》，任继愈总主编，范楚玉主编：《中国科学技术典籍通汇·农学卷》第1册，第348页。

③ （宋）陈旉：《陈旉农书》卷中《牧养役用之宜》，任继愈总主编，范楚玉主编：《中国科学技术典籍通汇·农学卷》第1册，第348页。

④ （宋）陈旉：《陈旉农书》卷中《牧养役用之宜》，任继愈总主编，范楚玉主编：《中国科学技术典籍通汇·农学卷》第1册，第348—349页。

⑤ （宋）陈旉：《陈旉农书·序》，任继愈总主编，范楚玉主编：《中国科学技术典籍通汇·农学卷》第1册，第337页。

至即种药治圃以自给”①。这种“种药治圃以自给”的生活方式，与真大道教的教旨相一致，可见，陈旉更像是一名信仰“真大道教”的居士。有学者考证，陈旉的“粪药”说遵循道学“生道合一”“寓道于术”的主张。②

陈旉受《管子》的影响比较深刻，譬如，《管子·地员》载：“凡草土之道，各有谷造，或高或下，各有草土。”③而《陈旉农书》卷上《地势之宜篇》在充分吸收其“或高或下，各有草土”思想原则的基础上，针对江南自然地理的特点而提出了高田、下地、坡地、深水薮泽和湖田五种不同土地及其相应的土地利用方式，推动了我国区域农业的发展。《管子·五辅》又载：“王之务在于强本事，去无用，然后民可使富。”④又说：“善为政者，田畴垦而国邑实。”⑤为此，管子概括了“上度之天祥，下度之地宜，中度之人顺”⑥的“三度”思想，后来陈旉把它发展为“天时之宜”“地势之宜”“居处之宜”，或“稽功之宜”理论，以此为基础，陈旉认为：“盖以生民之本，衣食为先，而王化之源，饱暖为务也。”⑦显然，这个思想与管子“田畴垦而国邑实”的主张是一致的。另外，《管子》卷十七《七臣七主》云“明主有六务”⑧，其第一务即为“节用”，而管子的“节用”思想亦为陈旉所继承，并成为陈旉“十二宜”理论体系的重要组成部分。不过，经过仔细分析，我们一定能够发现，无论是管子还是陈旉，他们的科技思想中都有一个“基本内核”或者说“灵魂”，而这个思想“灵魂”便是以“气”为特征的唯物主义自然观。

《管子·内业》载：“凡物之精，比则为生，下生五谷，上为列星。”⑨那么，“精”又是什么呢？管子说：“精也者，气之精也。”⑩在这里，所谓“气”不是精神性的“虚幻”，而是物质性的实体，是构成宇宙万物的基本物质元素。因此，在陈旉看来，“盖万物因时受气，因气发生”⑪。此“气”作为一个本体性概念，它说明了宇宙万物形成和发展的来源与动力。众所周知，宋代对“气”范畴的认识与唐代的“气”范畴相比较，其最显著的差别就是前者常常将“理”与“气”结合起来讲。如范仲淹说：“秉一气而纯粹。万物自我而资始，四时自我而下施。”⑫又说：“原其不测，识阴阳舒惨之权；察彼无方，得寒暑往来之理。”⑬如果说范仲淹对“气”与“理”的结合尚不紧密的话，那么张载的“气理

---

① （宋）洪兴祖：《陈旉农书·后序》，曾枣庄主编：《宋代序跋全编》第6册，第3732页。

② 李辉、彭光华：《道学思想对陈旉“粪药”说的影响》，《农业考古》2013年第3期。

③ 《管子》卷19《地员》，《百子全书》第2册，第1391页。

④ 《管子》卷3《五辅》，《百子全书》第2册，第1285页。

⑤ 《管子》卷3《五辅》，《百子全书》第2册，第1283页。

⑥ 《管子》卷3《五辅》，《百子全书》第2册，第1284页。

⑦ （宋）陈旉：《陈旉农书·序》，任继愈总主编，范楚玉主编：《中国科学技术典籍通汇·农学卷》第1册，第337页。

⑧ 《管子》卷17《七臣七主》，《百子全书》第2册，第1380页。

⑨ 《管子》卷16《内业》，《百子全书》第2册，第1372页。

⑩ 《管子》卷16《内业》，《百子全书》第2册，第1372页。

⑪ （宋）陈旉：《陈旉农书》卷上《天时之宜篇》，任继愈总主编，范楚玉主编：《中国科学技术典籍通汇·农学卷》第1册，第340页。

⑫ （宋）范仲淹著，李勇先、王蓉贵校点：《范仲淹全集》卷2《乾为金赋》，成都：四川大学出版社，2002年，第488页。

⑬ （宋）范仲淹著，李勇先、王蓉贵校点：《范仲淹全集》卷2《穷神知化赋》，第487页。

观”就已经组合为一个思想整体了。张载说：“若阴阳之气，则循环迭至，聚散相荡，升降相求，絪缊相揉，盖相兼相制，欲一之而不能，此其所以屈伸无方，运行不息，莫或使之，不曰性命之理，谓之何哉？”[①]此“性命之理”在某种程度上亦可理解为“自然之理”，故“‘日月得天’，得自然之理也，非苍苍之形也”[②]。因而张载的“气理观”成为陈旉“自然观”的直接理论来源，于是，陈旉接着指出：“其或气至而时未至，或时至而气未至，则造化发生之理因之也。”[③]可见，陈旉试图以“气”为本体来对南方农业生产的客观规律进行有益的探索，所谓“顺天地时利之宜，识阴阳消长之理，则百谷之成，斯可必矣”[④]是也。

“气”本体论要求人们在认识自然和改造自然的历史过程中，一定以自然界本身的客观实在性和现实性作为解释自然界存在和变化的原因和根据。依此，陈旉在《农书·后序》中说：“有常产则家给人足，养备动时，斯乃能有常心矣。有常心则父父子子、兄兄弟弟、夫夫妇妇、上下辑睦，斯乃能行常道矣。”[⑤]其中“常产”属于物质性的东西，而“常心”则属于精神性的东西，陈旉在这里虽然没有明说物质性的东西是精神性东西产生与发展的基础，但从字里行间我们能够体会到他在处理物质与精神关系问题上所坚持的唯物主义立场和科学的态度。当然，陈旉的这种唯物主义思想是不自觉的和不定型的，是一种“自发唯物主义”或者称“自然科学的唯物主义”。列宁曾经指出：所谓“自发唯物主义”或“自然科学的唯物主义”就是指“绝大多数自然科学家对我们意识所反映的外界客观实在的自发的、不自觉的、不定型的、哲学上无意识的信念”[⑥]。而将“气”概念贯彻和应用到土壤领域，便形成了“土脉说”。在阐释学的意义上讲，“土”与“壤”是不同的，前者一般指自然生成的泥沙混合物，后者则一般指经过人类的耕作活动而形成的熟土。故郑玄释云：“壤，亦土也，变言耳。以万物自生焉则言土；土，犹吐也。以人所耕而树艺焉，则言壤。壤，和缓之貌。”[⑦]《国语·周语上》载虢文公的话说：“古者，太史顺时覛土，阳瘅愤盈，土气震发，农祥晨正，日月底于天庙，土乃脉发。”[⑧]此处之“土气”实际上是指土壤成分的综合指数，它包括温、湿度的变化，水分、养分、气体的流动等，而提高土壤成分的综合指数，其关键在于肥力。所以，陈旉超越前人的地方就表现在他抓住了问题的实质，并且使“地力常新”和农业生产的可持续发展成为可能。他说：“土壤气脉，其类不一，肥沃硗埆，美恶不同，治之各

---

① （宋）张载撰，章锡琛点校：《张载集》，北京：中华书局，1978年，第12页。

② （宋）张载撰，章锡琛点校：《张载集》，第12页。

③ （宋）陈旉：《陈旉农书》卷上《天时之宜篇》，任继愈总主编，范楚玉主编：《中国科学技术典籍通汇·农学卷》第1册，第340页。

④ （宋）陈旉：《陈旉农书》卷上《天时之宜篇》，任继愈总主编，范楚玉主编：《中国科学技术典籍通汇·农学卷》第1册，第341页。

⑤ （宋）陈旉：《陈旉农书·后序》，任继愈总主编，范楚玉主编：《中国科学技术典籍通汇·农学卷》第1册，第355页。

⑥ ［俄］列宁：《列宁选集》第2卷，北京：人民出版社，1972年，第353页。

⑦ （汉）郑玄注：《周礼·大司徒·十有二壤》，《续修四库全书》第52册，第133页。

⑧ 鲍思陶点校：《国语》卷1《周语上》，《二十五别史》，济南：齐鲁书社，2000年，第8页。

有宜也。”[1]这里，“治之各有宜”应当说跟《氾胜之书》所提出来的“和土”思想是一脉相承的。氾胜之说：“春冻解，地气始通，土一和解。夏至，天气始田，阴气始盛，土复解。夏至后九十日，昼夜分，天地气和。以此时耕暑，一而当五，名曰膏泽，皆得时功。”[2]可见，此“有宜”就是“中庸”和“适度”的意思。陈旉说：“且黑壤之地信美矣，然肥沃之过，或苗茂而实不坚。当取生新之土以解利之，即疏爽得宜也。硗埆之土信瘠恶矣，然粪壤滋培，即其苗茂盛而实坚栗也。虽土壤异宜，顾治之如何耳。治之得宜，皆可成就。《周礼·草人》掌土化之法，以物地相其宜而为之种，别土之等差而用粪治。”[3]其中“土化之法”指的是通过人工施肥而使土地变得肥美，并且适于农作物的生长需要，陈旉将这种方法称为“粪药”。众所周知，世界上万事万物都具有多样性的特征，而土壤本身的性质也是肥瘠有别的，如“坟壤”“竭泽”“咸舄”“勃壤”“埴垆”等。因此，对症用药就是正确处理土地与粪肥关系问题的思想指南。以此为前提，陈旉提出了“相视其土之性质，以所宜粪而粪之”[4]的思想，而“以粪治之，则（土壤）益精熟肥美，其力当常新壮矣”[5]。可见，“宜”与“地力新壮”便构成了精耕细作农业的一对基本矛盾，围绕着这对基本矛盾，陈旉形成了他那别具一格的土壤辩证法思想和突出重点与抓主要矛盾的矛盾分析方法。

亲身实践、“躬耕西山”是陈旉取得农学成就的主要途径与方法。陈旉在《农书·序》中对宋朝儒生不重视农业实践的思想倾向提出了批评，他说：“士大夫每以耕桑之事，为细民之业。孔门所不学，多忽焉而不复知。”“不复知”什么？在陈旉看来，“务农桑，足衣食，此礼义之所以起，孝弟（悌）之所以生，教化之所以成，人情之所以固也”。[6]也就是说，农业生产是礼义、孝弟（悌）、教化、人情等所有上层建筑形式的物质前提和基础，是人类社会赖以存在和发展的根本。所以“圣王以服田力穑，勤劳农桑，为急先务”[7]。早在南宋之前，由于东南地区曾经出现过吴国、南唐、吴越等几个割据政权，虽然国运不祚，但为了增强自身经济的独立性，这些割据政权多注意开发江南山泽农业，比如起圩田，大量推广稻作，兴修水利工程等，它们为东南经济优势的形成奠定了坚实的生产力基础，“南渡后水田之利，富于中原”[8]。在此基础上，《陈旉农书》形成了以

---

① （宋）陈旉：《陈旉农书》卷上《粪田之宜篇》，任继愈总主编，范楚玉主编：《中国科学技术典籍通汇·农学卷》第1册，第342页。

② （汉）氾胜之：《氾胜之书·耕田》，王书良等总主编：《中国文化精华全集》18册《科技卷》，北京：中国国际广播出版社，1992年，第166页。

③ （宋）陈旉：《陈旉农书》卷上《粪田之宜篇》，任继愈总主编，范楚玉主编：《中国科学技术典籍通汇·农学卷》第1册，第342页。

④ （宋）陈旉：《陈旉农书》卷上《粪田之宜篇》，任继愈总主编，范楚玉主编：《中国科学技术典籍通汇·农学卷》第1册，第342页。

⑤ （宋）陈旉：《陈旉农书》卷上《粪田之宜篇》，任继愈总主编，范楚玉主编：《中国科学技术典籍通汇·农学卷》第1册，第342页。

⑥ （宋）陈旉：《陈旉农书·序》，任继愈总主编，范楚玉主编：《中国科学技术典籍通汇·农学卷》第1册，第337页。

⑦ （宋）陈旉：《陈旉农书·后序》，任继愈总主编，范楚玉主编：《中国科学技术典籍通汇·农学卷》第1册，第355页。

⑧ 《宋史》卷173《食货志上一》，第4182页。

水田农业为突出特色的农学思想体系。众所周知，在南宋，江南稻区复种指数的提高与比较发达的水利建设事业有着密切关系，据范成大《吴郡志・土物下》记载，当时在江南圩田的现实淹水环境下出现了“再撩稻”（或称“再熟稻”）①的农业景观。诚然，陈旉限于生活局域的视野，他不可能对南宋业已取得的各种农业成就都了如指掌，但他真正地做到了两点：一是“允蹈之，确乎能其事”②；二是“多见而识之，以言闻见虽多，必择其善者乃从”③。在宋代，存在着两种截然相反的学术风气，即务实与务虚。在此，所谓“择其善者乃从”实际上指的就是“务实”的学风。与之不同，南宋尚有不少士大夫，在著书立说时，“慕名掠美，攘善矜能盗誉”④，以“取讥后世”⑤，而陈旉一再强调，他著《农书》绝非“腾口空言，夸张盗名”⑥。可见，陈旉所提倡的正是一种“实事求是”的学风。因地制宜，是农业生产的一条基本原则。由于我国疆域辽阔，地理环境差异很大，因此，无论何时我们都不可能以一种固定的农业发展模式去生搬硬套于南北各地的耕作区，因为这是由矛盾的特殊性所决定的。从矛盾的特殊性原理出发，陈旉批评了有人不讲条件地将《齐民要术》所概括和总结的北方旱作方法推广于南方水田生产的保守做法，有基于此，陈旉才敢下断言说《齐民要术》“迂疏不适用”⑦。不过，事物应一分为二地看，《齐民要术》的适应范围主要是北方而不是南方，因此，陈旉从南宋水田的角度批评《齐民要术》“迂疏”，显然有不当之处，况且陈旉因噎废食的思维方法也是不可取的。

作为一种方法的创新，陈旉开创了一种将“经营管理和生产技术二者结合起来以研究农业生产问题”⑧的思路。从历史上看，经营管理与生产劳动本来是紧密联系在一起的，后来，随着劳动分工的产生，管理在生产劳动过程中的作用越来越突出，甚至在一定程度上说，管理成为决定和支配生产劳动的一种基本物质力量。比如，在生产力的三要素中，只有经营管理能把劳动者、劳动对象、劳动工具，包括科学技术等生产力诸要素，有机地结合起来，使其由潜在生产力转变为现实生产力。对于管理的这个特点，陈旉也有所认识。他说：“农之治田，不在连阡跨陌之多，唯其财力相称，则丰穰可期也审矣。”⑨显然，陈旉已经自觉地意识到农业经营管理对于“丰穰”本身的关键作用。当然，农业管理

---

① （宋）范成大撰，陆振岳点校：《吴郡志》卷30《土物下》，南京：江苏古籍出版社，1986年，第438页。

② （宋）陈旉：《陈旉农书・序》，任继愈总主编，范楚玉主编：《中国科学技术典籍通汇・农学卷》第1册，第337页。

③ （宋）陈旉：《陈旉农书・序》，任继愈总主编，范楚玉主编：《中国科学技术典籍通汇・农学卷》第1册，第337页。

④ （宋）陈旉：《陈旉农书・序》，任继愈总主编，范楚玉主编：《中国科学技术典籍通汇・农学卷》第1册，第337页。

⑤ （宋）陈旉：《陈旉农书・序》，任继愈总主编，范楚玉主编：《中国科学技术典籍通汇・农学卷》第1册，第337页。

⑥ （宋）陈旉：《陈旉农书・序》，任继愈总主编，范楚玉主编：《中国科学技术典籍通汇・农学卷》第1册，第337页。

⑦ （宋）陈旉：《陈旉农书・序》，任继愈总主编，范楚玉主编：《中国科学技术典籍通汇・农学卷》第1册，第337页。

⑧ 卢嘉锡总主编，金秋鹏分卷主编：《中国科学技术史・人物卷》，北京：科学出版社，1998年，第376页。

⑨ （宋）陈旉：《陈旉农书》卷上《财力之宜篇》，任继愈总主编，范楚玉主编：《中国科学技术典籍通汇・农学卷》第1册，第339页。

不能脱离具体的生产技术而独立存在，比如，陈旉非常重视粪土在整个水田农业中的价值，甚至他的“地力常新”论也以“用粪得理”的“粪治”技术为前提。但“粪治”不仅讲求科学，而且还要讲求管理。因此，陈旉第一次提出了设置粪屋以保持肥效的管理措施和技术方法，他说：

> 凡农居之侧，必置粪屋，低为檐楹，以避风雨飘浸，且粪露星月，亦不肥矣。粪屋之中，凿为深池，甃以砖甓，勿使渗漏。凡扫除之土，烧燃之灰，簸扬之糠粃，断稿落叶，积而焚之，沃以粪汁，积之既久，不觉其多。凡欲播种，筛去瓦石，取其细者，和匀种子，疏把撮之。待其苗长，又撒以壅之。何患收成不倍厚也哉。①

重视经营管理和生产技术的结合，固然是陈旉农学思想的一个突出特点，同时也是其研究方法的一个突破和创新。但是，我们并不否认，陈旉由于受宗教神学意识的影响，他的思想深处不可避免地打上了宗教迷信的烙印。比如，《陈旉农书》卷上《祈报篇》中认为：“能御大灾者，能捍大患者，皆在所祈报也。”②把“祈报”看作是抵御各种自然灾害的一种手段，这个事实一方面体现了陈旉那“自然科学唯物主义”思想的不彻底性，另一方面也证明在科学与宗教的历史斗争过程中仅仅依靠“自然科学的唯物主义”并不能战胜宗教迷信。

第四节　郑樵以无神论为特色的科技思想

郑樵（1102—1161），字渔仲，称夹漈先生，又自号溪西遗民，福建路兴化军兴化县（今莆田）人，此“地狭而人物盛”③，具有良好的文化氛围。他学问渊博，好识博古，据载，其“性资异人，能言便欲读书”④，其“自负不下刘向、扬雄。居夹漈山，谢绝人事。久之，乃游名山大川，搜奇访古，遇藏书家，必借留读尽乃去。赵鼎、张浚而下皆器之。初为经旨，礼乐、文字、天文、地理、虫鱼、草木、方书之学，皆有论辨”⑤。在知识创新方面，郑樵于绍兴二十九年（1159）开始编撰整理《通志》。在《通志二十略》中，其《艺文略》建立了比较健全的三级分类法，是宋代之前的图书分类目录；《校雠略》则是中国古代第一部目录学的理论专著；《昆虫草木略》在宋代以前的史学体例中可谓独领风骚，自成一家；《图谱略》肯定了制图在自然科学和技术科学研究中的基础作用，认为“凡器用之属，非图无以制器”，反映了宋代制图学已经步入成熟时期的重要特征和面貌，等等。当然，不管是沿袭了旧史的内容，还是新增加的内容，郑樵始终贯穿着

① （宋）陈旉：《陈旉农书》卷上《粪田之宜篇》，任继愈总主编，范楚玉主编：《中国科学技术典籍通汇·农学卷》第1册，第342页。

② （宋）陈旉：《陈旉农书》卷上《祈报篇》，任继愈总主编，范楚玉主编：《中国科学技术典籍通汇·农学卷》第1册，第345页。

③ （宋）郑樵著，吴怀祺校补：《郑樵文集》，北京：书目文献出版社，1992年，第99页。

④ （宋）郑樵著，吴怀祺校补：《郑樵文集》，第81页。

⑤ 《宋史》卷436《郑樵传》，第12944页。

“天人相分”这个主导思想，坚持认为孔子之后的先儒“驾以妖妄之说而欺后世”，“一种妄学，务以欺人；一种妖学，务以欺天”。①实际上，郑樵把人类知识一分为二，即“天学”和“人学”，而这两类学问有科学与非科学之分，其中属于非科学的部分，郑樵将其称为“妖学”与“妄学”。所以，郑樵的无神论思想就是在反对“妖学”与“妄学”的基础上建立起来的。

一、郑樵的《通志》及其“天道”思想

“天道”是有神论与无神论之间矛盾斗争的焦点，亦是派生“妖学”与“妄学”的一个本源。因此，坚持科学的“天道观”，反对“天道”问题上的有神论，应是中国古代无神论思想的一个重要特征。郑樵继承了中国古代的唯物主义天道观，在他看来，日月运行的天象与寒暑的天气变化等自然现象和客观规律，就是科学意义上的“天道”思想。

在郑樵的观念里，“天道”本身是一个包含着诸多层次的现象体系，是一个物质性的时空集合。比如，他在《尔雅注·释天》篇中，将“天”具体化为“四时”“祥”“灾”“岁阳”“岁名”“月阳”“月名”“风雨”“星名”“祭名”“讲武”“旌旂”等部分，而这些部分如果按照内容划分，则“四时”“岁阳”“岁名”“月阳”“月名”为“时”，即人们通常用来刻画时间的年和月；而“星名”和“风雨”则是用来说明空间的物质实体。可见，郑樵所理解的“天”是具有物质意义的“自然天”。而这个“自然天”便构成了天文学的认识对象，换言之，天文学的本质就是阐释“自然天”运动变化的规律，并为人类的生产和生活服务。对此，郑樵说：

> 尧命羲和揭星鸟、星火、星虚、星昴之象以示人，使人知二至二分，以行四时。②

这段话虽然不长，却包含着丰富的天文学信息：一是设立专职人员进行天文观测。从尧舜始，中国历代王朝都设有专职的司天人员，按照《周礼·春官宗伯》的记载，当时与天文学有关的职务包括“大宗伯”（祭祀天地鬼神日月星辰）、“占梦”（察天地阴阳，以日月星辰占梦）、“眂祲”（观察异常天象）、“太史”（颁告朔，为大事择吉日）、“冯相氏”（管理历法）和“保章氏”（进行星占），后来这些职务名称尽管有所变化，但其以占候为主的司天职能却没有发生太大的变动。③二是用二十八星宿位置来定“四时”。《尚书·尧典》载：“日中，星鸟，以殷仲春。”④“日永，星火，以正仲夏。”⑤“宵中，星虚，以殷仲秋。”⑥“日短，星昴，以正仲冬。”⑦此“四时”实际上就是用鸟、火、虚、昴四星来决定季节，“日中”和“宵中”指昼夜平分的春分和秋分，“日永”和“日短”指昼夜不等的夏至和冬至。而更进一步则“四象”的基本内涵应当是，“星鸟”之“鸟”是指以

① （宋）郑樵撰，王树民点校：《通志二十略·灾祥略·灾祥序》，第1905页。
② （宋）郑樵撰，王树民点校：《通志二十略·天文略·天文序》，第449页。
③ 参见江晓原：《中国天学史》，上海：上海人民出版社，2005年，第32页。
④ 《尚书·尧典》，陈戍国点校：《四书五经》上册，第215页。
⑤ 《尚书·尧典》，陈戍国点校：《四书五经》上册，第215页。
⑥ 《尚书·尧典》，陈戍国点校：《四书五经》上册，第215页。
⑦ 《尚书·尧典》，陈戍国点校：《四书五经》上册，第215页。

“鸟”为中星的“井、鬼、柳、星、张、翼、轸”南方七宿，它的形象为“朱鸟”；“星火”之“火”是指以“火”为中星的“角、亢、氐、房、心、尾、箕”东方七宿，它的形象为“青龙”；“星虚”之“虚”是指以“虚”为中星的“斗、牛、女、虚、危、室、壁”北方七宿，它的形象为“玄武”；“星昴”之“昴”是指以“昴”为中星的“奎、娄、胃、昴、毕、觜、参”西方七宿，它的形象为“白虎”。在此，“四象”的排位应当注意一下，《礼记·曲礼上》说：“行，前朱（鸟）〔雀〕而后玄武，左青龙而右白虎。”[①]此处的排序为朱鸟（南）、玄武（北）、青龙（东）、白虎（西），方向呈经南北纬东西状，如朱熹说：“《乾》尽午中、《坤》尽子中、《离》尽卯中、《坎》尽酉中。”[②]即以子午为经和以卯酉为纬来表示四时的运动，这是中国先民观测天象的根本尺度。而郑樵的“四象”排位则为“朱鸟、青龙、玄武、白虎”，显然，郑樵以东南方为首，寓意南宋的尊主地位不能变。三是“四象”与“二至二分”的关系。如“星鸟”春分（3月20日或21日）是说在春分那天晚上“朱鸟七宿”均出现；“星虚”秋分（9月23日或24日）是说在秋分那天晚上“玄武七星”均出现；“星火”夏至（6月21日或22日）是说在夏至那天晚上“青龙七星”均出现；“星昴”冬至（12月22日或23日）是说在冬至那天晚上“白虎七星”均出现。因此，以上这些记述都是正常的天象运动，人们可以根据这些特定的事件或现象对天象运动进行观测和记录，以作为制定历法的客观依据。如果沿着这条路径走，就自然会使天文观测变为一门实证科学，反之，则易使天文观测误入歧途，变成“妖妄”之学。事实上，从春秋战国起，历代封建统治者通过对天学的垄断而使之变成一种重在“言休祥”的“占候之学”。对此，郑樵说道：

> 占候之学起于春秋、战国，其时所谓精于其道者，梓慎、裨灶之徒耳，后世之言天者不能及也。鲁昭公十七年冬，有星孛于大辰，西及汉，裨灶言之于子产曰：“宋、卫、陈、郑将同日火。若我用瓘斝玉瓒、郑必不火。”子产弗与。明年五月壬午，四国皆火。裨灶曰：“不用吾言，郑又将火。”郑人请用之，子产复弗与。子太叔咎之曰：“宝以保民，子何爱也？”子产曰：“天道远，人道迩。灶焉知天道，是亦多言矣，岂不或信。”卒弗与，亦不复火。昭公二十四年五月乙未朔，日有食之。梓慎曰：“将水。”昭子曰：“旱也。日过分而阳犹不克，克必甚，能无旱乎。”是秋大旱，如昭子之言。夫灾旱易推之数也，慎、灶至精之术也，而或中或否，后世之愚瞽若之何而谈吉凶！知昭子之言，则知阴阳消长之道可以理推，不可以象求也。[③]

关于梓慎与昭子、裨灶与子产的对话反映了两种截然不同的思维路径，一方属有神论，另一方属无神论，因而他们之间的对话实际上就是无神论与有神论之间的对话。从实证的角度看，无神论赢得了真理，相反，有神论却滑向了谬误。为什么？郑樵通过对现象与本质之间辩证关系的考虑，告诉了我们其中的奥秘。郑樵说：“知阴阳消长之道可以理

---

① 《礼记·曲礼上》，陈戍国点校：《四书五经》上册，第436页。

② （宋）朱熹注，李剑雄标点：《周易》，上海：上海古籍出版社，1995年，第15—16页。

③ （宋）郑樵撰，王树民点校：《通志二十略·天文略·天文序》，第449页。

推，不可以象求也。”[①]其“象求”之“象”指的就是天象，就是天体表现于外的物质现象，而“理推”之“理”指的却是天象的内在必然性，就是天体隐藏于内的运动规律。一般地说，现象仅仅是事物的外部联系和表面特征，仅仅是本质的个别的具体的表现，而且现象相对于本质则是不稳定的和转瞬即逝的，尤其是它会随着事物的发展过程和不同阶段，呈现出多种多样的表现形式或存在形态。然而，与现象不同，本质则是事物存在的根本性质，是事物发展和演变的内在联系，它是同类事物的共同性，因而具有相对的稳定性和持久性。如果从认识论的角度讲，现象通过人们的感觉器官就能认识和把握，而本质则只有通过人们的抽象思维才能认识和把握。当然，现象与本质是相互联系和相互依赖的，现象是本质的表现，本质是现象的根据，并表现为现象。所以科学研究就具有了必要性，反过来，现象表现本质，则科学研究又具有了可能性。可见，只有把可能性与必要性结合起来，科学才能具有实在性和真理性。而昭子的预言之所以是正确的，就是因为他把科学研究的可能性与必要性有机地结合了起来，就是因为他没有把自己的思维意识停留在事物的表面现象，而是深入到事物的内部，并且从事物的内部去寻找其现象发生的根据和内在必然性。可见，郑樵列举梓慎与昭子、禆灶与子产的对话及他们各自的认识结果，则真理与谬误一清二楚。那么，郑樵这样做的目的究竟是为什么呢？他花费如此多的笔墨来举证无神论与有神论的对立，又想达到一个什么样的目的？大家知道，北宋学术与汉代学术的一个显著差异就是前者“求理”而后者“求象”。“求理”的结果必然会促使科学的繁荣，相反，“求象”的结果只能导致妖妄之学的泛滥，阻碍科学的发展和进步。邓广铭先生曾就宋代文化在中国历史上所据有的地位问题讲过下面的话，他说：“在我讲授了多次中国通史的课程之后，更确凿不疑地认定宋代学术文化的发展，其所达到的高度，可以毫不含糊地说，在中国已往的封建王朝历史上是不但空前而且绝后的。”[②]仔细追求，造成宋代文化“不但空前而且绝后”的原因固然很多，但从学理上讲，其广泛而深刻地嵌入到宋代士大夫头脑中的“求理”意识，是其不能忽视的原因，或者在一定程度上说是其最本质的原因之一。比如，理学的出现显然是这种“求理”意识的一个积极成果，而理学的产生有利于宋代科学技术的发展亦是不可否认的事实，至于从元代之后，封建统治者歪曲甚至故意夸大了其消极面，因而变成阻碍明清科学技术进步的一种惰性力量，那是另外一回事。在北宋，沈括在他的著作《梦溪笔谈》里，最常说的一句话就是“究其理”，如他说：“昔夏后铸鼎，以知神奸。殆亦此类。恨未能深究其理，必有所谓。”[③]又说：“欲以区区世智情识，穷测至理，不其难哉？”[④]等等。显然，郑樵继承了沈括“究其理”的科学思想和认识方法，以“理”为科学考虑的对象，惟理是务，反对惟象是求的“妖妄之学”。与宋学不同，汉学以“今文学”为官方的主流意识形态，而今文学派以“信纬书”[⑤]为特征，故

① （宋）郑樵撰，王树民点校：《通志二十略·天文略·天文序》，第449页。

② 邓广铭：《论宋学的博大精深——北宋篇》，王水照主编：《新宋学》第2辑，上海：上海辞书出版社，2003年，第1页。

③ （宋）沈括著，侯真平校点：《梦溪笔谈》卷19《器用》，第154页。

④ （宋）沈括著，侯真平校点：《梦溪笔谈》卷20《神奇》，第165页。

⑤ 杜明通：《古典文学储存信息备览》，西安：陕西人民出版社，1988年，第118页。

就其谶纬说经而言，学界将汉代今文学的学术特征称之为“妖妄”①，是不为过的。在汉代今文学里，以董仲舒的《春秋繁露》和班固的《白虎通义》为中轴，其神学性质非常鲜明。对此，章太炎评论道：

> 孔子之在周末，与夷、惠等夷耳。孟、荀之徒，曷尝不竭情称颂？然皆以为百世之英，人伦之杰，与尧、舜、文、武伯仲，未尝侪之圜丘、清庙之伦也。及燕、齐怪迂之士，兴于东海，说经者多以巫道相糅……伏生开其源，仲舒衍其流，是时适用少君、文成、五利之徒，而仲舒亦以推验火灾，救旱止雨，与之校胜。以经典为巫师豫记之流，而更曲傅《春秋》，云为汉氏制法，以媚人主，而棼政纪。昏主不达，以为孔子果玄帝之子，真人尸解之伦。谶纬蜂起，怪说布彰，曾不须臾，而巫蛊之祸作，则仲舒为之前导也。自尔或以天变灾异，宰相赐死，亲藩废黜，巫道乱法，鬼事干政，尽汉一代，其政事皆兼循神道。②

与今文学派相对立，汉学中还有一派，那就是古文学派，它的主要代表是刘歆，古文学派在“有神论”与“无神论”问题上，旗帜鲜明，“斥纬书为妖妄”③，坚持了先秦时期子产等人所树立起来的“无神论”思想路线。就此而言，郑樵的“推理”思想本身就是对古文学派反谶纬迷信之战斗精神的进一步发扬光大，并进而去恢复科学的权威。事实上，郑樵反对“妖妄之学”绝不是为了反对“妖妄之学”而反对“妖妄之学”，而是通过反对“妖妄之学”来树立科学的信念和建立真正意义上的天文学，使之成为名副其实的“授民时”的科学，而不是“惑之而说众”④的“伪科学”。郑樵说：

> 臣之所作天文书，正欲学者识垂象以授民时之意，而杜绝其妖妄之源焉。⑤

“授民时”是天文学产生的直接动力，《尚书・尧典》云：“历象日月星辰，敬授（人）［民］时。”⑥虽然“授民时”与“敬授人时”的意义不独“安排农时”一项，如“三代以上，人人皆知天文。‘七月流火’，农夫之辞也。‘三星在天’，妇人之语也。‘月离于毕’，戍卒之作也。‘龙尾伏晨’，儿童之谣也”⑦，但安排农时确实是其中的一项重要内容。如《国语》卷 1《周语上》曰：“农祥晨正，日月底于天庙，土乃脉发。”⑧“农祥”即房星，“晨正”指立春之日，晨正于午，农事之候。所以郑樵说：“民事必本于时，时序必本于天。”⑨在中国古代，从秦汉到清末，研究“时序”的天文历法计有百余种，而在这百余种的天文历法中是不是都是具有科学价值的天文历法？郑樵有他自己的判断标准，他说：

① 杜明通：《古典文学储存信息备览》，第 121 页。
② 上海人民出版社编：《章太炎全集》第 8 册，上海：上海人民出版社，2018 年，第 201—202 页。
③ 杜明通：《古典文学储存信息备览》，第 118 页。
④ （宋）郑樵著，吴怀祺校补：《郑樵文集》，第 28 页。
⑤ （宋）郑樵撰，王树民点校：《通志二十略・天文略・天文序》，第 450 页。
⑥ 《尚书・尧典》，陈戍国点校：《四书五经》上册，第 215 页。
⑦ （清）顾炎武著，陈垣校注：《日知录校注》卷 30《天文》，合肥：安徽大学出版社，2007 年，第 1695 页。
⑧ 鲍思陶点校：《国语》卷 1《周语上》，《二十五别史》，第 8 页。
⑨ （宋）郑樵撰，王树民点校：《通志二十略・通志总序》，第 6 页。

“天文之家在于图象”①，“为天文志者，有义无象，莫能知天。臣今取隋丹元子《步天歌》，句中有图，言下成象，灵台所用，可以仰观。不取甘石本经，惑人以妖妄，速人于罪累”②。在郑樵看来，天文历法与星占学是紧密联系在一起的，这是中国古代天学的一个重要特征。比如，楚国（也有人说齐国）的甘公和魏国的石申就是春秋战国时期最著名的星占家，他们俩人的合著《甘石星经》最早出现于《郡斋读书志》一书中，这说明该书在宋代仍非常流行，但从其内容来看，书中虽然不乏科学的天文知识，但其中却亦多星占妖妄之说，故为郑樵所不取，此举表明了他的无神论立场是坚定的和不可动摇的，更表明了他“杜绝其妖妄之源”的决心。与之相反，《步天歌》有两大优点：一是有图谱，而其他大多数天文历法书则是“无图有书不可用”；二是“不言休祥，是深知天者”。③因此，郑樵说：“今之所作，以是为本。”④

既然春秋战国时期星占之学如此盛行，那么，这种流弊就不能不对后世天学的发展产生这样或那样的消极影响。郑樵指出：“说《洪范》者，皆谓箕子本河图洛书以明五行之旨。刘向创释其传于前，诸史因之而为志于后，析天下灾祥之变而推之于金、木、水、火、土之域，乃以时事之吉凶而曲为之配，此之谓欺天之学。”⑤而“欺天之学”之所以为历代封建统治者所重，其原因可归结为两个方面：一个方面是为了“谴告人君”，如《新唐书》卷31《天文志》载：“至于星经、历法，皆出于数术之学”⑥，而“天象变见所以谴告人君”⑦；另一个方面则是为了逃避罪责，嫁祸于天，如《汉书》卷26《天文志》载：诸如日月薄食、迅雷风袄、怪云变气等天象，“皆阴阳之精，其本在地，而上发于天者也。政失于此，则变见于彼，犹景之象形，乡之应声。是以明君睹之而寤，饬身正事，思其咎谢，则祸除而福至，自然之符也”⑧。这就是说，人君做错了事，应由上天来惩罚，而不需要人民的反抗斗争。显然，这是一种愚民的说教，是欺人之谈。其实，天象自有天象的运动规律，而人事自有人事的运动规律，两者本不是一回事，怎么能生拉硬扯在一起呢。为此，郑樵作《灾祥略》的目的就是“专以纪实迹，削去五行相应之说，所以绝其妖”⑨。

自从有人类以来，灾害问题就一直是困扰人类生存和发展的难题，南宋也不例外。据邓云特先生统计：“两宋前后四百八十七年，遭受各种灾害，总计八百七十四次。其中水灾一百九十三次，为最多者；旱灾一百八十三次，为次多者；雹灾一百零一次，又次多者……两宋灾害频度之密，盖与唐代相若，而其强度与广度则更有过之。”⑩与两宋的灾害频发事件相对应，两宋的祀神现象亦较唐代更加严重。如《宋史》卷98《礼志一》载：

---

① （宋）郑樵撰，王树民点校：《通志二十略·通志总序》，第6页。
② （宋）郑樵撰，王树民点校：《通志二十略·通志总序》，第6页。
③ （宋）郑樵撰，王树民点校：《通志二十略·天文略·天文序》，第450页。
④ （宋）郑樵撰，王树民点校：《通志二十略·天文略·天文序》，第450页。
⑤ （宋）郑樵撰，王树民点校：《通志二十略·灾祥略·灾祥序》，第1905页。
⑥ 《新唐书》卷31《天文志一》，北京：中华书局，1975年，第805页。
⑦ 《新唐书》卷31《天文志一》，第806页。
⑧ 《汉书》卷26《天文志》，北京：中华书局，1962年，第1273页。
⑨ （宋）郑樵撰，王树民点校：《通志二十略·灾祥略·灾祥序》，1905页。
⑩ 邓云特：《中国救荒史》，上海：商务印书馆，1937年，第22页。

“祖宗以来，每岁大、中、小祀百有余所，罔敢废阙。”[①]而宋代皇帝的这种“畏天”心理，实际上就是一种责任转移，即通过自欺欺人的祀神仪式来麻痹人们的思想和转移人们怨恨朝廷的视线，马克思指出：“宗教是被压迫生灵的叹息，是无情世界的情感，正像它是无精神活力的制度的精神一样。宗教是人民的鸦片。”[②]于是，马克思主张“废除作为人民的虚幻幸福的宗教”[③]。事实证明，宋代试图通过普遍的祀神仪式来减缓天灾的频发，在现实生活中是根本行不通的，而邓云特所统计的灾害结果表明，两宋的天灾较唐代不仅没有减少，而且更加严重，这说明天灾与祀神之间根本没有任何联系。虽然郑樵还不可能产生出“废除作为人民的虚幻幸福的宗教”那样高的思想觉悟，但是他毕竟看到“欺天之学”的危害性，因而想通过个人的努力去阻止“妖妄之说”的滋长。于是，郑樵严厉地说：

> 呜呼！天地之间，灾祥万种，人间祸福，冥不可知，奈何以一虫之妖，一气之戾，而一一质之以为祸福之应，其愚甚矣！[④]

郑樵认为，“天地之间，灾祥万种”，那是很自然的事情。面对此情，正确的态度应是以科学的方法去研究天灾发生的原因，用郑樵的话说就是“推理”，从而设法避免它给人间造成不必要的祸害。比如，苏轼曾建议：“救灾恤患，尤当在早。若灾伤之民，救之于未饥，则用物约而所及广。”[⑤]苏轼的建议是合理的，从经济学的角度看，“救之于未饥”与“救之于已饥”相比，后者的成本显然较前者的成本要大得多。不过，由于历史的原因，郑樵所生活的时代还不能够正确预测灾害的发生，因而在灾害面前人们就难免带有极大的盲目性。因为在政府还没有对科学的预测工作作出认定之前，即使个别官员的预测是准确的，可皇帝能相信你说的话吗？如果不相信你的话，那后果可就惨了。所以在宋代，只有灾害发生之后，各级官员才手忙脚乱地去应对已经发生的灾害，其结果往往是“群集族赴，供张征索，一境骚然”[⑥]。如此一来，其害反甚于灾害本身，可谓雪上加霜，给社会造成更加严重的不良后果和混乱局面。

“凶吉有不由于灾祥者”，这是郑樵评价历史事件的基本观点和态度。他举例说：

> 宋之五石六鹢，可以为异矣，而内史叔兴以为此阴阳之事，非吉凶所生。魏安平大守王基筮于管辂，辂曰：“君家有三怪……此三者足以为异，而无凶兆，无所忧也。”王基之家卒以无患。观叔兴之言，则国不可以灾祥论兴衰，观管辂之言，则家不可以变怪论休咎。[⑦]

无论如何，郑樵提出“国不可以灾祥论兴衰”的观点，在当时是有进步意义的，甚至

① 《宋史》卷98《礼志一》，第2426页。

② 《马克思恩格斯选集》第1卷，北京：人民出版社，2012年，第2页。

③ 《马克思恩格斯选集》第1卷，第2页。

④ （宋）郑樵撰，王树民点校：《通志二十略・灾祥略・灾祥序》，第1906页。

⑤ （宋）苏轼：《苏轼文集》卷31《奏浙西灾伤第一状》，北京：中华书局，1986年，第883页。

⑥ （元）张养浩撰，徐明、文青校点：《为政忠告・牧民忠告》卷下《捕蝗》，沈阳：辽宁教育出版社，1998年，第13页。

⑦ （宋）郑樵撰，王树民点校：《通志二十略・灾祥略・灾祥序》，第1906—1907页。

在一定程度上说，它是历史研究的一个基本原则，是其“无神论”思想发展的必然结果。

二、“不学问，无由识”的认识论思想

从进化论的角度说，人类的产生经过了漫长的演变历程，由无机界到有机界，再由有机界到生物界。而从真核细胞产生的那一瞬间起，生物界便逐步分化出了原始的单细胞植物和动物。于是，生物界通过“遗传和适应的不断斗争而一步一步地前进，一方面进化到最复杂的植物，另一方面进化到人”①。对此，郑樵这样说：

> 人与虫鱼禽兽同物，同物者同为动物也。天地之间，一经一纬，一从一衡，从而不动者成经，衡而往来者成纬。草木成经为植物，人与虫鱼禽兽成纬为动物，然人为万物之灵，所以异于虫鱼禽兽者，虫鱼禽兽动而俯，人动而仰，兽有四肢而衡行，人有四肢而从行。植物理从，动物理衡，从理向上，衡理向下。人，动物也，从而向上，是以动物而得植物之体。向上者得天，向下者得地，人生乎地而得天之道，本乎动物而得植物之理，此人之所以灵于万物者，以其兼之也。②

人作为一种高级动物，其自身包含着某些一般动植物的生理特性，这是没有问题的，也是符合进化论的。但郑樵认为人“从而向上，是以动物而得植物之体”，却是错误的。因为人的直立行走是劳动的产物，是从猿到人转变过程中“具有决定意义的一步”③。由于直立行走，人类学会使用和制造生产工具，并最终形成了思想的外壳——语言。如果按照中国古代的文本语言说，则“心”是人类的思维器官，而耳目则是人类的感觉器官，由耳目与“心”相结合所形成的客观物质形态就是知识。所以郑樵又说：

> 天地之大，其用在坎离。人之为灵，其用在耳目。人与禽兽，视听一也，圣人制律所以导耳之聪，制字所以扩目之明，耳目根于心，聪明发于外，上智下愚，自此分矣。④

在此，“制律”与“制字”都是属于人类思维的创造物，是人脑对于客观世界的能动反映，是人类知识的两种物质形态。那么，人类的知识又是如何产生的？郑樵提示我们：

> 凡书所言者，人情事理，可即己意而求，[董]（黄）遇所谓读百遍，理自见也。乃若天文、地理、车舆、器服、草木、虫鱼、鸟兽之名，不学问，虽读千回万复，亦无由识也。奈何后之浅鲜家，只务说人情物理，至于学之所不识者，反没其真。遇天文，则曰，此星名。遇地理，则曰，此地名、此山名、此水名。遇草木，则曰，此草名、此木名。遇虫鱼则曰，此虫名、此鱼名。遇鸟兽则曰，此鸟名、此兽名。更不言是何状星、何地、何山、何水、何草、何木、何虫、何鱼、何鸟、何兽也。纵有言

---

① 《自然辩证法》，北京：人民出版社，1972年，第189页。

② （宋）郑樵撰，王树民点校：《通志二十略・六书略》，第349页。

③ 《自然辩证法》，第149页。

④ （宋）郑樵撰，王树民点校：《通志二十略・七音略・七音序》，第353页。

者，亦不过引《尔雅》以为据耳，其实未曾识也。①

在这里，“学问”本身就是亲身实践的意思。郑樵认为，一方面，人们的认识来源于社会实践即“学问”；另一方面，知识的形成基于理论与实际的相互结合。如郑樵说：“语言之理易推，名物之状难识。农圃之人识田野之物而不达《诗》《书》之旨，儒生达《诗》《书》之旨而不识田野之物。五方之名本殊，万物之形不一。必广览动植，洞见幽潜，通鸟兽之情状，察草木之精神，然后参之载籍，明其品汇。”②古代由于教育的片面发展，导致了理论与实际相脱离的两种倾向：其一，“农圃之人”富有实践经验，但却没有理论知识；与此相反，“儒生”则富有理论知识，却没有相应的实践经验。特别是后者，事实上已经成为制约南宋科学技术发展的重要因素。故郑樵说：“以自司马迁《天官书》以来，诸史各有其志。奈何历官能识星，而不能为《志》，史官能为《志》，而不识星，不过采诸家之说而合集之耳，实无所质正也。”③因此，郑樵为了纠正“儒生”脱离实际的学风，提出了“背虚以应实”而非“背实以应虚”④的主张，比如，郑樵修史的基本原则是：“惟虚言之书，不在所用。”⑤因此，他独步于“义理”学之外，倡导“考证”的治学方法，对清朝考据学派的形成起到了积极的促进作用。如《四库全书总目提要》在评《尔雅注》的价值时说：“南宋诸儒，大抵崇义理而疏考证，故樵以博洽傲睨一时。”⑥清人赵翼亦说：“考古之学，至南宋最精博，如郑樵、李焘、王应麟、马贵与等是也。”⑦

具体得讲，郑樵的治学方法，主要有两个特点：

其一，以辨伪为基本内容的学术批判精神。“舍传求经”是北宋士儒对待《春秋》的基本态度，不过，郑樵已经超越了“外王之学”与“内圣之学”的学派之争，他没有使自己的学术轻易地滑落到狭窄的门户成见之中，进而去口诛笔伐，相互攻讦，而是直接深入到《春秋》本身，并通过去伪存真的“辨伪”工夫，以求得圣人之真旨。他说：

《春秋》所以有三家异同之说，各立褒贬之门户者，乃各主其文也。今《春秋考》所以考三家有异同之文者，皆是字之讹误耳。乃原其所以讹误之端由，然后人知《三传》之错。观《原切广论》，虽三尺童子亦知《大小序》之妄说。观《春秋考》，虽三尺童子亦知《三传》之妄。辨《大小序》与《三传》之妄，然后知樵所以传《春秋》得圣人意之由也。⑧

又说：

① （宋）郑樵著，吴怀祺校补：《郑樵文集》，第29—30页。

② （宋）郑樵撰，王树民点校：《通志二十略·通志总序》，第10页。

③ （宋）郑樵著，吴怀祺校补：《郑樵文集》，第31页。

④ （宋）郑樵：《尔雅注·序》，《中华再造善本·金元编·经部·尔雅》，北京：北京图书馆出版社，2006年，据中国国家图书馆藏元刻本影印。

⑤ （宋）郑樵著，吴怀祺校补：《郑樵文集》，第38页。

⑥ （清）纪昀总纂：《四库全书总目提要》卷40《尔雅注三卷》，石家庄：河北人民出版社，2000年，第1061页。

⑦ （清）赵翼撰，曹光甫校点：《廿二史札记》卷24《宋初考古之学》，南京：凤凰出版社，2008年，第349页。

⑧ （宋）郑樵著，吴怀祺校补：《郑樵文集》，第29页。

《春秋》主在法制，亦不在褒贬。①

当然，郑樵的辨伪不限于《春秋》一域，而是扩展到《诗》《书》诸经。因此，他的辨伪绝不是一边一角的辨伪，而是多领域、全方位的辨伪。诚如郑樵自己所说：

十年为经旨之学，以其所得者，作《书考》，作《书辨讹》，作《诗传》，作《诗辨妄》，作《春秋传》，作《春秋考》，作《诸经略》，作《刊谬正俗跋》。②

郑樵为什么要"辨经书之伪"？那是因为一方面古今话语环境发生了变化，与其相联系的语言形式及其所指代的含义也不能不发生改变；另一方面则因"后之浅鲜家"③不注重实际，结果造成以讹传讹的严重后果。所以郑樵曾感慨到：后之浅鲜家，凡遇到名物的问题，一概"引《尔雅》以为据耳，其实未曾识也"④。而在不识的情况下，他们不是去实地调查研究，而是守法于"经"，不知"学问"，因而只能"腐儒惑之而说众"。⑤在郑樵看来，"《尔雅》之作者，盖本当时之语耳。古以为此名，当其时又名此也。自《尔雅》之后，以至今，所名者，又与《尔雅》不同矣"⑥。在此，我们必须强调的是，郑樵的"辨伪"工作绝不仅仅是为学术而学术，因为它在一定程度上更注重发掘经书的现实内涵，借古讽今。比如，他说：

尝观之《诗》，刑政之苛，赋役之重，天子诸侯朝廷之严，而后妃夫妇衽席之秘。圣人为《诗》，使天下匹夫匹妇之微，皆得以言其上，宜若启天下轻君之心。然亟谏而不悟，显戮而不戾，相与携持去之而不忍。是故汤、武之兴，其民急而不敢去。周之衰，其民哀而不敢离。盖其抑郁之气纾，而无聊之意不蓄也。呜呼，诗不敢作，天下怨极矣。卒不能胜，共起而亡秦。秦亡而后快。于是始有匹夫、匹妇存亡天下之权。呜呼，春秋之衰以《礼》废，秦之亡以《诗》废。吾固知公卿大夫之祸速而小，民之祸迟而大。而《诗》者正所以维持君臣之道，其功用深矣。⑦

郑樵说"《诗》者正所以维持君臣之道"自然是话中有话，在南宋，由于内外形势交迫，宋高宗在秦桧的教唆下，十分疾恶人言，于是，他竟然违背宋朝家法，治罪于言事的士人，遂开南宋文字狱之先例。王曾瑜先生说："从狭义上说，最高统治者为了某种政治需要，深文周纳，大规模地、连续不断地兴办一系列冤狱，株连蔓引，贬斥以至杀戮大批士人，则宋代绍兴文字狱堪称嚆矢。"⑧文字狱给整个社会带来的后果是相当可怕的，尤其是士大夫不敢言时，不敢作诗文，他们的话语权受到严格限制，民众宣泄怨气的主要渠道被堵塞，久而久之，必定会酿成大乱。后来，宋高宗也深深地意识到这个问题，他说：

① （宋）郑樵著，吴怀祺校补：《郑樵文集》，第 29 页。
② （宋）郑樵著，吴怀祺校补：《郑樵文集》，第 24 页。
③ （宋）郑樵著，吴怀祺校补：《郑樵文集》，第 29 页。
④ （宋）郑樵著，吴怀祺校补：《郑樵文集》，第 30 页。
⑤ （宋）郑樵著，吴怀祺校补：《郑樵文集》，第 28 页。
⑥ （宋）郑樵著，吴怀祺校补：《郑樵文集》，第 30 页。
⑦ （宋）郑樵著，吴怀祺校补：《郑樵文集》，第 22—23 页。
⑧ 王曾瑜：《岳飞和南宋前期政治与军事研究》，开封：河南大学出版社，2002 年，第 540 页。

“近岁以来，士风浇薄，持告讦为进取之计，致莫敢耳语族谈，深害风教。”[1]既然文字狱“深害风教”，甚至有可能重蹈秦之覆辙，那么，郑樵说“诗不敢作，天下怨极矣”就不能不引起统治者的高度重视，可见，郑樵作《论秦因诗而亡》的用意是既含蓄又深远的。

其二，以“会通”方法为特点的创新意识。据考，郑樵一生著述颇丰，约计有各类书目 56 种。[2]至于郑樵如何贯通他的经史思想脉络，并能不断地推陈出新，“成一家之言”，他自己有这样一段说明：

> 且天下之理，不可以不会，古今之道，不可以不通。会通之义大矣哉。仲尼之为书也，凡典、谟、训、诰、誓、命之书，散在天下，仲尼会其书而为一［书］。举而推之，上通于尧舜，旁通于秦鲁，使天下无逸书，世代无绝绪，然后为成书。[3]

不仅孔仲尼如此，而且司马迁也如此。

> 袭《书》《春秋》之作者，司马迁也，又与二书不同体，以其自成一家言，始为自得之书。[4]
>
> 史者，官籍也。书者，儒生之所作也。自司马迁以来，凡作史者，皆是书，不是史。又诸史家各成一代之书，而无通体。樵欲自今天子中兴上达秦汉之前，著为一书，曰《通史》，寻纪法制。[5]
>
> 樵前年所献之书，以为水不会于海则为滥水，途不通于夏则为穷途，论会通之义。以为宋中兴之后，不可无修书之文，修书之本，不可不据仲尼、司马迁会通之法。[6]

可见，从学理上讲，此“会通”其实是一种“道统”，它源自三代，是为人道之极。当然，再从创新的角度讲，则“会通”不是重复前人的劳动，而是在前人的成果上更进一步，即有继承，也有创新和突破，用郑樵的话说就是“自得之学”，而没有“自得之学”就没有“成一家之言”的可能。故郑樵明确表示：

> 守株待兔，莫辨指踪，常山击蛇，要观首尾，若无自得之学，曷成一家之言。[7]

在此，所谓“自得”有两层含义：一层含义是形成自己的学术个性，如郑樵说：他的《通志》，“虽曰继马迁之作，凡例殊途，经纬异制，自有成法，不蹈前修。观《春秋地名》，则樵之《地理志》，异乎诸史之《地理》。观《群书会记》，则知樵之《艺文志》异乎诸史之《艺文》”[8]。另一层含义则是区分“修书”与“作文”为两种不同的思维形式，而将两者等同起来的看法是错误的，郑樵说：“修书自是一家，作文自是一家。修书之人必

---

① （宋）李心传：《建炎以来系年要录》卷 170“绍兴二十五年十一月庚午”条，第 2780 页。
② （宋）郑樵著，吴怀祺校补：《郑樵文集·前言》，第 2 页。
③ （宋）郑樵著，吴怀祺校补：《郑樵文集》，第 37 页。
④ （宋）郑樵著，吴怀祺校补：《郑樵文集》，第 37 页。
⑤ （宋）郑樵著，吴怀祺校补：《郑樵文集》，第 33 页。
⑥ （宋）郑樵著，吴怀祺校补：《郑樵文集》，第 38 页。
⑦ （宋）郑樵著，吴怀祺校补：《郑樵文集》，第 58 页。
⑧ （宋）郑樵著，吴怀祺校补：《郑樵文集》，第 38 页。

能文，能文之人未必能修书。若之何后世皆以文人修书。天文之赋万物也，皆不同形。故人心之不同犹人面，凡赋物不同形，然后为造化之妙。修书不同体，然后为自得之工。”①

其实，士大夫真正成就“自得之工”是很不容易的。写一本书容易，而写一本富有人格力量的“书”却并不容易。郑樵说：“使樵直史苑，则地下无冤人。”②这是何等的气概！又说：“樵于文，如悬崖绝壁，向之瑟然，寒人毛骨。”③这又是何等的凛然！只有将这样的精神气节融入你的著述中，才会产生出“笼天地于形内，挫万物于笔端”④的思想效应。从这个角度，郑樵无情地批评了存在于南宋士大夫中间的那种“不图远略”的惰性思想。他说：“樵见今之士大夫，龌龊不图远略，无足与计者。”⑤言语之间，郑樵无法掩饰其内心对于士大夫前途与命运的焦虑。诚然，造成南宋士大夫“龌龊不图远略”的原因是比较复杂的，但绍兴文字狱是一个非常重要的政治因素。应当承认，郑樵是继沈括之后的又一位百科全书式的自然科学家，同时他也是一位为文能通神，却就是不通官场的学者，这是因为他太超俗了。郑樵志存高远而淡泊名利：

> 回既倒之狂澜，支已颓之岱岳，澄世所不能澄，裁世所不能裁。⑥

此人生理想必然促使郑樵逐步地超凡离俗，最终与一般士大夫的追求格格不入。而郑樵那“利不可回，威不可劫”⑦的人格境界，在南宋那个特定的时代里，注定了他的政治命运终究是个失败者。

三、郑樵科技思想的历史价值和地位

从体例上讲，郑樵《通志略》有许多创新，其中《氏族略》就是郑氏的首创。在基因识别技术尚未问世之前，我们基本上都是在文化史的层面上来认识《氏族略》的价值和学术意义，根本没有想到它跟基因识别技术有何联系。然而，如果我们把一个相对独立的姓氏看作一个种群，那么，每一个姓氏都可以作为一个基因库来理解。因为基因库的内涵就是在特定区域内，一个物种之全体成员所构成的种群。例如，从主流上讲，在姓氏起源的问题上，《氏族略》给出了下面几种途径：一是“以国为氏”，像唐、虞、夏、商、殷、周、秦、曹、管、焦、蒋、赵、宋、田、徐、纪等；二是“以邑为氏”，像尹、毛、甘、孟、崔、马、苗、苏、单等；三是“以地为氏”，像蒙、傅、乔、邱、嵇等；四是“以族为氏”，像因、左、景等。在一定的局域内，由于自然环境与文化背景的不同，因此，以一种“基因库”的方式将不同的文化种群相互区别开来，这是中国先民的一个伟大创造。

《地里略》是为宋代统治者的行政区划服务的，虽然“略”中的一些观点未必都符合

---

① （宋）郑樵著，吴怀祺校补：《郑樵文集》，第 37 页。
② （宋）郑樵著，吴怀祺校补：《郑樵文集》，第 49 页。
③ （宋）郑樵著，吴怀祺校补：《郑樵文集》，第 48 页。
④ （宋）郑樵著，吴怀祺校补：《郑樵文集》，第 42 页。
⑤ （宋）郑樵著，吴怀祺校补：《郑樵文集》，第 54 页。
⑥ （宋）郑樵著，吴怀祺校补：《郑樵文集》，第 42 页。
⑦ （宋）郑樵著，吴怀祺校补：《郑樵文集》，第 42 页。

科学，如郑樵认为："州县之设，有时而更。山川之形，千古不易。"①事实上，由于地壳的运动变化，山川也在不断地变化之中，但是总的来说，《地里略》总结了宋代以前我国地理学发展所取得的主要成就，特别是突出了"图谱"在地理学中的应用，因而使地理学演变为一门真正意义上的科学成为可能。就作为我国传统地理学的两个组成部分（即"图"与"经"）而言，《禹贡》及《汉书·地理志》等都只有"经"而没有"图"，结构不完整，尚不是真正意义上的地理学。然而，自从裴秀"制图六体"理论创立之后，地图学迅速发展起来，尤以唐宋为盛。比如，唐代先后编制有《长安十道图》(704)、《开元十道图》(715)、《海内华夷图》(801)、《元和十道图》(806—820)，宋代有《淳化天下图》(993)、《景德山川形势图》(1007)、《熙宁十八路图》(1073)、《天下州县图》(1088)、《地理图》(1247)、《东震旦地理图》(1260—1264)、《舆地图》(南宋末年）等著名的全国行政区划地图。此外，为了适应外交形势发展的客观需要，北宋还绘制了《契丹疆宇图》、《西域图》(实为《西夏图》)、《西州地图》(吐蕃)、《海外诸番地理图》等。可惜，入南宋之后，随着经学热的兴起与膨胀，官方图学发展严重受挫，甚至出现了很多编制于唐与北宋时期的珍贵地图先后在南宋散失的现象，如《开元十道图》《海内华夷图》，给我国传统地图学的发展带来不少损失。尽管如此，郑樵的《开元十道图》专论唐代疆域，仍不失为一篇很有见地的历史地理学专著，而《历代封畛》则介绍自三皇到隋朝的疆域沿革，是宋代沿革地理方面的重要著作。

南宋出现了两部非常重要的等韵学著作，一部是《韵镜》，另一部就是《七音略》。郑樵《七音略》在传统音韵学上的突出成就就是提出了"四声为经，七音为纬"即"声经音纬"的思想，尤其是"略"中的韵图，据李约瑟先生研究，它已经具有了数学坐标的雏形。在李约瑟看来，郑樵《通志略》中的语音表实际上就相当于一个坐标系统：从右到左是一个以字首的辅音为"分度"的横轴；自上而下则是以元音及尾音"分度"的纵轴。横轴亦可用来按照乐符分类，而纵轴上各字的位置按照四声排列。②这样，每个汉字的发音都由其所在位置上的横、纵坐标上面的"分度"来确定。正是从这个角度，李约瑟说："精确的表格肯定是座（坐）标几何学的根源之一。"③

《天文略》包含两个方面的内容：一是何谓天文学，二是怎样学习和研究天文学。关于第一个问题，郑樵的回答是："识垂象以授民时。"④其中"垂象"仅仅是宇宙天体的一种运动形式，从本质上看，它是不依赖于人的意志而客观发生的一个自然过程。因此，对于这个自然过程，人们可以通过一定的物质手段进行观察和记录。例如，郑樵在《天文略》中保存了从周平王五十一年（前720）至隋大业十二年（616）间所观察到的348次日食记录。当然，中国古代是一个典型的传统农业社会，在这样的经济社会中，农耕与时令之间存在着一种"亲和"关系，所以，郑樵说："民事必本于时，时序必本于天。"⑤本

① （宋）郑樵撰，王树民点校：《通志二十略·地里略·地里序》，第509页。
② ［英］李约瑟：《中国科学技术史》第1卷《总论》第1分册，《中国科学技术史》翻译小组译，第78页。
③ ［英］李约瑟：《中国科学技术史》第1卷《总论》第1分册，《中国科学技术史》翻译小组译，第76页。
④ （宋）郑樵撰，王树民点校：《通志二十略·天文略·天文序》，第450页。
⑤ （宋）郑樵撰，王树民点校：《通志二十略·通志总序》，第6页。

来，此处之“民事”指“农事”，而“时”指“农时”，所谓“民事必本于时”讲的就是农事与农时的统一性。然而，占候之说故意将“民事”的内涵扩大化，认为人们的日常生活都无不跟“天文”发生这样或那样的内在联系，于是，“占候之说起，持吉凶以惑人，纷纷然务为妖妄”①。而郑樵编撰《天文略》的目的就在于他想通过揭示天象的内在必然性来“杜绝其妖妄之源”②。关于第二个问题，郑樵非常重视“图谱”的应用，在他看来，“无图有书不可用者，天文是其一也。而历世天文志，徒有其书，无载象之义，故学者但识星名，不可以仰观，虽有其书，不如无也。隋有丹元子者，隐者之流也，不知名氏，作《步天歌》，见者可以观象焉”③。《步天歌》的优点就是它不是“徒有其书，无载象之义”，而是“句中有图，言下见象，或约或丰，无余无失，又不言休祥，是深知天者”④。可见，星图是学习天文的入门，因为“天文藉图不藉书”⑤。郑樵批评历代史书中的“天文志”说：“徒有其书，无载象之义，故学者但识星名，不可以仰观，虽有其书，不如无也。”⑥这样一来，郑樵就对天文图提出了更高的要求，他认为，“星图”须是“信图”。为此，他对世上流传的各种《步天歌》版本加以“仰观以从稽定”⑦。

《图谱略》是北宋以来自然科学发展的一种必然结果，由于“图谱”在科学研究中的作用越来越显著，如人体解剖图的绘制，全国疆域图的颁行，《仲景三十六种脉法图》的出现等，从思维创新的角度讲，北宋科技高峰的形成，不能说跟“图谱”的普及毫无关系，甚至在某种程度上讲，“图谱”对于北宋科技高峰的形成还起到了十分关键的作用。故此，郑樵才这样说：

> 河出图，天地有自然之象。洛出书，天地有自然之理。天地出此二物以示圣人，使百代宪章必本于此而不可偏废者也。图，经也。书，纬也。一经一纬，相错而成文。图，植物也。书，动物也。一动一植，相须而成变化。见书不见图，闻其声不见其形；见图不见书，见其人不闻其语。图至约也，书至博也，即图而求易，即书而求难。古之学者为学有要，置图于左，置书于右，索象于图，索理于书，故人亦易为学，学亦易为功。⑧

“索象于图，索理于书”恰好体现了人脑思维的两面，一面是右脑思维，其主要表现是“象”；另一面则是左脑思维，其主要表现是“理”。根据斯佩里的研究证实，人类的左脑与右脑各有特定的思维功能，而且是昭然有别的。其中左脑思维的特征是逻辑性的，而右脑思维的特征则是非逻辑性的。一般地讲，左脑主司语言和模仿，而右脑主导想象和创造。⑨从历史上看，图画的产生早于文字，而“图画”应为非逻辑思维的基础，“文字”则

---

① （宋）郑樵撰，王树民点校：《通志二十略·天文略·天文序》，第449页。
② （宋）郑樵撰，王树民点校：《通志二十略·天文略·天文序》，第450页。
③ （宋）郑樵撰，王树民点校：《通志二十略·天文略·天文序》，第450页。
④ （宋）郑樵撰，王树民点校：《通志二十略·天文略·天文序》，第450页。
⑤ （宋）郑樵撰，王树民点校：《通志二十略·天文略·天文序》，第450页。
⑥ （宋）郑樵撰，王树民点校：《通志二十略·天文略·天文序》，第450页。
⑦ （宋）郑樵撰，王树民点校：《通志二十略·天文略·天文序》，第450页。
⑧ （宋）郑樵撰，王树民点校：《通志二十略·图谱略·索象》，第1825页。
⑨ 吕变庭：《中国南部古代科学文化史》第4卷《闽江流域部分》，第315页。

是逻辑思维的前提。学界对于文字是否产生于“图画”的问题，目前尽管尚有争议，但就客观的真实情形来说，更多的民族确实都经历了用“图画”来交流思想的“右脑思维”阶段，则是无疑义的。[①]自从出现了文字之后，人类越来越迷信左脑思维的“至上性”和“科学性”了，因为人们经常把科学创造与左脑的逻辑思维联系在一起，使得右脑的存在好像成了一堆赘物。直到斯佩里的“裂脑人”研究被学界广泛承认之后，人们方才恍然大悟，原来右脑的地位更加重要，于是在斯佩里学说的鼓舞下，全球范围内掀起了一股“右脑风暴”，这场风暴的主旨就是通过开发右脑来提高世界各民族的科学创新能力。其实，对于“右脑”在人类文明发展史中的地位和作用，郑樵早在南宋初期就作出了非常肯定的回答，并且在此基础上还提出了“左图右书，不可偏废”的“左右脑相互作用”主张。他说：

> 古之学者，左图右书，不可偏废。刘氏作《七略》，收书不收图，班固即其书为《艺文志》。自此以还，图谱日亡，书籍日冗，所以困后学而隳良材者，皆由于此。何哉？即图而求易，即书而求难，舍易从难，成功者少。[②]

在现代科学技术的结构体系中，“图谱”已经成为阅读现代科技文献的基本工具，如基因图谱、微生物图谱、遗传图谱、解剖图谱、心电图图谱、人类蛋白质的相互作用图谱等，甚至离开“图谱”就不可能产生现代数据库。因此，“图成经，书成纬，一经一纬，错综而成文”[③]。这不仅是中国传统文化发展的基本结构模式，而且更是现代科学进步的向导和指南。正如郑樵所说：“天下之事，不务行而务说，不用图谱可也。若欲成天下之事业，未有无图谱而可行于世者。”[④]显然，科学技术不是“务说”之学，而是“务实”与“务行”之学，科学技术只有借“图谱”之功才能真正造福于人类，才能真正地变成推动人类社会前进的一种物质力量。

《艺文略》共著录了从先秦至南宋初的图书计有10912部，110972卷。然而，如何充分地利用这些图书，郑樵创设了一种新的图书分类体系，即12类—100家—432种的三级分类法。郑樵在整理与校勘宋代以前的图书时发现，“书籍之亡者，由类例之法不分也”[⑤]。在他看来，保存图书的关键问题不在多少，而在于有没有条理，如果能够做到“书守其类”，则“虽多而治”。[⑥]郑樵说：“类例不患其多也，患处多之无术耳。”[⑦]在“类例”中，为了突出科学技术的学术地位和历史价值，郑樵将天文、五行、算术、医方等从“诸子”中独立出来，自成一体。这种分类思想一方面是宋代科学技术发展本身的客观需要，另一方面也是郑樵科学意识的自然流露和内在体现。有学者指出，在这里，郑樵“把某些自然科学部类提到一级类目予以重视，不啻是对在‘重德轻艺’传统思想下设置类目

---

① 何丹：《图画文字说与人类文字的起源》，北京：中国社会科学出版社，2003年，第408页。
② （宋）郑樵撰，王树民点校：《通志二十略・通志总序》，第9页。
③ （宋）郑樵撰，王树民点校：《通志二十略・通志总序》，第9页。
④ （宋）郑樵撰，王树民点校：《通志二十略・图谱略・索象》，第1826—1827页。
⑤ （宋）郑樵撰，王树民点校：《通志二十略・校雠略・编次必谨类例论六篇》，第1804页。
⑥ （宋）郑樵撰，王树民点校：《通志二十略・校雠略・编次必谨类例论六篇》，第1804—1805页。
⑦ （宋）郑樵撰，王树民点校：《通志二十略・校雠略・编次必谨类例论六篇》，第1805—1806页。

的一个巨大冲击。其后，清人孙星衍撰《孙氏祠堂书目》也首列 12 类，并将天文、医律等也独立为大类，这足见郑樵对后世之影响”①。

作为一部史书，郑樵首开将《昆虫草木略》作为一个独立篇章而见著于世的记录，这无疑是个伟大的创举。马克思主义认为，自然这个概念不仅可以理解为“各种物体相互联系的总体”②，而且亦是“我们在其中生存、活动并表现自己的那个环境的两个组成部分”③之一，同时更是人类劳动过程的条件和要素。我们说，人是环境的产物，实际上这句话应包含下面两层意思：“人创造环境，同样环境也创造人。”④在这里，环境既包括自然环境，又包括社会环境和历史文化环境。仅就自然环境而言，自然环境尤其是有生命力的自然环境不仅是人类生活的物质源泉，而且更是审美的主要对象。而从科学的内在倾向来看，科学本身其实就是一种审美意识。所以，郑樵举《诗经》为例说：“若曰‘关关雎鸠，在河之洲’，不识雎鸠，则安知河洲之趣与关关之声乎？”⑤在郑樵看来，存在于自然界中的各种动植物构成了先秦诸子学的重要素材，从这个角度说，不理解动植物的形态与情感，我们就无法理解先秦诸子学的审美价值和科学精神。因此，郑樵批评汉儒那种疏远自然生命的学术倾向说：“汉儒之言《诗》者既不论声，又不知兴，故鸟兽草木之学废矣。”⑥在一定程度上看，鸟兽草木不止为它们自己活着，更为人类而活着。正是基于这样的认识，郑樵才决心将在先秦时期所形成的那种人与自然的关系继续传承下去，于是，他说：

> 臣少好读书，无涉世意，又好泉石，有慕弘景心，结茅夹漈山中，与田夫野老往来，与夜鹤晓猿杂处，不问飞潜动植，皆欲究其情性，于是取陶隐居之书，复益以三百六十，以应周天之数而三之。已得鸟兽草木之真，然后传《诗》；已得《诗》人之兴，然后释《尔雅》。⑦

按照郑樵的设想，他的《昆虫草木略》至少包含 360×3=1080 种动植物。那么，郑樵《昆虫草木略》达到这个数目了吗？如果不计“种”下的类分，则《昆虫草木略》所载动植物数为 453 种。显然，它距离 1080 这个数尚有很大的差距。可是，如果考虑到郑樵的“三级分类法”，再加上第三级所分的种类，那它可就超过了千种，也就是说《昆虫草木略》基本上达到了郑樵原来所设想的那个数目。郑樵说：只有“广览动植，洞见幽潜”，才能“明其品汇”。⑧可见，郑樵的敬业精神是多么得执着和可贵！而由于这种执着的科研毅力和长期的田野考察，郑樵在“品汇”自然物种的过程中初步意识到环境变化会对物种变异产生直接影响的进化现象：

---

① 冯文龙：《郑樵〈通志·艺文略〉及其贡献》，《信阳师范学院学报（哲学社会科学版）》2001 年第 2 期。

② 《马克思恩格斯全集》第 20 卷，第 409 页。

③ 《马克思恩格斯全集》第 39 卷，第 64 页。

④ 《马克思恩格斯全集》第 3 卷，第 43 页。

⑤ （宋）郑樵撰，王树民点校：《通志二十略·昆虫草木略序》，第 1980—1981 页。

⑥ （宋）郑樵撰，王树民点校：《通志二十略·昆虫草木略序》，第 1980 页。

⑦ （宋）郑樵撰，王树民点校：《通志二十略·昆虫草木略序》，第 1981—1982 页。

⑧ （宋）郑樵撰，王树民点校：《通志二十略·通志总序》，第 10 页。

> 垣衣曰昔邪，曰乌韭，曰垣嬴，曰天韭，曰鼠韭。有数种：生于屋上曰屋游。生于屋阴曰垣衣。在石上谓之乌韭。在地上谓之地衣。在井中谓之井中苔。在墙上抽起茸茸然者谓之土马鬃。①

这是一种被达尔文称为“自然选择”的生物进化现象，就其历史价值而言，郑樵对“自然选择”现象的观察与描述都是非常客观和细致的，然而，他的发现却早于达尔文至少七个世纪。

此外，限于古代自然科学理论知识的匮乏，在郑樵之前，我国古人习惯于用人类之间的情爱来解释“慈石吸铁”现象。例如，《吕氏春秋·精通》篇载：“慈石召铁，或引之也。”②东汉高诱释：“石，铁之母也。以有慈石，故能引其子；石之不慈者，亦不能引也。”③可见，“慈石”内含慈爱之意。然而，用“慈爱”这种心理意识去解释磁体吸铁这种物理现象，很明显是不科学的。郑樵则根据宋代自然科学发展的需要，用物质的而不是精神的原理去说明“慈石吸铁”现象，为人们正确认识磁极与磁针指向之间的内在关系找到了一条可能的途径。他说：“盖磁石取铁，以气相合，固有不期然而然者。”④在此，“气”实际上就是一种磁场，而用“磁场”解释“磁石取铁”现象确实为人们进一步认识和理解指南针原理创造了条件。如众所知，由于地球内部不断流动着电流，所以地球的周围存在着磁场，而当小磁针受到地磁场的作用，必然会近似地指向地理上的北方，这就是指南针的原理。难怪顾颉刚先生曾这样评价说：“郑樵的学问，郑樵的著作，综括一句话，是富于科学的精神。他最恨的是‘空言著书’，所以他自己做学问一切要实验。”⑤从这个层面看，郑樵为学的宗旨“实在想建设科学”。

本章小结

入南宋后，宋代整个思想界的变化是转向内敛，随着新学的被打压，理学逐渐在士大夫阶层赢得声势。作为宋元两代第一儒学世家传人的吕本中，开始一改“东莱吕氏家族”的“博杂”之学而转入“圣学”。故有学者评论说：

> 陆游的评价中“治经学道之余”一语，与吕本中“余事及文章”的主张完全吻合。这种吻合，绝不是偶然的巧合，表明由吕本中开启的路径即诗人向道学靠拢，是行得通的。南渡之后有越来越多文人走上这条路，而且，道学之“道”成为人物品评、文学评论的第一要义。⑥

① （宋）郑樵撰，王树民点校：《通志二十略·昆虫草木略·草类》，第 1984 页。
② （汉）高诱注：《吕氏春秋》卷 9《精通》，《诸子集成》第 9 册，石家庄：河北人民出版社，1986 年，第 92 页。
③ （汉）高诱注：《吕氏春秋》卷 9《精通》，《诸子集成》第 9 册，第 92 页。
④ （宋）郑樵著，吴怀祺校补：《郑樵文集》，第 48 页。
⑤ 顾颉刚：《郑樵著述考》，（宋）郑樵撰，王树民点校：《通志二十略·附录五》，第 2091 页。
⑥ 王建生：《“中原文献南传”论稿》，上海：上海古籍出版社，2020 年，第 239—240 页。

所以“吕本中的思想是以理学作主导而又杂糅了神佛思想”[①]，这应是讨论吕本中生态思想的重要前提。胡宏是湖湘学派的第一代人物，他的《知言》以“性”为宇宙本体，主张“万物皆性所有也”[②]，从而提出了“性，天下之大本也”[③]的“性本论”思想。

陈旉生活在南宋的江西一带，随着中国经济重心的南移，南方稻作生产已经占据粮食产量的首位。于是，总结南方水稻生产技术的专著出现了。《陈旉农书》包括水稻栽培和蚕桑生产两部分内容，以水稻生产为主。游修龄评价此书，“既有丰富的实践经验，又有一定的理论观点，反映了宋代水稻栽培的高度成就。是中国历史上第一部稻作专著”[④]。郑樵的《通志》内容博大，思想精深。仅就其科技成就而言，他的分类思想独树一帜，在宋代科技发展史上占有比较重要的地位。因此，有学者评价说：“《通志》不仅是一部凝结郑樵史学思想的历史巨著，而且是一部饱含郑樵科学思想的学术巨著。”[⑤]因为郑樵“为学的宗旨，一不愿做哲学，二不愿做文学，他实在想建设科学”[⑥]。

---

① 欧远方主编，方敦寿编著：《锦绣安徽·寿县卷·八公山下》，合肥：安徽教育出版社，1999年，第119页。

② （宋）胡宏著，吴仁华点校：《胡宏集》，第28页。

③ （宋）胡宏著，吴仁华点校：《胡宏集》，第21页。

④ 游修龄：《宋代的水稻生产》，《中国水稻科学》1986年第1期，第38页。

⑤ 金银珍、凌宇：《书院·福建》，上海：同济大学出版社，2010年，第281页。

⑥ 顾颉刚：《郑樵传》，（宋）郑樵撰，王树民点校：《通志二十略·附录四》，第2077页。

第二章　三派鼎足与南宋科技思想发展的高潮

《宋元学案》曾评论南宋中期的学术特点云："乾淳诸老既殁，学术之会，总为朱、陆两派，而水心龂龂其间，遂称鼎足。"[①]以陈言、叶适为代表的永嘉学派，重视实用技术，尤其是医家陈言开出"一条方剂学的由博返约路径"[②]。同样，朱熹将理学与科学结合起来，创建了他的有机自然主义哲学思想体系。而有学者通过对南宋中后期科技人物的定量定性分析，认为："两宋理学无疑是时代意识的精华，它作用于某些儒士和官员型科学精英的思想和方法是可以断言的。"[③]陆九渊倡导"收拾精神，自作主宰"[④]，"解放了儒家学者的创造性"[⑤]。当时，学术界争鸣之风甚盛，诸家学派互相辩争，相互融合，出现了"士浑厚而成风，民富饶而知义"[⑥]的新局面，遂成为南宋中期科学人才荟萃的重要激活力和社会基础。

第一节　"闽学"与朱熹的"有机主义"科学思想

朱熹是影响中国近千年历史的百科全书式的思想家[⑦]，是程朱理学的集大成者[⑧]，更是宋代科学思想的"终结者"，其学说"致广大，尽精微，综罗百代矣"[⑨]，甚至黄勉斋在朱熹《行状》里称其为"万世宗师"。因此，研究朱熹的科学思想本身对于揭示中国古代为什么没有形成近代科学体系这一"李约瑟难题"具有切实的历史意义和理论价值。

不过，由于韩国金永植先生所著《朱熹的自然哲学》一书的中文译本已于2003年由华东师范大学出版；另外，乐爱国的《宋代的儒学与科学》一书也于2007年由中国科学技术出版社出版，该书专列"朱熹的格自然之物思想及科学研究"一章，且篇幅字数为各章之首，甚至超过了论述沈括的篇幅。显见，作者对朱熹科学思想的用力之深和

---

① （清）黄宗羲：《宋元学案·水心学案》，《黄宗羲全集》第5册，杭州：浙江古籍出版社，1992年，第106页。

② 潘桂娟主编，禄颖编著：《陈无择》，北京：中国中医药出版社，2017年，第123页。

③ 许康、莫再树：《辽宋金元科技创新与理学关系的几点定量定性分析》，姜振寰、苏荣誉编：《第十届国际中国科学史会议论文集》，北京：科学出版社，2009年，第159页。

④ （宋）陆九渊著，钟哲点校：《陆九渊集》卷35《语录下》，第455页。

⑤ 李承贵：《杨简》，西安：陕西师范大学出版社，2017年，第133页。

⑥ （宋）曹彦约著，尹波、余星初点校：《曹彦约集》卷14《送权郎中守临江序》，成都：四川大学出版社，2015年，第315页。

⑦ 徐刚：《朱熹自然哲学论纲》，《自然辩证法研究》2002年第11期。

⑧ 侯外庐等主编：《宋明理学史》上，北京：人民出版社，1997年，第368页。

⑨ （清）黄宗羲原著，（清）全祖望补修，陈金生、梁运华点校：《宋元学案》卷48《晦翁学案》，第1495页。

珍爱之至。有鉴于此，本书对朱熹的科学思想，似无再作扩展研究的必要，以免重复太多。

一、朱熹科学思想形成的学术背景

朱熹（1130—1200），字元晦，号晦庵，祖籍徽州婺源（属江西），生于南剑州（今福建南平）尤溪，故学界把他的学说称为“闽学”。由于朱熹的原因，中国古代科学思想的中心第一次从长江中下游流域转移至闽江流域，并奠定了闽江成为近代中国科学思想传播前沿的文化基础。也许有人会说，长江下游流域及钱塘江流域的文化基础远较闽江流域为深厚，但为什么长江下游流域及钱塘江流域没有成为“程朱理学的集大成者”的思想产地呢？这个问题颇耐人寻味，或许我们能通过剖析朱熹本人的成长脉络而揣摩出其中的一些隐衷来。

从朱熹的家庭背景看，其家族“以儒名家”[①]，所以朱熹从小便能接受良好的文化教育。如《行状》云：

> 先生幼颖悟庄重，甫能言，韦斋（朱熹之父）指天示之曰：“天也。”问曰：“天之上何物？”韦斋异之。[②]

据考，韦斋曾师事杨时弟子罗从彦，为程门三传弟子，“初，韦斋师事罗豫章，与李延平为同门友，闻杨龟山所传伊洛之学，独得古先圣贤不传之遗意，于是益自刻厉，痛刮浮华，以趋本实”[③]。可惜韦斋死得早，他死时朱熹才十四岁，尽管如此，韦斋对朱熹的启蒙教育却是至关重要的。此后，朱熹便彻底地融入了整个闽江流域的文化氛围之中了，这是朱熹能够“综罗百代”的外部条件。《舆地纪胜》载：南剑州一地，其文化教育盛况空前，“家乐教子，五步一塾，十步一庠，朝诵暮弦，洋洋盈耳”[④]。所以在韦斋死后，紧接着又有三先生（籍溪胡原仲、白水刘致中、屏山刘彦冲）续之，从而使朱熹学业不辍。关于这段经历，朱熹后来回忆说：“某自十六七时，下工夫读书。彼时四旁皆无津涯，只自恁地硬著力去做，至今日虽不足道，但当时也是吃了多少辛苦读书。”[⑤]朱熹之“辛苦读书”可能还跟他贫苦的经济生活有关，《宋史》本传载：“熹登第五十年，仕于外者仅九考，立朝才四十日。家故贫，少依父友刘子羽，寓建之崇安，后徙建阳之考亭，箪瓢屡空，晏如也。诸生之自远而至者，豆饭藜羹，率与之共。往往称贷于人以给用，而非其道义则一介不取也。”[⑥]这种生活条件对朱熹一生的价值趋向，确实意义非凡。此外，从朱熹自身所具备的知识要素看，他“亦要无所不学，禅道、文章、楚辞、诗、兵法，事事要学”[⑦]，这是他储备社会科学知识之一面。同时，还有另一面，即自然科学知识之储备，

① （清）王懋竑撰，何忠礼点校：《朱熹年谱》卷1，北京：中华书局，1998年，第1页。
② （清）王懋竑撰，何忠礼点校：《朱熹年谱》卷1，第2页。
③ （清）王懋竑撰，何忠礼点校：《朱熹年谱》卷1，第3页。
④ （宋）王象之：《舆地纪胜》卷135《福建路·南剑州》，扬州：江苏广陵古籍刻印社，1991年，第1001页。
⑤ （清）王懋竑撰，何忠礼点校：《朱熹年谱》卷1，第6页。
⑥ 《宋史》卷429《朱熹传》，第12767—12768页。
⑦ （清）王懋竑撰，何忠礼点校：《朱熹年谱》卷1，第7页。

朱熹也很认真。他说："如律历、刑法、天文、地理、军旅、官职之类，都要理会。虽未能洞究其精微，然也要识个规模大概。"[①]黄勉斋《行状》亦云："至若天文、地志、律历、兵机，亦皆洞究渊微。"[②]如此广博的知识积淀，正是作为思想大家所必需的，而朱熹在创建他的理学体系时并未遇到知识方面的障碍，就跟他"无所不学"的知识素养有着必然联系。

据《年谱》载，朱熹二十四岁时从学于李侗，由此，朱熹之学问从驳杂转而平实。所以，李侗的学术精神对朱熹的影响是深远而持久的。而有关李侗的学术要旨，朱熹《年谱》载有下列几条：

> 学问之道，不在多言，但默坐澄心，体认天理。若见虽一毫私欲之发，亦退听矣。久久用力于此，庶几渐明讲学，始有得力耳。[③]
>
> 读书者知其所言，莫非吾事，而即吾身以求之，则凡圣贤所至，而吾所未至者，皆可勉而进矣。若直以文字求之，悦其词义，以资诵说，其不为玩物丧志者几希。[④]
>
> 讲学切要，在深潜缜密，然后气味深长，蹊径不差。若概以理一而不察其分之殊，此学者所以流于疑似乱真之说而不自知也。[⑤]
>
> 吾儒之学，所以异于异端者，理一分殊也。理不患其不一，所难者分殊耳。[⑥]

李侗的思想并不复杂，但它是朱熹思想的催化期，尤其是"朱子初好禅学，从延平游，乃始舍弃"[⑦]。而在李侗去世以后，朱熹又于乾道三年（1167）八月访南轩张栻于潭州（今长沙）。在朱熹与张栻两个多月的会讲中，朱熹思想由平实而圆浑，此为朱熹学术风格的又一转化期。对这次思想转化，朱熹曾有诗云：

> 昔我抱冰炭，从君识乾坤。始知太极蕴，要眇难名论。谓有宁有迹，谓无复何存。惟应酬酢处，特达见本根。万化自此流，千圣同兹源。[⑧]

而"从君识乾坤，始知太极蕴"却是朱熹思想的根本，仅就这一层关系而言，张栻无疑地是朱熹思想的先导。也就在这个时期，朱熹完成了《程氏遗书》（1172）、《论语精义》（1172）、《西铭解义》（1172）、《太极图说解》（1173）、《近思录》（1175）、《周易本义》（1177）等二十余部著作，并初步建立了一个庞大而精密的理学体系。而在这个思想体系里，朱熹"不仅使新复活的儒家传统体系化，而且通过选择、拒斥、重组和增加新成分而改造了它"[⑨]。当然，在朱熹创建其理学思想体系的过程中，有一个事件是不能忽略的，

---

① （宋）黎靖德编，王星贤点校：《朱子语类》卷117《训门人五》，北京：中华书局，1999年，第2831页。

② （宋）黄榦：《勉斋集》卷36《行状》，《景印文渊阁四库全书》第1168册，第426页。

③ （清）王懋竑撰，何忠礼点校：《朱熹年谱》卷1，第9页。

④ （清）王懋竑撰，何忠礼点校：《朱熹年谱》卷1，第10页。

⑤ （清）王懋竑撰，何忠礼点校：《朱熹年谱》卷1，第10页。

⑥ （清）王懋竑撰，何忠礼点校：《朱熹年谱》卷1，第15页。

⑦ 钱穆：《朱子新学案（第3册）》卷3《朱子论禅学》，《铁宾四先生全集》第13册，第584页。

⑧ （清）王懋竑撰，何忠礼点校：《朱熹年谱》卷1，第33页。

⑨ 艾周思：《朱熹与卜筮》，[美] 田浩编，姜长苏等校：《宋代思想史论》，杨立华、吴艳红等译，北京：社会科学文献出版社，2003年，第305页。

那就是他与陆象山的“鹅湖之会”。关于“鹅湖之会”的学术意义前已述及，兹不赘言。但在这里我们只想说明朱熹当时已经实现了由禅而儒的思想转变，而这个转变根据朱熹自身的体会是其走向理学之最高境界的关键一步，己所欲而施于人，朱熹在“鹅湖之会”就曾指出陆象山思想的缺陷是与禅学结合得过于紧密。他说：

> 近闻陆子静言论风旨之一二，全是禅学，但变其名号耳。竞相祖习，恐误后生。恨不识之，不得深扣其说，因献所疑也。①

可见，朱熹说陆学即禅学的意思完全是出于一片好心，完全是为了维护程派学说的旗帜，丝毫没有取笑陆象山的心计，在此基础上朱熹既慎重又严肃地说明了禅学的思想危害。我们认为，朱熹之所以没有走向心学之路的原因恐怕正在于此。

同陆九渊一样，朱熹也有仕途的经历，他“仕于外者仅九考（即同安主簿、知南康军、提举浙东常平茶盐公事、知漳州、知潭州，共九年），立于朝者四十日（即宁宗初年除焕章阁待制兼侍讲，为宁宗讲《大学》）”②。朱熹的这种经历可能与梁漱溟先生“对于大局时事之留心，若出自天性”③的情形相似，而朱熹对“大局时事之留心”至少从十一岁始便已开始，其领解“古今成败兴亡”④之要害，故他为官期间最重要的政务之一就是向朝廷“陈古先圣王所以强本折冲、威制远人之道”⑤。因此，鉴于南宋时期民族矛盾异常复杂这个特点，抗金保民便构成朱熹从政生涯的基线，如他上宋孝宗书云：“夫金人于我有不共戴天之仇，则不可和也明矣。”⑥隆兴元年（1163），复召入对有三奏，其第二奏就是“复仇之义”⑦，但朝廷主和派当权，朱熹颇感“论不合”，故他多次拒绝出仕，若以绍兴三十二年（1162）起到淳熙五年（1178）止计，前后共15年，赤子之心，天地可鉴。当然，如果朱熹仅仅因为其父的缘故而坚持抗金似乎不是出于公心的话，那么他在出任同安、南康军、漳州等地地方官时之爱民举措就应是彻底得出于公心了。如朱熹自己曾说：

> 顷在同安，见官户富家、吏人市户典买田业，不肯受业，操有余之势力，以坐困破卖家计狼狈之人，殊使人扼腕。每县中有送来整理者，必了于一日之中。盖不如此，则村民有宿食废业之患，而市人富家得以持久困之，使不敢伸理。此最弊之大者。⑧

又说：“苟利于民，虽劳无惮。”⑨

淳熙八年（1181），朱熹提举浙东常平茶盐公事，他“日钩访民隐，按行境内，单车屏徒从，所至人不及知。郡县官吏惮其风采，至自引去，所部肃然。凡丁钱、和买、役

---

① （宋）朱熹：《晦庵先生朱文公文集》卷47《答吕子约》，朱杰人、严佐之、刘永翔主编：《朱子全书》第22册，第2191页。

② 侯外庐等主编：《宋明理学史》上，第379页。

③ 梁漱溟：《中国文化要义》，上海：上海人民出版社，2003年，第2页。

④ （宋）朱熹撰，郭齐、尹波点校：《朱熹集·续集》卷8《跋韦斋书昆阳赋》，第5291页。

⑤ 《宋史》卷429《朱熹传》，第12753页。

⑥ 《宋史》卷429《朱熹传》，第12752页。

⑦ 《宋史》卷429《朱熹传》，第12772页。

⑧ （宋）朱熹撰，郭齐、尹波点校：《朱熹集》卷43《答陈明仲》，第2007页。

⑨ （清）王懋竑撰，何忠礼点校：《朱熹年谱》卷1，第37页。

法、榷酤之政，有不便于民者，悉厘而革之”[①]。

这些事例足以说明朱熹“恤民”思想的真诚与可贵，而“恤民”可分两个层面：其一是物质的层面，其二是精神的层面。朱熹不仅重视物质“恤民”，而且更重视精神“恤民”或教育“恤民”，故他终身以“立纪纲，厉风俗”[②]为己任，且他所到之处无不以“劝学恤民”[③]为首责。如淳熙五年（1178），朱熹在知南康军期间不仅复建白鹿洞书院，而且“每休沐辄一至，诸生质疑问难，诲诱不倦”[④]。绍熙元年（1190），朱熹知漳州，他“时诣学校训诱诸生，如南康时”[⑤]。绍熙四年（1193），朱熹知潭州，修复岳麓书院，“四方之学者毕至”[⑥]，“此教化一盛时也”[⑦]。绍熙五年（1194）十一月，归考亭，并建竹林精舍，因此他的晚年以考亭为家，直到长逝于此。诚然，朱熹的思想博大精深，但与孔子相比，则前者的学说重在自然之理，而后者的思想实际上凸显的是一个伦理之道。如朱熹思想体系的最高范畴是“天理”，他说：“合天地万物而言，只是一个理。”[⑧]而孔子思想体系的最高范畴则是“礼”或“仁”，故徐复观云：“由孔子所谓开辟的内在地人格世界，是从血肉、欲望中沉浸下去，发现生命的根源，本是无限深、无限广的一片道德理性。这在孔子，即是仁。”[⑨]所以经过孔子和朱熹所阐释的思想文本，中国传统文化中天地人三位一体的真境界一下子便被打通了，而朱熹之为“万世宗师”的根本内涵也许就在这里。

二、以“理性一元”为特点的科学内容

1.“有理便有气流行”的自然观

把“理气”作为宇宙万物的本源，是朱熹科学思想的突出特点。《朱子语类》第1及第2卷即为《理气》篇，其说云：理与气“本无先后之可言。然必欲推其所从来，则须说先有是理。然理又非别为一物，即存乎是气之中，无是气，则是理亦无挂搭处。气则为金木水火，理则为仁义礼智”[⑩]。但从逻辑上讲，朱熹更加强调“理”的优先地位，所以他又说：

> 未有天地之先，毕竟也只是理。有此理，便有此天地；若无此理，便亦无天地，无人无物，都无该载了！有理，便有气流行，发育万物。[⑪]

可见，朱熹继承了二程“惟理为实”的本体论思想，同时又将张载“气一分殊”的宇

---

① 《宋史》卷429《朱熹传》，第12755—12756页。

② 《宋史》卷429《朱熹传》，第12752页。

③ 正德《南康府志》卷6《名宦》，朱杰人、严佐之、刘永翔主编：《朱子全书》第27册，第613页。

④ （清）王懋竑撰，何忠礼点校：《朱熹年谱》卷2，第95页。

⑤ （清）王懋竑撰，何忠礼点校：《朱熹年谱》卷4，第203页。

⑥ （宋）黄榦：《勉斋集》卷36《行状》，《景印文渊阁四库全书》第1168册，第418页。

⑦ 朱汉民主编：《岳麓书院·〈岳麓书院源流〉碑》，长沙：湖南大学出版社，2011年，第134页。

⑧ （宋）黎靖德编，王星贤点校：《朱子语类》卷1《理气上》，北京：中华书局，2004年，第2页。

⑨ 李维武编：《中国人文精神之阐扬——徐复观新儒学论著辑要》，北京：中国广播电视出版社，1996年，第251页。

⑩ （宋）黎靖德编，王星贤点校：《朱子语类》卷1《理气上》，第3页。

⑪ （宋）黎靖德编，王星贤点校：《朱子语类》卷1《理气上》，第1页。

宙思想加以吸收与改造，从而形成了他独特的自然观。在这个自然观里，理不仅仅是独立于宇宙之外的创始者，气也不仅仅是附属于太极（即理）的“生物之具”，而“理”与“气”的相互作用构成了宇宙万物运动变化的根本原因。在朱熹看来，“理”是“无形”的体，而“气”是“有形”的用，两者是不可分割的统一体，他以“鼻息”为例，说明了“体用”没有先后之分，但我们千万不能因为朱熹在这里讲过理与气没有先后之分，就一概而论地认为朱熹在理气合为一体问题上就再也不讲分别了，恰恰相反，朱熹从他的“天理论”立场出发，非常肯定地指出了理与气的“分际”。他说：

> 天地之间，有理有气。理也者，形而上之道也，生物之本也。气也者，形而下之器也，生物之具也……然其道器之间，分际甚明，不可乱也。①

但“分际”不等于对立，不等于两者之间不相关照。在朱熹看来，“理”没有“造物”的功能，故“理”须通过“气”来发挥其“统摄万物”的作用，而“气”本身缺乏“自组织”的系统软件，故“气”须通过“理”才能使宇宙万物有序化和结构化。所以朱熹说：

> 然以意度之，则疑此气是依傍这理行。及此气之聚，则理亦在焉。盖气则能凝结造作，理却无情意，无计度，无造作。只此气凝聚处，理便在其中。且如天地间人物草木禽兽，其生也，莫不有种，定不会无种子白地生出一个物事，这个都是气。若理，则只是个净洁空阔底世界，无形迹，他却不会造作；气则能酝酿凝聚生物也。但有此气，则理便在其中。②

又说：

> 天地初间只是阴阳之气。这一个气运行，磨来磨去，磨得急了，便拶许多渣滓；里面无处出，便结成个地在中央。气之清者便为天，为日月，为星辰，只在外，常周环运转。地便只在中央不动，不是在下。③

从宇宙生成学的角度看，这无形迹的“理”在某种意义上可理解为“无”，但与“无中生有”的宇宙生成论不同，朱熹并没有赋予“无”以创造万物的意义，在朱熹看来，孤立的“无”并不能生有，这就是无或理“不会造作”的内涵。在此前提下，朱熹把“气”（也可看作是一个“有”）作为宇宙万物的直接创造者，从而使宇宙万物以“有”生“有”成为可能。这样就从逻辑上克服了“无”中如何能够必然地生出“有”来这个理论难题，用韦政通先生的话说就是“有缺乏准据的困难”④。实际上，朱熹所生活的时代还不可能给出“无中生有”的物理学解释，所以朱熹为了避免陷入逻辑悖论，他把有创造能力的“气”添加到“理”的身上去，从而使理兼有了“动”与“静”两种性质，即阴与阳。这样宇宙万物便进入了第二个阶段，也就是“天道流行，发育万物”的阶段。朱熹说：

---

① （宋）朱熹撰，郭齐、尹波点校：《朱熹集》卷58《答黄道夫（一）》，第2947页。
② （宋）黎靖德编，王星贤点校：《朱子语类》卷1《理气上》，第3页。
③ （宋）黎靖德编，王星贤点校：《朱子语类》卷1《理气上》，第6页。
④ ［美］韦政通：《中国思想史》下，上海：上海书店，2003年，第807页。

天道流行，发育万物，其所以为造化者，阴阳五行而已。而所谓阴阳五行者，又必有是理而后有是气，及其生物，则又必因是气之聚而后有是形。故人物之生必得是理，然后有以为健顺仁义礼智之性；必得是气，然后有以为魂魄五脏百骸之身。①

可见，“造化”是“阴阳五行”的一种性质，而这种性质则通过“气之聚”体现为具体的实物。故朱熹又说：

阴阳是气，五行是质。有这质，所以做得物事出来。五行虽是质，他又有五行之气做这物事，方得。②

但阴阳五行“做得物事出来”，不是等齐划一而是有差异的，朱熹用磨与谷的例子说明了这个道理：

造化之运如磨，上面常转而不止。万物之生，似磨中撒出，有粗有细，自是不齐。③

甚至朱熹认为人类所居住的地球就是一堆宇宙“渣滓”：

天运不息，昼夜辗转，故地搉在中间。使天有一息之停，则地须陷下。惟天运转之急，故凝结得许多渣滓在中间。地者，气之渣滓也，所以道“轻清者为天，重浊者为地”。④

天地始初混沌未分时，想只有水火二者。水之滓脚便成地。今登高而望，群山皆为波浪之状，便是水泛如此。只不知因甚么时凝了。初间极软，后来方凝得硬。⑤

在太阳系的形成过程中，是否经历了一个由“软物质”到“硬物质”的演化过程，科学界目前还没有肯定的结论，但地球生命的出现却存在着一个由无机物向有机物转化的“生命汤”阶段，并且在地球生物的演化进程中也确实有“两极分化”的现象，而普利高津把这种现象称之为“叉式分岔”理论。如原始单细胞生物分化为原生动物与菌藻植物，原生动物又进一步分化为原口动物与后口动物，而后口动物发展到原始有头类阶段则分化为无颚类动物与有颚类动物，有颚类动物再分化为鸟类动物与哺乳类动物，最后哺乳类动物更分化为猿类与人类，目前人类代表着生物进化的最高阶段，但生物进化过程并没有到此为止，而是还要向更高的阶段进化，所以“优胜劣汰”是生物进化的原则。而在如何对待人自身的发展问题时，由于人本身发展尚不完善，所以学界有人生而平等与人生而不平等两种观点的对立。从朱熹的相关语录看，他是主张“人生而不平等”的。他说：

人之生，适遇其气，有得清者，有得浊者，贵贱寿夭皆然，故有参错不齐如此。圣贤在上，则其气中和；不然，则其气偏行。故有得其气清，聪明而无福禄者，亦有

① （宋）朱熹：《大学或问》卷1，朱杰人、严佐之、刘永翔主编：《朱子全书》第6册，第507页。
② （宋）黎靖德编，王星贤点校：《朱子语类》卷1《理气上》，第9页。
③ （宋）黎靖德编，王星贤点校：《朱子语类》卷1《理气上》，第8页。
④ （宋）黎靖德编，王星贤点校：《朱子语类》卷1《理气上》，第6页。
⑤ （宋）黎靖德编，王星贤点校：《朱子语类》卷1《理气上》，第7页。

得其气浊，有福禄而无知者，皆其气数使然。[①]

在人类的现实生活中，决定其命运的并不仅仅是自然的原因，同时还有社会的原因和历史的原因，朱熹从自然主义的立场出发，把人类分成高贵与低贱两部分，认为“尊卑大小，截然不可犯”[②]，这就为人类社会的阶级统治提供了理论依据，并声称“使之各得其宜，则其和也孰大于是”[③]，所以顺天听命，理事无碍，就是朱熹自然观的实质，也是他“尊王贱霸”历史观的基础。

2. 有机主义的科学观

朱熹从四岁时就萌生了对自然界何以存在变化的追问，而这个追问一旦出现就伴随其终生，据《朱熹年谱》载，当他在生命的最后一息，其所思考的问题依然是“天地生万物”之理。可见，朱熹对自然科学的用功在其所有的研究领域中是最持久的，尽管人们把他称为理学家而不是科学家，但他在自然科学方面的造诣并不在沈括之下，这几乎已经成为科学思想史界的一种共识。美国学者尤里达（R.A.ureyta）说：“现今的科学大厦不是西方的独有成果和财富，也不仅仅是亚里士多德、欧几里得、哥白尼和牛顿的财产——其中也有老子、邹衍、沈括和朱熹的功劳。”[④]我国著名科学史家胡道静也曾说：“朱熹是历史上一位有相当成就的自然科学家。”[⑤]英国李约瑟博士则更进一步指出：

早期“近代”自然科学根据一个机械的宇宙的假设取得胜利是可能的——也许这对他们还是不可缺少的；但是知识的增长要求采纳一种其自然主义性质并不亚于原子唯物主义而却更为有机的哲学的时代即将来临。这就是达尔文、弗雷泽、巴斯德、弗洛伊德、施佩曼、普朗克和爱因斯坦的时代。当它到来时，人们发现一长串的哲学思想家已经为之准备好了道路——从怀特海上溯到恩格斯和黑格尔，又从黑格尔到莱布尼茨——那时侯的灵感也许就完全不是欧洲的了。也许，最现代化的“欧洲的”自然科学理论基础应当归功于庄周、周敦颐和朱熹等人的，要比世人至今所认识到的更多。[⑥]

根据陈来先生的考证，朱熹对科学研究的高度重视大概始于乾道七年（1171），这一年朱熹在写给友人的两封信中提到了他所进行的科学研究活动：

竹尺一枚，烦以夏至日依古法立表以测其日中之景，细度其长短。[⑦]

历法恐亦只可略论大概规模，盖欲其详，即须仰观俯察乃可验。今无其器，殆亦难尽究也。[⑧]

---

① （宋）黎靖德编，王星贤点校：《朱子语类》卷1《理气上》，第8页。

② （宋）黎靖德编，王星贤点校：《朱子语类》卷68《易四》，第1708页。

③ （宋）黎靖德编，王星贤点校：《朱子语类》卷68《易四》，第1708页。

④ ［美］尤里达：《中国古代的物理学和自然观》，《美国物理学杂志》1975年第2期。

⑤ 胡道静：《朱子对沈括科学学说的钻研与发展》，武夷山朱熹研究中心编：《朱熹与中国文化》，上海：学林出版社，1989年，第39页。

⑥ ［英］李约瑟：《中国科学技术史》第2卷《科学思想史》，第538页。

⑦ （宋）朱熹撰，郭齐、尹波点校：《朱熹集》卷43《答林择之》，第2032页。

⑧ （宋）朱熹撰，郭齐、尹波点校：《朱熹集・续集》卷2《答蔡季通》，第5158页。

从此以后，朱熹开始认真研读沈括的《梦溪笔谈》，如他在《答吕子约》书中云："日月之说，沈存中《笔谈》中说得好，日食时亦非光散，但为物掩耳。若论其实，须以终古不易者为体，但其光气常新耳。"①与周敦颐、张载等人的科学思想不同，朱熹自觉地以当时最先进的自然科学研究成果为基础，因而他的科学思想就显得更加广泛、深入与坚实，正如胡道静先生所言，朱熹是宋代最重视沈括著作科学价值的学者。②具体地讲，朱熹的科学思想及其成就主要表现在以下几个方面：

第一，在天文学方面，他提出了类似于"星云假说"的宇宙起源思想。③他说："天地初间只是阴阳之气。这一个气运行，磨来磨去，磨得急了，便拶许多渣滓；里面无处出，便结成个地在中央。气之清者便为天，为日月，为星辰，只在外，常周环运转。地便只在中央不动，不是在下。"④这就是说，宇宙之初由阴阳二气所构成的气团，就像石磨一样"磨来磨去"，而在漫长的旋转过程中，其气团内部不断发生分化，遂形成了天与地。英国科学史家梅森说：朱熹"认为在太初，宇宙只是在运动中的一团混沌的物质。这种运动是旋涡式的运动，而由于这种运动，重浊物质与清刚物质就分离开来，重浊者趋向宇宙大旋流的中心而成为地，清刚者则居于上而成为天"⑤。在西方，康德和拉普拉斯根据近代欧洲天文学和力学发展的实际，提出了太阳系起源的星云假说，因而被恩格斯称为人类认识史上的第一个天体起源的科学学说，"是从哥白尼以来天文学取得的最大进步"，并"在这个完全适合于形而上学思维方式的观念上打开了第一个缺口"。⑥在解释太阳与地球的关系问题时，朱熹认为"天（即太阳）包乎地（地球），地特天中之一物尔"⑦，而"天之形圆如弹丸，朝夜运转，其南北两端后高前下，乃其枢轴不动之处。其运转者亦无形质，但如劲风之旋。当昼则自左旋而向右，向夕则自前降而归后，当夜则自右转而复左，将旦则自后升而趋前，旋转无穷，升降不息，是为天体，而实非有体也。地则气之查（渣）滓聚成形质者，但以其束于劲风旋转之中，故得以兀然浮空，甚久而不坠耳"⑧。这是朱熹对中国古代浑天说的一次重大改进，其中多少也隐含着地球自转的思想，可惜他没有去作进一步的科学论证，但这并不否认他事实上已将中国古代的浑天说推向了一个新的历史高度。而为了说明日月的运动特点，朱熹在解释"天左转，日月亦左转"的问题时，引入了"大轮"与"小轮"的概念，他说：

> 此亦易见。如以一大轮在外，一小轮载日月在内，大轮转急，小轮转慢。虽都是左转，只有急有慢，便觉日月似右转了。⑨

---

① （宋）朱熹撰，郭齐、尹波点校：《朱熹集》卷47《答吕子约》，第2278页。

② 胡道静：《朱子对沈括科学学说的钻研与发展》，武夷山朱熹研究中心编：《朱熹与中国文化》，第39页。

③ 乐爱国：《中国传统文化与科技》，桂林：广西师范大学出版社，2006年，第184页。

④ （宋）黎靖德编，王星贤点校：《朱子语类》卷1《理气上》，第6页。

⑤ ［英］斯蒂芬·F.梅森：《自然科学史》，周煦良等译，上海：上海译文出版社，1980年，第75页。

⑥ ［德］恩格斯：《自然辩证法》，北京：人民出版社，1971年，第50页。

⑦ （宋）黎靖德编，王星贤点校：《朱子语类》卷1《理气上》，第6页。

⑧ （宋）朱熹撰，蒋立甫校点：《楚辞集注》卷3《天问》，上海：上海古籍出版社；合肥：安徽教育出版社，2001年，第51页。

⑨ （宋）黎靖德编，王星贤点校：《朱子语类》卷2《理气下》，第16页。

但如此，则历家“逆”字皆着改做“顺”字，“退”字皆着改做“进”字。①

对此，李约瑟评价道：“我们却不能匆匆忙忙地假定中国天文学家从未理解行星的运动轨道。《朱子全书》中的天文卷是颇耐人寻味的，其中载有1190年前后的几段对话。这位哲学家曾谈到‘大轮’和‘小轮’，也就是日、月的小‘轨道’以及行星和恒星的大‘轨道’。特别有趣的是，他已经认识到，‘逆行’不过是由于天体相对速度不同而产生的一种视现象。他主张历算家应当明白，所有‘逆’和‘退’的运动只是一种表面现象，事实上它们都是‘顺’和‘进’的运动。”②

第二，在地学方面，朱熹提出了地壳之“水成说”的思想。他说：

天地始初混沌未分时，想只有水火二者。水之滓脚便成地。今登高而望，群山皆为波浪之状，便是水泛如此。只不知因甚么时凝了。初间极软，后来方凝得硬。③

“水成说”是德国地质学家维尔纳提出的一种地壳形成观点，在维尔纳看来，地壳中所有的岩石和矿石都是在原始的海水中结晶而成的，后来以他为首形成了18世纪地质学领域著名的“水成学派”。而朱熹虽然不是地质学家，但他的地球形成说与维尔纳的“水成说”在本质上并没有太大的差异。

朱熹在论述地壳变化的客观历史时，采用“敏锐观察和精湛思辨的结合”④的方法，把沈括关于地表升降变化的思想又作了进一步的引申和发展，朱熹云：

五峰所谓“一气大息，震荡无垠，海宇变动，山勃川湮，人物消尽，旧迹大灭，是谓洪荒之世”。常见高山有螺蚌壳，或生石中，此石即旧日之土，螺蚌即水中之物。下者却变而为高，柔者变而为刚，此事思之至深，有可验者。⑤

程子云：“动静无端，阴阳无始。”此语见得分明。今高山上多有石上蛎壳之类，是低处成高。又蛎须生于泥沙中，今乃在石上，则是柔化为刚。天地变迁，何常之有？⑥

从现代地质学的理论看，“下者却变而为高，柔者变而为刚”，至少包含着两个方面的意义：其一是说地壳的运动以板块之间碰撞运动为主，而碰撞运动的结果往往会形成海低沉积物隆起，“今高山上多有石上蛎壳之类，是低处成高”就是指这层意思；其二是说在板块之间由于相互挤压或碰撞而产生巨大的热量（以岩浆的形式存在），当岩浆从地球内部穿过地壳到达地表时，就会出现“柔化为刚”的凝固现象，这也是成岩的自然过程，而火成岩具有“刚”的性质。在这里，由于科学发展水平的局限，朱熹只看到了地壳中的岩石由“柔者变而为刚”这一面，而没有看到地壳中的岩石还有由“刚者变而为柔”的那一面，即岩石本身是一个由岩浆 → 火成岩 → 沉积岩 → 变质岩 → 岩浆不断流转的自然

① （宋）黎靖德编，王星贤点校：《朱子语类》卷2《理气下》，第16页。
② ［英］李约瑟：《中国科学技术史》第4卷《天学》，《中国科学技术史》翻译小组译，第547、550页。
③ （宋）黎靖德编，王星贤点校：《朱子语类》卷1《理气上》，第7页。
④ ［英］斯蒂芬•F.梅森：《自然科学史》，周煦良等译，第75页。
⑤ （宋）黎靖德编，王星贤点校：《朱子语类》卷94《周子之书》，第2367页。
⑥ （宋）黎靖德编，王星贤点校：《朱子语类》卷94《周子之书》，第2369页。

历史过程，地质学上把这个过程称之为“岩石循环”。尽管如此，它却并不影响这段话在地质学上的重要意义。

第三，在气象学方面，朱熹对雪花的六角形晶体提出了自己独特的认识，甚至被李约瑟评价为是“预示了后来播云技术的发展”①的一项科学成就。他说：

雪花所以必六出者，盖只是霰下，被猛风拍开，故成六出。如人掷一团烂泥于地，泥必濽开成棱瓣也。又，六者阴数，太阴玄精石亦六棱，盖天地自然之数。②

朱熹把雪花与太阴玄精石加以对比，并明确了雪花的几何性质，这项成就较西方天文学家开普勒对雪花六角形的发现要早四五百年。

自然界的天气现象复杂多变，而为了更清楚明白地揭示出各种天气现象的变化性质，朱熹继承了张载的气象分类理论，也把所有的天气现象分成两类：“一类是天之阳气作用的结果，一类是地之阴气作用的结果。”③他说：

阳气正升，忽遇阴气，则相持而下为雨。盖阳气轻，阴气重，故阳气为阴气压坠而下也。“阴为阳得，则飘扬为云而升。”阴气正升，忽遇阳气，则助之飞腾而上为云也。“阴气凝聚，阳在内者不得出，则奋击而为雷霆。”阳气伏于阴气之内不得出，故爆开而为雷也。“阳在外者不得入，则周旋不舍而为风。”阴气凝结于内，阳气欲入不得，故旋绕其外不已而为风，至吹散阴气尽乃已也。“和而散，则为霜雪雨露；不和而散，则为戾气曀霾。”戾气，飞雹之类；曀霾，黄雾之类；皆阴阳邪恶不正之气，所以雹水秽浊，或青黑色。④

具体言之，他对风的解释是：

今近东之地，自是多风。如海边诸郡风极多，每如期而至，如春必东风，夏必南风，不如此间之无定。盖土地旷阔，无高山之限，故风各以方至。某旧在漳泉验之，早间则风已生，到午而盛，午后则风力渐微，至晚则更无一点风色，未尝少差。盖风随阳气生，日方升则阳气升，至午则阳气盛，午后则阳气微，故风亦随而盛衰。如西北边多阴，非特山高障蔽之故，自是阳气到彼处衰谢。盖日到彼方午，则彼已甚晚，不久则落，故西边不甚见日。⑤

风只如天相似，不住旋转。今此处无风，盖或旋在那边，或旋在上面，都不可知。如夏多南风，冬多北风，此亦可见。⑥

在这两段话中，我们可以体悟到朱熹想要表达的思想：首先，他似乎意识到“时差”的问题；其次，他看到“阳气”在一天中的变化规律；再次，他注意到风向随着四季的交

① 潘吉星主编：《李约瑟文集》，第522页。
② （宋）黎靖德编，王星贤点校：《朱子语类》卷2《理气下》，第23页。
③ ［韩］金永植：《朱熹的自然哲学》，潘文国译，上海：华东师范大学出版社，2003年，第179页。
④ （宋）黎靖德编，王星贤点校：《朱子语类》卷99《张子书二》，第2534—2535页。
⑤ （宋）黎靖德编，王星贤点校：《朱子语类》卷86《礼三·周礼·地官》，第2211页。
⑥ （宋）黎靖德编，王星贤点校：《朱子语类》卷2《理气下·天地下》，第23页。

替运动而发生变化；最后，风本身还存在着地理上的差异。

第四，在物理学方面，朱熹对光学中的一些问题提出了自己的看法。例如，他把物体分为本身发光与不发光两种类型，他认为太阳是发光的天体，而月球本身不发光，但能反射太阳光，他说：

> 月只是受日光。月质常圆，不曾缺，如圆球，只有一面受日光。①

朱熹又试用“分光”原理来解释彩虹的形成，他说：

> 虹非能止雨也，而雨气至是已薄，亦是日色射散雨气了。②

同样的观点见于《梦溪笔谈》卷21《异事》所引孙彦先的话：“虹，雨中日影也。日照雨，即有之。”这说明朱熹对那个时代的先进科学技术是重视的，而且对当时的先进科技成果也是熟悉的。如朱熹对光的直线传播已有下面的说法：

> 盖日以其光加月之魄，中间地是一块实底物事，故光照不透而有此黑晕也。③

对此，金永植说：朱熹“提到光被物体阻挡的一些事实，如阳光被房屋阻挡，日食、大地投射在月亮上的阴影，镜子上有东西等，其实已暗含着光的直线运动的原理。对我们来说，除非光线是直线运动的，否则‘见影知形’就不可理解”④。

对于声学，朱熹撰写了《琴律说》《紫阳琴铭》《声律辨》《律吕新书序》等著作，比较系统地阐释了他的音乐观，而为了求解《礼记·礼运》“五声、六律、旋相为宫”的声乐规律，他与蔡元定一起对“旋相为宫”这一千古难题作了有益的探索。

首先，朱熹肯定音乐具有陶冶性情的作用。他说：

> “兴于诗，成于乐”。盖所以荡涤邪秽，斟酌饱满，动荡血脉，流通精神，养其中和之德，而救其气质之偏者也……圣人作乐以养情性，育人材，事神祇，和上下，其体用功效广大深切如此，今皆不复见矣，可胜叹哉！⑤

朱熹继承《史记》“博采风俗，协比声律，以补短移化，助流政教”⑥的音乐思想，强调音乐的“调和谐合”及“助流政教”作用。随着社会医学的发展，特别是现代社会出现了不同于传统社会的疾病模式，以紧张刺激频繁为特征，脑血管病、心脏病和恶性肿瘤已经成为现代人致死的主要原因。于是，现代医学也相应地从传统的生物医学模式转变为生物心理社会医学模式。在这个医学模式里，和谐、协调、优良的心理社会环境对于促进健康和预防疾病具有非常重要的作用。正是在此基础上，人们才创造了“心理音乐疗法”这

---

① （宋）黎靖德编，王星贤点校：《朱子语类》卷2《理气下》，第17页。

② （宋）黎靖德编，王星贤点校：《朱子语类》卷2《理气下》，第24页。

③ （宋）黎靖德编，王星贤点校：《朱子语类》卷2《理气下》，第21页。

④ ［韩］金永植：《朱熹的自然哲学》，潘文国译，第206页。

⑤ （宋）朱熹著，徐德明、王铁校点：《晦庵先生朱文公文集》（四），朱杰人、严佐之、刘永翔主编：《朱子全书》第23册，第3172页。

⑥ 《史记》卷24《乐书》，第1175页。

种新的医疗手段。用朱熹的话说，就是“音律只有气。人亦只是气，故相关”①。把“气”看作是音乐与人体相互作用的媒介，不仅体现了朱熹科学思想的“物质性”和“实在性”，而且也为“心理音乐疗法”提供了物质保证。

其次，朱熹从“天理”的层面探讨了“旋相为宫”的声学机理。朱熹说：“律吕乃天地自然之声气，非人之所能焉。”②以此为前提，朱熹阐释了乐律与阴阳五行的关系：

> 水、火、木、金、土是五行之序。至五声，宫却属土，至羽属水。宫声最浊，羽声最清。一声应七律，共八十四调。除二律是变宫，止六十调……乐之六十声，便如六十甲子。以五声合十二律而成六十声，以十干合十二支而成六十甲子。若不相属，而实相为用。③

在理学的视阈内，君君臣臣是最高的礼。因此，乐律的形成必须符合君臣之礼。于是，朱熹说：

> 十二律旋相为宫，宫为君，商为臣。乐中最忌臣陵君，故有四清声。如今方响有十六个，十二个是正律，四个是四清声，清声是减一律之半。如应钟为宫，其声最短而清。或蕤宾为之商，则是商声高似宫声，为臣陵君，不可用，遂乃用蕤宾律减半为清声以应之，虽然减半，只是出律，故亦自能相应也。④

为了具体实现上述“十二律旋相为宫”的目的，朱熹提出了如下设想：

（1）确立了“九进位”的律管长度。朱熹说：“尺以三分为增减，盖上生下生，三分损一益一。故须一寸作九分，一分分九厘，一厘分九丝，方如破竹，都通得去。”⑤又“凡言忽者，皆玖分丝之壹”⑥。据此，朱熹算出了十二正律及律管长度：黄钟的律数为177147，律管长度为九寸；太簇的律数为157464，律管长度为九寸，半四寸；姑洗的律数为139968，律管长度为七寸一分，半三寸五分；蕤宾的律数为124416，律管长度为六寸二分八厘，半三寸一分四厘；夷则的律数为110592，律管长度为五寸五分五厘一毫，半二寸七分二厘五毫；无射的律数为98304，律管长度为四寸八分八厘四毫八丝，半二寸四分四厘二毫四丝；林钟的律数为118098，律管长度为六寸，半三寸；南吕的律数为104976，律管长度为五寸三分，半二寸六分；应钟的律数为93312，律管长度为四寸六分六厘，半二寸三分三厘；大吕的律数为165888，律管长度为八寸三分七厘六毫，半四寸一分八厘三毫；夹钟的律数为147456，律管长度为七寸四分三厘七毫三丝，半三寸六分六厘三毫六丝；仲吕的律数为131072，律管长度为六寸五分八厘三毫四丝六忽，半三寸二分八厘六毫二丝二忽。⑦而对于“半声”现象，朱熹解释说：“古来十二律却都有半声。

---

① （宋）黎靖德编，王星贤点校：《朱子语类》卷92《乐》，第2348页。

② （宋）黎靖德编，王星贤点校：《朱子语类》卷92《乐》，第2342页。

③ （宋）黎靖德编，王星贤点校：《朱子语类》卷92《乐》，第2340页。

④ （宋）黎靖德编，王星贤点校：《朱子语类》卷92《乐》，第2338—2339页。

⑤ （宋）黎靖德编，王星贤点校：《朱子语类》卷92《乐》，第2336页。

⑥ （宋）朱熹：《仪礼经传通解》卷13《学礼六之下·钟律义》，朱杰人、严佐之、刘永翔主编：《朱子全书》第2册，第511页。

⑦ 郑俊晖：《朱熹音乐著述及思想研究》，福建师范大学2007年博士学位论文，第141页。

所谓‘半声’者，如蕤宾之管当用六寸，却只用三寸。虽用三寸，声却只是大吕，但愈重浊耳。”①

（2）求解六变律的律数。何为变律？朱熹解释说：“数到穷处，又须变而生之，却生变律。”②在此，“数到穷处”是指十二律吕的“相生之道”，朱熹以黄钟为例，说明了“变律”的生成原理：“若言相生之法，则以律生吕，便是下生；以吕生律，则为上生。自黄钟下生林钟，林钟上生太簇；太簇下生南吕，南吕上生姑洗；姑洗下生应钟，应钟上生蕤宾。蕤宾本当下生，今却复上生大；吕大吕下生夷则，夷则上生夹钟；夹钟下生无射，无射上生中吕。相生之道，至是穷矣，遂复变而上生黄钟之宫。（再生之黄钟不及九寸，只是八寸有余。）然黄钟君象也，非诸宫之所能役，故虚其正而不复用，所用只再生之变者。就再生之变又缺其半，（所谓缺其半者，盖若大吕为宫，黄钟为变宫时，黄钟管最长，所以只得用其半声。）而余宫亦皆仿此。”③由于朱熹对十二律的循环“相生之道”解释得比较笼统，给今人的理解造成一定困难，因此，沈冬先生又用通俗的语言作了下面的阐释：

> 十二律的循环相生至仲吕而穷，第十三律无法归返于黄钟正律，只能“变而上生黄钟”，正律管长九寸，第十三律则仅八寸七分有奇，管短音高，此音较正律高了24音分，就是黄钟“变律”。朱子称此黄钟变律为“再生之变”，意即“再度循环而生的变律”，因为第十三律已是第二轮的循环了，同时这第十三律还要为高八度的音阶作准备，所以八寸有余的变律律管又须缩短一半，朱子称“再生之变又缺其半”，这是高八度的黄钟变律。④

具体求法是：设变黄钟为 $131072\times4/3\approx174763$，则

变林钟为 $131072\times4/3\times2/3\approx116508$；变太簇为 $131072\times(4/3)^2\times2/3\approx155345$；变南吕为 $131072\times(4/3)^2\times(2/3)^2\approx103563$；变姑洗为 $131072\times(4/3)^3\times(2/3)^2\approx138084$；变应钟为 $131072\times(4/3)^3\times(2/3)^3\approx92056$。

相应地，六变律的音分较正律的六音，都高出了24音分，如表2-1所示。

黄钟为0音分，变黄钟则为24音分；林钟为702音分，变林钟则为726音分；太簇为204音分，变太簇则为228音分；南吕为906音分，变南吕则为930音分；姑洗为408音分，变姑洗则为432音分；应钟为1110音分，变应钟则为1134音分。据此，朱熹和蔡元定给出了下面的音系，如表2-1所示：

表2-1　朱熹和蔡元定所给定的音系表

十八律	黄钟	变黄钟	大吕	太簇	变太簇	夹钟	姑洗	变姑洗	仲吕	蕤宾	林钟	变林钟	夷则	南吕	变南吕	无射	应钟	变应钟
音分	0	24	114	204	228	318	408	432	522	612	702	726	816	906	930	1020	1134	1134
音差		24	90	90	24	90	90	24	90	90	90	24	90	90	24	90	90	24

① （宋）黎靖德编，王星贤点校：《朱子语类》卷92《乐》，第2338页。
② （宋）黎靖德编，王星贤点校：《朱子语类》卷92《乐》，第2349页。
③ （宋）黎靖德编，王星贤点校：《朱子语类》卷92《乐》，第2338页。
④ 沈冬：《蔡元定十八律理论新探》（下），《音乐艺术：上海音乐学院学报》2003年第3期。

（3）用六十调来表现“旋宫”的优点。蔡元定说：“十二律旋相为宫，各有七声，合八十四声。宫声十二，商声十二，角声十二，徵声十二，羽声十二，凡六十声，为六十调。其变宫十二，在羽声之后、宫声之前；变徵十二，在角声之后、徵声之前；宫徵皆不成，凡二十四声，不可为调。”[①]关于朱熹“八十四声图”，可参见吴南薰先生著《律学会通》第 280 页引图。在理论上，要想实现旋宫的目的，就必须组成 12 个结构相同的音阶，而传统的三分损益十二律所构成的十二均七声音阶，音阶形式杂乱，无法在十二律中旋宫。与之不同，朱熹十二均图只有 90 音分和 24 音分两种音程，况且在实际旋宫中，变律又不能为宫，这样，“24 音分的音程可以灵活地调整七声音阶中的各个音阶，使全音程均为 204 音分，半音程均为 90 音分。因此，六个变律就可以将十二均的音阶形式统一为黄钟均一种，旋宫就圆满地解决了”[②]。

第五，在医药学方面，朱熹对《黄帝内经》《本草经》《难经》《脉经》等中国传统医学经典均有较为深入的研究，甚至他还为郭雍所著《伤寒补亡论》一书写了跋：

> 予尝谓古人之于脉，其察之固非一道，然今世通行，唯寸关尺之法为最要。且其说具于《难经》之首篇，则亦非下俚俗说也。故郭公此书备载其语，而并取丁德用密排三指之法以释之。夫《难经》则至矣，至于德用之法，则予窃意诊者之指有肥瘠，病者之臂有长短，以是相求，或未得为定论也。盖尝细考经之所以分寸尺者，皆自关而前隙，以距乎鱼际尺泽，是则所谓关者，必有一定之处，亦若鱼际尺泽之可以外见而先识也。然今诸书皆无的然之论，唯《千金》以为寸口之处其骨自高，而关尺皆由是而却取焉，则其言之先后、位之进退若与经文不合。独俗间所传《脉诀》五七言韵语者，词最鄙浅，非叔和本书明甚，乃能直指高骨为关，而分其前后以为寸尺阴阳之位，似得《难经》本指。然世之高医以其赝也。[③]

这段关于中医切脉的议论，反映了朱熹师从道士崔嘉彦学习切脉的心得。

对于疫病与人类体质的关系，朱熹强调说：

> 俚俗相传，疫疾能传染人，有病此者，邻里断绝，不通讯问……（其实）抑染与不染，似亦系乎人心之邪正，气体之虚实，不可一概论也。[④]

在这里，朱熹给我们指出了两点防止疫病的方法：一是尽量保持正常的心理状态，当疫病发生时，不恐慌，不惧怕，积极应对，加强自身防范，“目受而心忌之，则身不安之矣”[⑤]，这就是说精神因素对人体的危害是不能低估的；二是平时注意锻炼身体，提高自身的免疫力。按照这样的思路，朱熹认为药物疗效与个人的体质有关，他说：“如人疾病，此自有生气，则药力之气依之而生意滋长。”[⑥]所以朱熹非常重视养生之道，他甚至

① 《宋史》卷 131《乐志六》，第 3061 页。
② 戴念祖：《中国声学史》，石家庄：河北教育出版社，1994 年，第 247 页。
③ （宋）朱熹撰，郭齐、尹波点校：《朱熹集》卷 83《跋郭长阳医书》，第 4297—4298 页。
④ （宋）朱熹撰，郭齐、尹波点校：《朱熹集》卷 71《偶读谩记》，第 3702—3703 页。
⑤ （宋）黎靖德编，王星贤点校：《朱子语类》卷 107《朱子四》，第 2677 页。
⑥ （宋）黎靖德编，王星贤点校：《朱子语类》卷 63《中庸二》，第 1552 页。

说："盖将息不到，然后服药。将息则自无病，何消服药？"[①]可见，他把"调息"看作是养生的主要方法，甚至他还专门写了一篇《调息箴》。[②]

第六，在生物学方面，朱熹提出了生命起源的"气化"思想。他说：

以气化。二五之精合而成形，释家谓之化生。如今物之化生甚多，如虱然。[③]

太极所说，乃生物之初，阴阳之精，自凝结成两个，后来方渐渐生去。万物皆然。[④]

科学界有一种假说认为，地球高层大气中的微小水滴具备形成复杂有机大分子的条件，而最初的DNA和蛋白质就是在这些水滴中形成的。当水滴因彼此融合而变大，最终落回海洋里时，海水中的有机物便在它周围形成另一层薄膜，这就是细胞膜的起源。[⑤]在某种意义上看，朱熹所说"生物之初，阴阳之精，自凝结成两个"的生物学观点与产生生命所需的复杂有机大分子形成于地球高层大气中的微小水滴之说，其基本思路非常相似。

在环境科学方面，朱熹对环境与人类之间的互动关系作了比较深入的阐释。他说：

"阳变阴合而生水火木金土。"阴阳气也，生此五行之质。天地生物，五行独先。地即是土，土便包含许多金木之类。天地之间，何事而非五行？五行阴阳，七者滚合，便是生物底材料。[⑥]

这段话的中心思想是讲自然环境决定包括人类在内的一切生命活动，其中以阴阳五行为质料的自然界，相对于生物界具有优先存在的意义。因为从生命的起源和生物的进化来看，首先在地球圈层形成过程中，出现了大气圈、水圈和岩石圈，从而为生命的出现创造了条件，生命才在地球上出现，以后又不断分化出了生物圈。地球上的所有生命都生活在这个生物圈内，彼此既相互独立又相互联系。当然，在朱熹看来，地球上的生命现象从本质上看，可以分成几个不同的层面：

天之生物，有有血气知觉者，人兽是也；有无血气知觉而但有生气者，草木是也；有生气已绝而但有形质臭味者，枯槁是也。是虽其分之殊，而其理则未尝不同。但以其分之殊，则其理之在是者不能不异。故人为最灵而备有五常之性，禽兽则昏而不能备，草木枯槁，则又并与其知觉者而亡焉。[⑦]

朱熹用有无"血气知觉"这个特性把动物和植物区分开来，有血气知觉者是动物，而无血气知觉者则是植物。在此基础上，朱熹又以能否"备有五常之性"进一步将人与一般动物区别开来。这样，人由于"备有五常之性"而"异于禽兽"：

---

① （宋）黎靖德编，王星贤点校：《朱子语类》卷9《学三》，第151页。
② （宋）朱熹撰，郭齐、尹波点校：《朱熹集》卷85《调息箴》，第4378页。
③ （宋）黎靖德编，王星贤点校：《朱子语类》卷1《理气上》，第7页。
④ （宋）黎靖德编，王星贤点校：《朱子语类》卷94《周子之书》，第2380页。
⑤ 崔钟雷主编：《宇宙未解之谜》，长春：吉林人民出版社，2008年，第152—153页。
⑥ （宋）黎靖德编，王星贤点校：《朱子语类》卷94《周子之书》，第2367—2368页。
⑦ （宋）朱熹撰，郭齐、尹波点校：《朱熹集》卷59《答余方叔》，第3067页。

天道流行，发育万物，其所以为造化者，阴阳五行而已。而所谓阴阳五行者，又必有是理而后有是气，及其生物，则又必因是气之聚而后有是形……然以其理而言之，则万物一原，固无人物贵贱之殊；以其气而言之，则得其正且通者为人，得其偏且塞者为物，是以或贵或贱而不能齐也。彼贱而为物者，既梏于形气之偏塞，而无以充其本体之全矣。惟人之生乃得其气之正且通者，而其性为最贵，故其方寸之间，虚灵洞彻，万理咸备，盖其所以异于禽兽者正在于此……然其通也或不能无清浊之异，其正也或不能无美恶之殊，故其所赋之质，清者智而浊者愚，美者贤而恶者不肖，又有不能同者。①

现代生态伦理的核心即是人与万物具有平等的生存权利，人类绝不是也不应该是宇宙万物的中心。正是从这个观察角度，朱熹提出了“天人本只一理”②的思想。为此，他对张载的“民胞物与”观给了很高评价。朱熹说：“万物虽皆天地所生，而人独得天地之正气，故人为最灵，故民同胞，物则亦我之侪辈。”③把宇宙万物视为“我之侪辈”，这是构建生态道德的思想基础。不独如此，朱熹还一再强调：“若言‘同胞吾与’了，便说著‘博施济众’，却不是。所以只说教人做工夫处只在敬与恐惧，故曰‘于时保之，子之翼也’。能常敬而恐惧，则这个道理自在。”④可见，“敬畏生命”不仅是“民胞物与”的思想宗旨，而且更是朱熹生命伦理体系的最高境界，因为保护自然环境系统生态平衡是人类社会的生存法则。不过，由于正确处理人类与自然环境之间的互动关系是一项非常复杂的系统工程，它不单是人类的道德责任，而且更是一种社会责任。所以限于时代的局限，朱熹在当时还不可能面对 20 世纪人类所出现的生态危机而提出切实可行的解决方案，虽然如此，但是我们必须承认，他从“天人合一”的高度去深入探究人类与自然环境系统互动关系的道德本质及其规律，这个包孕着自然宇宙无私情怀的理学思路对我们推动各国政府站在“敬”去求“仁”的立场去齐心协力解决人类目前所遇到的一系列生态灾难，无疑地具有十分重要的启发意义。

3. 旨在科学创新的方法论

朱熹的科学方法是丰富多彩的，一方面，他从中国古代传统的思想宝库中汲取营养，如《周易》《黄帝内经》等经典所提出的概念、范畴和观点，都构成了朱熹方法论的理论基础；另一方面，科学发展到宋代已经出现了很多新的特点，这在实践上使朱熹不得不去认真地加以总结、改造与整合，并由此建立了他独具特色的方法论体系。

那么，如何从方法的角度来沟通人与自然之间的内在联系？朱熹作了如下的探讨：

第一，“理性一元”的知识观。“理性一元”是钱穆先生的发明⑤，他的本义是说朱熹科学思想最重要的特点就是崇尚理性，朱熹说：天下万物“只是此一个理，万物分之以为

① （宋）朱熹：《大学或问》卷 2《大学》，朱杰人、严佐之、刘永翔主编：《朱子全书》第 6 册，第 507 页。
② （宋）黎靖德编，王星贤点校：《朱子语类》卷 17《大学四》，第 387 页。
③ （宋）黎靖德编，王星贤点校：《朱子语类》卷 98《张子之书一》，第 2520 页。
④ （宋）黎靖德编，王星贤点校：《朱子语类》卷 98《张子之书一》，第 2521 页。
⑤ 钱穆：《宋明理学概述》，台北：台湾学生书局，1996 年，第 163 页。

体”[①]。此处所讲的“理”与“分”的关系，实际上就是宇宙万物的统一性与多样性的关系。由于“理分”，才出现了事物的多样性和复杂性；由于“一理”，才出现了事物的统一性和简单性。然而，朱熹认为，所谓事物的统一性其实是有差别的统一，他说：“自天地言之，其中固自有分别；自万殊观之，其中亦自有分别。不可认是一理了，只滚做一看，这里各自有等级差别。”[②]看到宇宙万物之间存在着各自不同的特点，这是自然科学之所以能够存在和发展的必要条件，而自然科学通过分析和研究宇宙万物的每一个特殊性质与各自不同的运动变化特点，以此来不断丰富和发展人类对宇宙万物之存在个性的认识。因此，通观地看，随着人类认识能力的逐步提高及现代科技分析手段的愈益精细化，自然科学的“分殊”特征必然会越来越明显。从这个角度说，宇宙万物的“分殊”过程不是自发的，而是在人类理性自觉干预下的一种认识结果。恰如朱熹所说：“圣人千言万语教人，学者终身从事，只是理会这个。要得事事物物，头头件件，各知其所当然；而得其所当然，只此便是理一矣。”[③]在这里，“理”就是独立于人类而客观存在的真理，用康德的话说就是“物自体”，但朱熹没有把它绝对化和形而上学化，而是通过人的意识打通了人类自身与“理”之间的客观联系，一方面朱熹认为“理生万物”[④]，另一方面他又认为理在产生万物的过程中，万物被赋予了不同的“理”。他说：“人物之生，天赋之以此理，未尝不同，但人物之禀受自有异耳。”[⑤]那么，“人物之禀受自有异”究竟“异”在何处？朱熹提出了“理同而气异”[⑥]之说，既然“理同而气异”，那每个人的“灵”即“知觉”就必定会有所差别。

对于“知觉”的形成，朱熹认为：

> 不专是气，是先有知觉之理。理未知觉，气聚成形，理与气合，便能知觉。[⑦]

知觉是思维的重要功能之一，故“睿知（智）皆出于心”[⑧]，而“见闻之际必以心御之”[⑨]，且“所知觉者是理。理不离知觉，知觉不离理”[⑩]。所以知觉实际上就是一种反映论，就是不断处理“见闻之际”所提供的各种信息的过程。在此前提条件下，朱熹承认“闻见之知”在道德知识中的基础地位和作用。他说：

> 先是于见闻上做工夫到，然后脱然贯通。盖寻常见闻，一事只知得一个道理，若到贯通，便都是一理。[⑪]

---

① （宋）黎靖德编，王星贤点校：《朱子语类》卷 94《周子之书》，第 2374 页。
② （宋）黎靖德编，王星贤点校：《朱子语类》卷 98《张子之书一》，第 2524 页。
③ （宋）黎靖德编，王星贤点校：《朱子语类》卷 27《论语九》，第 678 页。
④ （宋）黎靖德编，王星贤点校：《朱子语类》卷 67《易三》，第 1654 页。
⑤ （宋）黎靖德编，王星贤点校：《朱子语类》卷 4《性理一》，第 58 页。
⑥ （宋）朱熹撰，郭齐、尹波点校：《朱熹集》卷 46《答黄商伯》，第 2221—2222 页。
⑦ （宋）黎靖德编，王星贤点校：《朱子语类》卷 5《性理二》，第 85 页。
⑧ （宋）黎靖德编，王星贤点校：《朱子语类》卷 44《论语二十六》，第 1146 页。
⑨ （宋）朱熹：《晦庵先生朱文公文集》卷 40《答何叔京》，朱杰人、严佐之、刘永翔主编：《朱子全书》第 22 册，第 1815 页。
⑩ （宋）黎靖德编，王星贤点校：《朱子语类》卷 5《性理二》，第 85 页。
⑪ （宋）黎靖德编，王星贤点校：《朱子语类》卷 98《张子之书一》，第 2519 页。

这种贯通需要一定的逻辑推理过程，而这个过程若用朱熹自己的话说则是“格物致知”。从这种意义上讲，“理性一元”与“格物致知”其实都是指代同一个意思。故陈来先生说：“在朱熹哲学体系来看，格物致知属于‘知’的范畴，虽然格物致知也是人的一种行为，但其性质与目的属于明理知理而不是行理循理，而正心诚意以下才算是行。”[①]既然如此，那么朱熹就必然会去寻找产生“格物致知”这种理性思维过程的物质基础。这种物质基础，朱熹认为应当就是存在于人身之内的“魂”与“魄”：

阴主藏受，阳主运用。凡能记忆，皆魄之所藏受也，至于运用发出来是魂。这两个物事本不相离。他能记忆底是魄，然发出来底便是魂；能知觉底是魄，然知觉发出来底又是魂。[②]

在这里，“魄”就是“知觉”的物质载体，而“知觉”仅仅是存储于“魄”中的一种经验性的不系统的感觉信息，这种信息在“精气”的作用下，经过一定的逻辑加工，然后整合为理性的系统的知识形态。朱熹说：

魄是一点精气，气交时便有这神。魂是发扬出来底，如气之出入息。[③]

然而，从魄到魂的过程似乎并不单单是逻辑的推理过程，同时还有非逻辑的顿悟过程。因此，正确理解魂魄的关系问题对于深刻把握朱熹的科学思维方法是很有帮助的。

第二，“豁然贯通”与“理一分殊”的思维方法。朱熹在他的知识体系中，有两种设定：其一是“先验的知识”。他说：“大凡道理皆是我自有之物，非从外得。”[④]又说：“所谓致知在格物者，言欲致吾之知，在即物而穷其理也。盖人心之灵莫不有知，而天下之物莫不有理。”[⑤]夏甄陶释：“所谓致知在格物，就是即物穷理以致吾心固有之知。这是朱熹认识论思想的主旨。”[⑥]其二是“后验的知识”。他说：“如今人理会学，须是有见闻。”[⑦]这是一种由见闻和观物得来的知识。而对于“先验的知识”，朱熹主张使用“顿悟”法，即“上知生知之资，是气清明纯粹，而无一毫昏浊，所以生知安行，不待学而能”[⑧]，毕竟像“不待学而能”的人是不多见的，而绝大多数人要靠读书来获得知识，所以在朱熹看来，靠读书来获得知识也有两种途径：第一种途径是“顿悟”，他说：“‘积习既多，自当脱然有贯通处’，乃是零零碎碎凑合将来，不知不觉，自然醒悟。”[⑨]或云：“穷之于学问思辩之际，以致尽心之功。巨细相涵，动静交养，初未尝有内外精粗之择，及其真积力久，而豁然贯通焉。”[⑩]可见朱熹所说的“豁然贯通”实际上就是钱学森曾讲到的“顿悟思维

① 陈来：《朱熹哲学研究》，第243页。
② （宋）黎靖德编，王星贤点校：《朱子语类》卷87《礼四》，第2259页。
③ （宋）黎靖德编，王星贤点校：《朱子语类》卷3《鬼神》，第40页。
④ （宋）黎靖德编，王星贤点校：《朱子语类》卷17《大学四》，第382页。
⑤ （宋）朱熹注，王华宝整理：《四书集注・大学章句》，南京：凤凰出版社，2016年，第7页。
⑥ 夏甄陶：《中国认识论思想史稿》下卷，北京：中国人民大学出版社，1996年，第114页。
⑦ （宋）黎靖德编，王星贤点校：《朱子语类》卷98《张子之书一》，第2519页。
⑧ （宋）黎靖德编，王星贤点校：《朱子语类》卷4《性理一》，第66页。
⑨ （宋）黎靖德编，王星贤点校：《朱子语类》卷18《大学五》，第394页。
⑩ （宋）朱熹：《大学或问》，朱杰人、严佐之、刘永翔主编：《朱子全书》第6册，第528页。

法”；第二种途径是“以类而推”的逻辑推理法，他说：“要从那知处推开去，是因其所已知而推之，以至于无所不知也。”[1]而“只要以类而推。理固是一理，然其间曲折甚多，须是把这个做样子，却从这里推去，始得”[2]。那么，他所演绎的逻辑大前提是什么呢？是先验的天理，所谓“格物致知”，“全是天理……则内不见己，外不见人，只见有理”[3]。而这种先验的逻辑演绎方法，朱熹称之为“理一分殊”，即由一般推出个别的逻辑法。他说：“天下之理，未尝不一，而语其分，则未尝不殊。”[4]因此从这个角度讲，“万个是一个，一个是万个”[5]，且“致知工夫，亦只是且据所已知者，玩索推广将去”[6]，“若是极其所知去推究那事物，则我方能有所知”[7]。

第三，“比验”法。“比验”也即归纳法中的求余法[8]，其一般式为：

有关因素　　　　被考察对象

A，B，C ——→ a，b，c

B ——→ b

C ——→ c

A 和 a 有因果联系

朱熹举例说：“今人务博者，却要尽穷天下之理；务约者又谓反身而诚，则天下之物无不在我，此皆不是。且如一百件事，理会得五六十件了，这三四十件虽未理会，也大概可晓了。某在漳州有讼田者，契数十本，自崇宁起来，事甚难考。其人将正契藏了，更不可理会。某但索四畔众契比验，四至昭然。及验前后所断，情伪更不能逃……穷理亦只是如此。”[9]在科学研究活动中，“比验”法具有较普遍的方法论意义，爱因斯坦曾说：“科学家必须在庞杂的经验事实中间抓住某些可用精密公式来表示的普遍特征，由此探求自然界的普遍真理。”[10]由于自然界的万事万物都处于相互联系的网络之中，故我们就可以对同类事物进行“比验”以找出一般性的规律，即“对于一类事物，可以通过研究该类事物的大多数来找到普遍的共同特点，再加以了解此类中未曾直接研究过的具体事物”[11]。

第四，演绎法与“理一分殊”。朱熹在讨论张载的思维方法时，尤其强调“理一分殊”的重要性。他说：

---

① （宋）黎靖德编，王星贤点校：《朱子语类》卷 15《大学二》，第 292 页。

② （宋）黎靖德编，王星贤点校：《朱子语类》卷 18《大学五》，第 398 页。

③ （宋）黎靖德编，王星贤点校：《朱子语类》卷 94《周子之书》，第 2413 页。

④ （宋）朱熹：《中庸或问》，朱杰人、严佐之、刘永翔主编：《朱子全书》第 6 册，第 595 页。

⑤ （宋）黎靖德编，王星贤点校：《朱子语类》卷 94《周子之书》，第 2409 页。

⑥ （宋）黎靖德编，王星贤点校：《朱子语类》卷 15《大学二》，第 283 页。

⑦ （宋）黎靖德编，王星贤点校：《朱子语类》卷 15《大学二》，第 292 页。

⑧ 汪奠基：《中国逻辑思想史》，台北：明文书局，1994 年，第 361 页。

⑨ （宋）黎靖德编，王星贤点校：《朱子语类》卷 117《朱子十四》，第 2822—2823 页。

⑩ ［美］爱因斯坦：《爱因斯坦文集》第 1 卷，许良英、范岱年编译，北京：商务印书馆，1976 年，第 76 页。

⑪ 陈来：《朱熹哲学研究》，第 237 页。

《西铭》通体是一个“理一分殊”，一句是一个“理一分殊”。①

那么，何谓“理一分殊”？所谓“分殊”，朱熹解释说：“唤做‘乾称’‘坤称’，便是分殊。如云‘知化则善述其事’，是我述其事；‘穷神则善继其志’，是我继其志。又如‘存吾顺事，没吾宁也’。以自家父母言之，生当顺事之，死当安宁之；以天地言之，生当顺事而无所违拂，死则安宁也；此皆是分殊处。”②在这里，“分殊”的内涵主要是指人类认识能力的非至上性和有限性，因为人类的认识活动需要尊重自然规律，而且应当按照客观规律办事，如“生当顺事而无所违拂”说的就是这个意思。至于“理一”，其内涵则主要是指人类认识能力的至上性和无限性。例如，朱熹说：“以乾为父，坤为母，便是理一而分殊；‘予兹藐焉，混然中处’，便是分殊而理一。‘天地之塞吾其体，天地之帅吾其性’，分殊而理一；‘民吾同胞，物吾与也’，理一而分殊。”③从修辞学的角度讲，“理一而分殊”与“分殊而理一”两者由于位置的变换而具有了不同的思想内涵。以“‘天地之塞吾其体，天地之帅吾其性’，分殊而理一”为例，朱熹这样解释说：“‘塞’与‘帅’字，皆张子用字之妙处。塞，乃《孟子》‘塞天地之间’；体，乃《孟子》‘气体之充’者；有一毫不满不足之处，则非塞矣。帅，即‘志，气之帅’，而有主宰之意。”④可见，“塞”的本义是指人类思维能力的无限性，换言之，没有一毫不满不足之处，就是说相对于人类的思维运动，物质世界具有可知性，而“帅”的本义则是指人类的思维活动相对于物质世界具有能动性和主宰性。所以，在朱熹看来，“帅是主宰，乃天地之常理也。吾之性即天地之理”⑤。又“‘吾其体，吾其性’，有我去承当之意”⑥。然而，“理只有一个”⑦，这一个理即是宇宙万物运动变化的内在必然性和客观规律性。用朱熹的话说，就是“太极”。他说：理“是形化底道理，此万物一源之性。太极者，自外而推入去，到此极尽，更没去处，所以谓之太极”⑧。在这里，“自外而推入去”实际上讲的是一种以归纳为特点的逻辑推理方法。学过形式逻辑的人都知道，如果用完全归纳法去求理，那么，其前提条件就是要对某类事物的全部对象进行考察，即“到此极尽，更没去处”。由于朱熹生活的时代，被考察的对象数量一般都是有限的，所以完全归纳法在当时是适用的。正是在这样的经验背景下，朱熹才提炼出了“格物穷理”的思维方法。与用完全归纳法（即从个别到一般）去求理的逻辑方法相反，朱熹也注意到了从一般到特殊的演绎逻辑方法。如“以乾为父，坤为母，便是理一而分殊”和“‘民吾同胞，物吾与也’，理一而分殊”都是指演绎方法，从逻辑学的层面讲，“理一而分殊”就是指从一般到个别的演绎法。据此，朱熹便得出了他的太极先验说。其具体的推演过程是：

---

① （宋）黎靖德编，王星贤点校：《朱子语类》卷98《张子之书一》，第2522页。
② （宋）黎靖德编，王星贤点校：《朱子语类》卷98《张子之书一》，第2522页。
③ （宋）黎靖德编，王星贤点校：《朱子语类》卷98《张子之书一》，第2523页。
④ （宋）黎靖德编，王星贤点校：《朱子语类》卷98《张子之书一》，第2523页。
⑤ （宋）黎靖德编，王星贤点校：《朱子语类》卷98《张子之书一》，第2520页。
⑥ （宋）黎靖德编，王星贤点校：《朱子语类》卷98《张子之书一》，第2520页。
⑦ （宋）黎靖德编，王星贤点校：《朱子语类》卷98《张子之书一》，第2520页。
⑧ （宋）黎靖德编，王星贤点校：《朱子语类》卷98《张子之书一》，第2526页。

第一步，设定太极是理。他说："太极只是一个'理'字"[①]，"太极只是天地万物之理"[②]。

第二步，设定"理"是一个先验的思维形式。朱熹认为："若理，则只是个净洁空阔底世界，无形迹，他却不会造作。"[③]但在朱熹看来，"理"本身却具有运动的特征，他说："未有天地之先，毕竟是先有此理。动而生阳，亦只是理；静而生阴，亦只是理。"[④]又："在阴阳言，则用在阳而体在阴，然动静无端，阴阳无始，不可分先后。"[⑤]

第三步，将阴阳与气统一起来，承认事物发展的多样性。如果说"太极"是一，那么，阴阳五行就是多。朱熹说："阴阳是气，五行是质。有这质，所以做得物事出来。五行虽是质，他又有五行之气做这物事，方得。然却是阴阳二气截做这五个，不是阴阳外别有五行。"[⑥]

第四步，由阴阳五行的造化而产生了万事万物，包括人类自身。朱熹说："气之精英者为神。金木水火土非神，所以为金木水火土者是神。在人则为理，所以为仁义礼智信者是也。"[⑦]在此，"所以为金木水火土者是神"即为造物主，而造物主的造化运动，产生了形形色色的宇宙万物。因此，朱熹认为："造化之运如磨，上面常转而不止。万物之生，似磨中撒出，有粗有细，自是不齐。"[⑧]"数只是算气之节候。大率只是一个气。阴阳播而为五行，五行中各有阴阳。甲乙木，丙丁火；春属木，夏属火。年月日时无有非五行之气，甲乙丙丁又属阴属阳，只是二五之气。人之生，适遇其气，有得清者，有得浊者，贵贱寿夭皆然，故有参错不齐如此。圣贤在上，则其气中和；不然，则其气偏行。故有得其气清，聪明而无福禄者；亦有得其气浊，有福禄而无知者，皆其气数使然。"[⑨]

通过上述推理，朱熹建立了一个类似于柏拉图"理念"观的先验认识论体系。我们知道，古希腊的演绎推理方法非常发达，如亚里士多德的《工具论》及欧几里得几何学都是演绎法的经典例证。与此不同，朱熹的演绎法不仅没有得到比较广泛的运用，而且最终还走向了神秘主义和宿命论，如上面所说的"气数"思想即是一个鲜明的例子。不过，朱熹毕竟是一个对中国近世传统文化影响十分巨大的思想家，虽然他的思想方法中由于历史原因还不可避免地存在着这样或那样的文化糟粕，但是他对中国传统科技思想发展所作出的历史贡献是矛盾的主要方面，同时也是其整个科技思想的主流。

---

① （宋）黎靖德编，王星贤点校：《朱子语类》卷1《理气上》，第2页。
② （宋）黎靖德编，王星贤点校：《朱子语类》卷1《理气上》，第1页。
③ （宋）黎靖德编，王星贤点校：《朱子语类》卷1《理气上》，第3页。
④ （宋）黎靖德编，王星贤点校：《朱子语类》卷1《理气上》，第1页。
⑤ （宋）黎靖德编，王星贤点校：《朱子语类》卷1《理气上》，第1页。
⑥ （宋）黎靖德编，王星贤点校：《朱子语类》卷1《理气上》，第9页。
⑦ （宋）黎靖德编，王星贤点校：《朱子语类》卷1《理气上》，第9页。
⑧ （宋）黎靖德编，王星贤点校：《朱子语类》卷1《理气上》，第8页。
⑨ （宋）黎靖德编，王星贤点校：《朱子语类》卷1《理气上》，第8页。

第二节 陆九渊“发明本心”的数理思想

陆九渊是南宋最不应该忽视却实际上已被忽视的一位科学思想家。

与朱熹的命运不同，朱熹的科学思想已经得到整个学术界的肯定和阐扬，阐释他科学思想方面的论著远远超出任何其他人，相比之下，陆九渊的境遇可就不如意多了，尽管陆九渊的心学可与朱熹的理学相媲美，但他的科学思想似乎并不被人们所关注，这是颇为发人深思的学术现象。就陆九渊和朱熹科学思想的差异而言，朱熹重在对自然界事实的客观陈述，而陆九渊则重在对科学精神的阐扬，两者的立脚点有所不同，却是殊途同归，他们最终的思想志向却是一致的，那就是声张独立自由之个性，而宋代思想（包括心学和理学）的科学启蒙的深刻意义亦在于此。

陆九渊（1139—1192），字子静，号存斋，自号象山居士，江西抚州金溪人，是南宋“心学”一派的开山祖。从世系的角度讲，陆九渊的家族属于唐代陆希声宰相之后人，只因五代中原变乱，其家族才南迁至江西金溪，所以说陆九渊出生于官宦之家也是对的。但这种政治上的优势随着宋代平民化取士制度的不断完善而日益失去其意义和作用。故陆九渊的家庭经济并不富裕，陆九渊自己说：“吾家素无田，蔬圃不盈十亩，而食指以千数，仰药寮以生。”[①]即使如此，陆氏家族也仍然不失其儒家风范，有“家道之整，著闻州里”[②]的说法。这样的家族对陆九渊个人的成长是很有好处的，况且他的父亲陆贺“究心典籍，见于躬行”[③]，而陆九渊的早慧就得益于他父亲的言传和身教。如《年谱》载：

> 绍兴十二年壬戌，先生四岁，静重如成人。常侍宣教公行，遇事物必致问。一日，忽问天地何所穷际，公笑而不答，遂深思至忘寝食。总角诵经，夕不寐，不脱衣，履有弊而无坏，指甲甚修，足迹未尝至庖厨。常自洒扫林下，宴坐终日。立于门，过者驻望称叹，以其端庄雍容异常儿。[④]

一个四岁的小孩，“常自洒扫林下，宴坐终日”不可信，但由此说明陆九渊的性格内向和稳重。少年老成的陆九渊对读书有着格外的兴趣，他从五岁入学一直到死，始终没有放弃对宇宙万物的哲学思索和科学探究。故《年谱》载：

> 绍兴二十一年辛未，先生十三岁，因宇宙字义，笃志圣学。[⑤]
>
> 淳熙十四年丁未，先生四十九岁……登贵溪应天山讲学。[⑥]

此时，已是陆九渊的晚年，但他还在与朱熹争论“无极太极”问题，可见他是以宇宙

① （宋）陆九渊著，钟哲点校：《陆九渊集》卷28《陆修职墓表》，第332页。
② （宋）陆九渊著，钟哲点校：《陆九渊集》卷27《全州教授陆先生行状》，第312页。
③ （宋）陆九渊著，钟哲点校：《陆九渊集》卷36《年谱》，第479页。
④ （宋）陆九渊著，钟哲点校：《陆九渊集》卷36《年谱》，第481页。
⑤ （宋）陆九渊著，钟哲点校：《陆九渊集》卷36《年谱》，第482页。
⑥ （宋）陆九渊著，钟哲点校：《陆九渊集》卷36《年谱》，第499页。

问题始其学又以宇宙问题终其学的，这是陆九渊思想的一大特征。如果说他十三岁时，其宇宙思想还不太成熟的话，那么他在四十九岁时对宇宙的认识则已是言卓义彰了，因此我们把他的《与朱元晦》第一、二书看成是其宇宙思想的集大成的标志性成果。

纵观陆九渊的一生，其主要社会活动可分成两个部分：

第一部分是他的官宦生涯，与一般的官宦不同，陆九渊把入仕当作他获取知识从而使其思想不断升华的主要途径，其中两个人物对他“心学”思想的形成影响巨大，一是吕祖谦，二是朱熹。乾道八年（1172）夏五月，陆九渊参加春试，主考官是吕祖谦，而当吕祖谦读到了陆九渊的《易》卷与《天地之性人为贵论》，真是叹赏之至，遂对考官们说：“此卷超绝有学问者，必是江西陆子静之文，此人断不可失也。”①于是陆九渊中进士，名震临安。一时求学问道者“闻风而至”②，计有“甬上四先生”之首的杨简，有同里的长辈朱济道等，借此待职之际，陆九渊开始辟“槐堂”讲学，发明“本心”。淳熙元年（1174）陆九渊上任靖安县主簿，同年五月二十六日他专程到衢州去拜访一代名儒吕祖谦，据吕祖谦说：“自三衢归，陆子静相待累日，又留七八日……笃实淳直，朋游间未易多得。”③淳熙二年（1175）五月，在吕祖谦的推动下，陆九渊终于与朱熹相会于信州鹅湖寺。④而朱、陆鹅湖寺之会是宋学发展史上的一次大事件，因为这次相会不仅公开了两派学术思想的分歧，而且它还促使朱、陆在更高的层面去补充和完善各自的体系架构和思想内容。朱亨道说：“鹅湖讲道切诚，当今盛事。伯恭盖虑陆与朱议论犹有异同，欲会归于一，而定其所适从，其意甚善。”⑤既然鹅湖寺之会是为解决朱与陆的学术矛盾而举行的一次学术盛会，那么朱与陆学术矛盾的焦点又是什么呢？朱亨道接着说：“鹅湖之会，论及教人。元晦之意，欲令人泛观博览，而后归之约。二陆（即陆九渊和陆九龄）之意，欲先发明人之本心，而后使之博览。朱以陆之教人为太简，陆以朱之教人为支离，此颇不合。”⑥虽然鹅湖之会并未达到预期的目的，但从此朱与陆结下了真正的学术友谊。所以在淳熙八年（1181）二月，陆与朱再一次相聚于庐山白鹿洞书院，是时，朱熹与陆九渊同舟共济，相互切磋。后来朱熹对吕祖谦谈及此事，说：“子静近日讲论比旧亦不同，但终有未尽合处。幸其却好商量，亦彼此有益也。”⑦除此之外，对于两者的意见分歧，他们经常通过书信往来以求共识，据《年谱》记载，自鹅湖之会后，朱熹与陆九渊始终没有间断书信联系，在一封封书信中，他们一方面为自己不能说服对方而“耿耿于怀”⑧，另一方面他们又为其相互间的理解而感到由衷的喜悦，朱熹有诗云：“川源红绿一时新，暮雨朝晴更可人。”⑨而在他们的晚年书信中，关于“无极太极”及“阴阳”的论争影响最

① （宋）陆九渊著，钟哲点校：《陆九渊集》卷36《年谱》，第487页。
② （宋）陆九渊著，钟哲点校：《陆九渊集》卷36《年谱》，第488页。
③ （宋）陆九渊著，钟哲点校：《陆九渊集》卷36《年谱》，第490页。
④ 林继平：《陆象山研究》，台北：台湾商务印书馆，2001年，第16页。
⑤ （宋）陆九渊著，钟哲点校：《陆九渊集》卷36《年谱》，第491页。
⑥ （宋）陆九渊著，钟哲点校：《陆九渊集》卷36《年谱》，第491页。
⑦ （宋）朱熹撰，郭齐、尹波点校：《朱熹集》卷34《答吕伯恭》，第1515页。
⑧ 林继平：《陆象山研究》，第22页。
⑨ （宋）陆九渊著，钟哲点校：《陆九渊集》卷36《年谱》，第506页。

大，《年谱》载其事说：淳熙十四年（1187）初冬，朱与陆在书信中已开始了无极、太极的大辩论，淳熙十五年（1188）十二月四日则又有所谓“道”与“器”（即阴阳）的论争，可见朱熹对陆九渊的影响是不言而喻的。

第二部分是他的教学生涯，大凡正直的人都不善于应付官场事务，从相关文献记载来看，陆九渊绝不是圆滑之人，他少年时就曾以“学弓马”[①]为志，中年主张以“四物汤”（即任贤、使能、赏功、罚罪）医治国病，故遭到朝中奸臣的排挤，所以直到晚年才有“荆门之政”的“躬行之效”。[②]而对于陆九渊来说，他的真正得意处则是在故里讲学。据载，陆九渊于乾道八年（1172）七月正式在其家乡聚徒讲学，学堂名曰“槐堂”[③]，直到淳熙元年（1174）赴任靖安县主簿为止，共计三年。淳熙十三年（1186），陆九渊在官场拼搏了十二年后，最后仅落得个“主管台州崇道观闲职”。好在这对他的学术思想并无多大影响，因为他在学界的知名度甚高，所以当他再一次归故里讲学时，“学者辐辏愈盛，虽乡曲老长亦俯首听诲，言称先生。先生悼时俗之通病，启人心之固有，咸惕然以惩，跃然以兴。每诣城邑，环坐率一二百人，至不能容，徙观寺。县大夫为设讲坐于学宫，听者贵贱老少，溢塞涂巷，从游之盛，未见有此”[④]。为满足求学者的要求，淳熙十四年（1187）在应天山建“象山精舍”，其规模远较槐堂宏伟，此后人称其为“象山先生”。而象山讲学时期是陆九渊“心学”的成熟期，故他说“先欲复本心以为主宰，既得其本心，从此涵养，使日充月明”[⑤]，而他要求学生做的也“只是这心”[⑥]。同时，陆九渊通过象山讲学的高度升华，终于形成他简洁明快且又寓意深刻的“心学”主张：

> 《六经》注我，我注《六经》。[⑦]

这八字方针足以使一切以著作家自誉的腐儒们汗颜！而朱熹就深深地感觉到这八个字的思想分量，因而他评价整个南宋的学术状况说：

> 南渡以来，八字着脚，理会着实工夫者，惟某与陆子静二人而已。[⑧]

“八字着脚”总结的好，而“八字着脚”就是对陆九渊一生学术思想的真实写照。光宗绍熙三年（1192）时刻以山间讲学为念的陆九渊终于倒在了“荆门军”，他用生命实践了“《六经》注我，我注《六经》”的诺言，享年54岁。由于他主张不立文字，故著述不丰，后人将其全部的诗文、书信及讲学语录等编为《象山全集》或《陆九渊集》，合三十六卷，成为人们研究陆九渊学术思想的主要依据。

---

① （宋）陆九渊著，钟哲点校：《陆九渊集》卷36《年谱》，第484页。
② 《宋史》卷434《陆九渊传》，第12882页。
③ （宋）陆九渊著，钟哲点校：《陆九渊集》卷36《年谱》，第488页。
④ （宋）陆九渊著，钟哲点校：《陆九渊集》卷33《象山先生行状》，第390页。
⑤ （宋）陆九渊著，钟哲点校：《陆九渊集》卷36《年谱》，第502页。
⑥ （宋）黎靖德编，王星贤点校：《朱子语类》卷124《陆氏》，第2970页。
⑦ 《宋史》卷434《陆九渊传》，第12881页。
⑧ （宋）陆九渊著，钟哲点校：《陆九渊集》卷36《年谱》，第507页。

一、“数即理”的主张及其科学实践

1. “宇宙便是吾心”的自然观

陆九渊在象山讲学期间通过与朱熹的“无极太极”之辩而申述了他的宇宙思想。而朱与陆的分歧就产生于对周敦颐《太极图说》开头“自无极而为太极”一句话的理解上。实事求是地说，“无极”和“太极”问题的实质就是表明宇宙起源于“无”（无极）还是“有”（太极）。而从语法上讲，“自无极而为太极”则明确肯定了“万有皆生于一无”①的观点，但这与朱熹所主张的“此理乃宇宙之所固有，岂可言无”②思想相矛盾，所以朱熹在重新整理周敦颐《太极图说》时便删去了“自”与“为”字而使原句变成“无极而太极”，因此“无极”就不再是先于“太极”的“本体”了，它变成了“太极”的修饰语，意为“无形的”，这样整个句子的意思就是“宇宙起源于无形迹的理”。对于宇宙起源于“理”，陆九渊并没有什么异议，他所反对的是朱熹为了陈述自己的思想而明明歪曲了周敦颐却还说“非出于己意之私也”③的虚伪性，在陆九渊看来，朱熹可以直抒己意，完全没有必要拐弯抹角。他说：

> 太极固自若也，尊兄（指朱熹）只管言来言去，转加糊涂，此真所谓轻于立论，徒为多说，而未必果当于理也。兄号句句而论，字字而议有年矣，宜益工益密，立言精确，足以悟疑辨惑，乃反疏脱如此，宜有以自反矣。④

与朱熹为学的作风不同，陆九渊则大胆无忌，他公然宣布：

> 四方上下曰宇，往古来今曰宙。宇宙便是吾心，吾心即是宇宙。⑤

而从陆九渊本身的思维逻辑看，他的“心学”发展大致经历了三个阶段，自十三岁至三十四岁为省悟“宇宙便是吾心，吾心即是宇宙”时期；自三十四岁至四十八岁为“心理悟融”⑥时期。他说：“人皆有是心，心皆具是理，心即理也。”⑦又说：“心，一心也，理，一理也，至当归一，精义无二，此心此理，实不容有二。”⑧自四十九岁至五十四岁为“化气为理”时期，此期陆九渊通过“道”与“器”之辩，他明确提出了“天地亦是器，其生覆形载必有理”⑨的命题，最终完成了他的“心学”体系。而在他的“心学”体系里，其宇宙演化模式为：

> 太极判而为阴阳，阴阳播而为五行。天一生水，地六成之；地二生火，天七成之；天三生木，地八成之；地四生金，天九成之；天五生土，地十成之。五奇天数，

---

① （宋）潘之定：《濂溪杂咏》，王晚霞校注：《濂溪志（八种汇编）》，长沙：湖南大学出版社，2013年，第100页。
② （宋）陆九渊著，钟哲点校：《陆九渊集》卷2《与朱元晦二》，第28页。
③ （宋）朱熹撰，郭齐、尹波点校：《朱熹集》卷42《答胡广仲》，第1953页。
④ （宋）陆九渊著，钟哲点校：《陆九渊集》卷2《与朱元晦一》，第23页。
⑤ （宋）陆九渊著，钟哲点校：《陆九渊集》卷22《杂说》，第273页。
⑥ （宋）陆九渊著，钟哲点校：《陆九渊集》卷36《年谱》，第493页。
⑦ （宋）陆九渊著，钟哲点校：《陆九渊集》卷11《与李宰》，第149页。
⑧ （宋）陆九渊著，钟哲点校：《陆九渊集》卷1《与曾宅之》，第4—5页。
⑨ （宋）陆九渊著，钟哲点校：《陆九渊集》卷35《语录下》，第476页。

> 阳也；五偶地数，阴也……阴阳播而为五行，五行即阴阳也。塞宇宙之间，何往而非五行？①

与其他宋学家相比，陆九渊不仅把“太极”与“心”结合在了一起，而且还把“阴阳”与“五行”融为一体。朱熹解释陆九渊的“太极”思想说：“太极只是一个‘理’字。”②林继平云：“其实说太极也好，理也好，真体也好，都是指谓的同样的东西——象山底心体。”③可见，这种结合应该说是为了确立一种稳定的思想信仰，并用这个统一的和稳定的思想信仰去消解那愈益危险的社会危机。所以，他的宇宙生成模式既是一种外展，又是一种内收，是外展与内收的合体。因此，陆九渊反对“无极而太极”的真实目的就是维护思想的统一。林继平先生又说：

> 象山自信发明孟子之学，其卫道精神，亦与孟子无殊。老子底宇宙论。既是由无生有，最后，势必由有还无。其弊则在破坏人群社会的道德伦理，使‘君不君，臣不臣，父不父，子不子’，而后返其虚无的境界。故道家由‘无’的宇宙观出发，就影响到他们的人生态度，始终是消极的、出世的。④

在陆九渊看来，“万物森然于方寸之间，满心而发，充塞宇宙，无非此理”⑤，而“此理之大，岂有限量？程明道所谓有憾于天地，则大于天地者矣，谓此理也”⑥。

那么，“大于天地”的“理”又是如何转化成为宇宙万物的呢？

按照陆九渊的理解，“‘无人身的理性’就是‘吾心’，或‘吾之本心’。‘吾心’自己跟自己的‘对置’，犹‘如镜中观花’，明镜（‘吾心’）变异为‘花’（‘万物’），‘花’（‘万物’）通过‘镜’（‘吾心’）而显现出来。然后，‘吾心’自己跟自己的结合、统一，便是‘宇宙内事，乃己分内事；己分内事，乃宇宙内事’。便构成了‘吾心’ → ‘物’ → ‘吾心’这样的逻辑结构”⑦。陆九渊说：

> 且如“存诚”“持敬”二语自不同，岂可合说？“存诚”字于古有考，“持敬”字乃后来杜撰。《易》曰：“闲邪存其诚。”孟子曰：“存其心。”某旧亦尝以“存”名斋。孟子曰：“庶民去之，君子存之。”又曰：“其为人也寡欲，虽有不存焉者寡矣；其为人也多欲，虽有存焉者寡矣。”只“存”一字，自可使人明得此理。此理本天所以与我，非由外铄。明得此理，即是主宰。真能为主，则外物不能移，邪说不能惑。所病于吾友者，正谓此理不明，内无所主；一向萦绊于浮论虚说，终日只依借外说以为主，天之所与我者反为客。主客倒置，迷而不反，惑而不解。⑧

---

① （宋）陆九渊著，钟哲点校：《陆九渊集》卷23《大学春秋讲义》，第281—282页。

② （宋）黎靖德编，王星贤点校：《朱子语类》卷1《理气上》，北京：中华书局，2004年，第2页。

③ 林继平：《陆象山研究》，第233页。

④ 林继平：《陆象山研究》，第233页。

⑤ （宋）陆九渊著，钟哲点校：《陆九渊集》卷34《语录上》，第423页。

⑥ （宋）陆九渊著，钟哲点校：《陆九渊集》卷12《与赵咏道四》，第161页。

⑦ 张立文：《走向心学之路——陆象山思想的足迹》，北京：中华书局，1992年，第84页。

⑧ （宋）陆九渊著，钟哲点校：《陆九渊集》卷1《与曾宅之》，第3—4页。

从其“理本天所以与我，非由外铄”推断，陆九渊的“心”本体实际上就是“物我一体”，这个思想已经非常接近现代量子论的基本思想了，海森伯说：“如果我们准确地知道了电子的速度，则其位置就完全不清楚。而随后对位置所作的每一次观测又必定会使电子动量发生改变。”[①]科学界将此“悖论”定义为“测不准原理”，而中国哲学界有人称之为“主客体不可分”[②]。当然，对于“量子悖论”的哲学意义如何定性，目前学界还在争论之中，但是不管学界的争论持续多久，而“量子悖论”却是客观存在着的物质现象。在这里，权且撇开现代学界的争论不说，我们觉得陆九渊的“主客不分”观可能更近于“量子悖论”的哲学实质。也就是说，陆九渊试图通过“物我一体”观深入到宇宙论的层面而去真正关注人类的主体性问题。毫无疑问，这种意识对于推动南宋社会的科技发展和民心稳定具有非常重要的现实意义。

首先，南宋面临着强大的社会压力与生存压力。据《年谱》载，陆九渊十六岁时“见夷狄乱华，又闻长上道靖康间事，乃剪去指爪，学弓马”[③]，以示其决心抗金的坚强意志。而南宋的危机不仅来自外部，也来自内部。在陆九渊看来，“所谓农民者，非佃客庄，则佃官庄，其为下户自有田者亦无几。所谓客庄，亦多侨寄官户，平时不能赡恤其农者也。当春夏缺米时，皆四出告籴于他乡之富民，极可怜也！”[④]所以他敢于解放思想，主张变法，尤其是在当时人们纷纷诋毁王安石变法的条件下，陆九渊却不顾人们的攻击而称赞王安石，这是需要有相当大的勇气和胆识的。如陆九渊对王安石的褒奖就遭到朱熹的反对：“临川近说愈肆，《荆舒祠记》曾见之否？此等议论皆学问偏枯、见识昏昧之故。”[⑤]而陆九渊主张“理本天所以与我，非由外铄”的真正目的正在于号召人们冲破一切思想禁锢，“激厉奋迅，决破罗网，焚烧荆棘，荡夷污泽”[⑥]。这种张扬自我的主体意识，就成为明清之际启蒙思想家们用于反对封建道德传统的宝贵思想资源。

其次，宋代理学内部的分化正在加剧，朱熹说：“海内学术之弊，不过两说。江西顿悟，永康事功。若不极力争辩，此道无由得明。”[⑦]朱熹的感觉如此，换个角度，陆九渊和陈亮也如此。在这个“三角关系”里，对陆九渊的责难主要来自于朱熹和陈亮，而陈亮的对手则是朱熹和陆九渊。不过，对手归对手，争论归争论，其实他们不过是“儒家学派的内部大争鸣”[⑧]。众所周知，南宋经济由于人口增长过快和土地资源严重不足的矛盾愈演愈烈，其商品经济出现了畸形发展的趋势。此时，利与义的矛盾和冲突必然会反映到思想领域中来，因此，“功利派”便应运而起，并很快形成一股强大的思想潮流，陈亮云：“夫盈宇宙者无非物，日用之间无非事。”[⑨]这种“惟物”的自然观与朱熹“惟理”的自然观和

---

① ［德］W.海森伯：《量子论的物理原理》，王正行、李绍光、张虞译，北京：科学出版社，1983年，第16—17页。

② 杨世昌：《微观世界的哲学漫步》，上海：华东师范大学出版社，1989年，第32页。

③ （宋）陆九渊著，钟哲点校：《陆九渊集》卷36《年谱》，第484页。

④ （宋）陆九渊著，钟哲点校：《陆九渊集》卷8《与陈教授》，第108—109页。

⑤ （宋）朱熹撰，郭齐、尹波点校：《朱熹集》卷53《答刘公度》，第2630页。

⑥ （宋）陆九渊著，钟哲点校：《陆九渊集》卷35《语录下》，第452页。

⑦ （宋）李幼武编：《宋名臣言行录·外集》，《景印文渊阁四库全书》第449册，第776页。

⑧ 韩钟文：《中国儒学史（宋元卷）》，第522页。

⑨ （宋）陈亮著，邓广铭点校：《陈亮集》卷10《六经发题》，第103页。

陆九渊“惟心”的自然观发生了激烈的撞击，对此，陆九渊当然不会坐视不理，他说：“义利交战，而利终不胜义，故自立。”①那么，“义”如何“自立”？陆九渊不得不再一次回到自然观里来寻找立说的依据。《语录下》载：

“《易》与天地准”，“至神无方而易无体”，皆是赞《易》之妙用如此。“一阴一阳之谓道”，乃泛言天地万物皆具此阴阳也。“继之者善也”，乃独归之于人。“成之者性也”，又复归之于天，天命之谓性也。②

这就是说，宇宙的形成始于太极，由太极而产生阴阳，接着阴阳先天地具有“善”的本性，故当阴阳相交生成人类的时候，人类便被赋予“善”的本质，在陆九渊看来，不仅阴阳是形而上的，而且善也是形而上的，正因如此，所以人性与天地无别。由此，从善所延伸出来的“义”也就有了战胜“利”的依据。故陆九渊说：“义利交战，而利终不胜义，故自立。”③

2. “明物理”的科学观

陆九渊的“心本体”，主张“发明本心”，主张“心之所为，犹之能生之物”④。何谓“心”能“生物”？李二曲解释说：“成始成终，不外一‘敬’。‘敬’之一字，是圣贤彻上彻下的工夫，自洒扫应对，以至察物明伦，经天纬地，总只在此。是绝大攻业，出于绝小一心。”⑤就是说，人类有自主性和创造性，而人类通过“彻上彻下的工夫”能把自然界分成“天然自然”与“人工自然”两部分，其中“人工自然”便是“心”之“生物”。因此，陆九渊说：“所谓读书须当明物理，揣事情，论事势。”⑥文中所言“明物理”即包括天文、地理、医学、数术等科学知识，在陆九渊看来，只要能做到“明物理”，就能应天地万物之变。于是，他说：“人生斯世，须先辨得俯仰乎天地。”⑦

（1）“俯仰乎天地”的第一层意思就是通晓天文和数术。陆九渊承认天体运动变化的规律性。他说：“人为学甚难，天覆地载，春生夏长，秋敛冬肃，俱此理。人居其间要灵，识此理如何解得。”⑧这就是说，人的思维不能创造规律，但能认识规律和利用规律。所以他借助于《易》来具体阐释了四季的演变规律：

《震》居东，春也。《震》，雷也，万物得雷而萌动焉，故曰：“出乎《震》。”“齐乎《巽》”：《巽》是东南，春夏之交也。《巽》，风也，万物得风而滋长焉，新生之物，齐洁精明，故曰：“万物之洁齐也。”“相见乎《离》”：《离》，南方之卦也，夏也。生物之形至是毕露，文物粲然，故曰“相见”。“致役乎《坤》”：万物皆得地之养，将遂妊实，六七月之交也。万物于是而胎实焉，故曰“致役乎《坤》。”“说言乎

① （宋）陆九渊著，钟哲点校：《陆九渊集》卷34《语录上》，第411页。
② （宋）陆九渊著，钟哲点校：《陆九渊集》卷35《语录下》，第477页。
③ （宋）陆九渊著，钟哲点校：《陆九渊集》卷34《语录上》，第411页。
④ （宋）陆九渊著，钟哲点校：《陆九渊集》卷19《敬斋记》，第228页。
⑤ （清）李颙撰，陈俊民点校：《二曲集》卷3《常州府武进县两庠汇语》，北京：中华书局，1996年，第26页。
⑥ （宋）陆九渊著，钟哲点校：《陆九渊集》卷35《语录下》，第442页。
⑦ （宋）陆九渊著，钟哲点校：《陆九渊集》卷36《年谱》，第490页。
⑧ （宋）陆九渊著，钟哲点校：《陆九渊集》卷35《语录下》，第450页。

《兑》":《兑》，正秋也。八月之时，万物既已成实，得雨泽而说怿，故曰"万物之所说也。""战乎《乾》":《乾》是西北方之卦也。旧谷之事将始,《乾》不得不君乎此也。十月之时，阴极阳生，阴阳交战之时也，龙战乎野是也。"劳乎《坎》":《坎》者，水也，至劳者也。阴退阳生之时，万物之所归也。阴阳未定之时，万物归藏之始，其事独劳，故曰"劳乎《坎》"。"成言乎《艮》"：阴阳至是而定矣。旧谷之事于是而终，新谷之事于是而始，故曰"万物之所成终成始也。"①

陆九渊所使用的解释文本与现代科学之解释文本虽说不同，但就其基本原理而言，应当说他对四季运动规律的描述与现代天文学的解释基本相符。此外，陆九渊运用宋代已有的科研成果对日月食的形成做出了他自己的解释：

黄道者，日所行也。冬至在斗，出赤道南二十四度。夏至在井，出赤道北二十四度。秋分交于角。春分交于奎。月有九道，其出入黄道不过六度。当交则合，故曰交蚀。交蚀者，月道与黄道交也。②

张立文先生解释说："所谓'月道'是指月球在天球视运动的路径，也叫'白道'。月球每月沿白道运行一周，黄道与白道不重合，二者间交角平均为5°9′，陆九渊为6°，相差无几。"③这个事实说明陆九渊不仅实际观测能力很强，而且其数学计算能力也不弱。而他的这种数学计算能力主要反映在他对"一阴一阳"（即"河图""洛书"）的象数化解释上。他说：

太极判而为阴阳，阴阳播而为五行。天一生水，地六成之；地二生火，天七成之；天三生木，地八成之；地四生金，天九成之；天五生土，地十成之。五奇天数，阳也；五偶地数，阴也……阴阳播而为五行，五行即阴阳也。塞宇宙之间，何往而非五行？④

在具体阐释"数偶"与"数奇"的变化时，陆九渊除了吸收或沿用先人的研究成果外，他还直观地意识到了一些"数论"问题：

一与一为二，一与二为三，一与三为四，一与四为五，一与五为六。五，数之祖，故至七则为二与五矣，是一变也。至九而极，故曰七变而为九。数至九则必变，故至十则变为一十，百为一百，千为一千，万为一万，是九复变而为一也。⑤

数偶则齐，数奇则不齐，唯不齐而后有变。故主变者奇也，一、三、五、七、九，数之奇也。一者数之始，未可以言变。自一而三，自三而五，而其变不可胜穷矣。故三五者，数之所以为变者也。⑥

---

① （宋）陆九渊著，钟哲点校：《陆九渊集》卷34《语录上》，第415—416页。
② （宋）陆九渊著，钟哲点校：《陆九渊集》卷34《语录上》，第413页。
③ 张立文：《走向心学之路——陆象山思想的足迹》，第119页。
④ （宋）陆九渊著，钟哲点校：《陆九渊集》卷23《大学春秋讲义》，第281—282页。
⑤ （宋）陆九渊著，钟哲点校：《陆九渊集》卷34《语录上》，第413—414页。
⑥ （宋）陆九渊著，钟哲点校：《陆九渊集》卷21《三五以变错综其数》，第261页。

用现代数学的理论看，“唯不齐而后有变”实际上就是一个素数问题，其中“不齐”可解释为“素数”。所谓素数就是“大于1而又没有真因数的自然数”①，例如2，3，5，7，11，13，17……都是素数。显然陆九渊还不可能从自然数中有意识地推论出素数的概念，因为他只是在奇数的层次来谈论“其变不可胜穷”的无穷问题。但他的基本思路符合数论之“素数有无穷多”②原理。另外，按照张立文先生的理解，陆九渊明确提出“‘一’是变化之始”③的思想，而数论中规定“1，只有自然数1为它的因数”④，这表明陆九渊把“一”作为“数之始”有他的合理性，故“‘一’内涵着奇数和偶数的性质。因为‘一’加上偶数便成奇数，加上奇数便成偶数。如果它不是兼有这两种性质，便没有这种作用”⑤。

所以陆九渊说：“奇偶相寻，变化无穷。”⑥而这正是数论的本质特征。

（2）“俯仰乎天地”的第二层意思是指征自然科学的源流和性质问题。陆九渊说：“数即理也，人不明理，如何明数。”⑦这就是说，理为数之源，数为理之流，而照张立文先生的分析，理在陆九渊的思想体系中大致有六个意思：一是“理”为宇宙万物运动的规律；二是“理”充塞宇宙，似具有外“吾心”之性格，然“吾心”与“理”又通融为一；三是“理”指典章制度和伦理道德；四是“理”之为“理”，人们只能感觉它，而不能改变、创造它；五是“理”能以“不易”应“不穷之变”；六是“理”为合理或不合理，即是非的标准。⑧可见，作为数之源的“理”是客观的自然规律，这样“数”就具有了物质基础。应当承认，就反映论来说，陆九渊肯定了科学知识是对客观物质世界的反映，并主张在认识和掌握了客观物质运动规律的前提下去认识和掌握“数”的自然意义，确实具有一定的唯物性。

在古代，“算历”是数的极致。⑨然而，由于天体运行本身有常有变，因此，历法的制定就只能是随时应变。对此，陆九渊解释说：

> 《尧典》所载惟‘命羲和’一事。盖人君代天理物，不敢不重。后世乃委之星翁、历官，至于推步、迎策，又各执己见以为定法。其它未暇举，如唐一行所造《大衍历》，亦可取，疑若可以久用无差，然未十年而已变，是知不可不明其理也。夫天左旋，日月星纬右转，日夜不止，岂可执一？故汉、唐之历屡变，本朝二百余年，历亦十二三变。⑩

在这里，“理”就是不以人的意志为转移的客观规律，而“理”对于人类的认识能力

① 王元：《谈谈素数》，上海：上海教育出版社，1978年，第1页。
② 王元：《谈谈素数》，第7页。
③ 张立文：《走向心学之路——陆象山思想的足迹》，第136页。
④ 王元：《谈谈素数》，第1页。
⑤ 张立文：《走向心学之路——陆象山思想的足迹》，第135页。
⑥ （宋）陆九渊著，钟哲点校：《陆九渊集》卷2《与朱元晦二》，第29页。
⑦ （宋）陆九渊著，钟哲点校：《陆九渊集》卷35《语录下》，第465页。
⑧ 张立文：《走向心学之路——陆象山思想的足迹》，第94—99页。
⑨ 刘永升主编：《文心雕龙》，北京：大众文艺出版社，2010年，第55页。
⑩ （宋）陆九渊著，钟哲点校：《陆九渊集》卷35《语录下》，第431页。

来说，人们既不能改变它，也不能穷尽它，所以“唐一行所造《大衍历》，亦可取，疑若可以久用无差，然未十年而已变”，原因是人们“不明其理”，就是不明人类认识的有限性和真理的相对性这个“理”。在此，陆九渊站在物质统一性的视角去看待科学知识相对于客观规律的关系，并提出了科学认识作为一种相对真理则具有近似性的特点，这个认识在当时是非常了不起的。

（3）“俯仰乎天地”的第三层意思是关注民生，“研究物理”。[①]在南宋，有论者认为“民告官”的权力基本上能得到保障。[②]因此，时人吴势卿曾发出“官终弱，民终强”[③]的感慨。然而，这仅仅是事物发展的一个方面。因为对于南宋官场的现状，陆九渊却时时感觉并不乐观：“今时郡县能以民为心者绝少，民之穷困日甚一日。抚字之道弃而不讲，掊敛之策日以益滋。”[④]在当时，最让陆九渊忧心的应是“民之穷困”问题，在陆九渊看来，解决“民之穷困”问题的根本是，注重农田建设、发展农业生产，他曾以江东与江西农田建设的基本情况为例，说明了因地制宜对于发展农业生产的积极作用：

> 江东西田分早晚，早田者种占早禾，晚田种晚大禾。此间（指鄂西地区）田不分早晚，但分水陆。陆田者，只种麦豆麻粟，或莳蔬栽桑，不复种禾；水田乃种禾。此间陆田，若在江东西，十八九为早田矣。水田者，大率仰泉，在两山之间，谓之浴田，实谷字俗书从水。江东西谓之源田，潴水处曰堰，仰溪流者亦谓之浴，盖为多在低下，其港陂亦谓之堰。江东西陂水，多及高平处。此间则不能，盖其为陂，不能如江东西之多且善也。[⑤]

陆九渊在实地考察后发现，鄂西之地有“不修陂池，不事耘耨”者，原因是“此地惰习”，故他决心“措置革此习”。[⑥]同时，针对土地高度集中的现实，他提出了“损上益下”的“减租”措施。因为“‘百姓足，君孰与不足’，‘损下益上谓之损，损上益下谓之益’，理之不易者也”。[⑦]

在工程建筑方面，陆九渊也表现出卓越不凡的科学才能。如《年谱》绍熙二年条载：

> 荆门素无城壁，先生以为此自古战争之场，今为次边，在江汉之间，为四集之地，南捍江陵，北援襄阳，东护随郢之胁，西当光化夷陵之冲。荆门固则四邻有所恃，否则有背胁腹心之虞……虽四山环合，易于备御，义勇四千，强壮可用，而仓廪藏库之间麋鹿可至。累议欲修筑子城，惮重费不敢轻举。先生审度决计，召集义勇，优给庸直，躬自劝督，役者乐趋，竭力工倍，二旬讫筑。初计者拟费缗钱二十万，至是仅费缗钱五千而土工毕。后复议成砌三重，置角台，增二小门，上置敌楼、冲天

---

① （宋）陆九渊著，钟哲点校：《陆九渊集》卷35《语录下》，第440页。
② 吴钩：《一位南宋法官感慨：“官终弱，民终强”》，《南方周末》2018年5月24日。
③ （宋）吴势卿：《治豪横惩吏奸自是两事判》，曾枣庄、刘琳主编：《全宋文》第349册，第17页。
④ （宋）陆九渊著，钟哲点校：《陆九渊集》卷7《与陈倅一》，第98页。
⑤ （宋）陆九渊著，钟哲点校：《陆九渊集》卷16《与章德茂三》，第205页。
⑥ （宋）陆九渊著，钟哲点校：《陆九渊集》卷16《与章德茂四》，第206页。
⑦ （宋）陆九渊著，钟哲点校：《陆九渊集》卷5《与赵子直》，第70页。

渠、荷叶渠、护险墙之制毕备，才费缗钱三万。①

在我国古代，人们把知识划分为“形而上”（道）与“形而下”（器）两大部分，其中“形而上”大致包括今日之哲学社会科学知识；而“形而下”则大体包括今日之自然科学和技术科学知识，并且这两大知识体系之界限可以说是“泾渭分明”。与此不同，陆九渊主张“道器合一”，也就是不主张把社会科学与自然科学分得那么清楚，朱熹就曾批评陆九渊说：“直以阴阳为形而上者，则又昧于道器之分矣。”②既然如此，那陆九渊为什么还非要“昧于道器之分”呢？那是因为他担心道器一旦分离就会出现“不由其道而利其器，则为无道矣”③的后果，即自然科学如果失去社会科学的指导，它就很容易变成一种灾难性的破坏力量。所以林继平在解读陆九渊的“道器合一”思想的现代意义时，深有感触地说：

> 象山自称其学为“理学”，它的内涵，细剖之，实包涵天理（即本体心——可实证的形上学）、人理（情理与事理）和物理（含有今日广义的物理，或自然真理）三大系统，可代表中国人文思想的全幅轮廓。而科学所探讨的物理，实居于理境的最低层次，亦即在全幅中国人文思想里，只能就思想的表层占据一重要位置。在它之上，还有人理和天理，亦各占其应有的位置，是为人文真理构成的主要部份。必须以人文真理主导自然真理，自然科学才能造福于人群；不然，自然真理如果没有合理有效的控制、或被少数野心家利用控制，满足一己之私欲，那世界人类、文化、连科学自身，最终恐怕只有毁灭之一途。故自然真理的功能诚然伟大，但为福为祸，实非其自身所能决定，完全听命于人文真理的主导、控制，以及如何运用自己。至于价值评定，已如前说，应以人生主体为中心来观察。我们如对自然真理的层境、位置、功能及其价值评定，能作上述认识后，即可具体说明中国科学如何发展的问题。④

3. “发明本心”的方法论

从“发明本心”的方法而言，其第一步是“直观”，第二步才是“格物”。

陆九渊说：“此理在宇宙间，何尝有所碍？是你自沉埋，自蒙蔽，阴阳地在个陷阱中，更不知所谓高远底。要决裂破陷阱，窥测破个罗网。”⑤这个“窥测”就是一种“禅学”意义上的“顿悟”或“直观”。《陆九渊集·语录下》载：

> 先生举“公都子问钧是人也”一章云：“人有五官，官有其职，某因思是便收此心，然惟有照物而已。”他日侍座无所问，先生谓曰：“学者能常闭目亦佳。”某因此无事则安坐瞑目，用力操存，夜以继日。如此者半月，一日下楼，忽觉此心已复澄莹。中立窃异之，遂见先生。先生目逆而视之曰：“此理已显也。”某问先生：“何以

① （宋）陆九渊著，钟哲点校：《陆九渊集》卷33《象山先生行状》，第391—392页。
② （宋）朱熹撰，郭齐、尹波点校：《朱熹集》卷36《答陆子静》，第1576页。
③ （宋）陆九渊著，钟哲点校：《陆九渊集》卷36《年谱》，第505页。
④ 林继平：《陆象山研究》，第296—297页。
⑤ （宋）陆九渊著，钟哲点校：《陆九渊集》卷35《语录下》，第452页。

知之？”曰：“占之眸子而已。”①

所以“一蔽既彻，群疑尽亡”②。

在人类目前的三大思维领域里，只有“直觉思维”是既非逻辑性的，也非形象性的，因此之故，人们往往依据“直觉思维”的两个状态特征（①人的注意力完全集中在创造的对象上；②思维结果带有突然性）来认识和把握“直觉思维”的性质与功能。与此不同，陆九渊则特别强调“直觉思维”的实践性。在陆九渊看来，“直觉思维”只有在艰苦的劳动之后才有可能出现。首先，“用力操存，夜以继日”是前提，这说明“直觉思维”是一个相对稳定和持久的思维过程。其次，“直觉思维”是人类认识活动由“遮蔽”到“去蔽”的关节点，是思维活动的一次质的飞跃，这就是“如此者半月，一日下楼，忽觉此心已复澄莹”一句话的意思，而禅学把它称之为“机锋”。有人说：

> 禅宗所特有的“机锋”方法，在陆九渊的心学中也有表现。禅宗不著文，对自己思想观点的理论阐述也主要不靠文字；禅宗主顿悟，其思想体系中的逻辑推理也很少见。这样，禅宗不得不寻求文字以外和推理以外的表达思想观点的方法，“机锋”就是这样产生的。它常常用即境举例、动作示意等办法以偏概全地在问法者的脑中造成某种形象，促其发生跳跃式的联想，达到所谓豁然“顿悟”的境界。③

确实，陆九渊在他的思维世界里运用“机锋”（即“发明本心”的“直观法”）方法非常熟练，可谓游刃有余。如《宋元学案·象山学案》曾载：

> 四明杨敬仲，时主富阳簿，摄事临安府中，始承教于先生。及反富阳，先生过之，问“如何是本心？”先生曰：“恻隐，仁之端也。羞恶，义之端也。辞让，礼之端也。是非，智之端也。此即是本心。”对曰：“简（即杨敬仲）儿时已晓得，毕竟如何是本心？”凡数问，先生终不易其说，敬仲亦未省。偶有鬻扇者讼至于庭，敬仲断其曲直讫，又问如初。先生曰：“闻适来断扇讼，是者知其为是，非者知其为非，此即敬仲本心。”敬仲大觉，忽省此心之无始末，忽省此心之无所不通。先生尝语人曰：“敬仲可谓一日千里。”④

当然，陆九渊绝不会如此简单地把他的思想归结为“禅学”。

陆九渊对“物理”之学也颇用功。“物理”之学在二程那里也称作“格物”之学，二程说：“格犹穷也，物犹理也，犹曰穷其理而已也。”⑤陆九渊在与其学生的对话中对“格物”之学则作了如下解释：“伯敏云：‘如何样格物？’先生云：‘研究物理。’伯敏云：‘天下万物不胜其繁，如何尽研究得？’先生云：‘万物皆备于我，只要明理。然理不解自明，须是隆师亲友。’”⑥把“研究物理”的第一步归之于“隆师”，显然是一种“后天之

---

① （宋）陆九渊著，钟哲点校：《陆九渊集》卷35《语录下》，第471页。
② （宋）陆九渊著，钟哲点校：《陆九渊集》卷34《语录上》，第408页。
③ 侯外庐等主编：《宋明理学史》上，第572页。
④ （清）黄宗羲原著，（清）全祖望补修，陈金生、梁运华点校：《宋元学案》卷58《象山学案》，第1915页。
⑤ （宋）程颢、程颐著，王孝鱼点校：《二程集》上册，第316页。
⑥ （宋）陆九渊著，钟哲点校：《陆九渊集》卷35《语录下》，第440页。

学”。而“后天之学”说到底就是由感性认识上升到理性认识的工夫，也是由生活实践到科学实践的“格物”过程。陆九渊说：

> 然人之生也，不能皆上智不惑。气质偏弱，则耳目之官，不思而蔽于物，物交物，则引之而已。①

“物交物”是一种感性认识，而在陆九渊看来，感性认识有两个方面的作用：

其一，作为理性认识的前提而存在。如陆九渊说：“《中庸》言博学、审问、慎思、明辨，是格物之方。”②在这里，“博学、审问”属于感性认识，而“慎思、明辨”则属于理性认识，所以“格物”就是感性认识和理性认识的统一，张立文先生认为只要陆九渊沿着这条路走下去就有可能走向“主客统一”③。

其二，由于感性认识容易“蔽于物”，因而很可能就陷入为物所役的境地，而一旦人们的感性认识被物所“遮蔽”，其产生的直接后果就是“其心之所主，无非物欲而已矣”④，且“夫权皆在我，若在物，即为物役矣”⑤。

那么，人们如何能够做到“役物”而不是“役于物”呢？陆九渊认为：

> 学所以开人之蔽而致其知，学而不知其方，则反以滋其蔽。⑥

学习的方法既然如此重要，陆九渊就不能不高度重视了。故他说：

> 学问之道无他，求其放心而已矣。⑦

其具体步骤为：

> 盖《履》之为卦，上天下泽，人生斯世，须先辨得俯仰乎天地而有此一身，以达于所履。其所履有得有失，又系于谦与不谦之分。谦则精神浑收聚于内，不谦则精神浑流散于外。惟能辨得吾一身所以在天地间举错动作之由，而敛藏其精神，使之在内而不在外，则此心斯可得而复矣。次之以常固，又次之以损益，又次之以困。盖本心既复，谨始克终，曾不少废，以得其常，而至于坚固。私欲日以消磨而为损，天理日以澄莹而为益。⑧

可见，“履”是“发明本心”的起点，而“复”是“发明本心”的终点，也是“求其放心”的最后归宿。不过，在陆九渊的这个逻辑序列中，“谦”既是联系“履”与“复”之间的中间环节，也是其“格物”思想的基本内核。从方向上看，“谦”是由外向内求的过程，也是一种“剥落”的内省工夫。他说：

---

① （宋）陆九渊著，钟哲点校：《陆九渊集》卷32《拾遗》，第374页。
② （宋）陆九渊著，钟哲点校：《陆九渊集》卷34《语录上》，第411页。
③ 张立文：《走向心学之路——陆象山思想的足迹》，第167页。
④ （宋）陆九渊著，钟哲点校：《陆九渊集》卷32《拾遗》，第374页。
⑤ （宋）陆九渊著，钟哲点校：《陆九渊集》卷35《语录下》，第464页。
⑥ （宋）陆九渊著，钟哲点校：《陆九渊集》卷20《送杨通老》，第244页。
⑦ （宋）陆九渊著，钟哲点校：《陆九渊集》卷32《学问求放心》，第373页。
⑧ （宋）陆九渊著，钟哲点校：《陆九渊集》卷36《年谱》，第490—491页。

人心有病，须是剥落。剥落得一番，即一番清明，后随起来，又剥落，又清明，须是剥落得净尽方是。[①]

“人心”为什么须要“剥落”？陆九渊认为人们的感性认识往往为“物”所“役”，其物欲的膨胀则使人心浮躁而不安，“蔽理溺心”[②]，而“欲（物欲）之多，则心之存者必寡”[③]，故“欲去则心自存矣”[④]。在陆九渊看来，读书并不是“去蔽”的最好方式，“其所谓学问者，乃转为浮文缘饰之具，甚至于假之以快其遂私纵欲之心，扇之以炽其伤善败类之焰，岂不甚可叹哉！”[⑤]所以陆九渊倡导“穷究磨炼，一朝自省”[⑥]的“存养”法，他说：“大抵讲明、存养自是两节。”[⑦]也就是说“讲明”可以通过读书来完成，因为它属于形而下的知识层次，而“存养”不可以通过读书来完成，因为它属于形而上的本体层次，同康德的“物自体”一样，陆九渊认为“本心”[⑧]也是知识所不能认识和把握的东西，如若不然，则人们距离“本心”就会愈来愈远，即如“铢铢而称，至石必谬，寸寸而度，至丈必差”[⑨]，所以认识“本心”的途径只有依靠“自省”，依靠长期不懈的“穷究磨炼”。陆九渊说：“未可归之禀赋，罪其懈怠也。”[⑩]又说：“自得、自成、自道，不倚师友载籍。”[⑪]此与康德的思想有所不同，因为陆九渊没有在形而上的本心与形而下的知识之间设置一条不可逾越的鸿沟。

二、朱熹与陆九渊科学思想的比较

陆九渊与朱熹的思想比较是宋学研究的一大热点，也是理解宋明理学的难点所在，因为他们俩人都是从二程理学中分化而来，是理学内部的思想对峙。也许正因为如此，朱陆之间的思想比较才成为无论是治陆学者还是治朱学者都不能回避的问题。事实上，朱陆之辨早已成为绵延了八百多年的一桩学术公案，其所辨内容几乎囊括了宋明道德形上学[⑫]的所有基本问题，所以从它所造成的影响看，陆九渊与朱熹的思想比较则不仅是中国宋明理学发展的一条轴线，而且也是日本、朝鲜等东亚儒学思想发展演变的一条中心线索。因此，从科学思想的视角来对陆九渊与朱熹思想加以比较，对于正确理解和把握宋明科学发展的历史脉络不无裨益。

---

① （宋）陆九渊著，钟哲点校：《陆九渊集》卷35《语录下》，第458页。
② （宋）陆九渊著，钟哲点校：《陆九渊集》卷1《与邓文范一》，第11页。
③ （宋）陆九渊著，钟哲点校：《陆九渊集》卷32《养心莫善于寡欲》，第380页。
④ （宋）陆九渊著，钟哲点校：《陆九渊集》卷32《养心莫善于寡欲》，第380页。
⑤ （宋）陆九渊著，钟哲点校：《陆九渊集》卷32《拾遗》，第373页。
⑥ （宋）陆九渊著，钟哲点校：《陆九渊集》卷35《语录下》，第466页。
⑦ （宋）陆九渊著，钟哲点校：《陆九渊集》卷7《与彭子寿》，第91页。
⑧ （宋）陆九渊著，钟哲点校：《陆九渊集》卷19《敬斋记》，第227页。
⑨ （宋）陆九渊著，钟哲点校：《陆九渊集》卷10《与詹子南》，第140页。
⑩ （宋）陆九渊著，钟哲点校：《陆九渊集》卷7《与彭子寿》，第91页。
⑪ （宋）陆九渊著，钟哲点校：《陆九渊集》卷35《语录下》，第452页。
⑫ 张立文：《和合是中国人文精神的精髓》，《人文中国学报》第1辑，香港，1995年。

1. 自然观的比较

从朱熹与陆九渊的思想发展历程看，他们俩人对“太极”问题的辩论，集中反映了他们自然观的不同。众所周知，朱熹特别推崇周敦颐的《太极图说》，但他似乎更愿意把《太极图说》看作是借以发挥其理学思想的一个文本，这主要体现在他对《太极图说》原义的修改上。周敦颐《太极图说》云：

太极动而生阳，动极而静，静而生阴，静极复动。一动一静，互为其根。分阴分阳，两仪立焉。阳变阴合而生水、火、木、金、土。五气顺布，四时行焉。①

这是周敦颐的宇宙生成模式，也是他自然观的根本。但究竟应当如何诠释“太极”的创始地位？朱熹与陆九渊颇有歧异。其歧异的原因大概跟宋代学界业已形成的两种思潮有关：一种是道学思潮，另一种是佛学思潮。考宋代的学者大多跟佛道有缘，朱熹与陆九渊亦不例外，清人罗聘云：“宋之大儒有著脚佛门者，若指其人，则人人皆似。”②在朱熹看来，“太极”的理念实与禅宗的境界相通，而他最感不安的地方恰恰就在这里，所以他对宋代道学的经典文献《太极图说》做了如下修改：

无极而太极。太极动而生阳，动极而静，静而生阴，静极复动。一动一静，互为其根。分阴分阳，两仪立焉。阳变阴合而生水、火、木、金、土。五气顺布，四时行焉。③

朱熹的用意非常明显，他就是要将佛学扫地出门，从而使道学变成纯粹的理性之花。可是性格倔强且对佛学情有独钟的陆九渊无论如何不能接受朱熹的观点，他认为：

盖《通书·理性命章》，言中焉止矣。二气五行，化生万物，五殊二实，二本则一。曰一，曰中，即太极也，未尝于其上加无极字。《动静章》言五行、阴阳、太极，亦无无极之文。④

对于为什么不能在“太极”之前再追加“无极”两字，陆九渊的观点是：“《通书》言太极不言无极，《易大传》亦只言太极不言无极。若于太极上加无极二字，乃是蔽于老氏之学。”⑤陆九渊的用意也很明确，他担心周敦颐的理学思想与老子的学说发生瓜葛，因此他说“无极而太极”是“蔽于老氏之学”。那么，朱熹与陆九渊为什么会出现如此大的思想分歧呢？原来朱熹与陆九渊虽说同出一门，但他们对南宋社会的具体感受是不同的。史学界曾围绕着宋代皇权与相权的关系问题，形成了宋代皇权强相权弱、相权强皇权弱及皇相权都有所加强三派不同的观点。从学理上讲，三派观点各有千秋，互有长短。但从南宋特定的社会历史条件来看，他们在界定南宋皇权渐趋没落这一点上，几乎是一致的。朱熹

---

①（宋）周敦颐著，谭松林、尹红整理：《周敦颐集》，第4—5页。

②（清）罗聘：《正信录·宋儒都从禅学中来》，王孺童：《王孺童集》第15卷《正信录校释》，北京：宗教文化出版社，2018年，第184—185页。

③（宋）周敦颐著，谭松林、尹红整理：《周敦颐集》，第3—5页。

④（宋）陆九渊著，钟哲点校：《陆九渊集》卷2《与朱元晦》，第22页。

⑤（宋）陆九渊著，钟哲点校：《陆九渊集》卷15《与陶赞仲》，第192页。

说："天下者，天下之天下，非一人之私有。"[①]很显然，这种声音只有在皇权没落的情况下才能从士大夫的口中流露出来。因此，它是传达南宋皇权没落的一种真实信息，故朱熹注重阐释"理"的客观性的那一面。而陆九渊对宋代的皇权则充满了自信，他说："君之心，政之本"[②]，而"今圣天子重明于上，代天理物，承天从事，皇建其极"[③]。这样，为了与他们各自的政治主张相统一，朱熹和陆九渊在宇宙的生成和演化问题上便出现了分歧。如果我们把周敦颐的"太极动而生阳"作为一条分界线，那么朱熹则明显地向前走了一大步，而陆九渊仍然维持在周敦颐所规定的思想层面，即"心"与"性"的层面。在陆九渊看来，"太极"即是"理"，"盖'极'者，'中'也"。[④]他说：

> 极亦此理也，中亦此理也，五居九畴之中而曰皇极，岂非以其中而命之乎？民受天地之中以生，而《诗》言"立我蒸民，莫匪尔极"，岂非以其中命之乎？《中庸》曰："中也者，天下之大本也，和也者，天下之达道也，致中和，天地位焉，万物育焉。"此理至矣，外此岂更复有太极哉？[⑤]

由此而推至宇宙之构成，陆九渊认为："心即理也。"[⑥]故"万物森然于方寸之间，满心而发，充塞宇宙，无非此理"[⑦]。这种把"心"看作是宇宙根本的理念，在实践上容易导致个人主义和集权主义的恶性膨胀，容易产生破坏社会秩序之极端后果，所以朱熹想寻找一种制约个人主义泛滥的物质手段，因此他不得不对"太极"这个本身具有主观意义的核心概念加以积极的然而也是客观的限制，而"无极"不仅是对"太极"的否定，而且还是描述宇宙生成演化过程的物质量纲。所以朱熹比陆九渊的高明之处就在于前者把宇宙的形成看成是一个客观的同时也是可以用物质量加以描述的运动过程。他说：

> 未有天地之先，毕竟是先有此理。动而生阳，亦只是理；静而生阴，亦只是理。[⑧]
> 谓之"动而生"，"静而生"，则有渐次也。[⑨]

而"未有天地之先"的"理"其实就是"无极"，朱熹说：

> 不言无极，则太极同于一物而不足为万化根本；不言太极，则无极沦于空寂而不能为万化根本。[⑩]

对于事物内部的矛盾运动而言，肯定的方面（太极）与否定的方面（无极）是其存在和发展的根本动力，而辩证法的否定之否定规律就是说明事物的发展不仅是渐次的和有秩

---

① （宋）朱熹编撰：《四书章句集注·孟子集注》，第274页。
② （宋）陆九渊著，钟哲点校：《陆九渊集》卷30《政之宽猛孰先论》，第356页。
③ （宋）陆九渊著，钟哲点校：《陆九渊集》卷23《荆门军上元设厅皇极讲义》，第284页。
④ （宋）陆九渊著，钟哲点校：《陆九渊集》卷2《与朱元晦二》，第28页。
⑤ （宋）陆九渊著，钟哲点校：《陆九渊集》卷2《与朱元晦二》，第28页。
⑥ （宋）陆九渊著，钟哲点校：《陆九渊集》卷11《与李宰二》，第149页。
⑦ （宋）陆九渊著，钟哲点校：《陆九渊集》卷34《语录上》，第423页。
⑧ （宋）黎靖德编，王星贤点校：《朱子语类》卷1《理气上》，第1页。
⑨ （宋）黎靖德编，王星贤点校：《朱子语类》卷94《周子之书》，第2367页。
⑩ （宋）朱熹撰，郭齐、尹波点校：《朱熹集》卷36《答陆子静》，第1576页。

序的，而且是曲折的和上升的。朱熹将“无极”看成是否定“太极”的方面，从而赋予它“动力因”的意义，这是他对二程理学思想的一次超越，也是南宋理学自我更新的一种必然结果。按照朱熹的思想逻辑，心—物是个矛盾的统一体，而不是像陆九渊那样把心看成是物的决定因，所以在朱熹看来，“心”不是一个“无限者”而是一个“有限者”，受制约者，而这个制约它的客观存在就是“物”，就是“无极”。这是朱熹自然观的第一个层面，也是他特有的思想文本。

由无极而太极，即是宇宙自身发展的历史阶段，同时也是朱熹自然观的第二个层面。而这个层面是朱陆思想中共有的东西。朱熹说：

> 太极如一木生上，分而为枝干，又分而生花生叶，生生不穷。到得成果子，里面又有生生不穷之理，生将出去，又是无限个太极，更无停息。①

可见，“太极”从“无极”中继承了“生生不穷”的运动本质，即“太极之有动静，是天命之流行也”②。在这里，所谓“生生不穷”的运动本质就是“性”，这是朱熹的又一发明。他说：

> 盖所谓性，即天地所以生物之理，所谓“维天之命，于穆不已，大哉乾元，万物资始”。③
>
> 因问：“《太极图》所谓‘太极’，莫便是性否？”曰：“然。此是理也。”问：“此理在天地间，则为阴阳，而生五行以化生万物；在人，则为动静，而生五常以应万事。”曰：“动则此理行，此动中之太极也；静则此理存，此静中之太极也。”④

又说：

> 太极便是性，动静阴阳是心。⑤

因此，从无极而太极而万物，其实就是由物而性而心的运动变化过程，这样在朱熹看来，“心”就不是宇宙万物的“本体”了，而“心”只是物质运动发展的一个历史阶段，是宇宙自组织系统中的一个环节。而这一点跟陆九渊就有很大的差别了。

2. 科学观的比较

从科学观与自然观的相互关系看，科学观是自然观的基础，而科学观要以自然观为指导。所以无论陆九渊还是朱熹都把唐宋以来的自然科学成果作为他们建构其思想体系的重要材料，如朱熹说：“日月之说，沈存中《笔谈》中说得好，日食时亦非光散，但为物掩耳。”⑥又说：“近校得《步天歌》颇不错，其说虽浅而词甚俚，然亦初学之阶梯也。”⑦这些事例表明朱熹非常关注宋代科学的发展状况，并注意从中吸收思想营养。而陆九渊对唐

---

① （宋）黎靖德编，王星贤点校：《朱子语类》卷75《易十一》，第1931页。
② （宋）周敦颐著，谭松林、尹红整理：《周敦颐集》，第4页。
③ （宋）朱熹撰，郭齐、尹波点校：《朱熹集》卷43《答李伯谏》，第2016页。
④ （宋）黎靖德编，王星贤点校：《朱子语类》卷94《周子之书》，第2371页。
⑤ （宋）黎靖德编，王星贤点校：《朱子语类》卷94《周子之书》，第2379页。
⑥ （宋）朱熹撰，郭齐、尹波点校：《朱熹集》卷47《答吕子约》，第2278页。
⑦ （宋）朱熹撰，郭齐、尹波点校：《朱熹集》卷44《答蔡季通》，第2065页。

宋以来的天文历法发展状况说过下面的话：

> 《尧典》所载惟“命羲和”一事。盖人君代天理物，不敢不重。后世乃委之星翁、历官，至于推步、迎策，又各执己见以为定法。其他未暇举，如唐一行所造《大衍历》，亦可取，疑若可以久用无差，然未十年而已变，是知不可不明其理也。夫天左旋，日月星纬右转，日夜不止，岂可执一？故汉唐之历屡变，本朝二百余年，历亦十二三变。①

还有：

> 一行数妙甚，聪明之极，吾甚服之。②

在这里，我们所征之史料，实际上包含着两层意思，第一层意思是前人的科学成果是朱陆构建其思想体系的重要基石；第二层意思是朱陆继承了自《易传》以来中国传统的“天人合一”思想，把天文学作为他们科学研究的第一要义。

所以就他们在这方面的可比性而言，陆九渊和朱熹在二程理学的大背景下对中国传统天文学的感悟和着眼点有相同之处。具体归纳起来，可以总结为三个方面：

其一，用八卦来解释四季的运动变化规律。陆九渊的论述已见于前节，而朱熹的论述则大量出现在《朱子语类•易》卷里，如他以复、临、泰、大壮、夬、干、姤、遁、否、观、剥、坤分别与十一月、十二月、一月、二月、三月、四月、五月、六月、七月、八月、九月、十月相配，金永植先生在考察其如此搭配的客观依据时说：“六十四卦与十二月相配，则是以阳爻代表阳气（暖）、阴爻代表阴气（寒），此说把天地间分成六层，每一爻都与各层的‘气’相应。一年则用从坤卦（十月）到乾卦（四月）阴爻被阳爻取代，再从乾卦到坤卦阳爻被阴爻取代的过程来解释。”③

其二，他们对天体运行特别是月亮盈亏的变化作了大体相近的理解。如陆九渊说：“黄道者，日所行也。冬至在斗，出赤道南二十四度。夏至在井，出赤道北二十四度。秋分交于角。春分交于奎。月有九道，其出入黄道不过六度。当交则合，故曰交蚀。交蚀者，月道与黄道交也。”④而朱熹对此之解释是：“日之南北虽不同，然皆随黄道而行耳。月道虽不同，然亦常随黄道而出其旁耳。其合朔时，日月同在一度；其望日，则日月极远而相对；其上下弦，则日月近一而远三。（如日在午，则月或在卯，或在酉之类是也。）故合朔之时，日月之东西虽同在一度，而月道之南北或差远，于日则不蚀。或南北虽亦相近，而日在内，月在外，则不蚀。”⑤

其三，赋予宇宙天体以“数”的意义。虽然陆朱都没有将“数”推崇为世界的本源，但是他们从“河图”“洛书”的角度把“一”至“十”这十个自然数看成是一种生成天地

① （宋）陆九渊著，钟哲点校：《陆九渊集》卷35《语录下》，第431页。
② （宋）陆九渊著，钟哲点校：《陆九渊集》卷35《语录下》，第464页。
③ ［韩］金永植：《朱熹的自然哲学》，潘文国译，第94页。
④ （宋）陆九渊著，钟哲点校：《陆九渊集》卷34《语录上》，第413页。
⑤ （宋）朱熹撰，郭齐、尹波点校：《朱熹集》卷45《答廖子晦》，第2192页。

的自然力量，因此朱熹有“天地生数”[①]之说，而陆九渊也有“九畴之数”[②]的主张。

当然，在具体论述“数”的创生意义时，朱陆的观点略有不同。其最大的不同就是朱熹特别推崇“五”与“十”的创生意义，他把“五”看成是“生数之极”，而把“十”看成是“成数之极”。[③]陆九渊则认为“一”是变化之端，故他说：“一变而为七，七变而为九，九复变而为一者。”[④]甚至陆九渊还把“一”抬高到“太极”的地位，如他在评述《通书・理性命章》中的一句话时说：“二气五行，化生万物，五殊二实，二本则一。曰一，曰中，即太极也。”[⑤]据此，张立文先生认为陆九渊关于“一”的思想至少有两层意思：一层意思是“一”是数之始，千变万化的数都以“一”为根本，另一层意思是“一以包两”[⑥]，我们认为张先生之说是很有见地的。

与其丰富的天文学思想相比，虽然朱陆的地学思想略有逊色，但也不是乏善可陈。如朱熹不仅提出了“地壳火成说”[⑦]，而且还对沈括关于地表升降现象问题作了更加深入的阐述。[⑧]再如，朱熹亲自用胶泥制作了立体地图模型，并通过实地考察纠正了《禹贡》中许多附会之处。故李约瑟先生称：“朱熹是一位深入观察各种自然现象的人。”[⑨]

对于宇宙生命来说，朱熹和陆九渊从各自的认识论出发，肯定了人类在自然界中的独特地位和作用。如朱熹云：“以其理而言之，则万物一原，固无人物贵贱之殊；以其气而言之，则得其正且通者为人，得其偏且塞者为物。”[⑩]同时朱熹还在认知的层面指出了人与动物的区别，他说：“物物运动蠢然，若与人无异。而人之仁义礼智之粹然者，物则无也。”[⑪]在这里，朱熹进一步显示了他崇尚理性的思想魅力。而陆九渊更把人的地位抬高到“天理”的层面，他认为：“人心至灵，此理至明，人皆有是心，心皆具是理。”[⑫]又说：“义理之在人心，实天之所与，而不可泯灭焉者也。彼其受蔽于物而至于悖理违义，盖亦弗思焉耳。”[⑬]由此可见，朱熹与陆九渊在人类具有科学理性这一点上是相同的，但对于人类科学产生的机制却有不同的认识。其中朱熹认为人类科学的产生有两种途径，即感觉与直觉。在朱熹看来，感觉源于五官，而直觉则源于心之官。他说：“聪明视听，作为运用，皆是有这知觉。”[⑭]这个“知觉”实际上就是人类的感觉功能和感性认识，它属于认识的低级阶段，这是一个方面。另一方面，朱熹把思维的功能归之于心，他说：“心则能

---

① （宋）黎靖德编，王星贤点校：《朱子语类》卷 65《易一》，第 1611 页。
② （宋）陆九渊著，钟哲点校：《陆九渊集》卷 34《语录上》，第 413 页。
③ （宋）黎靖德编，王星贤点校：《朱子语类》卷 75《易十一》，第 1916 页。
④ （宋）陆九渊著，钟哲点校：《陆九渊集》卷 34《语录上》，第 413 页。
⑤ （宋）陆九渊著，钟哲点校：《陆九渊集》卷 2《与朱元晦一》，第 22 页。
⑥ 张立文：《走向心学之路——陆象山思想的足迹》，第 135 页。
⑦ （宋）黎靖德编，王星贤点校：《朱子语类》卷 1《理气上》，第 7 页。
⑧ （宋）黎靖德编，王星贤点校：《朱子语类》卷 94《周子之书》，第 2373 页。
⑨ ［英］李约瑟：《雪花晶体的最早观察》，潘吉星主编：《李约瑟文集》，第 521 页。
⑩ （宋）黎靖德编，王星贤点校：《朱子语类》卷 4《性理一》，第 59 页。
⑪ （宋）黎靖德编，王星贤点校：《朱子语类》卷 4《性理一》，第 56 页。
⑫ （宋）陆九渊著，钟哲点校：《陆九渊集》卷 22《杂说》，第 273 页。
⑬ （宋）陆九渊著，钟哲点校：《陆九渊集》卷 32《拾遗》，第 376 页。
⑭ （宋）黎靖德编，王星贤点校：《朱子语类》卷 60《孟子十》，第 1430 页。

思，而以思为职。凡事物之来，心得其职，则得其理，而物不能蔽。”①而心对于知识的意义则是忽然“自理会得”②，这忽然“自理会得”就是人类思维中的直觉思维。陆九渊虽然也讲“知觉之心”，但他认为科学知识仅仅是发明“本心”的产物，张立文先生将此称之为“直觉方法”③。

3. 方法论的比较

陆九渊作为“心学”的重要代表人物，他对人类命运的格外关注是理所当然的。陆九渊为此专门作了《天地之性人为贵论》，他说：

> 人生天地之间，禀阴阳之和，抱五行之秀，其为贵孰得而加焉。④

在人类知识的来源问题上，陆九渊提出了“本心”说。袁燮在《象山先生文集序》中述陆九渊的知识学思想时说：“学问之要，得其本心而已。”⑤陆九渊自己则说：“人皆有是心，心皆具是理，心即理也。”⑥故汪奠基认为：“从思维认识来说，他（指陆九渊）当然否认人们的思维意识反映客观事物和现象的规律这一真理，而真正的客观规律性的知识，在他看来只能是存在于人们观念之中的东西。人们不是要向客观物质世界探求真理，而是要能‘反省内求’。”⑦但究竟怎么去“求”，陆九渊的观点是：

> 墟墓兴哀宗庙钦，斯人千古不磨心。涓流积至沧溟水，拳石崇成泰华岑。易简工夫终久大，支离事业竟浮沉。欲知自下升高处，真伪先须辨只今。⑧

在这首诗中，陆九渊把“易简工夫”看成是为学之要方，同时也是他与朱熹之“支离”事业矛盾冲突的焦点。实际上，“易简工夫”与“支离”事业的关键区别就是如何对待书本知识，是“挈其总要”还是埋头于书堆“以学术杀天下”。⑨《陆九渊集·语录上》录有下面一段记载：

> 先生云：“后世言道理者，终是粘牙嚼舌。吾之言道，坦然明白，全无粘牙嚼舌处，此所以易知易行。”或问先生：“如此谈道，恐人将意见来会，不及释子谈禅，使人无所措其意见。”先生云：“吾虽如此谈道，然凡有虚见虚说，皆来这里使不得。所谓德行常易以知险，恒简以知阻也。今之谈禅者虽为艰难之说，其实反可寄托其意见。吾于百众人前，开口见胆。”⑩

现代科学实践证明，人类的创新思维具有多样性，正如事物的存在方式具有多样性一

① （宋）朱熹：《四书纂疏·孟子纂疏》卷11，朱杰人、严佐之、刘永翔主编：《朱子全书》第6册，第407页。
② （宋）黎靖德编，王星贤点校：《朱子语类》卷49《论语三十一》，第1207页。
③ 张立文：《走向心学之路——陆象山思想的足迹》，第176页。
④ （宋）陆九渊著，钟哲点校：《陆九渊集》卷30《程文》，第347页。
⑤ （宋）陆九渊著，钟哲点校：《陆九渊集·附录一》，第536页。
⑥ （宋）陆九渊著，钟哲点校：《陆九渊集》卷11《与李宰二》，第149页。
⑦ 汪奠基：《中国逻辑思想史》，武汉：武汉大学出版社，2012年，第299页。
⑧ （宋）陆九渊著，钟哲点校：《陆九渊集》卷25《鹅湖和教授兄韵》，第301页。
⑨ （宋）陆九渊著，钟哲点校：《陆九渊集》卷1《与曾宅之》，第4页。
⑩ （宋）陆九渊著，钟哲点校：《陆九渊集》卷34《语录上》，第407页。

样，人类的思维形式至少有三种：逻辑思维、非逻辑思维及顿悟思维。从上面的引述看，陆九渊的“易简工夫”近于顿悟思维，而朱熹的“支离”事业则近于逻辑思维。朱熹说：

> 万物各具一理，而万理同出一源，此所以可推而无不通也。①
> 问以类而推之说，曰“是从已理会得处推将去。如此，便不隔越。”②

也就是说，任何知识都是依逻辑前提推类而来，因为客观事物具有同一个根源，故人们只要从这个同源的道理出发就能推致真知。

陆九渊认为科学创造可以不拘书本，他说：“彻骨彻髓，见得超然。”③又说：“自得、自成、自道，不倚师友载籍。”④文中的言外之意是说读书仅仅是用来验证个人体验的手段而已，因为在陆九渊看来读书致知的最终目的就是彻悟“本心”，所以他说：“六经注我，我注六经。”⑤只有达到此种境界，才可以说“心”与“物”彻骨彻髓，相互圆通。

依上述所论，我们可以把朱熹与陆九渊在方法论上的分歧进一步扩展到下面几点：

第一，“博”与“约”的分歧。朱熹在对待“博”与“约”的关系是先“约”后“博”，再由“约”而“博”，故他的归宿点是“约”。他说：“为学须是先立大本。其初甚约，中间一节甚广大，到末梢又约。孟子曰：‘博学而详说之，将以反说约也。’故必先观《论》《孟》《大学》《中庸》，以考圣贤之意；读史，以考存亡治乱之迹；读诸子百家，以见其驳杂之病。其节目自有次序，不可逾越。近日学者多喜从约，而不于博求之。不知不求于博，何以考验其约！”⑥而陆九渊则认为治学之方是由“约”而“博”，其归宿点是“博”。《陆九渊集·年谱》载：“二陆之意，欲先发明人之本心，而后使之博览。”⑦一端为“约”，一端为“博”，双方互不相让，攻讦不已。如朱熹批评陆九渊的方法说：“江西学者偏要说甚自得，说甚一贯。看他意思，只是拣一个儱侗底说话，将来笼罩，其实理会这个道理不得。且如曾子日用间做了多少工夫，孔子亦是见他于事事物物上理会得这许多道理了，却恐未知一底道理在，遂来这里提醒他。然曾子却是已有这本领，便能承当。今江西学者实不曾有得这本领，不知是贯个甚么……若陆氏之学，只是要寻这一条索，却不知道都无可得穿。且其为说，吃紧是不肯教人读书，只恁地摸索悟处……某道他断然是异端！断然是曲学！断然非圣人之道！”⑧朱熹对陆学之言辞激烈，也可想见他们之间的矛盾冲突在一定程度上已经发展到了白热化的程度。正由于这个缘故，后人才设法在他们之间调和如黄宗羲的儿子黄百家说：“二先生之立教不同，然如诏入室者，虽东西异户，及至室中，则一也。”⑨

第二，“尊德性”与“道问学”的对立。在朱熹看来，他与陆九渊对这个问题的认

① （宋）黎靖德编，王星贤点校：《朱子语类》卷18《大学五》，第398页。
② （宋）黎靖德编，王星贤点校：《朱子语类》卷18《大学五》，第416页。
③ （宋）陆九渊著，钟哲点校：《陆九渊集》卷35《语录下》，第468页。
④ （宋）陆九渊著，钟哲点校：《陆九渊集》卷35《语录下》，第452页。
⑤ （宋）陆九渊著，钟哲点校：《陆九渊集》卷34《语录上》，第399页。
⑥ （宋）黎靖德编，王星贤点校：《朱子语类》卷11《学五》，第188页。
⑦ （宋）陆九渊著，钟哲点校：《陆九渊集》卷36《年谱》，第491页。
⑧ （宋）黎靖德编，王星贤点校：《朱子语类》卷27《论语九》，第683—684页。
⑨ （清）黄宗羲原著，（清）全祖望补修，陈金生、梁运华点校：《宋元学案》卷58《象山学案》，第1888页。

识，并非是势不两立，不可调和，因为朱熹认为“尊德性”与“道问学”的对立只是一种倾向。他说：“大抵子思以来教人之法惟以尊德性、道问学两事为用力之要。今子静所说，专是尊德性事，而熹平日所论，却是问学上多了。”[①]而陆九渊则引述朱熹写给他的信中的话说：“陆子静专以尊德性诲人，故游其门者多践履之士，然于道问学处欠了。”[②]与西方的科学传统不同，中国学术传统的重心在于“道”与“德”，故有些史学家把中国的传统学术思想称之为“道德之学”。《论语·述而》云：“子曰：‘志于道，据于德，依于仁，游于艺。’”[③]这十二个字算是划定了中国学术建设与发展的一条基线，故孔子才又有了“君子谋道不谋食”[④]的说法，也就是说道德学问高于科技实践，这便是中国传统文化的内在价值观。有人指出朱熹“道问学”与陆九渊“尊德性”之别实则是“知伦理”与“行道德”的区别，其中朱熹之学是“以伦理来规范道德”，侧重于对儒家伦理的认知，而陆氏之学则是重于践履道德，而对伦理却不重视[⑤]，但从根源上看，朱熹与陆九渊对于中国传统学术思想的分割，实际上都源于同一个文本，就此而言，朱之瑜的话还是很有道理的，他说：“‘尊德性’、‘道问学’，不足为病，便不必论其同异。生知、学知，安行、利行，到究竟总是一般。”[⑥]

第三，“复性”与“复心”的对立。“性”与“心”是中国传统文化中两个非常重要的概念，也是历代学者建立其天人关系的础石。而关于“性”之本质，先秦思想家大致分成了四派：第一派是以告子为代表的“性无善无不善”[⑦]论；第二派是以世硕为代表的“人性有善有恶”[⑧]论；第三派是以孟子为代表的“性善”[⑨]论；第四派是以荀子为代表的“性恶”[⑩]论。其中对后世思想影响最大的还得说是孟子的“性善论”，但在现实生活中，“性善”与人的情感间往往有条难以逾越的道德鸿沟，那么，如何在实践上跨越这条道德鸿沟？唐代李翱提出了“性善情恶”论，他强调通过“灭情复性”的方式来实现人性的跨越，即由克除性外之恶向光复本性之善的跨越，也就是说他的复性说是以性善论为基础的。所以李翱的思想深刻地影响了或者说启发了程朱理学及象山心学，如张载提出“天地之性”和“气质之性”的概念，而二程将它进一步系统化。于是，朱熹便有了“张、程之说立，则诸子之说泯”[⑪]的话。至于朱熹自己则云：“盖心一也，自其天理备具、随处发见而言，则谓之道心；自其有所营为谋虑而言，则谓之人心。夫营为谋虑，非皆不善也，便谓之私欲者，盖只一豪发不从天理上自然发出，便是私欲。所以要得‘必有事焉而勿正勿

---

① （宋）朱熹撰，郭齐、尹波点校：《朱熹集》卷54《答项平父》，第2694页。

② （宋）陆九渊著，钟哲点校：《陆九渊集》卷34《语录上》，第400页。

③ 《论语·述而》，陈戍国点校：《四书五经》上册，第28页。

④ 《论语·卫灵公》，陈戍国点校：《四书五经》上册，第50页。

⑤ 彭永捷：《朱陆之辩——朱熹陆九渊哲学比较研究》，北京：人民出版社，2002年，第231页。

⑥ （明）朱舜水著，朱谦之整理：《朱舜水集》卷11《答安东守约问三十四条》，北京：中华书局，1981年，第396页。

⑦ 《孟子·告子上》，陈戍国点校：《四书五经》上册，第117页。

⑧ 《论衡》卷3《本性》，《百子全书》第4册，第3236页。

⑨ 《论衡》卷3《本性》，《百子全书》第4册，第3236—3237页。

⑩ 《论衡》卷3《本性》，《百子全书》第4册，第3237页。

⑪ （宋）黎靖德编，王星贤点校：《朱子语类》卷4《性理一》，第70页。

忘勿助长’，只要没这些计较，全体是天理流行，即人心而识道心也。”[①]在这里，“天理”即是“善”，而“人欲”即是“恶”，故“克欲复理”[②]的实质就是伸张儒家的道德修养学说，而这恰恰就是中国传统思维的基本骨架。陆九渊则发挥了孟子“可欲之谓善”[③]的思想，他说：“见到《孟子》道性善处，方是见得尽。”[④]但此“善非外铄”[⑤]，而是人心所先天固有的，因此他的主导思想就是“存本心”。对此，他的弟子袁燮在《象山先生文集序》中说：“学问之要，得其本心而已。心之本真，未尝不善，有不善者，非其初然也。”[⑥]就此而言，朱熹的“复性说”与陆九渊的“复心说”虽然形式不同，但内容并没有太大的区别。

第三节　陈言的病因病理学思想

陈言字无择，号鹤溪，青田（今浙江青田）人，精于医术，曾任四明医学提举。其生卒年在学界有多种说法，其中《中华名著要籍精诠》的说法是生年约 1131 年，卒年为 1189 年，享年 59 岁；而《南宋时期浙江医药的发展》的说法则是生年约 1121 年，卒年为 1190 年，享年 70 岁。按陈言的《三因极一病证方论》写成于“淳熙甲午”即 1174 年，此年若以前一种说法，则陈言 44 岁，若以后一种说法，则陈言 54 岁。据陈言称，他在此之前已经写了《依源指治》（1161）和《脉经集注》两部书，在当时的历史条件下，陈言一边行医，一边著书，是需要一定时间的，而从《三因极一病证方论》的内容看，其著者必须有相当的医学临床经验的积累，因此，将《三因极一病证方论》的写作年龄定在 54 岁，可能更近于实际。关于《三因极一病证方论》的特色，陈言总结说：此书“乃辨论前人所不了义”[⑦]，“傥识三因，病无余蕴”[⑧]。可见，突出“三因”对于中医临床医学的指导作用，不仅是对《内经》“百病生于气”[⑨]病因思想的进一步具体化，而且是对汉唐以来中医临床辨别病证经验和辨证求因方法的一种系统总结。至此，中医学的三因学说遂告确立。[⑩]

一、《三因极一病证方论》中的疾病分类理论

阴阳观念究竟起于何时，目前尚无定论。但《史记·孟子荀卿列传》载：邹衍“乃深

---

① （宋）朱熹撰，郭齐、尹波点校：《朱熹集》卷 32《答张敬夫》，第 1376 页。
② （宋）黎靖德编，王星贤点校：《朱子语类》卷 24《论语六》，第 568 页。
③ （宋）陆九渊著，钟哲点校：《陆九渊集》卷 35《语录下》，第 474 页。
④ （宋）陆九渊著，钟哲点校：《陆九渊集》卷 34《语录上》，第 410 页。
⑤ （宋）陆九渊著，钟哲点校：《陆九渊集》卷 3《与诸葛受之》，第 45 页。
⑥ （宋）陆九渊著，钟哲点校：《陆九渊集·附录一》，第 536 页。
⑦ （宋）陈言著，路振平整理：《三因极一病证方论·序》，《中华医书集成》第 22 册，第 2 页。
⑧ （宋）陈言著，路振平整理：《三因极一病证方论·序》，《中华医书集成》第 22 册，第 2 页。
⑨ 《黄帝内经素问》卷 11《举痛论》，陈振相、宋贵美编：《中医十大经典全录》，第 61 页。
⑩ 朱德明：《南宋时期浙江医药的发展》，北京：中医古籍出版社，2005 年，第 156 页。

观阴阳消息而作怪迂之变”[①]。可见，至少在春秋战国时期，阴阳学说已经被用来说明天地灾异和疾病寿夭的现象，故《春秋左传·昭公元年》载秦伯使医和的话说：“天有六气，降生五味，发为五色，征为五声。淫生六疾。六气曰阴、阳、风、雨、晦、明也，分为四时，序为五节，过则为灾：阴淫寒疾，阳淫热疾，风淫末疾，雨淫腹疾，晦淫惑疾，明淫心疾。”[②]这段话可看作是后世“六淫”病因论之滥觞。又“女，阳物而晦时，淫则生内热惑蛊之疾”[③]。这里，医和是从内因的角度来解释晋平公姬彪（前557—前532在位）的疾病。而在《内经》成书之前，已经出现了像《阴阳从容》这类医学书籍。因此之故，《内经素问·调经论》在前人研究成果的基础上，进一步总结说：“夫邪之生也，或生于阴，或生于阳。其生于阳者，得之风雨寒暑。其生于阴者，得之饮食居处、阴阳喜怒。”[④]显然，这是一种病因分类思想。因为在这里，《内经》首次明确地将病因分为阴阳两类。

与西方医学体系的形成不同，中医学理论体系的建立直接应用了一些重要的哲学范畴，如阴阳、五行、精气等。精气学说是由战国后期稷下学派道家创立的，如《管子·内业》篇说：“凡物之精，此（比）则为生。下生五谷，上为列星。流于天地之间，谓之鬼神；藏于胸中，谓之圣人。是故民（名）气，杲乎如登于天，杳乎如入于渊，淖乎如在于海，卒（崒）乎如在于己（屺）。是故此气也，不可止以力，而可安以德。不可呼以声，而可迎以音（意）。敬守勿失，是谓成德。”[⑤]这段话的中心思想就是说精气产生了宇宙万物，是宇宙万物运动变化之源。既然如此，人类疾病的产生就一定跟“气”的变化有着直接的因果关系。故前揭《内经素问·举痛论》所说“百病生于气”之“气”从病因学的角度可分为两种情形：一是指“九气为病”，所谓“九气”是指“怒则气上，喜则气缓，悲则气消，恐则气下，寒则气收，炅则气泄，惊则气乱，劳则气耗，思则气结”[⑥]，即喜、怒、忧、思、悲、恐、惊七种情志变化一旦超过了人体本身的正常生理活动范围，就会使人体气机紊乱、脏腑阴阳气血失调，从而造成疾病，是谓“内伤七情”；二是指淫气致病，《内经素问·宝命全形论》云：“人以天地之气生，四时之法成。”此“天地之气”从广义的角度讲是指存在于自然界的精微物质和清气，而从狭义的角度讲则是指四时之气候变化，它是万物生长变化和人类生存的自然条件。但如果“天地之气”变化异常，出现太过或不及的情况，那么，原来属于正常的自然现象就可能会转变成人体致病的因素，是谓“六淫”。故《内经灵枢经·百病始生》载：“夫百病之始生也，皆生于风雨寒暑，清湿喜怒。”[⑦]这样，邪气致病亦分内外因。

到东汉末年（200—210），“疫气流行，家家有僵尸之痛，室室有号泣之哀”[⑧]。在此背景之下，张仲景参照先人的研究成果，加之自身的医疗经验，撰写了《伤寒杂病论》一

---

① 《史记》卷74《孟子荀卿列传》，第2344页。
② 《春秋左传·昭公元年》，陈戍国点校：《四书五经》下册，第1053页。
③ 《春秋左传·昭公元年》，陈戍国点校：《四书五经》下册，第1053页。
④ 《黄帝内经素问》卷17《调经论》，陈振相、宋贵美编：《中医十大经典全录》，第87页。
⑤ （清）黎翔凤撰，梁运华整理：《管子校注》卷16《内业》，北京：中华书局，2004年，第931页。
⑥ 《黄帝内经素问·举痛论》，陈振相、宋贵美编：《中医十大经典全录》，第61页。
⑦ 《黄帝内经灵枢经》卷10《百病始生》，陈振相、宋贵美编：《中医十大经典全录》，第248页。
⑧ （三国）曹植：《说疫气》，张可礼、宿美丽编选：《曹操曹丕曹植集》，南京：凤凰出版社，2014年，第283页。

书。可惜，该书由于战乱而流散于民间，后经西晋医令王叔和将原书中的伤寒部分搜集整理成册，名为《伤寒论》，然杂病部分仍未见其书。直至北宋初期，王洙才在残旧书简中得到《金匮玉函要略方》，后经林亿等校订，并将其中杂病部分重新编辑，始名为《金匮要略方论》。在该方论中，张仲景归纳了杂病的发病途径，指出："千般疢难，不越三条：一者，经络受邪，入脏腑，为内所因也；二者，四肢九窍，血脉相传，壅塞不通，为外皮肤所中也；三者，房室、金刃、虫兽所伤，以此详之，病由都尽。"①这是最早的"三分病因"思想。此后，晋代陶弘景在《肘后百一方》中专有《三因论》一篇，对张仲景的"三因"思想进行发挥，如他在《补阙肘后百一方·序》中说："案病虽千种，大略只有三条而已，一则脏腑经络因邪生疾，二则四肢九窍内外交媾，三则假为他物横来伤害。"②从严格意义上看，这应是后世"三因分类"思想的母本。到南宋时期，随着医学教育的发展，病因学开始成为医家重点探讨的内容之一，特别是陈言将致病因素与发病途径结合起来进行研究，并把先人的"三因分类"思想发展成为"三因学说"，从而使中医学理论尤其是"三因分类"思想更趋于完善而为后人所效法。

1. "三因学说"的主要内容及其思想

陈言说："六淫，天之常气，冒之则先自经络流入，内合于脏腑，为外所因；七情，人之常性，动之则先自脏腑郁发，外形于肢体，为内所因；其如饮食饥饱，叫呼伤气，尽神度量，疲极筋力，阴阳违逆，乃至虎狼毒虫，金疮踒折，疰忤附着，畏压溺等，有背常理，为不内外因。"③这段话是陈言"三因学说"的纲领，非常重要。

首先，陈言承《内经》之旨，总括了《内经灵枢经·百病始生》对人体感受外邪的传变过程。《内经灵枢经·百病始生》载：

> 虚邪之中人也，始于皮肤，皮肤缓则腠理开，开则邪从毛发入，入则抵深，深则毛发立，毛发立则淅然，故皮肤痛。留而不去，则传舍于络脉，在络之时，痛于肌肉，其病时痛时息，大经乃代。留而不去，传舍于经，在经之时，洒淅喜惊。留而不去，传舍于输，在输之时，六经不通，四肢则肢节痛，腰脊乃强。留而不去，传舍于伏冲之脉，在伏冲之时，体重身痛。留而不去，传舍于肠胃，在肠胃之时，贲响腹胀，多食则肠鸣飧泄，食不化，多热则溏出糜。留而不去，传舍于肠胃之外、募原之间，留著于脉，稽留而不去，息而成积。④

如果用简式来表达，则上述引文可以变成下面的式子：

虚邪→皮毛→络脉→经脉→输脉→冲脉→肠胃→募原

有基于此，陈言对"外所因"作了两点创造性的发挥：一是将《内经》与《脉经》的"外所因"思想相互结合起来，提出"以人迎候外因"的思想。"人迎"即左手寸口脉的别

① （汉）张仲景：《金匮要略方论》卷上《脏腑经络先后病脉证》，陈振相、宋贵美编：《中医十大经典全录》，第381页。

② （晋）葛洪原撰，（梁）陶弘景补阙，（金）杨用道附广，刘小斌、魏永明校注：《〈肘后备急方〉全本校注》，广州：广东科技出版社，2018年，第5页。

③ （宋）陈言著，路振平整理：《三因极一病证方论》卷2《三因论》，《中华医书集成》第22册，第14—15页。

④ 《黄帝内经灵枢经》卷10《百病始生》，陈振相、宋贵美编：《中医十大经典全录》，第248—249页。

称，如《脉经》说："关前一分，人命之主。左为人迎，右为气口。"[①]对于"人迎"与"感外邪"的关系，陈言这样说道："左手关前一分为人迎者，以候寒暑燥湿风热中伤于人，其邪咸自脉络而入，以迎纳之，故曰人迎。前哲方论，谓太阳为诸阳主气，凡感外邪，例自太阳始，此考寻经意，似若不然。风喜伤肝，寒喜伤肾，暑喜伤心包，湿喜伤脾，热伤心，燥伤肺，以暑热一气，燥湿同源，故不别论。以类推之，风当自少阳入，湿当自阳明入，暑当自三焦入，寒却自太阳入。"[②]在陈言看来，感外邪不止"手太阳小肠脉"与"足太阳膀胱脉"一途，在临床实践中，它常常还会中伤"手少阳三焦脉"和"足少阳胆脉"及"手阳明大肠脉"和"足阳明胃脉"。以"六淫"论，则"风当自少阳入，湿当自阳明入，暑当自三焦入，寒却自太阳入"[③]，而"外因虽自经络而入，必及于脏，须识五脏部位"[④]。二是将既病防变思想与脉诊结合起来，做到胸中有数。《内经素问·阴阳应象大论》说："邪风之至，疾如风雨，故善治者治皮毛，其次治肌肤，其次治筋脉，其次治六府，其次治五脏。"[⑤]从皮毛到五脏，反映了病情由外到内的传变过程，当然亦是疾病不断深重和恶化的重要征候。在临床实践中，能够客观反映疾病传变的症状有许多途径，如望、闻、问、切，其中"切脉"在没有先进的X光机之前，它较别的方式显然要更加微观一些。为此，陈言特作《脉偶名状》一篇，旨在向习医者传授"学诊之要道"[⑥]。

脉式的不同，昭示着外感疾病传变由表及里的变化过程。我们知道，在《七表病脉》里，陈言将浮、芤、滑、实、弦、紧、洪看作是表征的脉象，而在《八里病脉》里则把微、沉、缓、涩、迟、伏、濡、弱看作是里证的脉象。陈言说："因脉以识病，因病以辨证，随证以施治，则能事毕矣。"[⑦]例如，在临床上，"弦为寒，为痛，为饮，为疟，为水气，为中虚，为厥逆，为拘急，为寒癖"[⑧]。这种单一脉象多为疾病的初发期，一旦治疗不及时，外感病就会出现由表及里的传变过程，相应地，脉象便由单一脉象一变而为复合脉象。此时，病情也就必然变得纷繁杂乱，并给临床诊断和治疗带来很多困难。所以陈言说："足厥阴伤风，左关上与人迎皆弦弱而急。弦者，厥阴脉也；弱者，风脉也；急者，病变也。其证自汗恶风而倦，小腹急痛。"[⑨]

其次，重视"内伤七情"之病症，以补《金匮要略方论》的不足。《金匮要略方论》所谓的"内所因"是指"经络受邪入脏腑"，但它没有说明导致"经络受邪入脏腑"的真正病因是什么。与《金匮要略方论》的表述不同，陈言在《三因极一病证方论》里直截了当地指出："七情，人之常性，动之则先自脏腑郁发，外形于肢体，为内所因。"[⑩]在宋代，

---

① （晋）王叔和：《脉经》卷1《两手六脉所主五脏六腑阴阳逆顺》，太原：山西科学技术出版社，2019年，第4页。

② （宋）陈言著，路振平整理：《三因极一病证方论》卷1《六经中伤病脉》，《中华医书集成》第22册，第6页。

③ （宋）陈言著，路振平整理：《三因极一病证方论》卷1《六经中伤病脉》，《中华医书集成》第22册，第6页。

④ （宋）陈言著，路振平整理：《三因极一病证方论》卷1《五脏所属》，《中华医书集成》第22册，第4页。

⑤ 《黄帝内经素问》卷2《阴阳应象大论篇》，陈振相、宋贵美编：《中医十大经典全录》，第15页。

⑥ （宋）陈言著，路振平整理：《三因极一病证方论》卷1《五用乖违病脉》，《中华医书集成》第22册，第7页。

⑦ （宋）陈言著，路振平整理：《三因极一病证方论》卷2《五科凡例》，《中华医书集成》第22册，第11页。

⑧ （宋）陈言著，路振平整理：《三因极一病证方论》卷1《七表病脉》，《中华医书集成》第22册，第9页。

⑨ （宋）陈言著，路振平整理：《三因极一病证方论》卷1《六经中伤病脉》，《中华医书集成》第22册，第7页。

⑩ （宋）陈言著，路振平整理：《三因极一病证方论》卷2《三因论》，《中华医书集成》第22册，第14—15页。

“内伤七情”是一个很严重的社会问题。比如，宋朝规定：“国家开贡举之门，广搜罗之路”[①]，因而“工商、杂类人内有奇才异行，卓然不群者，亦许解送”[②]，甚至南宋更有“以屠杀为业”而成为举人（即解元）者。[③]科举制度固然促进了宋代科学文化的繁荣，但由于读书与科举结合在一起，使读书活动带上了鲜明的功利色彩，故各地科举的竞争非常激烈，据宋人称：东南军取解的比例是“百人取一人”[④]。在此情形之下，因科举失败而患上心理疾病的士人便越来越多。如《夷坚志》载有诸多“科举病综合征”[⑤]的案例：

> 赵再可侍郎有子八人，皆好学，多预荐送。第六子积智，尤孜孜读书，独屡试弗效，居常抑郁不乐。[⑥]
>
> 鄱阳士人黄瀛，字季蓬，善属文。宣和间在太学，负俊声，屡梦人称为黄状元。瀛固自待不浅，每为交友言之。然才入举场，辄不偶。绍兴八年，以免举赴省试于临安，而黄公度魁多士。是岁无廷对，遂唱名第一。瀛始悟。叹曰：“二十年梦黄状元，今乃为它人所夺。”怏怏而归。久之，仅得特奏摄官而卒。[⑦]

因此，陈言说：“七情者，喜怒忧思悲恐惊是。”[⑧]“内则精神魂魄志意思，喜伤七情。”[⑨]在这里，“内”是指五脏，《内经素问·阴阳应象大论》说：“人有五藏化五气，以生喜怒悲忧恐。”[⑩]可见，人体的情志活动与五脏存在着密切的关系，而人类的情志活动必须以五脏精气作为物质基础。如《内经灵枢经·本神》篇说：“肝气虚则恐，实则怒……心气虚则悲，实则笑不休。”[⑪]从医理上讲，陈言的“内所因”思想属于现代“心（心理）身（生理）医学”的范畴。

学界普遍认为，“气”这个概念是中国古代科学技术的基本范畴。在哲学的层面上，“气”是物质世界的本源，是构成宇宙万物运动变化的元素。《庄子·知北游》说：“通天下一气耳。”[⑫]《淮南子·本经训》亦说：“天地之合和，阴阳之陶化万物，皆乘一气者也。”[⑬]到唐代，“气”与“五行”的关系被称作“母子关系”，如李筌在《黄帝阴符经疏》一书中说：“天地则阴阳之二气。气中有子，名曰五行。”[⑭]看来把握“气”的一元性是正确理解“五脏”与“情志”关系的根本前提，而陈言正是站在这样的哲学高度去重新审视

---

① （清）徐松辑：《宋会要辑稿》选举14之15—16，北京：中华书局，1957年，第4490页。

② （清）徐松辑：《宋会要辑稿》选举14之15—16，北京：中华书局，1957年，第4490页。

③ 《名公书判清明集》卷14《宰牛者断罪拆屋》，北京：中华书局，2002年，第535页。

④ （宋）欧阳修：《论逐路取人札子》，张春林编：《欧阳修全集》，北京：中国文史出版社，1999年，第668页。

⑤ 肖文苑：《唐诗审美》，天津：百花文艺出版社，2018年，第6—7页。

⑥ （宋）洪迈撰，何卓点校：《夷坚志·夷坚支景》卷10《赵积智》，第958页。

⑦ （宋）洪迈撰，何卓点校：《夷坚志·夷坚支丁》卷4《黄状元》，第1000页。

⑧ （宋）陈言著，路振平整理：《三因极一病证方论》卷2《三因论》，《中华医书集成》第22册，第14页。

⑨ （宋）陈言著，路振平整理：《三因极一病证方论》卷2《三因论》，《中华医书集成》第22册，第14页。

⑩ 《黄帝内经素问》卷2《阴阳应象大论篇》，陈振相、宋贵美编：《中医十大经典全录》，第13页。

⑪ 《黄帝内经灵枢经》卷2《本神篇》，陈振相、宋贵美编：《中医十大经典全录》，第178页。

⑫ 《庄子·知北游》，《百子全书》第5册，第4581页。

⑬ 《淮南子·本经训》，《百子全书》第3册，第2863页。

⑭ （唐）李筌：《黄帝阴符经疏》，王毅、盛瑞裕编著：《黄帝阴符经全书》，西安：陕西旅游出版社，1992年，第389页。

“内所因”的科学内涵。他说：

> 夫五脏六腑，阴阳升降，非气不生。神静则宁，情动则乱，故有喜怒忧思悲恐惊，七者不同，各随其本脏所生所伤而为病。故喜伤心，其气散；怒伤肝，其气击；忧伤肺，其气聚；思伤脾，其气结；悲伤心胞，其气急；恐伤肾，其气怯；惊伤胆，其气乱。虽七诊自殊，无逾于气。①

强调“气机”在病因中的重要作用，是陈言“三因学说”的突出特点之一。何谓“气机”？气机就是气的运动，它有升、降、出、入四种运动形式，是人体生命活动的根本。《素问·六微旨大论》对“气机”的生理意义作了这样的概括：“非出入，则无以生长壮老已；非升降，则无以生长化收藏。”②在具体的生命过程中，由于气的升、降、出、入推动和激发着各脏腑的生理功能，所以各脏腑的生理活动无不体现着气的升、降、出、入运动，正所谓“升降出入，无器不有”③。在正常的生理条件下，脏腑的升降出入功能保持着一个动态平衡，但是，一旦气的运行不利，出现了气在机体某一部位的运行障碍，则必然导致气的郁滞，造成脏腑之气升降出入功能的失调，故医界有“气乱则病起”④之说。因此，从中医“辨证求因”的原则出发，临床治疗“内伤七情”一类的疾病，就须抓住主要矛盾，调理气机，心身同治。尤其应当注意的是，根据现代心身医学家Engel提出的多因素发病理论模式，在一般情况下，心身疾病是一种多因多果的疾病方式，就病因而言，包括生物学因素、不良的生活行为方式、心理应激和情绪因素、认知因素、个性特征、社会人际因素等。于是，在上述多因素的作用下，临床上常见的由“七气所生所成”的病证主要有：

（1）“七气证”。其临床表现是：“脏气不行，郁而生涎，随气积聚，坚大如块，在心腹中，或塞咽喉如粉絮，吐不出，咽不下，时去时来，每发欲死状，如神灵所作，逆害饮食。”⑤治则“七气汤”，组方：半夏（汤洗去滑）五两，人参、桂心、甘草（炙）各一两。上锉散。每服四钱，水盏半，姜七片，枣一枚，煎七分，去滓，食前服。⑥

本方虽源自《备急千金要方》，但陈言的组方却有两点变化：一是在原方的基础上，加入了“枣一枚”；二是用药量大于原方，如，原方用半夏15克，而陈氏方则用半夏250克，其用量为原方的10倍。由此可见，“七气汤”经过陈言的改进，因时制宜，比较切合南宋病患者已经变化了的体质之需要，其效果较原方当更加显著。

（2）“五噎证”。对由“内伤七情”所造成的“五噎证”，陈言作了较为详细的论述，他说：

> 夫五噎者，即气噎、忧噎、劳噎、思噎、食噎。虽五种不同，皆以气为主。所谓气噎者，心悸，上下不通，噫哕不彻，胸背痛。忧噎者，遇天阴寒，手足厥冷，不能

① （宋）陈言著，路振平整理：《三因极一病证方论》卷8《七气叙论》，《中华医书集成》第22册，第79页。
② 《黄帝内经素问》卷19《六微旨大论篇》，陈振相、宋贵美编：《中医十大经典全录》，第100页。
③ 《黄帝内经素问》卷19《六微旨大论篇》，陈振相、宋贵美编：《中医十大经典全录》，第100页。
④ 徐培平、符林春：《伤寒六经营卫观》，《安徽中医学院学报》2000年第6期。
⑤ （宋）陈言著，路振平整理：《三因极一病证方论》卷8《七气证治》，《中华医书集成》第22册，第79页。
⑥ （宋）陈言著，路振平整理：《三因极一病证方论》卷8《七气证治》，《中华医书集成》第22册，第79页。

> 自温。劳噎者，气上鬲，胁下支满，胸中填塞，攻背疼痛。思噎者，心忪悸，喜忘，目视䀮䀮。食噎者，食无多少，胸中苦寒疼痛，不得喘息。皆由喜怒不常，忧思过度，恐虑无时，郁而生涎，涎与气搏，升而不降，逆害饮食，与五膈同，但此在咽嗌，故名五噎。①

经检索，“五噎”病名最早见于《金匮玉函方》中，且载有治五噎方。《巢氏诸病源候总论》卷20《噎候》对“五噎证”作了更为详细的论述。不过，北宋医家多将“五噎”与“五膈”两证混在一起，在临床上亦不加区分。陈言则在“内伤七情”总目下，将“五噎证治”与“五膈证治”一分为二，显示了南宋病因学的发展更趋于细致和具体化了。在治疗“五噎证”的四首（即“五噎散”“沉香散”“嘉禾散”“盐津丸”）处方中，“五噎散”是陈言首选的专门用于治疗“五噎证”的验方，它共有16味药物组成：人参、茯苓、厚朴（去粗皮锉，姜汁制炒）、枳壳（麸炒去瓤）、桂心、甘草（炙）、诃子（炮去核）、白术、橘皮、白姜（炮）、三棱（炮）、神曲（炒）、麦糵（炒）各二两，木香（炮）、木香、蓬术（炮）各半两。服法：上为末。每服二钱，水一盏，生姜三片，枣子一枚，煎七分，空心温服。②由于该方疗效比较可靠，故今人多用来治疗食道癌和肺癌，如李明哲先生的《治癌验方400》一书和陈仁寿先生主编的《中医肿瘤科处方手册》一书里都收有陈言的“五噎散”方。

（3）“五膈证”。在陈言看来，“五噎证”和“五膈证”虽然有很多症状基本上是相同的，且病因亦一样，但是两者的病变部位不同，前者病在“咽嗌”③，而后者则病在“膻中之下”④。故陈言论述“五膈证”云：

> 病有五膈者，胸中气结，津液不通，饮食不下，羸瘦短气，名忧膈；中脘实满，噫则醋心，饮食不消，大便不利，名曰思膈；胸胁逆满，噎塞不通，呕则筋急，恶闻食臭，名曰怒膈；五心烦热，口舌生疮，四肢倦重，身常发热，胸痹引背，不能多食，名曰喜膈；心腹胀满，咳嗽气逆，腹下若冷，雷鸣绕脐，痛不能食，名曰恐膈。此皆五情失度，动气伤神，致阴阳不和，结于胸膈之间，病在膻中之下，故名五膈；若在咽嗌，即名五噎。治之，五病同法。⑤

“膻中”一词最早见于《内经》，《内经灵枢经·海论》篇说：“膻中者，为气之海。”⑥所谓“气海”实际上就是宗气汇聚之所，是心包所在之处。具体言之，膻中即指两肺之间，咽喉以下，横膈以上的胸部。⑦肝、脾、胃、膀胱、大肠等脏腑就居于膻中之下，所以“五膈证治”侧重于调理肝脾气机，其用药与“五噎证治”自然有所差异。如专门用于治疗“五膈证”的代表方为“五膈丸”，其药物组成仅有9味，它们是：麦门冬（去心）、

① （宋）陈言著，路振平整理：《三因极一病证方论》卷8《五噎证治》，《中华医书集成》第22册，第79页。
② （宋）陈言著，路振平整理：《三因极一病证方论》卷8《五噎证治》，《中华医书集成》第22册，第79—80页。
③ （宋）陈言著，路振平整理：《三因极一病证方论》卷8《五噎证治》，《中华医书集成》第22册，第79页。
④ （宋）陈言著，路振平整理：《三因极一病证方论》卷8《五膈证治》，《中华医书集成》第22册，第80页。
⑤ （宋）陈言著，路振平整理：《三因极一病证方论》卷8《五膈证治》，《中华医书集成》第22册，第80页。
⑥ 《黄帝内经灵枢经》卷6《海论》，陈振相、宋贵美编：《中医十大经典全录》，第213页。
⑦ 聂娅、杨茜云：《膻中浅析》，《医药月刊》2008年第4期。

甘草（炙）各五两，人参四两，川椒（炒出汗）、远志（去心炒）、细辛（去苗）、桂心各三两，干姜（炮）二两，附子（炮）一两。服法：上为末，蜜丸，弹子大。含化，日三夜二。胸中当热，七日愈；亦可丸如梧子大，米汤下二三十丸。[①]与“五噎散”相比，“五膈丸”的突出特点就是重用辛热走窜之药物，以达到扶正回阳之效。

最后，结合南宋社会发展的客观形势，将“不内外因”具体化为饮食饥饱、房事劳逸、虎狼毒虫、金疮踒折等诸多非常实际的社会生活问题。可见，陈言的用意特别清楚，在他看来，南宋社会那种糜烂的生活方式往往成为造成疾病的重要因素，而上述那些内容恰恰是社会医学研究的课题。从这个角度讲，陈言无疑是中国古代开拓社会医学研究领域的先驱之一。陈言说：

> 如饮食饥饱，叫呼伤气，尽神度量，疲极筋力，阴阳违逆，乃至虎狼毒虫，金疮踒折，疰忤附着，畏压溺等，有背常理，为不内外因。[②]

经陈言考察，“不内外因”的主要临床表现有：

（1）“凡因不内不外而致风中者，亦各从其类也。如新沐中风，名曰首风；饮酒中风，名曰漏风，又曰酒风；入房中风，名曰内风，又曰劳风。”[③]

（2）“夫疟，备内外不内外三因。外则感四气，内则动七情，饮食饥饱，房室劳逸，皆能致疟。”[④]

（3）“病者饮酒过多，及啖炙煿五辛热食，动于血，血随气溢，发为鼻衄，名酒食衄。”[⑤]

（4）“久积心腹痛者，以饮啖生冷果实，中寒不能消散，结而为积，甚则数日不能食，便出干血，吐利不定，皆由积物客于肠胃之间，遇食还发，名积心痛。及其脏寒生蛔致心痛者，心腹中痛，发作肿聚，往来上下，痛有休止，腹热涎出，病属不内外因。方证中所谓九种心痛，曰饮，曰食，曰风，曰冷，曰热，曰悸，曰虫，曰注，曰去来痛者，除风热冷属外所因，余皆属不内外。更妇人恶血入心脾经，发作疼痛，尤甚于诸痛。更有卒中客忤，鬼击尸疰，使人心痛，亦属不内外因。”[⑥]

（5）“谷疸者，由失饥发热，大食伤胃气，冲郁所致。酒疸者，以酒能发百脉热，由大醉当风入水所致。女劳疸者，由大热，交接竟入水，水流湿入于脾，因肾气虚，脾以所胜克入，致肾气上行，故有额黑身黄之证。”[⑦]

（6）“饮食饥饱，生冷甜腻，聚结不散，或作胚块，膨胀满闷，属不内外因。”[⑧]

---

① （宋）陈言著，路振平整理：《三因极一病证方论》卷8《五膈证治》，《中华医书集成》第22册，第81页。

② （宋）陈言著，路振平整理：《三因极一病证方论》卷2《三因论》，《中华医书集成》第22册，第15页。

③ （宋）陈言著，路振平整理：《三因极一病证方论》卷2《不内外因中风凡例》，《中华医书集成》第22册，第20页。

④ （宋）陈言著，路振平整理：《三因极一病证方论》卷6《疟叙论》，《中华医书集成》第22册，第57页。

⑤ （宋）陈言著，路振平整理：《三因极一病证方论》卷9《不内外因证治》，《中华医书集成》第22册，第86页。

⑥ （宋）陈言著，路振平整理：《三因极一病证方论》卷9《不内外因心痛证》，《中华医书集成》第22册，第93页。

⑦ （宋）陈言著，路振平整理：《三因极一病证方论》卷10《五疸叙论》，《中华医书集成》第22册，第105页。

⑧ （宋）陈言著，路振平整理：《三因极一病证方论》卷11《胀满叙论》，《中华医书集成》第22册，第108页。

（7）“夫霍乱之病，为卒病之最者”[①]，而“诸饱食脍炙，恣飱乳酪，水陆珍品，脯醢杂肴，快饮寒浆，强进旨酒，耽纵情欲不节，以胃为五脏海，因脾气以运行，胃既䐜胀，脾脏停凝，脏气不行，必致郁发，遂成吐利，当从不外内因治之”[②]。

（8）病者滞下，其“饮服冷热酒醴醯醢，纵情恣欲，房室劳逸，致损精血，肠胃枯涩，久积冷热，遂成毒痢，皆不内外因”[③]。

（9）“其如饮食生冷，房劳作役，致嗽尤多，皆不内外因。”[④]

综上所述，我们大致可以看出宋人的不良生活习惯是导致诸多临床病症的罪魁祸首。

第一，宋代士人嗜酒成风，饮酒之风已融入社会万象，而这种生活习气既大量地消耗粮食，又严重地伤害身体，所以从医学的角度仔细权衡一下，实在是弊大于利。由宋代的相关典籍记载知，宋代一般民众在日常生活中，对酒的依赖性很大。如宋人周煇曾说：“榷酤创始于汉，至今赖以佐国用。群饮者唯恐其饮不多而课不羡也，为民之蠹，大戾于古。”[⑤]据业师李华瑞先生研究，南宋中前期酒课约占其货币总收入的20%，除去商税，酒课的年收入一般都在1200万贯以上，仅亚于盐钱，然而高于茶利。[⑥]南宋士人有一种观念，认为“醉来赢取自由身”[⑦]。因此，此风所及，南宋士人的嗜酒现象非常严重，如“齐州士曹席进孺招所亲张彬秀才为馆客。彬嗜酒，每夜必置数升于床隅，遇其兴发，暗中一引而尽”[⑧]；“复州教授长乐陈方，在太学时，一斋生嗜酒，酣醉无度”[⑨]，等等。虽然在极端情况下，确有不少文人因醉酒而获得了艺术的自由状态，但是从关爱健康的角度看，醉酒往往是招致病害的祸首。对此，南宋人包恢说得比较透彻：酒，这种东西“糜谷耗财，一醉是营，饮狂失礼，厥祸犹轻。其毒腐肠，其厉熏心，魂亡魄丧，昏梦莫醒，肉脱骨立，将重殒身，酣者必亡，为祸甚明”[⑩]。

第二，宋代娼妓泛滥，导致了整个士大夫阶层性生活的糜烂，而与之相关的疾病不断滋生。随着宋代商品经济的发展和士人“冶游”之风的兴盛，从都城到小镇，色情服务遍及全国各地。故吴曾在《仕有五瘴》一文中说：“昏晨酣宴，弛废王事，此饮食之瘴也”，而“盛陈姬妾，以娱声色，此帷薄之瘴也”。[⑪]纵情恣欲的危害不仅在于它能害己，而且还能害国。有鉴于此，生活于南宋后期的养生学家李鹏飞曾警告那些纵欲者说：“以有极之性命，逐无涯之嗜欲，亦自毙之甚矣。”[⑫]当然，由于男女生理条件的差异，女子所受到的

① （宋）陈言著，路振平整理：《三因极一病证方论》卷11《霍乱叙论》，《中华医书集成》第22册，第110页。

② （宋）陈言著，路振平整理：《三因极一病证方论》卷11《不内外因证治》，《中华医书集成》第22册，第111页。

③ （宋）陈言著，路振平整理：《三因极一病证方论》卷12《滞下三因证治》，《中华医书集成》第22册，第120页。

④ （宋）陈言著，路振平整理：《三因极一病证方论》卷12《咳嗽叙论》，《中华医书集成》第22册，第126页。

⑤ （宋）周煇撰，秦克校点：《清波杂志》卷6《榷酤》，上海：上海古籍出版社，2012年，第97页。

⑥ 李华瑞：《宋代酒的生产和征榷》，保定：河北大学出版社，2001年，第370页。

⑦ （宋）张元幹著，曹济平导读：《张元幹词集》卷下《前调》，上海：上海古籍出版社，2011年，第68页。

⑧ （宋）洪迈撰，何卓点校：《夷坚志·夷坚丁志》卷16《酒虫》，第672页。

⑨ （宋）洪迈撰，何卓点校：《夷坚志·夷坚三志辛》卷1《诸暨山道人》，第1387页。

⑩ （宋）包恢：《敝帚稿略》卷6《酒箴》，《景印文渊阁四库全书》第1178册，第763页。

⑪ （宋）吴曾：《能改斋漫录》卷14《仕有五瘴说》，上海：上海古籍出版社，1960年，第405页。

⑫ （宋）李鹏飞：《三元延寿参赞书》卷1《天元之寿精气不耗者得之》，《道藏》第18册，上海：上海书店；北京：文物出版社；天津：天津古籍出版社，1988年，第530页。

身心伤害更加严重。故陈言在《三因极一病证方论》卷18单列“妇人女子众病论证治法”一节，对“妇人三十六病”进行病因病理学分析，他认为“不内外因”是导致妇人患三十六病的主要原因。因此，陈言说：“妇人之病，十倍男子。”①此论一方面是说妇科病较男科病更为复杂多变，另一方面是说在同样的生活环境下，妇人更易感染疾病，她们受害更深，染病更多。

第三，“饱食脍炙”是宋人饮食的一种习惯，虽然“饱食脍炙”特别是“脍”能从生理上让人大饱口福，但与此同时，却亦为很多疾病的形成创造了条件。据载，孟子曾对“脍炙”食物大加赞赏。《孟子·尽心下》：“公孙丑问曰：‘脍炙与羊枣孰美？’孟子曰：‘脍炙哉！’”②其中“脍”是指细切的生肉。到宋代，许多医家已经开始重视吃生冷的不良习惯与“九虫”的因果关系，如《圣济总录》卷99《九虫统论》说：“虫与人俱生，而藏于幽隐。其为害也，盖本于正气亏弱，既食生冷，复感风邪，所以种种变化以至蕃息。初若不足畏，而其甚可以杀人。”③在此基础上，陈言根据南宋饮食结构中“煎炸炙类”“羓鲊脯腊类”“脍生类”“醉糟腌渍类”“熬炖烙类”“煮制类”“蒸制类”“炒类”④等肉的比例迅猛增加的事实，进一步明确了“九虫”与“杂食甘冷肥腻”之间的因果关系：

> 古方论列脏腑中九虫，虽未必皆有，亦当备识其名状。若蛔虫，则固不待言而知，其它皆由脏虚，杂食甘冷肥腻，节宣不时，腐败凝滞之所生也。又有神志不舒，精魄失守，及五脏劳热，又病余毒，气血积郁而生。或食果蓏，与夫畜兽内脏遗留诸虫子类而生，不可具载。⑤

2. “辨论前人所不了义”的求真思想

陈言看到南宋中、前期流行的许多医书，鉴于时代的局限性和传抄过程中的疏漏，其不合时宜甚至是错误的内容比比皆是，不辨则难以日新其用。他说：

> 或曰现行医方山积，便可指示，何用此为？殊不知晋汉所集，不识时宜，或诠次混淆，或附会杂揉，古文简脱，章旨不明，俗书无经，性理乖误；庸辈妄用，无验有伤，不削繁芜，罔知枢要。⑥

1）辨《备急千金要方》对“脚气病”的认识之偏

沈括说：“世之为方者，称其治效常喜过实。《千金》《肘后》之类犹多溢言，使人不

---

① （宋）陈言著，路振平整理：《三因极一病证方论》卷18《妇人女子众病论证治法》，《中华医书集成》第22册，第189页。

② 《孟子·尽心下》，陈戍国点校：《四书五经》上册，第136页。

③ （宋）赵佶敕编，王振国、杨金萍主校：《圣济总录》卷99《九虫统论》，北京：中国中医药出版社，2018年，第6册，第2204页。

④ 赵荣光：《十三世纪以来下江地区饮食文化风格与历史演变特征述论》，《中国饮食文化研究》，香港：东方美食出版社，2003年。

⑤ （宋）陈言著，路振平整理：《三因极一病证方论》卷12《九虫论》，《中华医书集成》第22册，第125页。

⑥ （宋）陈言著，路振平整理：《三因极一病证方论·序》，《中华医书集成》第22册，第2页。

复敢信。”[①]从中医药发展史上看，《备急千金要方》是中国最早的临床百科全书，素为后世医学家所重视。但《备急千金要方》也有其不完备之处，甚至是糟粕的东西。比如，《备急千金要方》所宣扬的“采阴”之说，就是十分荒谬的思想意识。再比如，《备急千金要方》在论述脚气病证时，仅强调“外所因”，而不辨“内所因”及不“以脉察其虚、实、浅、深为治”，故其“似难凭据”。[②]陈言举例说：

> 《千金》论脚气，皆由感风毒所致，多不令人即觉，会因他病，乃始发动。或奄然大闷，经三两日，方乃觉之。庸医不识，谩作余疾治之，莫不尽毙。缘始觉甚微，食饮嬉戏，气力如故，惟卒起脚屈弱为异耳。及论风毒相貌云，夫有脚未觉异，而头、项、臂、膊，已有所苦；诸处皆悉未知，而心腹五内，已有所困。或见食呕吐，憎闻食臭；或腹痛下利；或大小便秘涩；或胸中冲悸，不欲见光明；或精神昏愦，语言错乱；或壮热头痛；或身体酷冷疼烦；或觉转筋；或肿；或臂腿顽痹；或时缓纵不随；或复百节挛急；或小腹不仁，皆谓脚气状貌也。乃至妇人产后取凉，多中此毒，其热闷掣纵，惊悸心烦，呕吐气上，脐下冷痞，愊愊然不快，兼小便淋沥，不同生平，皆是脚气之候。顽弱为缓风，疼痛为湿痹。右件《千金》节文，但备叙诸证，不说阴阳经络所受去处，亦不分风湿寒热四气，及内脏虚实所因，后学从何为治。若一向信书，不若无书为喻，此之谓也。[③]

唐宋时期医家所说的“脚气”是一个包括现代医学系统多种病症在内的疾病总称，与现代医学所说的因缺乏维生素 B1（即硫胺素）的“脚气”病在内涵上是不同的。陈言认为《备急千金要方》对于“脚气”病证的分析，至少存在三个方面的缺陷：一是“不说阴阳经络所受去处”；二是“不分风湿寒热四气”；三是不辨“内脏虚实所因”。陈言认为：从脚气病的程度看，它可分成渐、顿、浅、深四种类型，其中最可警惕的是由“渐而深”者，因为“脚气得之渐而深，以其随脏气虚实寒热发动，故得气名”。[④]可见，陈言对脚气病的认识并没有停留在《备急千金要方》的水平，而是在此基础上，根据南宋医药学发展的客观实际，辨证求因，审察内外，从而使人们深化了对脚气病的认识。

2）辨《广五行记》用蓝靛治疗“五噎证”之误

蓝靛能不能用于治疗“五噎证”？在宋代，除了陈言，其他医家似乎并不怀疑蓝靛治疗噎证的功效，如南宋医家张杲在《医说》中，通过引证《广五行记》所载的一则故事来说明蓝靛治疗噎证的功用。该故事在《太平广记》卷 220《绛州僧》中亦有比较详细的记载：

> 永徽中，绛州有一僧病噎，都不下食，如此数年，临命终，告其弟子云：“吾气绝之后，便可开吾胸喉，视有何物，欲知其根本。”言终而卒。弟子依其言开视，胸

① （宋）沈括：《良方序》，曾枣庄、刘琳主编，四川大学古籍整理研究所编：《全宋文》第 39 册，成都：巴蜀书社，1994 年，第 297 页。

② （宋）陈言著，路振平整理：《三因极一病证方论》卷 3《叙脚气论》，《中华医书集成》第 22 册，第 26 页。

③ （宋）陈言著，路振平整理：《三因极一病证方论》卷 3《叙〈千金〉论》，《中华医书集成》第 22 册，第 26 页。

④ （宋）陈言著，路振平整理：《三因极一病证方论》卷 3《叙脚气论》，《中华医书集成》第 22 册，第 25—26 页。

中得一物，形似鱼而有两头，遍体悉是肉鳞。弟子致钵中，跳跃不止，戏以诸味致钵中，虽不见食，须臾，悉化成水。又以诸毒药内之，皆随销化。时夏中蓝熟，寺众于水次作靛。有一僧往，因以少靛致钵中，此虫恇惧，绕钵驰走，须臾化成水。世传以靛水疗噎疾。[①]

《夷坚甲志》卷15《应声虫》亦载有一例这样的病案：

永州通判厅军员毛景，得奇疾，每语，喉中辄有物作声相应。有道人教令学诵本草药名，至“蓝”而默然。遂取蓝捩汁饮之。少顷，呕出肉块，长二寸余，人形悉具。刘襄子思为永倅，景正被疾，逾年亲见其愈。[②]

蓝靛是从蓼蓝（菘蓝）中提炼的染料，其法：取蓝靛叶置于木桶中加清水沤数日，去渣拌白石灰搅拌沉淀即成主要染料，此沉淀物即可药用，性苦、寒、辛。李时珍认为，蓝靛有“治噎膈”的功效。[③]但陈言明确表示，他反对用蓝靛治噎膈。

在陈言看来，绛州僧所患的病是“生瘕，非五噎比。后人因以蓝治噎，误矣”[④]。这里，陈言把“噎证”与“瘕证”区别开来。

夫五噎者……虽五种不同，皆以气为主。[⑤]

“夫症者，坚也，坚则难破；瘕者，假也，假物成形”[⑥]，故“症瘕积聚，随气血以分门”[⑦]，特别是“妇人症瘕，并属血病”，以此来判断，“永徽中僧病噎者，腹有一物，其状如鱼，即生瘕也”[⑧]。可见，治疗症瘕应当有意识地选择那些适宜于破血逐瘀且作用较为俊利的毒药（注：古人将攻病愈疾的药物称为有毒，即使就蓝靛本身的实际毒性而言，蓝靛叶虽无毒，但石灰有毒）。治疗五噎病证则略有不同，处方用药以补气化痰为主，如五噎散就体现了这个治噎原则。明人徐春甫说：“《玉机》云：嗝噎之证，皆由气逆成积，自积成痰。痰积之久，血液俱病，以其病在咽膈，故以嗝噎名病。虽有五嗝五噎之分，其为治之理则一。严氏为治气痰之说，亦治其本之道也。夫世多以香燥之药开胃助脾，故有可愈，是则治其标而已，气与痰也，若之何哉！”[⑨]

3）辨《伤寒论》对“黄疸病”致病因的认识之失

黄疸一病，首见于《内经素问·六元正纪大论篇》：“四之气，溽暑湿热相薄，争于左

① （宋）李昉等编：《太平广记》卷220《绛州僧》，北京：中华书局，1986年，第1687—1688页。

② （宋）洪迈撰，何卓点校：《夷坚志·夷坚甲志》卷15《应声虫》，第131页。

③ （明）李时珍著，陈贵廷等点校：《本草纲目》卷16《草部五·蓝淀》，北京：中医古籍出版社，1994年，第472页。

④ （宋）陈言著，路振平整理：《三因极一病证方论》卷8《五噎证治》，《中华医书集成》第22册，第80页。

⑤ （宋）陈言著，路振平整理：《三因极一病证方论》卷8《五噎证治》，《中华医书集成》第22册，第79页。

⑥ （宋）陈言著，路振平整理：《三因极一病证方论》卷9《症瘕证治》，《中华医书集成》第22册，第89页。

⑦ （宋）陈言著，路振平整理：《三因极一病证方论》卷9《症瘕证治》，《中华医书集成》第22册，第89页。

⑧ （宋）陈言著，路振平整理：《三因极一病证方论》卷9《症瘕证治》，《中华医书集成》第22册，第89页。

⑨ （明）徐春甫编集，崔仲平、王耀廷主校：《古今医统大全》卷27《嗝噎门》，北京：人民卫生出版社，1991年，第955页。

之上，民病黄瘅而为胕肿。”①在此，《内经》强调导致黄疸病的原因是外因。继之，东汉时期的张仲景在《内经》理论的基础上，不仅认为“黄疸”有“谷疸”“女劳疸”“酒疸”之分，而且还进一步提出了导致黄疸病的病因病机及治疗方法和原则。如《伤寒论・辨阳明病脉证并治》第199条载：“阳明病，无汗、小便不利、心中懊憹者，身必发黄”②；第200条载：“阳明病，被火，额上微汗出，而小便不利者，必发黄”③；第236条载：“阳明病，发热、汗出者，此为热越，不能发黄也。但头汗出，身无汗，剂颈而还，小便不利，渴饮水浆者，此为瘀热在里，身必发黄”④。又《金匮要略方论・黄疸病脉证并治》对黄疸病的论述更加具体：“风寒相搏，食谷即眩，谷气不消，胃中苦浊，浊气下流，小便不通，阴被其寒，热流膀胱，身体尽黄，名曰谷疸。额上黑，微汗出，手足中热，薄暮即发，膀胱急，小便自利，名曰女劳疸；腹如水状不治。心中懊憹而热，不能食，时欲吐，名曰酒疸。”⑤仅就病因而言，张仲景认为导致黄疸病的原因，除了外因，还有不内外因。可惜，张仲景没有明确指出内伤七情与黄疸病之间的因果联系。于是，陈言辨析说：

> 古方叙五种黄病者，即黄汗、黄疸、谷疸、酒疸、女劳疸是也，观《别录》，则不止于斯。然疸与黄，其实一病，古今立名异耳。黄汗者，以胃为脾表，属阳明，阳明蓄热，喜自汗，汗出，因入水中，热必郁，故汗黄也。黄疸者，此由暴热，用冷水洗浴，热留胃中所致，以与诸疸不同，故用黄字目之。又云：因食生黄瓜，气上熏所致。人或疑其不然，古贤岂妄诠也，必有之矣。谷疸者，由失饥发热，大食伤胃气，冲郁所致。酒疸者，以酒能发百脉热，由大醉当风入水所致。女劳疸者，由大热，交接竟入水，水流湿入于脾，因肾气虚，脾以所胜克入，致肾气上行，故有额黑身黄之证，世谓脾肾病者，即此证也，其间兼渴与腹胀者，并难治。发于阴，必呕；发于阳，则振寒，面微热。虽本于胃气郁发，土色上行，然发于脾，则为肉疸；发于肾，则为黑疸。若论所因，外则风寒暑湿，内则喜怒忧惊，酒食房劳，三因悉备，世医独丽于《伤寒论》中，不亦滥矣。学者宜识之。⑥

关注“喜怒忧惊”和“房劳”与“黄疸病”之间的内在联系，既是陈言超越前贤之处，同时又是其“三因”思想的具体体现。以此为基础，明代的张介宾则明确指出：“阴黄之病，何以致然？盖必以七情伤脏，或劳倦伤形，因致中气大伤，脾不化血，故脾土之色，自见于外。”⑦经现代临床医学证实，胰腺癌、肝癌、胆囊癌、黄疸型肝炎等病症均与“七情内伤”存在密切关系。如邓宏先生认为：“肝癌的发生与感受湿热邪毒或长期饮食不

① 《黄帝内经素问》卷21《六元正纪大论篇》，陈振相、宋贵美编：《中医十大经典全录》，第119页。

② （汉）张仲景：《伤寒论・辨阳明病脉证并治》，陈振相、宋贵美编：《中医十大经典全录》，第357页。

③ （汉）张仲景：《伤寒论・辨阳明病脉证并治》，陈振相、宋贵美编：《中医十大经典全录》，第357页。

④ （汉）张仲景：《伤寒论・辨阳明病脉证并治》，陈振相、宋贵美编：《中医十大经典全录》，第361页。

⑤ （汉）张仲景：《金匮要略方论》卷中《黄疸病脉证并治》，陈振相、宋贵美编：《中医十大经典全录》，第417页。

⑥ （宋）陈言著，路振平整理：《三因极一病证方论》卷10《五疸叙论》，《中华医书集成》第22册，第104—105页。

⑦ （明）张景岳著，李玉清等校注：《景岳全书》卷31《黄疸・论证》，北京：中国医药科技出版社，2011年，第366页。

节，嗜酒过度，情志抑郁，肝气郁滞，气滞血瘀，结而成积以及七情内伤等引起机体阴阳失衡有关。”[①]夏克平先生亦说：“黄疸的发病部位主要在肝胆。当正气虚弱，腠理不固，外邪入里；或内伤七情，酒食房劳，病邪经血脉相传，结于胁下，则损伤肝胆，使之疏泄功能失常，致胆液不循常道，溢于血中，外达周身而发生黄疸。”[②]可见，随着现代社会生活节奏的不断加快和民众情感生活的日益丰富，对于“七情内伤”与黄疸之间的因果联系，人们在中西医结合的临床实践中是越来越重视了。

4）辨苏轼等对“圣散子方”的认识误区

“圣散子方”是苏轼和陈言都特别看重的一首治疫处方，它在宋代名气很大。苏轼说：

> 自古论病，惟伤寒最为危急，其表里虚实，日数证候，应汗应下之类，差之毫厘，辄至不救，而用圣散子者，一切不问。凡阴阳二毒，男女相易，状至危急者，连饮数剂，即汗出气通，饮食稍进，神宇完复，更不用诸药连服取差，其余轻者，心额微汗，正尔无恙。药性微热，而阳毒发狂之类，服之即觉清凉。此殆不可以常理诘也。若时疫流行，平旦于大釜中煮之，不问老少良贱，各服一大盏，即时气不入其门。平居无疾，能空腹一服，则饮食倍常，百疾不生。真济世之具，卫家之宝也。[③]

此序作于元丰七年（1084），据苏轼说，他在谪居黄州的第二年（1081），恰遇“时疫，合此药散之，所活不可胜数”[④]。元祐四年（1089）春，“杭之民病，得此药全活者，不可胜数”[⑤]。通过这两次推广“圣散子方”在治疾过程中所取得的显著效果，加之苏轼本人的声望，“圣散子方”遂广为流传，甚至庞安时亦在《伤寒总病论》卷4《时行寒疫治法》条下载有“圣散子方”及苏轼的两篇序言。在此前提下，人们遂于元符三年（1100）将“圣散子方”及苏轼的两篇序言单独印行，并在社会上广为流传。然而，祸从天降，嘉定四年（1211）永嘉地区闹瘟疫，人们纷纷服用“圣散子方”，让人意想不到的是，此方不仅不能治病，反而“杀人无数”。对此，宋人有两种认识：一种以叶梦得为代表，认为造成“杀人无数”之严重后果的原因是“用药失度”。叶氏说：

> 子瞻在黄州，蕲州医庞安常亦善医伤寒，得仲景意。蜀人巢谷出圣散子方，初不见于前世医书，自言得之于异人。凡伤寒不问证候如何，一以是治之，无不愈。子瞻奇之，为作序，比之孙思邈三建散，虽安常不敢非也。乃附其所著《伤寒论》中，天下信以为然。疾之毫厘不可差，无甚于伤寒。用药一失其度，则立死者皆是。安有不问证候而可用者乎？宣和后此药盛行于京师，太学诸生信之尤笃，杀人无数。今医者悟，始废不用。巢谷本任侠好奇，从陕西将韩存宝出入兵间，不得志，客黄州，子瞻以故与之游。子瞻以谷（巢谷）奇侠而取其方，天下以子瞻文章而信其方。事本不相

---

① 邓宏：《中医药综合治疗中晚期肝癌的疗效及预后因子分析·中文摘要》，广州中医药大学2002年博士学位论文。

② 夏克平：《黄疸辨证质疑》，《安徽中医临床杂志》1998年第6期。

③ （宋）苏轼：《苏轼集·圣散子序》，哈尔滨：黑龙江人民出版社，2009年，第554页。

④ （宋）苏轼：《苏轼集·圣散子序》，第554页。

⑤ （宋）苏轼：《苏轼集·圣散子后序》，第554页。

因，而趋名者，又至于忘性命而试其药。人之惑，盖有至是也。[①]

另一种以陈言为代表，认为造成“杀人无数”之严重后果的原因是方不对证。陈氏说：

> 此药似治寒疫，因东坡作序，天下通行。辛未年，永嘉瘟疫，被害者不可胜数，往往顷时，寒疫流行，其药偶中，抑未知方土有所偏宜，未可考也。东坡便谓与三建散同类，一切不问，似太不近人情。夫寒疫，亦能自发狂。盖阴能发躁，阳能发厥，物极则反，理之常然，不可不知。今录以备疗寒疫，用之宜审之，不可不究其寒温二疫也。[②]

在临床上，宋人已经开始认识到寒疫与瘟疫属于两种性质不同的疫病了。如庞安时说：“有冬时伤非节之暖，名曰冬温之毒，与伤寒大异，即时发病温者，乃天行之病耳。”[③]又说：“病人素伤于热，因复伤于热，变为温毒。温毒为病最重也。”[④]而“病人素伤于寒，因复伤于寒，变成温疟，寒多热少者，华佗赤散主之”[⑤]。所以“风温与中风脉同，温疟与伤寒脉同，湿温与中湿脉同，温毒与热病脉同，唯证候异而用药有殊耳，误作伤寒发汗者，十死无一生”[⑥]。此外，《类证活人术》中载有善治冷证（伤寒）与善治热证（瘟病）的医家，如朱肱在其序中说：“知其热证，则召某人，以某人善医阳病；知其冷证，则召某人，以某人善医阴病，往往随手全活。”[⑦]故“时气（即瘟疫）与伤寒同，而治有异者”[⑧]。

因此，陈言在前人研究成果的基础上，对“圣散子方”作了客观评价。在他看来，“圣散子方”绝不像苏轼说的那样“一切不问”，恰恰相反，“圣散子方”的用途是有条件的，它仅仅适合于用来治疗伤寒病患者，如果超出了这个治疗范围，良药就会变成害死人的毒药。于是，陈言通过临床反复验证，认为对待“圣散子方”既不能将其疗效任意夸大，同时也不能因为它对治疗瘟疫的失效而将其弃置不用。他说：“宣和间，此药盛行于京师，太学生信之尤笃，杀人无数，医顿废之。然不妨留以备寒疫，无使偏废也。”[⑨]显然，陈言对待“圣散子方”的态度，是一种实事求是的科学态度，可谓其“三因”之“辨析”思想的精髓。

---

① （宋）叶梦得撰，徐时仪校点：《避暑录话》卷1，上海：上海古籍出版社，2012年，第109页。

② （宋）陈言著，路振平整理：《三因极一病证方论》卷6《料简诸疫证治》，《中华医书集成》第22册，第57页。

③ （宋）庞安时：《伤寒总病论》卷5《天行瘟病论》，田思胜主编：《朱肱 庞安时医学全书》，北京：中国中医药出版社，2015年，第189页。

④ （宋）庞安时：《伤寒总病论》卷5《伤寒感异气成瘟病坏候并疟证》，田思胜主编：《朱肱 庞安时医学全书》，第194页。

⑤ （宋）庞安时：《伤寒总病论》卷5《伤寒感异气成瘟病坏候并疟证》，田思胜主编：《朱肱 庞安时医学全书》，第193页。

⑥ （宋）庞安时：《伤寒总病论》卷5《伤寒感异气成瘟病坏候并疟证》，田思胜主编：《朱肱 庞安时医学全书》，第194页。

⑦ （宋）朱肱：《类证活人术·自叙》，田思胜主编：《朱肱 庞安时医学全书》，第5页。

⑧ （宋）朱肱：《类证活人术》卷6《四十六》，田思胜主编：《朱肱 庞安时医学全书》，第54页。

⑨ （宋）陈言著，路振平整理：《三因极一病证方论》卷6《料简诸疫证治》，《中华医书集成》第22册，第57页。

陈言说："伤寒属外因，忧烦属内因，霍乱兼不内外因，学者当辨析而调治。"[①]在这里，陈言之所以反复讲"辨析"，一是因为多数疾病具有多变性和复杂性的特点，如若失察，就会枉死人命；二是因为学者的研究成果亦不尽符合临床实际，如果用之不审就有可能像"圣散子方"那样酿成大祸。陈言在《痰饮凡例》中强调说："前证用药，多出汉（即汉代）方，但古科剂，与今不同，已详酌改从今用。其如校定，备见前说。唯外所因证候难明，风燥寒凝，暑烁湿滞，皆能闭诸络，郁而生涎，不待饮水流入四肢，而致支溢疼痛也。当以理推，无胶轨辙。"[②]在南宋，由于对前代流传下来的药方不加辨析，结果造成惨痛教训的也不少，这不能不引起陈言的义愤。他举例说："夫洪肿，门类极多，自正水之余，有风水、皮水、石水、黄汗等，分入水门，如脾气横泄，脚气支满，肤胀鼓胀，肠覃石瘕，与夫造作干犯土气，皆作浮肿，属血属气，理自不同。奈外证相类，未易甄别，若不预学，临病必迷，错乱汗下，皆医杀之。更有气分血分，亦入肿门类，治法颖别，其可不学？古方类例虽明，多见不学者抄写数方，一道施治，倘非其病，妄投其药，盛者致困，困者必死，况有饮食禁忌，种种不同，学者勉旃。不可轻玩，以病试药，甚为不仁，戒之戒之。"[③]

5）《产科经验保庆集》（简称《保庆集》）辨误举隅

通观整部《三因极一病证方论》，可以说在《产科二十一论评》中，陈言的"好辨"风格和才华，得到了集中体现。陈言在《产科论序》中说："世传产书甚多，《千金》、《外台》、《会王产宝》、马氏、王氏、崔氏皆有产书，巢安世有《卫生宝集》《子母秘录》等。备则备矣，但仓卒之间，未易历试。惟李师圣序郭稽中《产科经验保庆集》二十一篇，凡十八方，用之颇效。但其间叙论，未为至当，始用料理简辨于诸方之下，以备识者，非敢好辨也。"[④]虽然陈言自谦地说自己的辩误是"简辨"，但他对中医妇科基本理论的阐释却颇见功力。

如第十九论曰：

> 产后热闷气上，转为脚气者何？答曰：产卧血虚生热，复因春夏取凉过多，地之蒸湿，因足履之，所以着而为脚气，其状热闷掣疭，惊悸心烦，呕吐气上，皆其候也，可服小续命汤两三剂必愈。若医者误以逐败血药攻之，则血去而疾益增剧。[⑤]

这是唐代昝殷所撰《经效产宝》中的观点，后为《保庆集》所沿用。对此，陈言提出了质疑。他说：

> 脚气固是常病，未闻产后能转为者。往往读《千金》见有产妇多此疾之语，便出是证，文辞害意，可概见矣。设是热闷气上，如何令服续命汤？此药本主少阳经中风，非均治诸经脚气，要须依脚气方论阴阳经络调之。此涉专门，未易轻论，既非产

① （宋）陈言著，路振平整理：《三因极一病证方论》卷 9《虚烦证治》，《中华医书集成》第 22 册，第 82 页。
② （宋）陈言著，路振平整理：《三因极一病证方论》卷 13《凡例》，《中华医书集成》第 22 册，第 131 页。
③ （宋）陈言著，路振平整理：《三因极一病证方论》卷 14《料简》，《中华医书集成》第 22 册，第 144 页。
④ （宋）陈言著，路振平整理：《三因极一病证方论》卷 17《产科论序》，《中华医书集成》第 22 册，第 178 页。
⑤ （宋）陈言著，路振平整理：《三因极一病证方论》卷 17《产科二十一论评》，《中华医书集成》第 22 册，第 184 页。

后要病，更不繁引。①

在这里，昝殷实际上是混淆了“脚气”和“脚气病”这两种不同类型的疾病。一般地讲，脚气是由浅部霉菌引起的皮肤癣菌感染性疾患。发病后，霉菌首先侵人脚趾间，出现水泡、脱皮及皮肤发白湿润等症状；而脚气病则为维生素B1缺乏症，症见乏力、精神萎倦、食欲不振、呕吐、腹泻或便秘，伴腹痛、腹胀、体重减轻、心动过速等。在日常生活中，孕母、乳母，或摄食碳水化合物较多者和有发热感染者，需要维生素B1增加，如不及时补充肉类、豆类食物，易引起硫胺素缺乏而导致脚气病。在宋代，医家多认为“小续命汤”通治六经中风，如王执中《针灸资生经》引《集效方》说：“治风莫如续命、防风、排风汤之类，此可扶助疾病。”②与此不同，陈言认为：“此药本主少阳经中风，非均治诸经脚气。”这个论断是正确的，因为导致脚气病的原因并非是“中风”，从这层意义上说，用“小续命汤”来治疗脚气病，其实药不对症。

又如第二十一论说：

产后所下过多，虚极生风者何？答曰：妇人以荣血为主，因产血下太多，气无所主，唇青肉冷，汗出，目瞑神昏，命在须臾，此但虚极生风也，如此则急服济危上丹。若以风药治之则误矣。③

“虚”与“风”属于不同的致病原因，在临床上，所谓虚证是指机体的气、血、津液和经络、脏腑等受到损害，生理功能较弱，抗病能力低下，因此，出现了一系列正气虚弱、衰退和不足的证候。而风证有外风与内风之区别，其中外风是指外感风邪而发生风病，症见头痛、恶风、肢体麻木、筋骨挛痛、口眼歪斜等；内风则是由脏腑功能失调所致，症见眩晕、震颤、四肢抽搐、牙关紧闭、不省人事等，如热极生风、肝阳化风、血虚生风等。对此，陈言“简辨”道：

所下过多伤损，虚竭少气，唇青肉冷，汗出神昏，此皆虚脱证，何以谓之生风？风是外淫，必因感冒中伤经络，然后发动，脏腑岂能自生风也？虚之说，盖因《脉经》云：浮为风为虚。此乃两病合说，在人迎则为风，在气口则为虚。后学无识，便谓风虚是一病，谬滥之甚，学者当知。④

这段评说有两点需要注意：一是陈言将“风虚”看作是两种不同类型的病证，它对于规范当时的医学概念和临床用语，具有积极的指导价值和意义；二是陈言由于自身知识所限，没有看到风有外风和内风之别，所以他断言“脏腑岂能自生风”是缺乏临床根据的。由此可见，陈言毕竟生活在以“以己意解经”的学术环境之中，如刘敞、二程、朱熹等，

① （宋）陈言著，路振平整理：《三因极一病证方论》卷17《产科二十一论评》，《中华医书集成》第22册，第184页。

② 黄龙祥主编：《针灸名著集成》，北京：华夏出版社，1996年，第300页。

③ （宋）陈言著，路振平整理：《三因极一病证方论》卷17《产科二十一论评》，《中华医书集成》第22册，第184页。

④ （宋）陈言著，路振平整理：《三因极一病证方论》卷17《产科二十一论评》，《中华医书集成》第22册，第185页。

都是如此，陈言则不能不受到这种学术环境的影响。

二、“三因论”与天人合一思想

“天人合一”是中国传统文化的主要特征，钱穆先生称：“‘天人合一’论，是中国文化对人类最大的贡献。”[①]汉代董仲舒曾说：“天人之际，合而为一。”[②]宋代理学家更认为：“其实理不外乎气。盖二气流行，万古生生不息，不成只是空个气？必有主宰之者，曰理是也。理在其中为之枢纽。”[③]虽然“理”的内涵比较多，但有一个含义是非常重要的，那就是程朱理学把“理”看作是具有内在结构的“模型”。[④]以此模型为向导，宋代医学家将“天人一理”思想与宋代医学发展的实际相结合，从而提出了“太极（命门）—阴阳—五行（脏腑）”的生命模式[⑤]，而陈言的“三因”思想就是这种生命模式的一个有机的组成部分。

1. 天人相应思想

五运六气在北宋嘉祐之后开始盛行，如郝允、沈括等医家已经尝试引用运气学说来诠释疾病，尤其是经过宋徽宗《圣济总录》一书的推动，当时医学界对运气学说可谓推崇有加，遂成为医家之“显学”。在陈言之前，钱乙曾有“夜宿东平王冢巅，观气象至逾月不寐”[⑥]的运气实践，许叔微《伤寒九十论》则更将运气学说应用于临床，并在使用“经方”上取得了突出成就。有学者考证，“陈言将运气学说的治疗原则具体发展到方药方面，继《元和纪用经》之后，进一步发展了运气治疗学说”[⑦]。如陈言说：

> 人受天地之中以生，莫不禀二气以成形。是以六气纬空，五行丽地，人则默而象之。故足厥阴肝居于巳，手厥阴右肾居于亥，巳亥为天地之门户，故风木化焉。足少阴肾居于子，手少阴心居于午，子午得天地之正中，故君火位焉。足太阴脾居于未，手太阴肺居于丑，丑未为归藏之标本，故湿土守焉。足少阳胆居于寅，手少阳三焦居于申，寅申握生化之始终，故相火丽焉。足阳明胃居于酉，手阳明大肠居于卯，卯酉为日月之道路，故燥金行焉。足太阳膀胱居于辰，手太阳小肠居于戌，辰戌为七政之魁罡，故寒水注焉。此三才应奉，二气相须，不刊之说，如指诸掌。[⑧]

十二经络是人体组织结构的重要组成部分，它是内连脏腑、外络肢节、沟通内外、运行气血的通路。《内经灵枢经·经别》说：“十二经脉者，此五脏六腑之所以应天道也。”[⑨]

① 钱穆：《中国文化对人类未来可有的贡献》，《中国文化》1991年第1期。

② （汉）董仲舒：《春秋繁露》卷10《深察名号》，《四库全书荟要·子部》第1册，长春：吉林人民出版社，1997年，第384页。

③ （宋）陈淳著，熊国祯、高流水点校：《北溪字义》卷上，北京：中华书局，1985年，第1页。

④ 吕变庭：《北宋科技思想研究纲要》，北京：中国社会科学出版社，2007年，第206—207页。

⑤ 刘星：《中国古代“天人合一”观及对中医学影响的研究》，湖北中医学院2004年硕士学位论文。

⑥ （宋）刘跂：《钱仲阳传》，（宋）钱乙著，杨金萍、于建芳点校：《小儿药证直诀》，天津：天津科学技术出版社，2000年，第3页。

⑦ 严世芸主编：《中医学术发展史》，上海：上海中医药大学出版社，2004年，第216页。

⑧ （宋）陈言著，路振平整理：《三因极一病证方论》卷2《脏腑配天地论》，《中华医书集成》第22册，第14页。

⑨ 《黄帝内经灵枢经》卷3《经别》，陈振相、宋贵美编：《中医十大经典全录》，第189页。

此“天道”可具体化为五行和十二地支。于是，五行、十二经脉与十二地支之间就形成了一个相对应的关系。其中五行即木、火（分相火与君火）、土、金、水；十二地支即子、丑、寅、卯、辰、巳、午、未、申、酉、戌、亥。它们三者之间的对应关系见表 2-2：

表 2-2　十二经脉与十二地支对应关系表

六气	十二经脉	十二地支	十二支化气	阴阳属性	六季
风木	足厥阴肝经	巳	巳亥	巳为阴	风季
	手厥阴肾经	亥		亥为阴	
君火	足少阴肾经	子	子午	子为阳	暖季
	手少阴心经	午		午为阳	
湿土	足太阴脾经	未	未丑	未为阴	热季
	手太阴肺经	丑		丑为阴	
相火	足少阳胆经	寅	寅申	寅为阳	雨季
	手少阳三焦	申		申为阳	
燥金	足阳明胃经	酉	酉卯	酉为阴	干季
	手阳明大肠经	卯		卯为阴	
寒水	足太阳膀胱经	辰	辰戌	辰为阳	寒季
	手太阳小肠经	戌		戌为阳	

诚然，理解表 2-2 内容的理论基础是盛行于宋代的运气学说，而运气学说也是祖国传统实践医学或医学气象理论的重要组成部分之一。从运气学说的角度讲，六气是气候变化的本元，三阴三阳是六气的表象，故《内经素问·天元纪大论》说：“寒暑燥热风火，天之阴阳也，三阴三阳上奉之。”①其中运气学说之六气是指风、寒、湿、燥、君火、相火，三阴三阳则谓厥阴、少阴、太阴、少阳、阳明和太阳。因此，《内经素问》明确指出运气学说的基本原理是：“厥阴之上，风气主之；少阴之上，热气主之；太阴之上，湿气主之；少阳之上，相火主之；阳明之上，燥气主之；太阳之上，寒气主之。所谓本也，是谓六元。”②可见，六气所反映的是一年内气候变化的状况和规律，它包含主气、客气和客主加临三种情形。据此，陈言针对年干、年支，比较程式化地制定了五运不及、太过及六气司天所致病证的 16 首方剂。这些方剂如果“舍去其主岁主运方的胶泥机械方法，则对医者的临床制方用药，是很有参考价值的”③。

2. “三度”思想

在“天人相应”思想的指导下，陈言依据运气学说，提出了“三度”思想。他说：“夫木火土金水，此乃常度，人皆知之；至于风暑湿燥寒，谓之揆度，鲜有能明其状者。故以木比风，以火比暑，以土比湿，以金比燥，以水比寒，仍以上下二气而配手足三阴三阳，则谓之奇度。”④

在陈言的“三因”学说中，寸口脉占着非常重要的位置。因此，《三因极一病证方

① 《黄帝内经素问》卷 19《天元纪大论篇》，陈振相、宋贵美编：《中医十大经典全录》，第 94 页。
② 《黄帝内经素问》卷 19《天元纪大论篇》，陈振相、宋贵美编：《中医十大经典全录》，第 94 页。
③ 严世芸主编：《中医学术发展史》，第 216 页。
④ （宋）陈言著，路振平整理：《三因极一病证方论》卷 2《脏腑配天地论》，《中华医书集成》第 22 册，第 14 页。

论》开篇即为“诊脉”论。陈言说：“切脉动静者，以脉之潮会，必归于寸口。三部诊之，左关前一分为人迎，以候六淫，为外所因；右关前一分为气口，以候七情，为内所因；推其所自，用背经常，为不内外因。”[①]中医理论认为，人和自然是息息相通的整体。《内经灵枢经·岁露》篇指出：“人与天地相参也，与日月相应也。”[②]要之，“寸口脉”被视为人体三阴三阳与天地、四时相互联系的指示器，而为了通过它而客观和准确地反映人体三阴三阳与天地、四时之间的变化过程，陈言引入了“三度”的概念。他说：“足为常度，手为揆度，体常尽变，故为奇度。”[③]然而，“奇常揆度，其道一也”[④]。此“一”即“奇常揆度”的统一性，或称“共性”。其具体表现在六经脉体上：

（1）五脏与寸口脉的关系。寸口脉泛指位于两手腕后桡动脉所在部位，细分则有寸、关、尺三部，其中掌后高骨（桡骨茎突）为关，关前为寸，关后为尺。陈言依据《内经素问·脉要精微论》记载，总结此三者与人体五脏的关系说：“左寸，外以候心，内以候膻中。右寸，外以候肺，内以候胸中。左关，外以候肝，内以候膈中。右关，外以候脾，内以候胃脘。左尺，外以候肾，内以候腹中。右尺，外以候心主，内以候腰。”[⑤]这段话包含有两层意思：一是脉象是在心脏和其他脏腑的综合作用下形成的，但肺朝百脉，寸口作为手太阴肺的动脉，可以切脉之动静，即脏腑气血的盛衰和病变可反映于寸口；二是寸、关、尺分候脏腑，并不是说有关脏腑之脉都出于寸、关、尺的相应部位，仅仅寸、关、尺的相应部位能够候有关脏腑之气，且它在临床有助于察其盛衰、辨其寒热和诊断病情。正是从这层意义上，陈言说：“六脏，六腑，十二经络，候之无逾三部。”[⑥]当然，从内所因和外所因的角度看，经络与脏腑病情变化的最终归宿，具有殊途同归之效果。所以，陈言说：“前布六经，乃候淫邪外入，自经络而及于脏；后说六脏，乃候情意内郁，自脏腑出而应于经。”[⑦]

（2）六经本脉与六气的关系。关于六经本脉的特点，陈言说：

足厥阴肝脉，在左关上，弦细而长；足少阴肾脉，在左尺中，沉濡而滑；足太阴脾脉，在右关上，沉软而缓；足少阳胆脉，在左关上，弦大而浮；足阳明胃脉，在右关上，浮长而涩；足太阳膀胱脉，在左尺中，洪滑而长；手厥阴心主包络，在右尺中，沉弦而数；手少阴心脉，在左寸口，洪而微实；手太阴肺脉，在右寸口，涩短而浮；手少阳三焦脉，在右尺中，洪散而急；手阳明大肠脉，在右寸口，浮短而滑；手太阳小肠脉，在左寸口，洪大而紧。此手足阴阳六经脉体。及其消息盈虚，则化理不住；运动密移，与天地参同。[⑧]

① （宋）陈言著，路振平整理：《三因极一病证方论》卷1《总论脉式》，《中华医书集成》第22册，第1页。
② 《黄帝内经灵枢经》卷12《岁露》，陈振相、宋贵美编：《中医十大经典全录》，第270页。
③ （宋）陈言著，路振平整理：《三因极一病证方论》卷1《六经本脉体》，《中华医书集成》第22册，第5页。
④ （宋）陈言著，路振平整理：《三因极一病证方论》卷1《六经本脉体》，《中华医书集成》第22册，第5页。
⑤ （宋）陈言著，路振平整理：《三因极一病证方论》卷1《五脏所属》，《中华医书集成》第22册，第4页。
⑥ （宋）陈言著，路振平整理：《三因极一病证方论》卷1《五脏所属》，《中华医书集成》第22册，第4页。
⑦ （宋）陈言著，路振平整理：《三因极一病证方论》卷1《五脏所属》，《中华医书集成》第22册，第4页。
⑧ （宋）陈言著，路振平整理：《三因极一病证方论》卷1《六经本脉体》，《中华医书集成》第22册，第5页。

简言之，三阴三阳之“本脉体”可概括为：

厥阴，弦；少阴，钩；太阴，沉；少阳，大而浮；阳明，短而涩；太阳，大而长。

那么，以上三阴三阳之“本脉体”与运气学说有何关系呢？

陈言通过对“北政”和“南政”两个概念的阐释，说明了三阴三阳之“本脉体”与运气学说存在着某种内在的关系。所谓“北政”是指五运中的金、水、木、火四运，而在上述干支纪年里，正常的“本脉体”特点是“少阴在泉，故寸不应”[①]。经统计，凡“少阴在泉”的干支运年共有10个，即丁卯年、癸酉年、己卯年、乙酉年、辛卯年、丁酉年、癸卯年、己酉年、乙卯年和辛酉年。也就是说在上述运年里，寸脉不应当出现“洪而微实”的脉象。所谓“南政”则是指五运中的土运，在上述干支纪年里，正常的“本脉体”特点是“少阴在天，故寸亦不应”[②]。与“少阴在泉”一样，凡“少阴在天”干支纪年亦有10个，它们是甲子年、庚午年、丙子年、壬午年、戊子年、甲午年、壬寅年、丙午年、壬子年和戊午年。同样，在上述运年里，寸脉也不应当出现“洪而微实”的脉象。至于其他，则有：①“若北政厥阴在泉，则右不应；太阴在泉，则左不应”[③]，属“厥阴在泉”的纪年有丙寅年、壬申年、戊寅年、甲申年、庚寅年、丙申年、壬寅年、戊申年、甲寅年和庚申年，而“右不应”是指右手寸口不应当出现“沉弦而数”的脉象。其“太阴在泉”的纪年有戊辰年、甲戌年、庚辰年、丙戌年、壬辰年、戊戌年、甲辰年、庚戌年、丙辰年和壬戌年，凡在上述纪年里，左手寸口脉不应当出现“涩短而浮”的脉象。②“若南政厥阴司天，则右不应；太阴司天，则左不应”[④]，在干支纪年里，属“厥阴司天”的纪年有己巳年、乙亥年、辛巳年、丁亥年、癸巳年、己亥年、乙巳年、辛亥年、丁巳年和癸亥年，其“右不应”的意思是说在以上纪年里，右手寸口不应当出现“沉弦而数”的脉象。而属“太阴司天”的纪年有乙丑年、辛未年、丁丑年、癸未年、己丑年、乙未年、辛丑年、丁未年、癸丑年和乙未年，在这些纪年里，左手寸口脉不应当出现“涩短而浮”的脉象。太过，即运气盛而有余；不及，即运气衰而不足。甲、丙、戊、庚、壬为五阳干。凡阳干之年，均属运气有余，为太过；乙、丁、己、辛、癸为五阴干。凡阴干之年，均属运气不足，为不及。

今天，我们究竟应当怎样认识运气学说与中医理论体系之间的关系，学界的看法虽然不一致，但是运气学说作为中医学发展史的一个必要环节，它的历史价值和地位是无论如何也抹杀不掉的。即使退一步讲，在西方，被定性为“伪科学”的颅相学也曾对科学的发展起过促进作用，比如，美国学者E.G.波林在其《实验心理学史》一书中认为，正是由于颅相学，“心理学科才得以自由发展，从而产生了生理心理学”[⑤]。仅此而论，运气学说促进了中医预防学的发展则是可以肯定的事实。

---

① （宋）陈言著，路振平整理：《三因极一病证方论》卷1《六经本脉体》，《中华医书集成》第22册，第5页。

② （宋）陈言著，路振平整理：《三因极一病证方论》卷1《六经本脉体》，《中华医书集成》第22册，第5页。

③ （宋）陈言著，路振平整理：《三因极一病证方论》卷1《六经本脉体》，《中华医书集成》第22册，第5页。

④ （宋）陈言著，路振平整理：《三因极一病证方论》卷1《六经本脉体》，《中华医书集成》第22册，第5页。

⑤ ［美］E.G.波林：《实验心理学史》，高觉敷译，北京：商务印书馆，2017年，第70页。

第四节　范成大的区域地理思想

范成大（1126—1193），字致能，号石湖，平江府吴县（今江苏苏州市）人。其父范雩，终秘书郎，母蔡氏，系蔡襄之孙女。可见，范成大的父母均有较高的文化修养，而正是在这样的家庭环境中，范成大遍阅经史，专意科举。宋高宗绍兴二十四年（1154），范成大中进士。先后官礼部员外郎、处州知府、参知政事等职。范成大比较接近下层社会，因此，他的政治思想多切于实际，并符合广大民众的利益。如范成大知处州（今浙江丽水西）期间，"处民以争役嚣讼，成大为创义役，随家贫富输金买田，助当役者，甲乙轮第至二十年，民便之"①。又如，"处多山田，梁天监中，詹、南二司马作通济堰在松阳、遂昌之间，激溪水四十里，溉田二十万亩。堰岁久坏，成大访故迹，叠石筑防，置堤闸四十九所，立水则，上中下溉灌有序，民食其利"②。不仅处州如此，范成大任职静江、四川、明州等地，亦无不如此。③故周必大在评价范氏的政治品格时说：其"所至礼贤下士，仁民爱物，凡可兴利除害，不顾难易，必为之。乐善不厌，于同僚旧交，喜道其所，不欲闻人过"④。

当然，范成大不仅有"声震四境"的政治业绩，而且还为我们留下了不少极为宝贵的区域地理文献。从范成大存世的作品看，其区域地理的特色非常鲜明。就大局而言，以长江流域为其游记的主要地理单元，如《骖鸾录》《吴船录》等。此外，就局域性的特点来说，则有专题记录广西风土的《桂海虞衡志》，有突出记录苏州风土的《吴郡志》，有专门记述洞庭湖西山所产太湖石性状特点的《太湖石志》等。以上游记均为范氏本人的亲身经历，因而能"踏其地、记其胜，而详其实"⑤。可见，范成大在史学史上以"求真"和"创新"的写作风格独步一时，并对明清的游记体裁产生了深远的影响，甚至《四库全书总目提要》在评介《时令汇纪》《南来志》的文学价值时还冠以"范体"之称。

一、《桂海虞衡志》的区域地理思想

乾道七年（1171）三月，范成大以中书舍人出任广西经略安抚使兼知静江府（今桂林）。于是，他从吴县始发，历经浙、赣、湘、桂诸省，终于乾道八年（1172）三月到达桂林。对此，范成大这样说："既至郡，则风气清淑，果如所闻；而岩岫之奇绝，习俗之

① 《宋史》卷386《范成大传》，第11868页。

② 《宋史》卷386《范成大传》，第11868页。

③ 张邦炜：《范成大治蜀述论》，《宋代政治文化史论》，北京：人民出版社，2005年；于北山：《范成大年谱》，上海：上海古籍出版社，2006年。

④ （宋）周必大：《资政殿大学士赠银青光禄大夫范公成大神道碑》，（宋）范成大原著，胡起望、覃光广校注：《桂海虞衡志辑佚校注》，成都：四川民族出版社，1986年，第310页。

⑤ ［日］滛木俊：《和刻本〈桂海虞衡志〉跋》，（宋）范成大原著，胡起望、覃光广校注：《桂海虞衡志辑佚校注》，第316页。

醇古，府治之雄胜，又有过所闻者。余既不鄙夷其民，而民亦矜予之拙而信其诚，相戒毋欺侮。岁比稔，幕府少文书，居二年，余心安焉。”①此“心安”大概有两意：一是范氏本人在桂林任职期间，为当地民众做了不少善事，如“广西窘匮，专借盐利，漕臣尽取之，于是属邑有增价抑配之弊”②，而范氏力奏“禁科抑”③，以保护广大民众的切身利益。二是写了两部颇具影响力的游记，其一为《骖鸾录》，它是一部从吴县至桂林的日记体游记；其二是《桂海虞衡志》，该书为范氏由桂林赴成都途中“时念昔游”④之作。当然，从桂林作为一座著名的历史文化名城来看，《桂海虞衡志》应是范成大知静江府期间的一个非常重要的创造性收获。“桂海”一词最早见于南朝江淹的诗句中⑤，而宋人一般把包括桂林在内的岭南地区笼统地称为“桂海”。至于“虞衡”之称，按照《周礼·天官·冢宰》中“虞衡作山泽之材”的说法，可知自先秦以降，“虞衡”即是负责管理山林川泽的官员。范成大将两者结合在一起，用此命名阐发他在桂林做官两年的所见和所感，很巧妙地表达了他对桂林城建设所付出的心血和他对桂林山水的厚爱，“惓惓于桂林”⑥。故此，范氏不由感叹：“予尝评桂山之奇，宜为天下第一。”⑦在此，我们拟根据《桂海虞衡志》的撰写体例，就其主要的地理思想分述于下：

（一）桂林是世界上发育最完美的岩溶地貌景观，或称喀斯特地貌景观

本来，“喀斯特”一词是前南斯拉夫西北部亚德利亚海岸碳酸盐岩高原的地名，后来学界就用它来指世界各地的碳酸盐岩地貌。然而，在世界上，桂林的喀斯特地貌分布面积最大、景观美学价值最高、最具典型性、珍稀性和不可替代性，故有“世界喀斯特之都”的称号。据此，1996 年，我国岩溶学术会议上决定将“喀斯特”一词改为“岩溶”。从地质化学的角度说，可溶性岩石是岩溶地貌形成的物质基础。在自然界里，可溶性岩石可分为三类：碳酸盐岩（包括石灰岩、泥灰岩等），硫酸盐岩（包括石膏、芒硝等），卤素盐岩（包括钠盐、钾盐等）。其中碳酸盐岩的溶解度最高，而桂林的地质构成是以石灰岩为主的碳酸盐岩，所以，不难想见，桂林岩溶地貌景观是在特殊的自然条件下经过亿万年的化学过程和物理过程的共同作用，才逐渐形成了桂林如此完美的塔状岩溶峰林地貌景观。在理论上，岩溶地貌的化学分解过程可分为三步：

第一步，形成碳酸，其化学反应式为 $H_2O+CO_2 \rightleftharpoons H_2CO_3$；

第二步，碳酸离解生成 H^+，其化学反应式为 $H_2CO_3 \rightleftharpoons H^+ + HCO_3^-$；

第三步，H^+ 与 $CaCO_3$ 反应生成 HCO_3^-，从而使 $CaCO_3$ 溶解，其化学反应式为 $H^+ + CaCO_3 \rightleftharpoons HCO_3^- + Ca^{2+}$。

---

① （宋）范成大著，齐治平校补：《桂海虞衡志校补·序》，南宁：广西民族出版社，1984 年，第 1 页。

② 《宋史》卷 386《范成大传》，第 11869 页。

③ 《宋史》卷 386《范成大传》，第 11869 页。

④ （宋）范成大撰，孔凡礼点校：《桂海虞衡志·序》，《范成大笔记六种》，第 81 页。

⑤ （南朝）江淹著，丁福林、杨胜朋校注：《江文通集校注》卷 4《哀太尉从驾》，上海：上海古籍出版社，2017 年，第 874—876 页。

⑥ （宋）范成大撰，孔凡礼点校：《桂海虞衡志·序》，《范成大笔记六种》，第 81 页。

⑦ （宋）范成大撰，孔凡礼点校：《桂海虞衡志·志岩洞》，《范成大笔记六种》，第 83 页。

由于上述的化学反应式都是可逆的，所以，为了保证水对碳酸盐岩的分解作用，就必须使水中的二氧化碳足够多，而在地质史上，桂林的石灰岩地形在第三纪（2500万年前）曾经历了一个相当长的湿热环境，其充沛的大气降水，从峰顶垂直向下运动，由峰丛而峰林而孤峰，最后逐渐演变为岩溶平原。换言之，峰林是由峰丛进一步溶蚀与侵蚀所形成的一种地貌现象。因此之故，桂林的山岩才形成奇峰林立、形态万千的自然奇观。对此，范成大说：

桂之千峰，皆旁无延缘，悉自平地崛然特立，玉笋瑶篸，森列无际，其怪且多如此，诚当为天下第一。①

在此，所谓“桂之千峰，皆旁无延缘”，显然是指坐落在同一基座上的一簇山峰，是为“峰丛”，或同一基座被大气降水、岩溶地下水及地表水共同凿穿断开而形成的一个又一个彼此不相系连的山峰，统称为“峰林”。如果我们把“峰丛”称作是桂林岩溶地貌的青年时期，那么，那一座座“突起千丈”的峰林，便可视为桂林岩溶地貌的壮年时期。如范成大笔下的“立鱼峰”是一座比较典型的“峰丛”，而“读书岩”“伏波岩”等则属于“峰林”。

立鱼峰。在西山后，雄伟高峻，如植立一鱼。余峰甚多，皆苍石刻峭。②
（读书岩）为桂主山，傍无坡阜，突起千丈。③
伏波岩。突然而起，且千丈。下有洞，可容二十榻。④

桂林以钙质为主所形成的石灰岩地形，其质地虽然比较坚硬，但它本身却分布着层层叠叠、纵横交错的裂缝，这些裂缝一旦与水中的二氧化碳相遇，即被溶蚀穿凿，天长日久，那些被溶蚀穿凿的裂缝相互贯通，因而形成各种各样的溶洞。可见，除了峰林，溶洞应是桂林岩溶地貌的又一个重要特征。用范成大的话说，“山皆中空”⑤。如“石洞在山半腹。入石门，下行百余级，得平地，可坐数十人。旁有两路。其一西行，两壁石液凝沍，玉雪晶莹。顶高数十丈，路阔亦三四丈，如行通衢中，顿足曳杖，彭铿有鼓钟声，盖洞之下又有洞焉。半里遇大壑，不可进”⑥。当然，任何事物的发生和发展都是双向的，比如，桂林的岩溶过程就是一方面有溶蚀的过程，另一方面也有凝结的过程。如果说溶洞是水中的二氧化碳溶解碳酸盐岩的产物，那么，石钟乳就是碳酸氢钙还原为碳酸钙并发生沉淀作用的一种结果。其化学反应式为 $Ca(HCO_3)_2 \rightarrow CaCO_3\downarrow + H_2O + CO_2\uparrow$

范成大解释石钟乳的生成原理说：

屏风岩。在平地断山峭壁之下。入洞门，上下左右皆高旷百余丈。中有平地，可

① （宋）范成大撰，孔凡礼点校：《桂海虞衡志・志岩洞》，《范成大笔记六种》，第83页。
② （宋）范成大撰，孔凡礼点校：《桂海虞衡志・志岩洞》，《范成大笔记六种》，第84页。
③ （宋）范成大撰，孔凡礼点校：《桂海虞衡志・志岩洞》，《范成大笔记六种》，第83页。
④ （宋）范成大撰，孔凡礼点校：《桂海虞衡志・志岩洞》，《范成大笔记六种》，第84页。
⑤ （宋）范成大撰，孔凡礼点校：《桂海虞衡志・志岩洞》，《范成大笔记六种》，第83页。
⑥ （宋）范成大撰，孔凡礼点校：《桂海虞衡志・志岩洞》，《范成大笔记六种》，第85页。

宴百客。仰视钟乳森然，倒垂者甚多。①

凡乳床必因石脉而出，不自顽石出也。②

乳水滴沥未已，且滴且凝。③

所谓“石脉”其实是指水中二氧化碳溶解碳酸盐岩所留下的痕迹，从表象看，它往往自洞口一直延伸到洞的最深处，就像生命的脉络一样。由于由岩洞深处渗透出来的含有碳酸氢钙的流水或称“乳水”，当它暴露于洞口时，因碳酸氢钙的化学性质很不稳定，于是，随着洞外的压力增大和温度升高，碳酸氢钙很容易被还原为碳酸钙并沉淀下来，这便是“凡乳床必因石脉而出”的意思。正如范成大所说：“仰视石脉涌起处，即有乳床如玉雪，石液融结所为也。”④

（二）研究岩溶矿床，多方考察“桂海”地区以金银冶炼为特色的矿产业

桂林及其附近诸州因特殊的地质结构，富有金、水银、石钟乳、铅粉、滑石等矿藏，是南宋重要的矿业区域之一。

首先，砂金矿的开采与冶炼。砂金矿是由分布于松散碎屑沉积物中的自然金碎屑在风化过程中产生次生富集而成为肉眼可见的矿床。而自然金通常都含有多少不等的银、铜、铁、钯、铒、碲、硒及其他金属的混合物，故宋人将这种“自然金”称为“生金”。范成大云：“生金。出西南州峒，生山谷田野沙土中，不由矿出也。峒民以淘沙为主，坯土出之，自然融结成颗。”⑤从成因方面说，桂林及其附近诸州所产之砂金矿多是由洪积和冲积而形成的砂金矿，多产于河谷地带的洪积物和冲积物中。具体地讲，桂林及其附近诸州所产之砂金矿应是岩溶充添砂金矿，即基底是岩溶的洪积砂金矿和基底为岩溶的冲积砂金矿，它的特点是开采规模较小。至于其所出砂金的形状和品质，范成大说：“大者如麦粒，小者如麸片，便锻作服用，但色差淡耳。”⑥由此可知，这里的砂金呈不规则的粒状（如麦粒）和片状（如麸片），其砂金的粒度一般都应在 0.3—0.5 毫米之间。另外，据北宋医药学家寇宗奭在《本草衍义》卷五中指出：“麸金……其色浅黄。”⑦而明人曹昭更有“其色七青、八黄、九紫、十赤”的说法，其中“以赤为足色金也”。⑧在此，我们联系到范成大在《桂海虞衡志·志金石》中有砂金“如麸片”的记载，则完全不难推想桂林及其附近诸州所产之砂金成色大概在 800‰左右，即 1000 份自然金中纯金的重量份数为 800 上下，所谓“八黄”是也，可见其成色不太高，因而范氏称其“色差淡”，也就是说它还不能称为“上等金”。而为了提高砂金的成色，就必须进行人工冶炼，从而使

① （宋）范成大撰，孔凡礼点校：《桂海虞衡志·志岩洞》，《范成大笔记六种》，第 85 页。

② （宋）范成大撰，孔凡礼点校：《桂海虞衡志·志岩洞》，《范成大笔记六种》，第 85 页。

③ （宋）范成大撰，孔凡礼点校：《桂海虞衡志·志金石》，《范成大笔记六种》，第 90 页。

④ （宋）范成大撰，孔凡礼点校：《桂海虞衡志·志金石》，《范成大笔记六种》，第 90 页。

⑤ （宋）范成大撰，孔凡礼点校：《桂海虞衡志·志金石》，《范成大笔记六种》，第 89 页。

⑥ （宋）范成大撰，孔凡礼点校：《桂海虞衡志·志金石》，《范成大笔记六种》，第 89 页。

⑦ （明）李时珍著，宋正义主编：《本草纲目》卷 8《金石部一》，沈阳：万卷出版公司，2016 年，第 153 页。

⑧ （明）曹昭等：《新增格古要论》卷 6《金》，任继愈总主编，林文照主编：《中国科学技术典籍通汇·综合卷》第 5 册，第 633 页。

“生金”变成“熟金”。范成大记载说：“欲令精好，则重炼取足色，耗去十二三。既炼，则是熟金。”[①]然而，当时桂林一带地区的金匠究竟如何将“生金”变为“熟金”？可惜，范氏在书中没有具体说明。但是《抱朴子内篇》卷三《黄白》术中载有炼制砂金的方法：

> 先以矾水石二分，内铁器中，加炭火令沸，乃内汞，多少自在，搅令相得，六七沸，注地上，即成白银。乃取丹砂水、曾青水各一分，雄黄水二分，于锅中加微火上令沸，数搅之，令相得，复加炭火上令沸，以此白银内其中，多少自在，可六七沸，注地上，凝则成上色紫磨金也。[②]

通常说来，在自然金中，杂质约占十分之二、三，此即“耗去十二三”之“二三”中所包含的杂质成分。而范氏所说的“重炼取足色”，实际上就是设法去掉单质自然金中的这些杂质。经考证，宋人采用混汞法来炼取纯金。在我国，东汉末年的《五金粉图诀》及《出金矿图录》中已经有详细描述丹砂升炼汞技术和金汞齐的制作及应用的具体操作规程。[③]而从历史文献的记载来看，混汞法的基本原理是利用金与汞形成汞齐的特点，使金同其他金属矿物和脉石分离，然后再将汞与金分离，而此法能使金的最高回收率达到85%。由于宋人通常在容器内混汞，故人们把这种提取纯金的“重炼”过程称为“内混汞”，以区别于在容器外混汞的“外混汞”法。从化学原理的角度讲，“混汞法”通过下面的反应过程来获得“足色金”：$Au+2Hg=AuHg_2$。

由于砂金颗粒容易被汞选择性润湿，因此，人们在混汞时，其砂金颗粒表面首先被汞润湿，接着汞向砂金颗粒内部扩散，并分别形成 $AuHg_2$、$AuAg$ 和 Au_3Hg，然后金进一步在汞中形成固溶体 Au_3Hg。最后，为了将汞与金分离开，就必须把汞膏加热至375度以上，在这个加热过程中，汞逐渐挥发呈元素汞形态，金则呈海绵金形态存在。然而，在具体实践中，宋人炼金已经出现了“坯土”这种形式。如范成大说：“坯土出之，自然融结成颗。”[④]此“坯土”是炼金过程中一个非常重要的环节，因为经过这个环节人们把“汞膏”转变成黄金。而为了顺利地实现这个过程，宋代桂林炼金者的做法是先将那些杂金打成薄片、敲碎，然后再把每一块用泥土涂上或包起来，即为“坯土”。接着再将“坯土”放入坩埚中，加入硼砂熔化，其内所包含的银子此时就会自动地被泥土吸收，而金水随之流出来，并“融结成颗”。应当承认，宋代这种使金银分离的方法在当时世界上也是一种很先进的方法。

其次，水银的制作与冶炼。在宋代，广西的邕州出产一种名为“土坑砂”的丹砂，当地人常用以“烧取水银”[⑤]。其方法是：

> 以邕州（今广西南宁市南）溪洞朱砂末之，入炉烧取，极易成，以百两为一铫。

---

① （宋）范成大撰，孔凡礼点校：《桂海虞衡志・志金石》，《范成大笔记六种》，第89页。
② 《抱朴子》卷3《黄白》，《百子全书》第5册，第4756页。
③ 孙戬编著：《金银冶金》，北京：冶金工业出版社，1998年，第82页。
④ （宋）范成大撰，孔凡礼点校：《桂海虞衡志・志金石》，《范成大笔记六种》，第89页。
⑤ （宋）范成大撰，孔凡礼点校：《桂海虞衡志・志金石》，《范成大笔记六种》，第89页。

铫之制，以猪胞为骨，外糊厚纸数重，贮之不漏。①

周去非《岭外代答·金石门》更进一步说：

> 尝闻邕州右江溪峒归德州大秀墟，有金缠砂，大如箭镞，而上有金线缕文，乃真仙药。得其道者，可用以变化形质，试取以炼水银，乃见其异。盖邕州烧水银，当砂十二三斤，可烧成十斤。其良者，十斤真得十斤。惟金缠砂，八斤可得十斤，不知此砂一经火力，形质乃重何哉？是砂也，取毫末而齿之，色如鲜血，诚非辰、宜可及。②

然而，水银制备的具体过程如何，范成大虽然没有详说，但在《岭外代答》和《黄氏日抄》里却有比较具体的记述。如《黄氏日抄》载：

> 水银烧法，以铁为上下釜，上釜贮砂，隔以细眼铁板，覆之下釜之上。下釜盛水，埋地中，仰合上釜之唇。固济周密，炽火灼之，砂化为霏雾，下坠水中，聚为水银。邕州取丹砂，盛处锥凿，有水银自然流出。③

据赵匡华先生的研究，我国炼制水银至少经过了三次转折：第一次是低温焙烧法。④其法："丹砂、水银二物等分作之，任人多少。（置）铁器中或坩埚中，于炭上煎之，候日光长一尺五寸许，水银即出，投著冷水盆中。然后以纸收取之。"⑤此法的缺点是化学反应慢，且水银蒸汽易挥发，因此，低温焙烧法不仅产量低，而且升炼时工匠很容易发生中毒现象。于是，东汉丹学家狐刚子首创了"下火上凝"之密闭式炼制水银的新工艺。⑥第二次是由"密闭式炼制水银法"取代"低温焙烧法"，是炼制水银的一次巨大飞跃。其法：在两个密闭的铁质上下釜中加热丹砂，下釜中放置丹砂，上釜倒覆在上面，然后用盐泥封固上下釜之间的合缝。这样，当人们用炭火加热下釜时，内中丹砂则分解出水银，而水银随之升华，并凝结在上釜较冷的内壁上。用这种方法能取得比较高的水银收率，即"好朱一斤，可得十二两，中朱十两，下朱八两"⑦。若依现代的化学理论计算，则用狐刚子法能从优质的朱砂中获得87%的水银收率，然而，与宋代邕州用"上釜下水"法所获得的水银收率相比，用狐刚子法所取得的水银收率还是比较低的，因为邕州的优质朱砂，能取得"十斤真得十斤"即100%的水银收率。在这里，除了朱砂本身的品质可能会影响到水银的收率外，我们还应当考虑炼制水银的方法很可能与"水银收率"的高低有关。第三次是蒸馏法，蒸馏法与"下火上凝"之密闭式炼制法相较，前者应是真正意义上的"水银制法"。此法虽然不能说是宋代邕人的技术创造，但此法在当时的西南产金地非常盛行。比

---

① （宋）范成大撰，孔凡礼点校：《桂海虞衡志·志金石》，《范成大笔记六种》，第89页。

② （宋）周去非著，杨武泉校注：《岭外代答校注》，北京：中华书局，1999年，第271页。

③ （宋）黄震：《黄氏日抄（五）》卷67《读文集九·桂海虞衡志》，上海师范大学古籍整理研究所编：《全宋笔记》第10编第10册，第432页。

④ 赵匡华：《我国古代"抽砂炼汞"的演进及其化学成就》，《自然科学史研究》1984年第1期。

⑤ 《黄帝九鼎神丹经诀》卷11《明水银长生及调炼去毒之术》，《道藏》第18册，第827页。

⑥ 赵匡华：《狐刚子及其对中国古代化学的卓越贡献》，《自然科学史研究》1984年第3期。

⑦ （汉）狐刚子：《五金粉图诀》，佚名：《黄帝九鼎神丹经诀》，《中华大典·理化典·化学分典》第3册，济南：山东教育出版社，2018年，第522页。

如，除了范成大、周去非的记载外，南宋人朱辅在《溪蛮丛笑》中亦有相同的记录：“辰砂：辰锦砂最良……万山之崖为最，犵狫（仡佬）以火攻取。”① 仡佬人“以火攻取”水银的方法是：在矿坑洞口，修筑一个土灶，灶上安一口铁锅，随之把丹砂矿石倒入锅内，而后在锅上用一蔑糊泥做成的圆桶形罩住矿石，桶侧壁上方有一圆筒形导管成 90 度拐弯通入旁边的凉水缸中，桶顶上盖一口小铁锅。当烧火使丹砂矿石受热以后，其中的水银升华为气体，沿导管进入凉水缸中冷却，即凝成液态水银沉入缸底。严格来说，这是将冷凝器与加热炉分开的一种蒸馏法，是水银蒸馏法中比较高级的形式。而见于周去非《岭外代答》中的蒸馏法则是一种相对比较原始的水银蒸馏法。它的基本原理是当水银蒸汽经凝结后，直接滴入下面的水盎（或称“水釜”）中，水盎就是冷凝器，它是放置在未济炉内的，而不与加热炉分开设置。对于“未济炉”的内部结构，南宋人吴悮在《丹房须知》一书中曾绘有一张图谱（图 2-1）。可是，对于“水银蒸馏”的工作原理，书中却没有任何文字说明，幸好北宋的科学巨匠苏颂在《图经本草》中有一段文字说明，里面还比较完整地保留着当时“水银蒸馏”的工艺过程。其文云：

> （水银）出自丹砂者，乃是山中采粗次朱砂，和硬炭屑匀，内阳城罐（在《黄氏日钞》中作“铁釜”，引者注）内令实，以薄铁片可罐口，作数小孔掩之，仍以铁线罗固。一罐贮水承之，两口相接，盐泥和豚毛固济上罐及缝处，候干。以下罐入土，出口寸许，外置炉围火煅炼，旁作四窦，欲气达而火炽也。候一时则成水银，溜于下罐矣。②

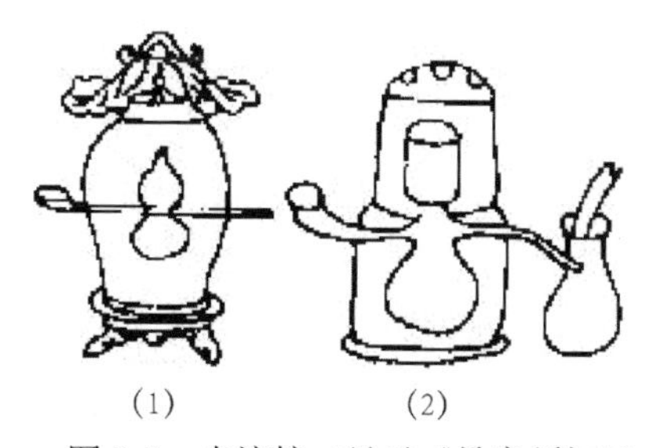

图 2-1　未济炉（见于《丹房须知》）

由苏颂的记载并结合图 2-1 可知，未济炉内鼎器或称反应室的上部是药鼎，用来装朱砂和炭屑，药鼎外部围火锻炼。下部是贮水的鼎；水鼎的外部一般是灰土。水鼎上有一根横向贯通的管子，可以用来供给冷水，并导出蒸汽。用未济炉炼丹时，加热药鼎，使药鼎中的朱砂分解，生成的水银溜入下面水鼎的水中。

最后，铜的生产与铜鼓的铸造。广西富藏铜矿，据《唐会要》卷 89 记载：武德五年（622）三月二十四日，桂州（今广西桂林市）置钱监。而“监铸钱”③（铜质）需要一定

---

① （宋）朱辅撰，唐玲整理：《溪蛮丛笑》，上海师范大学古籍整理研究所编：《全宋笔记》第 9 编第 8 册，第 86 页。

② （宋）苏颂：《图经本草》，（明）刘文泰等纂修，曹晖校注：《本草品汇精要》卷 3《玉石部中品之上》，北京：华夏出版社，2004 年，第 40 页。

③ （宋）王溥：《唐会要》卷 89《泉货》，《中华大典·理化典·化学分典》第 2 册，第 1637 页。

量的铜矿开采，所以，从这个机构设置来看，唐朝时期的桂林已经将开采铜矿发展成为一个非常重要的经济部门了。虽然入南宋后，广西的官办铜矿都已停闭①，但是民间的采铜业并没有因此而受挫。因为南宋是一个民族矛盾异常复杂和尖锐的历史时期，南宋统治者为了缓和南宋政府与西南各少数民族的关系，采取关闭容易引起双方纷争从而激化矛盾的官办矿厂的措施，还矿权于当地的少数民族，扶持其发展民族经济。比如，北宋时，“邕州甲洞与永平寨将秦珏争银冶，杀珏反，边大扰”②。而为了平息事态的发展，政府“乃废银冶”③。又如，宋神宗熙宁期间，交趾出兵攻陷宋朝属地邕州，宋朝军民奋起还击，将其逼和。然而，为满足交趾所请，宋朝特将广源、苏茂等地赐与交趾，其“金银坑冶、租赋之饶，尽归封界”④。鉴于北宋这些前车之鉴，南宋政府不得不继续实行对各少数民族的矿冶生产听其自便的方针。如周去非说：“今邕州有铜固无几，而右江溪峒之外，有一蛮峒，铜所自出也，掘地数尺即有矿，故蛮人多用铜器。尝有献说于朝，欲与博易，事下本路诸司，谓且生边衅，奏罢之。”⑤这段记载交代得很清楚，因害怕“生边衅”，而南宋地方政府便对当地少数民族的矿产实行不干预政策，任其在他们所生活的区域内自由开采、自由制造和自由贩卖铜器，各“州县不得骚扰”⑥。

铜在广西各少数民族的日常生活中，占有非常重要的地位。如范成大说：“铜。邕州右江州峒所出，掘地数尺即有矿，故蛮人好用铜器。”⑦正是“掘地数尺”即有铜矿这种特殊的地理构造，才造成了邕州各少数民族极富地域特色的铜文化景观。陆游在《老学庵笔记》卷2曾记有西南各少数民族所制造的铜鼓、铜爨、铜铫等多种铜器，其中以“铜鼓”最有特色。⑧范成大在《桂海虞衡志》一书中述铜鼓的制作工艺云：“其制如坐墪而空其下。满鼓皆细花纹，极工致。四角有小蟾蜍，两人舁行，以手拊之，其声全似鞞鼓。”⑨由于历史传统的积淀，铜鼓在邕州右江州峒早已成为权力和财富的象征。比如，《隋书・地理志》载：五岭之南，其富豪“并铸铜为大鼓，初成，悬于庭中，置酒以招同类”⑩。又“蛮夷之乐，有铜鼓焉。形如腰鼓，而一头有面，鼓面圆二尺许。面与身连，全用铜铸。其身遍有虫鱼花草之状，通体均匀，厚二分以来。炉铸之妙，实为奇巧。击之响亮，不下鸣鼍。贞元中，骠国进乐，有玉螺铜鼓。（玉螺皆螺之白者，非琢玉所为也。）即知南蛮酋首之家，皆有此鼓也”⑪。而铜鼓对于邕州右江各州峒的社会生活究竟具有多大的意义，我们只要走进南宁及周边的东兰、南丹和宜州几个地方看一看，就一目了然了。譬如，广

① 王菱菱：《宋代矿冶业研究》，保定：河北大学出版社，2005年，第22页表1-7。

② （宋）王安石撰，李之亮笺注：《王荆公文集笺注》卷52《尚书工部侍郎萧公神道碑》，成都：巴蜀书社，2005年，第1790页。

③ （宋）王安石撰，李之亮笺注：《王荆公文集笺注》卷52《尚书工部侍郎萧公神道碑》，第1791页。

④ （宋）李焘：《续资治通鉴长编》卷291“元丰元年八月癸丑”条，北京：中华书局，1986年，第7117页。

⑤ （宋）周去非著，杨武泉校注：《岭外代答校注》卷7《金石门・铜》，第278页。

⑥ （清）徐松辑：《宋会要辑稿》蕃夷5之20，北京：中华书局，1957年，第7776页。

⑦ （宋）范成大撰，孔凡礼点校：《桂海虞衡志・志金石》，《范成大笔记六种》，第90页。

⑧ （宋）陆游撰，刘文忠评注：《老学庵笔记》卷2，北京：学苑出版社，1998年，第62页。

⑨ （宋）范成大撰，孔凡礼点校：《桂海虞衡志・志器》，《范成大笔记六种》，第100页。

⑩ 《隋书》卷31《地理志下》，北京：中华书局，1987年，第888页。

⑪ （宋）李昉等编：《太平广记》卷205《乐三・铜鼓》，第1564页。

西出土文物中，以铜鼓为最多，故这里有“世界铜鼓之乡”的称谓。在东兰壮家有蛙婆节、赛铜鼓等民间盛事，而铜鼓简直已变成了南宁这座古城的象征与符号。而“箪築之乐，皆用铜鼓”[①]正是对邕州右江各州峒现实生活的写照。即使说这里“岁节庆吊，皆用铜鼓”，也并非夸张之辞。可惜，若问这些铜鼓是如何制造出来的，由于铜鼓匠人自身的技术保密性缘故，外人就很难掌握铜鼓铸造的整个生产过程和相应的技术规范了。不过，随着现代高科技手段在铜鼓研究中的应用，北京科技大学冶金史研究室课题组通过多年的模拟实验，已经初步厘清了铜鼓铸造的基本工艺程序：第一步是准备，包括备料和整理铸造场地等两道工序；第二步是制范，包括①制模型，骨架和刮板，②制内范和外范，③制附件，④刻花纹，⑤干燥和烘烤等工序；第三步是合范浇铸，包括合范、焙烧预热、浇注等工序；第四步是修整和定音等工序。[②]尽管这个模拟实验还不是最完善的，其中尚有个别技术细节有待进一步研究和证验，但是我们有理由相信，人们距离揭开铜鼓制作之谜的时日已经越来越近了。

（三）“名都乐国”之美，以珍贵动植物为特点的区域生物地理思想

区域生物地理是《桂海虞衡志》的核心内容，从现传本的卷数安排看，全书共分十三志，而仅区域生物地理方面的内容就占了六志，即《志禽》《志兽》《志虫鱼》《志花》《志果》《志草木》。可见，范成大撰写《桂海虞衡志》的真正用意，就是欲向世人揭示一个属于自然和本真层面上的“名都乐国”[③]。而“名都”之“名”与“乐国”之“乐”不仅在于它独有的岩溶地貌，而且更在于它具有珍贵生物的多样性和区域性特征。以《志果》篇为例，该志共记述了 57 种南方水果，如荔枝、龙眼、芭蕉等，然而，除了一些人所共知的普通水果外，范成大尤多着墨于当地少数民族所喜爱的各种土产名果，像秋风子、火炭子、绵李、粘子、乌榄、罗望子等。经研究[④]，范成大所说的“罗望子”与“罗晃子”，其实指同一种植物，即苹婆。此树高达 10 米，皮呈褐色，富含纤维素，叶阔枝厚，是广西石山的常绿乔木，其果实为椭圆形，煮熟可食，味似板栗，是极佳的木本粮食。范氏说：“罗望子。壳长数寸，如肥皂，又如刀豆，色正丹，内有二三实，煨食甘美。”[⑤]绵李是李树的一种，树身高大，核果球形，个大，果肉红色，味酸甜，当绵李果熟透时，其果肉与果核很容易相互分离，既可生食，又可制作果脯，是一种营养价值较高的食物。因此，范氏述其特质说：“味甘美，胜常品。擘之两片开，如离核桃。”[⑥]大家知道，人既是一种生理性动物，同时，人又是一种病理性动物。与之相对应，自然界中的果树也自然就被分成食物和药物两类。在通常情况下，自然界中的果树以食物的形式来满足人们的生理需要。然而，在特定条件下，自然界中的果树又以药物的形式让人们用以祛疾除病。如“出左、

① （明）方以智：《通雅》卷 30《乐器》，《中华大典·理化典·化学分典》第 2 册，第 1529 页。

② 北京钢铁学院冶金史研究室等：《广西、云南铜鼓铸造工艺初探》，《中国铜鼓研究会第二次学术讨论会论文集》，北京：文物出版社，1986 年，第 85—96 页。

③ （宋）范成大撰，孔凡礼点校：《桂海虞衡志·序》，《范成大笔记六种》，第 81 页。

④ 蒙元耀：《〈桂海虞衡志〉果名考》，《广西地方志》2004 年第 5 期。

⑤ （宋）范成大撰，孔凡礼点校：《桂海虞衡志·志果》，《范成大笔记六种》，第 117 页。

⑥ （宋）范成大撰，孔凡礼点校：《桂海虞衡志·志果》，《范成大笔记六种》，第 116 页。

右江州峒中”[①]的八角茴香，可入药，具有温阳、散寒、理气的功效，主要用于治疗中寒呕逆，寒疝腹痛，肾虚腰痛，干、湿脚气等症。[②]颇具经济开发价值的“余甘子”，其果叶可入药，煮水热敷，可用于治疗湿疹、皮肤溃疡；其叶晒干后，还可填充枕芯，有安神明目之保健功效；其根入药，可降血压。特别在《志草木》一篇里，范成大记述了多种可用于“中医五官科”的药用植物，如“鸡桐。叶如楝，其叶煮汤，疗足膝疾”[③]。“风膏药。叶如冬青，治太阳疼，头目昏眩。”[④]

当然，在众树木之中，更不乏建筑、家具什物用材，如秋风子，别名水蚬木，其木质粗厚坚重，耐水湿，可作渔轮肋骨及底板、码头木桩、建材、桥梁、家具等用材。波罗蜜不仅“削其皮食之，味极甘”[⑤]，而且其木质细实，可制作家具或用作建筑材料。乌榄或方榄木材优质，可用于造船、建筑及家具制作。又“息㯶木。生两江州峒，坚实，渍盐水中，百年不腐”[⑥]。“燕脂木。坚致，色如胭脂，可镟作。”[⑦]“大蒿。容、梧道中久无霜雪处年深滋长。大者可作屋柱，小亦中肩舆之扛”[⑧]，等等。在古代，正是由于这种经济树木的大量存在，所以才形成了邕州左、右江州峒那颇具民族特色的木构干栏式民居，才使得各少数民族世世代代在那里生息繁衍，并由此创造了他们那独特的民族传统文化。

在广西的热带亚热带生态环境里，保存着许多珍贵的动物资源，如范成大在《志兽》篇中记述了19种南方的家畜和野生动物，其中“果下马。土产小驷也。以出德庆之泷水者为最。高不逾三尺，骏者有两脊骨，故又号双脊马。健而喜行”[⑨]。据有人考证，“果下马”即是今天广西德保所产的“矮马”。[⑩]清人屈大均说：“果下马非有种，马中偶然产之，不可常得，故其价绝贵。”[⑪]在世界上，所谓“矮马”是指成年体高在106厘米以下的马，英文称之为pony。从种源上讲，英国设特兰矮马与中国西南矮马为世界矮马的两大源流。一般地说，相对于其他马种，矮马具有小巧玲珑、天资聪颖、性情温顺和勤劳不惜力、健行且善走滑坡等优点。在中国，尤其适合多雨的南方地区驾役。不过，在生物演化史上，德保矮马最珍贵之处还在于它的成年体高只有80—96厘米，且保存着较为纯净的原始基因库。动物学知识告诉我们，长臂猿是典型的树栖种类，仅栖息于季风常绿阔叶林和中山湿性常绿阔叶林等原始林中。所以，广西、云南和海南岛的原始森林应是我国长臂猿栖息的理想地区。而范成大在《志兽》中特别记录了生活于我国西南森林地带的三种长臂猿，其“金丝者，黄；玉面者，黑；纯黑者，面亦黑。金丝、玉面皆难得。或云：纯黑

① （宋）范成大撰，孔凡礼点校：《桂海虞衡志·志果》，《范成大笔记六种》，第118页。
② 江苏新医学院编：《中药大辞典》上册，上海：上海科学技术出版社，1993年，第27页。
③ （宋）范成大撰，孔凡礼点校：《桂海虞衡志·志草木》，《范成大笔记六种》，第123页。
④ （宋）范成大撰，孔凡礼点校：《桂海虞衡志·志草木》，《范成大笔记六种》，第124页。
⑤ （宋）范成大撰，孔凡礼点校：《桂海虞衡志·志果》，《范成大笔记六种》，第118页。
⑥ （宋）范成大撰，孔凡礼点校：《桂海虞衡志·志草木》，《范成大笔记六种》，第123页。
⑦ （宋）范成大撰，孔凡礼点校：《桂海虞衡志·志草木》，《范成大笔记六种》，第123页。
⑧ （宋）范成大撰，孔凡礼点校：《桂海虞衡志·志草木》，《范成大笔记六种》，第124页。
⑨ （宋）范成大撰，孔凡礼点校：《桂海虞衡志·志兽》，《范成大笔记六种》，第106页。
⑩ 苏洪济、邓祝仁：《〈桂海虞衡志〉——南宋时期桂林的旅游百科全书》，《社会科学家》2003年第3期。
⑪ （清）屈大均：《广东新语》卷21《果下马》，《中华野史》卷10《清朝卷》，西安：三秦出版社，2000年，第8769页。

者雄，金丝者雌。又云：雄能啸，雌不能也。猿性不耐著地，著地辄泻以死。煎附子汁与之，即愈”[①]。明《八闽通志》又载：“猿似猴而长臂，善啸，便攀援，或杀其子，必自投而死。剖之，肠皆寸断。亦名‘猿父’。”[②]可见，范成大所言之“猿”即指“长臂猿”。

据不完全统计，广西现有鸟类400余种，而为了适应不同的生存环境，鸟类在长期的进化过程中，逐步分化出游禽、涉禽、陆禽、鸣禽和猛禽等多种生态类群。可惜，限于南宋当时相对落后的科研条件，范成大没有能够对广西地区的珍禽进行网络式的实地考察，而是走马观花，仅“偶于人家见之，及有异闻者，录以备博物”[③]。所以，范成大的《志禽》篇中所录鸟类并不全，主要以鸣禽、陆禽和涉禽三个类群为主，如鸣禽有鸟凤、鹦鹉、白鹦鹉、长鸣鸡、秦吉了、翡翠鸟等；陆禽有孔雀、锦鸡、翻毛鸡等；涉禽有灰鹤、水雀等。其中，白鹦鹉在唐朝时还是难得一见的珍禽，故林邑国（今越南中南部）于贞观五年（631）向唐太宗“献白鹦鹉，精识辩慧，善于应答。太宗悯之，并付其使，令放还于林薮”[④]。然而，到南宋时，至少在广西已经见于民户所养了。可见，当时广西一带地区已有白鹦鹉的分布。对此，范成大记述说：“白鹦鹉。大如小鹅，亦能言。羽毛玉雪，以手抚之，有粉黏着指掌，如蛱蝶翅。”[⑤]后来，明人王世贞更说：“《北户录》《桂海志》皆称：白者（即白鹦鹉）稍大于他鹦鹉，冠有五羽若萱华，作轻黄色，怒则尽张，尾截于鸽，外粉内蜜。余（王世贞）从友人徐子与所见之，果尔。而灵慧秀俊，依人可怜。”[⑥]在这里，我们不妨把范成大所描写的“羽毛玉雪”与王世贞所记述的“冠有五羽若萱华，作轻黄色，怒则尽张”等外部特征结合起来看，则范成大所说的“白鹦鹉”，其实就是葵花鹦鹉，因为葵花鹦鹉之羽毛雪白漂亮，头顶有黄色冠羽。此外，该鸟在受到外界干扰时，通常会把冠羽呈扇状竖立起来，好似一朵盛开的葵花。现在，灰鹤又名“玄鹤”，已被列为国家二级保护动物，同时它的名字还出现在濒危野生动植物种国际贸易公约（CITES）附录Ⅱ中，说明该鸟在自然界中的数量正在减少。从形态上看，“灰鹤。大如鹤，通身灰惨色。去顶二寸许，毛始丹，及颈之半。亦能鸣舞”[⑦]。具体一点说，灰鹤体形较大，颈和脚修长，全身羽毛大多为灰色，然而，头顶裸露的皮肤呈鲜红色，眼先、枕部、颊部、喉部及前、后颈则为黑色，羽端亦近黑色，且眼后有一条白色条纹一直延伸到颈背，呈倒人字形。它们在停歇和取食时，作高跳跃的求偶舞姿。飞行时头和颈向前伸直，而脚却向后伸直，并排列为“V”型编队。其鸣叫声如吹响的号角，高亢嘹亮，悠扬动听。

说起秦吉了，我们马上会联想到白居易的《秦吉了》诗。其诗云：“秦吉了，出南中，彩毛青黑花颈红。耳聪心慧舌端巧，鸟语人言无不通。”[⑧]尽管“秦吉了”学舌仅仅是

---

① （宋）范成大撰，孔凡礼点校：《桂海虞衡志・志兽》，《范成大笔记六种》，第106页。

② （明）黄仲昭修纂，福建省地方志编纂委员会主编：《八闽通志》卷25《食货・毛之属》，福州：福建人民出版社，1990年，第526页。

③ （宋）范成大撰，孔凡礼点校：《桂海虞衡志・志禽》，《范成大笔记六种》，第103页。

④ 《旧唐书》卷197《南蛮・林邑国传》，第5270页。

⑤ （宋）范成大撰，孔凡礼点校：《桂海虞衡志・志禽》，《范成大笔记六种》，第103页。

⑥ （明）王世贞：《弇州山人续稿》卷1《白鹦鹉赋》，《四库提要著录丛书》编纂委员会编纂：《四库提要著录丛书》集部，第120册，北京：北京出版社，2010年，第11页。

⑦ （宋）范成大撰，孔凡礼点校：《桂海虞衡志・志禽》，《范成大笔记六种》，第104页。

⑧ （唐）白居易：《秦吉了》，《全唐诗》卷427，北京：中华书局，1960年，第4710页。

一种条件反射的效仿行为，而并非“鸟语人言无不通”，但人们还是普遍认为秦吉了是一种不同寻常的鸣鸟。[①]故范成大记其形貌体征说：“秦吉了。如鸲鹆，绀黑色，丹咮黄距，目下连顶有深黄文，顶毛有缝，如人分发。能人言，比鹦鹉尤慧。大抵鹦鹉声如儿女，吉了声则如丈夫。出邕州溪峒中。”[②]从范成大所描述的形态体征看，秦吉了实际上是俗名，其学名应为鹩哥，属雀形目、椋鸟科。它的典型体征是全身羽毛为亮黑色，成年个体的脑部后方都长着两片橘黄色肉垂与肉裾。此外，其翅膀下部边缘处附有一处鲜明的白色翼斑。鹩哥喜结伴而行，常常三五成群，生活在茂密的常绿阔叶林地带。在正常情况下，鹩哥体健、嘴强而有力，活泼好动，其鸣声婉转悦耳，音调富于旋律，并且善于仿效其他鸟类和动物的叫声以及人语，甚至能学尖脆的女声和浑厚的男声。正是由于这些优点，才使人们格外钟情于这种观赏鸟的饲养。现在，人们已经懂得鸟类是整个地球生态的重要组成部分，是人类的好伙伴，例如，鸟类是害虫的天敌，同时由于它们处在不同食物链上的不同环节，成为林地生态系统的骨干。因此，从整个生态系统的协调发展来讲，保护鸟类必然会反过来促进农业生产和花草树木的生长。虽然范成大不懂得现代科学意义上的生态知识，但是他在担任静江知府时曾“以法禁采捕”当地的“珍禽”[③]，这个举措表明范成大应是南宋最可称道的生态保护主义者。

（四）“什器多诡异”，以区域文化生态为内容的文化地理思想

文化地理作为一门学科出现于19世纪20年代，其创始人为德国的李特尔。19世纪末，德国另一位地理学家拉采尔在总结前人研究成果的基础上，首创了“人类地理学”这个名词。在他看来，所谓文化地理其实就是指由一个独特集团所创造的各种文化特征之复合体。20世纪初、中期，在美国人类学家克罗伯和瑞典地理学家哈格斯特朗二人学术思想的影响下，逐步形成了文化地理的伯克利学派与瑞典学派。当然，无论文化地理如何区分为不同的流派，其以文化为基础来研究人与自然之间生态环境变化这一特点却是趋同的和没有歧义的。

在学理上，“文化”有广义和狭义之分。其中广义的文化是指人类社会发展过程中，人们所创造的物质财富和精神财富的总和；狭义的文化特指精神文化，包括政治、法律、道德、哲学、艺术、宗教等，以及与之相适应的制度和组织结构（如政府、社团、法律单位、科学教育机构、寺院等等）。在此，我们使用狭义的文化概念。

从严格的意义上说，中国古代并没有文化地理学的专著，但是零星的散述性文献为数不少，如历代各类著述和方志中都有大量文化地理方面的记载，只是无人作系统的研究和整理而已。作为区域文化地理的代表作，范成大在《桂海虞衡志》中所作的《志器》篇与《志蛮》篇，对于系统开展广西一带地区的文化地理研究，无疑地具有奠基作用。

第一，精美绝伦的面具文化。傩戏是一种戴着面具表演的艺术形式，在古代，傩是一

① 宋月航编著：《谁道花无百日红 古诗词里的科学奥秘》，成都：电子科技大学出版社，2018年，第127—129页。

② （宋）范成大撰，孔凡礼点校：《桂海虞衡志·志禽》，《范成大笔记六种》，第104页。

③ （宋）范成大撰，孔凡礼点校：《桂海虞衡志·志禽》，《范成大笔记六种》，第103页。

种旨在消除附着在人体上被认为凶兆的宗教祈祷活动，它的起源比较古老，如《周礼・夏官司马》载："方相氏：掌蒙熊皮、黄金四目、玄衣朱裳、执戈扬盾，帅百隶而时难，以索室驱疫。大丧，先柩；及墓，入圹，以戈击四隅，驱方良。"[①]可见，"驱疫"构成了傩舞的主体内容。由此，随着历史的不断发展和演变，傩逐步形成了一种以傩庙、傩神面具、傩舞、傩戏、傩符、傩服饰、傩兵器等为载体的文化现象。从艺术形式上看，傩歌的特点是以头戴面具为饰和以腰鼓为伴器来展现舞蹈者的魅力，而傩戏则在傩舞的基础上加上一定的情节和唱腔，使其更具有感染力和欣赏性，因而自唐末五代以降，傩戏即成为桂林军民所喜闻乐见的一种艺术表现形式，同时亦成为桂林古代传统文化形态中最具特色的非物质文化遗产之一。周去非记云："桂林傩队，自承平时，名闻京师，曰静江诸军傩，而所在坊巷村落，又自有百姓傩。严身之具甚饰。进退言语，咸有可观，视中州装，队仗似优也。推其所以然，盖桂人善制戏面，佳者一直万钱，他州贵之如此，宜其闻矣。"[②]仅据此段文字记载，其"戏面""严身之具甚饰""进退言语"实际上已经构成了戏剧的三大要素，这个事例说明当时的"傩戏"从形式到规模都已具备戏剧表演的早期形态了。当然，在桂林傩戏里，最为宋朝皇帝看好的还是其中的"面具"。如陆游说："政和中大傩，下桂府进面具。比进到，称'一副'。初讶其少，乃是以八百枚为一副，老少妍陋无一相似者，乃大惊。至今桂府作此者，皆致富，天下及外夷皆不能及。"[③]故此，范成大对于桂林的"戏面"亦给予高度关注。他说："戏面。桂林人以木刻人面，穷极工巧，一枚或值万钱。"[④]可见，在南宋制作"戏面"已经成为桂林人的一种文化产业，其影响之大，工艺之精，时人有"一直万钱"的说法。

第二，富有地方特色的"花腔腰鼓"。腰鼓是桂林傩戏的基本乐器，据《桂海虞衡志》载："花腔腰鼓。出临桂职田乡。其土特宜鼓腔，村人专作窑烧之，细画红花纹以为饰。"[⑤]由此可知，所谓"花腔腰鼓"其实就是在唐代敦煌壁画里已经出现的那种陶瓷细腰鼓，由于此鼓的中部细如蜂腰，故又称"蜂鼓"。其具体的制作过程是：第一步，先采用本地黏土作坯，胎质灰黄，捏成鼓身，两端粗大，中间细小，长约50—64厘米。第二步，将做好的腰鼓，放入窑中，采用匣钵装坯叠烧法进行煅烧。20世纪70年代，广西考古工作者在永福县窑田岭发现了一处宋代专门用来烧制腰鼓的窑场，并出土有已经烧好的瓷制花腔腰鼓。据报告，这种腰鼓为灰胎瓷质，空腔长形，鼓长58厘米，一端呈球状，开口，一端呈喇叭筒状，中为圆筒细腰。鼓的两头用褐彩绘双螭，腰部绘交尾蜻蜓，施青釉。[⑥]但这还不是最终的形式，通常情况下，桂林腰鼓匠人将烧好的腰鼓还要作进一步加工。所以，第三步，在鼓腔两端蒙以羊皮或蚺蛇皮，使鼓皮附于圆形铁圈上，且铁圈四周置铁钩数个，相互间通过绳索连接系紧，用来调节鼓皮的张力，以求达到不同的音高和音色效果。对此，宋人周去非说："静江（桂林）腰鼓，最有声腔，出于临桂县职由乡，其

① 《周礼・夏官司马》，陈戍国点校：《周礼・仪礼・礼记》，长沙：岳麓书社，1989年，第85页。
② （宋）周去非著，杨武泉校注：《岭外代答校注》，第256页。
③ （宋）陆游撰，刘文忠评注：《老学庵笔记》卷1，第13页。
④ （宋）范成大撰，孔凡礼点校：《桂海虞衡志・志器》，《范成大笔记六种》，第102页。
⑤ （宋）范成大撰，孔凡礼点校：《桂海虞衡志・志器》，《范成大笔记六种》，第100页。
⑥ 文烨、全建兰：《距今已有千年历史　永福窑田岭瓷制花腔腰鼓之谜》，《桂林晚报》2007年5月14日。

土特宜乡人作窑烧腔。鼓面铁圈，出于古县（今永福县百寿镇），其地产佳铁，铁工善锻，故圈劲而不褊。其皮以大羊之革，南多大羊，故多皮。或用蚺蛇皮鞔之。合乐之际，声响特远，一二面鼓，已若十面矣。”[①]在功能上，桂林“花腔腰鼓”除了用作“傩戏”的伴奏乐器之外，它还独立构成一种乐舞形式，名为“蜂鼓舞”。

第三，用于娱神和表达爱情的葫芦笙文化。范成大说：“葫芦笙。两江峒中乐。”[②]广西是我国少数民族聚居地之一，各民族人民在长期的生活实践中，逐步形成了许多各具特色的民族文化，其中葫芦笙就是一种典型的民族传统文化形式。据闻一多先生的《伏羲考》知[③]，葫芦文化源自人类第一次农业革命，从地域上看，它起源于我国广大的西南地区。关于这一点，可由遍布西南各地的彝族、苗族、瑶族、怒族、畲族、白族、黎族、佤族、侗族、壮族、傣族、水族、纳西族、拉祜族、布依族、仡佬族、德昂族、傈僳族、阿昌族、基诺族、景颇族、哈尼族等所流传下来的葫芦神话为证。有人说：“芦笙文化荷载着古代西南两系少数民族的竹图腾和葫芦图腾，通过祭祖芦笙乐舞，将远古先民深刻的文化记忆传承至今。如果没有竹王崇拜和葫芦崇拜这两种图腾崇拜的叠加，并且数千年来在西南少数民族中间形成了一种执着而深刻的文化心理结构，即对芦笙文化的共同的图腾艺术审美标准，就不可能发明芦笙这种法器兼乐器的东西，也就不可能产生多民族共赏的芦笙文化了。”[④]

第四，灿烂多彩的壮锦艺术。范成大说：“緂。亦出两江州峒。如中国线罗，上有遍地小方胜纹。”[⑤]邕州左右江出产的这种“上有遍地小方胜纹”的緂布，应是最早出现的壮锦。在此，范氏称“緂”之质地“如中国线罗”，说明“緂”与“线罗”是有区别的。其中“緂”的质料主要用棉或麻，而“罗”的质料则是用蚕丝。通常“緂”以素色的棉、麻线作地经、地纬平纹交织，用粗而无拈的真丝作彩纬织入起花，这样便在织物正面和反面形成对称花纹，或称方格几何图案，这些图案不仅可以增添緂布的美感，而且还能增加织物的厚度，故有“天被”之说。周去非说緂布“白质方纹，广幅大缕，似中都之线罗，而佳丽厚重，诚南方之上服也”[⑥]。而緂布之所以多用棉、麻，少用蚕丝，主要是因为这里丝产量较低，还不能满足丝织的需要。对此，周去非记载说：“广西亦有桑蚕，但不多耳。得茧不能为丝，煮之以灰水中，引以成缕，以之织紬，其色虽暗，而特宜于衣。”[⑦]因此，棉丝混织是壮锦的一个重要特点。明清以后，緂布由单色逐渐发展为多色，因而传统意义上的“緂”布便为五彩绚烂的“纱”布所代替。于是，光绪《镇安府志》云：“旧志云緂，各土州俱出，近墟市惟有纱布并不见緂。”[⑧]又，乾隆《柳州府志》更说：“壮锦各

---

① （宋）周去非著，杨武泉校注：《岭外代答校注》，第253页。

② （宋）范成大撰，孔凡礼点校：《桂海虞衡志・志器》，《范成大笔记六种》，第100页。

③ 闻一多：《闻一多神话与诗》，长春：吉林人民出版社，2013年，第47—52页。

④ 王德埙：《夜郎竹王、竹图腾与芦笙文化本质特征研究》，《贵州大学学报（艺术版）》2006年第2期；林河在《古傩寻踪》一书中称：“葫芦神话——人类第一次绿色革命的历史记录”（长沙：湖南美术出版社，1997年，第450页）。

⑤ （宋）范成大撰，孔凡礼点校：《桂海虞衡志・志器》，《范成大笔记六种》，第101页。

⑥ （宋）周去非著，杨武泉校注：《岭外代答校注》卷6《服用门》，第223页。

⑦ （宋）周去非著，杨武泉校注：《岭外代答校注》卷6《服用门》，第225页。

⑧ （清）光绪《镇安府志》卷12《舆地志・物产・杂产》，台北：成文出版社，1967年，第255页。

州县出，壮人爱彩，凡衣裙巾被之属，莫不取五色绒杂以织布为花鸟状，远观颇工巧绚丽。”[①]可见，壮锦是中华民族优秀传统织锦艺术的一个杰出代表，是中国非物质文化遗产的有机组成部分。

二、范成大的科技思想的历史地位

在宋代，胡瑗首倡游学考察教学法[②]，此后游记这种文学题材即成为宋代士大夫进行科学观察和抒发个人政治情怀的一种重要形式。前者如《梦溪笔谈》，是宋代科学观察性游记的代表作，后者如《游褒禅山记》《赤壁赋》等，则是“游记性议论文”的典范。宋代科学技术的进步，固然与当时士大夫知识素质的普遍提高及社会经济的繁荣和发展有关，但是宋人注重“求真务实”的科研方法，应是最可关注的一个关键因素。人类研究自然开始于观察，所谓观察是指在自然发生条件下人们通过感官或仪器对自然现象进行考察的科研方法，它具有目的性、直接性和非干预性的特点，其中“客观性”和“全面性”是科学观察的两个基本原则。爱因斯坦曾说：“理论所以能够成立，其根据就在于它同大量的单个观察关联着，而理论的‘真理性’也正在此。”[③]在具体实践中，人们从观察结果的性质和内容将观察分成质的观察与量的观察两种类型，而在理论科学相对薄弱的宋代，由于质的观察主要考察客观对象的性质和特征，突出表现研究对象的整体性，所以它成为地理学、天文学和物候学等学科广泛应用的科研方法。就目前的史料讲，范成大的散文以游记见长，尤以日记体游记最有特色，其中对后世影响颇巨的《骖鸾录》《吴船录》《揽辔录》，堪称南宋自然地理方面的经典之作。

《揽辔录》是范成大使金时所作之日记，它是因特殊历史背景而促成的一部地理名作。《宋史》卷 386 之本传称：

> 隆兴再讲和，失定受书之礼，上尝悔之。迁成大起居郎，假资政殿大学士，充金祈请国信使。国书专求陵寝，盖泛使也。上面谕受书事，成大乞并载书中，不从。金迎使者慕成大名，至求巾帻效之。至燕山，密草奏，具言受书式，怀之入。初进国书，词气慷慨，金君臣方倾听，成大忽奏曰：“两朝既为叔侄，而受书礼未称，臣有疏。”搢笏出之。金主大骇，曰：“此岂献书处耶？”左右以笏标起之，成大屹不动，必欲书达。既而归馆所，金主遣伴使宣旨取奏。成大之未起也，金庭纷然，太子欲杀成大，越王止之，竟得全节而归。[④]

不仅如此，而且范成大还以《后汉书·范滂传》中所说的“登车揽辔，慨然有澄清天下之志”一语为志意来命名他的使金日记。可惜，《揽辔录》自明以降散失不少，今传本显然已非全帙。[⑤]据孔凡礼先生考，《揽辔录》“逐日详细记载了从宋、金分界线的泗州

---

① （清）刘组曾、吴光昇纂修：乾隆《柳州府志》卷 12《物产》，北京：北京图书馆，1956 年，第 40 页。

② 苗春德主编：《宋代教育》，开封：河南大学出版社，1999 年，第 251 页。

③ ［美］爱因斯坦：《爱因斯坦文集》第 1 卷，许良英、范岱年编译，第 115 页。

④ 《宋史》卷 386《范成大传》，第 11868 页。

⑤ 昌彼得：《说郛考》，台北：文史哲出版社，1979 年，第 256 页。

（根据隆兴和议）进入金国直至金国统治中心燕山（金称中都，今北京市）的全部行程，包括所经历的府、县、镇、山、河的名称，以及府、县、镇间的距离里程，还考察了一些名胜古迹”①。难怪陆游评论《揽辔录》的科学价值说：“自幽蓟以出居庸松亭关，并定襄、五原，以抵灵武、朔方，古今战守离合，得失是非，一皆究见本末，口讲手画，委曲周悉，如言其阈内事。虽虏耆老大人，知之不如是详也。”②尽管从目前的传本中，我们已经看不到“口讲手画，委曲周悉”这个面貌特征了，但其字里行间所闪烁的微言大义，终归是不能湮没的。如《揽辔录》对金朝中都的建筑形式、宫殿规格和朝廷局面都作了比较详尽的叙述，是研究中都大兴府城市建筑不可多得的第一手材料。其记宫城的结构布局说：

循西御廊，至横道，至东御廊首，转北，循檐行，几二百间。廊分三节，每节一门，路东出第一门通街，第二门通球场，第三门通太庙。庙中有楼，将至宫城廊，即东转，又百许间，其西亦有三间，出门，但不知所通何处，望之皆民居。东西廊之中，驰道甚阔，两旁有沟，沟上植柳，两廊屋脊皆覆以青琉璃瓦，宫阙门户即纯用之。驰道之北即端门十一间，曰应天之门，旧尝名通天。亦开两挟，有楼，如左右升龙之制。东西两角楼，每楼次第攒三檐，与挟楼接，极工巧。端门之内，有左、右翔龙门，日华、月华门，前殿曰大安殿，使人入左掖门，直北，循大安殿东廊后壁行，入敷德门，自侧门入，又东北行直东，有殿宇，门曰东宫，墙内亭观甚多。直北面南列三行门。中曰集英门，云是故寿康殿母后所居。西曰会通门，自会通东小门，北入承明门，又北则昭庆门。东则集禧门，尚书省在门外。又西则有右嘉会门，四门正相对。③

这是范成大从西御廊到仁政殿所见宫城的基本情况，由范氏的记录知，他是自南向北行。换言之，金朝的仁政殿就建在通贯南北的中轴线上，即一条御道贯穿外城的丰宜门、皇城的宣阳门和宫城的应天门，而金朝构建中都城的殿宇以其严格的对称布局亦表明了设置中轴线的重要性，故梁思成先生不无自豪地说：“一根长达八公里，全世界最长，也最伟大的南北中轴线穿过了全城。北京独有的壮美秩序就由这条中轴的建立而产生。前后起伏、左右对称的体形或空间的分配都是以这中轴为依据的。气魄之雄伟就在这个南北引申、一贯到底的规模。”④作为北京古城建筑的一面，范氏向我们展现了她的“壮美秩序”，与此同时，范氏还看到了金朝中都城的另一面，即“许多辉煌的建筑仍然是中都的劳动人民和技术匠人，承继着北宋工艺的宝贵传统，又创造出来的”⑤。“北宋之沦亡”对于范成大来说，那是一个非常沉重的话题。所以，对于中都城的建筑，范氏这样说道：

炀王亮始营此都，规模多出于孔彦舟。役民夫八十万，兵夫四十万，作治数年，

① （宋）范成大撰，孔凡礼点校：《揽辔录·点校说明》，《范成大笔记六种》，第3页。

② （宋）陆游：《渭南文集》卷18《筹边楼记》，张春林编：《陆游全集》下册，北京：中国文史出版社，1999年，第1273页。

③ （宋）范成大撰，孔凡礼点校：《揽辔录》，《范成大笔记六种》，第14—15页。详见杨宽：《中国古代都城制度史研究》，上海：上海古籍出版社，1993年，第446—454页。

④ 梁思成：《北京——都市计划的无比杰作》，《新观察》1951年第2卷第8期。

⑤ 梁思成：《北京——都市计划的无比杰作》，《新观察》1951年第2卷第8期。

死者不可胜计。地皆古坟冢，悉掘而弃之。虏既蹂躏中原，国之制度，强慕华风，往往不遗余力，而终不近似。[①]

金朝按汴梁的宫殿制度来营建中都皇宫，有据可查，如《元一统志》卷1《大都路》载："天德元年（1149）海陵（即炀王亮）意欲迁都于燕。"[②]"乃命左右丞相张浩、张通，左丞蔡松年调诸路民夫筑燕京，制度如汴……改号中都。"[③]别的不说，仅就中都建筑而言，金都之宫室制度，"按图修之"，可以讲是抓住了北宋都城建筑理念的精髓。当然，范成大在《揽辔录》中灵活地应用了春秋笔法，意在言外，由此表现出来的爱国情结和思想魅力尤其值得称道。

《骖鸾录》是范成大由姑苏到桂林去的沿途见闻，它亦采用日记体的形式，记录了从乾道八年（1172）十二月七日至乾道九年（1173）三月十日期间所经历的风物变化，一景一物，曲尽冬季时节长江沿岸的绿野烟水，清奇峻伟，给人以无穷的遐想和回味。略举数例如下：

（乾道八年十二月）三十日，发富阳。雪满千山，江色沈碧。夜，小霁。风急，寒甚。披使虏时所作绵袍，戴毡帽，坐船头纵观，不胜清绝。[④]

（乾道九年闰月）七日，将发南浦。终日雨，诸司来集，遂留行。夜分，大雪作，燃炬照江中，舞蝶塞空，亦奇赏也。[⑤]

（乾道九年二月）二十五日，入湘山寺……出山，遵湘水崖壁，行石磴上，清流如箭，境清而丽，佳处名盘石山。[⑥]

"南浦"在今江西新建一带地区，这里属中亚热带湿润季风气候，具有"夏炎冬寒"的特点。在强冷空气的影响下，这里很容易出现"终日雨"而"夜分，大雪作"的气候景观。可惜，随着气候变暖趋势的明朗化，现今在新建地区已经很难看到"日雨夜雪"的"奇赏"了。由于处于气候较为寒冷的冬季，范成大在旅途中时常看到"极荒寒"[⑦]的自然景象，不免让人产生一种悲凉之感，这大概是对南宋晚期社会面貌的一种曲折写照罢。从范成大前往桂林的途中，他经过了几个不同的农业经济地理区域，由东向西，依此如：①安徽"休宁山中宜杉，土人稀作田，多以种杉为业。杉又易生之物，故取之难穷"[⑧]。②江西"十日，宿上江。两日来，带江悉是橘林。翠樾照水，行终日不绝，林中竹篱瓦屋，不类村墟，疑皆得种橘之利"[⑨]。③江西袁州（今宜春）仰山"岭阪之上，皆禾田层层，而上至顶，名梯田"[⑩]。又"自小释迦塔后，方竹满山，取以为杖，为世所

① （宋）范成大撰，孔凡礼点校：《揽辔录》，《范成大笔记六种》，第16页。
② （元）孛兰肹等撰，赵万里校辑：《元一统志》卷1《大都路·建制沿革》，北京：中华书局，1966年，第2页。
③ （元）孛兰肹等撰，赵万里校辑：《元一统志》卷1《大都路·建制沿革》，第2页。
④ （宋）范成大撰，孔凡礼点校：《骖鸾录》，《范成大笔记六种》，第44页。
⑤ （宋）范成大撰，孔凡礼点校：《骖鸾录》，《范成大笔记六种》，第49页。
⑥ （宋）范成大撰，孔凡礼点校：《骖鸾录》，《范成大笔记六种》，第59页。
⑦ （宋）范成大撰，孔凡礼点校：《骖鸾录》，《范成大笔记六种》，第48页。
⑧ （宋）范成大撰，孔凡礼点校：《骖鸾录》，《范成大笔记六种》，第45页。
⑨ （宋）范成大撰，孔凡礼点校：《骖鸾录》，《范成大笔记六种》，第49页。
⑩ （宋）范成大撰，孔凡礼点校：《骖鸾录》，《范成大笔记六种》，第52页。

珍”[1]。④湖南潭州“山阳驿。夹道皆松木，甚茂。大抵入湖湘，松身皆直如杉”[2]。“入南岳……夹路古松三十里”，“岳市者，环皆市区，江、浙、川、广种货之所聚，生人所须无不有”[3]。当然，不论种植业，还是手工业，其间亦不乏特殊的经济行业，当地居民借此而形成某种独特的地域经济。如湖南潭州醴陵县“县出方响，铁工家比屋琅然。其法，以岁久铛铁为胜，常以善价买之，甚破碎者亦入用”[4]。又如江西南昌栖桐山有一种仙茅，“极芳辛，以煮汤饮，尤郁烈。徙植他所，无复香味”[5]。再有，湖南永州祁阳县“新出一种板，襞叠数重，每重青白异色，因加人工，为山水云气之屏，市贾甚多”[6]。由于地质运动的差异，从东南延至西南，我国南方地区呈现出多样性的地貌特征，比如，江西袁州仰山“各有佳峰，每峰如一莲华之叶，如是数十峰，周遭绕寺，山中目其形胜为莲华盆”[7]，这是典型的山间盆地地貌；“大抵自上饶溪行，南岸绵延皆低，石山童无草木，色赤似紫，或一石长数里不休，或有如盘、如屏、如几及卧牛、蹲蟆之状者，不可胜计”[8]，这是出现于江西上饶一带地区以冈丘为特点的红层地貌；“行群山间，有青石如雕锼者，从卧道傍”[9]，“甫入桂林界，平野豁开，两傍各数里，石峰森峭，罗列左右”[10]，不难想见，这里记述的是存在于桂林、零陵一带地区的岩溶地貌。

与《骖鸾录》不同，《吴船录》是范成大从成都病返苏州的日记体游记，就两者所经历的季候来说，《骖鸾录》经历的是冬春两季，而《吴船录》经历的却是夏秋两季，在时间上正好相互衔接，且《吴船录》主要记录了长江沿岸的自然生态景观，“于古迹形胜，言之最悉”[11]。然而，仔细归纳一下，范成大在《吴船录》中所阐释的科技思想主要包括三项内容：一是真实地记录了三峡的水文状况，范成大说：“两山束江骤起，水势不及平，两边高而中洼下，状如茶碾之槽，舟楫易以倾侧，谓之茶槽齐，万万不可行。余来，水势适平，免所谓茶槽者。又水大涨，渰没草木，谓之青草齐，则诸滩之上，水宽少浪，可以犯之而行。余之来，水未能尽漫草木，但名草根齐，法亦不可涉，然犯难以行，不可回首也。”[12]其中“茶槽齐”是对洪水横断面的一种科学描述，而且是我国历史文献中对洪水横断面的最早记载。二是记述了峨眉山的气温垂直分布现象，“初衣暑绤，渐高渐寒，到八十四盘，则骤寒。比及山顶，亟挟纩两重，又加毳衲驼茸之裘，尽衣笥中所藏。系重巾，蹑毡靴，犹凛慄不自持，则炽炭拥炉危坐”[13]。在海拔三千多米的峨眉山“金顶”，范

---

① （宋）范成大撰，孔凡礼点校：《骖鸾录》，《范成大笔记六种》，第 53 页。
② （宋）范成大撰，孔凡礼点校：《骖鸾录》，《范成大笔记六种》，第 53 页。
③ （宋）范成大撰，孔凡礼点校：《骖鸾录》，《范成大笔记六种》，第 54 页。
④ （宋）范成大撰，孔凡礼点校：《骖鸾录》，《范成大笔记六种》，第 53 页。
⑤ （宋）范成大撰，孔凡礼点校：《骖鸾录》，《范成大笔记六种》，第 51 页。
⑥ （宋）范成大撰，孔凡礼点校：《骖鸾录》，《范成大笔记六种》，第 56 页。
⑦ （宋）范成大撰，孔凡礼点校：《骖鸾录》，《范成大笔记六种》，第 53 页。
⑧ （宋）范成大撰，孔凡礼点校：《骖鸾录》，《范成大笔记六种》，第 47 页。
⑨ （宋）范成大撰，孔凡礼点校：《骖鸾录》，《范成大笔记六种》，第 58 页。
⑩ （宋）范成大撰，孔凡礼点校：《骖鸾录》，《范成大笔记六种》，第 59 页。
⑪ （清）永瑢等：《四库全书总目》卷 58《吴船录》，北京：中华书局，2003 年，第 529 页。
⑫ （宋）范成大撰，孔凡礼点校：《吴船录》，《范成大笔记六种》，第 218 页。
⑬ （宋）范成大撰，孔凡礼点校：《吴船录》，《范成大笔记六种》，第 201 页。

成大亲身体验了两个奇特的物理现象，即“煮米不成饭”与“摄身光”。其文云：“山顶有泉，煮米不成饭，但碎如砂粒。”①在正常情况下，地势愈高，气压愈小，而气压愈小，其沸点也就愈低，由此便造成了“煮米不成饭”的后果。所以，范成大认为形成“煮米不成饭”的原因是由于“万古冰雪之汁，不能熟物”②，这种说法仅仅反映了事物的表面现象，而没有抓住事物的本质。

范成大描述“摄身光”现象说：

> 兜罗绵云复布岩下，纷郁而上，将至岩数丈辄止。云平如玉地，时雨点有余飞。俯视岩腹，有大圆光，偃卧平云之上。外晕三重，每重有青黄红绿之色。光之正中，虚明凝湛，观者各自见其形现于虚明之处，毫厘无隐，一如对镜，举手动足，影皆随形而不见傍人。僧云摄身光也。此光既没，前山风起云驰，风云之间，复出大圆相光，横亘数山，尽诸异色，合集成采。峰峦草木，皆鲜妍绚蒨，不可正视。云雾既散，而此光独明，人谓之清现。凡佛光欲现，必先布云，所谓兜罗绵世界。光相依云而出，其不依云，则谓之清现，极难得。③

用现代的光学理论来解释，“摄身光”实际上是由光线的衍射作用所产生的一种大气光学现象。它的形成过程是，若光线从观者的身后射来，因光线的衍射作用，观者的身影有时会出现在其眼前的云幕上，并形成投射体焦点周围光芒四射的绚丽景致。至于绚丽彩环的形成则是当光线照入第一个云滴层之时，随即产生衍射分光作用，于是原本白色的太阳光转而成为五光十色的光环。因此，从这个角度看，我们与其称之为“峨眉佛光”，倒不如干脆叫它“摄身光”，因为后者更加接近科学事实。所以明人陈弘绪在《吴船录》题词里不无感慨地说：“蜀中名胜，不遇石湖，鬼斧神工，亦虚施其伎巧耳。”④

当然，就方法论而言，范成大游记的突出之点不仅在于其写实，而且更在于其考证。比如，《四库全书提要》评价《吴船录》的写作特点时说：“于古迹形胜……亦自有所考证。”⑤我国古代的历史考证法成熟于汉代，比如，司马迁在《史记》中成功地应用考证法于人物年谱和历史事件的研究，而郑玄则成为后代考证学派的开山祖，至于司马光的《资治通鉴考异》更将考证法发展到了自觉又纯熟的程度。从经学内部的发展规律看，宋学重义理，而汉学重考证，这个总结基本上反映了汉与宋两朝学术的特点，应当说是对的。但是，我们绝不能据此认为两者之间就好像楚汉分界一样清清楚楚了。实际上，宋代学者并没有完全抛弃考证的方法。如朱熹这样说：“字画音韵是经中浅事，故先儒得其大者多不留意。然不知此等处不理会，却枉费了无限辞说牵补而卒不得其本义，亦甚害事也。”⑥可见，在朱熹看来，考证法对宋学的高水平发展是不可或缺的。正是在这般学术氛围内，范

---

① （宋）范成大撰，孔凡礼点校：《吴船录》，《范成大笔记六种》，第 201 页。

② （宋）范成大撰，孔凡礼点校：《吴船录》，《范成大笔记六种》，第 201 页。

③ （宋）范成大撰，孔凡礼点校：《吴船录》，《范成大笔记六种》，第 202 页。

④ （明）陈弘绪：《吴船录题词》，湛之编：《古典文学研究资料汇编·杨万里范成大卷》，北京：中华书局，1964 年，第 173 页。

⑤ （清）永瑢等：《四库全书总目》卷 58《吴船录》，第 529 页。

⑥ （宋）朱熹撰，郭齐、尹波点校：《朱熹集》卷 50《答杨元范》，第 2406 页。

成大才公开声张："事无考证，不敢信。"①范成大不仅是这样说的，而且确实亦是这样做的。比如，对桂林无"桂"，范成大考证说："桂。南方奇木，上药也。桂林以桂名，地实不产，而出于宾、宜州。"②唐代诗人张继在《枫桥夜泊》诗中有"姑苏城外寒山寺，夜半钟声到客船"句，宋人欧阳修认为"句虽佳，其奈三更非撞钟时"，对"夜半钟声到客船"表示怀疑，而范成大经过实地考察后说："欧公盖未尝至吴中，今吴中僧寺实半夜鸣钟，或谓之'定夜钟'，不足以病继也。"③可见，范成大的考证功底是颇为厚实的。

从我国地方志的演变轨迹看，南宋是由图经转向地方志的重要历史时期，在一定程度上说，南宋应是我国地方志的定型化时期，而范成大所编撰的《吴郡志》则是我国古代地理由图经转为方志的一个典型标志。首先，《吴郡志》分类较广，卷帙宏博，共分39门50卷，即卷一，沿革、分野、户口税租、土贡；卷二，风俗；卷三，城郭；卷四，学校（县学附）；卷五，营寨；卷六，官宇、仓库（场务市楼附）、坊市；卷七，官宇；卷八，古迹；卷九，古迹；卷十，封爵、牧守；卷十一，牧守、题名；卷十二，官吏、祠庙；卷十三，祠庙；卷十四，园亭；卷十五，山；卷十六，虎丘；卷十七，桥梁；卷十八，川；卷十九，水利；卷二十至二十七，人物（列女传）；卷二十八，进士题名（武举附）；卷二十九，土物；卷三十，土物；卷三十一，宫观附郭寺；卷三十二至三十六，郭外寺；卷三十七，县记；卷三十八，县记；卷三十九，冢墓；卷四十，仙事；卷四十一，仙事；卷四十二，浮屠；卷四十三，方技；卷四十四，奇事；卷四十五至四十七，异闻；卷四十八，考证；卷四十九，杂咏；卷五十，杂志。就其门目的编排方面讲，《吴郡志》的内容体例在我国方志史上是空前的。故《四库全书总目》卷68称："《吴郡志》……征引浩博而叙述简核，为地志中之善本。于夹注之中又有夹注……可云著书之创体矣。"④其次，因内容的需要而设立门目，既体现了编撰方志的灵活性，同时又突出了方志的区域特色，如"池馆林泉之胜，号吴中第一"是苏州这座城市的独特景致，而为了凸现苏州的这种个性特征，范成大在《吴郡志》中专列"园亭""虎丘"各一卷。例如，在"园亭"门中载有"怪石纷相向"的辟疆园，有"深林曲沼，危亭幽物"的任晦园池，有"一时雄观"的沧浪亭，有"老木皆合抱，流水奇石参错其间"的南园，有"营之三十年间，极园池之赏"的东庄，有"秋风斜日鲈鱼乡"的鲈乡亭，有"红蕖绿篆媚沧浪"的小隐堂，有"深�烟光在楼阁，旋移春色入门墙"的红梅阁，此外，尚有"范家园""醉眠亭""漫庄""三瑞堂""乐圃"⑤等。范成大说：

> 谚曰：天上天堂，地下苏杭。又曰：苏湖熟，天下足。湖固不逮苏，杭为会府，谚犹先苏后杭，说者疑之。白居易诗曰："霅川（湖州）殊冷僻，茂苑（苏州）太繁雄。惟有钱塘郡，闲忙正适中。"则在唐时，苏之"繁雄"固为浙右第一矣。⑥

① （宋）范成大：《吴郡志》卷48《考证》，《景印文渊阁四库全书》第485册，第320页。
② （宋）范成大撰，孔凡礼点校：《桂海虞衡志》，《范成大笔记六种》，第123页。
③ （宋）范成大：《吴郡志》卷48《考证》，《景印文渊阁四库全书》第485册，第319页。
④ （清）永瑢等：《四库全书总目》卷68《吴郡志》，第598页。
⑤ （宋）范成大：《吴郡志》卷14《园亭》，《景印文渊阁四库全书》第485册，第95—104页。
⑥ （宋）范成大：《吴郡志》卷50《杂志》，《景印文渊阁四库全书》第485册，第333页。

此“繁雄”自然包含有苏州的园亭在内。所以北宋刘焘在《树萱录》中云：“员半千庄在焦戴川……里谚曰：上有天堂，下有员庄。”[①]可见，“员庄”正是“苏杭”可比“天堂”的灵魂。最后，《吴郡志》中增加了人文历史的内容，从而使我国古代地理学的体系结构发生了重大变化。从现存的方志看，《吴郡志》是以“志”命名而流传迄今的宋代唯一方志。而由志的门目编写名录知，其多为人文地理的内容，如“风俗”“城郭”“学校”“营寨”“官宇”“祠庙”“园亭”“宫观”“桥梁”等。一般认为，所谓人文地理是指以自然地理为基础，并在其上形成人类活动的遗迹及其一定历史的文化形态，它的主旨就是寻求人类生活现象的地理分布、扩散和流变的内在规律，其构成要素包括人口、军事、宗教、聚落、语言、风俗、政治、经济、科学技术等，是传统地理学的重要组成部分。就《吴郡志》的人文地理价值言，其关于寺庙和宫观的诗文，是研究释、道两教的珍贵资料，而“官宇”里所收录的浙西路提点刑狱司、提举常平茶盐司题名则是已知的各种史料中唯一完整的记录，尤其是“水利”门的设置，不仅总结了宋代吴地水利建设的科技成就和水利思想，而且为后代方志的编撰提供了一个成功的范式。

此外，范成大还首创了我国古代农田水利史上著名的地方水利法规——《通济堰规》20条，编写了我国古代第一部梅花专著——《梅谱》。书中首次记录了“杏”与“梅”的杂交品种即“杏梅”的性状：“多叶红梅也。花轻盈，重叶数层。凡双果，必并蒂，惟此一蒂而结双梅，亦尤物。”[②]在《太湖石志》里，范成大分析太湖石的成因说：“石出西洞湖，多因波涛激啮而为嵌空，浸濯而为光莹，或缜润如珪瓒，廉刿如剑戟，矗如峰峦，列如屏障，或滑如肪，或黝如漆，或如人如兽如禽鸟。好事者取之，以充苑囿庭除之玩。”[③]又太湖石“石生水中者良，岁久波涛冲激成嵌空，石面鳞鳞作靥，名曰弹窝，亦水痕也。扣之，铿然声如磬”[④]。可见，太湖石的形成有两个因素：一是水的机械侵蚀，如“波涛激啮”，二是水对石灰岩的溶蚀，如“浸濯而为光莹”，等等。

总之，范成大的科技思想是多方面的和富有个性的，他作为一位杰出的现实主义诗人，以反映农村社会的实际生产和生活为特色，并继承《诗经》采农事入诗歌的传统，对吴中地区的农事和民俗进行广泛而深入的歌咏，实开风气之先。[⑤]在被誉为“天下奇笔”的一篇篇游记中，范成大客观地记录了南方劳动人民所创造的一项又一项物质文化成果，如桥梁、园林、交通、酿酒、纺织、冶炼等，给后人研究和总结南宋的科技文化发展历史留下了非常宝贵的第一手资料。从整体上讲，南宋的科技水平与北宋相比较，虽然已经有所下降，但是这丝毫不妨碍南宋的科技水平在某些方面又有了进一步的提高，比如，范成大的《吴郡志》对我国人文地理学的贡献就是一个典型例子。尤其是“范成大创造了古代中国旅行日记的典型”[⑥]，它对后世游记的发展产生了深远影响。美国学者何瞻曾这样评

---

① （明）陶宗仪：《说郛》卷32上《树萱录》，《景印文渊阁四库全书》第877册，第711—712页。

② （宋）范成大等著，刘向培整理校点：《范村梅谱（外十二种）》，顾宏义主编：《宋元谱录丛编》，第5页。

③ （宋）范成大：《太湖石志》，王稼句选辑：《苏州吴中文库·吴中文存》上，南京：凤凰出版社，2014年，第57页。

④ （宋）范成大：《太湖石志》，王稼句选辑：《苏州吴中文库·吴中文存》上，第57页。

⑤ 王利华：《范成大诗所见的吴中农业习俗》，《中国农史》1995年第2期。

⑥ ［美］何瞻：《范成大与其纪游日录》，《杭州大学学报》1986年第2期。

价《石湖三录》的学术贡献："范氏在扩张日记的篇幅之余，也同时在游记的精神上作了一些革新。最重要的革新是他扩大了游记题材的范围。在其三录里，似乎任何事皆可以入题。这可能是因为宋代以前并未建立一个长期持续的游记文学的传统之故。"[①]而范成大在《桂海虞衡志》序言中亦明确地说，他从事游记创作的基本指导思想就是载"方志所未载者"。发前人之未发，见前人之未见，引领风骚，这就是范成大的科学创新精神，就是他"文章赡丽清逸，自成一家"[②]的真正魅力所在。

第五节　全真道南宗白玉蟾的内丹思想

白玉蟾（1134—1229），本姓葛，字白叟，名长庚，祖籍福建闽清县，生于琼州（今海南省）。彭耜称其"母氏梦食一物如蟾蜍，觉而分娩"[③]。"蟾蜍"是道教所崇尚的"圣物"，在此，彭耜神化白玉蟾的目的，不外有这样两层意思：一是体现内丹的长生成仙之道，二是借此以提升全真道南宗的宗教地位。众所周知，全真道南宗的始祖是北宋的张伯端，后来经过石泰、薛道光、陈楠的传承，到白玉蟾时已是第五代传人了，故人们呼其为南宗五祖。从全真道南宗自身的发展过程看，大致可分两个阶段：以白玉蟾为标志，之前为秘密传授，且无本派祖山，但从白玉蟾开始，全真道南宗从秘密传授走向公开，并成为一个广收弟子的群众性教派，特别是为了扩大影响，白氏创立了以"靖"为单位的教区组织。与此同时，白玉蟾"心通三教，学贯九流"[④]，他强调儒释道的融合与贯通，他在《平江鹤会升堂》里总结说："孔氏之教惟一字之诚而已，释氏之教惟一字之定而已，老氏则清静而已。"[⑤]从本质上讲，"诚""定""清静"具有统一性和一致性，故白玉蟾在《道法九要序》中断言："三教异门，源同一也。"[⑥]当然，能够把儒释道融会贯通起来，不仅需要坚实的人文科学知识，而且更需要深厚的自然科学知识。张伯端如此，白玉蟾亦如此。因此，黄海德先生说："宋元内丹心性学既以儒、释、道三家的义理之学为基础，又突出表现为道教的身心修炼，故可视为古代哲学与科技的自然结合。这是道家文化在新的社会条件下呈现的新形态。"[⑦]纵观白玉蟾的各种著述，给我们印象最深的是他对宋代先进科技水平的把握和了解，特别是在此基础上白玉蟾通过"内丹"这个环节而把宋代的科技成就灵活地有时甚至是歪曲地应用于他的道教实践之中，比如，白玉蟾的雷法思想便是一个显著的例证。在宋代，道教与科技发展的关系比较复杂，而造成其关系复杂

① ［美］何瞻：《范成大与其纪游日录》，《杭州大学学报》1986年第2期，第69—70页。

② （宋）周必大：《贤政殿大学士赠银青光禄大夫范公成大神道碑》，（宋）范成大原著，胡起望、覃光广校注：《桂海虞衡志辑佚校注》，第310页。

③ 萧天石主编：《道藏精华》第10集之三上"海琼玉蟾先生事实"，台北：自由出版社，1990年，第29页。

④ （宋）苏森：《跋〈修仙辨惑论序〉》，曾枣庄主编：《宋代序跋全编》第7册，第4775页。

⑤ （宋）谢显道等纂集：《海琼白真人语录》卷3，《正统道藏》第33册，台北：艺文印书馆，1977年，第129页。

⑥ （宋）白玉蟾：《修真十书》卷4《修仙辨惑论》，《正统道藏》第4册，第617页。

⑦ 黄海德：《历史与现实——从道家文化的历史诸形态看当代新道家的学术定位及其相关问题》，《杭州师范学院学报（社会科学版）》2005年第1期。

的主要原因之一就是科学与伪科学常常糅合在一起，鱼目混珠现象十分严重。因此，如果没有一番艰苦细致的剥离工作，我们就很难界定究竟哪些内容属于道教科技思想，而哪些内容不属于道教科技思想。白玉蟾是个道士，他讲“内丹”，同时又讲“雷法”。《道德经》下篇五十七章说：“人多技巧，奇物滋起。”王弼注云：“民多智慧则巧伪生，巧伪生则邪事起。”[①]这里所说的“巧伪”既包括科学也包括伪科学。《道德经》上篇二十五章又说：“人法地，地法天，天法道，道法自然。”王弼注云：“法自然者，在方而法方，在圆而法圆，于自然无所违也。”[②]在此，所谓“法”其实就是不改变自然的原生态，自然是什么样子就是什么样子，人类不要按照自己的意志去改变自然，用今人的观点说，这就是一种“天人合一”的生存状态，所以席泽宗先生说：“道教科学思想，最重要特征之一，就是天人合一。”[③]可是，我们必须指出“科学思想”与“技术思想”是不一样的，一般地说，前者属于哲学层面的问题，而后者则属于具体科学与技术层面的问题。用这样的观点看，席先生站在哲学的层面认为“天人合一”是道教科学思想的重要特征，并没有错。但是假如我们不加分析地把哲学层面的问题照搬到具体科学与技术的层面上来，那么，我们所得出的结论可能就不正确了。例如，老子是把哲学问题和科学技术问题混在了一起，因而他才一般地否定科学技术的价值和作用，才把科学技术的发展看作是社会不稳定的一个重要根源。与老子不同，白玉蟾把哲学层面的问题与科学技术层面的问题划分得非常清楚，于是他便推出了“内丹”（哲学层面）与“雷法”（科学技术层面）这两个不同层面的思想平台，而这两个平台也就成为我们认识和理解白玉蟾科技思想的重要途径。

一、“易即道”的性命双修主张

1. “无中生有”的宇宙演化思想

中国台湾学者萧天石先生在点校《白玉蟾全集》时说：白玉蟾“宗大易而道阴阳，尊德性而趋禅樾，世称其出入三氏，笼罩百家，乃神仙家中震古烁今人物”[④]，其“宗大易而道阴阳”确实抓住了白玉蟾科学思想的实质，深得其要领。例如，白玉蟾这样说道：

> 尝闻天下无二道，圣人无两心。道之大不可得而形容。若形容此道，则空寂虚无，妙湛渊默也。心之广不可得而比喻。若比喻此心，则清静灵明，冲和温粹也。会万化而归一道，则天下皆自化，而万物皆自如也。会有为而归一心，则圣人自无为，而百为自无著也。推此心而与道合，此心即道也。体此道而与心会，此道即心也。道融于心，心融于道也。心外无别道，道外无别物也。所以天地本未尝乾坤，而万物自

① （三国）王弼注：《老子道德经》下篇《五十七章》，《诸子集成》第4册，第35页。

② （三国）王弼注：《老子道德经》上篇《二十五章》，《诸子集成》第4册，第15页。

③ 席泽宗：《中国道教科学技术史·序》，《古新星新表与科学史探索·席泽宗院士自选集》，西安：陕西师范大学出版社，2002年，第756页。

④ 萧天石：《白玉蟾全集·序》，（宋）葛长庚撰，萧天石点校：《白玉蟾全集》，台北：自由出版社，1969年，第1页。

乾坤耳。日月本未尝离坎，而万物自离坎耳。①

其中“会万化而归一道，则天下皆自化，而万物皆自如也”是一个非常重要的宇宙学命题，它坚持了物质自己运动的思想。以此为基础，白玉蟾提出了下面的宇宙演化模式：

古者虚无生自然，自然生大道，大道生一气，一气分阴阳，阴阳为天地，天地生万物，则是造化之根也。此乃真一之气，万象之先，太虚太无，太空太玄，杳杳冥冥，非尺寸之所可量；浩浩荡荡，非涯岸之所可测，其大无外，其小无内，大包天地，小入毫芒，上无复色，下无复渊，一物圆明，千古显露，不可得而名者。圣人以心契之，不获已而名之曰道，以是知即心是道也。故无心则与道合，有心则与道违。惟此无之一字，包诸有而无余，生万物而不竭。②

关于宇宙起源和演化的问题，自从人类有文献记载以来，古今中外的科学家和思想家们一刻也没有停止过对它的研究和探讨。而在众说纷纭的宇宙起源和演化观中，有两派观点最具代表性：一派观点认为宇宙是在某种外力的推动下形成的，如犹太教、基督教和伊斯兰教所宣扬的神创说，就是这种思想的代表；另一派观点则针锋相对，主张宇宙是一个无限的发展过程，它既没有起点又没有终点，如庄子说：“天与地无穷。”③又张衡在《灵宪》中更进一步说：“宇之表无极，宙之端无穷。”④当然，从哲学层面强调宇宙的无限性问题，显示了人类自身之思辨能力已经达到了较高境界，它对于更加广泛地开拓人们的思维视野具有重要的现实意义。但是，如何使无限的宇宙变得可操作？张衡提出了“浑天说”，他认为：“天如鸡子，地如鸡中黄，孤居于天内，天大而地小。天表里有水，天地各乘气而立，载水而行。”⑤把地球看作是宇宙的中心虽然说是错误的，但是这个宇宙模型毕竟从科学实证的角度给后人认识宇宙的生成和发展过程提供了一种方法。从这层意义上说，现代的“宇宙大爆炸模型”“稳恒态宇宙模型”“暴胀宇宙模型”等，都可看作是张衡“浑天模型”的进一步延续和发展。由于宇宙天体的数量远远超出了人们的观测视野，具体确定哪一颗天体是宇宙的中心则相当困难。所以宋代思想家将“元气”这个概念引入到“浑天”模型之中，从而把中国古代的宇宙观提升到了一个新的认识高度。比如，周敦颐用一个圆圈来直观地呈现“无极而太极”⑥的思想精髓，然而，他没有说明这个圆圈本身是否还有层次。与周敦颐不同，白玉蟾非常肯定地指出了“无极”内部具有可分的层次性。他说：

虚无生自然，自然生大道，大道生一气。⑦

---

① （宋）白玉蟾著，朱逸辉校注：《白玉蟾全集校注本》卷6《杂著·指玄篇·谢张紫阳书》，海口：海南出版社，2004年，第641页。

② （宋）白玉蟾：《海琼问道集·玄关显秘论》，《正统道藏》第33册，第142页。

③ 《庄子·盗跖》，《诸子集成》第4册，第198页。

④ （汉）张衡：《灵宪》，《全上古三代秦汉三国六朝文》第2册，石家庄：河北教育出版社，1999年，第533页。

⑤ 《晋书》卷11《天文志上》，第281页。

⑥ （宋）周敦颐著，谭松林、尹红整理：《周敦颐集》，第3页。

⑦ （宋）白玉蟾：《海琼问道集·玄关显秘论》，《正统道藏》第33册，第142页。

此“气”指的就是元气，或称先天气。如白玉蟾有诗云：“性之根，命之蒂，同出异名分两类。合归一处结成丹，还为元始先天气。”①在白玉蟾看来，“虚无生自然，自然生一气，一气结成物，气足分天地”②，它们应当是一个具有历史性的结构序列。在这里，“虚无”与“自然”的关系究竟是在时间上有先后的生成关系还是逻辑上的并列关系，有一种观点认为：“‘虚无’‘自然’实为‘大道’的同义语。如《钩锁连环经》言：‘道即法，法即术，术即虚无，虚无即自然。’”③从本源上讲，虚无、大道、自然具有统一性，因而在一定意义上将它们看成是同一个东西的不同名称，未尝不可。但是，与此观点不同，席泽宗先生认为④，从“虚无”到“气”的产生，有一个内在的演变过程。他以《易纬·乾凿度》为例，指出由太易（即虚无），经太初（即自然）、太始（即大道），到太素（即气），分别对应于热爆炸理论之宇宙演化阶段中的①奇点期（10^{-44}秒），即完全辐射状态，没有物质（10^{32}K）；②极早期（10^{-36}秒），形成重子（10^{28}K）；③早期（10^{-12}秒），即氦、氘、锂等元素开始形成（10^{-16}K）；④现期（10^{-4}秒），星系胚（巨大的气状星云）开始形成（10^{12}K）。本书采纳席先生的观点，主张从虚无到气不仅仅是一个逻辑的发展过程，更是一个历史的演变过程。时至今日，随着科学的发展和社会的进步，人们认识自然的程度不断加深，许多未知的东西愈来愈清楚地彰显于世人面前，如原子的概念、生命的本质、宇宙形成之前的初始状态，等等。以宇宙形成之前的初始状态为例，暴胀宇宙学针对大爆炸宇宙学所遇到的诸如奇点、均匀性、平直性、磁单极子、小尺度不均匀性等问题，提出了“希格斯场”“对称相慢转变”等概念。在暴胀宇宙学看来，所谓“希格斯场”既不是磁场或引力场，又不是描述物质的场，而是一种类似真空性质的场。⑤这种类似真空性质的场实际上就是“虚无”，所以，稳恒态宇宙模型提出了“新的物质并不是由能量转化而来的，而是从虚无中产生的”的观点。⑥对此，白玉蟾说得更加明白：“虚无自然，无中生有。”⑦在此处，“无”不是什么都没有，不是空无一物的空洞，而是指物质世界的无形状态。可见，“无中生有”其实就是宇宙万物从“无形”到“有形”的转变。⑧故白玉蟾说：“大道无形，大丹无色，动中静，静中动，动静如如。无内有，有内无，有无默默。”⑨那么，这种“动静如如”“有无默默”的状态究竟是什么？有学者提出了丹道的层级说：

> 内丹学除了一套“精气神”修炼的具体命功功法外，还吸收融合了禅宗明心见性作为其性功最后一着，对真正的彻悟圆通之禅可谓推崇备至。从丹道之层级看，内丹

① （清）汪启濩：《性命要旨·补遗篇二》，上海：上海古籍出版社，1990年，第55页。

② （宋）白玉蟾：《修真十书上清集》卷39《大道歌》，《正统道藏》第4册，第785页。

③ 尹志华：《略论白玉蟾的道教思想——兼谈道教“南宗”的名与实》，《东亚视域下的天台山文化学术研讨会暨第二届中华天台学研讨会》交流论文，2018年12月。

④ 席泽宗：《古新星新表与科学史探索·席泽宗院士自选集》，第288页。

⑤ 崔钟雷主编：《宇宙未解之谜》，第10—12页。

⑥ 崔钟雷主编：《宇宙未解之谜》，第9页。

⑦ （宋）白玉蟾著，周伟民等点校：《白玉蟾集》下册，海口：海南出版社，2006年，第547页。

⑧ 关于这个问题详见金吾伦《生成哲学》（保定：河北大学出版社，2000年）一书。

⑨ （宋）白玉蟾：《海琼白真人语录》卷3《持纲云》，《道藏》第33册，第127页。

> 学依其偏重可分为若干层次，我们可以“3（精气神）→2（神气）→1（神）→0（虚）”来代表内丹学“炼精化气、炼气化神、炼神还虚”的修炼过程与层次，并分别以“3”、“2”、“1”和“0”来界说内丹学修炼之四层境界，“3”属于“炼精”的层次，“2”属于“炼气”的层次，“1”属于“炼神”的层次，“0”则属于“炼虚”的层次。而在内丹学本身则多以上、中、下三乘判丹道之层级，其中与“兼命之禅”相似的是上层丹法，所以内丹学推崇的禅相当于丹道中的最上一乘丹法。最上一乘实际上就是内丹学修炼的最后一步“炼神还虚”，而这一步自然包含了全部的内丹学修炼过程。①

因此，为了有助于人们理解而不是裂解白玉蟾的“虚无”思想，我们下面依据其“仙化图”中的“九转”说，试图从“第九转”开始逆向地去诠释宇宙本身的生成过程，并与“大爆炸宇宙学”及现代宇宙学假说相比较，通过比较而有助于我们去积极彰显白氏那种自觉探求宇宙奥秘的科学精神和深刻发现蕴藏于白氏丹学思想中的科学智慧。

第一步，第八转金丹与白洞的形成（图 2-2）。白洞是爱因斯坦广义相对论预言的一种扭曲时空的天体，它以奇点为中心，并且有一个封闭的边界，其内部的物质和各种辐射只能经边界向边界外部运动，而外部的物质和辐射却不能进入其内部。关于“宇宙奇点”，白玉蟾作了这样的描述：“太虚、太无、太空、太玄，杳杳冥冥，非尺寸之所可量；浩浩荡荡，非涯岸之所可测。其大无外，其小无内，大包天地，小入毫芒，上无复色，下无复渊。”②此“奇点”因大爆炸而向外膨胀，随着膨胀过程的开始，“奇点”中心附近所聚集的超密态物质就会不断地向外喷射，并释放出巨大的能量。那么，如何解释宇宙天体所出现的这种现象呢？白玉蟾在解释第八转金丹的内涵时，作了这样一个比喻：“如蝉形已弃其粪丸之壳。”③这个比喻非常恰当地道出了“白洞天体”向外喷射物质的过程。

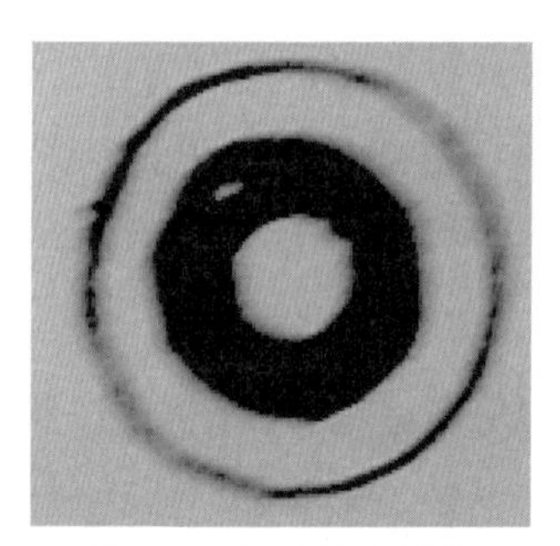

图 2-2　第八转金丹④

当然，宇宙的原初状态究竟是如何形成的，目前学界尚有争议，但由图 2-2 所示知，白玉蟾明确给出了一个“涡旋”式的立体图，它表明“涡旋”在宇宙万物的创生过程中起着非常重要的作用，至于“涡旋”与物质运动的关系，我们可以简单地概括为一句话，那

---

① 戈国龙：《从性命问题看内丹学与禅之关系》，《宗教学研究》2001 年第 2 期，第 25 页。
② （宋）白玉蟾：《海琼问道集·玄关显秘论》，《道藏》第 33 册，第 142 页。
③ （宋）白玉蟾著，周伟民等点校：《白玉蟾集》下册，第 548 页。
④ （宋）白玉蟾著，周伟民等点校：《白玉蟾集》下册，第 548 页。

就是"旋涡流态形成了较浓缩的核心实体与周围质量密度稀薄的高速运动场物质"①。

第二步，第七转金丹与黑洞的形成（图2-3）。在爱因斯坦的广义相对论里，黑洞与白洞的性质相反，即在一个被称作"视界"的封闭边界内，奇点是黑洞的中心，当恒星的半径小到史瓦西半径时，巨大的引力使得即使光也无法向外射出，因此，恒星就变成了黑洞。对此，白玉蟾作了这样的解释："如粪丸中蠕白已成蝉形。"②其"蝉形"的整个存在状况是"其中有精，杳杳冥冥；其中有物，恍恍惚惚"③。而真实的"黑洞"确实像宇宙中的一个无底洞，深不可测。

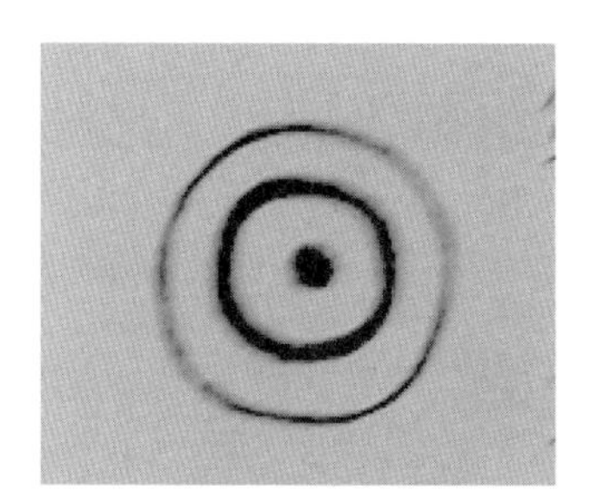

图2-3　第七转金丹④

第三步，第七转金丹与霍金辐射。关于黑洞的命运，霍金在1975年提出了这样的观点："黑洞并非完全的'黑'，而是不断'蒸发'，即向外辐射极其微量的能量，并且所有的黑洞最终都将因为质量丧失殆尽而消失。"⑤在此，"霍金辐射"将形成新的物质，而且这些物质会沿着"虫洞"从白洞中涌现出来。宋代没有"霍金辐射"这个词，当然亦没有"黑洞"、"白洞"和"虫洞"这些概念，但是宋代的学者却以他们特有的思维方式来认识宇宙和解释宇宙间所出现的一些自然现象。在宋代，白玉蟾把清微派《五太图》中的《太素图》应用到《仙化图》中，作为宇宙演化过程的一个环节。据《五太图》释："太素者，质之始也，元气之形质而具也。"⑥而白玉蟾将此"元气之形质"喻之为"如粪丸之中有蠕白者"⑦。席泽宗先生认为此阶段相当于热爆炸理论之现期，即星系胚（巨大的气状星云）开始形成，引文见前。在席先生看来，这个阶段是一个转折点："在此以前是理论上推断，在此以后是观测到的事实。现代宇宙学说中所用的理论是基本粒子物理、等离子体物理、热力学、统计物理、量子论和相对论，而中国古代用的只是思辨性的'气'。"⑧

第四步，第六转金丹与虫洞。虫洞是奥地利物理学家路德维希·弗莱姆（Ludwig Flamm）在1916年首次提出的概念，它是连接白洞与黑洞之间的一条宇宙隧道，据江晓原先生研究，在英语中，蚯蚓、蛔虫之类的蠕虫，被称为"worm"，而虫子蛀出来的弯弯

---

① 陈叔瑄：《涡旋论——未来物质结构设想》，《未来与发展》1983年第3期。

② （宋）白玉蟾著，周伟民等点校：《白玉蟾集》下册，第548页。

③ （宋）白玉蟾著，周伟民等点校：《白玉蟾集》下册，第548页。

④ （宋）白玉蟾著，周伟民等点校：《白玉蟾集》下册，第548页。

⑤ 方军：《霍金修正三十年前理论：黑洞能吞亦能吐》，http://down1.tech.sina.com.cn/other/2004-08-05/0954398582.shtml.

⑥ 佚名：《道法会元》卷1《清微道法枢纽·五太图》，《道藏》第28册，第676页。

⑦ （宋）白玉蟾著，周伟民等点校：《白玉蟾集》下册，第548页。

⑧ 席泽宗：《古新星新表与科学史探索·席泽宗院士自选集》，第288页。

曲曲的洞——有点像中国古代线装书上被虫蛀出来的洞——则被称为“wormhole”，所以“wormhole”有时也被译为“蛀洞”或“蠕洞”。[①]科学家通常认为，“虫洞”的主要作用是运送黑洞奇点处的基本粒子到其白洞的所在，然后被辐射出去。有趣的是白玉蟾把宇宙中出现的这种奇特现象称之为“两个蜣螂共抱粪丸”[②]，并用图 2-4 示之。

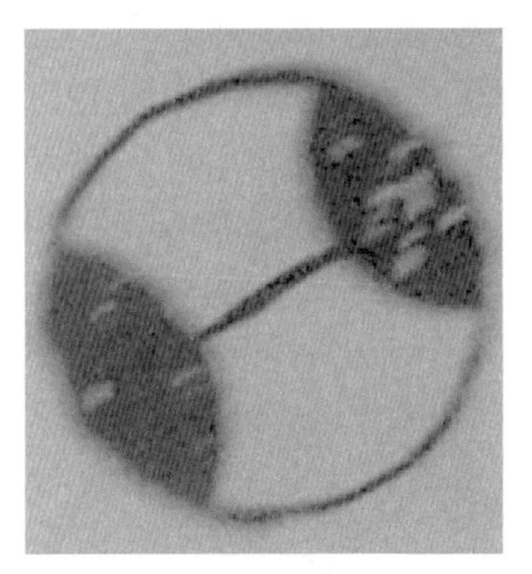

图 2-4　第六转金丹[③]

而与“虫洞”（图 2-5）相比较，两者在结构上十分相似，甚至在某种意义上，可以说它们如出一辙。由此可知，白玉蟾在探讨宇宙起源和演化的过程中，其“思想实验”的水平是很高的，其提出的“第六转金丹”之“虫洞”模型尽管还显粗糙和笨拙，但现在看来，那毕竟是我国南宋丹家在宇宙学思想领域所进行的一次积极探索。

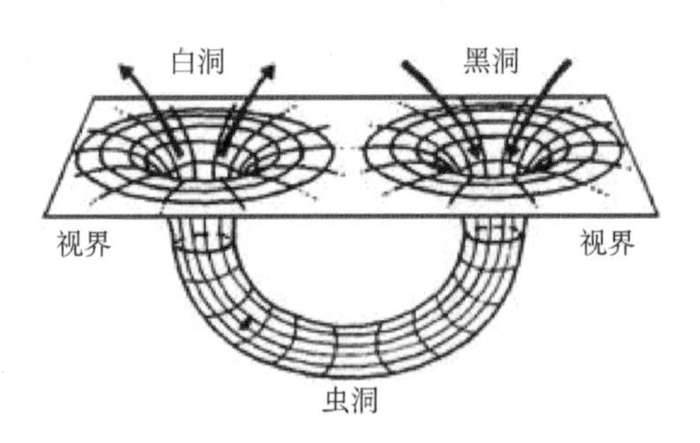

图 2-5　黑洞—虫洞—白洞模型图[④]

第五步，第五转金丹与三元。既然经过“虫洞”，在黑洞中形成的物质均由白洞喷射而出，那么，这些物质究竟都是些什么呢？以白玉蟾的看法是“三元”。何谓“三元”？按照道家的一般说法，是天、地、水。《三国志·魏书·张鲁传》引《典略》称：五斗米道“作三通，其一上之天，著山上，其一埋之地，其一沉之水，谓之三官手书”[⑤]。后

① 江晓原：《在虫洞中回到中世纪——影片〈时间线〉中的爱情故事和物理学》，《中国图书商报》2004 年 4 月 23 日。

② （宋）白玉蟾著，周伟民等点校：《白玉蟾集》下册，第 548 页。

③ （宋）白玉蟾著，周伟民等点校：《白玉蟾集》下册，第 549 页。

④ ［法］约翰-皮尔·卢米涅（Jean-Pierre Luminet）：《黑洞》，卢炬甫译，长沙：湖南科学技术出版社，2001 年，第 151 页。

⑤ 《三国志·魏书》卷 8《张鲁传》，第 264 页。

来，道家便将“三官”与宇宙的生成变化相联系，遂称“三官”为“三元”。如《云笈七签·元气论》说：“混沌分后，有天地水三元之气，生成人伦，长养万物。人亦法之，号为三焦、三丹田，以养身形，以生神气。”①同书卷3《道教三洞宗元》又说：“原夫道家由肇，起自无先，垂迹应感，生乎妙一，从乎妙一，分为三元，又从三元变成三气，又从三气变生三才。三才既滋，万物斯备。”②所以，白玉蟾重申老子话说：“盖诚者，一也。夫道一而生二，二生三，三生万物。”③此处之“一”指的是“虚无”或“诚”，“二”指的则是“黑洞”与“白洞”，“三”指的是天、地、水。以“水”形成为标志，宇宙演化始进入真正的“造物”阶段。

2. “自无而有，自有而无”的造物思想

自然万物是如何产生的？为了回答该问题，白玉蟾引入了“化”这个概念。他说：“化者，天道阴阳运行则为化。又自无而有，自有而无则为化。万物生息则为化。”④其中“自无而有，自有而无”不仅集中体现了白玉蟾以“丹法”为特点的造物思想，而且还从“有”与“无”的矛盾运动这个角度说明了客观事物产生和发展的内在根据。

在《丹法参同十九诀·八丹砂》里，白玉蟾提出了“有无交入，隐显相符”⑤的命题。元代内丹学家李道纯说：“有与无，性与命，同出而异名，同谓之玄，玄之又玄，有无交入，性命双全也。”⑥所以，从狭义的角度看，“有无交入”虽然是内丹学“双修”功夫的一个环节，但是若从广义的角度看，则“万物一物”⑦，即“有无交入”同样是自然万物生成变化的一个基本法则。以此为前提，白玉蟾阐释了自然万物形成变化的具体过程和步骤。

第一步是“一”。此“一”不是抽象的“元气”，亦不是孤立的个体性存在，而是一个“类”的实体性存在，是每个具体事物产生和发展变化的始端。故《周易·乾》说：“同声相应，同气相求。水流湿，火就燥。云从龙，风从虎……各从其类也。”⑧以此为前提，白玉蟾进而总结说：“物以类聚，水不洗水。”⑨在这里，“水不洗水”是说宇宙万物的形成不是外力作用的结果，而是其内部矛盾运动变化的产物。因为水能洗物，但物不能洗水，水的存在本身就是自己生成自己。在白玉蟾看来，每一个具体事物的产生和发展，都离不开下面这“三十对”矛盾范畴：清浊、盈亏、衰旺、存亡、有无、吉凶、宾主、悔吝、生克、刑德、动静、进退、消长、沉浮、升降、老嫩、文武、刚柔、离合、聚会散、往来、

---

① （宋）张君房编：《云笈七签》卷56《元气论》，《正统道藏》第22册，台北：新文丰出版公司，1985年，第386页。

② （宋）张君房编：《云笈七签》卷3《道教三洞宗元》，《正统道藏》第22册，第13页。

③ （宋）白玉蟾：《九天应元雷声普化天尊玉枢宝经集注》卷上，《正统道藏》第2册，第575页。

④ （宋）白玉蟾：《九天应元雷声普化天尊玉枢宝经集注》卷上，《正统道藏》第2册，第569页。

⑤ （宋）白玉蟾著，周伟民等点校：《白玉蟾集》下册，第548页。

⑥ （元）李道纯：《道德会元·究理》，董沛文主编，盛克琦、果兆辉编校：《中和正脉 道教中派李道纯内丹修炼秘籍》，北京：宗教文化出版社，2009年，第141页。

⑦ （宋）白玉蟾著，朱逸辉校注：《白玉蟾全集校注本》卷6《丹诀·金液还丹图》，第700页。

⑧ 《周易·乾》，陈戍国点校：《四书五经》上册，第142页。

⑨ （宋）白玉蟾著，朱逸辉校注：《白玉蟾全集校注本》卷6《丹诀·造物图》，第698页。

上下、雌雄、黑白、守战、生杀、剥复、深浅、抽添、寒暑。①上述这些范畴当然不是矛盾范畴的全部，但它们却体现了世界万物形成和变化的一般特征。因此，在这样的理论前提下，白玉蟾提出了“物以类聚”的思想。“类”在墨家学说中是个非常重要的逻辑概念，在墨家看来，“以类取，以类予”②。也就是说，欲认识事物就必须先按照事物的性质将其分成不同的“类别”，因为同类事物之间才能进行类推，不同事物之间不能进行类推。例如，如果没有元素周期表，人们就很难认识世界万物的化学性质。所以林奈说：“知识的第一步，就是要了解事物本身。这意味着对客观事物要具有确切的理解；通过有条理的分类和确切的命名，我们可以区分并认识客观物体……分类和命名是科学的基础。”③

第二步是“道”。此“道”是包含着阴阳矛盾的“道”，席泽宗先生将其理解为粒子-反粒子，物质-反物质，并且他还引用了《淮南子·精神训》里面的一段话作为注释：“古未有天地之时。惟像无形。窈窈冥冥，芒芠漠闵；澒濛鸿洞，莫知其门。有二神混生，经天营地；孔乎莫知其所终极，滔乎莫知其所止息；于是乃别为阴阳，离为八极；刚柔相成，万物乃形；烦气为虫，精气为人。是故精神，天之有也，而骨骸者，地之有也。精神入其门而骨骸反其根，我尚何存？”④从这个意义上，白玉蟾所讲的“道”与《淮南子》所讲的“精神”是指同一个意思。白玉蟾说：“凿石得玉，淘沙见金。”⑤此“沙”与“石”是指物质世界的表象，而“金”和“玉”则是指物质世界的本质，是指具有内在必然性的客观规律。对此，《武夷升堂》载有白玉蟾师徒的一段对话：

> 天谷问曰：“大道本无名，因甚有铅汞？”师答云：“显无形之形者，大道之龙虎；露无名之名者，大道之铅汞。”复问曰：“五金之内，铅中取银；八石之中，砂中取汞。修炼内丹如何？”答云：“铅中之银砂中汞，身内之心阴内阳。”⑥

同书又说：“无阴阳地，龙盘虎踞。”⑦

把上述两段话加以比照，不难发现，此“道”的重要功能之一就是显现阴阳矛盾对于事物产生和发展变化的决定作用。至于“道”是如何显现阴阳矛盾的，虽然白玉蟾没有直白地说，但是《郭店楚墓竹简·太一生水》却记载犹详。其文云：

> 太一生水，水反辅太一，是以成天。天反辅太一，是以成地。天地□□□（复相辅）也，是以成神明。神明复相辅也，是以成阴阳……四时者，阴阳之所生。阴阳者，神明之所生也。神明者，天地之所生也。⑧

这里所说的“神明”与“道”应是同一个意思。如《黄帝内经素问·阴阳应象大论》

---

① （宋）白玉蟾著，周伟民等点校：《白玉蟾集》下册，第545页。
② 《墨子·小取》，《百子全书》第3册，第2467页。
③ 吴国盛：《科学的历程》，北京：北京大学出版社，2002年，第306页。
④ 《淮南子·精神训》，《百子全书》第3册，第2857页。
⑤ （宋）白玉蟾著，周伟民等点校：《白玉蟾集》下册，第546页。
⑥ （宋）谢显道等纂集：《海琼白真人语录》卷3《武夷升堂》，《道藏》第33册，第126页。
⑦ （宋）谢显道等纂集：《海琼白真人语录》卷3《武夷升堂》，《道藏》第33册，第126页。
⑧ 荆门市博物馆编著：《郭店楚墓竹简·太一生水》，北京：文物出版社，2002年，第23页。

说："阴阳者，天地之道也，万物之纲纪，变化之父母，生杀之本始，神明之府也。"[①]此处之"神明"即是指物质世界的无穷变化。其"辅"字，何新先生释："搏也、抱也、反搏，相斗也。"[②]那么，何谓"天"？何谓"地"？《太一生水》解释说："下，土也，而谓之地。上，气也，而谓之天。道亦其字也。"[③]我们认为，此"字"同"子"，即道是天地之子。可见，在《太一生水》的作者看来，"道"与"神明"确实具有同一性。

第三步是"神气"。阴阳的运动变化，不断使无形的事物显现自身，即实现由无到有的转变，而阴阳外显为客观事物的第一个对象和目标即是日和月。白玉蟾说："神是性，性属离，坤之中阴，日；气是命，命属坎，乾之中阳，月。"[④]如果说阴阳的运动使事物由无形变为有形的话，那么，日月的运动则使事物由无质变为有质。白玉蟾说：日月的运动过程，"如石禀秀，结成美玉；如松凌霜，抱其正气"[⑤]。在白玉蟾看来，"神气"作为事物存在的一种性质，它本身具有先天的纯粹性或称善性。白玉蟾说："神无方，故曰圆；气无体，故曰通。古者圆通之说，即是神气混合出入虚无，还返混沌。今若以形器卦数为之，其与真个圆通不亦远乎！"[⑥]中国古代没有哲学和科学思想意义上的"本体"概念，但白玉蟾在谈论"神气"问题时，实际上他是在谈论世界万物存在的本体性问题。如二程说："若乃孟子之言善者，乃极本穷源之性。"[⑦]此处之谓"极本穷源之性"实质就是本体之性。用白玉蟾的话说就是"真一"之性，白氏说："天地之间，其犹橐籥乎？虚而不屈，动而愈出。若能于静定之中，抱冲和之气，守真一之精，则是封炉固济以行火候也。火本南方，离卦，离属心，心者神也。神则火也，气则药也。以火炼药而成丹者，即是以神御气而成道也。"[⑧]又说："阴阳虽妙，能役有气，不能役无气。"[⑨]可见，"神"是阴阳运动变化的根本原因，而阴阳则是支配"气"之运动变化的物质力量，两者不是一个层面的概念，"神"相对于"气"显然更加基本。我们知道，白玉蟾把"内丹学"与"雷法"结合起来，使传统的雷神信仰更加系统化和理论化了，而这个理论的基础是"元神"。如白玉蟾说：

元神本不死。[⑩]

神是主，精气是客……万神，一神也；万气，一气也。以一而生万，摄万而归一，皆在我之神也。[⑪]

丹者，心也。心者，神也。阳神谓之阳丹，阴神谓之阴丹，其实皆内丹也。脱胎换骨，身外有身，聚则成形，散则成气，此阳神也。一念清灵，魂识未散，如梦如

① 《黄帝内经素问》卷2《阴阳应象大论》，陈振相、宋贵美编：《中医十大经典全录》，第13页。
② 何新：《宇宙的起源》，北京：时事出版社，2002年，第267页。
③ 荆门市博物馆编著：《郭店楚墓竹简·太一生水》，第23页。
④ （宋）白玉蟾著，朱逸辉校注：《白玉蟾全集校注本》卷6《丹诀·性命之图》，第690页。
⑤ （宋）白玉蟾著，朱逸辉校注：《白玉蟾全集校注本》卷6《丹诀·造物图》，第698页。
⑥ （宋）谢显道等纂集：《海琼白真人语录》卷2《鹤林法语》，《正统道藏》第33册，第124页。
⑦ （宋）程颢、程颐著，王孝鱼点校：《二程集》上册，第63页。
⑧ （宋）白玉蟾：《海琼问道集·玄关显秘论》，《正统道藏》第33册，第142页。
⑨ （宋）白玉蟾：《海琼问道集·玄关显秘论》，《正统道藏》第33册，第142页。
⑩ （宋）白玉蟾：《修真十书上清集》卷39《快活歌》，《正统道藏》第4册，第782页。
⑪ （宋）谢显道等纂集：《海琼白真人语录》卷1，《正统道藏》第33册，第111页。

影，其类乎鬼，此阴神也。[①]

第四步是“交媾”。在自然界中，无论是有机界还是无机界，中国古代先人习惯将它们的性质分为阴与阳两个方面，如《类经·阴阳类》云：“道者，阴阳之理也。阴阳者，一分为二也。”[②]而这个“二”不是静止的，它本身具有无限的可分性，因之，物质世界才变得越来越丰富多彩。故《黄帝内经素问·阴阳离合论》载：“数之可十，推之可百，数之可千，推之可万，万之大不可胜数，然其要一也。”[③]任何事物都具有两面性，就阴阳的存在状态而言，“分”固然是其存在的一个方面，但它同时还有另外一个方面，那就是“交”。因此，白玉蟾说：“龟龟相顾，神交也；鹤鹤相唳，气交也。”[④]“鹤”与“龟”是两种不同的生物，不过，白氏举出它们来，只是借以说明宇宙万物的生成方式，可分为“气交”和“神交”两类。何谓“气交”？白玉蟾没有直接说明，但医史学界根据《黄帝内经素问·四气调神大论》所说“天地气交，万物华实”之论，认为气交是指天地阴阳二气相互感应而交合的过程。[⑤]具体到生物界，则“气交”当是指在“异性相吸”的过程中，阴阳双方的“性接触”不仅仅是身体的接触，而且更深入到“气共振”的层次，从而在“吸”的过程中实现能量互补的目的。至于“神交”，那是“异性相吸”的最高境界，说白了就是“梦交”。如《汉书·叙传》载：“魂茕茕与神交兮，精诚发于宵寐。”白玉蟾亦说：“所谓梦者，乃神交气合诚而尔也，非睡中妄想之梦也。”[⑥]由于古人对“梦”这种生理现象不能做出科学解释，如《说文解字》云：“梦，寐而有觉也。”[⑦]《列子·周穆王》又说：“神遇为梦。”[⑧]所以，人们认为梦是天神感应的一种结果，如《汉书·高帝纪》载：“母媪尝息大泽之陂，梦与神遇……已而有娠。”[⑨]《晋书》卷113《载记·苻坚上》亦说：“其母苟氏尝游漳水，祈子于西门豹祠，其夜梦与神交，因而有孕，十二月而生坚焉。”[⑩]可见，古人鉴于梦的这种神秘性质，于是就产生了对梦的崇拜。如《汉书·艺文志》说：“众占非一，而梦为大，故周有其官。”[⑪]南宋朱熹在《诗经集传》中说：

人之精神，与天地阴阳流通，故昼之所为，夜之所梦，其善恶吉凶，各以类至。是以先王建官设属，使之观天地之会，辨阴阳之气，以日月星辰占六梦之吉凶，献吉梦，赠恶梦。其于天人相与之际，察之详而敬之至矣。[⑫]

---

① （宋）谢显道等纂集：《海琼白真人语录》卷1，《正统道藏》第33册，第115页。
② （明）张介宾编著，郭洪耀等校注：《类经·阴阳类》，北京：中国中医药出版社，1997年，第7页。
③ 《黄帝内经素问》卷2《阴阳离合论篇》，陈振相、宋贵美编：《中医十大经典全录》，第16页。
④ （宋）白玉蟾著，周伟民等点校：《白玉蟾集》下册，第546页。
⑤ 杨坤杰、魏雅川：《中医气交理论探微》，《辽宁中医杂志》2006年第1期。
⑥ （宋）白玉蟾：《修真十书上清集》卷42《梦说》，《正统道藏》第4册，第794页。
⑦ （汉）许慎：《说文解字》，北京：中华书局，1987年，第153页。
⑧ 《列子》卷上《周穆王》，《百子全书》第5册，第4646页。
⑨ 《汉书》卷1上《高帝纪上》，第1页。
⑩ 《晋书》卷113《载记·苻坚上》，第2883页。
⑪ 《汉书》卷30《艺文志》，第1773页。
⑫ （宋）朱熹注：《新刊四书五经·诗经集传》，北京：中国书店，1994年，第131页。

第五步是“交合”。明方以智《东西均》云：“交也者，合二而一也。”[①]显然，“合二”是一个过程，是一个至少包含“交媾”和“交合”两个阶段的运动过程。按照白玉蟾的理解，阴与阳的“交合”本身构成了一个比较强大的信息场。他说：“磁石吸铁，隔碍潜通。”[②]在白玉蟾的时代，人们还无法认识“磁石吸铁”现象的科学本质，因为只有场或波才能解释“磁石吸铁”这个自然现象。当然，对于沟通“磁石”与“铁”之“永磁体”之间的“磁介质”，过去人们习惯称之为“磁化电流”，而自从量子力学诞生之后，人们又进一步称之为“场量子”，这说明随着科学技术的不断发展，人们对“磁石吸铁”现象的认识必然会越来越深刻。现代科学实验已经证实，“场”是一种真实的存在，但它无形，属于时空几何，故人们一般不易看到。科学研究认为，无论是场还是波，它们都是能量的传播形式，而此能量传播亦是任何力量所不能阻断的，如当电场和磁场振动时，两者往往发生相互转换而形成电磁波，它的特点是以光速进行，永无静止，所以科学家将其称为行波。从这个意义上说，白玉蟾讲“隔碍潜通”符合现代量子力学的基本观点。不仅如此，在物质生成的一系列环节中，白玉蟾用“聚”与“散”的概念比较形象地阐释了物质与场（或波）的相互联系。他说：“丹者，心也。心者，神也。阳神谓之阳丹，阴神谓之阴丹，其实皆内丹也。脱胎换骨，身外有身，聚则成形，散则成气，此阳神也。”[③]在这段话里，有两处值得注意：一是“身外有身”，在此，两个“身”的相互关系实际上就是实物（第一个“身”）与场（第二个“身”）的关系，它主要说明客观事物的存在方式；一是“聚则成形，散则成气”，即在“身外有身”的基础上，具体说明客观事物形成的原因。这里，如果我们把“形”理解为实物，而把“气”理解为场，那么，白玉蟾的思想就非常接近量子力学对客观事物生成和变化（即能量与质量相互转化）的科学解释了。他说：“万神朝元归一灵，一灵是谓混元精。先天、后天乾元亨，圣人采此为药材。聚之则有散则零，昼夜河车不暂停。”[④]此处之“元精”是指物质的最小单位，目前科学界认为是夸克子，“有”是指实物的存在状态，而“零”则是指无形的场的存在方式。

第六步是“用”。白玉蟾讲“用”是与“运”对举的，换言之，白氏将“用”和“运”看作是一对十分重要的内丹学思想范畴。比如，他在《丹法参同二十贯穿》中说：“在运，为金木水火。在用，为精神魂魄。”[⑤]可见，金木水火分别对应于精神魂魄，若按照五行相生理论，则金生水，水生木，木生火，即精生魂，魂生神，神生魄。因此，白玉蟾说：“蠮螉咒子，生精送神。”[⑥]“蠮螉”在道家眼中是一种无性繁殖的生物，故常用来说明宇宙万物由无性繁殖（即不需要雌雄两性的结合而由一个生物个体产生子代的生殖方式）到有性繁殖的演变历程。如《搜神记》卷13曰：“土蜂名曰蜾蠃”，亦谓蠮螉，“细腰之类。其为物，雄而无雌，不交不产。常取桑虫或阜螽子育之，则皆化成己子。亦或谓之‘螟蛉’”。[⑦]

---

① （明）方以智：《东西均·三征》，北京：中华书局，1962年，第24页。
② （宋）白玉蟾著，周伟民等点校：《白玉蟾集》下册，第546页。
③ （宋）谢显道等纂集：《海琼白真人语录》卷1，《正统道藏》第33册，第115页。
④ （宋）白玉蟾：《修真十书上清集》卷39《快活歌》，《正统道藏》第4册，第782页。
⑤ （宋）白玉蟾著，周伟民等点校：《白玉蟾集》下册，第545页。
⑥ （宋）白玉蟾著，朱逸辉校注：《白玉蟾全集校注本》卷6《丹诀·造物图》，第698页。
⑦ 《搜神记》卷13，《百子全书》第5册，第4212页。

用现代科学的说法，蠮螉不是不产子，而是一种寄生蜂，它将螟蛉捕来存放在自己的巢穴里，并在它们身体里产卵，而一旦卵经孵化后便以螟蛉为食。不过，古人有古人的研究视野和思维目的，他们仅仅是用蠮螉为例说明宇宙生命存在着无性繁殖的方式，而这种繁殖方式较有性繁殖更原始和更基本。

第七步是“神气”。此处的“神气”不同于第三步之“神气”，因为第七步所出现的“神气”是经过了几个发展和演变环节之后的“神气”，用辩证法的术语讲，它是在更高阶段上的回复，是经过一次否定之后的肯定。故白玉蟾说：“硫黄与水，求以共处。”①在化学实验里，硫黄在一般的温度条件下不溶于水，但在高温条件下硫黄却能够与水反应生成硫化氢。从白氏的思想逻辑看，他显然倾心于硫黄与水不相溶的存在状态。换句话说，白氏主要是想说明“神”与“气”作为矛盾着的两个方面，它们既相互联系又相互作用，双方共处于一个统一体中。这个“统一体”就是“一”，即前揭“合二而一”的那个“一”，就是“气”。如白玉蟾说：“天得一以清，地得一以宁，神得一以灵。一者，气也。”②为此，白玉蟾提出了“先天之气”与“后天之气”的概念。所谓“先天之气”指的是“龙虎初弦之气”，白玉蟾说：“先天气者，龙虎初弦之气也。此气生于天地之先，产于虚无之内，非可见可闻。”③而“后天之气”则包含两层意思：一层意思是指水谷精微之气，在白玉蟾看来，此气乃“有中生有，渣滓之物也”④；另一层意思是指“五气”即五行之气，白玉蟾说：“五气往来，生生化化。人能攒簇五行之气，应变无穷。”⑤所以第七步所言之“神气”，其气的含义主要是指五行之气。以此为前提，白玉蟾说：“神乃五气之精。”⑥就五气与神的一般关系而言，我们说神以五气为基础是没有问题的，比如，白玉蟾明确地讲：“气乃神之主。”⑦但是在白玉蟾的视野里，两者似乎还有一层意思，那就是在上述的矛盾统一体中，矛盾双方始终处在矛盾转化的过程之中，一方面，气的一方内在地和不可避免地向神的一方转化。于是，白玉蟾这样说道：“五气运转，朝礼上帝于泥丸宫。”⑧又说：“气能生神”⑨，“气为神母”⑩；另一方面，神的一方亦不断地向气的一方转化，故白玉蟾有“以神驭气”⑪之说，他认为：“以神御气而成道也。”⑫因此，神与气是矛盾统一体的两个方面，它们相互依存，缺一不可。故白玉蟾说：“气乃养精，精气神全”，“存精则气全，存气则神全”。⑬而用程颢的话说就是“气外无神，神外无气”⑭。

---

① （宋）白玉蟾著，朱逸辉校注：《白玉蟾全集校注本》卷6《丹诀·造物图》，第698页。
② （宋）白玉蟾著，周伟民等点校：《白玉蟾集》下册，第822页。
③ （宋）白玉蟾著，周伟民等点校：《白玉蟾集》下册，第769页。
④ （宋）白玉蟾著，周伟民等点校：《白玉蟾集》下册，第769页。
⑤ （宋）白玉蟾著，周伟民等点校：《白玉蟾集》下册，第823页。
⑥ （宋）白玉蟾著，周伟民等点校：《白玉蟾集》下册，第826页。
⑦ （宋）白玉蟾著，周伟民等点校：《白玉蟾集》下册，第826页。
⑧ （宋）白玉蟾著，盖建民辑校：《白玉蟾文集新编》，北京：社会科学文献出版社，2013年，第321页。
⑨ （宋）白玉蟾著，周伟民等点校：《白玉蟾集》下册，第709页。
⑩ （宋）白玉蟾著，周伟民等点校：《白玉蟾集》下册，第829页。
⑪ （宋）白玉蟾著，周伟民等点校：《白玉蟾集》下册，第654页。
⑫ （宋）白玉蟾：《海琼问道集·玄关显秘论》，《正统道藏》第33册，第142页。
⑬ （宋）白玉蟾著，周伟民等点校：《白玉蟾集》下册，第826页。
⑭ （宋）程颢、程颐著，王孝鱼点校：《二程集》上册，第121页。

第八步是“神”。在白玉蟾的内丹思想体系里，“神”具有特殊的地位和作用，比如，他说：“其神即非思虑神，可与元始相比肩。”[①]为了说明此“神”的创生之力，白氏用“李广射石，知乎不知”[②]八个字来概括。何谓“元始”？白玉蟾认为，“元始”就是“浮黎元始天王”[③]。依道教的谱系，“浮黎元始天王”即盘古氏，而白氏内丹将其称作“婴儿”，白玉蟾说：“五气运转，朝礼上帝于泥丸宫。返为婴儿，即浮黎始祖。”[④]

从“婴儿”脱壳而出的意境看，白玉蟾第八步所说的“神”应当就是一个创始神，即一物之所以成为它自己而不是别的什么东西的根本动力。故白玉蟾在《丹法参同十九诀》中之“十七九转”称：“火候足时，婴儿自现。”[⑤]在此，所谓“自现”实际上就是自己显示自己，这是一个非常深刻的辩证法思想。列宁在评价黑格尔的矛盾思想时说：“要认识世界上一切过程的‘自己运动’，自生的发展和蓬勃的生活，就要把这些过程当作对立面的统一来认识。”[⑥]虽然白玉蟾没有用“矛盾”概念来说明宇宙万物的形成和变化，但是他用自己的语言对事物产生和变化的原因做出了解释，如他为“婴儿之图”作注时说：“两个一般无二样，始知功满出尘埃。”[⑦]此“两个”即第七步所说的“神”与“气”，或者说是“真铅”与“真汞”。白氏说：“兑金生水，水中产金，是为真铅。阴中之阳，外雌而内雄。中含戊土，故曰黄男”[⑧]；而“震木生火，火中产砂，是为真汞。阳中之阴，内雌而外雄，中含己土，故曰玄女”[⑨]。因此，张伯端称“婴儿是一含真气”[⑩]。然而，是什么力量将“真铅”与“真汞”结合在一起呢？白玉蟾认为是“真土”，他说：“既以乾坤偏气，龙虎间隔，如之何得其一处会合，以办此大事哉？噫！‘惟有黄婆能打合，索龙执虎作夫妻’是也。黄婆者，真土也。”[⑪]而“神乃五气之精”[⑫]，从这个角度讲，“神乃自己元神”[⑬]。它告诉人们，客观事物自己是自己运动的原因，而其神亦产生于自身之中，所以“向外求神，实非明理”[⑭]。

第九步是“丹”。“丹”是何物？白玉蟾将其形象描述为“形如弹丸，色同朱橘”[⑮]，或云“陀陀光灿灿”[⑯]。朱橘为赤色，与火一般，所谓“心神欻火也，红气也”[⑰]。对

---

① （宋）白玉蟾：《修真十书上清集》卷39《必竟恁地歌》，《正统道藏》第4册，第783页。
② （宋）白玉蟾著，朱逸辉校注：《白玉蟾全集校注本》卷6《丹诀·造物图》，第698页。
③ （宋）白玉蟾著，周伟民等点校：《白玉蟾集》下册，第676页。
④ （宋）白玉蟾著，盖建民辑校：《白玉蟾文集新编》，第321页。
⑤ （宋）白玉蟾著，周伟民等点校：《白玉蟾集》下册，第544页。
⑥ ［俄］列宁：《列宁全集》第38卷，北京：人民出版社，2017年，第408页。
⑦ （宋）白玉蟾著，朱逸辉校注：《白玉蟾全集校注本》卷6《丹诀·婴儿之图》，第685页。
⑧ （宋）白玉蟾著，朱逸辉校注：《白玉蟾全集校注本》卷8《金液还丹印证图诗·铅汞法象》，第775页。
⑨ （宋）白玉蟾著，周伟民等点校：《白玉蟾集》下册，第765页。
⑩ （宋）白玉蟾著，周伟民等点校：《白玉蟾集》下册，第767页。
⑪ （宋）白玉蟾著，周伟民等点校：《白玉蟾集》下册，第760页。
⑫ （宋）白玉蟾著，周伟民等点校：《白玉蟾集》下册，第826页。
⑬ （宋）白玉蟾著，周伟民等点校：《白玉蟾集》下册，第826页。
⑭ （宋）白玉蟾著，周伟民等点校：《白玉蟾集》下册，第826页。
⑮ （宋）白玉蟾著，周伟民等点校：《白玉蟾集》下册，第538页。
⑯ （宋）白玉蟾著，朱逸辉校注：《白玉蟾全集校注本》卷7《太上老君说常清静经注》，第737页。
⑰ （宋）白玉蟾著，盖建民辑校：《白玉蟾文集新编》，第319页。

此，白玉蟾解释说："老君曰：天地之间，其犹橐籥乎！虚而不屈，动而愈出，若能于静定之中，抱冲和之气，守真一之精，则是封炉固济，以行火候也。火本南方离卦，离属心，心者神也，神则火也，气则药也，以火炼药而成丹。"[①]因此，白氏亦称"丹"为"赤子"，他说："赤子，吾身之真人。人之修炼，要神气混合，内炼成丹，则圣胎凝结。"[②]又"蛤蚌采月养成明珠，秋兔见月遂有兔胎"[③]。可见，"成丹"的过程即是"聚气"的过程，白玉蟾这样说道："炼形之妙在乎凝神，神凝则气聚，气聚则丹成，丹成则形固。"[④]而王鞻师说："气止则神聚，神聚则丹成。"[⑤]虽然从逻辑上讲，王氏的观点更加接近内丹的原理，如白氏的第八步是"神"，而第九步是"丹"，但是从生成客观事物的结构和功能看，说"气聚则丹成"则更加直观和清晰。在此，白氏不仅提出了"神主气客"的命题，如白玉蟾说"神是主，精气是客"[⑥]，而且他还委婉地表达了"气聚"是丹之结构和功能（即"形"）的基本物质前提这个思想。如众所知，"形"是一个有结构和功能的客观实在，世界上没有无结构的物质，当然，结构是物质世界长期发展的结果。正如有学者所说："物质结构和性能的发展是自然本身内部矛盾运动引起的，这种发展趋势是循环的又是上升的，从化学元素发展到人这是上升，人死之后，尸体又复归为化学元素；这就完成了一个循环。超新星爆发，物质由高度聚积的结构变成了稀疏分散的结构，而结构稀疏分散的星际物质，由于吸引的作用，又会自然的自动的聚积起来，这又是一个循环。"[⑦]依此看来，丹成本身是一个循环运动中的上升过程，是"神气"聚积的产物。所以白玉蟾说："丹本气凝，气因水化，产水川源，即是灵泉妙窟也。犹如一派长川，滔滔灵液不舍，昼夜流润丹田，运上泥丸，凝结圣胎，百日之后，形象已具，犹如雀卵团团大，间似骊珠颗颗圆也。"[⑧]

第十步是"结胎"。首先，由于"胎"本身是神气凝练的结晶，所以白玉蟾明确了圣胎与神气的关系："蛰其神于外，藏其气于内。"[⑨]其次，圣子脱胎，"婴儿出现"[⑩]。"结胎"不是一蹴而就的事情，它是需要一个"守一抱元"的工夫。白玉蟾喻其"如鸡抱卵暖气不绝，如龙养珠不令间断"[⑪]。最后，刀圭入口。在内丹家看来，刀圭不是一般的物质，而是"三花聚鼎，五气朝元"[⑫]之"丹体"。所以"饮刀圭"之后，婴儿就具有了"掌握阴阳"的功能。白玉蟾说："刀圭朝入口，暮可生羽翼，已知此身之坚固难坏，逃出轮

① （宋）白玉蟾：《海琼问道集·玄关显秘论》，《正统道藏》第33册，第142页。
② （宋）白玉蟾著，周伟民等点校：《白玉蟾集》下册，第821页。
③ （宋）白玉蟾著，朱逸辉校注：《白玉蟾全集校注本》卷6《丹诀·造物图》，第698页。
④ （宋）白玉蟾：《海琼问道集·玄关显秘论》，《正统道藏》第33册，第142页。
⑤ （宋）白玉蟾著，朱逸辉校注：《白玉蟾全集校注本》卷7《太上老君说常清静经注》，第737页。
⑥ （宋）谢显道等纂集：《海琼白真人语录》卷1，《正统道藏》第33册，第111页。
⑦ 沈小峰、王德胜：《试论自然辩证法的范畴》，中国自然辩证法研究会编：《自然辩证法论文集》，北京：人民出版社，1983年，第71页。
⑧ （宋）白玉蟾著，朱逸辉校注：《白玉蟾全集校注本》卷8《金液还丹印证图诗·金液法象》，第802页。
⑨ （宋）白玉蟾著，周伟民等点校：《白玉蟾集》下册，第544页。
⑩ （宋）白玉蟾著，周伟民等点校：《白玉蟾集》下册，第790页。
⑪ （宋）白玉蟾著，朱逸辉校注：《白玉蟾全集校注本》卷6《丹诀·造物图》，第698页。
⑫ （宋）白玉蟾著，周伟民等点校：《白玉蟾集》下册，第539页。

回生死之外。提挈天地掌握阴阳，而不为阴阳陶铸也。”[①]在这里，我们看到了万物有灵观念对白玉蟾内丹思想的深刻影响，如他说：“万天者，自大罗清微禹余大赤王境之天，周偏诸天，无不监观其天人功过。至于三界，无不浮游察录其万灵功过也。”[②]因此，白玉蟾的雷法思想实际上就是万物有灵观念在南宋的一种历史延续。

物质是怎样形成的？这是近代以来科学家反复追问的一个课题。自道尔顿原子模型到电子云模型，人们对物质结构的认识正在不断深化，与此同时，人们对物质形成的问题亦是越来越清楚了。事实上，在近代之前，我国古人早就提出了“阴阳三合，何本何化”[③]的疑问。“三”同“参”，《庄子·田子方》载：“至阴肃肃，至阳赫赫。肃肃出乎天，赫赫发乎地。两者交通成和而物生焉。”[④]《淮南子·天文训》更说：“阴阳合和而万物生。”[⑤]然而，阴阳如何“和合”却不是一两句话就能够说清楚的，于是自周敦颐的《太极图》一出，宋人就不遗余力地探讨阴阳变化与宇宙万物之间的内在联系，如王安石的《老子注》、邵雍的《皇极经世书》、张伯端的《悟真篇》、张载的《正蒙》、二程的《遗书》、朱震的《汉上易传》、朱熹的《太极图说解》、杨万里的《天问天对解》、蔡元定的《皇极经世指要》、蔡沈的《洪范皇极》等，他们都是以“阴阳三合”为基点去思考宇宙万物的形成和无穷变化。从这个意义上说，白玉蟾的内丹思想也是探讨宇宙万物形成变化的一门学问。难能可贵的是白玉蟾把探讨宇宙万物的形成变化与内丹修炼结合起来，因此，他从阶段和层次的角度考察了宇宙万物的生成，在南宋的科技思想发展史上独树一帜，确实给人以耳目一新的感觉，并在客观上推动了中国古代人体科学的发展。

3. 白玉蟾性命双修思想的主要特点

据史载，道教丹砂修炼始自汉代的李少君，如《史记·封禅书》载李少君的话说：“致物而丹沙可化为黄金，黄金成以为饮食器则益寿。”[⑥]汉武帝信以为真，所以大力提倡用炉鼎烧炼铅、汞、丹砂等天然矿物以成丹药的技术，一时方士芸芸。东汉末期，魏伯阳借易卦之爻象来论述烧炼金丹之方法，并著《周易参同契》一书，标志着丹砂修炼理论渐趋成熟。魏晋之际，避居江东的丹道高手左慈向葛玄传授《太清金液神丹经》，后来为葛洪所继承并加以发展，他在《抱朴子内篇》中不仅将炼丹术分为三种，即神丹、金液和丹金，而且还详细探讨了炼丹原理及药物配方和操作方法。入南北朝之后，服食丹药者日益增多，中毒死亡的事件也随之增多，到唐代达到高峰，如韩愈在《故太学博士李君墓志铭》中，共记载了七位因服丹而死的亲朋，他十分痛心地说：“余不知服食说自何世起，杀人不可计，而世慕尚之益至，此其惑也！”[⑦]而死于丹毒的皇帝在唐代就至少有六位，即

① （宋）白玉蟾著，朱逸辉校注：《白玉蟾全集校注本》卷8《金液还丹印证图诗·抱元法象》，第804页。

② （宋）白玉蟾著，朱逸辉校注：《白玉蟾全集校注本》卷7《〈九天应元雷声普化天尊说玉枢宝经集〉注》，第719页。

③ （宋）朱熹撰，蒋立甫校点：《楚辞集注》，第50页。

④ 《庄子·田子方》，《百子全书》第5册，第4579页。

⑤ 《淮南子·天文训》，《百子全书》第3册，第2831页。

⑥ 《史记》卷28《封禅书》，第1385页。

⑦ （唐）韩愈著，马其昶校注，马茂元整理：《韩昌黎文集校注》卷35《故太学博士李君墓志铭》，上海：上海古籍出版社，2014年，第618页。

唐太宗、宪宗、穆宗、敬宗、武宗和宣宗。虽然在一定程度上，对于身患疾病的帝王来说，服食丹药确有缓解病情的作用，而史书亦有“昌宗主炼丹剂，陛下（指武则天）饵之而验，功最大者也”①的记载，但是毕竟过量服食丹药，会导致人体中毒，甚或毙命。故《悬解录》载：“金丹并诸石药各有本性，怀大毒在其中，道士服之，从羲、轩以来，万不存一，未有不死者。”②沈括亦举例说：

> 予中表兄李善胜，曾与数年辈炼朱砂为丹，经岁余，因沐砂再入鼎，误遗下一块，其徒（九）〔丸〕服之，遂发懵冒，一夕而毙。朱砂，至（凉）〔良〕药，初生婴子可服，因火力所变，遂能杀人。以变化相对言之：既能变而为大毒，岂不能变而为大善？既能变而杀人，则宜有能生人之理，但未得其术耳。以此知神仙羽化之方不可谓之无，然亦不可不戒也。③

一方面，宋人开始意识到服食丹砂对人体的毒害；另一方面，不少宋人仍然对“神仙羽化之方”抱有幻想。于是，他们不得不从前辈的丹法中寻找一种既有效又安全的炼丹术，以满足人们不断增长的对延年益寿的内心渴望。回顾唐朝以前的炼丹史，外丹学派固然为官僚士大夫所钟情，如金丹派、铅汞派、硫汞派等，尤以铅汞派为隆盛，但是自唐朝中后期开始，一种以炼气为要旨的内丹思潮在民间悄然兴起。人们试将人生与宇宙联系起来，使宇宙之气与人体之气相互贯通，从而实现“神仙羽化”的目的。比如，唐道士吴筠说：“余常思大道之要，玄妙之机，莫不归于虚无者矣。虚无者，莫不归于自然矣……是以自然生虚无，虚无生大道，大道生氤氲，氤氲生天地，天地生万物，万物剖氤氲一气而生矣。故天得一自然清，地得一自然宁，长而久也。人得一气，何不与天地齐寿！”④由于宇宙万物不过“氤氲一气”，所以它就在理论上为人们如何通过固性守气来达到“与天地齐寿”的目的提供了一定的可能性。对此，吴筠作出了下面的论断，他说：“性全则形全，形全则气全，气全则神全，神全则道全，道全则神王，神王则气灵，气灵则形超，形超则性彻，性彻则返覆流通，与道为一。可使有为无，可使虚为实。吾将与造物者为俦，奚死生之能累乎。”⑤那么，吴筠的“神仙羽化”思想在实践上可行吗？回答是肯定的。这是因为以《周易参同契》和《黄庭经》为理论来源的“铅汞派”，发展到隋朝的苏玄朗时，已经形成了一套比较成熟的修炼方法。其法可概括为下面一段话：

> 天地久大，圣人象之。精华存乎日月，进退运乎水火，是故性命双修，内外一道。龙虎宝鼎即身心也，身为炉鼎，心为神室，津为华池。五金之中，惟用天铅，阴中有阳，是为婴儿，即身中坎也。八石之中，惟用砂汞，阳中有阴，是为姹女，即身中离也。铅结金体，乃能生汞之白。汞受金炁，然后审砂之方，中央戊己，是为黄婆，即心中意也。火之居水，水之处金，皆本心神，脾土犹黄芽也。修治内外，两弦

① 《新唐书》卷104《张行成附张易之、张昌宗传》，第4015页。

② （唐）不著撰人：《悬解录》，《道藏要籍选刊》第9册，上海：上海古籍出版社，1989年，第193页。

③ （宋）沈括著，侯真平校点：《梦溪笔谈》卷24《杂志一》，第198页。

④ （唐）吴筠：《形神可固论》，《中华道藏》第26册，北京：华夏出版社，2004年，第48页。

⑤ （唐）吴筠：《宗玄先生玄纲论·同有无章》，《中华道藏》第26册，第61页。

均平，惟存乎真土之动静而已。真土者药物之主，斗柄者火候之枢，白虎者铅中之精华，青龙者砂中之元气。鹊桥河车百刻上运，华池神水四时逆流。有为之时无为为本，自形中之神入神中之性，此谓归根复命，犹金归性初而称还丹也。①

此后，经陶植、刘知古、崔希范、羊参微、林太古、吴筠、张元德等人的继承和发展，特别是唐末五代的钟离权、吕洞宾等人进一步把内丹修炼方法加以提高和推演，遂形成了钟吕金丹派，并成为宋代内丹学的直接来源。北宋张伯端著《悟真篇》，融合儒释道的理论，以“性命”为宗，透彻宇宙万物的生成原理，然后颠倒逆行，分段修炼，最终达到天人合一的境界，从而实现成仙合道的目的。至此，内丹学说成熟。两宋之际，内丹术已为越来越多的士人所接受，为了适应这种形势的需要，曾慥编撰了《至游子》②一书，在他看来，钟吕金丹派的要旨，实际上就是内丹之运用为水火二端。他说：“夫火在心为性者也，水在肾为命者也，二者实相须以济焉。肾之水非心之火养之，则不能上升矣；心之火非肾之水藏之，则不能下降矣。夫能长养成就，上际下蟠，旁通曲引于三元九宫五藏百节，斯可以保固而长存者也。”③可见，对于“性命”的关注和体悟，是宋代内丹术的总特征。然而，由于白玉蟾在传道的过程中，不断对师说（即张伯端）有所发挥和创新，因此，他的内丹学说又具有不少新的时代特点。

第一，“会三性于元宫”④的思想。白玉蟾有诗云：“太极函三性，千灯共一光。”⑤何谓“三性”？《汉书·律历志》载：“太极元气，函三为一。”⑥此“三”白玉蟾解释为“精气神”⑦，王元晖则注为：三即“天地人也”⑧。实际上，从内丹修炼的角度看，两者并无本质的差异，因为从人到天与从精到神的最终归宿是一致的。若再进一步抽象，则“性与天同道”⑨。由于“道”本“虚其无形”⑩，故白玉蟾说：“命者因形而有，性则寓乎有形之后。”⑪可见，性比命更加基本，因为性属于本源的东西，是内丹修炼的最高层次。而在内丹学的语境里，神不是别的什么东西，神即是性，关于这一点，白玉蟾在他所给出的《性命之图》里看得非常清楚（见图2-6）。

---

① （明）郭棐编撰，（清）陈兰芝增辑，王元林点校：《岭海名胜记增辑点校》下册，西安：三秦出版社，2016年，第1216—1217页。

② 《百子全书》本所录《至游子》的作者为明代佚名，然吕光荣主编《中国气功经典·宋朝部分》却认为该书为曾慥的作品。《中国丛书综录》（上海古籍出版社1982年版）亦认定是宋曾慥的著作，尤其是《四库提要》考证，《至游子》一书为曾慥所作，当不误，今从其说。

③ 《至游子·水火篇》，《百子全书》第5册，第5008页。

④ （宋）谢显道等纂集：《海琼白真人语录》卷3《武夷升堂》，《正统道藏》第33册，第130页。

⑤ （宋）白玉蟾著，盖建民辑校：《白玉蟾诗集新编》卷3《泰定庵》，北京：社会科学文献出版社，2013年，第113页。

⑥ 《汉书》卷21上《律历志上》，第964页。

⑦ （宋）白玉蟾著，周伟民等点校：《白玉蟾集》下册，第709页。

⑧ （宋）白玉蟾著，周伟民等点校：《白玉蟾集》下册，第704页。

⑨ （宋）白玉蟾：《紫清指玄集·性命日月论》，方春阳主编：《中国气功大成》，长春：吉林科学技术出版社，1999年，第647页。

⑩ 颜昌峣著，夏剑钦等校点：《管子校释》卷13《心术上》，长沙：岳麓书社，1996年，第328页。

⑪ （宋）白玉蟾：《紫清指玄集·性命日月论》，方春阳主编：《中国气功大成》，第647页。

神是（性），性属离。 坤之中阴。（日）

气是（命），命属坎。 乾之中阳。（月）

图 2-6 性命之图[①]

不仅如此，白玉蟾的性说烙印着鲜明的时代特色，他寓“性”于禅，合心性为一体，更提出了“心源性海”的观点。他在《丹法参同七鉴》中说：“心源性海，谓之华池”；“性犹水也，谓之神水”；“心地开花，谓之黄芽”；“虚室生白，谓之白雪”；“一气周流，谓之河车”；“巽者，顺也，顺调其心”；“清净光明，圆通广大”。[②]其中“华池”是指“玄元始初之气”，亦即元始未分的祖气。[③]如《大还丹契秘图·混沌华池第一》云：“夫华池者，玄元始初之气，造化天地之象。三一之数，雄雌而未分，清浊沉浮不定。”[④]于是，在此基础上，白玉蟾又提出了“心性”的概念，作为修炼“真身”的药物。他说：“药在西南是本乡。”[⑤]此“本乡”指的就是“心性”。[⑥]对于“心”“神”与“丹”的关系，白玉蟾说：“丹者，心也。心者，神也。”[⑦]这样，神、道、性实际上就是一物之三体，白玉蟾将其冠以“道性”之名。虽然“道性”这个概念早在南朝就出现了，如河上公在注“道法自然”时，提出了“道性自然无所法”[⑧]的观点，但是白玉蟾却赋予“道性”以新的内涵。因此，修性就是修道，换言之，“凡欲得成真性，须修常性而为道性”[⑨]；“既入真道，名悟修真，练凡成真，练真成神。神真者，道也。故与天地同寿，日月齐明。造化万物，故名为得道也”[⑩]。

第二，提出了修炼“三关”的思想。内丹修炼是非常讲究师传和程序的。就修炼的程序而言，内丹术大致分为五步：筑基、炼精化气、炼气化神、炼神还虚及炼虚合道。其中“炼精化气”又具体分为调药、产药、采药三个阶段，而“炼气化神”之难就难在精气通过三关。一般讲来，内丹家把筑基、炼精化气、炼气化神三个步骤，称为“命功”。此后，开始进入修炼性功的阶段，即炼神还虚与炼虚合道。白玉蟾在《玄关显秘论》中说：性功的特点是“冥心凝神，致虚守静，则虚室生白，信乎自然也”[⑪]，故“采精神以为

① （宋）白玉蟾著，周伟民等点校：《白玉蟾集》下册，第 541 页。

② （宋）白玉蟾著，周伟民等点校：《白玉蟾集》下册，第 543 页。

③ 卢国龙：《试析张果内丹道的思想秘奥》，詹石窗总主编：《百年道学精华集成》第 5 辑《道医养生》卷 7，成都：巴蜀书社，2014 年，第 193—194 页。

④ 《大还丹契秘图·混沌华池第一》，（宋）张君房编：《云笈七签》卷 72《金丹部十》，北京：中央编译出版社，2017 年，第 813 页。

⑤ （宋）白玉蟾著，周伟民等点校：《白玉蟾集》下册，第 536 页。

⑥ （宋）白玉蟾著，周伟民等点校：《白玉蟾集》下册，第 536 页。

⑦ （宋）谢显道等纂集：《海琼白真人语录》卷 1，《正统道藏》第 33 册，第 115 页。

⑧ 陈鼓应注译：《老子今注今译》，北京：商务印书馆，2003 年，第 173 页。

⑨ （宋）白玉蟾著，朱逸辉校注：《白玉蟾全集校注本》卷 7《〈九天应元雷声普化天尊说玉枢宝经集〉注》，第 738 页。

⑩ （宋）白玉蟾著，朱逸辉校注：《白玉蟾全集校注本》卷 7《〈九天应元雷声普化天尊说玉枢宝经集〉注》，第 738 页。

⑪ （宋）白玉蟾：《海琼问道集·玄关显秘论》，《正统道藏》第 33 册，第 142 页。

药，取静定以为火，以静定之火而炼精神之药，则成金液大还丹”①。然而，与一般的内丹术不同，白玉蟾不仅讲究道释的融合，而且更讲究儒道的和合。比如，他说：“形与神也，身与心也，神与气也，性与命也，其实一理。”②实质上，“形与神”和“性与命”的理论源流是不一样的，其“形与神”的理论源流来自道家，如《庄子·知北游》云：“精神生于道，形本生于精，而万物以形相生。”③与此不同，“性与命”的理论源流来自儒家，如《孟子·尽心上》云：“存其心，养其性，所以事天也。夭寿不贰，修身以俟之，所以立命也。”④由此可知，白玉蟾顺应宋代儒释道合流的历史潮流，并将其引入内丹术的体系之中，从而实现了内丹学的理论超越，这是内丹术之所以为众多士大夫所崇奉的重要原因。

那么，如何将“形与神”和“性与命”有机地结合在一起呢？白玉蟾概括了修炼“三关”的思想。此“三关”不是一般内丹术所说的“三丹田”⑤，而是指内丹修炼的三个阶段（图 2-7），即形、气、神。

(形) 忘形养气。(气) 忘气养神。(神) 忘神养虚。

图 2-7　三关图⑥

从表面上看，白玉蟾的“三关图”并没有什么新奇之处，不过，我们不要忘了内丹术在宋代的大众化运动这个社会背景。在某种意义上说，把内丹术推向民众之中，是宋代内丹学家的主要任务，北宋的张伯端如此，南宋的白玉蟾仍然如此。两者所不同的仅仅是前者采用了诗歌的形式，而后者则充分利用了简图的优势。因为内丹术的普及不能没有图画，关于这一点，我们只要查阅一下南宋时期的主要道教典籍就全都明白了。例如，宋代的太极思想就是以图画为传播载体的。另外，“形”与人体的五官接触最为密切，而“脱俗”的工夫异常之艰难。

人是有欲望的动物，而欲望的来源即口、耳、眼、鼻四大感官。毫无疑问，人们都生活在一个有形的物质世界里，在这样的环境中，究竟有多少人能脱俗入真，的确是一个不好说清楚的难题。对此，白玉蟾亦有所意识，他举例说：“昔许旌阳与众徒弟至一市（今名炭妇市也）。日晚，化炭为众美女试之，惟时周等十人无染指，尽皆升天。余众皆动心迷恋，沉于欲海，天明视之，乃炭也。”⑦在宋代，由乡村化到城市化的趋势已成定局，任何违背市民意志的空洞说教都将被广大的市民群众所抛弃。作为城市化的标志，“瓦市”已经成为宋代社会经济繁荣发达的象征。据《武林旧事》记载，仅临安城内外瓦市就多达 23 处，瓦市里设有游棚和勾栏，其内有各类专业民间艺人卖艺或卖工艺品。而市中的酒

① （宋）白玉蟾：《海琼问道集·玄关显秘论》，《正统道藏》第 33 册，第 142 页。
② （宋）白玉蟾：《修真十书上清集》卷 37《驻云堂记》，《正统道藏》第 4 册，第 773 页。
③ 《庄子·知北游》，《百子全书》第 5 册，第 4582 页。
④ 《孟子·尽心上》，陈成国点校：《四书五经》上册，第 126 页。
⑤ 《抱朴子·地真卷》，《百子全书》第 5 册，第 4769 页。
⑥ （宋）白玉蟾著，周伟民等点校：《白玉蟾集》下册，第 543 页。
⑦ （宋）白玉蟾著，朱逸辉校注：《白玉蟾全集校注本》卷 7《〈九天应元雷声普化天尊说玉枢宝经集〉注》，第 740—741 页。

楼则更是：

> 每处各有私名妓数十辈，皆时妆袨服，巧笑争妍，夏月茉莉盈头，香满绮陌，凭槛招邀，谓之“卖客”；又有小鬟不呼自至，歌吟强聒，以求支分，谓之“擦坐”；又有吹箫、弹阮、息气、锣板、歌唱、散耍等人，谓之“赶趁”；及有老妪，以小炉炷香为供者，谓之“香婆”；有以法制青皮、杏仁、半夏、缩砂、荳蔻、小蜡茶、香药、韵姜、砌香、橄榄、薄荷，至酒阁分俵得钱，谓之“撒嚁”；又有卖玉面狸、鹿肉、糟决明、糟蟹、糟羊蹄、酒蛤蜊、柔鱼、虾茸、鳒干者，谓之“家风”；又有卖酒浸江蝚、章举蛎肉、龟脚锁管、蜜丁脆螺、鲎酱法虾、子鱼鲻鱼诸海味者，谓之“醒酒口味”。凡下酒羹汤，任意索唤，虽十客各欲一味，亦自不妨；过卖、铛头，记忆数十百品，不劳再四；传喝如流，便即制造供应，不许少有违误。酒未至，则先设看菜数碟；及举杯，则又换细菜。如此屡易，愈出愈奇，极意奉承。或少忤客意，及食次少迟，则主人随逐去之。歌管欢笑之声，每夕达旦，往往与朝天车马相接，虽风雨暑雪，不少减也。①

这就是南宋城市的繁华景象，作为白玉蟾的内丹术，是说服市民远离这种闹市生活，还是鼓励市民去感受和贴近这种闹市生活，显然白氏没有将内丹术与市民的生活隔绝开来，而是正确面对南宋丰富多彩的城市生活，在保持平常心的前提下，他积极引导市民该吃的吃，该喝的喝，而非禁欲，更非“灭人欲”。因此，白玉蟾说：“平常心是道，不用生分别。”②何为“平常心”？白玉蟾认为“平常心”就是“守分”。他说：“人生天地之间，衣食自然分定，诚宜守之，常生惭愧之心，勿起贪恋之想。富者自富，贫者自贫，都缘夙世根基，不得心怀嫉妬。学道惟一，温饱足矣。若不守分外求，则祸患必至。所谓颜子一箪食，一瓢饮，在陋巷，人不堪其忧，回也不改其乐。颜回者贤人也。学道人若外取他求，则反招殃祸也，道不成而法不应。若依此修行，法在其中矣。”③虽然白氏的言谈话语中不免流露出宿命论的思想，但是从总体上看，他还是鼓励人们在合理范围内去创造属于自己的“温饱”生活。同时，修炼内丹者更应以“济贫救苦”为己任，他举例说：“昔晋旌阳许真君，一困者为患，其家抱状投之于君。君闻得疾之因，乃缘贫乏不得志而已。真君以钱封之于符牒，祝曰：此符付患者开之。回家患者开牒得钱，以周其急，其患顿愈。济贫布施则积阴德，行符之人则建功，皆出于无心，不可著相。著相为之，则不是矣。若功成果满，升举可期矣。”④白玉蟾的意思是说“济贫布施”对于修炼者来讲，它是一种自觉的行为，勉强不得，如果勉强其事，就失去了“建功”的意义。在南宋大多数乡村，在人们连基本的温饱问题都不能满足的社会环境下，白氏的内丹思想还是有一定魅力的，而白玉蟾之所以有那么多的信徒，主要是因为他的学说赢得了广大市民的心。

第三，“上帝乃泥丸真人，即我也”⑤的能动思想。中国古代虽然没有主体与客体的关

① （宋）周密著，李小龙、赵锐评注：《武林旧事》，北京：中华书局，2007年，第160页。
② （宋）白玉蟾著，周伟民等点校：《白玉蟾集》下册，第717页。
③ （明）佚名：《道法会元》卷1《道法九要》，《正统道藏》第28册，第678页。
④ （明）佚名：《道法会元》卷1《道法九要》，《正统道藏》第28册，第678页。
⑤ （宋）白玉蟾著，周伟民等点校：《白玉蟾集》下册，第825页。

系问题，但人们在长期的内丹实践中，逐步意识到了主体自觉对于修炼“真我”的重要性。比如，《抱朴子·黄白篇》引《龟甲文》的话说：“我命在我不在天。”[①]又《西升经》也表达了同样的思想意识。可见，把我和天对立起来，强调人对于天的主动性，显示了道家的积极人生态度和科学意识。那么，科学意识的本质是什么？这个问题本身就是一个自主性很强的问题，每个人对它都可以做出各不相同的回答，但相比较来说，我们认为内丹术所追求的目标恰恰就是科学所追求的目标，两者在本质上并不冲突，而是相互一致的。譬如，爱因斯坦说：“一切宗教、艺术和科学都是同一株树的各个分枝。所有这些志向都是为着使人类的生活趋于高尚，把它从单纯的生理上的生存的境界提高，并且把个人导向自由。”[②]而“我命在我不在天”不正是“把个人导向自由”的一种科学意识吗！白玉蟾在《天机图》中，详细描述了内丹修炼“火候”在每个阶段的特点，从十一月的第一转火候开始，经过“九转”，最终进入到“我命不由天”的境界。可见，白玉蟾所张扬的不是外力对人生的不可改变性，而是每个人都可以把命运掌握在自己手里，所以白玉蟾说：“神乃自己元神”[③]，“自己精气神全，何施不可？”[④]虽然自近代以来，由于人类自身过于追求对大自然的攫取而不顾后果，因此，导致了全球性的生态失衡和物质代谢危机，给人类自身的生存环境带来难以修复的损害，但是我们必须清楚地意识到，科学的本质不是要束缚人类自身的发展，而是最大限度地使人类实现自我超越的梦想，用白玉蟾的话说就是“人与天地，均体同气，是可以参天地而赞化育也”[⑤]。

二、对南宋内丹学异端——“雷法”的扬弃

内丹术以否定外在的神为特点。白玉蟾说：“吾身之中，自有天地；神气之外，更无雷霆。若向外求，画蛇添足，乃舍源求流，弃本逐末也。反求诸己，清净无为，顺神养气，何患道不完、法不灵耶？”[⑥]“法”即法术，诸如施符、念咒、靖坛等，都是雷法惯用的法术形式。追述历史，我们不可否认，从本源上讲，雷法是以崇奉外在的雷神为特点的，属于内丹术的异端。在世界各地，雷神崇拜的历史源远流长，如维柯说：“拉丁人首先根据雷吼声把天帝叫做‘幼斯’（Ious），希腊人根据雷电声把天帝叫做宙斯（Zeus），东方人根据烈火燃烧声，一定曾把天帝叫做 Ur［乌尔］，由此派生出 Urim［乌里姆；火力］，希腊文 ouranos［天空］，拉丁动词 uro［燃烧］一定都是从同一字源来的。”[⑦]在中国古代，雷神崇拜至少出现于商周时期，如孙海波《甲骨文编》考：古金文中“雷”与“靁”可互用。[⑧]又《周易·颐》载其《象》曰：“山下有雷，颐；君子以慎言语，节饮

① 《抱朴子·黄白篇》，《百子全书》第 5 册，第 4755 页。
② ［美］爱因斯坦：《爱因斯坦文集》第 3 卷，许良英、赵中立、张宣三编译，北京：商务印书馆，1979 年，第 149 页。
③ （宋）白玉蟾著，周伟民等点校：《白玉蟾集》下册，第 826 页。
④ （宋）白玉蟾著，周伟民等点校：《白玉蟾集》下册，第 826 页。
⑤ （宋）白玉蟾著，周伟民等点校：《白玉蟾集》下册，第 829 页。
⑥ （宋）白玉蟾著，周伟民等点校：《白玉蟾集》下册，第 830 页。
⑦ ［意］维柯：《新科学》上，朱光潜译，北京：商务印书馆，1997 年，第 229 页。
⑧ 孙海波：《甲骨文编》，北平：哈佛燕京学社，1934 年，第 453 页。

食。”[①]《山海经·海内东经》亦云：“雷泽有雷神，龙身而人头，鼓其腹。”[②]可见，从万物有灵到上帝观念的出现，都与远古人类的雷神崇拜有关，所以徐山先生说：“在以人类主体为一方和身外万物的自然客体为另一方的互动关系中，原始先民的精神文化的重心在于天人关系。而天人关系的本质则是雷电和人的关系。‘上帝’一词在卜辞中屡见，其原型为雷神居于天庭。”[③]费尔巴哈在《宗教本质讲演录》中更进一步说：“甚至在开化民族中，最高的神明也是足以激起人最大怖畏的自然现象之人格化者，就是迅雷疾电之神。有些民族除了‘雷’一字以外，没有其他字眼来表示神。”[④]换言之，神的原型就是雷电。

在人类生产力水平尚处于低下的时期，“烨烨震电”[⑤]给人以极大的恐惧感，而为了消除人们对雷神的这种恐惧心理，世界各民族先后发明了多种法术来乞求雷神降福于人间而不是相反，因而这种雷神意识不断在人们的内心深处积淀，并逐渐地形成一种集体无意识和原型。例如，《魏书》载有萨满教的一套祭雷法术，其文曰：“俗不清洁。喜致震霆，每震则叫呼射天而弃之移去。至来岁秋，马肥，复相率候于震所，埋羖羊，燃火，拔刀，女巫祝说，似如中国祓除。”[⑥]可以肯定，这个时期的雷神还是外在于人类活动的一种力量，它还没有内化为人类自身的本质力量。所以，从唐代开始，雷神慢慢地为某个具体的历史人物所同化，于是，就出现了雷神人化的历史演变过程。如清广东《遂溪县志》载：“陈文玉，乌卵村人，世传陈太建中其家出猎，得巨卵，异之。归置诸庭，雷震卵坼，得一男子，即文玉也。生而明敏，长涉猎书传。唐贞观时辟茂才，仕本州刺史，精察吏治，巡访境内，甦民疾苦，怀集峒落，诸酋相继输款。厥后，乡立庙塑像以祀之。”[⑦]可见，陈文玉已经被神化为雷祖了。故《夷坚支甲》卷5《雷州雷神》载：“淳熙丙申（1176），桂林连月不雨。秋冬之交，农圃告病，府守张钦夫栻遣驶卒持公牒诣雷州雷王庙，问何时当雨。既至，投牒毕，宿于祝官之家。”[⑧]由此可知，雷神早已成为民间的崇拜对象。当然，随着人格化雷神日渐深入民心，统治者自然希望人们按照封建王朝的官僚体制来为雷神建立谱系。正是为了迎合统治者这种神道设教的心理需要，北宋末年王文卿（1093—1153）著有《冲虚通妙侍宸王先生家话》一卷，采用问答形式，专论雷法，强调召雷役神，因而创立了神霄派。该派的主要特点是以“九天应元雷声普化天尊”为主神，并辅设众多雷部诸神，以行五雷法为救世济民的法术。林灵素说：“天有九霄，而神霄为最高，其治曰府。神霄玉清王者，上帝之长子，主南方，号长生大帝君，陛下是也，既下降于世，其弟号青华帝君者，主东方，摄领之。”[⑨]宋徽宗信以为真，并于政和七年（1117）夏四月册己为

---

① 《周易·颐》，陈戍国点校：《四书五经》上册，第164页。

② （晋）郭璞注：《山海经》卷13《海内东经》，上海：上海古籍出版社，1991年，第97页。

③ 徐山：《雷神崇拜——中国文化源头探索》，上海：上海三联书店，1992年，第16页。

④ ［德］费尔巴哈：《宗教本质讲演录》，林伊文译，北京：商务印书馆，1973年，第30页。

⑤ 《诗经·小雅·十月之交》，陈戍国点校：《四书五经》上册，第365页。

⑥ 《魏书》卷103《高车列传》，北京：中华书局，1974年，第2308页。

⑦ （清）喻炳荣、（清）朱德华修，蔡平点校，遂溪县人民政府地方志办公室整理：《遂溪县志 清道光二十八年续修》卷9《陈文玉传》，北京：方志出版社，2017年，第223页。

⑧ （宋）洪迈撰，何卓点校：《夷坚志·夷坚支甲》卷5《雷州雷神》，第749页。

⑨ 《宋史》卷462《林灵素传》，第13528页。

"教主道君皇帝"①。自此，神霄派可谓红极一时。

1. 神霄派雷法对内丹术的影响

入南宋后，雷法的发展很快，传习雷法者甚多。如"临安人王彦太，家甚富"，妻方氏为驱赶"山精木魅"而"招道士行五雷法，乃设醮，又择僧二十辈，作瑜珈道场"②；"乐平余荣古，乾道中，以岁饥流泊淮上，偶得五雷法，稍习行之。时村落耕牛多病疫，往治辄愈，颇获酬谢，可以糊口，因定居焉"③；"汤显祖，池州石埭（今安徽石台）人，兵部侍郎允恭之孙也。绍熙五年为泾县宰，初交印，主吏白：'三日当谒庙。'汤叱之曰：'吾行五雷法，神祇在掌握中，岂当屈身拜于土偶之前！'但令具饮馔两席设于祠宫，而命车呵殿，直造其处，与神分宾主抗礼对酌，且言当官籍庇之意。吏民见者切怪而忧之。是夜暴风欻起，山水溢溢，县治渰浸七八尺，至于卧床之下，文书笼箧，大半入水，仅不伤人，皆以为慢神之咎。汤以屋庐损败，伐木于林薮，一新之。又命画工王生绘神将大象七十二躯，举事香火，极其虔敬"④。从以上引证材料看，五雷法既有斋醮又有符咒，且注重为民消病祛灾。这些形式在今人看来虽然"鄙俗"⑤，甚至愚昧，但是在当时的历史条件下，它们却是适合广大民众的实际接受心理的，是与宋代的整个民俗民风相适应的。比如，林灵素"每设大斋，辄费缗钱数万，谓之千道会。帝设幄其侧，而灵素升高正坐，问者皆再拜以请。所言无殊异，时时杂捷给嘲诙以资媟笑。其徒美衣玉食，几二万人"⑥。又"林灵素于神霄宫夜醮，垂帘殿上，设神霄王青华帝君及九华安妃韩君丈人位。至三鼓，命幕士撤烛立帘外，初闻风雷绕檐，若有巡索，继见火光中数轮离地丈许翔走，空中仙灵跨蹑龙鸾。环佩之声铿然可听。俄闻云间传呼内侍姓名者，全类至尊玉音，掷下所书符箓，墨色犹湿，已而寂然如初。始复张烛，先列酒满大银碗，至是罄无余沥，果盘壳核满地。是时都人相传灵素神异，虽至尊亦敬叹，不知所以然"⑦。现在，我们知道林氏之醮为什么选择在夜间，那是因为他已经掌握了高水平的烟火技术，正如伊永文先生所说："在公元11世纪，中国人就能够如此潇洒像演戏一样地利用'烟火'进行诈骗活动，这确是具有划时代意义，无论从技术角度还是从文明角度，都可以最高成就载入世界编年史册。"⑧道教符咒祛病之术兴起于张角所创太平道，据载："太平道者，师持九节杖为符祝，教病人叩头思过，因以符水饮之，得病或日浅而愈者，则云此人信道，其或不愈，则为不信道。"⑨以"符咒"为形式，张鲁"据汉中，以鬼道教民，自号'师君'。其来学道者，初皆名'鬼卒'。受本道已信，号'祭酒'。各领部众，多者为治头大祭酒。皆教以诚信不欺诈，有病自首其过，大都与黄巾相似。诸祭酒皆作义舍，如今之亭传。又置义米

---

① 《宋史》卷21《徽宗本纪》，第398页。

② （宋）洪迈撰，何卓点校：《夷坚志·夷坚支乙》卷1《王彦太家》，第796页。

③ （宋）洪迈撰，何卓点校：《夷坚志·夷坚支乙》卷3《余荣古》，第814页。

④ （宋）洪迈撰，何卓点校：《夷坚志·夷坚支乙》卷8《汤显祖》，第853页。

⑤ （唐）张万福：《洞玄灵宝道士受三洞经诫法箓择日历》，《正统道藏》第33册，第184页。

⑥ 《宋史》卷462《林灵素传》，第13529页。

⑦ （宋）洪迈撰，何卓点校：《夷坚志·夷坚志补》卷20《神霄宫醮》，第1737页。

⑧ 伊永文：《古代中国札记》之《烟火略谈》，北京：中国社会出版社，1999年，第293页。

⑨ 《三国志·魏书》卷8《张鲁传》注引《典略》，第264页。

肉，县于义舍，行路者量腹取足；若过多，鬼道辄病之。犯法者，三原，然后乃行刑。不置长吏，皆以祭酒为治，民夷便乐之”[①]。此后，道教为了赢得更多的信徒，常常借用符咒的神秘色彩而招摇惑众，以实现其“生神之愿”[②]。随着民众文化知识的相对提高，尤其是在宋代“以文化成天下”[③]的良好人文环境之下，国民的文化素质愈来愈高，而原始的和粗俗的宗教形式已很难与之相适应了。于是，宋代神霄派雷法将传统道教所习用的符箓、斋醮等外在形式内在化为人们内心的主观需要，因而使道教的符箓术更加趋于精细化了。如王文卿说：“以我元命之神召彼虚无之神，以我本身之气合彼虚无之气，加之步罡诀目，秘咒灵符，斡动化机，若合符契，运雷霆于掌上，包天地于身中，曰旸而旸，曰雨而雨，故感应速如影响。”[④]结合南宋内丹学发展的客观实际，我们发现，神霄派雷法至少在以下三个方面给了白玉蟾内丹学以深刻影响。

第一，元始祖气本体思想。神霄派雷法认为五雷皆元始祖气所化成，王文卿说：“夫五雷者，皆元始祖气之所化也。祖气既肇，太极立焉。故天一生水，位乎坎；地二生火，位乎离；天三生木，位乎震；地四生金，位乎兑；天五生土，位乎中。则有五斗、五星、五岳之名，其实五气所化也。五气顺布，四时行焉，万物生焉，化无所穷。其或阴阳不调，旱涝为虐，则皆五气失度而致也。”[⑤]而在白玉蟾看来，修炼内丹的最高境界就是炼“得元始祖气”。他说：“惟有神仙参透阴阳造化，旋斗历箕，暗合天度，攒簇五行，和合四象，龙吟虎啸，天地动静，方得元始祖气，化为黍米，降见浮空，采而服之，还元接命，以作长生之客，升入无形，故有无穷变化，自在逍遥。”[⑥]那么，什么是“元始祖气”呢？宋人赵彦卫说：“唐置崇玄学，专奉老氏，配以庄列道家者流，以谓天地未判，有元始天尊为祖气，次有道君以阐其端，老子以明其道。”[⑦]白玉蟾亦说：“玄牝，祖气也，乃天地之根，性命之本。”[⑧]而清人刘一明在《修真辨难》一书中更说：“道者，先天生物之祖气。视之不见，听之不闻，搏之不得，包罗天地，生育万物，其大无外，其小无内。”[⑨]当然，依不同的宗教理论，“祖气”亦有不同的称谓，“在儒则名曰太极，在道则名曰金丹，在释则名曰圆觉”[⑩]。可见，“元始祖气”就是西方宗教所说的“造物主”，它本身具有多重规定性，因为它既是生成宇宙万物的最初元素和宇宙运动变化的原始动力因，同时又是事物未成前的存在状态。对此，萧应叟解释说：“元始祖气，无形之先，作何比拟？

---

① 《三国志・魏书》卷 8《张鲁传》，第 263 页。

② 《太平经》卷 114《不用书言命不全诀》，《正统道藏》第 24 册，第 576 页。

③ （宋）周必大著，王蓉贵、[日] 白井顺点校：《周必大全集》卷 55《平园续稿卷十五・文苑英华序》，成都：四川大学出版社，2017 年，第 518 页。

④ （明）佚名：《道法会元》卷 61《高上神霄玉枢斩勘五雷大法序》，《正统道藏》第 29 册，第 165 页。

⑤ （明）佚名：《道法会元》卷 61《高上神霄玉枢斩勘五雷大法序》，《正统道藏》第 29 册，第 165 页。

⑥ （宋）白玉蟾：《指玄篇诗注》，王西平主编：《道家养生功法集要》，西安：陕西科学技术出版社，1989 年，第 437 页。

⑦ （宋）赵彦卫撰，傅根清点校：《云麓漫钞》卷 8，北京：中华书局，1996 年，第 136—137 页。

⑧ （宋）白玉蟾著，周伟民等点校：《白玉蟾集》下册，第 823 页。

⑨ （清）刘一明原著，腾树军、张胜珍点校：《悟元汇宗 道教龙门派刘一明修道文集》下册，北京：宗教文化出版社，2015 年，第 437 页。

⑩ （清）刘一明原著，腾树军、张胜珍点校：《悟元汇宗 道教龙门派刘一明修道文集》下册，第 437 页。

降质成气，化生万宝，今世作何体状？复采炼此气为宝，饵之登真。窃观先真上圣，示此一条，实生死之上机，乃性命之大要。若非金液还丹之道，曷明元始祖气之玄？罄索幽微，推寻奥妙，浚发神泽，灌溉芝田耳。”①

第二，“神非外神”的思想。“神非外神”是王文卿在《玄珠歌》中提出来的思想。在王文卿看来，“神”不是由人脑凭空想象出来的“精神现象”，而是由“一气”不断变化的客观产物，是一个能量的聚合体。他说：“先天先地，一而已矣。”②此“一气”的聚合与分解，构成了宇宙万物的运动，其中“聚合”的过程是生成万物的过程，如宇宙核聚变生成了氢、氦、碳等基本粒子，基本粒子聚合为原子，然后轻元素原子在一定的高温中聚变成重元素原子，原子再聚合为分子。王文卿将这个过程称为“聚为赤子”③的过程，在一般条件下，化学元素的聚合作用往往伴随着能量的释放，而王文卿将其概括成一句话，那就是“变为雷神”④。所以，王文卿说：“五气不聚，五雷不生。”⑤然而，宇宙万物形成的过程与人体丹道形成的过程是统一的，从这个角度说，“玄牝人门，五气之祖；泥丸天门，万神之府”⑥。“泥丸”位居头部之中央，有号令诸神之权威⑦，如《道枢·平都篇》说：“夫脑者，一身之灵也，百神之命窟，津液之山源，魂精之玉室也。夫能脑中圆虚以灌真，万穴真立，千孔生烟，德备天地，混同大方，故曰泥丸。泥丸者，形之上神也。”⑧如众所知，白玉蟾将修炼内丹的过程分作两个部分：元气（即身）与元神（即心），若用内丹术的语言来说，则为“受气”与“炼神”。⑨而为了将雷法与内丹术相互结合起来，白玉蟾说：“雷神，亦元神之应化也。”⑩这样，人体的“元神”就可以理解为一个“浑沦磅礴”⑪的能量聚合体，它不仅“发生风、云、雷、雨、电也”，而且能“通天彻地，呼风召雨，斩馘邪妖，驱役鬼神，无施不可”。⑫可见，无论是王文卿的神霄派雷法，还是白玉蟾的内丹雷法，两者主张“元神”能符咒祛病和降雨祈晴的主要根据就在于此。

第三，通过教团去扩张势力，形成较大规模的群众影响。如何建立广泛的群众基础，从而使自己的道脉和宗教信仰不断地传承下去，这是每个宗教组织都要考虑的问题。以王文卿为祖师的神霄派，从其起步时起，便得到宋徽宗的崇奉和支持，比如，政和三年（1113）夏四月，建玉清和阳宫（后改名为玉清神霄宫），又建上清宝箓宫，密连禁省，遂成为神霄派教团的组织核心。据史载：政和六年（1116）“夏四月乙丑，会道士于上清宝

---

① （宋）萧应叟：《元始无量度人上品妙经内义》卷1，《正统道藏》第2册，第335页。
② （明）佚名：《道法会元》卷70《玄珠歌》，《正统道藏》第29册，第235页。
③ （明）佚名：《道法会元》卷70《玄珠歌》，《正统道藏》第29册，第235页。
④ （明）佚名：《道法会元》卷70《玄珠歌》，《正统道藏》第29册，第235页。
⑤ （明）佚名：《道法会元》卷70《玄珠歌》，《正统道藏》第29册，第237页。
⑥ （明）佚名：《道法会元》卷70《玄珠歌》，《正统道藏》第29册，第236页。
⑦ （明）佚名：《道法会元》卷70《玄珠歌》，《正统道藏》第29册，第237页。
⑧ （宋）曾慥：《道枢》卷9《平都篇》，文渊阁四库全书本。
⑨ （宋）白玉蟾著，周伟民等点校：《白玉蟾集》下册，第546页。
⑩ （宋）白玉蟾著，周伟民等点校：《白玉蟾集》下册，第821页。
⑪ （明）佚名：《道法会元》卷70《玄珠歌》，《正统道藏》第29册，第235页。
⑫ （宋）白玉蟾著，周伟民等点校：《白玉蟾集》下册，第821页。

箓宫”①。政和七年（1117）二月“甲子，会道士二千余人于上清宝箓宫，诏通真先生林灵素谕以帝君降临事”，“辛未，改天下天宁万寿观为神霄玉清万寿宫。乙亥，幸上清宝箓宫，命林灵素讲道经”。②当时，史家有“神霄、玉清之祠遍天下”③之说。虽然入南宋后，神霄派教团组织受到严重削弱，但是教团这种形式本身还是为白玉蟾所利用。所以，仅从内丹派建立了自己的教团组织这一点讲，白玉蟾被称作南宗鼻祖是恰当的，当然亦是具有划时代意义的。与北宋张伯端的传教形式不同，白玉蟾不是以个人间秘密传授为特点，而是建庵立坛以清微宫和静乐宫为传教场所，形成了规模较大的教团组织。《海琼玉蟾先生事实》载：嘉定十一年（1218），“春，游西山，适降御香建醮于玉隆宫，先生避之，使者督宫门力挽先生回，为国升座，观者如堵。又邀先生诣九宫山瑞庆宫主国醮，神龙见于天”④。以他的威望和影响，加之众弟子如彭耜、留元长、林伯谦、潘常吉、周希清、胡士简、罗致大、陈守默、庄致柔等在全国各地不遗余力地传教，使内丹南宗派声势愈来愈大。据考，白玉蟾及其弟子按照“师家曰治，民家曰靖”的传统，行符设醮。比如，彭耜语其弟子说：“尔祖师所治碧芝靖，予今所治鹤林靖，尔今所治紫光靖。大凡奉法之士其所以立香火之地，不可不奏请靖额也。如汉天师二十四治是矣，古三十六靖庐是矣，许旌阳七靖是矣。”⑤可见，南宗派的教团组织不仅数量多，而且还为官方所认同。

2. 内丹学对神霄派雷法的扬弃

神霄派雷法由于在宋代已经成为帝王之教，故其科戒仪范较为繁杂，这个特点与白玉蟾所创之南宗派走向民间的发展趋势不相适应，例如，“经有三箓七品，夫三箓者：一者金箓斋，上消天灾，保镇国王，惟帝王用之；二者玉箓斋，救度人民，请福谢过，惟妃后臣寮用之；三者黄箓斋，济生度死，下拔地狱九幽之苦，士庶通用之。七品者：一者三皇斋，求仙保国；二者自然斋，修真学道；三者上清斋，升虚入妙；四者指教斋，禳灾救疾；五者涂炭斋，悔过请命；六者明真斋，拔九幽之魂；七者三元斋，谢三官之罪。此等诸斋，或一日一夜或三日三夜或七日七夜”⑥。在白玉蟾的南宗看来，“科书万端不如守一”⑦。由“守一”的立场出发，南宗派从神霄派重视科戒仪范转向重视道德规范。白玉蟾说：

> 陈泥丸有五宝，一曰智，二曰信，三曰仁，四曰勇，五曰严。临事多变，使人莫测，谓之智；专心致志，守一如常，谓之信；济人利物，每事宽恕，谓之仁；处事果决，秉心刚烈，谓之勇；谨勿笑语，重厚自持，谓之严。东方蛮雷，仁者也，能为风雨，长养万物；南方蛮雷，勇者也，申明号令，赏善罚恶；西方蛮雷，严者也，肃杀元气，霹雳群动；北方蛮雷，智者也，伏藏坎位，遇时而起；中央蛮雷，信者也，四

① 《宋史》卷21《徽宗本纪》，第396页。
② 《宋史》卷21《徽宗本纪》，第397页。
③ 《宋史》卷472《蔡攸传》，第13732页。
④ （宋）白玉蟾著，朱逸辉校注：《白玉蟾全集校注本》卷11附录《海琼玉蟾先生事实》，第939页。
⑤ （宋）白玉蟾：《海琼白真人语录》卷2，《正统道藏》第33册，第124页。
⑥ （宋）白玉蟾：《海琼白真人语录》卷2，《正统道藏》第33册，第122页。
⑦ （宋）白玉蟾：《海琼白真人语录》卷2，《正统道藏》第33册，第122页。

时蜚伏，令不妄发，此乃心传之妙。[①]

在此，南宗派附会临安所在的东南地区乃是“雷师出入之地”[②]。一方面，是想博得南宋统治者的同情和支持；另一方面，也是想为南宋统治政权寻找一种神学依据，以显示他们对南宋统治者的崇敬之情。如白玉蟾在《九天应元雷声普化天尊玉枢宝经集注》中说：“九天者，乃统三十六天总司也。始因东南九气而生，正出雷门，所以掌三十六雷之令，受诸司府院之印，生善杀恶，不顺人情。”[③]又“东南乃九阳之气，结清朗光，元始父祖化神霄玉清真王”[④]。虽然白玉蟾不明说，其实林灵素早就有言在前：“天有九霄，而神霄为最高，其治曰府。神霄玉清王者，上帝之长子，主南方，号长生大帝君，陛下（指宋徽宗）是也。”[⑤]再结合白玉蟾所注：“其雷司所行，鬼神何以致也。盖此等之人居尘世之上，不忠不孝、不仁不义，不礼三宝，不修五常，不展五谷，所以身没之后，听我雷司之驱役，实此等罪报也”[⑥]，以及“天尊自言所治之司，官兵将吏，善恶各付其职。所以生杀之枢，皆由天尊之命令”[⑦]，我们不难看出，无论神霄派还是南宗派，他们都在为南宋统治政权的长治久安而寻找理论依据，其“至尊”一词不过是南宋统治者的另一种说法而已。当然，在多种政权的角逐中，南宗派同神霄派一样，他们始终坚信南宋政权的存与亡，不在外部因素，这对于引导南宋统治不断强化自身的执政能力，“心亲庶政”[⑧]，实在是不无裨益。因此，以此为前提，白玉蟾在王文卿“神非外神”的思想基础上，加以进一步引申和发挥，提出了“道即我，我即道”[⑨]的主张。他说：

至道者，不在其他，在自己也。尔既欲闻，若明自己之道，即是不必闻也。是云无闻者，是无闻有见，即是真道。若闻他人之说，自己有见，即是真道，闻见亦泯，皆不必闻见矣。若谓非有，既不闻道而欲闻，不可与谈道矣。[⑩]

又说：

何言乎忘形。我者心不之动，湛然常寂，无彼此之间也，知者识之，明者见之，真之谓也。入道而知止，守道而知谨，则固循于道而不离。用道而知微，则能反约而不惑于远大，此其道体之本原在是，而一心之妙用所由生也。则凡所谓无所不通，无所

---

① （宋）白玉蟾：《海琼白真人语录》卷2，《正统道藏》第33册，第124页。

② （宋）白玉蟾著，周伟民等点校：《白玉蟾集》下册，第673页。

③ （宋）白玉蟾著，周伟民等点校：《白玉蟾集》下册，第674页。

④ （宋）白玉蟾著，朱逸辉校注：《白玉蟾全集校注本》卷7《〈九天应元雷声普化天尊说玉枢宝经集〉注》，第713页。

⑤ 《宋史》卷462《林灵素传》，第13528页。

⑥ （宋）白玉蟾著，朱逸辉校注：《白玉蟾全集校注本》卷7《〈九天应元雷声普化天尊说玉枢宝经集〉注》，第716页。

⑦ （宋）白玉蟾著，朱逸辉校注：《白玉蟾全集校注本》卷7《〈九天应元雷声普化天尊说玉枢宝经集〉注》，第725页。

⑧ （宋）白玉蟾著，周伟民等点校：《白玉蟾集》下册，第677页。

⑨ （宋）白玉蟾著，周伟民等点校：《白玉蟾集》下册，第681页。

⑩ （宋）白玉蟾著，朱逸辉校注：《白玉蟾全集校注本》卷7《〈九天应元雷声普化天尊说玉枢宝经集〉注》，第717页。

> 不知，乃本性之所具者。至此，亦复全于我矣。原其所自，则又皆本诸知止。知止而后有定，定而后能静，静定日久，聪明日全，天光内烛心。纯乎道与道合真。抑不知孰为道，孰为我，但觉其道即我，我即道。彼此相忘于无忘可忘之中，此所谓至道也。①

宋代儒释道融合的过程实际上就是树立人之为人的主体性地位的过程。比如，李新说："我欲以身为镜，以应为心，以物为即，去道逾近，不假外求，诸佛即我，我即诸佛。"②这种积极消除佛或理与自我之间障碍与隔阂，以期达到佛我一体的主观努力，不独佛学如此，理学亦复如此。如张九成以禅学理解"格物"，主张"心即理，理即心"③，朱熹也是这般说④，此"心"即是我们自己。如众所知，宋学之所以富有批判的品质，正是因为它有了"吾身之中，自有天地"⑤这一面旗帜。白玉蟾说：

> 吾身之中，自有天地；神气之外，更无雷霆。若向外求，画蛇添足，乃舍源求流，弃本逐末也。反求诸已，清净无为，顺神养气，何患道不完、法不灵耶？⑥

于是，"内积阴功，外修实行"⑦就成为神霄派雷法和南宗派雷法的共同主张。两者所差只是后者更加强调"内积阴功"对于雷法的决定性作用。比如，白玉蟾非常感慨地说："世人行罡、作诀、念咒、书符，不识内中造化，徒尔身衰气竭。五气不知攒聚，无克制，无蒸郁，五雷不动矣。"⑧所以，"枉自书符念咒，徒泥纸上玄文，不知身中造化。譬如爆竹，无火何以致响？达人智士，咸笑此人不知道法之妙，徒事朱墨，欲其灵验，其可得乎？"⑨在宋代，"尚官"已经成为一种普遍的社会心理，"只为一身，不为天下"⑩亦成为多数士大夫的人生坐标。而对于大多读书人来说，他们通往仕途的门径除科举之外，别无选择。故刘埙说："盖宋朝束缚天下英俊，使归于一途，非工时文，无以发身而行志；虽有明智之材，雄杰之士，亦必折抑而局于此，不为此不名为士，不得齿荐绅大夫。"⑪甚至"朝士惟谈某经义好，某赋佳，举吾国之精神工力，一萃于文，而家国则置度外。是夏又放类试，至秋参注甫毕，而阳罗血战，浮尸蔽江。未几上流失守，国随以亡，乃与南唐无异，悲夫！爱文而不爱国，恤士类之不得试，而不恤庙社之为墟。由是言之，斯文也，在今日为背时之文，在当日为亡国之具。夫安忍言之！"⑫刘氏的话尽管有些极

① （宋）白玉蟾著，朱逸辉校注：《白玉蟾全集校注本》卷7《〈九天应元雷声普化天尊说玉枢宝经集〉注》，第717—718页。

② （宋）李新：《跨鳌集》卷17《即心堂记》，《景印文渊阁四库全书》第1124册，第533页。

③ （宋）张九成：《孟子传》卷19《离娄下》，《景印文渊阁四库全书》第196册，第421页。

④ （宋）黎靖德编，王星贤点校：《朱子语类》卷18《大学五》，第408页。

⑤ （宋）白玉蟾著，周伟民等点校：《白玉蟾集》下册，第830页。

⑥ （宋）白玉蟾著，周伟民等点校：《白玉蟾集》下册，第830页。

⑦ （宋）白玉蟾著，周伟民等点校：《白玉蟾集》下册，第830页。

⑧ （宋）白玉蟾著，周伟民等点校：《白玉蟾集》下册，第826页。

⑨ （宋）白玉蟾著，盖建民辑校：《白玉蟾文集新编》，第323页。

⑩ （宋）强至撰，钱志坤点校：《韩忠献公遗事》，王国平总主编，陶水木分册主编：《杭州文献集成》第20册《武林往哲遗著7》，杭州：杭州出版社，2014年，第70页。

⑪ （宋）刘埙：《水云村稿》卷11《答友人论时文书》，《景印文渊阁四库全书》第1195册，第468页。

⑫ （宋）刘埙：《水云村稿》卷11《答友人论时文书》，《景印文渊阁四库全书》第1195册，第468页。

端，但是他多少道出了宋代“秉笔者如林”[1]之科场竞争剧烈背景下士人心理被严重扭曲的现象。而洪迈更将“金榜挂名时”之“得意”与“下第举人心”之“失意”两种极端心态对举[2]，使人们倍感人生之艰难。尤其是面对“读尽诗书五六担，老来方得一青衫”[3]的悲凉景象，人们能不转向宗教以疏解心中的重压！柳子文有诗云：“徒劳争墨榜，须信有朱衣。万事前期定，升沉不尔违。”[4]于是，乞神求巫就成为宋代最为盛行的一种社会现象。鲁迅先生曾一针见血地指出：“宋代虽云崇儒，并容释、道，而信仰本根，夙在巫鬼。”[5]由士人到普通民众，不仅科举，而且土地、经商、就医、婚丧等社会生活的方方面面，都同样充满着风险。譬如，宋代的就医问题就始终处在这样一种境地：一方面，宋朝统治者为了“仁政之行”而大量刊印医药书籍，发展医学教育；另一方面，全国性缺医少药的问题相当严重，例如，虞策说：“恭惟祖宗已来，广裒方论，颁之天下。嘉祐诏书复开元故事，郡置医生，熙宁已来，县亦如之。然郡县奉行未称诏旨，有医生之名，无医生之实，讲授无所，传习未闻。今要藩大郡或罕良医，偏州下邑，遐方远俗，死生之命委之巫祝。纵有医者，莫非强名，一切穿凿，无所师法，夭枉之苦，何可胜言？”[6]因此，“病者不药而听于巫”[7]。又如广南“其俗又好巫尚鬼，疾病不进药饵，惟与巫祝从事，至死而后已，方书药材未始见也”[8]。正是在这种民俗民风和“富儿更替做”[9]之命运无常的社会作用下，白玉蟾才不得不利用“雷法”的外在形式来为其内丹学的思想内容进行必要的包装。例如：

（1）“沉痾痼疾。伏枕床蓐，医褥无效。盖三官五帝，泰山岱狱。日月星辰，城隍社庙。里巷井灶，灵坛古迹。寺观塔楼，五道诸司。地府冥官，至于山川草木。皆有神祇，故误冒犯或夙有冤牵，负财致命，或被人咒诅。或自杀誓达盟，累劫以来，兴仇结衅，皆当悔过。发露罪尤，请诵经咒。焚此篆府，而悉得消愈也。”[10]

（2）“凡人患瘟蛊瘵疾者，皆有所致，甚至绝灭一门，牵连六亲。若能诚心诵经，焚烧符篆，则雷司差素车白马之将以拔之，使人不陷此苦也。”[11]

---

① 《宋史》卷296《梁颢传》，第9863页。

② （宋）洪迈著，夏祖尧、周洪武校点：《容斋随笔·容斋四笔》卷8《得意失意诗》，长沙：岳麓书社，1994年，第475页。

③ （宋）俞文豹：《唾玉集》，《说郛》卷49，《笔记小说大观》25编，台北：新兴书局，1983年，第784页。

④ （宋）张耒：《柯山集》卷29《同文唱和诗·子文》，《丛书集成初编》本，上海：商务印书馆，1935年，第351页。

⑤ 鲁迅：《中国小说史略》，天津：百花文艺出版社，2002年，第69页。

⑥ （宋）李焘：《续资治通鉴长编》卷472“哲宗元祐七年夏四月丙子”条，北京：中华书局，2004年，第11272页。

⑦ 《宋史》卷437《刘清之传》，第12954页。

⑧ （宋）曾敏行著，朱杰人标校：《独醒杂志》卷3，上海：上海古籍出版社，1986年，第27页。

⑨ （宋）袁采著，郭超、夏于全主编：《传世名著百部之〈袁氏世范〉》卷下《兼并用术非悠久计》，北京：蓝天出版社，1999年，第171页。

⑩ （宋）白玉蟾著，朱逸辉校注：《白玉蟾全集校注本》卷7《〈九天应元雷声普化天尊说玉枢宝经集〉注》，第720页。

⑪ （宋）白玉蟾著，朱逸辉校注：《白玉蟾全集校注本》卷7《〈九天应元雷声普化天尊说玉枢宝经集〉注》，第722页。

（3）“久旱久阴，实天地之气不和，乃人民之业难释，以致三界震怒，水涝山崩，祝融扇祸，赤鼠兴妖，黎庶不安。若人遭此岁时，宜诵此经，焚此符篆。晴雨得宜，人民自安也。”①

（4）“九灵者，人身中之本神也。天生者，玄牝也。无英者，婴儿也。玄珠者，谷神也。正中者，泥丸夫人。子丹者，灵台神也。回回者，贵券神也。丹元者，心神也。太渊者，肾宫列女水府神也。灵童者，主制五脏神也。台光者，男女拘精胞胎始荣。爽灵者，魂也。幽精者，魄也。凡为人，既知身中有此神灵，何不时时呼召，炼成一家，则学道希仙，无诸障碍也。若五心烦懑，六脉抢攘，诵此经，则身中诸神，咸得以宁，则使人安逸也。”②

以上四条仅仅是白玉蟾为《九天应元雷声普化天尊》所作注释中的一小部分。在雷法神谱系列中，“九天应元雷声普化天尊”是雷部最高之神，然而，此神是存在人心之外还是存在于人心之中？白玉蟾的回答十分明确：“在心曰神，故曰神霄，乃真王按治之所。”③在世俗的生活世界里，人与神属于两个世界，其中神的力量大于人的力量，因此，为了让神灵显现于世，人们就按照人的形象尤其是普通人的形象去塑造众神，如陈文玉、张志和、张圣君、林默娘（即妈祖）、吴夲、陈十四娘娘等，这是宋代造神运动的一个显著特点。于是，人们将其塑像供奉起来，加以敬拜，甚至神霄派雷法还用“爆竹”来烘托其降神的气氛，正如鲁迅先生所说：“外国用火药制造子弹御敌，中国却用它做爆竹敬神；外国用罗盘航海，中国却用它看风水。”④就敬神的形式而言，神霄派雷法在当时确实浪费了不少物质的和人力的资源，如《九朝编年备要》卷 28 载：“度玉清、神霄秘箓，会者八百人。凡天神降临事，盖发端于王老志，而极于林灵素。于是宦官道士有所不快，必托为帝诰，则莫不如志。及为大会，引群臣人士入殿，听灵素讲经。上为设幄其侧。灵素据高坐，使人于下请问。然灵素所言，无殊绝者，杂以滑稽媟语，上下为大哄笑，莫有君臣礼矣。时道士有俸，每一斋施，动获数十万；每一宫观，给田亦不下数百千顷；皆外蓄妻子，置姬媵，以青胶刷鬓，美衣玉食者，几二万人，一会殆费数万缗。贫下之人，多买青布幅巾以赴，日得一饫餐，而衬施钱三百，谓之‘千道会’云。”⑤因而引起了社会各层人士的反感，因此，欧阳彻曾上奏云：“臣观天下神霄宫，实国之大蠹”，“此宫修饰华丽，所费不赀。四时祭醮，又蠹国用”。⑥对此，白玉蟾当然不能引以为戒。为避免重蹈“神霄派雷法”之覆辙，白玉蟾采取了两项措施：一是不参与朝政；二是不崇尚外在的形式。比如，他说：“神乃自己元神……非纸画泥塑之比，世人错认者多。”⑦

① （宋）白玉蟾著，朱逸辉校注：《白玉蟾全集校注本》卷 7《〈九天应元雷声普化天尊说玉枢宝经集〉注》，第 722 页。

② （宋）白玉蟾著，朱逸辉校注：《白玉蟾全集校注本》卷 7《〈九天应元雷声普化天尊说玉枢宝经集〉注》，第 719—720 页。

③ （宋）白玉蟾著，周伟民等点校：《白玉蟾集》下册，第 674 页。

④ 鲁迅：《伪自由书·电的利弊》，《鲁迅全集》第 5 卷，北京：人民文学出版社，1983 年，第 15 页。

⑤ （宋）陈均：《九朝编年备要》卷 28《重和元年冬十月》，《景印文渊阁四库全书》第 328 册，第 774—775 页。

⑥ （明）杨士奇等：《历代名臣奏议》卷 83《经国》，《景印文渊阁四库全书》第 435 册，第 367 页。

⑦ （宋）白玉蟾著，周伟民等点校：《白玉蟾集》下册，第 826 页。

按照白玉蟾的雷法理论，“五雷即五藏也”①。由之，白玉蟾将神霄派雷法由外向转入了内向，这种转折与整个南宋思想研究的“趋向于内敛”②相一致。对于白玉蟾的南宗派雷法而言，这种“内敛”的结果就是在一个更加宽广的文化背景下去关爱每一个活生生的个体性命。

首先，为了保持健康的体魄，白玉蟾主张炼“闭息”功。“闭息”即胎息，唐人李贤说：“习闭气而吞之，名曰‘胎息’；习嗽舌下泉而咽之，名曰‘胎食’。”③按照古人的理解，所谓胎息就是像胎儿一样用脐呼吸，如《抱朴子内篇》云：“得胎息者，能不以鼻口嘘吸，如在胞胎之中。”④《云笈七签》亦说：“人能依婴儿在母腹中，自服内气，握固守一，是名曰胎息。”⑤在白玉蟾看来，“闭息”实际上就是丹气在体内的一种循环运动。先是，“闭息则气聚”⑥，之后，在特定意念的引导下，“运气自尾闾上度夹脊、双关直至泥丸”⑦。到此，即完成了丹气的一次循环。根据人体的经络循行规律，则督脉始自尾骨端与肛门之间的“尾闾”（即长强穴），沿督脉而上至于夹脊，透过位于背脊二十四节头尾之中的双关，直达顶门之“泥丸”，神与气交会于此，“合乾坤造化”⑧。这种内丹功法，白玉蟾认为可分四步来坐炼：第一步，“凝神定息，舌拄上腭，心目内注，俯视丹田，片时存祖气氤氲，绵绵不绝，即两肾中间一点明”⑨；第二步，“当一阳初动，存祖气自下丹田透过尾闾，微微凸胸偃脊，为开下关。觉自夹脊而上，运动辘轳，微微伸中，为开中关。却缩肩昂头，觉过玉京入泥丸，为开上关”⑩；第三步，“当觉津液满口，闭息合齿，微微吞咽，如石坠下丹田”⑪；第四步，“复存祖气在中黄脾宫，结成一团金光，内有一秘字，觉如婴儿未出胞胎之状，咽液存炼，金光结聚，忘机绝念，然后剔开尾闾，涌身复自夹脊双关直上”⑫。可见，坐炼工夫的关键须有一个正常的心态和相对稳定的情绪，否则“开三关”就是不可能的。而雷法灵验与否则完全取决于坐炼工夫的程度，坐炼工夫不到，则“枉自书符念咒，徒泥纸上玄文”⑬。白玉蟾说：

> 盖天地一身，一身天地也。其大丹法本不外乎此，失不治其本，而欲理其末者，未之有也。去圣逾远，谈道者多，曲学旁门乱真者众，后之学者，无所参究。非缘后生福浅，亦由恩情爱欲，一念恋著，心境不清，是非之胶扰。亦不知千经万论，以求道要安在，则其去道愈远矣。或有苦心学行，持而不见功者，非道负人，皆奉道之士

① （宋）白玉蟾著，周伟民等点校：《白玉蟾集》下册，第827页。
② ［美］刘子健：《中国转向内在——两宋之际的文化内向》，赵冬梅译，第7页。
③ 《后汉书》卷82下《王真传》引《汉武内传》，第2751页。
④ 《抱朴子・释滞》，《百子全书》第5册，第4711页。
⑤ （宋）张君房：《云笈七签》卷59《延陵君修养大略》，《景印文渊阁四库全书》第1060册，第627页。
⑥ （宋）白玉蟾著，周伟民等点校：《白玉蟾集》下册，第819页。
⑦ （宋）白玉蟾著，周伟民等点校：《白玉蟾集》下册，第819页。
⑧ （宋）白玉蟾著，周伟民等点校：《白玉蟾集》下册，第819页。
⑨ （宋）白玉蟾：《坐炼工夫》，《道法会元》卷77，《正统道藏》第29册，第276页。
⑩ （宋）白玉蟾：《坐炼工夫》，《道法会元》卷77，《正统道藏》第29册，第276页。
⑪ （宋）白玉蟾：《坐炼工夫》，《道法会元》卷77，《正统道藏》第29册，第276页。
⑫ （明）佚名：《道法会元》卷77《坐炼工夫》，《正统道藏》第29册，第277页。
⑬ （宋）白玉蟾著，盖建民辑校：《白玉蟾文集新编》，第323页。

> 不从明师，而所受非法。或依法行持，而不见功者，皆奉道之士不遵戒律，而学法不验。有志于此者，苟能清心寡欲，以明道要，以悟玄机，犹当广求师资，勤行修炼，依法行持，何患法之不验哉！故《天坛玉格》云：不行修炼，将不附身。不漱华池，形还灭坏。火师又曰：凡受五雷大法，非上品仙官之职，不能悟此玄机。内则修炼自己还丹，故外则馘邪治病。至人所述，非可诬也。是知非学法之为难，而澄心修炼之为难，而得遇道之尤难也。①

其次，为了保持人体的心理平衡，适当的情绪发泄，是促进人体健康的必要条件。根据马斯洛的研究，处于情绪周期变化规律中的人们，“适度的情绪发泄与控制”是心理卫生十大标准之一。②因为每个人在与其周围环境（包括自然的环境和人的环境）的相互作用过程中，遇到一定的挫折和不顺是必然的。问题是我们在遇到上述困难时，究竟应当采取一种什么样的态度。对此，中国传统思想至少有三种不同的主张：第一种主张是“礼之用，和为贵”③，且“君子无所争”④；第二种主张是与人“争”，如陆陇其说：“有种时候，关系民生利病、学术异同、众议纷纭、是非可否，混然无别，不得不为之分辨，不得不为之救正，如孟子之辟杨墨，司马温公之论新法，看来却像个争了，然慷慨正直之际，而恭逊气象未尝不存，如射之揖让一般，此等君子真是维持世道之人”⑤；第三种是在自己心中先设定一个假想目标，然后对其倾泄自己的消极性情绪，以期达到心理平衡的目的。白玉蟾所讲之雷法即是这样一种恢复人体心理平衡的方法，如白玉蟾说：“我怒即上帝之怒。”⑥因此，白玉蟾将人的“发怒”情绪看作是一种正常的情感反应，而它本身对于行持雷法具有积极的作用。他说：“胆怒，赤气聚五气，运入胆宫，水火相搏，雷声动也。胆雄肝怒，忿气成雷，天怒大叱。雷声霹雳。”⑦又说：“无怒气，心火不发，因此电光不现。要大怒叱咤，双目电迸，浑身冰冷，电光现矣。”⑧一方面，白玉蟾强调“于静定之中，抱冲和之气，守真一之精”⑨；另一方面，又强调“不刚，不强，不忿，不怒，何由而发泄”，因而“心火炎炽，大忿大怒。性急将易降，心不急，神不降”。⑩这种思想矛盾不是白玉蟾所能克服的，他仅仅是反映了南宋社会发展的现实，反映了当时社会各层人士内心的痛苦以及南宋统治者对民众消极性情绪的压抑，如南宋统治者推行“文字狱”政策即有力地说明了这一点，故洪迈述其“文字狱”的可怖情状说：“一言语之过差，一文词之可议，必起大狱。”⑪那么，如何倾泄人体内心中的那些消极性情绪呢？白玉蟾给遭受心理痛苦的人们出了一个很不错的主意，那就是自己跟自己发脾气。

---

① （宋）白玉蟾：《汪火师雷霆奥旨序》，《道法会元》卷76，《正统道藏》第29册，第262页。
② ［美］马斯洛：《变态心理学》，沈阳：辽宁人民出版社，1983年。
③ 《论语·学而》，陈戍国点校：《四书五经》上册，第18页。
④ 《论语·八佾》，陈戍国点校：《四书五经》上册，第20页。
⑤ （清）陆陇其：《松阳讲义》卷5《论语·子曰君子无所争章》，《景印文渊阁四库全书》第209册，第938页。
⑥ （宋）白玉蟾著，周伟民等点校：《白玉蟾集》下册，第822页。
⑦ （宋）白玉蟾著，周伟民等点校：《白玉蟾集》下册，第822页。
⑧ （宋）白玉蟾著，周伟民等点校：《白玉蟾集》下册，第827页。
⑨ （宋）白玉蟾：《海琼问道集·玄关显秘论》，《正统道藏》第33册，第142页。
⑩ （宋）白玉蟾著，周伟民等点校：《白玉蟾集》下册，第828页。
⑪ （宋）洪迈：《容斋随笔·容斋三笔》卷4《祸福有命》，上海：上海古籍出版社，1996年，第463页。

最后，增强心理干预的自觉性，是白玉蟾雷法的重要特点。由于内在的和外在的种种原因，南宋无疑是心理疾病非常严重的历史时期。游彪先生说："两宋历史上患有精神障碍的皇室子弟并不罕见，如太宗之弟赵廷美、太祖长子赵德昭、太宗长子赵元佐和六子赵元偓，他们的死都与心理疾病有关。"[①]不仅皇室家族，一般士大夫及社会民众亦有很多人深受心理疾病的折磨，这是杨宇勋先生关注的一个重要课题，他在《从政治、异能与世人态度谈宋代精神异常者》一文的概要中说了下面一段话：

> 其一，宋人多以"失心风"、"狂人"等词来形容一个人的行为与平日作风迥然不同，或有莫名其妙的举动。其二，宋代笔记记载面貌姣美的女子引起鬼怪觊觎而被凭附之故事颇多，这些情爱情节可以满足男性士人的性欲幻想。其三，宋代的精神异常者虽然受到人们的歧视与排斥，却尚未被污名化/异端化，反而与神奇魔力有若干关连。其四，就算离婚率甚低的宋代，精神异常者的婚姻状况也很难维系下去。其五，士大夫家人若有精神疾病，多半会隐瞒众人。其六，官员若是患有心疾，多半居家养病，或者致仕退休。宋人依据当时的知识水平，试图合理解释狂易心疯，将之"知识归类"。任何时代都会建构一套稳定的知识系统，宋人以政治谶言、异人奇能、鬼怪凭附等模式来归类今日所谓的"精神疾病"，将狂易心疯诠释成宋人所能够理解的话语，借以平抚病患家属的疑惑，世界得以继续秩序化下去。[②]

以《夷坚志》为例，书中就载有不少心理疾病甚或心理变态患者，如"台州司法叶荐妻，天性残妒，婢妾稍似人者，必痛挞之，或至于死，叶莫能制"[③]；"燕道人者，静海县人。幼入州城，被酒宿望仙桥下，恍若有遇，自是率意狂言，浪游江淮，麻衣椎髻，不事修饰。后归故乡，有好事者与之寸帛尺布，必联缀之，衣上重叠鬅鬙，虽盛暑不易"[④]；"绍兴间，眉州一异僧，不知其名。状貌古怪，长七尺，好以污秽自晦。衣黄袈裟，执锡持钵，蓬头跣足行于市，诵弥勒佛三字，行住坐卧不绝口"[⑤]；"临川倡女仪二十二名珏，赋性凶横，御其下尤酷。尝怒小鬟失指，鞭之百，又烧铁灼之至死"[⑥]。从后果上看，心理变态患者给他人的生命安全带来了严重危害，他们的存在必然会使更多的无辜生命死于非命。而心理疾病患者尽管被人们看作"异人"，但是他们不能融入整个社会群体之中，因为他们的举止行为与既有的社会规范格格不入，表明这个群体普遍地受到了整个社会的孤立，照此下去，他们的心理疾病不仅不能有所好转，反而会有逐渐加深的发展趋势，这就是白玉蟾为什么关注南宋心理疾病的主要原因。白玉蟾认为：

> 凡人五行不通，九曜失度，又值刑冲及诸神煞，载用行藏，皆不顺利。大则天谴地责，丧身陨命，皆由三官、五帝、四圣、二斗以主之归命。此经诵咒焚香告符，则

---

① 游彪：《正说宋朝十八帝》，北京：中华书局，2006年，第203页。

② 杨宇勋：《从政治、异能与世人态度谈宋代精神异常者》，《成大宗教与文化学报》2006年第7期。

③ （宋）洪迈撰，何卓点校：《夷坚志・夷坚志补》卷6《叶司法妻》，第1608页。

④ （宋）洪迈撰，何卓点校：《夷坚志・夷坚志补》卷13《燕道人》，第1671—1672页。

⑤ （宋）洪迈撰，何卓点校：《夷坚志・夷坚志补》卷14《眉州异僧》，第1677页。

⑥ （宋）洪迈撰，何卓点校：《夷坚志・夷坚志三补・临川倡女》，第1815页。

一切包难皆能解释。①

当然，受历史条件的局限，白玉蟾不可能找到造成南宋士人及一般民众心理疾病的社会根源，也不可能通过内丹雷法去真正帮助人们消解各种精神性和心理性疾患，但是，他能够从自身的知识层面出发，并根据南宋社会和思想文化的实际发展水平，利用雷法的形式，为身受心理疾病之苦的人们开出一首药方，虽说不能去根，却亦能起到缓解病痛的作用。所以，我们对待白玉蟾的雷法思想既不能评价过高，但也不能一概抹杀。因为“科学思想是环境（包括技术、应用、政治、宗教）的产物，研究不同时代的科学思想，应避免从现代的观点出发，而需力求确切地以当时的概念体系为背景”②。

第六节 叶适的功利主义科技思想

叶适生活在南宋经济文化相对发达的江浙地区，故他的科技思想具有鲜明的功利特色，甚至他把科技本身也看成是一种功利性活动，他说：“夫其若是，则知之至者，皆物格之验也。”③而格物致知的目的就在于其“以物用而不以己用”④。在这里，“物用”其实就是一种“功利”。从现代科技发展的角度看，“功利”对于科学技术进步的推动作用是显而易见的，而近代西方资本主义的发展就跟“功利”有着千丝万缕的关系。可惜，中国古代没有形成“功利主义”的思想传统和现实的社会政治和法律基础。因此，宋代的商业经济尽管已渐成气候，但是与其相适应的“功利主义”思想却仍然被置于社会意识的边缘地位而不为世人所重，这可能就是宋代的科技思想为什么不能进一步引发科学革命的重要原因之一。

叶适（1150—1223），字正则，南宋温州永嘉人，后因居于永嘉城外之水心村，学者称其为水心先生。又因其家境贫寒，我们亦可称他是“寒门俊士”。叶适在《母杜氏墓志》一文中说：

夫人姓杜氏，父某，祖某，温州瑞安县人也。杜氏世为县吏，外王父不愿为吏也，去之，居田间，有耕渔之乐。其后业衰，而夫人生十余年，则能当其门户劳辱之事矣。孝敬仁善，异于他女子。始，叶氏自处州龙泉徙于瑞安，贫匮三世矣。当此时，夫人归叶氏也。夫人既归而岁大水，漂没数百里，室庐什器偕尽。自是连困厄，无常居，随僦辄迁，凡迁二十一所。所至或出门无行路，或栋宇不完，夫人居之，未尝变色，曰：“此吾所以从其夫也。”于是家君聚数童子以自给，多不继。夫人无生事可治，然犹营理其微细者，至乃拾滞麻遗纻缉之，仅成端匹。人或笑夫人之如此，夫

① （宋）白玉蟾著，朱逸辉校注：《白玉蟾全集校注本》卷 7《〈九天应元雷声普化天尊说玉枢宝经集〉注》，第 720 页。

② 《简明不列颠百科全书·科学史》，北京：中国大百科全书出版社，1985 年，第 721 页。

③ （宋）叶适著，刘公纯等点校：《叶适集》，第 731 页。

④ （宋）叶适著，刘公纯等点校：《叶适集》，第 731 页。

人曰："此吾职也，不可废，其所不得为者，命也。"穷居如是二十余年。①

杜氏贤惠知理，眼光远大，这一点对于叶适的成长尤为重要。她曾勉励叶适说：

> 吾无师以教汝也，汝善为之，无累我也……废兴成败，天也，若义不能立，徒以积困之故受怜于人，此人为之缪耳。汝勉之！②

正因这个缘故，叶适才养成了励志自强的品格，也正因这个缘故，叶适才逐渐地培育出以"天下风教是非为己任"的务实精神。他说：

> 读书不知接统绪，虽多无益也；为文不能关教事，虽工无益也；笃行而不合于大义，虽高无益也；立志不存于忧世，虽仁无益也。③

同宋代许多早慧的思想大家一样，叶适十五岁"已能诗，复学为时文"④，十九岁则"访薛季宣于婺，投以书，求教八阵为邦之道"⑤。在这里，叶适"访薛季宣于婺"完全是一次自觉的行为。因此，学界认为叶适的学术思想直接渊源于薛季宣，尤其是薛季宣对程朱理学思想的批判精神，为叶适所继承和发展。如葛荣晋先生说，永嘉学派从薛季宣开始，在学术上与二程思想分道扬镳，遂使其成为独立于朱子学、陆学、吕学、永康学之外的一个学派。⑥而薛季宣"凡夫礼乐兵农，莫不该通委曲，真可施之实用"⑦的知识结构和"步步著实，言之必使可行"⑧的学术特点，理应使他成为永嘉派的中坚，可惜他英年早逝，仅活了四十载。所以把永嘉学派发扬光大的担子便历史地落在了叶适肩上，其实叶适那"无所不通"⑨的知识积淀、三十四年的官场经历，以及他在为政期间所提出的一系列"改弱就强"的方案，足以使他成为永嘉学派的集大成者，特别是他反复伸张的"行动主义"实学思想，深刻地体现着正处于上升时期的宋代商人阶级的功利精神和"务实而不务虚"⑩的人生价值取向。叶适说：

> 今世议论胜而用力寡，大则制策，小则科举……皆取则于华辞耳，非当世之要言也。虽有精微深博之论，务使天下之义理不可逾越，然亦空言也。盖一代之好尚既如此矣，岂能尽天下之虑乎！⑪

那么，究竟什么样的人才适合商业经济社会的客观需求呢？叶适的回答是：

---

① （宋）叶适著，刘公纯等点校：《叶适集》，第509页。

② （宋）叶适著，刘公纯等点校：《叶适集》卷25《母杜氏墓志》，第509—510页。

③ （宋）叶适著，刘公纯等点校：《叶适集》卷29《赠薛子长》，第607—608页。

④ 周学武编：《叶水心先生年谱》，吴洪泽、尹波主编：《宋人年谱丛刊》，成都：四川大学出版社，2002年，第6974页。

⑤ 周学武编：《叶水心先生年谱》，吴洪泽、尹波主编：《宋人年谱丛刊》，第6975页。

⑥ 葛荣晋主编：《中国实学思想史》上卷，北京：首都师范大学出版社，1994年，第416页。

⑦ （清）黄宗羲原著，（清）全祖望补修，陈金生、梁运华点校：《宋元学案》卷52《艮斋学案》，第1691页。

⑧ （清）黄宗羲原著，（清）全祖望补修，陈金生、梁运华点校：《宋元学案》卷52《艮斋学案》，第1696页。

⑨ （宋）叶适著，刘公纯等点校：《叶适集·序》，第3页。

⑩ （宋）叶适著，刘公纯等点校：《叶适集》，第617页。

⑪ （宋）叶适著，刘公纯等点校：《叶适集》卷10《始议二》，第759页。

卑溺于功名，旁达于技艺，而微极于幽远。①

“旁达于技艺”应当说是叶适“功利”思想的基本出发点，在此前提下，叶适提出了“博选亟用”的人才观：“多制科之选，无必其记问；责州郡以荐士，则士林之气增；委诸路以择材，则士卒之心勇。”②因此，推贤纳士也就成为他从政的一项主要工作，如叶适在担任太常博士兼实录院检讨官时，曾向朝廷举荐了陈傅良、陆九渊、杨简等34人，“后皆召用，时称得人”③。在用人方面，叶适的原则是：“所宜察饥渴饮食之时，体尽诚好士之心，急求力取，博选亟用，以为国本民命永远之地。”④从前揭叶适所举荐的人才构成中，既有朱子学派的传人，也有陆九渊本人，更有永嘉学派中人，由此可见他在用人问题上并没有门户之见，这充分体现了叶适那种“乐以天下，忧以天下”的人才价值观和宽广的用人心怀。然而，长久存在于宋代文人群体中的“党争”积习，仍侵蚀着南宋士人的思想。在宋代，党争不仅窒息了士人原本蓬勃向上的生机和活力，而且还扼杀了已经成长起来的新思想和新观点。特别是南宋初期大兴“文字狱”之后，无形中给广大士人的精神世界吹进了一股阴暗的压抑之气，此气严重挫伤和冷却了士人的创造热情和进取心。所以叶适明慧不惑，他用冷静的头脑，并从政治斗争的角度看到了“朋党相援”对宋代社会所产生的消极影响。因而他在总结北宋灭亡的历史教训时说：

至于邪正相非，朋党相援，大坏极弊，以及靖康之忧。⑤

在此，叶适把“朋党相援”看作是导致“靖康之忧”的直接原因。虽说不尽全面，但党争之弊确实危害不浅。为了避免重蹈覆辙，叶适反对把学术问题政治化。因而当朝廷有人诋毁朱熹“道学”时，他公然站出来为朱熹的“道学”思想辩护，如他在《辩兵部郎官朱元晦状》中说：

栗（即林栗）劾熹罪无一实者，特发其私意而遂忘其欺矣！至于其中“谓之道学”一语，利害所系不独熹。盖自昔小人残害忠良，率有指名，或以为好名，或以为立异，或以为植党。近创为“道学”之目，郑丙倡之，陈贾和之，居要津者密相付授，见士大夫有稍慕洁修者，辄以道学之名归之，以为善为玷阙，以好学为己愆，相与指目，使不得进。于是贤士惴慄，中材解体，销声灭影，秽德垢行，以避此名。栗为侍从，无以达陛下之德意志虑，而更袭用郑丙、陈贾密相付授之说，以道学为大罪，文致语言，逐去一熹，自此善良受祸，何所不有！伏望摧折暴横，以扶善类。⑥

叶适反对“朋党相援”，更反对将“道学”视为“伪学”，这不仅在于他想要保持住宋代业已形成的那种比较自由的学术传统，而且还在于他想力图阻止“朋党”之风对南宋学术思想的继续侵害。然而一个人的力量实在是太单薄了，叶适可能不会想到一场政治迫害

---

① （宋）叶适著，刘公纯等点校：《叶适集》卷27《寄王正言书》，第545页。

② （宋）叶适著，刘公纯等点校：《叶适集》卷27《上西府书》，第543—544页。

③ 《宋史》卷434《叶适传》，第12890页。

④ （宋）叶适著，刘公纯等点校：《叶适集》卷27《上执政荐士书》，第555页。

⑤ （宋）叶适著，刘公纯等点校：《叶适集》卷27《上西府书》，第542页。

⑥ 《宋史》卷434《叶适传》，第12890页。

学人的反智运动正在悄悄进行，而这场运动实际上由郑丙和陈贾开其端，并由韩侂胄终其绪，史书上把它称之为“庆元学禁”。[①]至于“庆元学禁”的残酷程度，朱熹曾用“中外震骇，忠贤斥逐”[②]来概括之，历来“朋党政治”的结果总是“顺我者昌，逆我者亡”，既然叶适不跟韩侂胄辈同流合污，那就只有被打入“庆元档案”了，结果被罢官归隐。因此，从嘉定元年（1208）起，叶适便退居水心村，潜研学术，“更十六寒暑”而撰成《习学记言序目》五十卷，是为永嘉学派的经典之作。

一、“旁达于技艺”的科技实践及其思想

“志于道”与“游于艺”是孔子对待“道”与“艺”之关系的两种态度，在叶适看来，无论是“道”还是“艺”，它们两者都以客观事物的存在为前提，而客观事物即是“道”的载体，离开具体事物的存在，道也就失去了存在的依据。为了论证这个思想，叶适提出了“三为一，离之为两”“大衍之数五十”“天下之能事毕”“考详天下之事物”等观点，成为南宋独树一帜的科技思想家。

1. “三为一，离之为两”的自然观

从总体上看，叶适在自然观方面并没有着力去建立其自身的理想化宇宙模式，而是用心于判别和论证传统宇宙思想在新的历史条件下是否具有合理性的问题。他说：

> “混茫之中，是名太初，实生三气：曰始，曰元，曰玄。”“通三为一，离之为两，是名阴阳。”“五运流转，有轮枢之象。水涵太一之中精，润泽百物，行乎地中；风涵太玄之中精，动化百物，行乎天上。上赤之象，其宫成离；下黑之象，其宫成坎。”“坎离独斡乎中气，中天地而立，生生万物，新新而不穷。”“阳气为火，火胜，故冬至之日燥；阴气为水，水胜，故夏至之日湿；火则上炎，水则下注。”程子儒者，而其言如此，异哉！[③]

子华子是春秋时期的著名杂家，上面一段话出自《子华子·阳城胥渠问第一》篇中，按照叶适的理解，子华子的思想已经为二程所用，并成为他们立论的主要理论依据。因此之故，叶适才有了“程子儒者，而其言如此，异哉”的判断。而究竟“异”在何处？叶适认为“太初”或称“道”与“气”或称“器”的关系是“物之所在，道则在焉”[④]，而不是“有物混成，先天地生”[⑤]。叶适辨析道：

> “有物混成，先天地生”，老氏之言道如此。按自古圣人，中天地而立，因天地而教，道可言，未有于天地之先而言道者。[⑥]

---

① 《宋史》卷394《郑丙传》，第12035—12036页。

② （宋）朱熹著，刘永翔、朱幼文校点：《晦庵先生朱文公文集》卷29《答张定叟书》，朱杰人、严佐之、刘永翔主编：《朱子全书》第21册，第1284页。

③ （宋）叶适：《习学记言序目》卷16《子华子》，北京：中华书局，1977年，第219页。

④ （宋）叶适：《习学记言序目》卷47《皇朝文鉴一》，第702页。

⑤ （宋）叶适：《习学记言序目》卷47《皇朝文鉴一》，第700页。

⑥ （宋）叶适：《习学记言序目》卷47《皇朝文鉴一》，第700页。

道虽广大，理备事足，而终归之于物，不使散流，此圣贤经世之业，非习为文词者所能知也。①

在这里，叶适肯定了物之于道的基础地位，而为了说明道对于物的依赖性，叶适进一步把道看成是物的一种运动属性：

按古人言天地之道，莫详于《易》，即其运行交接之著明者，自画而推，逆顺取之，其察至于能见天地之心，而其粗亦能通吉凶之变，后世共由，不可改也。今老子徒以孤意妄为窥测，而其说辄屡变不同。②

在叶适看来，《易》之道与《老子》之道的最大不同，就在于前者认为道的运动变化离不开物这个实体，而后者认为道是独立于物之外的存在，是物运动变化的根源。当然，物的存在形态是多种多样的，而叶适根据中国古代科学哲学的基本范畴，把物的存在形态划分为八类，即“天、地、水、火、雷、风、山、泽”。他说：

夫天、地、水、火、雷、风、山、泽，此八物者，一气之所役，阴阳之所分，其始为造，其卒为化，而圣人不知其所由来者也。因其相摩相荡，鼓舞阖辟，设而两之，而义理生焉，故曰卦。③

由此可见，叶适用《易》来说明他的宇宙观，即他用宇宙的自组织性来说明万物的总的发展规律，于是便形成了万物的生成与变化序列：

气 → 阴阳 → 八物 → 人

在此前提下，叶适批判了“有生于无”的神秘主义思想，坚定地认为“自有适无”，而不是“以无适无”。在他看来：

夫极非有物，而所以建是极者则有物也。君子必将即其所以建者而言之，自有适无，而后皇极乃可得而论也。室人之为室也，栋宇几筵，旁障周设，然后以庙以寝，以库以厩，而游居寝饭于其下，泰然无外事之忧，车人之为车也，轮盖舆轸，辐毂辀辕，然后以载以驾，以式以顾（而）南首梁、楚，北历燕、晋，肆焉无重趼之劳。夫其所以为是车与室也，无不备也。有一不备，是不极也，不极则不居矣……苟为不然，得其中而忘其四隅，不知为有而欲用之以无，是以无适无也，将使人君何从而建之，箕子之言何从而信于后世哉？④

这样，叶适就对程朱理学的“太极”概念作了唯物的解释，也就是把被他们颠倒了的关系再重新颠倒过来，即不是“太极”产生了万物，相反“太极”倒是人类思维对万物统一性的一种抽象和概括，甚至他还用“车”与“室”的关系说明了“太极”是由“有”和“无”相互统一而形成的物质性实体，或者说是由物而自我建构起来的一种和谐性的客观存在状态，用他自己的话说就是“所以建是极者则有物也”，这是叶适自然观中最有价值

① （宋）叶适：《习学记言序目》卷47《皇朝文鉴一》，第702页。
② （宋）叶适：《习学记言序目》卷15《老子》，第212页。
③ （宋）叶适著，刘公纯等点校：《叶适集・水心别集》卷5《易》，第696页。
④ （宋）叶适著，刘公纯等点校：《叶适集・水心别集》卷7《皇极》，第728—729页。

的科学思想之一。对此，他是这样解释的：

> 极之于天下，无不有也。耳目聪明，血气和平，饮食嗜好，能壮能老，一身之极也；孝慈友弟，不相疾怨，养老字孤，不饥不寒，一家之极也；刑罚衰止，盗贼不作，时和岁丰，财用不匮，一国之极也；越不瘠秦，夷不谋夏，兵革寝伏，大教不爽，天下之极也；此其大凡也。至于士农工贾，族姓殊异，亦各自以为极而不能相通，其间爱恶相攻，偏党相害，而失其所以为极；是故圣人作焉，执大道以冒之，使之有以为异而无以害异，是之谓皇极。天地之内，六合之外，何不在焉？①

“天地之内，六合之外，何不在焉”说明“极”本身具有普遍性，而宇宙万物从本质上讲都是它的外化和形象，宇宙万物通过这些形象性的东西而相互区别，各自独立成为一个自在自为的存在实体，这就是“异”。如果人们能够通过“异”而去把握“同”，那么“皇极”之世就是一种现实存在了。换言之，“同”通过“异”来展现自身。叶适说：

> 族之异者类而同之，物之同者辨而异之，深察于同异之故，而后得所谓诚同者，由是而有行焉，乃所以贵于同也。②

“同异之辨”始于战国时期的名家，故就其时间性而言可谓源远流长了，但纵观一千多年的学术发展史，在叶适之前历代思想家对这个问题的探索都没有能够突破名家的历史局限，因此叶适对“同异”问题的认识及其“深察于同异之故，而后得所谓诚同”思想的提出不仅标志着叶适的学术思想实现了由唯物向辩证法的飞跃，而且也标志着宋学发展到南宋中后期已经达到了它所能达到的最高思维水平。

2. 以数量分析为特点的实用科技观

用数学来诠释与描述自然界的运动变化规律或现象是宋代象数学的一个重要特征，叶适虽然不是象数学家，但他却吸收了自北宋邵雍以来的象数学思想成果，并灵活地应用于他的实学思想研究之中，从而开辟了一条推动易学继续深入发展的新路径。前面说过，叶适重视现象界的实物形态，在他看来，实有比虚无更具有科学研究的价值和意义。因此，对实物进行量的描述和考察就构成叶适科学观的重要组成部分。

第一，《易》是一种描述实物数量变化的学问。叶适在解释“大衍之数”的物理意义和思想本质时说：“大衍之数五十，其用四十有九，分而为二以象两，挂一以象三，揲之以四以象四时，归奇于扐以象闰，五岁再闰，故再扐而后挂。天数五，地数五，五位相得而各有合。天数二十有五，地数三十，凡天地之数五十有五，此所以成变化而行鬼神也。乾之策二百一十有六，坤之策百四十有四，凡三百有六十，当期之日，二篇之策万有一千五百二十，当万物之数也。是故四营而成易，十有八变而成卦，八卦而小成，引而伸之，触类而长之，天下之能事毕矣。”③所谓“天下之能事”就是指能够用数量关系表达的事物，而能够用数量关系表达的事物正是事物之具有时空性的客观体现。而把时空中所存在

① （宋）叶适著，刘公纯等点校：《叶适集·水心别集》卷7《皇极》，第728页。
② （宋）叶适：《习学记言序目》卷1《周易一》，第8页。
③ （宋）叶适：《习学记言序目》卷4《周易四》，第45页。

的一切事物都用数学的形式确定下来，这是宗教神秘主义的思想特点。如古希腊的毕达哥拉斯就认为数学不仅是解开宇宙之谜的工具，而且还是自然崇拜的对象。[①]尤其是在《易经》一书中，无处不是应用象数学的一些原理和方法来析事辨物。如《易经》从象数的普遍矛盾中抽象出奇偶这一对数的范畴，并使用一、--两个基本符号，排列组合成各种卦象，此即“八卦而小成”之意。当然，叶适试图用先验的定数来说明和规定万物的运动变化，这暴露了他还不可能克服他所生活的那个时代的历史局限性。

第二，“阴阳之数，内外均等”的数学思想。叶适说：“以天而交地，下地而上天，刚柔之际，阴阳之数，内外均等，未有如泰否之明者也。”[②]与古希腊的公理化数学方法不同，中国古代的数学原理大都是直观的结果，缺乏明晰的逻辑证明。在这里，“阴阳之数，内外均等”的思想就没有进行严格的和明晰的逻辑证明，因而我们不知道叶适是如何得到这个结论的。但是在《易经》的范围内，叶适从性质上而不是数量上对易卦作出了数理的规定。在叶适看来，泰卦即“四阳”，而否卦即“四阴”，其中所差仅仅在于它们的排列组合不同，由于排列组合之不同，从而导致了其数学性质的变化，这正是宋代象数学所蕴含的真正科学价值。如果我们把邵雍发明的“太极两仪迟衍之法”与莱布尼兹发明的“二进制数学方法”相比照，就会发现现代符号逻辑的鼻祖应当为北宋之邵雍。故刘瀚平先生云：“莱氏声称之‘普遍文字’之特殊哲学符号，直可以用以理解易卦排列之先天仪，此一概念之阐述，以符号呈现其完美无缺之数理现象，莱氏二元算术及伏羲六十四卦次序图，乃可以无限扩展宇宙万物之数理，邵子以此‘阴’、‘阳’二爻欲示天地万物，莱氏欲以‘0’、‘1’二数尽识‘普遍文字’，故东西文明遂可以冥合无间，故此一盖世之哲学家兼数理学家亦不免叹曰：‘其（指邵雍）易卦图，在宇宙中，乃今日所存留的有关科学最古之纪念物。’”[③]以此为前提，我们大致可推断出叶适思想根源于邵雍的“阳起于复，阴起于姤”之说，朱震释：“乾、坤，大父母也，故能生八卦。复、姤，小父母也，故能生六十四卦。”[④]“六十四卦横图，阴阳二仪，各统三十二卦，分左右。”[⑤]此即“阴阳之数，内外均等”的原始意义。

第三，对象数神秘主义的批判。数学与宇宙万物究竟是一种什么样的关系？宋代形成了两种截然相反的观点，一派以刘牧、阮逸、朱熹为代表，认为宇宙万物用数学的方式创造了自身，于是就产生了“天地生成数图”，数不仅生成阴阳，而且还生成五行和万物。如刘牧云：“昔宓牺氏之有天下，感龙马之瑞，负天地之数，出于河，是谓龙图者也，戴九履一，左三右七，二与四为肩，六与八为足，五为腹心，纵横数之皆十五，盖易系所谓参伍以变，错综其数者也。太皞乃则而象之，遂因四正定五行之数，以阳气肇于建子，为发生之源，阴气萌于建午，为肃杀之基，二气交通，然后变化，所以生万物焉，杀万物焉，且天一起坎，地二生离，天三处震，地四居兑，天五由中，此五行之生数也，且孤阴

① 冒从虎、王勤田、张庆荣编著：《欧洲哲学通史》上卷，天津：南开大学出版社，2000年，第48页。
② （宋）叶适：《习学记言序目》卷1《周易一》，第7页。
③ 刘瀚平：《宋象数易学研究》，台北：五南图书出版公司，1995年，第215页。
④ （宋）朱震撰，唐琳导读：《汉上易传导读》，北京：华龄出版社，2019年，第412页。
⑤ 刘瀚平：《宋象数易学研究》，第215页。

不生，独阳不发，故子配地六，午配天七，卯配地八，酉配天九，中配地十。既极五行之成数，遂定八卦之象，因而重之，以成六十四，尽三百八十四爻，此圣人设卦观象之奥旨也。”①另一派以陈亮、叶适为代表，他们认为数是解释宇宙万物的一种科学手段，但它不能决定宇宙万物的生成和灭亡。如叶适说：“‘天一，地二，天三，地四，天五，地六，天七，地八，天九，地十’，此言阴阳奇耦可也，以为五行生成，非也。”②不言而喻，此论的基础还是前面讲到的“阴阳之数，内外均等”原则，显然“五行之生数”违背了这个原则。在叶适看来，卦数仅仅是人类思维对五行之物运动变化现象的认识和反映。所以数不能决定事物的产生和发展，也不能决定人生的命运。他说：“五行之物，遍满天下，触之即应，求之即得，而谓其生成之数必有次第，盖历家立其所起以象天地之行，不得不然也。”③据考，“易”之古文形体，其上部为太阳，下部为海水，日出大海即其象形义，而阳爻（—）正是乾之日出海面之象，阴爻（--）为坤之日下海之意。④由此观之，叶适坚持了从物到感觉到思想的唯物主义认识路线。而物质世界本身具有守恒与对称的规律，爱因斯坦把它称之为“对称性支配相互作用”原理（当然对称性也不是唯一的和绝对的），杨振宁博士则称之为“对称决定力量”⑤。在通常条件下，对称或均等可以用感觉来把握，但自然界中还有许多均等现象必须依靠数学抽象才能理解，如现代物理学中的奇异性、电荷共轭算符、同位旋等，就只能靠量子语言去把握了，从这层意义上说，叶适的“阴阳之数，内外均等”思想颇有远见性。数学家魏尔说：“对称是一个广阔的主题，在艺术和自然两方面都意义重大。数学就是它的根本，并且很难再找到可以论证数学智慧作用的更好的主题。”⑥宋代数学家杨辉就曾以对称性原理构造了“天地之数”（也称“大衍之数”），即“天数一三五七九，地数二四六八十，积五十五。求积法：并上下数共一十一，以高数十乘之，得百一十，折半得五十五，为天地之数”⑦。具体地说就是用天数“一”加地数“十”，天数“三”加地数“八”，天数“五”加地数“六”，如此两两相加，和均为“十一”，然后再乘以高数“十”，最后总数除以“二”，得“五十五”。在这里，阴阳的数学组合实际上就构成了世界万物运动变化的基础。杨向奎先生总结说：“《易》为二进位，一、三、五、七、九与二、四、六、八、十，各居一方。在不统一的宇宙中，数永远是二进位。‘太极生一，而一生二’，‘一’代表阳，‘二’代表阴。这代表‘二’的后继因素，此时也是生成元素，而不是后继元素。”⑧为了更好地把握和理解叶适“阴阳之数，内外均等”原则的科学意义，我们不妨引入“虚拟世界”这个概念。作为阴阳之符号的“0”与“1”，虽然不能创造物质世界，但是它能生成虚拟世界，即物质世界——数字

---

① （宋）刘牧：《易数钩隐图》，《正统道藏》第3册，第217页。

② （宋）叶适：《习学记言序目》卷4《周易四》，第46页。

③ （宋）叶适：《习学记言序目》卷39《唐书二》，第580页。

④ 江林昌：《楚辞与上古历史文化研究——中国古代太阳循环文化揭秘》，济南：齐鲁书社，1998年，第43—53页。

⑤ 宁平治、唐贤民、张庆华主编：《杨振宁演讲集》，第420页。

⑥ 《数学家谈数学本质》，王庆人译，北京：北京大学出版社，1989年，第169页。

⑦ （宋）杨辉：《续古摘奇算法》卷上，任继愈总主编，郭书春主编：《中国科学技术典籍通汇·数学卷》第1册，第1097页。

⑧ 杨向奎：《哲学与科学——〈自然哲学〉续篇》，济南：山东大学出版社，1997年，第212页。

“0”与“1”或阴阳——虚拟世界，所以叶适说：“理本无形，因润泽浃洽而后见，其始若可越，其久乃不可越，其大乃至于无能名。”①这句话的意思我们可用下面的式子来表示：

“0”与“1”= ∝（虚拟世界）

用现代的语言来说，就是“一个以数字‘0’‘1’为基础所组成的符号世界将实实在在地成为现代的现实世界的一个部分，而且在不久的将来，这个符号世界将日益取代实形世界的更大一个领域”②。

3. “内外交相成”的方法论

人类的认识是对客观物质世界的反映，而所谓“道”与“物”的关系，在叶适看来就是“物之所在，道则在焉”的关系。他说：

> 按古诗作者，无不以一物立义，物之所在，道则在焉，物有止，道无止也，非知道者不能该物，非知物者不能至道。③

一般的物质究竟如何反映到人的头脑中形成科学知识，叶适似乎朦胧地猜到了“反射弧”这个生理现象。从现代生理学的角度看，“反射弧”由传入和传出两部分构成，这是人类认识的物质基础。叶适由于时代的局限尚不能完全了解人类认识形成的基本原理，但他大胆地提出“自外入以成其内也”和“自内出以成其外也”的“反射弧”思想，这确实是宋代生理学研究的一项重大科学成就。对此，叶适说道：

> 按《洪范》，耳目之官不思而为聪明，自外入以成其内也；思曰睿，自内出以成其外也。故聪入作哲，明入作谋，睿出作圣，貌言亦自内出而成于外。古人未有不内外交相成而至于圣贤。④

在这里，“外”就是指“耳目之官”，就是由感觉到概念的认识过程，而“内”就是指“心之官”，就是由概念经过推理到判断的逻辑思维过程，如果把“外”与“内”结合起来就叫“内外交相成”，就形成了一个完整的认识过程。这个认识过程就是“格物致知”，有时叶适也把这个认识过程称之为“类族辨物”的分析方法。他说：

> 类族者，异而同也；辨物者，同而异也。君子不以苟同于我者为悦也，故族之异者类而同之，物之同者辨而异之，深察于同异之故，而后得所谓诚同者，由是而有行焉，乃所以贵于同也。⑤

而叶适认为“类族辨物”的前提是“耳目之官”，即“以聪明为首”⑥。因此，他批判了宋代理学家“专以心性为宗主”的“心性论”，他说：“是故今世之学，以心起之，推而至于穷事物之理，反而至于复性命之际。”⑦“盖以心为官，出孔子之后，以性为善，自孟

---

① （宋）叶适：《习学记言序目》卷3《周易三》，第31页。
② 冷令沂：《熵：一种可能的形而上学》，广州：花城出版社，1997年，第582页。
③ （宋）叶适：《习学记言序目》卷47《皇朝文鉴一》，第702页。
④ （宋）叶适：《习学记言序目》卷14《孟子》，第207页。
⑤ （宋）叶适：《习学记言序目》卷1《周易一》，第8页。
⑥ （宋）叶适：《习学记言序目》卷14《孟子》，第207页。
⑦ （宋）叶适著，刘公纯等点校：《叶适集・水心别集》卷7《进卷・总述》，第727页。

子始；然后学者尽废古人入德之条目，而专以心性为宗主，致虚意多，实力少，测知广，凝聚狭，而尧舜以来内外交相成之道废矣。”[①]又说：“夫观古人之所以为国，非必遽效之也。故观众器者为良匠，观众方者为良医，尽观而后自为之，故无泥古之失而有合道之功。”[②]当然，仅仅停留在“耳目之官”的层次上，也不能形成完整的知识，因为“使其察是而后得之于心[③]，即完整的知识需要从感性认识上升到理性认识。

那么，由“心之官”所形成的理性知识究竟对不对，以何为标准呢？叶适的观点是：

> 夫欲折衷天下之义理，必尽考详天下之事物而后不谬。[④]
>
> 无验于事者其言不合，无考于器者其道不化，论高而实违，是又不可也。[⑤]

把是否“验于事”作为判断科学知识真假的标准，与现代西方科学主义的主张十分相近，尽管叶适所说的“事”带有很重的功利主义色彩，但他适应了宋代商业经济的发展需要，积极倡导“勤之者则功多”的实践精神，这一点无论过去还是现在都具有重要的现实意义。他说：

> 盖水不求人，人求水而用之，其勤劳至此。夫岂惟水，天下之物，未有人不极其勤而可以致其用者也。目之色，耳之声，口之味，四肢之安佚，皆非一日之勤所能为也。[⑥]

二、叶适科技思想的历史地位

马克思主义认为，观念亦即思想，是客观存在反映在人的意识中经过思维活动而产生的一种认识结果，是客观事物在人脑中的能动反映。从本质上看，科技思想属于思想上层建筑的一个有机组成部分，它是对一定社会阶段所出现的各种物质文明成果的直接反映。前面讲过，叶适生活在南宋社会经济十分发达的江浙地区，“苏湖熟，天下足”[⑦]已经成为时人的一句谚语。因此，在科学技术愈益发达的前提下，社会经济各个方面都获得了突飞猛进的发展。比如，在吴中“昔之曰江、曰湖、曰草荡者，今皆田也”[⑧]。又“浙人治田比蜀中尤精，土膏既发，地力有余，深耕熟犁，壤细如面，故其种入土，坚致而不疏”[⑨]。由于“深耕熟犁”，因而这里水稻出现了“其熟也，上田收五六石”[⑩]的高产记录。如果说水稻亩产五六石在南宋仅仅属于个别现象的话，那么，“长田一亩三石（即225公斤）

---

① （宋）叶适：《习学记言序目》卷14《孟子》，第207页。
② （宋）叶适著，刘公纯等点校：《叶适集·水心别集》卷12《法度总论一》，第787页。
③ （宋）叶适著，刘公纯等点校：《叶适集·水心别集》卷7《大学》，第731页。
④ （宋）叶适著，刘公纯等点校：《叶适集·水心文集》卷29《题姚令威西溪集》，第614页。
⑤ （宋）叶适著，刘公纯等点校：《叶适集·水心别集》卷5《进卷·总义》，第694页。
⑥ （宋）叶适：《习学记言序目》卷3《周易三》，第27—28页。
⑦ （宋）高斯得：《耻堂存稿》卷5《宁国府劝农文》，北京：中华书局，1985年，第99页。
⑧ （宋）卫泾：《后乐集》卷13《论围田札子》，《景印文渊阁四库全书》第1169册，第654页。
⑨ （宋）高斯得：《耻堂存稿》卷5《宁国府劝农文》，第99页。
⑩ （宋）高斯得：《耻堂存稿》卷5《宁国府劝农文》，第99页。

收，截茅作囤遮水牛”①，对于江浙一带的“上田”来说，应当是在风调雨顺条件下比较普遍的亩产量了。此外，南宋人陈傅良亦说：“闽浙上田收米三石，次等二石。”②据《元典章》记载，“木棉”在南宋末年已经成为江东和浙西“夏税”的主要品种，而在原南宋《嘉兴府志》基础上编撰的《至元嘉禾志》中木棉亦被列为重要的上贡“帛之品”，再结合浙江兰溪县的南宋墓中，出土有棉毯实物，它有力地说明江浙一带地区不仅能够织布，而且还能织毛毯。在火药武器的创制方面，开庆元年（1259）寿春府“造突火枪，以钜竹为筒，内安子窠，如烧放，焰绝然后子窠发出，如炮声，远闻百五十余步”③。可见，“突火枪”是一种管形火器，它的发射原理成为后世步枪火炮发射原理的先导，因而“突火枪”的出现开创了人类作战历史的新阶段。随着海外贸易的迅猛发展，导航仪器罗盘开始应用于航海，比如，赵汝适说：“舟舶来往，惟以指南针为则，昼夜守视唯谨，毫厘之差，生死系焉。”④此“指南针”即指航海罗盘，它的出现“预示着计量航海时代的来临”⑤。于是，南宋与50多个国家和地区通商，外贸经济空前发展，而明州（浙江宁波市）成为南宋最重要的通商口岸之一。为了适应对外贸易发展的新形势，临安、温州、秀州（今嘉兴）等沿海地方都设有市舶司，负责对外贸易。贸易的发展必然带来国内市场的繁荣，如庆元时期，浙江奉化县岳林寺的“道场”甚至出现了“百工之巧，百物之产，会于寺以售于远，观者万计”的盛况，故当时人们称江浙之“人多好市井牟利之事”⑥。从这个层面看，“利”的形成当是社会经济发展到一定阶段的产物。据此，叶适说：“古人以利和义，不以义抑利。”⑦又说：“通商惠工，皆以国家之力扶持商贾，流通货币。”⑧其中“工商”之民应当是南宋科技发展的主体力量。对此，恩格斯有这样一段极其精彩的论述：

> 如果说，在中世纪的黑夜之后，科学以意想不到的力量一下子重新兴起，并且以神奇的速度发展起来，那么，我们要再次把这个奇迹归功于生产。第一，从十字军征讨以来，工业有了巨大的发展，并随之出现许多新的事实，有力学上的（纺织、钟表制造、磨坊），有化学上的（染色、冶金、酿酒），也有物理学上的（眼镜），这些事实不但提供了大量可供观察的材料，而且自身也提供了和以往完全不同的实验手段，并使新的工具的设计成为可能。可以说，真正系统的实验科学这时才成为可能。第二，这时整个西欧和中欧，包括波兰在内，已在相互联系中发展起来，虽然意大利由于自己的从古代流传下来的文明，还继续居于首位。第三，地理上的发现——纯粹是为了营利，因而归根到底是为了生产而完成的——又在气象学、动物学、植物学、生理学（人体的）方面，展示了无数在此以前还见不到的材料。第四，印刷机

① （宋）周弼：《端平诗隽》卷1《丰年行》，《景印文渊阁四库全书》第1185册，第532页。

② （宋）陈傅良：《止斋集》卷44《桂阳军劝农文》，《景印文渊阁四库全书》第1150册，第850页。

③ 《宋史》卷197《兵志十一》，第4923页。

④ （宋）赵汝适原著，杨博文校释：《诸蕃志校释》卷下《志物·海南》，北京：中华书局，1996年，第216页。

⑤ ［英］李约瑟：《中国对航海罗盘研制的贡献》，潘吉星主编：《李约瑟文集》，沈阳：辽宁科学技术出版社，1986年。

⑥ （宋）周密撰，王根林校点：《癸辛杂识》卷上《天市垣》，上海：上海古籍出版社，2012年，第146页。

⑦ （宋）叶适：《习学记言序目》卷27《三国志·魏志》，第386页。

⑧ （宋）叶适：《习学记言序目》卷19《史记·平准书》，第273页。

出现了。[①]

科技与生产或者说工商的关系非常紧密，用恩格斯的话说，近代欧洲科技革命的发生归根到底是以工业革命为基础的。尽管从本质上看，欧洲的工业革命与南宋的经济变革有所不同，但就其表现出来的种种市场现象而言，两者还是有不少的相似点。比如，城市发达，商品农业在传统农业中的地位越来越突出，功利思想成为意识形态的主流，区域经济转变为世界经济的一个组成部分等。正是在这样的社会经济背景下，叶适独具慧眼，提出了以“尽观”为内核的利义思想。他说：

> 圣人之于观也，非设于耳目以耀之，盛于物采以夸之也，若是则为观之道浅矣。是宜淳壹内守，极诚尽敬。[②]

可见，叶适所讲的“观”包含两层意思：一层是说“观”指一切有形的感性实物形态，包括天然的实物形态和人工的实物形态；另一层是说“观”不仅是外在的，而且更是内在的。就其“内在性”来说，“观”指的应是一种理性的观念形态。具体地讲，就是在规律的层面去认识和把握客观事物发展变化的本质。故叶适说：“观众器者为良匠，观众方者为良医，尽观而后自为之。”[③]此处之“良”是以丰富的实践经验和理论知识为前提的，是从感性认识（观）到理性认识的一次飞跃（良），因而此“观”本身则体现着人的主观能动性。以此为基础，叶适提出了“精不极不为思，物不验不为理”[④]的思想命题。科学真理的特性就在于它本身具有证实性和可验性，也就是说，科学知识是可验证的，既可证实又可证伪。在西方，孔德认为，实证是科学思想发端的标志，只有通过“实证”的手段，才能真正地去建立知识的客观性。尽管孔德将科学知识仅限于“经验的学说”，是不全面的，但他倡导科学的可验证性原则，这一点却具有普遍的指导意义。在中国古代，墨子提出了“原察百姓耳目之实”[⑤]的主张，此“实”即指多数社会成员的经验之“实”，“百姓”是直接从事生产劳动的社会主体，他们是经验性科学知识的主要创造者，从这种意义上看，墨子的说法不无道理。然而，自然科学知识毕竟是一种逻辑思维活动，它的根本任务就是要对观察、实验所取得的大量材料进行思维加工，由感性认识上升到理性认识，而理性认识的过程实际上就是运用概念，进行判断和推理的过程。因此，科学与常识在本质上还是有所区别的。如果以众人的感觉经验为标准来判断其认识成果的是与非，则最终一定会滑落到经验论的窠臼里，难以把握客观事物的深刻本质，由此获得的知识，顶多是一种“常识”，而难以认定为“科学”。因为科学在本质上是一种理性的解释性活动，科学的目的应是用特定的理论去解释人们在社会实践中所观察到的现象。正是在这样的认识论基础上，宋人提出了“实理”这个概念。根据宋人对“实理”的论述，我们认为“实理”包含着“常识”的内容，但又包含着“非常识”的内容。例如，尹焞说：“天理皆实

---

① ［德］恩格斯：《自然辩证法》，北京：人民出版社，2015 年，第 28—29 页。
② （宋）叶适：《习学记言序目》卷 2《周易二》，第 14 页。
③ （宋）叶适著，刘公纯等点校：《叶适集》，第 787 页。
④ （宋）叶适：《习学记言序目》卷 24《后汉书 • 志》，第 337 页。
⑤ 《墨子 • 非命上》，《百子全书》第 3 册，第 2437 页。

理也。”[①]汪应辰又说：“理中有事，事中有理，然事必得其实，理必得其正。”[②]朱熹更直截了当地说：“见实理是为智，得实理是为仁。”[③]可见，在宋人的文本里，“实理”指的应是隐藏于事物内部的内在必然性，是需要理性思维来把握的一种客观存在。因此，我们讲宋代的“实学”绝不应忽略了它与“理学”之间的相互联系。而叶适就是一位将“实学”与“理学”相互结合起来的南宋“功利派”学者，作为一种学术现象，叶适与朱熹之间当然有相互对立的一面，但是他们的学术思想中又有相互联系的一面。如朱熹说：“诚是实理。”[④]叶适则说：观道在于“极诚尽敬”[⑤]。通过比照，两者的共同性是不言而喻的。借此，叶适批评宋代的科举制度说：“烂漫放逸，无复实理。”[⑥]究其根由，叶适此处所说的“实理”实际上包含两层意思：一是从北宋起，胡瑗即开创了“经义”与“治事”两种教学法，而科举制只考“经义”却不考“治事”，违背教育规律，不利于科技的发展和进步，因此之故，叶适才大声疾呼说：“夫四民交致其用而后治化兴。”[⑦]总而言之一句话，那就是以“用”兴国；二是“实理”是有功利性的，它以“尚用”为特点，否则，“既无功利，则道义者乃无用之虚语尔”[⑧]。应当承认，叶适的这个思想对明清实学派学术的形成产生了积极影响。因而，在明清实学派的视野里，学问不再仅仅被当作取功名与入仕途的敲门砖了，而主要被视为经世致用的本领。如方以智说：“物有其故，实考究之，大而元会，小而草木蠢蠕，类其性情，征其好恶，推其常变，是曰‘质测’。”[⑨]张履祥更说：“学者固不可不读书，然不可流而为学究；固须留心世务。”[⑩]具体地讲，所谓“用”，即是“天文、地理、河渠、兵法之类，皆切于用世”[⑪]。可见，从胡瑗到方以智，以“治事”为特征的“实学”进路是非常鲜明的，而叶适无疑是这条进路中至关重要的一个环节。

有与无的相互关系问题，是中国古代科技思想的一个基本问题，它源于老子的《道德经》，其第一章云：“无，名天地之始；有，名万物之母。”其第四十章又说：“天下万物生于有，有生于无。”在学界，“有”与“无”可以说是最有科学魅力的少数几个思想范畴之一，故此，人们对它们的解释就必然会出现众说纷纭的局面。但不管有多少种议论与说法，归结起来，则不外两种指向：要么认为“有”与“无”的问题纯粹是一个“形而上学”的问题，要么认为“有”与“无”的问题是一个具体的宇宙学问题。比如，冯友兰先生说：“从逻辑上说，若没有‘无’，便没有‘有’和‘万有’。这里所说的是本体论，不

---

① （宋）尹焞：《和靖集》卷4《圣学》，《景印文渊阁四库全书》第1136册，第30页。

② （宋）汪应辰：《文定集》卷15《答李仲信》，上海：学林出版社，2009年，第160—161页。

③ （宋）朱熹：《晦庵先生朱文公文集》卷41《答程允夫》，朱杰人、严佐之、刘永翔主编：《朱子全书》第22册，第1880页。

④ （宋）黎靖德编，王星贤点校：《朱子语类》卷64《中庸三》，第1563页。

⑤ （宋）叶适：《习学记言序目》卷2《周易二》，第14页。

⑥ （宋）叶适：《习学记言序目》卷50《皇朝文鉴四》，第744页。

⑦ （宋）叶适：《习学记言序目》卷19《史记・平准书》，第273页。

⑧ （宋）叶适：《习学记言序目》卷23《汉书・传》，第324页。

⑨ （明）方以智：《物理小识・自序》，《景印文渊阁四库全书》第867册，第742页。

⑩ （清）张履祥著，陈祖武点校：《杨园先生全集》卷41《备忘三》，北京：中华书局，2002年，第1136页。

⑪ （清）永瑢等：《四库全书总目》卷94《子部四・儒家类四》，第1235页。

是宇宙论，它与时间和现实没有关系。”[①]与此截然不同，俄罗斯宇宙物理学家林德则公开表示：“宇宙创生于无的可能性，是非常有趣的，应当进一步加以研究……有关奇性的一个最令人困扰的问题是：宇宙创生之前，究竟是什么？这个问题似乎是绝对地形而上学的，但是我们有关形而上学的经验告诉我们，这类玄学的问题，有时却由物理学给出答案。”[②]而在大爆炸宇宙论中，英国宇宙学家霍金根据他自己提出的宇宙自足理论，并与他的合作者吴忠超一起共同从数学的角度计算出了宇宙最早时空怎样从无生有的“宇宙自足解”[③]。实际上，从北宋开始，人们就一直把老子的“有无观”当作一个真实的宇宙学问题来看待。如，苏轼说：“是故指生物而谓之阴阳，与不见阴阳之仿佛而谓之无有者，皆惑也。圣人知道之难言也，故借阴阳以言之，曰一阴一阳之谓道。一阴一阳者，阴阳未交而物未生之谓也。”[④]此“一阴一阳者，阴阳未交而物未生之谓也”再清楚不过地说明，在宇宙创生之前，经历着一个“无有”的阶段和状态。[⑤]显然，叶适继承了苏轼的这个宇宙论思想，并加以扩展，把“无”与“有”看成是一个“相转”的循环过程。首先，叶适同苏轼一样，都承认“无有”是一个独立的存在状态，此“无有”既不同于“无”，也不同于“有”，而是两者的融合。他说：“一者，道之别名也（老氏谓‘道生一’。一者，道之子也）。其上虽不皦，其下亦不昧，散在万物，而复归于无物也，故曰‘无状之状，无物之象，是谓惚恍’。惚恍者，有而不有，无而不无也。”[⑥]在万物创生之前的宇宙状态究竟是什么样子？在这里，叶适从矛盾统一性的角度给我们作出了回答。辩证唯物主义认为，矛盾是事物发展的源泉和动力，也就是说，运动是客观事物的“自己运动”，是客观事物内部的自身矛盾推动事物的运动和发展。而宇宙诞生之前的物质存在其实就是一个“有而不有，无而不无”的矛盾存在状态，这个状态在“有”与“无”两个方面的共同作用下，内在地和自足地生成万物之“有”。可见，仅此而言，霍金等人所提出的“宇宙创生于无”之宇宙观，单单依靠“无”这一个方面的能力，无论如何也不能推动宇宙由“无”向“有”的历史跃迁，因为“无”本身不能揭示宇宙万物创生的物理过程和内部机制。所以，现代宇宙的创生学说虽然在量上有了很大的突破，但是从质上讲，它较南宋叶适的“无有”观不仅没有进步，反而倒退了不少。从这个层面说，叶适的“无有”观似乎更加接近于宇宙起源问题上的那个客观真理。其次，就客观事物的具体存在形式来说，“有”与“无”是相互转化的，所以，叶适说：“老子之所谓玄者，即有无同异之间也；有而复无，无而复有，有无相转而不已。”[⑦]在此，“有无相转而不已”不仅是一个卓越的辩证法命题，而且在一定程度上也可视为“物质不灭定律”在宋代的一种比较古典的文本表述形式，尽管两者的说法不尽一致，然而其实质和内容却是相同的。

---

① 冯友兰：《中国哲学简史》，赵复三译，北京：新世界出版社，2004 年，第 85 页。
② 金吾伦：《生成哲学》，保定：河北大学出版社，2000 年，第 158—159 页。
③ 葛荣晋主编：《道家文化与现代文明》，北京：中国人民大学出版社，1991 年，第 241 页。
④ （宋）苏轼：《东坡易传》卷 7《系辞传上》，《景印文渊阁四库全书》第 9 册，第 124 页。
⑤ 吕变庭：《北宋科技思想研究纲要》，第 154—155 页。
⑥ （宋）叶适：《习学记言序目》卷 15《老子》，第 214—215 页。
⑦ （宋）叶适：《习学记言序目》卷 15《老子》，第 210 页。

本章小结

南宋中期从孝宗乾道、淳熙年间，到宁宗庆元之前，为学术繁荣时期①，也是科学繁荣时期。以往学界比较忽视朱熹、陆九渊、叶适的科学思想研究，甚至有的学者压根不承认理学思想还具有科学价值，如张岱年就曾断言："儒学没有能够为自然科学研究提供理论基础，更没有为自然科学研究提供方法论的指导。儒学各派都表现了这一严重的缺欠。"②好在经过近二十年的沉淀，不少学者开始清醒地意识到科学原本就是宋代理学家建构其思想体系的基本理论前提。③无论是朱熹，抑或陆九渊，还是叶适，他们都具有很高的科学素质，在他们的著述中都包含着丰富的科学思想内容。

关于朱熹的科学地位，美国物理学家尤里达表示："现今的科学大厦不是西方的独有成果和财富，也不是仅仅是亚里士多德、欧几里得、哥白尼和牛顿的财产，其中也有老子、邹衍、沈括和朱熹的功劳。"④近年来学界开始关注陆九渊的科学实践及其思想研究⑤，具体内容涉及农学、气功、心理学、医学、思维科学等学科领域，陆九渊主张："人不肯心闲无事，居天下之广居，须要去逐外，着一事，印一说，方有精神。惟精惟一，须要如此涵养。"⑥这种"涵养工夫"从本质上讲，即是一种科学精神。至于科学研究的最高境界，陆九渊指出："理只在眼前，只是被人自蔽了。因一向悮证他，日逐只是教他做工夫，云不得只如此。见在无事，须是事事物物不放过，磨考其理。且天下事事物物只有一理，无有二理，须要到其至一处。"⑦文中的"至一"既是科学研究的最高境界，又是科学研究追求的终极目标。叶适讲究"致用"，着眼于实用经济之学，强调解决现实问题，所

① 冯克诚总主编：《两宋儒学教育思想与论著选读》下，北京：人民武警出版社，2010年，第179页。

② 张岱年：《儒学发展过程中的统一与分殊》，中国孔子基金会、新加坡东亚哲学研究所编：《儒学国际学术讨论会论文集》，济南：齐鲁书社，1989年，第302页。

③ 这方面的研究成果比较多，如羊涤生：《朱熹与科学》，武夷山朱熹研究中心编：《朱子学新论——纪念朱熹诞辰八百六十周年国际学术会议论文集（1930-1990）》，上海：上海三联书店，1991年，第498—507页；赵蓓：《科学理性精神：朱熹理学的另一面》，《船山学刊》2003年第4期，第154—156页；王伟：《宋代理学与宋代科学：以朱熹理学为例》，陕西师范大学2012年硕士学位论文；刘婧：《朱熹科学思想研究》，厦门大学2014年硕士学位论文；乐爱国：《国学与科学》，北京：首都经济贸易大学出版社，2015年，第215—249页；周济、兑自强：《试论朱熹的科学思想》，高令印、薛鹏志主编：《国际朱子学研究的新开端——厦门朱子学国际学术会议论集》，厦门：厦门大学出版社，2015年，第504—514页；等。

④ ［美］尤里达：《中国古代的物理学和自然观》，《美国物理学杂志》1975年第2期。

⑤ 主要研究成果有李丕洋：《陆九渊理学思想与气功》，《中国气功科学》1996年第4期，第44页；姜广辉、禹菲：《心学的理论逻辑与经学方法——以陆九渊、杨简、王阳明为例》，《哲学研究》2017年第2期，第56—65页；王艳芳：《陆九渊的经世实学——荆门之治》，王杰、朱康有主编，中国实学研究会编写：《传统实学与现代新实学文化（五）》，北京：中国言实出版社，2018年，第163—182页；王子剑：《"降衷"与"保极"——陆九渊对周敦颐"太极"说之融会》，《哲学动态》2021年第4期，第42—48页；徐仪明：《试论陆九渊的中医哲学思想》，《社会科学战线》2021年第12期，第1—9页；等。

⑥ （宋）陆九渊著，钟哲点校：《陆九渊集》，第455页。

⑦ （宋）陆九渊著，钟哲点校：《陆九渊集》，第453页。

有这一切都是科技伦理学的核心内容。在实用科技方面，陈言和范成大都做出了突出成就。陈言所著《三因极一病证方论》以“分别三因，归于一治”为宗旨，这样，“从理论上的系统化而使治病方法纳入有理可循的途径，从而达到简约的目的”[①]，“应当说由博返约和贴近实用是宋代中医方书极大发展和丰富之时代背景的必然要求，陈言及其弟子诸书适应了时代发展的需要”[②]。同样，范成大的《桂海虞衡志》《揽辔录》《吴船录》，不单是地理名著，更包涵着深厚的山水情怀、生态意识以及强烈的地方书写观念，甚至还有丰富的植物学知识。白玉蟾对人体内在机理的研究成就不俗，他精研内丹理论，一生撰写了《太上老君说常清静经注》《九天应元雷声普化天尊玉枢宝经集注》《地元真诀》《无极图说》等大量气功著述，融合南宗内丹学与神霄派雷法的思想精华，提出了“至道在心，即心是道”的思想主张，将关注的焦点转移到“心性”上来，从而展现了南宋生命科学研究领域的新气象和新面貌。

① 孟静岩、马佐英主编：《“脾主运化”理论与应用》，北京：中国医药科技出版社，2017 年，第 58 页。

② 孟静岩、马佐英主编：《“脾主运化”理论与应用》，第 58 页。

第三章　宋元南北对峙与中国科技发展的交峰

端平入洛（1234）是南宋与蒙古对峙的开始，也是南宋科技思想发展的一个转折点。由于蒙古实行“农商并举”政策，且“世祖立法，一本于宽”[①]，尤其对科学技术给予高度关注，故从1234—1279年崖山海战宋室败亡结束，在这46年中出现了像郭守敬、李冶、朱世杰、李杲、罗天益、王好古等一大批科技名流，他们成就了元代科技发展的高峰。[②]与此同时，南宋的科技高潮并未过去，如陈自明、宋慈、杨辉、秦九韶等依然站立在南宋科技发展的峰头之上。于是，中国历史上出现了非常罕见的科技奇观，即出现了南北两座科技高峰在两个对峙政权中相互交错环抱的历史格局。

第一节　魏了翁的理学科技思想

魏了翁是理学由低谷转向高峰的一个关键人物，他“在朱陆之后超越朱学，折衷朱陆，而又倾向于心学，预示着理学及整个学术发展的方向；并在确立理学正统地位的过程中发挥了重要的作用，使理学由民间传授、受压制状态逐步被统治者所接受而成为官方哲学”[③]。他不仅“斯文自任”，成为南宋后期最重要的一位经学家，而且在《周易要义》一书中还阐发了对自然界的独特理解和诠释，其中不乏科学之见。因此，认真研究和总结魏了翁给我们留下的这份思想遗产，对于正确把握宋代的科学思想发展史是很有意义的。

魏了翁（1178—1237），字华父，号鹤山，邛州蒲江（今属四川）人。少年英悟，有“神童”之称。全祖望云：“鹤山兄弟同时共学，鹤山早达，而闻道亦最早。东叔（即高载，魏了翁的长兄）学于范氏，西叔（即高崇，魏了翁的三兄）学于李、宋之间，因以私淑于兄弟，各有所成，皆南轩之瓣香也，而鹤山益旁搜诸家以大之，盛矣。”[④]此话不虚，因为魏了翁的仕途正是以此为前提的，如果他没有对蜀中理学事业进行开拓，就不可能有“上迎劳优渥，嘉纳其言”[⑤]的结果，而没有皇帝的支持，他就很难恢复理学“正学之宗”的地位。当然，没有理学自身的成熟，光有魏了翁一个人的努力也是不够的。归纳起来，

---

① 《元史》卷93《食货志一》，北京：中华书局，1976年，第2351页。

② 彭少辉：《元代的科学技术与社会》，开封：河南大学出版社，2010年，第285页。

③ 蔡方鹿：《宋代四川理学研究》，北京，线装书局，2003年，第222页。

④ （清）黄宗羲原著，（清）全祖望补修，陈金生、梁运华点校：《宋元学案》卷80《鹤山学案》，北京：中华书局，1986年，第2672页。

⑤ 《宋史》卷437《魏了翁传》，第12967页。

魏了翁对宋代理学的发展主要做出了两大贡献：

一是在四川抨击“庆元学禁”，把宋代理学从高压政治的危难中拯救出来，使其起死回生，不仅在整个南宋中后期国家意识形态领域开智物理，独领风骚，而且还被推崇为“正学之宗”。在宋代，四川是学界“党争”的焦点之一，如北宋时期的“蜀党”与“洛党”之争。至南宋，由于历史条件发生了很大变化，尤其是史弥远采取压抑理学的政策，致使“后生晚学，散漫亡依，其有小慧纤能者，仅于经解语录诸生揣摩剽窃，以应时用，文词浮浅，名节隳顿”①，给人们的思想造成了严重混乱。为此，嘉定九年（1216），魏了翁上疏宋宁宗“乞与周惇颐、张载、程颢、程颐锡爵定谥，示学者趣向”②，嘉定十三年（1220）宋宁宗正式赐周敦颐谥号为“元”，赐程颢谥号为“纯”，赐程颐谥号为“正”，自此周程“道学”便成为官学。此外，魏了翁还向理宗积极建言说：“讲学不明，风俗浮浅，立朝无犯颜敢谏之忠，临难无仗节死义之勇。愿敷求硕儒，丕阐正学，图为久安长治之计。”③所谓“丕阐正学”实际上就是高举理学的旗帜，把理学作为“正学之宗”。

二是创办鹤山书院，确立鹤山学派。南宋学术的繁荣和发展，在一定意义上得益于书院的昌盛，尤其是私人讲学的发达。据《文献通考》统计，南宋兴建的著名书院不少于22所，其中大多为理学家聚徒讲学之处。就是在这样的历史条件下，魏了翁于嘉定三年（1210）在蒲江长宁阡白鹤冈建成“白鹤书院”，史称第一所鹤山书院。由于魏了翁执教有方，故蜀地之学者“负笈而至者，襁属不绝”④，“由是蜀人尽知义理之学”⑤。本来理学在四川已有些根基，如二程的门人袁道洁称“伊洛轶书多在蜀者”⑥，而魏了翁更把自己从京城带回来的朱熹著作付梓刊印，“以惠后学”。当然，在理学崇隆的氛围中，魏了翁很清醒地看到了问题的另一面：“自比岁以来，不惟诸儒之祠布满郡国，而诸儒之书，家藏人诵，乃有剽窃语言，袭义理之近似，以眩流俗，以欺庸有司，为规取利禄计。此又余所甚惧焉者。”⑦从当时社会发展的形势看，魏了翁的“所惧”不是没有道理，一方面南宋末期政局动荡，人心浮躁，内则农民起义不断，外则蒙古军队大兵压境，社会矛盾和民族矛盾交织在一起，给南宋统治者造成极大的政治压力；另一方面学界士子不以道德为心，揣摩时尚之风愈演愈烈，迂腐与阔疏已成为困扰理学发展的两大难题，所以魏了翁根据南宋实际，折中了程朱理学、陆学与叶适事功派的哲学思想，他既承认“理”为“参天地、宰万物”的唯一根源，同时也倡导“人与天地一本”⑧的心学思想，此外他还非常推崇叶适的功利学说，全祖望说：“鹤山魏文靖公。兼有永嘉经制之粹。”⑨甚至魏了翁认为叶适学

① （宋）魏了翁：《重校鹤山先生大全文集》卷16《论敷求硕儒开阐正学疏》，四川大学古籍整理研究所编：《宋集珍本丛刊》第76册，第739页。

② 《宋史》卷437《魏了翁传》，第12966页。

③ 《宋史》卷437《魏了翁传》，第12967—12968页。

④ （宋）魏了翁：《重校鹤山先生大全文集》卷41《书鹤山书院始末》，四川大学古籍整理研究所编：《宋集珍本丛刊》第77册，第149页。

⑤ 《宋史》卷437《魏了翁传》，第12966页。

⑥ （宋）周敦颐撰，梁绍辉、徐荪铭等校点：《周敦颐集》，长沙：岳麓书社，2007年，第284页。

⑦ （宋）魏了翁：《鹤山集》卷48《长宁军六先生祠堂记》，《景印文渊阁四库全书》第1172册，第545页。

⑧ （宋）魏了翁：《重校鹤山先生大全文集》卷15《论人心不能与天地相似者五》，四川大学古籍整理研究所编：《宋集珍本丛刊》第76册，第726页。

⑨ （清）黄宗羲原著，（清）全祖望补修，陈金生、梁运华点校：《宋元学案》卷80《鹤山学案》，北京：中华书局，1986年，第2650页。

说应是“道学正宗”[1]。可见，魏了翁的思想矛盾正是南宋社会矛盾日益复杂化和多样化的客观反映，在这个问题上我们不能苛求于他，因为我们不能要求魏了翁超出他所生活的那个社会时代。

魏了翁的弟子不局于四川，当时在京师、湖湘及江浙等地都有他的追随者。为了教学的方便，魏了翁又在湖湘的靖州创办了第二所鹤山书院，同时他还撰写《九经要义》，作为指导学生研读经学的纲领，当然也是鹤山学派的思想宝典，而他的高足弟子如高斯得、王万、吴泳、史绳祖、游似、蒋重珍则构成鹤山学派的中坚力量，也是鹤山学派之所以能立足于理学界的物质前提和社会前提。

一、道与器“未尝分离”的自然观

魏了翁之理学在自然观上的特征究竟是什么？是“理”本源、“心”本源还是“气”本源，抑或是“理气二元”，对于这个问题，魏了翁本人并没有给我们一个明确的答案。比如，魏了翁说：“心者，人之太极，而人心又为天地之太极，以主两仪，以命万物，不越诸此。”[2]据此，有人认为魏了翁是一个主张以“心”为宇宙本源[3]的“唯心论”者。但是，学界判别朱熹是一个“理”本源论者，其主要依据在于他所说的一句话，即“未有天地之先，毕竟也只是理”[4]。同样，魏了翁亦如是说：“自有乾坤即具此理。”[5]“此理”具体所指应是“诚敬”，即“中、庸、诚、敬，是乃天地自然之则，古今至实之理”[6]。可见，“理”在魏了翁的思想意识中，至少在他的早期思想意识中，是以“本源”的姿态出现的，也就是说，理是宇宙万物生生不息之运动变化的总根源。

综合各种文献史料，我们发现，在魏了翁的文本语言里，“理”的内涵可具体分解为以下几个层面：

第一，形而上的层面。“理”与“道”都是指宇宙的一种初始状态。魏了翁说：“一阴一阳之谓道者，一谓无也。无阴无阳乃谓之道，一得为无者，无是虚无。虚无是太虚，不可分别，唯一而已。”[7]在此，“不可分别”的“一”或“太虚”，其本身就是一个自组织系统。不过，对于这个系统的科学描述，一直是现代物理学家所追求的目标。比如，在爱因斯坦看来，由于广义相对论不能把电磁场和引力场的现象包括在一个共同的数学公式中，因而人们试图用大统一场理论将量子理论纳入到一个基于因果性原理的总场论中去。于是，弦论、宇宙大爆炸说等解释宇宙起源与演化的理论和学说纷纷出现，它们成为逼近“统一场论”的重要环节。根据弦论，隐藏在所有物质背后的最基本的不可分割的物质是弦，即振荡的一维能量环或片断。而宇宙大爆炸论者认为，宇宙起源于一个单独的无

---

① 蔡方鹿：《宋代四川理学研究》，第224页。

② （宋）魏了翁：《鹤山集》卷16《论人主之心义理所安是之谓天》，《景印文渊阁四库全书》第1172册，第209页。

③ 侯外庐等主编：《宋明理学史》上，第619页。

④ （宋）黎靖德编，王星贤点校：《朱子语类》卷1《理气上》，第1页。

⑤ （宋）魏了翁：《简州四先生祠堂记》，曾枣庄、刘琳主编：《全宋文》第310册，第324页。

⑥ （宋）魏了翁：《简州四先生祠堂记》，曾枣庄、刘琳主编：《全宋文》第310册，第324页。

⑦ （宋）魏了翁：《周易要义》卷7上《疏又以虚无释道释一》，《景印文渊阁四库全书》第18册，第262页。

维度的点，即一个在空间和时间上虽无尺度，却包含了宇宙全部物质的数学奇点，在120—150亿年以前，宇宙及空间本身都是由这个奇点的爆炸与膨胀所形成。对于这个“奇点”，霍金教授在《时间简史》一书中认为它就相当于中国道家所崇尚的那种以“无”为特征的宇宙初始状态。那么，“无”自身怎样运动变化？魏了翁作了下面的回答：

原夫两仪之运，万物之动，岂有使之然哉？莫不独化于大虚欻尔而自造矣，造之非我，理自玄应。①

“无”的运动变化不是来自于宇宙万物的外部，而是来自于宇宙万物的内部，是一种自我运动和自我变化。从科学思想史的角度看，魏了翁的这个思想是非常深刻的，尽管他没有明确指出造成宇宙万物自我运动和自我变化的根本原因在于其内部的矛盾性，但他却从阴阳既对立又统一的视角说明了宇宙万物自我运动的动力源泉就在于阴与阳两个方面的相互依存。他说：

阴阳虽殊，无一以待之，在阴为无阴，阴以之生，在阳为无阳，阳以之成，故曰：一阴一阳。②

不仅如此，魏了翁更进一步把“阴阳”与“气”联系起来，认为阴阳本身就是“精气”。魏了翁这样解释说：

精气为物者谓阴阳，精灵之气氤氲积聚而为万物也。③

由此看来，“无”并不能直接地产生万物，它必须经过“阴阳”两者之间的相互作用这个中间环节才能“聚而为万物”。用魏了翁的话说，从“无”到“阴阳”的运动过程是不可见的，因而具有一定的神秘性和超验性。魏了翁说：“在阴之时而不见为阴之功，在阳之时而不见为阳之力。自然而有阴阳，自然无所营为，此则道之谓也。”④可见，其宇宙万物生成变化的具体结构如图3-1所示：

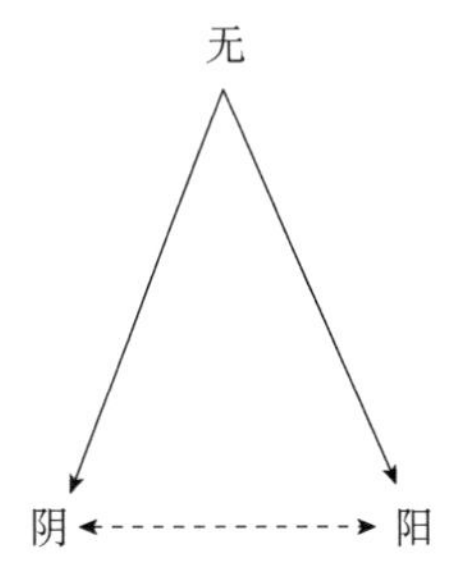

图3-1　魏了翁“宇宙万物生成变化结构”示意图

① （宋）魏了翁：《周易要义》卷7上《阴阳不测之谓神言变化之极》，《景印文渊阁四库全书》第18册，第263页。

② （宋）魏了翁：《周易要义》卷7上《韩注以道为无一阴一阳一亦为无》，《景印文渊阁四库全书》第18册，第262页。

③ （宋）魏了翁：《周易要义》卷7上《聚散皆鬼神所为能知是与天地相似》，《景印文渊阁四库全书》第18册，第262页。

④ （宋）魏了翁：《周易要义》卷7上《疏又以虚无释道释一》，《景印文渊阁四库全书》第18册，第262页。

第二，形而下的层面。“理”是指一种具有普适性的自然规律。魏了翁说：“物为变化之元。”[①]由于“变化”在一般情形下有两种表现形式，即“通乎形外者”[②]与“游魂为变也”[③]者，因此，事物表现于外形的“变化”形式就是可见的和可以通过人们的感觉器官而把握的。可是，事物不能表现于外形的那种“变化”形式则是不可见的和只有通过人们的思维器官才可以认识与把握的。魏了翁肯定了客观事物是“变化”之载体的科学事实，很显然，这是一种典型的唯物主义自然观。在此前提下，魏了翁明确指出：“刚柔相摩者，以变化形见，即阳极变为阴，阴极变为阳，阳刚而阴柔，故刚柔共相切摩更递，变化也。”[④]“刚柔”是事物存在的一种外在形式，是人们可以用感官来加以分别的一种客观属性。故魏了翁说：“刚柔者，昼夜之象也。昼则阳刚，夜则阴柔。”[⑤]昼夜的变化从表象上很容易通过人们的感觉器官而加以分辨，然而，造成昼夜变化的内在原因是什么？这个问题人们无法通过自身的感觉器官去认识和把握，如果说人们的感觉器官所认识和把握的是事物作为外在表象而存在的一面，那么，人们的思维器官所认识和把握的就是事物作为内在必然性而存在的一面，用魏了翁的话说，就是“欲明万物积渐，从无入有”[⑥]。“从无入有”既是宇宙形成的一种初始状态，同时又是每一个具体事物的现实性存在。仅此而言，魏了翁所说的“变”应是指那种具有普适性的自然规律。如魏了翁说：“精气为物，游魂为变，精气烟煴，聚而成物，聚极则散，而游魂为变也，游魂言其游散也。”[⑦]在此，“游散”的本质实际上就是“转化”。虽然魏了翁在当时尚不能提出能量的守恒与转化定律，但是“游散”的思想非常近似于物质不灭定律。比如，魏了翁说：“虽天下之变一治一乱，而是理必不可殄灭也。”[⑧]此处之“治乱”也是一种“转化”，可见，在魏了翁看来，无论自然界还是人类社会，其“转化”规律是永恒的和不灭的。当然，从每个具体事物的“聚散”过程来讲，其客观规律无一不是以“隐伏”的形式而存在着，故此，魏了翁将其称作“聚散之理”。他说：“能知鬼神之内外情状也，物既以聚而生，以散而死，皆是鬼神所为，但极聚散之理，则知鬼神之情状也。言圣人以易之理而能然也。”[⑨]所以，认识和把握了“聚散之理”，就自然而然地能够认识和把握“鬼神之情状”，这正是客观规律的一个

① （宋）魏了翁：《周易要义》卷7上《乾以专直言其材坤以翕辟言其形》，《景印文渊阁四库全书》第18册，第263页。

② （宋）魏了翁：《周易要义》卷7上《乾以专直言其材坤以翕辟言其形》，《景印文渊阁四库全书》第18册，第263页。

③ （宋）魏了翁：《周易要义》卷7上《尽聚散之理能知变化之道》，《景印文渊阁四库全书》第18册，第262页。

④ （宋）魏了翁：《周易要义》卷7上《刚柔相摩是阴阳更递变化》，《景印文渊阁四库全书》第18册，第259页。

⑤ （宋）魏了翁：《周易要义》卷7上《吉凶悔吝变化刚柔注疏通互言之》，《景印文渊阁四库全书》第18册，第260页。

⑥ （宋）魏了翁：《周易要义》卷1上《卦位上有末义初有下义》，《景印文渊阁四库全书》第18册，第132页。

⑦ （宋）魏了翁：《周易要义》卷7上《尽聚散之理能知变化之道》，《景印文渊阁四库全书》第18册，第262页。

⑧ （宋）魏了翁：《成都府府学三先生祠堂记》，曾枣庄、刘琳主编：《全宋文》第310册，第260页。

⑨ （宋）魏了翁：《周易要义》卷7上《聚散皆鬼神所为能知是与天地相似》，《景印文渊阁四库全书》第18册，第262页。

重要特征。

第三，在人类社会的局域内，“理”是人类特有的一种道德意识。众所周知，魏了翁的哲学思想以“义理”之学为其突出特点。魏了翁认为，儒家伦理体现了人的本心，或可说“理”是人本心的一种“文辞”化形式，所以魏了翁说：“凡天理之自然，而非人所得为者，皆文也。”[①]又说：“辞虽末伎，然根于性，命于气，发于情，止于道。”[②]如果上述言论还不足以说明“心”与“天理”两者之间关系问题的话，那么，下面的一段言论可就直观和切实得多了。魏了翁针对师厚卿“以苍苍者为天”的观点，特别强调指出：“心之神明则天也。此心之所不安则天理之所不可，天岂屑屑然与人商较是非也！”[③]以此为前提，魏了翁提出了“民心之所同则天理也”[④]的思想命题。当然，这个思想命题也是魏了翁折中朱熹“理学”和陆九渊“心学”思想的一个必然结果。

与程朱理学将“天理”与“人欲”严格对立起来的观点不同，魏了翁依据南宋社会经济发展的客观实际，认为“天理”与“人欲”并不是对立的关系，而是相互为用的关系。故此，他十分肯定地说：“天理人欲同体而异用，同行而异情。”[⑤]用“体用”范畴来阐释“天理”与“人欲”的关系，是魏了翁的独创，它对明清“实学”的发展具有一定启蒙意义。那么，何谓“同体”？在宋代，人们对“体”与“用”的关系认识，可分为三种倾向：第一种是主张“体用一源”论者，如程颐就是这种思想意识的典型代表；第二种是主张“体用二分”论者，如朱熹说：“心有体用。未发之前是心之体，已发之际乃心之用。”[⑥]又“心以性为体”[⑦]；第三种是独讲“体”而不讲“用”者，即主张“专就心上说”[⑧]者，陆九渊是这种思想意识的典型代表。实际上，从“本体”的意义上说，“心性”是构成“天理”与“人欲”之“同体”的基本要素。比如，朱熹说：“性者，心之理；情者，性之动。”[⑨]其中“心之理”即“天理”，而“性之动”即“人欲”，可见，无论是“天理”还是“人欲”，都是“心性”这个“总体”的一种表现，一种“命分”。在魏了翁看来，对于人类而言，“性”以“气”为自己存在的前提，没有“气”就没有“性”，故他常常将“性气”连称。譬如，魏了翁评论杨文公的品质时说：他“正色直道，不苟于合，能使人主惮其性气”[⑩]。此外，魏了翁认为在宇宙之中，唯有人类能兼气性。他说：

> 《礼运》云：“人者天地之心，五行之端也，食味别声被色而生者也。”言人能兼此气性，余物则不能然。故《孝经》云：“天地之性人为贵。”此经之意，天地是万物

---

① （宋）魏了翁：《鹤山集》卷40《大邑县学振文堂记》，《景印文渊阁四库全书》第1172册，第459页。
② （宋）魏了翁：《鹤山集》卷55《杨少逸不欺集序》，《景印文渊阁四库全书》第1172册，第620页。
③ （宋）魏了翁：《跋师厚卿遇致仕十诗》，曾枣庄、刘琳主编：《全宋文》第310册，第192页。
④ （宋）魏了翁：《达贤录序》，曾枣庄、刘琳主编：《全宋文》第310册，第17页。
⑤ 魏了翁：《鹤山集》卷44《合州建濂溪先生祠堂记》，《景印文渊阁四库全书》第1172册，第510页。
⑥ （宋）黎靖德编，王星贤点校：《朱子语类》卷5《性理二・性情心意等名义》，第90页。
⑦ （宋）黎靖德编，王星贤点校：《朱子语类》卷5《性理二・性情心意等名义》，第89页。
⑧ （宋）陆九渊著，钟哲点校：《陆九渊集》卷35《语录下》，第469页。
⑨ （宋）黎靖德编，王星贤点校：《朱子语类》卷5《性理二・性情心意等名义》，第89页。
⑩ （宋）魏了翁：《跋杨文公真迹》，曾枣庄、刘琳主编：《全宋文》第310册，第158页。

之父母，言天地之意欲养万物也，人是万物之最灵，言其尤宜长养也。①

不过，在魏了翁的思想意识里，“气”绝不是一个辅助性的概念，而是一个具有重要功用的科学范畴。魏了翁曾明确指出：“万物皆始在于气。”②从这个角度看，“气”显然具有“本源”的意义和特性。所以，魏了翁规定“气”的本质就是“生生不穷”。因而他说：

生生之谓易，此语元不错，第只就气质上说。③

所谓“生生”当然包含创造万物的意思，故魏了翁继续说：

天乃积诸阳气而成。④

那么，作为“生生不穷”的“气”如何以“阳气”为动力而产生宇宙万物呢？魏了翁复述了唐代孔颖达的“太极元气”说宇宙生成模式：

太极，天地未分之前，元气混而为一，即是太初，太一也。故老子云：“道生一”即此太极是也。又谓混元既分，即有天地，故曰“太极生两仪”，即老子云“一生二”也。不言天地，而言两仪者，指其物体，下与四象相对。故曰“两仪”，谓两体，容仪也。两仪生四象者，谓金木水火，禀天地而有，故云“两仪生四象”。土则分王四季，又地中之别，故唯云“四象”也。四象生八卦者，若谓震、木、离、火、兑、金、坎、水，各主一时。又巽同震、木，乾同兑、金，加以坤、艮之土，为八卦也。八卦定吉凶者，八卦既立，爻象变而相推，有吉有凶，故八卦定吉凶也。⑤

把“太极”解释为物质性的“气”，是魏了翁异于程朱理学之处。二程虽然对周敦颐的《太极图说》没有发表任何意见，但他们在本体论上将“一”阐释为“理”却并无二致。当然，仅就理与气的关系而言，我们就很难说魏了翁的自然观究竟是“唯物论”还是“唯心论”，抑或是“二元论”。因为魏了翁对“理”的界定是有条件的，这个条件就是以“人”为前提。他说：“心者，人之太极，而人心又为天地之太极，以主两仪，以命万物，不越诸此。”⑥这段话是魏了翁整个理学思想的基石，尽管魏了翁不是站在进化论的立场来看问题，但他始终没有将人的能动性强加于万物之上，比如，他这样说道：

物既以聚而生，以散而死，皆是鬼神所为，但极聚散之理则知鬼神之情状也。言圣人以易之理而能然也，与天地相似，故不违者天地，能知鬼神，任其变化。圣人亦

① （宋）魏了翁：《尚书要义》卷10《人兼气性故为贵为灵》，《景印文渊阁四库全书》第60册，第100页。
② （宋）魏了翁：《周易要义》卷7上《天阳之气云知地阴之形云作》，《景印文渊阁四库全书》第18册，第260页。
③ （宋）魏了翁：《鹤山集》卷35《答周晦叔应辰》，《景印文渊阁四库全书》第1172册，第413页。
④ （宋）魏了翁：《周易要义》卷1上《释卦名义象体及卦德》，《景印文渊阁四库全书》第18册，第131页。
⑤ （宋）魏了翁：《周易要义》卷7下《疏以一生二释极生两五行释四象八卦》，《景印文渊阁四库全书》第18册，第271—272页。
⑥ （宋）魏了翁：《鹤山集》卷16《论人主之心义理所安是之谓天》，《景印文渊阁四库全书》第1172册，第209页。

穷神尽性，能知鬼神，是与天地相似。[1]

此处之“相似”，更准确地讲，应当称为“符合”。人的“知性”能够把握物质世界的运动变化，这是魏了翁的基本看法。然而，人的“知性”不是照像式的反映物质世界，而是通过理性思维（或称为“心”）来认识物质世界运动变化的规律。当然，作为理性思维之“心”，它必须依赖于诸多逻辑范畴，如果没有逻辑范畴的支持，理性思维就根本没有办法发挥其“主两仪”和“命万物”的功能。这样一来，我们面前就出现了两个世界，即真实的客观物质世界与逻辑的主观精神世界。其中作为逻辑的主观精神世界，由于人的思维需要同真实的客观物质世界相互关节，而为了在这种关节中突显人类自身的理性力量，魏了翁继承了程朱理学的“理”本体思想，主张“理”在逻辑上的先在性。他说：“是理也，行乎气之先，而人得之以为性云耳。”[2]在魏了翁看来，如果不承认“理”对于“气”的先在性，那么，作为有意识能动性的人类思维就无法认识和把握客观物质世界的运动变化规律。况且，从存在价值的角度讲，人是道德的存在体，而不单单是自然存在物。马克思在讲到人与一般动物的区别时说：“动物是和它的生命活动直接同一的。它没有自己和自己的生命活动之间的区别。它就是这种生命活动。人则把自己的生命活动本身变成自己的意志和意识的对象。他的生命活动是有意识的……有意识的生命活动直接把人跟动物的生命活动区别开来。正是仅仅由于这个缘故，人是类的存在物。”[3]毫无疑问，作为“类存在物”的人与一般动物相比，前者的存在价值显然要高于后者的存在价值。所以，魏了翁说：

人与天地一本也，天统元气以覆万物，地统元形以载万物，天地之广大，盖无以加也，而人以一心兼天地之能，备万物之体，以成位两间，以主天地，以命万物。[4]

魏了翁把满足一般性生理需要的活动，而不考虑超越于一般性生理活动之上的精神需要，这样的生活状态，概括为七个字，那就是“物欲蔽而天理隐”[5]。如果我们将“物欲”与“天理”的关系作一种道学意义上的阐释，那么，“物欲”与“天理”的关系实际上也是“器”与“道”的关系。在魏了翁看来，脱离“器”的“道”是不存在的，宇宙之中没有孤立存在的“道”，他严厉批评了那种离器而求道、使道陷入虚无的学术倾向，认为“求道者离乎器，而不知一理二气之互根”[6]。在宋代，“一理二气之互根”是魏了翁思想的独到之处。据此，魏了翁强调说：“形而上者之道，初不离乎形而下者之器，虽关百圣，历万世，而无弊焉可也。”[7]当然，承认“道”不能脱离“器”而独立存在，并不等于

---

① （宋）魏了翁：《周易要义》卷7上《聚散皆鬼神所为能知是与天地相似》，《景印文渊阁四库全书》第18册，第262页。

② （宋）魏了翁：《鹤山集》卷48《全州清湘书院率性堂记》，《景印文渊阁四库全书》第1172册，第538页。

③ ［德］马克思：《1844年经济学哲学手稿》，刘丕坤译，北京：人民出版社，1979年，第50页。

④ （宋）魏了翁：《重校鹤山先生大全文集》卷15《论人心不能与天地相似者五》，四川大学古籍整理研究所编：《宋集珍本丛刊》第76册，第726页。

⑤ （宋）魏了翁：《邛州新创南楼记》，曾枣庄、刘琳主编：《全宋文》第310册，第276页。

⑥ （宋）魏了翁：《鹤山集》卷49《宝庆府濂溪周元公先生祠堂记》，《景印文渊阁四库全书》第1172册，第559页。

⑦ （宋）魏了翁：《汉州开元观记》，龙显昭、黄海德主编：《巴蜀道教碑文集成》，成都：四川大学出版社，1997年，第156页。

贬低了“道”在人类认识活动中的重要地位。恰恰相反，魏了翁在“道”即人的精神需要与“器”即人的物质需要方面，更加看重人的精神需要，所以他主张“即欲以求道”①。在这一点上，魏了翁逻辑地将人的思维能力（即“求道”的生理基础）提高到“备万物之体”的地位，进而他以此为根基，把“天理”看作是构成“人与天地一本”的共同要素。结合南宋理学发展的社会实际，我们能够感受到魏了翁提出“遏人欲，扶天理”②命题的紧迫性和必要性。然而，人的思维活动毕竟不是物质世界运动本身，且人心亦不能代替宇宙万物自身。因此，魏了翁在明确了人心的特殊地位和价值之后，他真实地再现了客观世界本身的运动变化，尤其难能可贵的是，魏了翁从物质世界的内在必然性这个角度，阐述了规律的一般表现形式及其人类意识对它的能动作用。魏了翁说：

> 几，微也。是已动之微，动谓心动、事动，初动之时，其理未著，唯纤微而已。若其已著之后，则心事显露，不得为几。若未动之前，又寂然顿无，兼亦不得称几也。几是离无入有，在有无之际，故云动之微也。若事著之后，乃成为吉，此几在吉之先，豫前已见，故云吉之先见者也。此直云吉不云凶者。凡豫前知几，皆向吉而背凶，违凶而就吉，无复有凶，故特云吉也。③

此“几微”的含义实际上指的是客观物质世界的运动规律，就是事物的内在必然性。其“能与其神道合会也”，用今天的话说，即人的认识与客观事物的运动规律相符合，它是科学认识的基本特征。而所谓科学认识其实就是真理本身，在上述引文中，魏了翁特别强调规律的三种形态特征：一是“初动之时”，“唯纤微”；二是“已著之后”，“心事显露”；三是“离无入有，在有无之际”。“几”由微而著，是一个不断生成的过程，而人的思维可以认识和把握这个过程，事实上，也唯有如此，人才能获得相对的自由，才能更好地适应自然界的变化和改造自然界。当然，“离无入有”作为真理的一种存在形式，其“无”（即“暗物质”）是相对于人的认识来说的，而它本身则是科学研究的最终目标。

二、“法自然之理”的科学观

科学思想的本质特征就是认识自然和改造自然，对此，魏了翁做了如下阐释：

> 圣人法自然之理而作易象，易以制器而利天下，用此网罟或陆畋以罗鸟兽，水泽以网鱼鳖也。盖取诸离者，离，丽也，丽，谓附著也。言网罟之用必审知鸟兽鱼鳖所附著之处。④

此“制器而利天下”指的就是科学技术的一般特征。在生产力这个物质系统中，劳动工具（即“制器”）都是由人创造出来的，因而它是科学技术的物化形态，它反映着人对

① （宋）魏了翁：《合州建濂溪先生祠堂记》，曾枣庄、刘琳主编：《全宋文》第310册，第371页。

② （宋）魏了翁：《止止先生宇文公集序》，曾枣庄、刘琳主编：《全宋文》第310册，第65页。

③ （宋）魏了翁：《周易要义》卷8《知几则吉故言吉之先见诸本或有凶字》，《景印文渊阁四库全书》第18册，第277—278页。

④ （宋）魏了翁：《周易要义》卷8《此制器取卦之爻象之体韩直取卦名》，《景印文渊阁四库全书》第18册，第274页。

于自然界的能动反映和改造关系。正如马克思所说："它们是人类劳动的产物，是变成了人类意志驾驭自然的器官或人类在自然界活动的器官的自然物质。它们是人类的手创造出来的人类头脑的器官；是物化的知识力量。"①可见，科学技术通过这种有形的力量推动着人类社会的进步和物质文明的发展，反过来，人们物质生活水平的不断提高最有力地体现着科学技术对人类物质文明发展的促进作用。魏了翁虽然没有自觉地意识到科学技术与社会发展之间的内在联系，更没有发现"科学技术是生产力"这个历史唯物主义的重要原理，但是他毕竟朦胧地猜测到了科学技术发展与社会进步之间存在着某种事实上的因果关系。比如，在《周易要义》卷八里，魏了翁按照历史发展的顺序，先后叙述了三个与一定的社会发展阶段相关联的科学技术问题，它们分别是：

（1）"此制器取卦之爻象之体韩直取卦名"，与该时代的生产性质基本相适应，生产工具以"网罟或陆畋"为特点。

（2）"耒耜致丰取益市合物取噬嗑"，与该时代的生产性质基本相适应，生产工具以"斲木为耜，揉木为耒"为特点。

（3）"舟楫取涣乘理以散动"，与该时代的生产性质基本相适应，生产工具以"舟楫以乘水以载运"为特点。

而对于上述各时代科学技术与社会经济的实际发展状况，魏了翁都作了较为具体的描述，比如，对第（2）项，他这样说：

> 包牺氏没，神农氏作，斲木为耜，揉木为耒。耒耨之利，以教天下。盖取诸益制器致丰，以益万物。②

由"制器致丰"直接作用的结果，便是当时的社会经济出现了一种新的发展形式，即"市"，而"市"是社会生产发展到一定历史阶段的产物。所以魏了翁说："日中为市，致天下之民，聚天下之货，交易而退，各得其所。盖取诸噬嗑，噬嗑，合也。市人之所聚，异方之所合，设法以合物，噬嗑之义也。"③由于作为物化形态的科学技术，其对人类社会发展的促进作用往往是直接的和显著的，因此，人们必然会自觉或不自觉地经常用它去量度社会发展的实际水平，这是作为物化形态的科学技术的一个鲜明特点。当然，科学技术除了具有物化形态这一种形式外，还有"思想化"形态的形式。在一般情况下，作为"思想化"形态的科学技术对社会发展的促进作用通常都是间接的和不显著的，因而与"物化"形态的科学技术相比，"思想化"的科学技术形态很容易被人们所忽视。然而，科学思想通过向社会生活各个领域的渗透，它以其独特的方式促进着人类思维方式的变化和人类道德观念的进步。应当承认，在南宋理学家中，魏了翁的科学思想不仅颇有特色，而且丰富多彩，内容广泛。下面为了叙述的方便，我们拟分几个方面来作一概述。

第一，魏了翁的宇宙演化思想。我们的宇宙究竟从哪里开始形成？迄今为止，科学界

---

① 《马克思恩格斯全集》卷46下，第219页。

② （宋）魏了翁：《周易要义》卷8《耒耜致丰取益市合物取噬嗑》，《景印文渊阁四库全书》第18册，第274页。

③ （宋）魏了翁：《周易要义》卷8《耒耜致丰取益市合物取噬嗑》，《景印文渊阁四库全书》第18册，第274页。

仍未取得一致的结论。事实上，关于宇宙形成的许多关键问题都还在积极的探讨与论证之中。不过，爱因斯坦的广义相对论从理论上给出了宇宙演化可能会出现的几个特殊星体，它们分别是黑洞、白洞及虫洞，虽然天体物理学对三者的本质还没有认识清楚，但从种种研究迹象看，这三者很可能成为人类破解宇宙起源之谜的钥匙。魏了翁也很关注宇宙演化的历程和结构方式，他在《周易要义》一书中不仅通过"疏以一生二释极生两五行释四象八卦"一节，非常详细地描述了宇宙形成的过程，而且还通过"物先阖后辟阖辟往来谓之变通"一节，比较直观地阐释了宇宙形成的内在机制和结构方式。他说：

> 凡物先藏而后出，故先言坤而后言乾。阖户谓闭，藏万物若室之闭阖其户，故云阖户谓之坤；辟户谓之乾者。辟户谓吐，生万物也，若室之开辟其户，故云辟户谓之乾也。一阖一辟谓之变者，开闭相循，阴阳递至，或阳变为阴，或开而更阖，或阴变为阳，或闭而还开，是谓之变也。往来不穷谓之通者，须往则变来为往，须来则变往为来，随须改变不有穷已，常得通流是谓之通也。①

又说：

> 见乃谓之象者，前往来不穷，据其气也，气渐积聚，露见萌兆，乃谓之象。②

一般地讲，冬藏春种是季节变换的自然规律，当然，它更暗示事物产生和发展的一个循环周期，在这个循环周期中，"冬藏"是起点，而"秋实"是终点。由此追溯宇宙天体的起源也无不如是，宇宙天体的起源先从"阖户"开始，魏了翁很形象地将这个过程比作"闭藏"。考"黑洞"这个天体确实具有"闭藏"的功能和特点，大家知道，根据广义相对论，引力场将使时空弯曲，因此，当恒星的半径小于"史瓦西半径"时，巨大的引力使光也不能向外射出了，于是，恒星就转变为"黑洞"。不过，由于宇宙天体遵从循环守恒规律，所以恒星一旦坍缩为"黑洞"，它则预示一个星体运动周期的结束而另一个新的星体运动周期的开始。过去，科学家认为，"黑洞"不能发射光，然而英国的物理学家霍金研究证实，"黑洞"不仅实际上能发散出大量光子，而且"黑洞"消失的一瞬间会产生剧烈的爆炸，并释放出相当于数百万颗氢弹的能量。与"黑洞"不同，"白洞"不是把包括光线在内的一切物质都吸入自己的体内，而是经过白洞前的光线及一切物质都会被白洞的强大排斥力喷射出去，使其改变原有的运动方向，向着白洞的对面运行。可见，"黑洞"的特点是"吸"，而"白洞"的特点则是"吐"，故人们称"白洞"是"宇宙中的喷射源"。天体物理学家猜想，进入"黑洞"中的物质应当从"白洞"出来，从这个意义上，科学界更愿意将"白洞"看作是"黑洞"存在的另一种形态。按内部的组成要素来划分，黑洞可以分为两大类：一是暗能量黑洞，二是物理黑洞。其中物理黑洞的体积极其微小，甚至小到一个"数学奇点"，而这个"数学奇点"正是宇宙大爆炸理论的现实前提和宇宙演化的初始状态。既然我们承认"吸"与"吐"是"黑洞"本身的两个运动过程，那么，连接两

---

① （宋）魏了翁：《周易要义》卷7下《物先阖后辟阖辟往来谓之变通》，《景印文渊阁四库全书》第18册，第271页。

② （宋）魏了翁：《周易要义》卷7下《见为象形为器制为法用为神》，《景印文渊阁四库全书》第18册，第271页。

者之间运动变化的“虫洞”之存在，就是一件顺理成章的事情了。魏了翁将其概括为“开闭相循，阴阳递至”的宇宙形成与变通规律，在宋代，魏了翁的这个思想较其他宇宙形成学说，更加接近真理，因而是一种先进的宇宙结构和演化学说，即使在今天，这个学说也没有过时。

第二，魏了翁的医学思想。据杜春雷《魏了翁著述杂考》考证[①]，《学医随笔》是魏了翁唯一传世的医学专著，篇幅不长，主要内容是学习《内经》的心得。如《黄帝内经素问》载：“夫言人之阴阳，则外为阳，内为阴。言人身之阴阳，则背为阳，腹为阴。言人身之藏府中阴阳，则藏者为阴，府者为阳……故背为阳，阳中之阳，心也；背为阳，阳中之阴，肺也；腹为阴，阴中之阴，肾也；腹为阴，阴中之阳，肝也；腹为阴，阴中之至阴，脾也。”[②]对此，魏了翁解释说：

> 心为牝藏，位处上焦，以阳居阳。肺为牝藏，处上焦，以阴居阳。肾为牝藏，处下焦，以阴居阴。肝为牝藏，处中焦，以阳居阴。脾为牝藏，处中焦，以太阴居阴，故为阴中之至阴。[③]

“上”属阳，且心性为“热”，“热”属阳，此外，结合五脏与五行及五方的对应关系，则“南方生热”，在季节中属夏，而夏为隆盛之太阳，故心为“阳中之阳”；相反，肺性为“燥”，“燥”属阴，同时，结合五脏与五行及五方的对应关系，则“西方生燥”，在季节中属秋，而秋为初生之少阴，故肺为“阳中之阴”。“下”属阴，且肾性为“寒”，为“水”，再者，结合五脏与五行及五方的对应关系，则“北方生寒”，寒属阴，在季节通于冬，而冬为隆盛之太阴，故肾“阴中之阴”。在人体的位置方面，中焦是指横膈以下、脐以上的上腹部，以阴阳的性质来划分，“腹”为阴，然而，肝性为“风”，“风”属阳，另外，结合五脏与五行及五方的对应关系，则“东方生风”，在季节方面，春季生风，为初生之少阳，故肝为“阴中之阳”；与之不同，脾性为湿，湿属阴，再结合五脏与五行及五方的对应关系来讲，“中央生湿”，在季节方面，长夏生湿，是为至阴，故脾为“阴中之至阴”。将五脏与阴阳贯通起来，它对于人们更深刻地理解人体的生理与病理特点，并用以指导临床实践，具有非常重要的理论意义。据此，魏了翁对《黄帝内经素问》卷二《阴阳应象大论》中所提出来的治病原则，谈了他自己的一点体会，他说：

> 善治者治皮毛（止于萌也），其次治肌肤（救其已生），其次治筋脉（攻其已病），其次治六府（治其已甚），其次治五脏，治五脏者半死半生也（治其已成。神农曰：“病势已成，可得半愈。”）。故天之邪气，感则害人五脏，水谷之寒热，感则害于六府，地之湿气，感则害于皮肉筋脉。[④]

上引括号中的释语，均为魏了翁学医之心得体会，颇有临床指导价值。《黄帝内经素

---

① 杜春雷：《魏了翁著述杂考》，《宋代文化研究》第 34 辑，成都：四川大学出版社，2019 年，第 210—218 页。
② 《黄帝内经素问》卷 1《金匮真言论篇》，陈振相、宋贵美编：《中医十大经典全录》，第 12 页。
③ （宋）魏了翁：《学医随笔》，太原：山西科学技术出版社，2013 年，第 4 页。
④ （宋）魏了翁：《学医随笔》，第 5 页。

问·八正神明论》篇说："上工救其萌牙。"[①]而"善治者治皮毛"其实就是"止于萌"，因为从疾病的流转程度而言，外邪致病往往是由表入里，而愈向里传，其病情愈重。所以，"止于萌"不仅具有控制病邪入里的早期治疗意义，而且对外感病辨证论治也产生了深远的影响。在一定程度上说，宋人重视养生实践的基础，就在于他们对《内经》之"未病"思想的切实领悟与深刻把握。比如，魏了翁述《内经》的养生思想说："上古圣人恬淡虚无，真气从之。精神内守，病安从来。是以志闲而少欲，心安而不惧形劳而不倦。"[②]就是说，只有做到"恬淡虚无"，才能达到"志闲而少欲"；只有做到"精神内守"，才能达到"心安而不惧"；只有将"恬淡虚无"与"精神内守"两者有机地结合起来，才能使"真气从之"，而病不得生。

第三，魏了翁的农学思想。魏了翁根据南宋农业生产的客观实际，结合古人"守边备塞惟务农积谷"的历史经验，提出了"毋责屯田之虚名，而先究垦田之实利"的农业经济思想。他说：

> 窃谓有屯田，有垦田，二者相近而不同。垦田者何？大兵之后，田多荒莱，如诸路有闲田，寺观有常住，皆当广行招诱，使人开垦，因可复业，则耕获之实效，往往多于屯田。盖并边之地，久荒不耕，则谷贵，贵则民散，散则兵弱。必地辟耕广则谷贱，贱则人聚，聚则兵强，此理所必然。惟毋责屯田之虚名，而先究垦田之实利，则庶几矣。[③]

针对四川"逃田"现象比较严重的社会现实，魏了翁因地制宜地提出了一个比较切合南宋社会实际的垦田方案。他说：

> 先切选用土豪[④]，渐渐耕垦细民所不能垦之田，则一寸有一寸之功，一日有一日之利，皆实效也。事半功倍，惟此时为然。若夫屯田，则先督诸将修葺原堡，候毕日并将极边荒田尽数耕播。行之以渐，要之以久，不数年之间，边备隐然，以战则胜，以守则固，保蜀之策，无大于此。[⑤]

这个方策有成效吗？魏了翁举例说，虞仲易在经营利州路的垦田事业时，曾取得了"垦田凡百余万亩，官耕者三万余亩"而"边实人足"[⑥]的可喜业绩。尽管魏了翁的话中，不免言过其实，但"关外屯田和营田确曾起过好作用，这应当也是无可置疑的"[⑦]。当然，魏了翁强调"守边备塞惟务农积谷"的观点，从更深一层的角度看，可以说是他"以农为本"和"寓军于农"两个思想的具体化。中国是一个农业大国，这是历朝历代封建政

---

① 《黄帝内经素问》卷8《八正神明论篇》，陈振相、宋贵美编：《中医十大经典全录》，第44页。

② （宋）魏了翁：《学医随笔》，第3页。

③ （宋）魏了翁：《奏论蜀边垦田事》，曾枣庄、刘琳主编：《全宋文》第309册，第89—90页。

④ 这里选用"土豪"的前提是："今闻三路土豪之为忠义者，有愿自备费用，自治农器，自办耕牛，自用土人，各随便利，趁时开垦，及秋布种。"（《全宋文》第309册，第90页）

⑤ （宋）魏了翁：《奏论蜀边垦田事》，曾枣庄、刘琳主编：《全宋文》第309册，第91页。

⑥ （宋）魏了翁：《朝请大夫利州路提点刑狱主管冲佑观虞公墓志铭》，曾枣庄、刘琳主编：《全宋文》第311册，第189页。

⑦ 张泽咸等：《中国屯垦史》中册，北京：农业出版社，1990年，第252页。

府制定国家政策时，必须首先考虑的基本国情。魏了翁牢牢抓住中国社会发展的这个基本特点，主张即使在遇有外患的情况下，也要从“以农为本”的客观实际出发，量地而行，以谷为命。

南宋的疆域虽说较北宋狭小，据袁震先生统计，北宋所辖面积约为250万平方公里，而南宋所辖面积则缩小为约172万平方公里①，然而其所遭遇的种种外患问题却比北宋更为严重。在这种历史背景下，“兵”与“农”的关系格外受到南宋士大夫的关注。唐与宋的兵制有所不同，唐代实行“府兵制”，而宋代改行“募兵制”，两者的重要区别在于前者为“兵民合一”，而后者则“兵民分为二”。对此，南宋人李纲评论说：“唐设府卫之兵，颇仿古制，无养兵之费，而有用众之实，此良法也。后世兵民既分，不可复合，惟陕西沿边弓箭手，及近置湖南刀弩手，犹有古之遗意。其法给田百亩，使家出一人为兵，自备器甲之属。”②因此，他赞美“兵民不分”的好处说：“古者兵民不分，无事则为乡遂之民，有事则为军旅之士，三时务农，一时讲武。”③在宋代，兵与民（或农）的矛盾一直都很尖锐，例如，北宋仁宗时期，“天下财货所入，十中八九赡军”④，以至于到神宗时，已经出现了“民力困极，国用窘乏”⑤的严重状况。这种状况一直到南宋时，也没有实质性的改观。如宋孝宗坦言：当今“养兵费财，国用十分，几八分养兵”⑥。可见，广大民众的负担是非常沉重的。因而许多有识之士为解决“竭民赋租，以养不战之卒”⑦的问题，纷纷献言献策，其中提得最多的恐怕就是“寓军于农”的问题。如刘一止说：“古者兵民为一，故兵不可胜用，而国不知费。”⑧魏了翁则明确提出了“寓军于农”⑨的战略思想。在他看来，无论是“屯田”还是“垦田”，其目的只有一个，那就是尽力发展和壮大“民兵”的力量。从这个意义上讲，“今之垦田又可为后之屯田，今之耕夫可为后之精兵”⑩。恰如南宋人彭龟年所说：“屯田、营田虽非寓兵于农之制，而有寓兵于农之意。”⑪

三、“于躬行日用间随处体验”的方法论

在宋代，由于文本语言的时代受限性，当时人们把事物相互之间的客观和普遍联系，

---

① 袁震：《宋代户口》，《历史研究》1957年第3期。

② 《梁溪集》卷63《乞划刷官田仿弓箭刀弩手法给地养兵札子》，（宋）李纲著，王瑞明点校：《李纲全集》中册，长沙：岳麓书社，2004年，第675—676页。

③ 《梁溪集》卷63《乞划刷官田仿弓箭刀弩手法给地养兵札子》，（宋）李纲著，王瑞明点校：《李纲全集》中册，第675页。

④ （宋）李焘：《续资治通鉴长编》卷124“宝元二年九月”条，第2928页。

⑤ 《宋史》卷316《吴奎传》，第10321页。

⑥ （元）佚名撰，李之亮校点：《宋史全文》卷27上“宋孝宗七”条，第1874页。

⑦ （元）马端临：《文献通考》卷152《两朝国史志》，北京：中华书局，1986年，第1328页。

⑧ （宋）刘一止：《应诏条具利害状》，任继愈主编，（清）庄仲方编：《中华传世文选 南宋文范》，长春：吉林人民出版社，1998年，第206页。

⑨ （宋）魏了翁：《朝请大夫利州路提点刑狱主管冲佑观虞公墓志铭》，曾枣庄、刘琳主编：《全宋文》第311册，第189页。

⑩ （宋）魏了翁：《奏论蜀边垦田事》，曾枣庄、刘琳主编：《全宋文》第309册，第90页。

⑪ （宋）彭龟年：《止堂集》卷9《策问十道》，《景印文渊阁四库全书》第1155册，第855页。

称之为“感应”。例如，魏了翁说：“天地万物之情见于所感也。”[①]具体讲来，“感应”可分为“同类感应”与“异类感应”两类。其中“同声相应者，若弹宫而宫应，弹角而角动是也；同气相求者，若天欲雨而柱础润是也；此二者，声气相感也。水流湿，火就燥者，此二者以形象相应，水流于地，先就湿处；火焚其薪，先就燥处，此声气水火皆无识而相感，先明自然之物”[②]。“天地之间共相感应，各从其气类。”[③]在魏了翁看来，宇宙万物不仅有“同类感应”者，而且还有“异类感应”者。他说：“若磁石引针，琥珀拾芥，蚕吐丝而商弦绝，铜山崩而洛钟应，其类烦多，难一一言也。皆冥理自然，不知其所以然也。感者，动也；应者，报也。皆先者为感，后者为应。”[④]可见，魏了翁上述思想是以客观事物的物质性为前提的，他所说的“感应”是指宇宙万物之间的客观联系，因而这种“感应论”实际上就是一种唯物主义的“因果联系”。然而，由于魏了翁在这个问题上具有不可知论的思想倾向，因此，他公开宣扬“远事遥相感”[⑤]的神秘主义思想，对于这一点我们应当采取批判态度，剔其糟粕。

魏了翁认为人类的认识也是一种感应形式，在他看来，有两种感应形式与人类的认识运动有关，那就是“有识之物感无识”[⑥]与“有识感有识”[⑦]。那么，“感”为何物？魏了翁说：“行虽切在于身，其善恶积而不已，所以感动天地。”[⑧]积善恶于身，其实就是一种道德实践。从这个角度讲，“感”本身即是一个道德实践的过程，魏了翁把这个过程称为“有识感有识”。不仅如此，在魏了翁看来，“感”还是一种理性思维过程，比如，他说：“神道微妙，寂然不测，人若能豫知事之几微，则能与其神道合会也。”[⑨]在这里，“豫知事之几微”指的是认识和把握事物发展变化的客观规律性，它本身属于理性认识的范畴。当然，人的认识只能反映客观事物的发展规律，而不能创造规律，所以魏了翁强调说：“天下之事何须思也，何须虑也。日往则月来，至相推而岁成者，此言不须思虑，任运往来，自然明生，自然岁成也。往者，屈也。来者，信也者，此覆明上，日往则月来，寒往则暑来，自然相感而生利之事也。”[⑩]可见，魏了翁此说的目的绝不是要否定人的理性认识，而是要凸显事物的客观规律不依赖于人的认识而独立存在的物质特性。具体地讲，魏了翁在此实际上表达了这样两层意思：一是客观规律不以人的意志为转移，二是人可以通过自身的主观能动性（即“感”）去认识和把握事物的发展规律。如果以“吉”与“凶”为标准

① （宋）魏了翁：《周易要义》卷4上《凡感不能感非类故以取女明之》，《景印文渊阁四库全书》第18册，第199页。

② （宋）魏了翁：《周易要义》卷1上《广陈同类感应明圣作物睹》，《景印文渊阁四库全书》第18册，第141页。

③ （宋）魏了翁：《周易要义》卷1上《广陈同类感应明圣作物睹》，《景印文渊阁四库全书》第18册，第141页。

④ （宋）魏了翁：《周易要义》卷1上《有异类相感有远事相感》，《景印文渊阁四库全书》第18册，第141—142页。

⑤ （宋）魏了翁：《周易要义》卷1上《有异类相感有远事相感》，《景印文渊阁四库全书》第18册，第142页。

⑥ （宋）魏了翁：《周易要义》卷1上《广陈同类感应明圣作物睹》，《景印文渊阁四库全书》第18册，第141页。

⑦ （宋）魏了翁：《周易要义》卷1上《广陈同类感应明圣作物睹》，《景印文渊阁四库全书》第18册，第141页。

⑧ （宋）魏了翁：《周易要义》卷7上《言行枢机可以感动天地》，《景印文渊阁四库全书》第18册，第265页。

⑨ （宋）魏了翁：《周易要义》卷8《上交下交疏以道器释之》，《景印文渊阁四库全书》第18册，第277页。

⑩ （宋）魏了翁：《周易要义》卷8《天下事何须思虑屈信自然相感》，《景印文渊阁四库全书》第18册，第277页。

来判断人的认识效果，那么，人的认识只要符合事物的发展规律，其社会行为就“吉”，反之，就“凶”。他说：

> 行其吉事则获嘉祥之应，观其象事则知制器之方，玩其占事则睹方来之验也。①

又说：

> 天地设位，圣人成能，圣人乘天地之正，万物各成其能。②

还有：

> 唯人所动，情顺乘理以之吉，情逆违道以陷凶，故曰：吉凶以情迁也……情伪相感而利害生，情以感物则得利，伪以感物则致害也。③

这几段话说明了“理”与“象”的关系问题，魏了翁认为，“象”就是事物表现于外的各种联系，它可具体区分为“真象”（或“实象”）与“假象”两种表现形式。故魏了翁说：“象辞或有实象或有假象，实象者，若地上有水，比也；地中生木，升也。皆非虚，故言实也。假象者，若天在山中，风自火出，如此之类，实无此象，假而为义，故谓之假也。虽有实象、假象，皆以义示人，总谓之象。”④在现实生活中，“五行”是“实象”，而“五脏”与“五行”的比类，如肝属木、肺属金之类，就是“虚象”。然而，不管“实象”还是“虚象”，它们都是客观事物的外在表现。与“象”不同，理则是隐藏在事物内部的本质联系，因而也称“自然之理”。如魏了翁说：“圣人法自然之理而作《易》。”⑤“日中然盛必有衰，自然常理。”⑥又“若己之无罪，忽逢祸患，此乃自然之理”⑦。在此，魏了翁实际上已经涉及“偶然性”与“必然性”的相互关系问题了。很明显，由于魏了翁没有弄清楚两者之间的辩证关系，所以他把“偶然性”当成了“必然性”，因而陷入了“宿命论”的泥潭。但是他承认事物的发展变化都是有原因的，正是基于这一点，他才肯定了物质世界的可知性。前揭魏了翁有不可知论的思想认识，从不可知论到可知论的转变，表明魏了翁的思想认识绝不是固定不变的，而是随着社会的发展和科技的进步不断地自我矫正和自我更新。所以魏了翁说：“识物之动，则其所以然之理，皆可知也。”⑧然而，如何

① （宋）魏了翁：《周易要义》卷8《吉则有祥象则知器占则知来》，《景印文渊阁四库全书》第18册，第280页。

② （宋）魏了翁：《周易要义》卷8《圣人乘天地之正万物各成其能》，《景印文渊阁四库全书》第18册，第280页。

③ （宋）魏了翁：《周易要义》卷8《有攻有取有感而后吉凶悔吝利害生》，《景印文渊阁四库全书》第18册，第281页。

④ （宋）魏了翁：《周易要义》卷1上《有假象实象》，《景印文渊阁四库全书》第18册，第137页。

⑤ （宋）魏了翁：《周易要义》卷8《此制器取卦之爻象之体韩直取卦名》，《景印文渊阁四库全书》第18册，第274页。

⑥ （宋）魏了翁：《周易要义》卷6上《日中下言中昃盈虚孔子因丰设戒》，《景印文渊阁四库全书》第18册，第241页。

⑦ （宋）魏了翁：《周易要义》卷3上《无妄之疾犹尧汤水旱非己招》，《景印文渊阁四库全书》第18册，第189—190页。

⑧ （宋）魏了翁：《周易要义》卷1上《文言第三节说六爻人事所治》，《景印文渊阁四库全书》第18册，第142页。

“知”呢？魏了翁认为认知物质世界需要两个步骤。

第一步，以八卦作为人类认识物质世界的逻辑范畴。魏了翁说：

> 夫八卦备天下之理，而未极其变，故因而重之，以象其动，用拟诸形容，以明治乱之宜。观其所应，以著适时之功，则爻卦之义所存各异，故爻在其中矣。①

只有从逻辑范畴的角度看，“八卦”（包括“重卦”）才能够“备天下之理”，才能具有“垂范作则”②之功。在康德那里，范畴仅仅适用于现象世界，而对于理性世界则是无效的。故康德说：“范畴之使用，绝不能推及经验之对象以外。”③而《周易》之卦象则囊括了宇宙万物的一切运动变化之理，故魏了翁引孔颖达的观点说：“盖易理宽宏，无所不法。”④既然如此，魏了翁就不能不主张人们向“八卦”中去搜求“万物之理”了。

第二步，在认真把握“易理”的基础上，通过“格物穷理”的工夫而“致其知”。《大学》原为《礼记》中的一篇，程朱理学为了突出《大学》的“穷理正心”地位，不仅将其独立，而且还列为“四书”之首。在认识论上，《大学》首倡“格物致知”说，因而把中国古代的知识学建立在一种以实事求是为内核的“实学”基础之上。朱熹说：“致知之道，在乎即事观理，以格夫物。”⑤同样，魏了翁亦复如此，他说：“即事即物穷理，以致其知。”⑥在这里，魏了翁的“致知”固然以道德学问为主要内容，但是这绝不意味着他就可以忽略自然之学问了。恰恰相反，魏了翁对“自然之学”非常重视。比如，他说：

> 古之人所谓格物以致其知者，将以究极乎此。死生昼夜之道既了然于中，而后交于鬼神之义不失其正。⑦
>
> 凡入热疾至九、十月以后须求肝、脾间方可，若到十一月黄钟之宫，一阳来复则水气上滋，木复萌芽，心火亦生，故穷理者方可以为医。⑧

此处之“死生昼夜之道”及“穷理者方可以为医”等，指的都是自然之学。由此可见，魏了翁所讲“理”当是一种“至实之理”⑨，而那些“至实之理”或曰“真知”便成为指导人们行动的指南。魏了翁说：“所谓操存者，非着力把捉之谓，才说著力，便是助长。细玩孟子三勿之语，参以先儒讲说，令书味浃洽，而即于躬行日用间随处体验。须是真知得，便能笃行之得力，则所知益明。”⑩其“真知”与“笃行”的关系，也可以理解为

---

① （宋）魏了翁：《周易要义》卷8《卦举象重论爻相推系辞而有变动》，《景印文渊阁四库全书》第18册，第273页。

② （宋）魏了翁：《周易要义》纲领《二汉祖述江南虚玄惟王辅嗣独冠》，《景印文渊阁四库全书》第18册，第126页。

③ ［德］康德：《纯粹理性批判》，蓝公武译，北京：生活・读书・新知三联书店，1957年，第216页。

④ （宋）魏了翁：《尚书要义》卷18《系辞言河图孔刘皆有是说》，《景印文渊阁四库全书》第60册，第162—163页。

⑤ （宋）朱熹：《大学或问》卷1，朱杰人、严佐之、刘永翔主编：《朱子全书》第6册，第512页。

⑥ （宋）魏了翁：《鹤山集》卷16《论敷求硕儒开阐正学》，《景印文渊阁四库全书》第1172册，第211页。

⑦ （宋）魏了翁：《泸州显惠庙记》，曾枣庄、刘琳主编：《全宋文》第310册，第277页。

⑧ （宋）魏了翁：《鹤山集》卷109《师友雅言下》，《景印文渊阁四库全书》第1173册，第606页。

⑨ （宋）魏了翁：《鹤山集》卷42《简州四先生祠堂记》，《景印文渊阁四库全书》第1172册，第480页。

⑩ （宋）魏了翁：《答朱择善改之书》，曾枣庄、刘琳主编：《全宋文》第309册，第377页。

理论与实践的关系。从引文中，我们不难看出，魏了翁主张理论与实践的相互结合，尽管他所说的“实践”与我们今天所讲的“实践”，其内涵不同，但是魏了翁毕竟强调了“行”对于“知”的基础性质。魏了翁说：“若书自书，人自人，说自是说底，行自是行底，则全不济事。”①而在如何处理“知”与“行”的相互关系问题上，魏了翁似乎猜测到了检验“知”的客观标准问题。例如，他说：“向来多看先儒解说，近思之，不如一一从圣经看来。盖不到地头亲自涉历一番，终是见得不真。又非一一精体实践，则徒为谈辨文采之资耳。”②如何鉴别“知”的“真”与“不真”，在魏了翁看来，只有到实践中去检验。在当时，魏了翁的这个思想是非常了不起的。在某种程度上说，魏了翁的“行动哲学”是南宋理学思维方法的一个重大突破，它无疑地为南宋自然科学的发展提供了一个思想法宝。

第二节　陈自明的实验医学思想

陈自明（约1190—1271）③，字良甫，自号“药隐老人”，临川（今江西抚州）人。据陈氏自述：“仆三世学医，家藏医书数千卷。既又遍行东南，所至必尽索方书以观。”④由此可见，陈氏真正做到了“读万卷书，行万里路”，既有扎实的理论功底，又有丰富的临床实践经验，这是他之所以能够超越前贤的最可宝贵之处。比如，在陈氏之前，历代诸家像张仲景、巢元方、孙思邈、王焘等，在他们的著述中都程度不同地谈论了妇人病的内容，甚至唐代昝殷还撰写了我国古代第一部妇产科专著，可惜，它们在内容上远远不能满足宋代妇产科医学发展的客观要求。因为“盖医之术难，医妇人尤难，医产中数证则又险而难。彼其所谓‘专治’者、‘产宝’者，非不可用也。纲领散漫而无统，节目疏略而未备”⑤。所以，在此基础上，宋代出现了《产育宝庆集》《产科备要》《产宝诸方》《女科百问》《胎产经验方》《十产论》《妇人大全良方》等一大批妇产科专著，水平较前代有了明显的提高，其中以陈自明的《妇人大全良方》（1237）较为完备，诸多医家对其都给予了很高的评价。

此外，陈自明对中医外科学也有很深的造诣。他在景定四年（1263）完成的《外科精要》一书，将痈疽、疮肿、发背、瘰疬等汇集一科，遂成为中医临床的一个重要分支——中医外科学。然本书仅讨论陈自明《妇人大全良方》中的实验医学思想。

---

① （宋）魏了翁：《答朱择善改之书》，曾枣庄、刘琳主编：《全宋文》第309册，第377页。

② （宋）罗大经撰，孙雪霄校点：《鹤林玉露·文章性理》，上海：上海古籍出版社，2012年，第200页。

③ 顾漫：《陈自明〈外科精要〉版本考略》，《中华医史杂志》2007年第1期。

④ （宋）陈自明著，潘远根、胡静娟整理：《妇人大全良方·原序》，《中华医书集成》第15册，第2页。

⑤ （宋）陈自明著，潘远根、胡静娟整理：《妇人大全良方·原序》，《中华医书集成》第15册，第2页。

一、《妇人大全良方》中的实验医学思想及创新精神

贝尔纳在《实验医学研究导论》一书中曾将医学发展分为两个阶段：第一个阶段是观察医学，第二个阶段是实验医学。[①]其中“实验医学是一种要求人们认识健康和病态机体的规律的医学，它不仅能预测现象，而且也能在某种程度上调节和改变现象”[②]。按照这个定义，同时再结合陈自明在《外科精要》序中所说南宋时期从事外科的医生“多是庸俗不通文理之人”[③]的实际，我们认为，陈自明的医学研究已经不是仅仅停留在观察医学的阶段，而是自觉地深入到疾病现象的背后去认识和发现形成疾病的原因，并“随后分析每个症状、并寻求症状的解释和寻求可以了解病态与常态或生理状态之间的关系的生命规律”[④]，从而将他的医疗水平提升到实验科学的高度，极大地促进了中医妇产科学和外科学的发展。

衡量实验医学发展的水平，通常要看三门基础学科即生理学、病理学和治疗学的发展状况。与西医的生理学不同，中医生理学以活体的观察为基础，在天人合一观念的指导下，注重从整体上对机体活动进行动态的和全面的分析研究，并以阴阳五行观念和藏象学说为核心，辅以气血津液和经络原理，于是形成了自己独特的理论体系。

（一）《妇人大全良方》中的实验医学思想

1.《妇人大全良方》与中医妇产科生理学思想

从历史上看，中医对妇女生理的系统认识始于《黄帝内经》（以下简称《内经》）。如《内经》卷1载：

> 女子七岁，肾气盛，齿更发长。二七而天癸至，任脉通，太冲脉盛，月事以时下，故有子。三七，肾气平均，故真牙生而长极。四七，筋骨坚，发长极，身体盛壮，五七，阳明脉衰，面始焦，发始堕。六七，三阳脉衰于上，面皆焦，发始白。七七，任脉虚，太冲脉衰少，天癸竭，地道不通，故形坏而无子也。[⑤]

此段论述把女性生理分成了七个阶段，每个阶段都有各自的特点，因而为后世妇科学的发展奠定了理论基础。其中，“二七而天癸至”是女性生理的重要特点。陈自明解释说：“天，谓天真之气降；癸，谓壬癸，水名，故云天癸也。然冲为血海，任主胞胎，肾气全盛，二脉流通，经血渐盈，应时而下。”[⑥]此处所讲的“二脉”，是指经络学说中的冲脉和任脉。经络是中医理论体系的重要组成部分，人体通过经络沟通内外，贯串上下，从而将各部分组织器官联结为一个有机整体。经临床实践证实，冲脉和任脉与妇女生理联系最为密切。陈自明说：“夫冲任之脉起于胞内，为经脉之海。手太阳小肠之经、手少阴心之经

① ［法］克洛德·贝尔纳：《实验医学研究导论》，夏康农、管光东译，北京：商务印书馆，1996年，第208页。
② ［法］克洛德·贝尔纳：《实验医学研究导论》，夏康农、管光东译，第207—208页。
③ （宋）陈自明编，（明）薛己校注：《外科精要·序》，北京：人民卫生出版社，1982年，第1页。
④ ［法］克洛德·贝尔纳：《实验医学研究导论》，夏康农、管光东译，第208页。
⑤ 《黄帝内经素问》卷1《上古天真论篇》，陈振相、宋贵美编：《中医十大经典全录》，第7—8页。
⑥ （宋）陈自明著，潘远根、胡静娟整理：《妇人大全良方》卷1《月经序论》，《中华医书集成》第15册，第5页。

也，二经为表里。心主于血，上为乳汁，下为月水也。”[①]具体言之，冲脉的起点在胞中，而其循行路径可分作三支：一支下出会阴后，过阴器，沿腹腔前壁，挟脐上行，散布于胸中，再向上行，穿过横膈，经咽喉，环绕口唇；一支出胞中，过会阴，绕肛门，向后沿腹腔壁，上行于脊柱内；一支经肾向下从气街部（即气冲穴）浅出体表，沿大腿内侧入腘窝，下行至足底及足大趾。该脉对于女性生理，主要具有以下两个方面的作用：一是“为月经之本”，“经本阴血，何脏无之？惟脏腑之血皆归冲脉，而冲为五脏六腑之血海，故经言太冲脉盛，则月事以时下，此可见冲脉为月经之本也”。[②]二是其为妇女生育的生理基础，所以宋人说：“女子者，全阴之生也，受阳奇合天癸之数。天癸者，水干之名也。至二七海满而弗越其度，每三旬经行而不失其时，所以冲为血海而既满，由斯得输泄之和，任主胞胎而亦通，自此有怀妊之道。虽天癸之使然，实生育之常数矣。”[③]

任脉起于胞中，下出会阴，经阴器，沿胸腹部正中线上行，经过咽喉，到达下唇内，环绕口唇，上至龈交穴，与督脉相会，并向上分行至两目下。分支由胞中贯脊，向上循行于背部。其主要生理功能有：一是总任一身阴经，凡精、血、津、液均为其所司；二是有妊养胞胎的作用；三是形成月经的重要条件；四是与经、带、胎、产有紧密联系。

综而论之，陈自明引《产宝方》的话说：“妇人以血为基本，气血宣行，其神自清。”[④]以此为纲，妇女生理便表现出以下四个方面的特征：

第一，经。《产宝方》说：“月水如期，谓之月信。”[⑤]《养生必用》又说：“月者，以月至；经者，有常也。”[⑥]在正常情况下，初潮的年龄在14岁上下，两次月经相隔的时间为28天左右，经量为50—80毫升，经色变化始显淡红色，渐转正红色或紫色，将净则呈淡红色或暗紫色，经期有轻微小腹胀、腰酸、乳房微胀等不适。对于形成月经的机理，陈自明解释说：“月水是经络之余，若冷热调和，则冲脉、任脉气盛，太阳、少阴所生之血宣流依时而下。”[⑦]又说：“冲任之脉为经脉之海，血气之行，外循经络，内荣脏腑。若无伤损，则阴阳和平而气血调适，经下依时。”[⑧]可见，月经是血气、脏腑和经络协同作用的一种生理现象。

---

① （宋）陈自明著，潘远根、胡静娟整理：《妇人大全良方》卷1《室女月水不通方论》，《中华医书集成》第15册，第9页。

② （明）张景岳著，李玉清等校注：《景岳全书》卷38《经脉之本》，北京：中国医药科技出版社，2011年，第428页。

③ （宋）何大任辑，邢玉瑞、孙雨来校注：《太医局诸科程文格》卷8《大义第一道》，北京：中国中医药出版社，2015年，第124—125页。

④ （宋）陈自明著，潘远根、胡静娟整理：《妇人大全良方》卷1《〈产宝方〉序论》，《中华医书集成》第15册，第5页。

⑤ （宋）陈自明著，潘远根、胡静娟整理：《妇人大全良方》卷1《〈产宝方〉序论》，《中华医书集成》第15册，第5页。

⑥ （宋）陈自明著，潘远根、胡静娟整理：《妇人大全良方》卷1《〈养生必用〉论经病》，《中华医书集成》第15册，第7页。

⑦ （宋）陈自明著，潘远根、胡静娟整理：《妇人大全良方》卷1《月水不调方论》，《中华医书集成》第15册，第6页。

⑧ （宋）陈自明著，潘远根、胡静娟整理：《妇人大全良方》卷1《崩暴下血不止方论》，《中华医书集成》第15册，第14—15页。

第二，孕。虽然男大当婚女大当嫁乃天经地义之事，但究竟何时为优生的最佳年龄，陈自明坚持晚婚晚育的优生思想。回顾历史，中国古代存在两种截然不同的生育观：一种以《周礼》为代表，主张晚婚晚育。《周礼・地官司徒・媒氏》说："令男三十而娶，女二十而嫁。"[①]后来，班固在《白虎通德论》中进一步解释说："男三十筋骨坚强，任为人父；女二十肌肤充盛，任为人母。"[②]从这个角度出发，王吉批评早婚早育的习俗说："夫妇，人伦大纲，夭寿之萌也。世俗嫁娶太早，未知为人父母之道而有子，是以教化不明而民多夭。"[③]另一种以《内经》为代表，认为女子"二七而天癸至，任脉通，太冲脉盛，月事以时下，故有子"[④]，男子"二八，肾气盛，天癸至，精气溢泻，阴阳和，故能有子"[⑤]。此说是中国古代早婚早育的主要理论依据。如王充说："虽言男三十而娶，女二十而嫁，法制张设，未必举行。何以效之？以今不奉行也。"[⑥]入宋之后，由于经济发展、战争及人口迁徙等原因，当时人地矛盾非常突出，甚至有些地区还出现了"土狭民众，惜地不葬"[⑦]和"生子不举"[⑧]的现象，这是宋人提倡晚婚晚育的社会现实基础。所以，陈自明引南齐大夫褚澄的话说："合男女必当其年。男虽十六而精通，必三十而娶；女虽十四而天癸（月经）至，必二十而嫁。皆欲阴阳完实，然后交合，则交而孕，孕而育，育而为子，坚壮强寿。今未笄之女，天癸始至，已近男色，阴气早泄，未完而伤，未实而动，是以交而不孕，孕而不育，育而子脆不寿。"[⑨]此论有理有据，与现代生理学的基本原理相一致，如现代生理学认为，人体骨骼的钙化过程一般在23—25周岁才能完成。例如，《内经》说：女子"三七，肾气平均，故真牙生而长极"[⑩]，男子"三八，肾气平均，筋骨劲强，故真牙生而长极"[⑪]，此"真牙生而长极"标志着人体各方面的生理功能均已发育成熟，因而是男女婚嫁的最佳年龄。

至于如何判断女子是否妊娠，陈自明给出了下面两种方法：一是验脉，"其脉三部俱滑大而疾"[⑫]；或"三部脉浮沉正等无病者，有妊也"[⑬]；或"少阴脉动甚者，妊子也"[⑭]。二是药验，其方仅由川芎一味药组成，"为细末，空心，浓煎艾汤调下方寸匕。觉

① 《周礼・地官司徒・媒氏》，陈戍国点校：《周礼・仪礼・礼记》，长沙：岳麓书社，1995年，第38页。

② （汉）班固：《白虎通德论》卷4《嫁娶》，《百子全书》第4册，第3569页。

③ 《汉书》卷72《王吉传》，第3064页。

④ 《黄帝内经素问》卷1《上古天真论篇》，陈振相、宋贵美编：《中医十大经典全录》，第7页。

⑤ 《黄帝内经素问》卷1《上古天真论篇》，陈振相、宋贵美编：《中医十大经典全录》，第8页。

⑥ （汉）王充：《论衡》卷18《齐世》，上海：上海古籍出版社，1990年，第183页。

⑦ 《宋史》卷314《范纯仁传》，第10289页。

⑧ 《宋史》卷300《徐的传》，第9970页。

⑨ （宋）陈自明著，潘远根、胡静娟整理：《妇人大全良方》卷9《褚尚书澄求男论》，《中华医书集成》第15册，第106页。

⑩ 《黄帝内经素问》卷1《上古天真论篇》，陈振相、宋贵美编：《中医十大经典全录》，第7页。

⑪ 《黄帝内经素问》卷1《上古天真论篇》，陈振相、宋贵美编：《中医十大经典全录》，第8页。

⑫ （宋）陈自明著，潘远根、胡静娟整理：《妇人大全良方》卷11《脉例》，《中华医书集成》第15册，第117页。

⑬ （宋）陈自明著，潘远根、胡静娟整理：《妇人大全良方》卷11《脉例》，《中华医书集成》第15册，第117页。

⑭ （宋）陈自明著，潘远根、胡静娟整理：《妇人大全良方》卷11《脉例》，《中华医书集成》第15册，第117页。

腹内微动，则有胎也”[①]。

第三，产。“生产之间，性命最重”[②]，由于产育（即传宗接代）关乎每个家族的繁衍和一定社会结构的稳定，故倍受世人关注，而陈氏在前人研究成果的基础上，根据宋代医学发展的实际水平，提出了如下产育思想。

其一，对于孕妇的饮食，经过长期的观察和实验，人们发现有些食物可能对胎儿的生长有害，故陈氏提倡在日常生活中谨慎食用它们。如陈氏认为，在一般条件下，“食鸡肉、糯米，令子生寸白虫。食羊肝，令子生多厄。食鲤鱼鲙及鸡子，令儿成疳多疮。食犬肉，令子无声音。食兔肉，令子缺唇。鸭子与桑椹同食，令子倒生心寒。食鳖，令子项短及损胎。雀肉合豆酱食之，令子面生鼾䵳黑子。食豆酱，合藿香（食）之，堕胎。食冰浆绝产。食雀肉，令子不耻多淫。食山羊肉，令子多病。食子姜，令子多指生疮。食螃蟹，令子横生。食虾蟆、鳝鱼，令儿喑哑。食驴、骡、马肉，延月难产”[③]。以上食忌是古人根据孕妇的生理特点及食物的性能总结出来的经验，大多都有一定的科学道理，比如，螃蟹性咸寒，能解结散血，有明显的堕生胎作用。[④]此外，像狗肉、羊肉、雀肉等属于热性食物，极易导致腹痛、漏红等先兆流产症状。然而，“食兔肉，令子缺唇”之说，毫无科学依据。因为唇腭裂是一种多基因遗传疾病，其发病既有遗传因素又有环境因素，通常多是两者相互作用的结果。

其二，对于妊娠期间的“脉养”和胎教之理，陈氏采用巢元方《诸病源候论》中的说法，给予了比较详尽的论述。从妊娠的过程来看，“一月名始胚，足厥阴脉养之。二月名始膏，足少阳脉养之。三月名始胎，当此之时，血不流行，形象始化，未有定仪，见物而变。欲子端正庄严，当令母见贵，不可见状貌丑恶人也；欲生男，宜操弓矢，乘牡马；欲生女，宜著珥珰，施环珮；欲子美好，玩白璧，观孔雀；欲子贤能，宜读诗书，务和雅，手心脉养之。四月始受水精，以成血脉，手少阳脉养之。五月始受火精以成其气，足太阴脉养之。六月始受金精以成其筋，足阳明脉养之。七月始受木精，以成其骨，手太阴脉养之。八月始受土精以成肤革，手阳明脉养之。九月始受石精，以成毛发，足少阴脉养之。十月五脏六腑、关节、人神皆备”[⑤]。由现代人体发生学知，妊娠第 4 周胚胎已成团状体，呈圆形或椭圆形，并逐渐分化出男女性别。从第 13—16 周，胎儿的五官、脏腑及四肢均已成形，且胎儿出现第一次胎动，表明胎儿的中枢神经系统已经分化完成，为胎教的最佳时期。可见，陈自明主张从第 3 个月开始，孕妇应有意识地通过心电感应而进行各种有利于激发胎儿心理潜能和促进其大脑生长的健康教育活动，确实与现代的胎教理论是相

---

① （宋）陈自明著，潘远根、胡静娟整理：《妇人大全良方》卷 11《验胎法》，《中华医书集成》第 15 册，第 118 页。

② （宋）陈自明著，潘远根、胡静娟整理：《妇人大全良方》卷 17《杨子建〈十产论〉》，《中华医书集成》第 15 册，第 171 页。

③ （宋）陈自明著，潘远根、胡静娟整理：《妇人大全良方》卷 11《食忌论》，《中华医书集成》第 15 册，第 119 页。

④ （明）李时珍著，陈贵廷等点校：《本草纲目》卷 45《介部・蟹》，第 1050 页。

⑤ （宋）陈自明著，潘远根、胡静娟整理：《妇人大全良方》卷 10《妊娠总论》，《中华医书集成》第 15 册，第 112 页。

符合的。那么，究竟如何进行胎教呢？陈自明说："夫至精才化，一气方凝，始受胞胎，渐成形质，子在腹中，随母听闻。自妊娠之后，则须行坐端严，性情和悦，常处静室，多听美言，令人讲读诗书，陈礼说乐，耳不闻非言，目不观恶事，如此则生男女福寿敦厚，忠孝贤明。"①

其三，为了使孕妇顺利生产，陈自明认为适当多动是完全必要的。他说："凡妇人妊娠之后以至临月，脏腑壅塞，关节不利，切不可多睡，须时时行步。"②甚至陈自明更引《产宝方》的话说："妊娠欲产，腹虽痛而腰不甚痛者，未产也，且令扶行熟忍。如行不得则凭物扶立，行得又行。"③

其四，产后保健更需用心，陈自明强调说："凡妇人生产毕，且令饮童子小便一盏，不得便卧，且宜闭目而坐。须臾方可扶上床仰卧，不得侧卧，宜立膝，不可伸足。高倚床头，厚铺茵褥，遮围四壁，使无孔隙，免被贼风。兼时时令人以物从心擀至脐下。使恶露不滞，如此三日可止。"④在饮食方面，"分娩之后，须臾且食白粥一味，不可令太饱，频少与之为妙，逐日渐增之。煮粥时须是煮得如法，不用经宿者。又不可令温冷不调，恐留滞成疾，仍时与童子小便一盏饮之"⑤。在时间上，陈自明十分注重"产蓐期"或称坐月子的传统。如陈自明说："若未满月，不宜多语、喜笑、惊恐、忧惶、哭泣、思虑、恚怒、强起离床行动、久坐，或作针线，用力工巧，恣食生冷、粘硬果菜、肥腻鱼肉之物；及不避风寒，脱衣洗浴，或冷水洗濯。当时虽未觉大损，满月之后即成蓐劳。"⑥毋庸置疑，陈自明的"产后将护法"不仅非常人性化，而且具有科学性，故从宋代起，我国大部分地区都形成了产妇坐月子的习俗。

第四，乳。关于给婴儿饲乳的时间，陈自明认为："凡新生儿，坐婆急以绵缠手指，缴去儿口中恶物令尽，不可迟。若咽入腹中，必生诸疾。先断儿脐带，可只留二寸许，更看带中，如有小虫，急拨去之，留之必生异病。或以线系扎定，然后洗儿，不然则湿气入腹，必作脐风之疾（须是坐婆谙练，收生手段轻疾，方得其宜）。既绷裹了，取生甘草一寸捶锉，用水一合煎浓汁，用绵篆子蘸，令儿咂之，当吐出恶汁尽半合不妨（今人止以浓煎黄连并甘草汁，以绵篆子蘸，令儿咂。三日以来，以退恶物、大便下，谓之脐屎。此乃忌吐故也）。好辰砂一字，研细以熟蜜调，置儿口中吮之，以去惊邪，然后饲乳。"⑦关于

① （宋）陈自明著，潘远根、胡静娟整理：《妇人大全良方》卷10《娠子论》，《中华医书集成》第15册，第113页。

② （宋）陈自明著，潘远根、胡静娟整理：《妇人大全良方》卷16《将护孕妇论》，《中华医书集成》第15册，第163页。

③ （宋）陈自明著，潘远根、胡静娟整理：《妇人大全良方》卷16《将护孕妇论》，《中华医书集成》第15册，第163页。

④ （宋）陈自明著，潘远根、胡静娟整理：《妇人大全良方》卷18《产后将护法》，《中华医书集成》第15册，第180页。

⑤ （宋）陈自明著，潘远根、胡静娟整理：《妇人大全良方》卷18《产后将护法》，《中华医书集成》第15册，第180页。

⑥ （宋）陈自明著，潘远根、胡静娟整理：《妇人大全良方》卷18《产后将护法》，《中华医书集成》第15册，第180页。

⑦ （宋）陈自明著，潘远根、胡静娟整理：《妇人大全良方》卷24《〈产乳集〉将护婴儿方论》，《中华医书集成》第15册，第246页。

饲乳的数量，“须依时量多寡与之。勿令太饱，恐成哯奶，久则吐奶，不可节也”①。至于选择乳母，则“须精神爽健，情性和悦，肌肉充肥，无诸疾病，知寒温之宜，能调节乳食。奶汁浓白，则可以饲儿。不得与奶母大段酸咸饮食，仍忌才冲寒或冲热来便喂儿奶，如此则必成奶癖，或惊疳、泻痢之疾”，其夜间喂奶，“须奶母起身，坐地抱儿喂之”。②科学研究证明，人乳中含有多种抗感染蛋白质，如乳铁蛋白、乳清蛋白、分泌型 IgA、溶菌酶等；含有的卵磷脂、鞘磷脂、胆碱、牛磺酸、乳糖等，能促进婴儿的大脑发育，提高其智商；此外，还含有一种生长因子，能加速婴儿体内多种组织的新陈代谢和各器官的生长发育，等等。而通过长期的观察和科学实验，人们发现用纯母乳喂养婴儿既有利于婴儿健康的生长发育，同时也有利于饲乳者本身的身心健康，并且还往往能减少许多妇科病的发生。

2. 《妇人大全良方》与中医妇产科病理学思想

妇女疾病的总体病理特点是各种致病因素直接或间接地损伤冲任二脉，这是因为“冲任之脉，为经脉之海”③。陈自明在论述妇科临床总病的特点时说：“凡妇人三十六种病，皆由子脏冷热，劳损而挟带下，起于胞内也。是故冲任之脉，为十二经之会海。妇人之病，皆见手少阴、太阳之经而候之。”④具体归纳起来，大致可分为以下几种类型：

第一，由任脉损伤所致之疾病。《内经素问·骨空论》说：“任脉为病，男子内结七疝，女子带下瘕聚。”⑤这里，“带下病”有两种涵义：一种是指发生在束带以下部位的疾病，包括妇女的经、带、胎、产、杂病在内，如陈自明说：“脉有数经，名字不同，奇经八脉，有带在腰，如带之状，其病生于带脉之下。其有冷热者，即随其性也。”⑥另一种是特指因任脉失司而使带下量、色、质、气味异常，或伴有全身或局部症状的疾病。陈自明说：“夫此病者，起于风气、寒热之所伤，或产后早起，不避风邪，风邪之气入于胞门；或中经脉，流传脏腑而发下血，名为带下。若伤足厥阴肝之经，其色则青如泥色；若伤手少阴心之经，其色赤如红津；若伤手太阴肺之经，其色则白形如涕；若伤足太阴脾之经，则其色黄如烂瓜；若伤足少阴肾之经，则其色黑如衃血，此为其因也。”⑦至于“瘕聚”则“由饮食不节，寒温不调，气血劳伤，脏腑虚弱，受于风冷，冷入腹内，与血相结所生。疝者，痛也；瘕者，假也。其结聚浮假而痛，推移乃动也。妇人之病有异于丈夫者，或因

---

① （宋）陈自明著，潘远根、胡静娟整理：《妇人大全良方》卷 24《〈产乳集〉将护婴儿方论》，《中华医书集成》第 15 册，第 246 页。

② （宋）陈自明著，潘远根、胡静娟整理：《妇人大全良方》卷 24《〈产乳集〉将护婴儿方论》，《中华医书集成》第 15 册，第 246 页。

③ （宋）陈自明著，潘远根、胡静娟整理：《妇人大全良方》卷 1《月水不断方论》，《中华医书集成》第 15 册，第 13 页。

④ （宋）陈自明著，潘远根、胡静娟整理：《妇人大全良方》卷 2《〈博济方〉论》，《中华医书集成》第 15 册，第 24—25 页。

⑤ 《黄帝内经素问》卷 16《骨空论篇》，陈振相、宋贵美编：《中医十大经典全录》，第 83 页。

⑥ （宋）陈自明著，潘远根、胡静娟整理：《妇人大全良方》卷 1《崩中带下方论》，《中华医书集成》第 15 册，第 19 页。

⑦ （宋）陈自明著，潘远根、胡静娟整理：《妇人大全良方》卷 1《崩中带下方论》，《中华医书集成》第 15 册，第 18—19 页。

产后血虚受寒，或因经水往来取冷过度，非独因饮食失节，多挟于血气所成也”[①]。又“血涸不流而搏，腹胀，时作寒热，此乃成瘕”[②]。

第二，由冲脉损伤所致之疾病。《内经素问・骨空论》说：“冲脉为病，逆气里急。”[③]其“逆气里急”的具体病症是：若上逆于胃，则胃失和降，出现呃逆、疼痛等症，故陈自明说：“夫妇人呕吐者，由脾胃有邪冷，谷气不理所为也。胃为水谷之海，其气不调而有风冷乘之，冷搏于胃，胃气逆则令呕吐也。”[④]若上逆于肺，影响肺之肃降，肺气不降，出现咳嗽。据此，陈自明说：“凡咳嗽，五脏六腑皆有之，惟肺先受邪。盖肺主气，合于皮毛，邪之初伤，先客皮毛，故咳为肺病。五脏则各以治时受邪，六腑则又为五脏所移。古人言，肺病难愈，而善卒死者，肺为娇脏，怕寒而恶热，故邪气易伤而难治，以其汤散径过、针灸不及故也。十种咳嗽者，肺咳、心咳、脾咳、肾咳、肝咳、风咳、寒咳、支饮咳、胆咳、厥阴咳。华佗所谓五嗽者，冷嗽、气嗽、燥嗽、饮嗽、邪嗽。”[⑤]显而易见，临床上造成咳嗽的原因很多，“气嗽”仅仅是其中的一个原因；若气上冲心（奔豚气），则胸中闷痛，如陈自明说：“夫妇人血气、心腹疼痛，由脏腑虚弱，风邪乘于其间，与真气相击而痛。其痛随气上下，或上冲于心，或下攻于腹。故云：血气攻心腹疼痛也”[⑥]；若上逆于头部，则出现头痛，然而，在临床实践中，造成妇人头痛的原因不止一种，所以陈自明主要作了下面的分别：一是肾厥头痛，“由肾气不足而内著，其气逆而上行，谓之肾厥头痛”[⑦]；二是厥逆头痛，其临床表现为“头痛连齿，时发时止，连年不已，此由风寒中于骨髓，留而不去”[⑧]；三是“阳实阴虚”头痛，“夫人头者，诸阳之会也。凡产后五脏皆虚，胃气亏弱，饮食不充，谷气尚乏，则令虚热；阳气不守，上凑于头，阳实阴虚，则令头痛也”[⑨]。

第三，由冲任损伤所致之月经病。冲任脉为经脉之海，若其虚损，则往往造成月经不调的病症，其具体表现主要有：月水不调，“若寒温乖适，经脉则虚。若有风冷，虚则乘之，邪搏于血，或寒或温，寒则血结，温则血消，故月水乍多乍少，故为不调也”[⑩]；月

---

① （宋）陈自明著，潘远根、胡静娟整理：《妇人大全良方》卷7《妇人疝瘕方论》，《中华医书集成》第15册，第79页。

② （宋）陈自明著，潘远根、胡静娟整理：《妇人大全良方》卷1《〈产宝方〉序论》，《中华医书集成》第15册，第5页。

③ 《黄帝内经素问》卷16《骨空论篇》，陈振相、宋贵美编：《中医十大经典全录》，第83页。

④ （宋）陈自明著，潘远根、胡静娟整理：《妇人大全良方》卷7《妇人呕吐方论》，《中华医书集成》第15册，第73页。

⑤ （宋）陈自明著，潘远根、胡静娟整理：《妇人大全良方》卷6《妇人劳嗽方论》，《中华医书集成》第15册，第69页。

⑥ （宋）陈自明著，潘远根、胡静娟整理：《妇人大全良方》卷7《妇人血气心腹疼痛方论》，《中华医书集成》第15册，第84页。

⑦ （宋）陈自明著，潘远根、胡静娟整理：《妇人大全良方》卷4《妇人血风头痛方论》，《中华医书集成》第15册，第45页。

⑧ （宋）陈自明著，潘远根、胡静娟整理：《妇人大全良方》卷4《妇人血风头痛方论》，《中华医书集成》第15册，第45页。

⑨ （宋）陈自明著，潘远根、胡静娟整理：《妇人大全良方》卷22《产后头痛方论》，《中华医书集成》第15册，第222页。

⑩ （宋）陈自明著，潘远根、胡静娟整理：《妇人大全良方》卷1《月水不调方论》，《中华医书集成》第15册，第6页。

水不通，“风冷伤其经血，血性得温则宣流，得寒则涩闭。既为风冷所搏，血结于内，故令月水不通也”[①]；室女经闭，“盖忧愁思虑则伤心，心伤则血逆竭，血逆竭则神色先散而月水先闭也”[②]；月水不利，“风冷客于经络，搏于血气，血得冷则壅滞，故令月水来不宣利也”[③]；行经之心腹刺痛，“其经血虚，则受风冷。故月水将行之际，血气动于风冷，风冷与血气相击，故令痛也”[④]；月水不断，“夫妇人月水不断者，由损伤经血，冲任脉虚损故也”，“若劳伤经脉，冲任气虚，故不能制经血，令月水不断也”[⑤]；崩暴下血不止，“夫妇人崩中者，由脏腑伤损，冲脉、任脉、血气俱虚故也”，“若劳动过度，致脏腑俱伤，而冲任之气虚，不能约制其经血，故忽然而下，谓之崩中暴下”[⑥]；崩中漏下，“夫妇人崩中漏下者，由劳伤血气，冲任之脉虚损故也”，“若劳伤冲任，气虚不能制其经脉，血非时而下，淋沥而不断，谓之漏下也”[⑦]，等等。

当然，在临床上，“血气失调”是妇产科疾病重要机理之一。比如，“妇人以血为基本”[⑧]，而血的形成和运行有赖于脏腑之间生理功能的整体协调和平衡。故《内经灵枢经·决气篇》说：“中焦受气取汁，变化而赤，是谓血。”[⑨]“中焦”是脾胃之所在，而胃有“水谷气血之海”之称。如《内经灵枢经·玉版篇》云：“人之所受气者，谷也。谷之所注者，胃也。胃者，水谷气血之海也。”[⑩]意思是说人的饮食均要容纳于胃，而整个机体的生理活动和气血津液的化生，又必须依靠食物的营养。然而，血液的形成没有脾的运化亦是不行的，故《内经素问·厥论篇》说：“脾主为胃行其津液者也。”[⑪]《医宗必读》进一步说：“一有此身，必资谷气。谷入于胃，洒陈于六腑而气至，和调于五脏而血生，而人资之以为生者也。故曰后天之本在脾。”[⑫]此外，精与血之间也相互依存，因此，《巢氏诸病源候总论》载：“肾藏精，精者血之所成也。”[⑬]此处所说的“精”，从狭义的角度来理

---

① （宋）陈自明著，潘远根、胡静娟整理：《妇人大全良方》卷1《月水不通方论》，《中华医书集成》第15册，第7页。

② （宋）陈自明著，潘远根、胡静娟整理：《妇人大全良方》卷1《室女经闭成劳方论》，《中华医书集成》第15册，第9页。

③ （宋）陈自明著，潘远根、胡静娟整理：《妇人大全良方》卷1《月水不利方论》，《中华医书集成》第15册，第12页。

④ （宋）陈自明著，潘远根、胡静娟整理：《妇人大全良方》卷1《月水行或不行心腹刺痛方论》，《中华医书集成》第15册，第12页。

⑤ （宋）陈自明著，潘远根、胡静娟整理：《妇人大全良方》卷1《月水不断方论》，《中华医书集成》第15册，第13—14页。

⑥ （宋）陈自明著，潘远根、胡静娟整理：《妇人大全良方》卷1《崩暴下血不止方论》，《中华医书集成》第15册，第14—15页。

⑦ （宋）陈自明著，潘远根、胡静娟整理：《妇人大全良方》卷1《崩中漏下生死脉方论》，《中华医书集成》第15册，第19页。

⑧ （宋）陈自明著，潘远根、胡静娟整理：《妇人大全良方》卷1《〈产宝方〉序论》，《中华医书集成》第15册，第5页。

⑨ 《黄帝内经灵枢经》卷6《决气篇》，陈振相、宋贵美编：《中医十大经典全录》，第212页。

⑩ 《黄帝内经灵枢经》卷9《玉版篇》，陈振相、宋贵美编：《中医十大经典全录》，第241页。

⑪ 《黄帝内经素问》卷12《厥论篇》，陈振相、宋贵美编：《中医十大经典全录》，第68页。

⑫ （明）李中梓著，江厚万点评：《医宗必读·肾为先天本脾为后天本论》，北京：中国医药科技出版社，2018年，第14页。

⑬ 丁光迪主编：《诸病源候论校注》卷4《虚劳精血出候》，北京：人民卫生出版社，2013年，第89页。

解就是指男女繁衍生命的物质，其中男性偏于“精”，归肾管；女人偏于“血”，归肝管。因此，清代医家唐宗海说：“男子以气为主，故血入丹田，亦从水化而变为水，以其内为血所化，故非清水而极浓极稠，是之谓肾精。女子之气，亦仍能复化为水，然女子以血为主，故其气在血室之内，皆从血化而变为血，是之谓月信。但其血中仍有气化之水液，故月信亦名信水。且行经前后，均有淡色之水，是女子之血分未尝不借气分之水以引动而运行之也。”①而陈自明的妇科病理学以《内经》为宗，并从“精血同源”的前提出发，在《妇人大全良方》卷1《精血篇》中转引了褚澄的思想。他说：“饮食五味，养髓、骨、肉、血、肌肤、毛发。男子为阳，阳中必有阴，阴中之数八，故一八而阳精升，二八而阳精溢。女子为阴，阴中必有阳，阳之中数七，故一七而阴血升，二七而阴血溢，皆饮食五味之实秀也。”结论：“观其精血，思过半矣。”②既然如此，人们在分析妇女病的病理原因时，就不能不格外关注妇女的“血室”问题，“所谓血室，不蓄则气和，血凝结则水火相刑”③。

首先，妇女诸病症与五脏六腑的生理功能失调密切相关。例如，月水不通，其根在胃、脾、肝、肾的生理功能受损。陈自明说：“肠中鸣则月水不来，病本在胃。胃气虚，不能消化水谷，使津液不生血气故也”④，又“醉以入房，则内气竭绝伤于肝，使月水衰少不来。所以尔者，肝藏于血，劳伤过度，血气枯竭于内也。又先唾血及吐血、下血，谓之脱血，名曰血枯，亦月水不来也。所以尔者，津液减耗故也。但益津液，其经自下也”，再有“血水相并，壅涩不通，脾胃虚弱，变为水肿也。所以然者，脾候身之肌肉，象于土，土主克消于水，水血既并，脾气衰弱，不能克消，故水气流溢，浸渍肌肉，故肿满也”。⑤而心肺功能失常，则造成多种妇科疾病，如“夫妇人血风惊悸者，是风乘于心故也。心藏神，为诸脏之主。若血气调和，则心神安定；若虚损，则心神虚弱，致风邪乘虚干之，故惊而悸动不定也。其惊悸不止，则变恍惚而忧惧也”⑥。另“所谓劳蒸者二十四种……诸证虽曰不同，其根多有虫啮其心肺，治之不可不绝其根也”⑦。所以，一方面，水谷之精通过五脏的受纳、消化和吸收而转变成血气津液；另一方面，血气津液反过来还需滋养人体脏腑，使其发挥正常的生理功能。对此，陈自明总结说：“夫水谷之精，化为

① （清）唐宗海：《血证论》卷1《男女异同论》，北京：中国医药科技出版社，2018年，第5页。

② （宋）陈自明著，潘远根、胡静娟整理：《妇人大全良方》卷1《精血篇》，《中华医书集成》第15册，第5页。

③ （宋）陈自明著，潘远根、胡静娟整理：《妇人大全良方》卷1《〈产宝方〉序论》，《中华医书集成》第15册，第5页。

④ （宋）陈自明著，潘远根、胡静娟整理：《妇人大全良方》卷1《月水不通方论》，《中华医书集成》第15册，第7页。

⑤ （宋）陈自明著，潘远根、胡静娟整理：《妇人大全良方》卷1《月水不通方论》，《中华医书集成》第15册，第7页。

⑥ （宋）陈自明著，潘远根、胡静娟整理：《妇人大全良方》卷3《妇人血风心神惊悸方论》，《中华医书集成》第15册，第39页。

⑦ （宋）陈自明著，潘远根、胡静娟整理：《妇人大全良方》卷5《二十四种蒸病论》，《中华医书集成》第15册，第51页。

血气津液，以养脏腑。”①

宋代医家论“脚气”，与我们今天所理解的脚气不尽相同，如日本学者山下政三认为：北宋后期的所谓“脚气”，乃是各种腰脚痛、关节疾患，南宋也复如此。②又如，廖温仁先生亦说：“古无此病。周汉古籍所言脚之种种疾病，如厥、痿厥、缓风、湿痹、尰……流肿、痿躄等等，仅是脚之麻痹、肿痛、软弱或风湿性关节炎。”③在陈自明看来，“凡头痛身热，肢节痛，大便秘，或呕逆而脚屈弱者，脚气也”④。从这样的认识出发，陈自明经过临床观察和实践，发现男女脚气的发病机理是不一样的。他这样论述说：

> 夫妇人脚气与丈夫不同。男子则肾脏虚弱，为风湿所乘；女子以胞络气虚，为风毒所搏。是以胞络属于肾也，肾主于腰脚。又肝、脾、肾三脏，经络起于十足指。若脏腑虚损，则风邪先客于脚，从下而上动于气，故名脚气也。此皆由体虚，或当风取凉，或久坐卑湿，或产后劳损，或恚怒伤肝，心气滞，致令月候不通。因其虚伤，风毒搏于肌骨，则令皮肤不仁，筋骨抽痛，五缓不遂，六急拘挛。或即冷痛，或即肿满，或两脚痹弱，或举体转筋，目眩心烦，见食即呕，精神昏愦，肢节烦疼，小便赤黄，大便秘涩，并皆其证也。⑤

其次，血气失调与妊娠及产后病之间的病理关系。陈自明说：“凡妇人以血为主，惟气顺则血顺，胎气安而后生理和。”⑥实际上，早在《内经》时代，人们就已经认识到血气不平衡是妇产科病理学的重要内容。如《内经灵枢·五音五味篇》说：“今妇人之生，有余于气，不足于血，以其数脱血也。”⑦在临床上，血气失调可具体分为血分病和气分病两种类型。

第一种类型：血分病。血分病一般分作血虚、血瘀、血热及血寒四型。其中就主要方面而言，血虚指营血不足，血海不盈，冲任失养。一般地讲，当营血不足时，易发生月经后期、量少、闭经、缺乳、自汗等妇产科疾病；而当冲任失养时，则容易造成痛经、妊娠腹痛及产后腹痛等妇产科疾病。如陈自明论“产后汗出多”的病因说：“产后血虚，肉理不密，故多汗。”⑧又对于“产后伤寒”病，陈自明指出：“凡产后发热，头痛身疼，不可便作感冒治之。此等疾证，多是血虚，或败血作梗。血虚者，阴虚也；阴虚者，阳必凑

---

① （宋）陈自明著，潘远根、胡静娟整理：《妇人大全良方》卷23《产后痢疾作渴方论》，《中华医书集成》第15册，第231页。

② ［日］山下政三：《脚气的历史》，东京：东京大学出版会，1983年，第1—3页。

③ 廖温仁：《支那中世医学史》，东京：科学书院，1981年，第386—388页。

④ （宋）陈自明著，潘远根、胡静娟整理：《妇人大全良方》卷4《妇人脚气方论》，《中华医书集成》第15册，第48页。

⑤ （宋）陈自明著，潘远根、胡静娟整理：《妇人大全良方》卷4《〈圣惠方〉妇人脚气论》，《中华医书集成》第15册，第48页。

⑥ （宋）陈自明著，潘远根、胡静娟整理：《妇人大全良方》卷17《产难论》，《中华医书集成》第15册，第171页。

⑦ 《黄帝内经灵枢经》卷10《五音五味篇》，陈振相、宋贵美编：《中医十大经典全录》，第248页。

⑧ （宋）陈自明著，潘远根、胡静娟整理：《妇人大全良方》卷19《产后汗出多而变痓方论》，《中华医书集成》第15册，第195页。

之，故发热。”[①]血瘀是指血液流行迟缓和不通畅，甚至停滞的病理状态，其病因可具体分为气滞血瘀、寒凝成瘀、气虚血瘀、热灼成瘀、久病血瘀、血虚成瘀等六种情形。而由血瘀造成的妇产科疾病比较多，诸如月经失调、痛经、闭经、儿枕、崩漏、异位妊娠、产后腹痛、恶露不尽、不孕等，都是因血瘀而引发的病理表现。如陈自明在论述“儿枕”的病因时说：“夫儿枕者，由母胎中宿有血块，因产时其血破散与儿俱下，则无患也。若产妇脏腑风冷，使血凝滞，在于小腹不能流通，则令结聚疼痛，名曰儿枕也。”[②]在生活实践中，陈自明根据妇产科的病理学知识，主张孕妇应适量运动，否则，就会导致血瘀而造成难产。他说：“今富贵之家，往往保惜产母，惟恐运动，故羞出入、专坐卧，曾不思气闭而不舒快，则血凝而不流畅，胎不转动，以致生理失宜，临产必难，甚至闷绝，一也。”[③]这话绝不是危言耸听，比如，福建省浮仓山出土了一座宋墓，其墓主是一位因难产而死的17岁贵族少妇。又据《宋宣教余公孺人张氏墓志铭》载，张氏亦因难产而死。[④]再者，《建宁府志》和《台湾县志》都载有“临水夫人”陈靖姑“救人产难”的故事，而陈夫人在宋淳祐年间（1241—1252）则被封为“崇福昭惠慈济夫人”，为专司生育之神，八闽多祀之。[⑤]我们只要把这些现象跟杨子建的《十产论》联系起来，就不难看出，宋代的“难产”问题确实非常严重。血热是指血分伏热，其火热之性具有炎烈冲激的作用。因此，热邪可扰动冲任，迫血妄行，可出现月经先期、量多、崩漏、胎漏、产后发热等病证。如陈自明在分析“产后小便出血”的病因时说：“夫产后损于血气，血气虚而挟于热，血得热则流散，渗于脬内，故血随小便出。”[⑥]又论“妊娠伤寒热病”对孕妇的危害时说：“非节之气，伤于妊妇，热毒之气，侵损胞胎，遂有堕胎漏血，俱害子母之命也。”[⑦]由于妊娠血热致死胎儿的病例经常出现，所以为了保全妊妇的生命，陈自明专门列有“妊娠热病胎死腹中方论”。可见，他对此病证非常重视。其文云：

> 论曰：热病，胎死腹中者何？答曰：因母患热病，至六、七日以后，脏腑极热，熏煮其胎，是以致死。缘儿死，身冷不能自出，但服黑神散暖其胎，须臾胎即自出。何以知其胎之已死？但看产母舌青者，是其候也。[⑧]

---

① （宋）陈自明著，潘远根、胡静娟整理：《妇人大全良方》卷22《产后伤寒方论》，《中华医书集成》第15册，第220页。

② （宋）陈自明著，潘远根、胡静娟整理：《妇人大全良方》卷20《产后儿枕心腹刺痛方论》，《中华医书集成》第15册，第205页。

③ （宋）陈自明著，潘远根、胡静娟整理：《妇人大全良方》卷17《产难论》，《中华医书集成》第15册，第171页。

④ 北京图书馆金石组编：《北京图书馆藏中国历代石刻拓本汇编》第44册，郑州：中州古籍出版社，1989年，第136页。

⑤ 段凌平：《闽南与台湾民间神明庙宇源流》，北京：九州出版社，2012年，第166页。

⑥ （宋）陈自明著，潘远根、胡静娟整理：《妇人大全良方》卷23《产后小便出血方论》，《中华医书集成》第15册，第235页。

⑦ （宋）陈自明著，潘远根、胡静娟整理：《妇人大全良方》卷14《妊娠伤寒热病防损胎方论》，《中华医书集成》第15册，第150页。

⑧ （宋）陈自明著，潘远根、胡静娟整理：《妇人大全良方》卷14《妊娠热病胎死腹中方论》，《中华医书集成》第15册，第151页。

血寒是指血分寒凝，经脉受阻，临床可见宫寒不孕、胎萎不长、产后腹痛等病证。如陈自明论“产后积聚症块”云：“产后血气伤于脏腑，脏腑虚弱，为风冷所乘，搏于脏腑，与血气相结，故成积聚症块也。”①在临床上，造成妇女不孕的原因比较复杂，有内分泌不孕、闭经性不孕、垂体性无排卵不孕等。具体地讲，排卵功能障碍，盆腔炎和子宫内膜异位症导致输卵管卵巢解剖学改变，子宫畸形、发育不良、粘膜下肌瘤、宫腔粘连、内膜腺瘤型增生过长，宫颈位置异常、宫颈狭窄或粘连、宫颈糜烂及颈管炎，黏液分泌减少，粘稠、PH值异常或有抗精子抗体存在等等，都是造成妇女不孕的病理因素。中国古代十分看重“求嗣”，认为“婚姻之后，必求嗣续”②。因为在孝道里面，“嗣续之至重”③。然而，从病理学的角度讲，“妇人挟疾无子，皆由劳伤血气生病，或月经闭涩，或崩漏带下，致阴阳之气不和，经血之行乖候，故无子也”④。在这里，仅就“劳伤血气生病”来说，对于因“子脏冷”所致不孕，陈自明认为，其根本原因还在于“风虚劳损”。他说：“夫产则血气劳伤，脏腑虚弱而风冷客之，冷搏于血气，血气不能温于肌肤，使人虚乏疲顿，致羸损不平复。若久不平复，若久不瘥，风冷入于子脏，则胞脏冷，亦使无子，谓之风虚劳损也。”⑤

第二种类型：气分病。气分病一般分作气虚、气滞、气逆、气陷四型。其中就主要方面而言，气虚是指五脏之气不足、元气虚弱，因而统摄无权，导致冲任不固，抑或虚而下陷，临床可见胎动不安、产后恶露不绝、阴挺下脱等病证。以此为前提，人们按照脏腑功能的不同表现及女性生理特点，进一步将气虚划分为脾气虚、肾气虚、脾肾气虚及心气虚等证。以“肾气虚”为例，陈自明说：“妇人肾以系胞。”⑥又说：“妊娠之人胞系于肾。”⑦所以，一旦肾气虚则往往会产生经、带、胎、产、杂诸临床病症，从这个角度看，肾气虚是妇产科疾病的重要病机。如陈自明在论述“子淋”的病理特点时说：“夫淋者，由肾虚膀胱热也。肾虚不能制水，则小便数也。膀胱热，则小便行涩而数不宣。妊娠之人胞系于肾，肾间虚热而成淋，疾甚者心烦闷乱，故谓之子淋也。”⑧显然，“子淋”的病机是肾虚膀胱气化失常。又，肾虚水泛可致妊娠水肿。如陈自明引《产宝》论的话说：“夫

① （宋）陈自明著，潘远根、胡静娟整理：《妇人大全良方》卷20《产后积聚症块方论》，《中华医书集成》第15册，第208页。

② （宋）陈自明著，潘远根、胡静娟整理：《妇人大全良方》卷9《陈无择求子论》，《中华医书集成》第15册，第106页。

③ （宋）陈自明著，潘远根、胡静娟整理：《妇人大全良方》卷9《陈无择求子论》，《中华医书集成》第15册，第106页。

④ （宋）陈自明著，潘远根、胡静娟整理：《妇人大全良方》卷9《妇人无子论》，《中华医书集成》第15册，第106页。

⑤ （宋）陈自明著，潘远根、胡静娟整理：《妇人大全良方》卷21《产后风虚劳冷方论》，《中华医书集成》第15册，第217页。

⑥ （宋）陈自明著，潘远根、胡静娟整理：《妇人大全良方》卷12《妊娠腰腹及背痛方论》，《中华医书集成》第15册，第136页。

⑦ （宋）陈自明著，潘远根、胡静娟整理：《妇人大全良方》卷15《妊娠子淋方论》，《中华医书集成》第15册，第157页。

⑧ （宋）陈自明著，潘远根、胡静娟整理：《妇人大全良方》卷15《妊娠子淋方论》，《中华医书集成》第15册，第157—158页。

妊娠肿满，由脏气本弱，因产重虚，土不克水，血散入四肢，遂致腹胀，手足、面目皆浮肿，小便秘涩。”[①]与气虚相比，气滞更多的是由于情志不畅和精神抑郁所致，因而与肝脏的关系较为密切。以脏腑的功能论，肝主疏泄的本质是调畅气机，这是因为气的升降出入运动，是机体生命活动的最基本形式。所以气的升降出入运动受阻，必然会影响到脏腑生理功能的协调和津血的正常运行。如乳腺癌属中医学“吹奶”“乳石痈”“妒乳”“乳岩”等范畴，其发病机理与肝气郁结存在着内在的直接关系。故陈自明在《妇人大全良方》一书中用了不少笔墨来探讨“乳腺癌”的问题。如他说：

夫产后吹奶者，因儿吃奶之次，儿忽自睡，呼气不通，乳不时泄，蓄积在内，遂成肿硬。壅闭乳道，津液不通，腐结疼痛。[②]

夫妒乳者，由新产后儿未能饮之，及乳不泄；或乳胀，捏其汁不尽，皆令乳汁蓄结，与血气相搏，即壮热大渴引饮，牢强掣痛，手不得近是也。[③]

夫妇人乳痈者，由乳肿聚结，皮薄以泽，是成痈也。[④]

在《外科精要》一书里，陈自明首次提出了“乳岩”的概念。他说：“若治乳痈，当审其因。盖乳房属阳明胃经，乳头属厥阴肝经……若为儿口所吹，而发肿焮痛，须吮通探散，否则成痈矣，亦治以前法。若妇人经一二载溃者，名曰乳岩，不治。”[⑤]后来，薛己在《校注妇人良方》第288章《乳痈乳岩方论》中，此论亦见于《薛氏医案》卷48，对乳岩病灶作了较为详尽的解释：“乳头属足厥阴肝经，乳房属足阳明胃经。若乳房忽壅肿痛，结核色赤，数日之外，焮痛胀溃，稠脓涌出，脓尽而愈。此属肝胃热毒，气血壅滞，名曰乳痈，为易治。若初起内结小核，或如鳖棋子，不赤不痛，积之岁月渐大，巉岩崩破，如熟榴，或内溃深洞，血水滴沥，此属肝脾郁怒，气血亏损，名曰乳岩，为难疗。”[⑥]至于“乳岩”形成的病因，薛己以陈自明的“肝经气病”[⑦]思想为前提明确提出了“肝脾郁怒，气血亏损”的病理学理论，为中医乳腺癌的临床治疗奠定了基础。

气逆是指气机升降失常、脏腑之气上逆的病理状态。《内经素问・举痛论篇》载：“怒则气逆，甚则呕血及飧泄，故气上矣。”[⑧]可见，郁怒伤肝，气郁不达，是造成气逆的重要原因之一。此外，临床上还常见肺气上逆和胃气上逆的病症。如陈自明论“妊娠吐血”病

---

① （宋）陈自明著，潘远根、胡静娟整理：《妇人大全良方》卷15《妊娠胎水肿满方论》，《中华医书集成》第15册，第159页。

② （宋）陈自明著，潘远根、胡静娟整理：《妇人大全良方》卷23《产后吹奶方论》，《中华医书集成》第15册，第239页。

③ （宋）陈自明著，潘远根、胡静娟整理：《妇人大全良方》卷23《产后妒乳方论》，《中华医书集成》第15册，第240页。

④ （宋）陈自明著，潘远根、胡静娟整理：《妇人大全良方》卷23《乳痈方论》，《中华医书集成》第15册，第241页。

⑤ （宋）陈自明编，（明）薛己校注：《外科精要》卷下《论痈疽成漏脉例》，第80页。

⑥ （明）薛己：《薛氏医案》卷48《妇人乳痈乳岩方论》，盛维忠主编：《薛立斋医学全书》，北京：中国中医药出版社，2015年，第1006页。

⑦ （宋）陈自明编，（明）薛己校注：《外科精要》卷下《论痈疽成漏脉例》，第81页。

⑧ 《黄帝内经素问》卷11《举痛论篇》，陈振相、宋贵美编：《中医十大经典全录》，第61页。

证说："夫妊娠吐血者，皆由脏腑所伤。为忧、思、惊、怒，皆伤脏腑，气逆吐血。"①具体地讲，"夫血者，外行于经络，内荣于脏腑。若伤损气血，经络则虚。血行失于常理，气逆者吐血。又怒则气逆，甚则呕血；然忧思、惊恐、内伤气逆上者，皆吐血也"②。如果气逆冲心，则导致心痛病证。是故，"心者血之主。人有伏宿寒，因产大虚，寒搏于血，血凝不得消散，其气遂上冲击于心之络脉，故心痛"③。如果胃气上逆，则致呕咳。如陈自明说："夫胃为水谷之海。水谷之精，以为血气，荣润脏腑。因产则脏腑伤动，有时而气独盛者，则气乘肠胃；肠胃燥涩，其气则逆，故呕逆不下食也。"④又"夫肺主于气，五脏六腑俱禀于气。产后则气血伤，脏腑皆损，而风冷搏于气，气则逆上；而又脾虚聚冷，胃中伏寒，因食热物，冷热气相冲系，使气厥而不顺则咳噫也。脾者主中焦，为三焦之关，五脏之仓廪，贮积水谷。若阴阳气虚，使荣卫气厥逆，则致生斯病也"⑤。气陷则是指以气的无力升举为主要特征的病理状态，临床上多见于中气下陷，其具体表现是：受气举无力之局限，水谷精微不能上荣于头目，于是引起头目眩晕、神倦萎顿、久泻久痢等症状；甚则可导致子宫脱垂、脱肛、崩漏等病症。如陈自明说："夫肛门者，大肠候也。大肠虚冷，其气下冲，肛门反出。"⑥

当然，在许多时候，血气相互依存，一方面，气对于血具有推动、温煦、化生和统摄的作用；另一方面，血对于气具有濡养和运载的作用，两者互根互用。如果气血功能失调，则临床上常常出现气血不荣经脉、气血两虚、气随血脱及气不统血等病理状态。如陈自明说："夫产后中风恍惚者，由心主血，血气通于荣卫、脏腑，遍循经络，产则血气俱伤，脏腑皆虚，心不能统于诸脏，荣卫不足，即为风邪所乘，则令心神恍惚不定也。"⑦此病证为气血两虚所致，即先有失血，气随血脱，从而形成气血两虚。又"凡产后中风口噤，是其血气虚而风入于颔、颊夹口之筋也。手三阳之筋，结入于颔，产则劳损腑脏，伤于筋脉，风若乘之，其三阳之筋脉则偏搏之，筋得风冷则急，故令口噤也。若角弓反张者，是体虚受风，风入于诸阳之经也。人阴阳经络周环于身，风邪乘虚入于诸阳之经，则腰背反折、挛急如角弓之状也"⑧。此病证为气血不荣经脉所致，在通常条件下，气血一

---

① （宋）陈自明著，潘远根、胡静娟整理：《妇人大全良方》卷13《妊娠吐血衄血方论》，《中华医书集成》第15册，第143页。

② （宋）陈自明著，潘远根、胡静娟整理：《妇人大全良方》卷7《妇人吐血方论》，《中华医书集成》第15册，第77页。

③ （宋）陈自明著，潘远根、胡静娟整理：《妇人大全良方》卷20《产后余血上抢心痛方论》，《中华医书集成》第15册，第203页。

④ （宋）陈自明著，潘远根、胡静娟整理：《妇人大全良方》卷21《产后呕逆不食方论》，《中华医书集成》第15册，第219页。

⑤ （宋）陈自明著，潘远根、胡静娟整理：《妇人大全良方》卷22《产后咳噫方论》，《中华医书集成》第15册，第223页。

⑥ （宋）陈自明著，潘远根、胡静娟整理：《妇人大全良方》卷8《妇人脱肛候方论》，《中华医书集成》第15册，第102页。

⑦ （宋）陈自明著，潘远根、胡静娟整理：《妇人大全良方》卷19《产后中风恍惚方论》，《中华医书集成》第15册，第194页。

⑧ （宋）陈自明著，潘远根、胡静娟整理：《妇人大全良方》卷19《中风口噤角弓反张方论附》，《中华医书集成》第15册，第196页。

旦不能濡养经脉、筋肉、皮肤，临床上就会出现肢体筋肉运动失常的病理状态。

最后，疾病传变与妇女病之难。陈自明在《妇人大全良方》一书中反复强调这样一个观点："盖女子嗜欲多于丈夫，感病倍于男子，加之慈恋、爱憎、嫉妒、忧恚，染着坚牢，情不自抑，所以为病根深，治之难差。"①正是由于这个特点，所以在临床上，妇女病更容易造成疾病的传变现象。所谓疾病传变是指脏腑组织病变的传移变化，一般包含病位传变和病性转化两种形式。在此，我们根据陈自明论述妇女疾病传变的主要内容，重点讨论病位传变中的脏腑传变。按照五行的生克理论，五脏疾病的传变可分为相生关系的传变和相克关系的传变。其中前者有正反向两种传变形式，若按正向传变，则称"母病及子"，如肝病传心、心病传脾、脾病传肺、肺病传肾、肾病传肝等；如果按反向传变，则称"子病犯母"，如肝病传肾、肾病传肺、肺病传脾、脾病传心、心病传肝等。后者亦有正反向两种传变形式，若按正向传变，则称"相乘"，如肝病乘脾、脾病乘肾、肾病乘心、心病乘肺、肺病乘肝等；如果按反向传变，则称"相侮"，如肝病侮肺、肺病侮心、心病侮肾、肾病侮脾、脾病侮肝等。陈自明在论述"妇人骨蒸劳"病时说：

> 夫骨蒸劳者，由热毒气附骨，故谓之骨蒸也。亦曰传尸，亦谓殗殜，亦称复连，亦名无辜。丈夫以痃癖为根，女人以血气为本，无问少、长，多染此病。内既伤于脏腑，外则损于肌肤，日久不痊，遂至羸瘦。因服冷药过度，则伤于脾，脾气既衰，而传五脏。脾初受病，或胀或妨，遂加泄痢，肌肉瘦瘠，转增痿黄，四肢无力，饮食少味。脾既受已，次传于肾。肾既受病，时时盗汗，腰膝冷疼，梦鬼交侵，小便赤黄。肾既受已，次传于心。心既受病，往往忪悸，或喜或嗔，两颊常赤，唇色如朱，乍热乍寒，神气不守。心既受已，次传于肺。肺既受病，胸满短气，咳嗽多唾，皮肤甲错，状如麸片。肺既受已，次传于肝。肝既受病，两目昏暗，胁下妨痛，不欲见人，常怀忿怒。五脏既病，渐渐羸瘦，即难疗也。②

此处所讲到的"传变"为"相乘"，即按照五行相克之正向的传变，其传变的次序为脾—肾—心—肺—肝。所以，至少从理论上看，这个病证的传变，其相互之间的链条非常完整，它说明该病证的危害程度较深，临床治疗的难度较高。因此，陈自明才发出"五脏既病，渐渐羸瘦，即难疗也"的无奈感叹。在具体的病理过程中，更多的病证是局部传变，即疾病在两个或三个脏腑之间传变，如劳瘵的传变就是如此。劳瘵，现代医学称肺结核，为传染性疾病，古人有"死后乃疰易傍人，乃至灭门者是也"③之说。本病之初，病变在肺，继而累及脾肾，其症见"寒热盗汗，梦与鬼交，遗泄白浊，发干而耸。或腹中有块；或脑后两边有小结核，连复数个，或聚或散，沉沉默默，咳嗽痰涎；或咯脓血如肺

---

① （宋）陈自明著，潘远根、胡静娟整理：《妇人大全良方》卷2《〈产宝方〉论》，《中华医书集成》第15册，第24页。

② （宋）陈自明著，潘远根、胡静娟整理：《妇人大全良方》卷5《妇人骨蒸劳方论》，《中华医书集成》第15册，第54页。

③ （宋）陈自明著，潘远根、胡静娟整理：《妇人大全良方》卷5《妇人劳瘵叙论》，《中华医书集成》第15册，第50页。

痿、肺痈状；或复下利，羸瘦困乏，不自胜持；积月累年，以致于死”[①]。由于痨虫从口鼻吸入，直接侵蚀肺脏，导致咯血、咳嗽等症状。然后，随着肺痨病情的发展，其病将“展转”而“乘于五藏”[②]，尤以脾肾之传变为主。依五行的相生关系论，脾为肺之母，子病犯母，从而使脾虚不能化水谷为精微，如陈自明说：“病者憎寒发热，面青唇黄，舌本强，不能咽，饮食无味，四肢羸瘦，吐涎沫，其传在脾。”[③]而肾为肺之子，母病及子，致使肾精亏损，气血不足。如陈自明说：“病者憎寒发热，面黄，耳轮焦枯，胻骨痟痛，小便白浊，遗沥，胸痛，其传在肾。”[④]而肾对于劳瘵的预后至关紧要，《内经素问》载：“肾者主水，受五脏六府之精而藏之。”[⑤]可见，肺痨一经传变至肾脏，其后果将十分严重。从这个意义上，林佩琴在《类证治裁》一书中说：“凡虚损症，多起于脾胃。劳瘵症，多起于肾经。”[⑥]此外，依五行的相克关系论，肺病传肝，为“传其所胜”，亦称“乘其所胜”。如陈自明说：“病者憎寒发热，自汗面白，目干口苦，精神不守，恐畏不能独卧，其传在肝。”[⑦]反过来，肺病传心，为“传其所不胜”，亦称“侮其所不胜”，因此，陈自明说：“病者憎寒发热，面黑鼻燥，忽忽喜忘，大便苦难，或复泄泻、口疮，其传在心。”[⑧]限于宋代医学发展水平尚不能有效地防治痨瘵病，加之其病“传变、迁移难以推测”[⑨]，在南宋，痨瘵病在生理上和心理上给广大患者带来的痛苦是巨大的。尽管如此，宋代医家尤其是陈自明在治疗痨瘵病方面所作出的积极努力还是应当肯定的。

3.《妇人大全良方》与中医妇产科治疗学思想

陈自明根据妇女生理和病理的特点，并结合南宋妇产科学发展的客观实际，提出了以下妇产科治疗学思想：

第一，“凡医妇人，先须调经。”[⑩]妇女的生理特点是以血为基本，如月经以血为物质基础，胎孕要靠血来长养，乳汁亦由血化生。因此，月经“来不可过与不及、多与少，反此皆谓之病。不行尤甚，百疾生焉。血既不能滋养百体，则发落面黄，身羸瘦。血虚则发热，故身多热。水不足则燥气燔，燥气燔则金受邪，金受邪则肺家嗽，嗽则为肺痈、肺痿

---

① （宋）陈自明著，潘远根、胡静娟整理：《妇人大全良方》卷5《妇人劳瘵叙论》，《中华医书集成》第15册，第50页。

② （明）王肯堂：《证治准绳》卷2《虚劳》，《景印文渊阁四库全书》第767册，第36页。

③ （宋）陈自明著，潘远根、胡静娟整理：《妇人大全良方》卷5《妇人劳瘵叙论》，《中华医书集成》第15册，第50页。

④ （宋）陈自明著，潘远根、胡静娟整理：《妇人大全良方》卷5《妇人劳瘵叙论》，《中华医书集成》第15册，第51页。

⑤ 《黄帝内经素问》卷1《上古天真论篇》，陈振相、宋贵美编：《中医十大经典全录》，第8页。

⑥ （清）林佩琴著，王雅丽校注：《类证治裁》卷2《虚损劳瘵论治》，北京：中国医药科技出版社，2011年，第48页。

⑦ （宋）陈自明著，潘远根、胡静娟整理：《妇人大全良方》卷5《妇人劳瘵叙论》，《中华医书集成》第15册，第50页。

⑧ （宋）陈自明著，潘远根、胡静娟整理：《妇人大全良方》卷5《妇人劳瘵叙论》，《中华医书集成》第15册，第50页。

⑨ （宋）陈自明著，潘远根、胡静娟整理：《妇人大全良方》卷5《妇人劳瘵叙论》，《中华医书集成》第15册，第50页。

⑩ （宋）陈自明著，潘远根、胡静娟整理：《妇人大全良方》卷1《调经门》，《中华医书集成》第15册，第4页。

必矣。医见经不行，则用虻虫、水蛭等行血药，见热则用除热诸寒药，实出妄意。就中不行，以药行之，为害滋大。经水枯竭，则无以滋养，其能行乎……但服以养气益血诸药，天癸自行”①。可见，“大率治病，先论其所主”②，既然妇女经病关键在于“调其血”，那么，临床治疗就应以“养气益血”为原则。然后，在此基础上，审察内外，辨证求因，运用中草药和外治法，调理气血关系和脏腑功能，以达到扶正和祛邪的目的。

首先，调理气血关系。在临床上，如何调经？陈自明引寇宗奭的话说：“夫人之生，以气血为本。人之病，未有不先伤其气血者。”③在具体的生活实践中，损伤气血的因素很多，所以，在临床上辨证求因就显得格外重要。例如，因情志内伤所致的气血不调证，“盖忧愁思虑则伤心，心伤则血逆竭，血逆竭则神色先散而月水先闭也。火既受病，不能荣养其子，故不嗜食；脾既虚，则金气亏，故发嗽；嗽既作，水气绝，故四肢干；木气不充，故多怒，鬓发焦，筋痿。俟五脏传遍，故卒不能死者，然终死矣。此一种于劳中最难治。盖病起于五脏之中，无有已期，药力不可及也。若或自能改易心志，用药扶接，如此则可得九死一生”④。虽然在这个病案中，出现了“药力不可及”的现象，但从总体来看，妇产科疾病的治疗多以内服药为主。就调理气血关系而言，主要有补益气血、活血化瘀、理气行滞三法。比如，“济危上丹方”是治疗“产后所下过多虚极生风”病证的。《妇人大全良方》记载说：

> 论曰：产后所下过多，虚极生风者何？答曰：妇人以荣血为主，因产血下太多，气无所主，唇青肉冷，汗出，目眩神昏，命在须臾，此但虚极生风也。如此则急服济危上丹，若以风药治之则误矣。⑤

“济危上丹方”总共由8味药物组成，方中有6味药的作用是补益气血和活血化瘀，如阿胶，“主心腹内崩，劳极，洒洒如疟状，腰腹痛，四肢酸疼，女子下血，安胎，丈夫小腹痛，虚劳羸瘦，阴气不足，脚酸不能久立，养肝气。久服轻身益气”⑥。陈皮，“总属理气之珍。若霍乱呕吐，气之逆也；泄泻下利，气之寒也；关格中满，气之闭也；食积痰涎，气之滞也；风寒暑湿，气之传也；七情六郁，气之结也，橘皮统能治之”⑦。五灵脂，“足厥阴肝经药也。气味俱厚，阴中之阴，故入血分。肝主血，诸痛皆属于木，诸虫皆生于风；故此药能治血病，散血和血而止诸痛”⑧。桑寄生，“其味苦甘，其气平和，不寒不

---

① （宋）陈自明著，潘远根、胡静娟整理：《妇人大全良方》卷1《〈养生必用〉论经病》，《中华医书集成》第15册，第7页。

② （宋）陈自明著，潘远根、胡静娟整理：《妇人大全良方》卷1《〈产宝方〉序论》，《中华医书集成》第15册，第5页。

③ （宋）陈自明著，潘远根、胡静娟整理：《妇人大全良方》卷1《室女经闭成劳方论》，《中华医书集成》第15册，第9页。

④ （宋）陈自明著，潘远根、胡静娟整理：《妇人大全良方》卷1《室女经闭成劳方论》，《中华医书集成》第15册，第9页。

⑤ （宋）陈自明著，潘远根、胡静娟整理：《妇人大全良方》卷19《产后所下过多虚极生风方论》，《中华医书集成》第15册，第194页。

⑥ （宋）唐慎微：《重修政和经史证类备用本草》卷16《阿胶》，北京：人民卫生出版社，1982年，第372页。

⑦ （明）倪朱谟编著，戴慎、陈仁寿、虞舜点校：《本草汇言》卷15《橘皮》，上海：上海科学技术出版社，2005年，第923页。

⑧ （明）李时珍著，陈贵廷等点校：《本草纲目》卷48《禽部·寒号虫》，第1094—1095页。

热，固应无毒。详其主治，一本于桑，抽其精英，故功用比桑尤胜。腰痛及小儿背强，皆血不足之候。痈肿多由于荣气热。肌肤不充由于血虚。齿者骨之余也，发者血之余也，益血则发华，肾气足则齿坚而须眉长，血盛则胎自安。女子崩中及内伤不足，皆血虚内热之故。产后余疾，皆由血分，乳汁不下，亦由血虚。金疮则全伤于血。上来种种疾病，莫不悉由血虚有热所发，此药性能益血，故并主之也"①。生卷柏，"强阴益精，久服轻身和颜色"②。乳香，"香窜入心，既能使血宣通而筋不伸，复能入肾温补，使气与血互相通活，俾气不令血阻，血亦不被气碍，故云功能生血，究皆行气活血之品耳"③。

又比如，"趁痛散"专门用于治疗"产后遍身疼痛"病证，其药物组成以活血化瘀和理气行滞药为主。陈自明说："产后百节开张，血脉流散，遇气弱则经络、肉分之间血多流滞，累日不散，则骨节不利，筋脉急引，故腰背不得转侧，手足不能动摇，身热头痛也。若医以为伤寒治之，则汗出而经脉动惕，手足厥冷，变生他病。但服趁痛散除之。"④

可见，"趁痛散"是治疗产后气弱血滞的良方，其方药有牛膝、甘草、薤白、当归、桂心、白术、黄芪、独活及生姜。其中牛膝，"走而能补。性善下行，故入肝肾……盖补肝则筋舒，下行则理膝，行血则痛止。逐血气，犹云能通气滞血凝也"⑤。当归，"其味甘而重，故专能补血；其气轻而辛，故又能行血。补中有动，行中有补，诚血中之气药，亦血中之圣药也"⑥。白术，"治皮间风，止汗消痞，补胃和中，利腰脐间血。通水道，上而皮毛，中而心胃，下而腰脐。在气主气，在血主血"⑦。黄芪，"治气虚盗汗并自汗，即皮表之药；又治肤痛，则表药可知；又治咯血，柔脾胃，是为中州药也；又治伤寒尺脉不至，又补肾脏元气，为里药。是上中下内外三焦之药"⑧。独活，"善行血分，祛风行湿散寒之药也"⑨。桂心，"入二三分于补阴药中，则能行地黄之滞而补肾。由其味辛属肺，而能生肾水，性温行血，而能通凝滞也"⑩。生姜，"产后必用者，以其能破血逐瘀也"⑪。全方共奏养血和营、温阳益气、活血止痛之功。

其次，调理脏腑功能。陈自明说："五脏六腑，男女虽同，其中细微各有差别。缘妇人有胞门、子脏，风冷中之，则为所病，若男子则为他病矣。"⑫又说："肾为阴，主开

---

① （明）缪希雍著，郑金生校注：《神农本草经疏》卷12《桑上寄生》，北京：中医古籍出版社，2002年，第467—468页。

② （宋）唐慎微：《重修政和经史证类备用本草》卷6《卷柏》，第168页。

③ （清）黄宫绣编著：《本草求真》卷7《乳香》，太原：山西科学技术出版社，2015年，第288页。

④ （宋）陈自明著，潘远根、胡静娟整理：《妇人大全良方》卷20《产后遍身疼痛方论》，《中华医书集成》第15册，第200页。

⑤ （明）缪希雍著，郑金生校注：《神农本草经疏》卷6《牛膝》，第218页。

⑥ （明）张景岳：《景岳全书系列·本草正·芳草部·当归》，北京：中国医药科技出版社，2017年，第33页。

⑦ （元）王好古撰，陆拯、郭教礼、薛今俊校点：《汤液本草》卷中《白术》，北京：中国中医药出版社，2013年，第52页。

⑧ （元）王好古撰，陆拯、郭教礼、薛今俊校点：《汤液本草》卷中《黄芪》，第50页。

⑨ （明）倪朱谟编著，戴慎、陈仁寿、虞舜点校：《本草汇言》，第73页。

⑩ （明）薛己：《药性本草约言》卷2《桂》，盛维忠主编：《薛立斋医学全书》，北京：中国中医药出版社，1999年，第431—432页。

⑪ （明）李梴编撰，田代华等整理：《医学入门》卷2《本草分类》，北京：人民卫生出版社，2006年，第370页。

⑫ （宋）陈自明著，潘远根、胡静娟整理：《妇人大全良方》卷1《崩中带下方论》，《中华医书集成》第15册，第19页。

闭，左为胞门，右为子户，主定月水，生子之道。”[①]这里指明了妇女病之区别于男性病的特殊性，当然，不论“胞门”还是“子脏”，都不是独立于五脏六腑之外的机体器官。《内经素问·五脏别论篇》云：“脑髓骨脉胆女子胞，此六者地气之所生也，皆藏于阴而象于地，故藏而不写，名曰奇恒之府。”按照张介宾的解释：“奇，异也。恒，常也。”[②]意即不同于正常之腑。如“女子之胞，子宫是也，亦以出纳精气而成胎孕者为奇”[③]。又“凡妇人三十六种病，皆由子脏冷热，劳损而挟带下，起于胞内也”[④]，且不说“悉与丈夫一同”的伤风、暑、寒、湿，内积喜、怒、忧、思、饮食、房劳、虚实、寒热，均与脏腑有密切关系，即使妇女独有的“产蓐一门”[⑤]，又何尝与其他脏腑没有密切关系呢！《内经素问·评热病论》云：“胞脉者，属心而络于胞中。”[⑥]又《内经素问·奇病论》载：“胞络者系于肾。”[⑦]刘完素说：“妇人童幼天癸未行之间，皆属少阴；天癸既行，皆从厥阴论之；天癸已绝，乃属太阴经也。”[⑧]

在病理上，许多妇女病往往因脏腑受邪而致。例如：“肠中鸣则月水不来，病本在胃。胃气虚，不能消化水谷，使津液不生血气故也。”[⑨]因为胃为“水谷之海”，而机体的生理活动和气血津液的化生，有赖于食物的营养，所以“五脏者皆禀气于胃”[⑩]。然而，就上述症状而言，其表现较为单纯，宜用奇方（即用单数药味来治疗疾病的处方）。陈自明根据“病本在胃”的特点，主张治以厚朴，这是因为“厚朴气味辛温，性复大热，其功长于泄结散满，温暖脾胃”[⑪]，为消除胀满之神奇要药。又如：“夫妇人崩中者，由脏腑伤损，冲脉、任脉、血气俱虚故也。”[⑫]脏腑功能与冲任脉的关系虽然是一种间接关系，但是“五脏之伤，穷必及肾”[⑬]，而“女人肾脏系于胞络”[⑭]，故当肾阴亏虚时，虚火妄动，可引起胎漏、崩漏等症。陈自明根据中医“急则治其标”的治疗思想，原则上赞同张声道的治法：倘若崩中时间短，则宜用琥珀散，方药组成：赤芍药、香附子、荷叶（枯）、男子

---

① （宋）陈自明著，潘远根、胡静娟整理：《妇人大全良方》卷7《妇人八瘕方论》，《中华医书集成》第15册，第80页。

② （明）张介宾：《类经》卷4《奇恒藏府，藏写不同》，北京：中医古籍出版社，2016年，第74页。

③ （明）张介宾：《类经》卷4《奇恒藏府，藏写不同》，第74页。

④ （宋）陈自明著，潘远根、胡静娟整理：《妇人大全良方》卷2《〈博济方〉论》，《中华医书集成》第15册，第24页。

⑤ （宋）陈自明著，潘远根、胡静娟整理：《妇人大全良方》卷2《〈极一方〉总论》，《中华医书集成》第15册，第24页。

⑥ 《黄帝内经素问》卷9《评热病论》，陈振相、宋贵美编：《中医十大经典全录》，第53页。

⑦ 《黄帝内经素问》卷13《奇病论》，陈振相、宋贵美编：《中医十大经典全录》，第70页。

⑧ （金）刘完素撰，孙洽熙、孙峰整理：《素问病机气宜保命集》卷下《妇人胎产论》，北京：人民卫生出版社，2005年，第122页。

⑨ （宋）陈自明著，潘远根、胡静娟整理：《妇人大全良方》卷1《月水不通方论》，《中华医书集成》第15册，第7页。

⑩ 《黄帝内经素问》卷5《玉机真脏论》，陈振相、宋贵美编：《中医十大经典全录》，第35页。

⑪ （明）缪希雍著，郑金生校注：《神农本草经疏》卷13《厚朴》，第501页。

⑫ （宋）陈自明著，潘远根、胡静娟整理：《妇人大全良方》卷1《崩暴下血不止方论》，《中华医书集成》第15册，第14页。

⑬ （明）张景岳：《景岳全书系列·杂证谟·虚损》，北京：中国医药科技出版社，2017年，第161页。

⑭ （宋）陈自明著，潘远根、胡静娟整理：《妇人大全良方》卷4《妇人腰痛方论》，《中华医书集成》第15册，第47页。

发（皂荚水洗）、当归、棕榈（炒焦）、乌纱帽（是漆纱头巾，取阳气冲上故也），上等分，除棕［榈］外，其余并切粗片，新瓦上煅成黑炭，存性三分，为细末。每服三、五钱，空心童子小便调下。[①]此方用炒炭法，目的在于增强诸药的止血效果。倘若“一、二日不止”，则可分两步治疗，“宜先以五积散加醋煎（或琥珀散），投一、二服”。[②]因为“血崩乃经脉错乱，不循故道，淖溢妄行，一、二日不止，便有积瘀之血，凝成窠臼。更以药涩住，转见增剧”[③]，“五积散”是出自《太平惠民和剂局方》的一首名方，杨士瀛称其为“去痰、消痞、调经之方”[④]，“能散寒积、食积、气积、血积、痰积，故名五积”[⑤]。可见，“五积散”不是因证立方而是从脏腑入用，就病论药。随着有形的积滞被化解，“次服灵脂散及顺气药，去故生新，自能平治”[⑥]，其法：将“好五灵脂炒令烟尽为末，每服一钱，温酒调下”[⑦]。

此外，像“脚气”“妇人血风烦闷”“妇人血风攻脾不能食”“妇人劳嗽”“妇人霍乱”等，在治疗上都须要调理脏腑功能，这是因为中医治疗学目的，不是单纯地为病而治，而是以调为本、以平为期。故《内经素问·至真要大论》说：“谨察阴阳所在而调之，以平为期。”[⑧]此处之“阴阳”实际指的就是脏腑阴阳，如《内经灵枢经·百病始生》载：“喜怒不节，则伤脏，脏伤则病起于阴也。”[⑨]由于妇女与男人在生理上的差异，她们的内部脏腑更易于为喜怒不节等内伤因素所损，陈自明一再强调：女子“慈恋、爱憎、嫉妒、忧恚，染着坚牢，情不自抑”[⑩]。又云：“妇人者，众阴所集，常与湿居。十四岁以上，阴气浮溢，百想经心，内伤五脏，外损姿颜。”[⑪]这些论述说明妇女较一般男人更易受情志因素的影响而发生疾病。从这个角度说，调理脏腑功能对于防治妇女疾病具有特别重要的意义。

第二，“产育者，妇人性命之长务”[⑫]的思想及方法。如何保证人类再生产的顺利进

---

① （宋）陈自明著，潘远根、胡静娟整理：《妇人大全良方》卷1《崩暴下血不止方论》，《中华医书集成》第15册，第15页。

② （宋）陈自明著，潘远根、胡静娟整理：《妇人大全良方》卷1《崩暴下血不止方论》，《中华医书集成》第15册，第15页。

③ （宋）陈自明著，潘远根、胡静娟整理：《妇人大全良方》卷1《崩暴下血不止方论》，《中华医书集成》第15册，第15页。

④ （宋）杨士瀛：《仁斋直指》卷3《附诸方·五积散》，北京：中医古籍出版社，2016年，第83页。

⑤ （清）汪昂著，鲍玉琴、杨德利校注：《医方集解》卷5《表里之剂·五积散》，北京：中国中医药出版社，2007年，第70页。

⑥ （宋）陈自明著，潘远根、胡静娟整理：《妇人大全良方》卷1《崩暴下血不止方论》，《中华医书集成》第15册，第15页。

⑦ （宋）陈自明著，潘远根、胡静娟整理：《妇人大全良方》卷1《崩暴下血不止方论》，《中华医书集成》第15册，第15页。

⑧ 《黄帝内经素问》卷22《至真要大论》，陈振相、宋贵美编：《中医十大经典全录》，第129页。

⑨ 《黄帝内经灵枢经》卷10《百病始生》，陈振相、宋贵美编：《中医十大经典全录》，第248页。

⑩ （宋）陈自明著，潘远根、胡静娟整理：《妇人大全良方》卷2《〈产宝方〉论》，《中华医书集成》第15册，第24页。

⑪ （宋）陈自明著，潘远根、胡静娟整理：《妇人大全良方》卷9《〈千金翼〉求子方论》，《中华医书集成》第15册，第107页。

⑫ （宋）陈自明著，潘远根、胡静娟整理：《妇人大全良方》卷9《〈千金翼〉求子方论》，《中华医书集成》第15册，第107页。

行，从而提高育龄妇女“产育”的质量和水平，无论过去还是现在都是一个非常值得人们关注的医学现象。而为了南宋妇产科学发展的客观需要，陈自明围绕这个问题，从卷 9—24 整整用了 16 卷的篇幅，正好占了全书内容的 2/3，广采博取，巨细皆用心。可见，他对该问题非常重视。

首先，从婚育这个环节抓起，强调婚后夫妇应保持孕前各脏腑机能的正常运行。陈自明说：“凡欲求子，当先察夫妇有无劳伤、痼害之属。依方调治，使内外和平，则妇人乐有子矣。”[①]此项措施属于孕前体检的范畴，由于受医疗诊察手段的限制，南宋时期还不可能依靠先进的仪器去为孕前妇女做全面的和科学的体检，因而在某些方面还不可避免地存在着不符合现代医学科学原理的观念和方法，如“夫妻本命五行相生相克”“逐月安产藏衣忌向方位”“催生灵符”等，都属于产育文化中的糟粕，是“伪科学”，是需要我们抛弃的思想垃圾，但是就总体的发展状况而言，南宋医家从孕前到产后，已经形成了一套在当时行之有效的医疗方法和手段，其主流思想是应当肯定的。如晚婚优育、孕前需引导夫妇自觉地学习有关的医学知识等，都是很有远见的优生优育思想，至今仍具有十分重要的科学价值和现实意义。

陈自明强调“合男女必当其年”[②]，而孕育的最佳年龄，应是“男虽十六而精通，必三十而娶；女虽十四而天癸至，必二十而嫁”[③]。对此，程民生先生经过对 114 名妇女婚龄的精细统计，发现宋代女性婚龄多在 18 岁左右，占总数的 69.2%，超过 20 岁者占 21%[④]，大体接近陈氏的理想年龄。通过人们长期的婚姻实践证明，只有男女双方都进入成熟的年龄以后，夫妇生育的后代才会“坚壮强寿”[⑤]。然而，由于每个人的体质千差万别，生活在现实生活的生命个体绝对不感染疾病是不可能的，因此，“夫病妇疹”的情况多有发生，在这种条件下，夫妇“须将药饵”[⑥]，待双方恢复身体健康之后，再考虑孕育后代的问题。一般说来，造成妇人不孕的原因，不外以下几个方面：“妇人挟疾无子，皆由劳伤血气生病，或月经闭涩，或崩漏带下，致阴阳之气不和，经血之行乖候，故无子也”；“又有因将摄失宜，饮食不节，乘风取冷，或劳伤过度，致令风冷之气乘其经血，结于子脏（子脏得冷），故令无子也。”[⑦]针对这些病情，陈自明提出了“服药须知次第”的医学思想和治疗方法，他说：“夫人求子者，服药须知次第，不可不知。其次第者，谓男

① （宋）陈自明著，潘远根、胡静娟整理：《妇人大全良方》卷 9《陈无择求子论》，《中华医书集成》第 15 册，第 106 页。

② （宋）陈自明著，潘远根、胡静娟整理：《妇人大全良方》卷 9《褚尚书澄求男论》，《中华医书集成》第 15 册，第 106 页。

③ （宋）陈自明著，潘远根、胡静娟整理：《妇人大全良方》卷 9《褚尚书澄求男论》，《中华医书集成》第 15 册，第 106 页。

④ 程民生：《宋人婚龄及平均死亡年龄、死亡率、家庭子女数、男女比例考》，朱瑞熙、王曾瑜、蔡东洲主编：《宋史研究论文集》第 11 辑，成都：巴蜀书社，2006 年，第 294 页。

⑤ （宋）陈自明著，潘远根、胡静娟整理：《妇人大全良方》卷 9《褚尚书澄求男论》，《中华医书集成》第 15 册，第 106 页。

⑥ （宋）陈自明著，潘远根、胡静娟整理：《妇人大全良方》卷 9《妇人无子论》，《中华医书集成》第 15 册，第 106 页。

⑦ （宋）陈自明著，潘远根、胡静娟整理：《妇人大全良方》卷 9《妇人无子论》，《中华医书集成》第 15 册，第 106 页。

服七子散，女服荡胞汤及坐导药，并服紫石门冬丸，则无不效矣。不知此者，得力鲜焉。”[①]现代生物学知识告诉我们，孕育儿女是夫妇双方的事情，甚至生男生女的主要责任不在女方，而在于男方。在现实生活中由于男方的原因而造成女性不孕的现象并不少见。尽管南宋还没有基因学说，陈自明亦不懂性染色体的概念，但是他在那个时期却有了以男女平等为前提的“次第”思想意识，这在崇尚“男尊女卑”的社会历史条件下，无疑是一个需要勇气和胆量的事情。当然，进一步说，它既是陈自明尊重科学的生动体现，同时又是南宋时期妇人社会地位尚保持在较高历史水平的一个具体例证。

专门用于治疗男子“精气衰少”的“补不足方”即“七子散”，共有24味药，属于大方，又属于“补可扶弱”的补剂。方中的补虚类药物有人参、黄芪、山药、杜仲、鹿茸、熟地黄、石斛、菟丝子、肉苁蓉、钟乳粉、巴戟天；收涩类药物有五味子、山茱萸；活血祛瘀类药物有川芎、牛膝；温里类药物有附子、桂心、蛇床子、菥蓂子；利水渗湿类药物有白茯苓、车前子；安神类药物有远志；解表类药物有天雄、牡荆子。其中牡荆子、五味子、菟丝子、车前子、菥蓂子、附子、蛇床子等七种药名均带“子”，故名“七子”，寓“求子”之意于方中。从处方中的药物组成来看，医家肯定了男子不育的病因病机是气虚且肾阳、肾精不足，故多用补肾温阳、健脾益气之药。在我国古代男性病研究与治疗史上，《金匮要略》在《内经》的理论基础上首次阐明了男子不育与精气之间的内在关系，《金匮要略·血痹虚劳病脉证并治》载：“男子脉浮弱而涩，为无子，精气清冷。”[②]自此始，“男子不育从精液论治”遂成为历代医家所遵循的基本处方原则。而由孙思邈在《备急千金要方》卷2中所创立的“七子散”则是医家公认的针对治疗男子不育所设的一首良方，所以陈自明推崇此方是有理论依据的。

“治妇人立身已来全不产育，及断续久不产三十年者”用“荡胞汤”。[③]组方：朴硝、牡丹皮、当归、大黄（蒸一饭久）、桃仁，各三两；细辛、浓朴、苦梗、赤芍药、人参、茯苓、桂心、甘草、川牛膝、陈皮，各二两；附子（炮），一两半；虻虫（炒焦，去翅足）、水蛭（炒），各六十枚。同“七子散”有类似之处，此方亦为大方，且属于“通可去滞”之“通”剂。其中大黄可攻积去滞，朴硝能“逐六府积聚、结固、留癖。能化七十二种石”[④]；附子、桂心均有散寒止痛和补火助阳之功；虻虫与水蛭配用，“主积聚癥瘕，一切血结为病”[⑤]，且“水蛭最喜食人之血，而性又迟缓善入，迟缓则生血不伤，善入则坚积易破，借其力以攻积久之滞，自有利而无害也”[⑥]；浓朴（即厚朴）为消除胀满的要药。可见，此方具有“大承气汤”的特点：“夫诸病皆因于气，秽物之不去，由于气之不

---

① （宋）陈自明著，潘远根、胡静娟整理：《妇人大全良方》卷9《男女受胎时日法》，《中华医书集成》第15册，第108页。

② （汉）张仲景：《金匮要略方论》卷上《血痹虚劳病脉证并治》，陈振相、宋贵美编：《中医十大经典全录》，第393页。

③ （宋）陈自明著，潘远根、胡静娟整理：《妇人大全良方》卷9《推贵宿日法》，《中华医书集成》第15册，第109页。

④ （清）黄奭辑校：《神农本草经》上经“朴消”，陈振相、宋贵美编：《中医十大经典全录》，第278页。

⑤ （明）缪希雍著，郑金生校注：《神农本草经疏》卷21《蜚虻》，第638页。

⑥ （清）徐大椿：《神农本草经百种录》，刘洋主编：《徐灵胎医学全书》，北京：中国中医药出版社，2015年，第72页。

顺，故攻积之剂必用行气之药以主之。亢则害，承乃制，此承气之所由。又病去而元气不伤，此承气之义也。夫方分大小，有二义焉：厚朴倍大黄，是气药为君，名大承气；大黄倍厚朴，是气药为臣，名小承气。味多、性猛、制大，其服欲令泄下也，因名曰大。”①同时，由于“妇人以血为基本，气血宣行，其神自清”②，所以“荡胞汤”又具有“血府逐瘀汤”的优点：第一，其方以赤芍药、当归、桃仁活血调血；甘草疏肝理气，川牛膝和苦梗调畅气血，人参善能补气以生血，使气血并行，不仅善行血分瘀滞，又兼疏解气分之郁。第二，行中寓补，方中除用赤芍药、桃仁活血，陈皮、人参、浓朴、苦梗等行气，又用当归养血，使活血而无耗血之虑，理气而无伤阴之弊。第三，升降同用，方中以川牛膝通利血脉，引瘀血下行，用苦梗开肺气，载药上行，升降同用，宣畅气血，使气血升降相成，上下和调。尽管如此，临床上仍有“恶物不尽，不得药力”③的情况出现。因此，为防万一，陈自明沿用孙思邈治疗妇人不孕症的方法，续以“坐导药”。其方药组成为：皂角（去皮，子）一两，吴茱萸、当归、大黄（蒸）、晋矾（枯）、戎盐、川椒各二两，五味子、细辛、干姜各三两。与“荡胞汤”的制剂不同，“坐导药”不是汤剂，而是栓剂。制法是：将方中药物研成细末，“以绢袋盛，大如指，长三寸余，盛药满，系袋口，内妇人阴中”④。但陈自明在临床上使用该栓剂时，稍微作了改进，即他新增了“每日早晚用苦菜煎汤熏洗”这个环节，因为苦菜具有消炎解毒之功。在他看来，按照病情的需要，“著药后一日，乃服紫石英丸（又名紫石门冬丸）”⑤。其组方为：紫石英、天门冬各二两，当归、川芎、紫葳、卷柏、桂心、乌头、干地黄、牡蒙、禹余粮、石斛、辛夷各三两，人参、桑寄生、续断、细辛、厚朴、干姜、食茱萸、牡丹、牛膝各二十两，柏子仁一两，薯蓣、乌贼骨、甘草各一两半，共26味药物。此方由于是丸剂中之密丸，其药效相对于汤剂来说，不仅吸收缓慢，而且药力持久，所以其组方在宋代的变化较大，如《太平圣惠方》卷70所载“紫石英丸”为21味药，即紫石英、细辛、厚朴、川椒、桔梗、鳖甲、防风、川大黄、附子、硫黄、牡蒙、人参、桑寄生、半夏、白僵蚕、续断、紫菀、杜蘅、牛膝、白薇、当归、桂心。此外，与《备急千金要方》所载之“紫石门冬丸”相较，陈自明虽然从表面上看仅仅变动了个别药物的炮制方法，如粉草即为鲜甘草茎剥去外皮者，但某些药物的剂量增减却变化较大，如增当归、桂心、乌头、干地黄、禹余粮、石斛、辛夷、川芎、紫葳、卷柏各八分为各三两，减紫石英、天门冬各三量为各二两等，反映了陈氏在使用古方时的灵活性，因为丸剂的总体指导思想是“治之以峻，行之以缓”，而陈自明根据南宋妇人的生活特点，突出了此丸剂“治之以峻”的特点。显然，这一特点显示了陈氏

① （清）柯琴编撰，赵辉贤校注：《伤寒来苏集·伤寒附翼》卷下《大承气汤》，上海：上海科学技术出版社，1959年，第237页。

② （宋）陈自明著，潘远根、胡静娟整理：《妇人大全良方》卷1《〈产宝方〉序论》，《中华医书集成》第15册，第5页。

③ （宋）陈自明著，潘远根、胡静娟整理：《妇人大全良方》卷9《推贵宿日法》，《中华医书集成》第15册，第109页。

④ （宋）陈自明著，潘远根、胡静娟整理：《妇人大全良方》卷9《推贵宿日法》，《中华医书集成》第15册，第109页。

⑤ （宋）陈自明著，潘远根、胡静娟整理：《妇人大全良方》卷9《推贵宿日法》，《中华医书集成》第15册，第109页。

医术的过人之处和他重视药效的处方思想。综上所述，我们不难看到，陈自明创造性地应用孙思邈治疗妇人不孕三首组合处方于南宋妇女不孕症的临床实际，尤其是在汤剂、栓剂与丸剂之间增加了“熏剂”，这样可以减少患者在使用栓剂时，因感染而发生的不良后果，如宋人张杲在《医说》一书中说：“有妇人因产病，用《外台秘要》坐导方，其后反得恶露之疾，终身不差。”[①]当然，由于上述三方是一个循序渐进和相互联系的整体，如果孤立地将其中一方任意拿出来应用于临床而不顾三首处方的内在统一性，就有可能给患者造成严重后果。因此，陈自明在使用“栓剂”时，特意用“熏剂”来消炎化肿，此法有利于患者病情的好转和病体的康复。

其次，“凡妊娠诸病，但忌毒药，余当对证依法治之”[②]的思想。所谓“毒药”在中药学里有三种含义：一是古人称治病的药为“毒药”，如《周礼・天官・医师》：“掌医之政令，聚毒药，以供医事。”郑注：“毒药，药之辛苦者。药之物恒多毒。”又《素问・藏气法时论》云：“毒药攻邪。”王冰注：“辟邪安正，惟毒乃能，以其能然，故通称谓之毒药也。”二是毒性是药物的偏性，如张从正明确地指出：“凡药有毒也，非止大毒、小毒谓之毒，虽甘草、苦参，不可不谓之毒，久服必有偏胜。气增而久，夭之由也。”[③]明代缪希雍也说：“气之毒者必热，味之毒者必辛。”[④]而张介宾则说得更加清楚：“药以治病，因毒为能，所谓毒者，以气味之有偏也。盖气味之正者，谷食之属是也，所以养人之正气。气味之偏者，药饵之属是也，所以去人之邪气。其为故也，正以人之为病，病在阴阳偏胜耳……是凡可辟邪安正者，均可称为毒药，故曰毒药攻邪也。”[⑤]三是指药物的实际毒性，如巢元方《诸病源候论》载：“凡药云有毒及大毒者，皆能变乱，于人为害，亦能杀人。”[⑥]可见，古人对“毒药”的认识是逐渐加深的。宋代针对孕妇用药的特殊性，提出了专门适用于孕妇的“药忌”思想。如陈自明《妇人大全良方》载“孕妇药忌歌”云：

> 蚖蜓水蛭地胆虫，乌头附子配天雄。踯躅野葛蝼蛄类，乌喙侧子及虻虫。牛黄水银并巴豆，大戟蛇蜕及蜈蚣。牛膝梨芦并薏苡，金石锡粉及雌雄。牙硝芒硝牡丹桂，蜥蜴飞生及蟅虫。代赭蚱蝉胡粉麝，芫花薇衔草三棱。槐子牵牛并皂角，桃仁蛴螬和茅根。苹根硇砂与干漆，亭长波流茼草中。瞿麦茼茹蟹爪甲，猬皮赤箭赤头红。马刀石蚕衣鱼等，半夏南星通草同。干姜蒜鸡及鸡子，驴马兔肉不须供。[⑦]

---

① （宋）张杲撰，王旭光、张宏校注：《医说》卷8《古方无妄用》，北京：中国中医药出版社，2009年，第296页。

② （宋）陈自明著，潘远根、胡静娟整理：《妇人大全良方》卷12《妊娠疾病门》，《中华医书集成》第15册，第120页。

③ （金）张从正：《儒门事亲》卷2《推原补法利害非轻说十七》，丛书集成初编本，北京：中华书局，1991年，第186页。

④ （明）缪希雍著，郑金生校注：《神农本草经疏》卷1《原本药性气味生成指归》，第2页。

⑤ （明）张介宾著，吴润秋、郑佑君、秦华珍整理：《类经》卷14《五藏病气法时》，《中华医书集成》第1册，第237页。

⑥ 丁光迪主编：《诸病源候论校注》卷26《解诸药毒候》，第492页。

⑦ （宋）陈自明著，潘远根、胡静娟整理：《妇人大全良方》卷11《孕妇药忌歌》，《中华医书集成》第15册，第120页。

在此“孕妇药忌”名录里，可分两种情况：第一种情况是《本草》载明为“有毒”之药物，如《神农本草经》云：“下药一百二十五种为佐使。主治病以应地。多毒，不可久服。”①其中“虫鱼类”有马刀、石蚕、衣鱼、班苗、水蛭、地胆、蛇蜕、蜈蚣、蝼蛄等，“草木类”有附子、乌头、天雄、踯躅、芫花、大戟等。按北宋之前的本草著作，一般都将牙硝视为“无毒”的上品药，如《政和经史证类本草》载：“马牙消，味甘，大寒，无毒，能除五藏积热。”②“芒硝”则介于有毒与无毒之间，唐慎微说：“芒消（硝），味辛苦，大寒，主五藏积聚久热。”③但他没有对其作“有毒”和“无毒”之区别，不过，唐氏在注引中列举了两种不同的观点：一是陶弘景认为芒硝即消石，无毒；二是《药性论》说：“芒消，使味咸，有小毒。”④在此基础上，陈自明根据宋人对临床用药的深入观察和了解，明确认定“牙硝”和“芒硝”都有毒性，这是南宋药性学发展的一个重大进步。又陈自明将“牙硝”和“芒硝”分为两种药物，说明它们在性味功能上具有不同的特点，因而在处方时不可把两者混淆起来。至于孕妇忌食“干姜、蒜、鸡及鸡子”及“驴肉、兔肉”等，虽然孕妇是否能吃某些食物如“驴肉”的问题尚有争议，但是陈氏的大多说法都是经得起时间检验的，是有一定科学道理的。例如，虽然鸡子中所含的营养成分全面而均衡，但孕妇不宜多吃鸡子已经成为医学家的共识。此外，干姜和蒜均属于辛辣、味浓等刺激性强的食物，如果对此类食物不加节制，就有可能导致流产。至于“兔肉”，李时珍说：兔肉甘，寒，“大抵久食绝人血脉，损元气、阳事，令人痿黄”⑤。清代食医王孟英在《随息居饮食谱》一书中亦说：“兔肉，甘冷，凉血，多食损元阳，孕妇尤忌。”⑥不管怎么说，在当时的历史条件下，尤其是南宋的特色饮食文化丰富多彩，一方面，“南渡以来，几二百余年，则水土既惯，饮食混淆，无南北之分矣”⑦，其时“涮兔肉”特别风行，如《山家清供》载：南宋时林洪曾“游武夷六曲，访止止师。遇雪天，得一兔，无庖人可制。师云：山间只用薄批，酒、酱、椒料沃之。以风炉安座上、用水少半铫，候汤响一杯后，各分以箸，令自笑入汤摆熟，啖之乃随意各以汁供。因用其法。不独易行，且有团栾热暖之乐。越五、六年，来京师，乃复于杨泳斋（伯喦）席上见此，恍然去武夷如隔一世。杨勋家，嗜古学而清苦者，宜此山家之趣。因诗之‘浪涌晴江雪，风翻晚照霞’。末云‘醉忆山中味，都忘贵客来’。猪、羊皆可”⑧。这种涮兔肉的吃法，就叫“拨霞供”。根据目前的资料已知，此涮肉火锅文化源自契丹，1984 年我国考古工作者发现在内蒙古昭乌达盟敖汉旗出土辽国壁画墓中的壁画上，绘有三个契丹人围着火锅而用毛利箸在锅中涮食羊肉的情景。⑨另一方面，人们在大饱口福的同时，有些肉类对于特殊人群的健康可

① （清）黄奭辑校：《神农本草经》卷 3《下经》，陈振相、宋贵美编：《中医十大经典全录》，第 297 页。
② （宋）唐慎微：《重修政和经史证类备用本草》卷 3《马牙消》，第 88 页。
③ （宋）唐慎微：《重修政和经史证类备用本草》卷 3《芒消》，第 86 页。
④ （宋）唐慎微：《重修政和经史证类备用本草》卷 3《芒消》，第 86 页。
⑤ （明）李时珍著，陈贵廷等点校：《本草纲目》卷 51《兽部·兔》，第 1173 页。
⑥ （清）王士雄著，况正兵点校：《随息居饮食谱·毛羽类》，杭州：浙江人民美术出版社，2018 年，第 141 页。
⑦ （宋）吴自牧：《梦粱录》卷 16《面食店》，北京：中国商业出版社，1982 年，第 135 页。
⑧ （宋）林洪撰，乌克注释：《山家清供》，北京：中国商业出版社，1985 年，第 48 页。
⑨ 董治：《火锅古今谈》，《中国烹饪》1984 年第 11 期。

能会造成一定程度的损害，因此，陈自明从饮食文化的角度，对孕妇的饮食卫生提出了忌口肉类的建议，无论过去还是现在，都具有十分重要的借鉴价值，而随着人们的物质文化越来越多样化，关注和研究孕妇饮食问题对于维护孕妇的健康和人类的再生产都具有相当重要的现实意义。

最后，"夫产难之由有六，所受各异，故治疗之方不同"①的思想。陈自明总结了孕妇难产的各种病因，经归纳之后，他认为造成孕妇难产的病因主要有六个方面：一是"惟恐运动，故羞出入、专坐卧"②；二是"世人不知禁忌，恣情交合，嗜欲不节，使败精、瘀血聚于胞中，致令子大母小，临产必难"③；三是"临觉太早，大小挥霍，或信卜筮，或说鬼祟，多方误恐，致令产母心惊神恐，忧恼怖惧"④；四是"坐婆疏率，不候时至，便令试水；试水频并，胞浆先破，风飒产门，产道干涩；及其儿转，便令坐草，坐草太早，儿转亦难，致令产难"⑤；五是"直候痛极，眼中如火，此是儿逼产门，方可坐草，即令易产。如坐草稍久，用力太过，产母困睡，抱腰之人又不稳当，致令坐立倾侧，胎死腹中，其为产难"；六是"时当盛暑，宜居深幽房室，日色远处，开启窗户，多贮清水，以防血晕、血闷、血溢妄行、血虚发热之证；如冬末春初，天色凝寒，宜密闭产室，窒塞罅隙，内外生火，常令暖气如春，仍下部衣服不可去绵，方免胎寒血结，毋致产难"。⑥根据《十产论》的论述，孕妇之生产有10种非正产的类型，即伤产、催产、冻产、热产、横产、倒产、偏产、碍产、坐产、盘肠产。而针对此等非正产的临床表现，陈自明提出了"催生"等诸多方案。其中以催生丹最有代表性。其方药组成为：十二月兔脑髓（去皮膜，研如泥）、通明乳香一分（细研）、母丁香（末）一钱、麝香一字（研细）。制法与服法：上四味拌停，以兔脑髓和丸如鸡头穰大，阴干用油纸密封贴。每服一丸，温水下，即时产。随男左女右，手中握出是验。⑦对于"兔脑髓"的药用催生功效是宋代医家的重大发现，如《圣惠方》《博济方》《证类本草》《卫生家宝产科备要》等著述中均有记载，但将"兔脑髓"置于"催生方"之首，使其成为主药，却是陈自明的功绩。所以有医史家在评论此方的临床价值时说："陈氏在前人成就的基础上，结合自己临床经验以兔脑髓为主药佐以芬香药物制成'催生丹'，其催生效用可以说冠于宋以前诸催生方之首。"⑧因为

① （宋）陈自明著，潘远根、胡静娟整理：《妇人大全良方》卷17《产难论》，《中华医书集成》第15册，第171页。

② （宋）陈自明著，潘远根、胡静娟整理：《妇人大全良方》卷17《产难论》，《中华医书集成》第15册，第171页。

③ （宋）陈自明著，潘远根、胡静娟整理：《妇人大全良方》卷17《产难论》，《中华医书集成》第15册，第171页。

④ （宋）陈自明著，潘远根、胡静娟整理：《妇人大全良方》卷17《产难论》，《中华医书集成》第15册，第171页。

⑤ （宋）陈自明著，潘远根、胡静娟整理：《妇人大全良方》卷17《产难论》，《中华医书集成》第15册，第171页。

⑥ （宋）陈自明著，潘远根、胡静娟整理：《妇人大全良方》卷17《产难论》，《中华医书集成》第15册，第171页。

⑦ （宋）陈自明著，潘远根、胡静娟整理：《妇人大全良方》卷17《催生方论》，《中华医书集成》第15册，第174页。

⑧ 魏贻光：《陈自明对中医产科学的贡献》，《中华医史杂志》1998年第1期。

“经现代中西药理研究证实：动物猪、牛、羊、兔等脑髓中的脑垂体后叶主要含有两种能溶于水的激素，即催产素和加压素，有促进，加强子宫收缩的作用。丁香、乳香、麝香也均有不同程度的收缩子宫的功用，尤以麝香作用更为显著，诸药配合其收缩子宫与血管的力度加强，用于妊妇体质素弱，宫缩无力或经日久产，产母困倦难生等产难病症，均有助其气血催生的功效”①。

当然，由于“生产之间，性命最重”②。为了确保孕妇的生命，陈自明主张“内宜用药，外宜用法。盖多门救疗以取其安也”③。在此，外法主要是指手法。按：《入月预备药物》知，在宋代，当孕妇临产时，家人一般都要预备“保生丸”“催生丹”“理中丸”等方药及手法用之马口衔铁、铫子、断脐线等。其异常胎位转位的主要手法有：针对“横产”即肩产式异常胎位，“当令产母安然仰卧，令看生之人推而入去。凡推儿之法，先推其儿身，令直上，渐渐通手以中指摩其肩，推其上而正之，渐引指攀其耳而正之。须是产母仰卧，然后推儿直上，徐徐正之，候其身正、门路皆顺，煎催生药一盏，令产母吃了，方可令产母用力，令儿下生”④；针对“倒产”即足产式异常胎位，“当令产母于床上仰卧，令看生之人推其足，入去分毫。不得令产母用力，亦不得惊恐，候儿自顺。若经久不生，却令看生之人轻轻用手内入门中，推其足，令就一畔直上，令儿头一畔渐渐顺下，直待儿子身转，门路正当，然后煎催生药，令产母服一盏后，方始用力一送，令儿生下”⑤；针对“偏产”即额产式异常胎位，“当令产母于床上仰卧，令看生之人轻轻推儿近上，以手正其头，令儿头先端正向人门，然后令产母用力一送，即使儿子生下。若是小儿头之后骨偏拄谷道，即令儿却只露额，当令看生之人，以一件绵衣炙令温暖用裹手，急于谷道外旁轻轻推儿头令正，即便令产母用力送儿生也”⑥；针对“碍产”即脐带绊肩的异常胎位，“当令产母于床上仰卧，令看生之人轻轻推儿近上，徐徐引手，以中指按儿肩下其肚带也。仍须候儿身正顺，方令产母用力一送，使儿子下生”⑦。这些手法并不是一般接生者所能熟练掌握的，而须经一定的专业培训。为此，宋代出现了专业性较强的按摩师，如庞安时“为人治病，率十愈八九”⑧，时“有民家妇孕将产，七日而子不下，百术无所效……令其家人以汤温其腰腹，自为上下拊摩。孕者觉肠胃微痛，呻吟间生一男子”⑨，这是我国古代

① 魏贻光：《陈自明对中医产科学的贡献》，《中华医史杂志》1998年第1期。

② （宋）陈自明著，潘远根、胡静娟整理：《妇人大全良方》卷17《杨子建〈十产论〉》，《中华医书集成》第15册，第171页。

③ （宋）陈自明著，潘远根、胡静娟整理：《妇人大全良方》卷17《催生方论》，《中华医书集成》第15册，第174页。

④ （宋）陈自明著，潘远根、胡静娟整理：《妇人大全良方》卷17《杨子建〈十产论〉》，《中华医书集成》第15册，第172页。

⑤ （宋）陈自明著，潘远根、胡静娟整理：《妇人大全良方》卷17《杨子建〈十产论〉》，《中华医书集成》第15册，第173页。

⑥ （宋）陈自明著，潘远根、胡静娟整理：《妇人大全良方》卷17《杨子建〈十产论〉》，《中华医书集成》第15册，第173页。

⑦ （宋）陈自明著，潘远根、胡静娟整理：《妇人大全良方》卷17《杨子建〈十产论〉》，《中华医书集成》第15册，第173页。

⑧ 《宋史》卷462《庞安时传》，第13521页。

⑨ 《宋史》卷462《庞安时传》，第13521页。

首次记载运用腹部按摩手法催产的成功案例。而按摩疗法在南宋极为盛行，如晁公武在《郡斋读书志》中载有"《八段锦》一卷，吐纳导引术也。不题撰人"[①]。《宋史·艺文志》记载，宋代有《按摩要法》[②]和《按摩法》[③]各一卷，惜已亡佚。显然，这些按摩著作的刊行是与南宋社会的孕产实际和接生需要相适应的。而随着人们对产育问题的关注和对孕妇身心健康的关怀，特别是按摩医学的发展本身必然对接生者的按摩手法提出更高的要求，孕产知识的普及事实上已经成为一件当务之急的大事情。所以，陈自明的《产难论》在某种程度上也是南宋这种产育文化的客观产物。

（二）陈自明"自立要领"的医学创新思想和批判精神

"采摭群言，自立要领"[④]是陈自明撰著《外科精要》的主导思想。回顾宋学的发展历史，我们说"宋代（960—1279）的文化，不论从其哲学思想方面看，或从其文学艺术方面看，或从其科学技术方面看，总之是从广义的文化领域所达到的水平来说，不但为它以前的汉、唐所不能及，即它以后的元、明（不包括十七世纪耶稣会士把西方的科学成就传来中国以后的时期）两代，除了极个别的部门，例如文学方面的戏曲、小说之类，也很难说有明显的超越之处"[⑤]，究其原因，除了其社会经济迅猛发展的因素外，宋代学者在学术上普遍具有一种"自立要领"的独立意识和"深求遍览"[⑥]的探索精神，这应是造成宋学繁荣和发展的又一个主要因素。众所周知，学术发展不能跳跃，它需要一代一代的积累，而学术积累的重要载体便是图书。据《新唐书·艺文志》载："唐始分（书）为四类，曰经、史、子、集。而藏书之盛，莫盛于开元，其著录者，五万三千九百一十五卷，而唐之学者自为之书者，又二万八千四百六十九卷。"[⑦]但是，"安禄山之乱，尺简不藏。元载为相，奏以千钱购书一卷。又命拾遗苗发等使江淮括访，至文宗时，郑覃侍讲进言，经籍未备，因诏秘阁搜采。于是，四库之书复完，分藏于十二库。黄巢之乱，存者盖鲜。昭宗播迁，京城制置使孙惟晟敛书本军，寓教坊于秘阁，有诏还其书，命监察御史韦昌范等诸道求购，及徙洛阳，荡然无遗矣"[⑧]。其后，尽管五代之后唐、后汉、后周统治者，搜罗散佚，锐意求访，但是"宋建隆初，三馆（即昭文馆、集贤馆和史馆）有书万二千余卷"[⑨]。直到终北宋时，"为部六千七百有五，为卷七万三千八百七十有七焉"[⑩]，南宋高宗之后，"当时类次书目，得四万四千四百八十六卷。至宁宗时续书目，又得一万四千九百四十三卷"[⑪]。可见，宋代在搜求、保存和整理古代文化典籍方面，接近于唐代历史的

① （宋）晁公武：《郡斋读书志·神仙类》，南京：江苏古籍出版社，1988年，第693—694页。
② 《宋史》卷205《艺文志四》，第5201页。
③ 《宋史》卷207《艺文志六》，第5311页。
④ （宋）陈自明：《外科精要·序》，曾枣庄主编：《宋代序跋全编》第3册，第1543页。
⑤ 邓广铭：《北宋儒学家们的觉醒（未完成稿）》，王水照主编：《新宋学》第2辑，第8页。
⑥ （宋）陈自明著，潘远根、胡静娟整理：《妇人大全良方·原序》，《中华医书集成》第15册，第2页。
⑦ 《新唐书》卷57《艺文志一》，第1421—1422页。
⑧ （元）马端临：《文献通考》卷174《经籍一》，第1507页。
⑨ （元）马端临：《文献通考》卷174《经籍一》，第1508页。
⑩ 《宋史》卷202《艺文志一》，第5033页。
⑪ 《宋史》卷202《艺文志一》，第5033页。

最好水平。而受当时聚书风习的影响，宋人著书立说多转录和参引前代典籍，遂成为宋代延续古代文化遗产的重要方式。如《太平广记》引用先秦至宋初的书籍475种，《太平御览》收书2579种，《妇人大全良方》则汇集了《诸病源候论》《经效产宝》《本事方》等40多种医籍中的妇产科理论与临床经验，等等。与唐代之前人们引用先贤言论多注疏而少议论不同，宋人对待前人的思想不仅善于引用，而且更善于论说短长，即使儒家经典，亦不能例外。故朱熹说："旧来儒者不越注疏而已，至永叔（欧阳修）、原父（刘敞）、孙明复诸公，始自出议论。"①范寿康认为："到了北宋，经学的趋向顿呈变化，当时学者不再拘拘于师承与训诂，都想以自己的主观来把捉圣人的精神。"②当然，这种"不再拘拘于师承与训诂"的学风，反映到科技领域，则转变为一种"求实"和"求理"的探索精神。如沈括说："一律有七音十二律，共八十四调。更细分之，尚不止八十四，逸调至多。偶在二十八调中，人见其应，则以为怪，此常理耳。此声学至要妙处也。今人不知此理，故不能极天地至和之声。"③此处之"理"是指狭义的"物理之理"，如果范围再扩大一些，则沈括所追求的是整个物质世界运动变化的"自然之理"。④而作为探求"自然之理"的重要方法——实验，亦是沈括科学研究的基本内容之一。关于这一点，《梦溪笔谈》卷26《药议》表现得尤其突出。实际上，沈括通过临床实验的方法来验证古人对药物性质的认识是否符合科学实验的结果，原始要终，不仅纠正了古人对很多药物的错误认识，而且它已经成为宋代医药学继续向前发展的必要手段。而陈自明对待前人的医学成果，所采取的便是沈括反复倡导的这种实验方法。

第一，以临床实践为标准，大胆纠正前人在疾病认识和治疗方面所出现的各种纰漏和错误观点。如陈自明在《妇人劳瘵叙论》篇中说：传尸一证"自古及今，愈此病者十不得一。所谓狸骨、獭肝、天灵盖、铜鉴鼻，徒有其说，未尝见效"⑤。考《肘后备急方》云："华佗狸骨散、龙牙散、羊脂丸诸大药等，并在大方中。及成帝所受淮南丸，并疗疰易灭门。"⑥又"獭肝一具，阴干，捣末，水服方寸匕，日三"⑦。《备急千金要方》更载：治骨蒸方，"天灵盖如梳大，炙令黄碎，以水五升煮取二升，分三服。起死人神方"⑧。北宋唐慎微仍沿袭前人之说："狸骨，味甘温，无毒，主风疰、尸疰、鬼疰"⑨；"獭肝，味甘，有毒，主鬼疰"⑩；"天灵盖，味咸平，无毒，主传尸、尸疰、鬼气"⑪。传尸亦称肺

① （宋）黎靖德编，王星贤点校：《朱子语类》卷80《解诗》，第2089页。

② 韩钟文：《中国儒学史（宋元卷）》，第104页。

③ （宋）沈括著，侯真平校点：《梦溪笔谈》卷6《乐律二》，第51页。

④ （宋）沈括著，侯真平校点：《梦溪笔谈·补笔谈》卷1《乐律》，第248页。

⑤ （宋）陈自明著，潘远根、胡静娟整理：《妇人大全良方》卷5《妇人劳瘵叙论》，《中华医书集成》第15册，第50页。

⑥ （晋）葛洪撰，汪剑、邹运国、罗思航整理：《肘后备急方》卷1《治尸注鬼注方》，北京：中国中医药出版社，2016年，第11页。

⑦ （晋）葛洪撰，汪剑、邹运国、罗思航整理：《肘后备急方》卷1《治尸注鬼注方》，第11页。

⑧ （唐）孙思邈著，焦振廉等校注：《备急千金要方》卷16《痼冷积热》，北京：中国医药科技出版社，2011年，第289页。

⑨ （宋）唐慎微：《重修政和经史证类备用本草》卷17《兽部·狸骨》，第386页。

⑩ （宋）唐慎微：《重修政和经史证类备用本草》卷18《兽部·獭肝》，第392页。

⑪ （宋）唐慎微：《重修政和经史证类备用本草》卷15《人部·天灵盖》，第365页。

瘵，是肺部感染瘵虫所致的一种传染性慢性消耗性疾病，《外台秘要方》载："大都男女传尸之候，心胸满闷，背髆烦疼，两目精明，四肢无力，虽知欲卧，睡常不著，脊膂急痛，膝胫酸疼，多卧少起，状如佯病。每至旦起，即精神尚好，欲似无病。从日午以后，即四体微热，面好颜色，喜见人过，常怀忿怒，才不称意，即欲嗔恚，行立脚弱，夜卧盗汗，梦与鬼交通，或见先亡，或多惊悸，有时气急，有时咳嗽，虽思想饮食，而不能多餐，死在须臾，而精神尚好，或两肋虚胀，或时微利，鼻干口燥，常多黏唾，有时唇赤，有时欲睡，渐就沉羸，犹如水涸，不觉其死矣。"[①]可见，肺瘵的临床表现以咳嗽、咳血、潮热、盗汗为主，虽然该病的病位主要在肺，但是肺的病变又常常侵犯周围脏腑，如脾为肺之母，子病犯母，可致脾虚；肾为肺之子，母病及子，久则必致肺、脾、肾同病，甚或导致肝、心病证。所以，临床辨证对于肺瘵的治疗尤为重要。通常，人们按其病理属性，结合脏腑病机和病情变化，注意区别阴虚、阴虚火旺、气虚的差异，以补虚与杀瘵虫为治则，防止其病变转危。而从药物功能上看，狸骨、獭肝、天灵盖、铜鉴鼻等药物都不具有杀死瘵虫的作用，因此，它们治疗传尸的效果肯定不理想，这与陈自明临床"未尝见效"的观察结果相一致。经陈自明临床证实，"神仙追毒丸"对"尸注"病症治疗有效。其方药组成为：文蛤、山茨菇、麝香、千金子、红牙大戟。制法：将上述药物"用糯米煮浓饮为丸，分为四十粒，每服一粒，用井花水或薄荷汤磨服，利一二次，用粥止之"[②]。又比如，对于"产后热闷气上转为脚气"一病，《千金》主张用小续命汤，然而，陈无择对它却提出了严厉的批评，认为"设是热闷气上，如何便服续命汤？"那么，究竟应当怎样取舍？陈自明以临床效果为客观标准，在他看来，只要临床效果明显，就是对证之良方。依此，陈自明发现小续命汤用于治疗"产后热闷气上转为脚气"一病，效果非常明显。于是，他说："陈无择虽有此评，然小续命汤加减与之，用无不效。"[③]

在治疗痈疽方面，陈自明也以实践为判断前人理论正确与否的客观标准。比如，"男子、妇人伤寒，仲景治法别无异议。比见民间有妇人伤寒方书，称仲景所撰，而王叔和为之序。以法考之，间有可取，疑非古方，特假圣人之名，以信其说于天下。今取《金匮玉函》治妇人伤寒，与俗方中可采者列为一卷。虽不足以尽妇人伤寒之详，并可以《百问》中参用也"[④]。尽管《妇人伤寒方书》是伪作，但陈氏不以人废方，而是根据临床效果，取其验方，以惠患者。又比如，古人所创"神圣北亭丸"，用来治疗"妇人积年血气，攻刺心腹疼痛不可忍者"，其服法只言"临时加减丸数"，具体数目不详，这对患者服药很不安全。于是，陈自明针对古人的这个严重纰漏，站在医学人道主义的角度，进行了非常负责任的学术批评。他说："临时加减丸数，皆不云大小数目，详之古人亦卤莽也。既有北

---

① （唐）王焘著，王淑民校注：《外台秘要方》卷13《传尸方四首》，北京：中国医药科技出版社，2011年，第210页。

② （宋）陈自明编，（明）薛己校注：《外科精要》卷中《论医者更易良方》，第53页。

③ （宋）陈自明著，潘远根、胡静娟整理：《妇人大全良方》卷19《产后热闷气上转为脚气方论》，《中华医书集成》第15册，第199—200页。

④ （宋）陈自明著，潘远根、胡静娟整理：《妇人大全良方》卷6《妇人伤寒伤风方论》，《中华医书集成》第15册，第66页。

亭、芫花、巴豆，合当丸如绿豆大，每服只五丸。”①再有，“妊娠自三月成胎之后，两足自脚面渐肿腿膝以来，行步艰辛，以至喘闷，饮食不美，似水气状。至于脚指间有黄水出者，谓之子气，直至分娩方消。此由妇人素有风气，或冲任经有血风，未可妄投汤药。亦恐大段甚者，虑将产之际费力，有不测之忧，故不可不治于未产之前也”②。“今《巢氏病源》中，但有子烦之论，《千金》并《产宝方》亦略言之。刘禹锡《续传广信方》以谓妊妇有水气而成胎，《太平圣惠》亦言之，皆非也。”③在临床上，人们将自脚面渐肿至腿膝以下的妊娠肿胀称为“子气”，属于脾虚妊娠肿胀，在病因上是湿气为病。所以，它既非“水气”，也与子烦不是一回事，因为子烦是妊娠期间出现烦躁不安，甚至心惊胆怯的病症，它由阴血不足，心火偏亢，热扰心胸所致。由此可见，陈自明在长期的临床实践中，有验必书，非常注重妇女病的鉴别诊断，有鉴于此，他对前辈流传下来的各种医学思想才会别具只眼，酌以己见，此见不是饶舌之见而是真知灼见。

第二，在继承中创新，使新的思想和见解牢牢建立在前人研究成果的基础之上。无论《妇人大全良方》还是《外科精要》，大量引述前贤的医学思想和临床经验，是这两部著作的共同特点。我们知道，科学思想是人们对客观事物的正确认识，尽管这种认识可能是部分真理，是一种相对的真理性认识，但它本身具有历史性，是一个不断积累的过程，是构成绝对真理的一个不可或缺的认识环节。因此，无视前人的劳动成果和实践经验，对于科学研究来说，实际上是一种妄自尊大的“孤家”行为。实践证明，那种“闭门造车”的科学研究既无创新可言，又无积累可讲，除了低水平的重复，终将一事无成。如美国学者德弗勒和丹尼斯说：“科学是实现理解、前进和纠正自身错误的利刃，不过，这一切通常是在过去经验教训的指导下进行的。”④陈自明虽然没有“学术规范”这个概念，但是他懂得医生如果没有“古法”做借鉴和依据，在临床上就难免会“倏然至祸”⑤。因为前人所创制的处方多是被实践证实了的验方，其中包含着深奥的真知，如治疗妇人崩暴下血不止方，陈自明择取了前辈所创制的“五灵脂散”、“荆芥散”和“独圣散”（即防风），认为：“已上三方似非止血之药，如灵脂、荆芥、防风，皆是去风之药，然风为动物，冲任经虚，被风所伤，致令崩中暴下。仆因览许学士《伤寒脉歌》曰：脉浮而大，风伤荣。荣，血也。而用此药，方悟古人见识深奥如此！”⑥一方面，临床用药不参照古人的经验往往会“致伤人命”，所以千万不可轻视，如对于妇人咳嗽一证，“古人立方治嗽，未有不本于温药，如干姜、桂心、细辛之属。以寒气入里，非辛甘不能发散。以此准之，未有不因寒而

① （宋）陈自明著，潘远根、胡静娟整理：《妇人大全良方》卷7《妇人血气心腹疼痛方论》，《中华医书集成》第15册，第86页。

② （宋）陈自明著，潘远根、胡静娟整理：《妇人大全良方》卷15《〈产乳集〉养子论》，《中华医书集成》第15册，第159页。

③ （宋）陈自明著，潘远根、胡静娟整理：《妇人大全良方》卷15《〈产乳集〉养子论》，《中华医书集成》第15册，第159页。

④ ［美］德弗勒（Defleur，M.L.）、［美］丹尼斯（Dennis，E.D.）：《大众传播通论》，颜建军等译，北京：华夏出版社，1989年，第406页。

⑤ （宋）陈自明：《外科精要·序》，曾枣庄主编：《宋代序跋全编》第3册，第1543页。

⑥ （宋）陈自明著，潘远根、胡静娟整理：《妇人大全良方》卷1《崩暴下血不止方论》，《中华医书集成》第15册，第15—16页。

嗽也。又曰：热在上焦，因咳为肺痿。又实则为肺痈，虚则为肺痿。此人其始或血不足，或酒色滋味太过，或因服利药重亡津液，燥气内焚，肺金受邪，脉数发热，咳嗽脓血。病至于此，亦已危矣。古人立方，亦用温药，如建中之属。今人但见发热咳嗽，率用柴胡、鳖甲、门冬、葶苈等药，旋踵受弊而不知非，可为深戒！就使不可进以温药，亦须妙以汤丸委曲调治，无为卤莽，致伤人命”[①]。另一方面，对于古人的经验也不能照本宣科，不知变通。故陈自明强调说：“夫通用方者，盖产前、产后皆可用也。或一方而治数十证，不可入于专门，皆是名贤所处。世之常用有效之方，虽曰通用，亦不可刻舟求剑、按图索骥而胶柱者也。”[②]又薛己发挥陈氏的“医者更易良方”思想说：“愚窃以为方者，仿也，仿病因以立方，非谓《内经》无方也。若执古方以治今疾，犹拆旧宇以对新宇，其长短大小，岂有舍匠氏之手，而能合者乎？设或有合，以为亘古不易之方，此又先王普济之神术，奚必秘而私之耶。余观太无先生，治滇南一僧，远游江浙，思亲成疾；先生惠之以饮食药饵，复赠金一镒以资其归，此固我医道之当然也。今之医者，或泥古，或吝秘，或嗜利以惑人，其得罪于名教多矣。”[③]在临床实践中，若一味迷信古方，则可能适得其反。陈自明举例说：“寻古治中风方，续命、排风、越婢等悉能除去。而《千金》多用麻黄，令人不得虑虚。凡以风邪不得汗，则不能泄也。然此治中风无汗者为宜。若治自汗者更用麻黄，则津液转使脱泄，反为大害。中风自汗，仲景虽处以桂枝汤，至于不住发搐，口眼瞤动，遍身汗出者，岂胜对治？当此之时，独活汤、续命煮散复荣卫，却风邪，不可阙也。”[④]因此，把前人的思想成果和现实的社会需要及临床实际结合起来，就形成了创新的物质基础。正是在这样的理论条件下，陈自明对许多疾病的认识不仅“自立要领”，而且超越了前贤。比如，他论“寡妇之病”说：“寡妇之病，自古未有言者，惟《仓公传》与褚澄略而论及。言寡者，孟子正谓‘无夫曰寡’是也。如师尼、丧夫之妇，独阴无阳，欲男子而不可得，是以恹恹成病也。《易》曰：天地絪缊，万物化醇；男女媾精，万物化生。孤阳独阴可乎？夫既处闺门，欲心萌而不遂，至阴阳交争，乍寒乍热，有类疟疾，久则为劳。又有经闭，白淫，痰逆，头风，膈气痞闷，面皯，瘦瘠等证，皆寡妇之病。诊其脉，独肝脉弦出寸口而上鱼际。究其脉原，其疾皆血盛而得。经云：男子精盛则思室，女人血盛则怀胎。观其精血，思过半矣。”[⑤]在古代，“寡妇”这个社会群体是备受歧视的，如《吴越春秋》说：“越王勾践输寡妇于山上，使士之忧思者游之，以娱其意。”这是寡妇被充作军妓的历史记载。又《晏子春秋》云：“寡妇树兰，生而不芳。”这句话的意思是说，寡妇守节是天经地义的事情。到宋代，寡妇改嫁与守节的矛盾冲突比较突出。一方

---

① （宋）陈自明著，潘远根、胡静娟整理：《妇人大全良方》卷6《妇人咳嗽用温药方论》，《中华医书集成》第15册，第68页。

② （宋）陈自明著，潘远根、胡静娟整理：《妇人大全良方》卷2《通用方序论》，《中华医书集成》第15册，第25页。

③ （宋）陈自明编，（明）薛己校注：《外科精要》卷中《论医者更易良方》，第53页。

④ （宋）陈自明著，潘远根、胡静娟整理：《妇人大全良方》卷3《妇人中风自汗方论》，《中华医书集成》第15册，第36页。

⑤ （宋）陈自明著，潘远根、胡静娟整理：《妇人大全良方》卷6《寡妇寒热如疟方论》，《中华医书集成》第15册，第63页。

面，从实际生活着眼，夫死妇再嫁的现象较为普遍[①]；另一方面，有一部分士大夫像程颐、朱熹等却坚持主张和推行节孝观念，而这种观念即成为某些地方为寡妇建立贞节坊[②]的理论依据。例如，朱熹曾解释说："昔伊川先生尝论此事，以为饿死事小，失节事大，自世俗观之，诚为迂阔。然自知经识理之君子观之，当有以知其不可易也。伏况丞相一代元老，名教所宗，举错之间，不可不审。"[③]审归审，可现实生活毕竟不是单靠一个"名教"就能统摄一切的，因为，惜命的人终究占社会成员的大多数，如罗大经在《鹤林玉露》里说："物之有成必有坏，譬如人之有生必有死，而国之有兴必有亡也。虽知其然，而君子之养身也，凡可以久生而缓死者，无不用。"[④]所以，寡妇为了生活，改嫁不失为一种积极的选择。于是，有人用"经"与"权"的关系来说明程朱理学在寡妇改嫁与否问题上的灵活态度。以"饿死事小，失节事大"为例，学者理解的角度不同，结论也就各异。如陈荣捷先生说："程颐讲这一句话是从一个很大的范围来讲，是'义'同'利'的问题。这就是孟子的问题。在人碰到抉择的问题时，'义'与'利'应选择那一个呢？孟子讲应选择'义'，不可重'利'。在鱼与熊掌不可得兼时，应宁可选择为义，不可从利。而且，程颐有一侄女成了寡妇。她父亲帮她再嫁。程颐为她父亲写行状，曾称赞此事。那程颐本身是否自相矛盾呢？不，其实这两件事是分属于两个不同的范围，也就是儒家所谓的'经''权'之分。'经'是指在那个时候寡妇不应再嫁。'权'呢？是指有时可顺应情况而稍做改变的情形。"[⑤]那么，从健康的角度讲，寡妇改嫁与守节，哪一个方面更有益于妇女的身心健康呢？陈自明给我们作出了科学的回答，而陈氏的理论也就成为宋代盛行寡妇改嫁之风习的科学依据。

将"中庸"原则应用于中医处方之中，提出了"以审药之性味，明治疗之方，处于中庸"的医学思想。陈自明举例说："仆尝治一妊妇，六、七个月而沾痁疾，先寒后热，六脉浮紧，众医用柴胡、桂枝无效。仆言此疾非常山不愈，众医不肯。因循数日，病甚无计，黾勉听仆治之。遂用七宝散一服愈。黄帝问曰：妇人重身，毒之奈何？岐伯曰：有故无殒。帝曰：愿闻其故，何谓也？岐伯曰：大积大聚，其可犯也，衰其大半而止。岂不以审药之性味，明治疗之方，处于中庸，与疾适好于半而止之，勿过而余，则何疑于攻治哉！"[⑥]中庸是儒家学说的重要内容，它在宋代新儒学体系的建构过程中居于特殊的地位，何谓"中庸"？二程说："不偏之谓中，不易之谓庸。中者天下之正道，庸者天下之定理。"[⑦]而用《中庸》的话说就是"致中和"："中也者，天下之大本也；和也者，天下之达道也。致中和，天地位焉，万物育焉。"[⑧]陈自明则自觉地以阴阳平衡为原则来指导其临床

① 陶晋生：《北宋妇女的再嫁与改嫁》，《新史学》1995 年第 6 卷第 3 期。

② 陈耀贤：《澄海有座 200 年节孝坊》，《汕头特区晚报》2003 年 12 月 26 日。

③ （宋）朱熹撰，郭齐、尹波点校：《朱熹集》卷 26《与陈师中书》，第 1127 页。

④ （宋）罗大经撰，刘友智校注：《鹤林玉露》卷 5《人事天命》，济南：齐鲁书社，2017 年，第 145 页。

⑤ 陈荣捷：《新儒学论集》，台北："中央研究院"中国文哲研究所，1995 年，第 36—37 页。

⑥ （宋）陈自明著，潘远根、胡静娟整理：《妇人大全良方》卷 14《妊娠疟疾方论》，《中华医书集成》第 15 册，第 152 页。

⑦ （宋）程颢、程颐著，王孝鱼点校：《二程集》上册，第 100 页。

⑧ 《礼记·中庸》，陈戍国点校：《四书五经》上册，第 630 页。

实践，收到了良好效果。他说：治病“当知阴阳，调其气血，使不相胜，以平为福”[①]。这是因为：一方面，“人将摄顺理，则血气调和，风、寒、暑、湿不能为害”[②]，且“风邪鬼魅不能伤之”[③]；另一方面，阴阳失调是发生疾病的总根源。如“妇人血风劳气”“妇人梦与鬼交”“妇人痃癖诸气”等都是由于“阴阳不和”[④]所致。可见，无论从生理、病理还是处方用药，“处于中庸”确实是陈自明医学思想的一个重要特点。

从关怀人的生命这个高度出发，医生应以治病救人为己任，而不能在治病过程中掺杂个人私欲，甚至“医杀”患者。陈自明引《产宝方》的话说：“至灵者人，最重者命。”[⑤]正是在这样的理念作用下，陈自明才更加关注妇人的健康：“《易》曰：天地之大德曰生。则知在天地之间以生育为本，又岂因生产而反危人之命乎？”[⑥]然而，在现实生活中，由于每个医生的医疗水平、道德素质及所处之社会经济地位不同，因此，就决定了在这个群体中怀揣什么动机的人都有，可谓良莠不齐，鱼龙混杂，既有医德高尚的“儒医”，又有不知医理的“盲医”和“庸医”。对此，陈自明总结了如下诸多情形：①“医者图财，侮而致死，此医杀之理又明矣”[⑦]；②在处方方面，“有才进方不效，辄束手者；有无方可据，揣摩臆度者……有医之贪利以贱代贵，失其正方者”[⑧]；③在外科方面，“有医者，用心不臧，贪人财利，不肯便投的当伐病之剂，惟恐效速而无所得，是祸不极，则功不大矣。又有确执一二药方，而全无变通者。又有当先用而后下者；当后用而先下者。多见一得疾之初，便令多服排脓内补十宣散，而及增其疾。此药是破后排脓内补之药，而洪内翰未解用药之意，而妄为序跋，以误天下后世者众矣。陈无择云：当在第四节用之是也。又有得一二方子，以为秘传，惟恐人知之，穷贵之人不见药味而不肯信服者多矣。又有自知众人尝用已效之方，而改易其名，而为秘方，或妄增药味以惑众听，而返无效者，亦多矣。此等之徒，皆含灵之巨贼，何足相向！又有道听涂（途）说之人，远来问病，自逞了了，诈作明能，谈说异端，或云是虚，或云是实，出示一方，力言奇效，奏于某处。此等之人，皆是贡谀。其实皆未曾经历一病，初无寸长，病家无主，易于摇惑，欲于速效，又喜不费资财，更不待医者商议，可服不可服，即欲投之，倏然至祸，各自走散”[⑨]；④把

---

① （宋）陈自明著，潘远根、胡静娟整理：《妇人大全良方》卷1《月水不调方论》，《中华医书集成》第15册，第6页。

② （宋）陈自明著，潘远根、胡静娟整理：《妇人大全良方》卷2《〈博济方〉论》，《中华医书集成》第15册，第24页。

③ （宋）陈自明著，潘远根、胡静娟整理：《妇人大全良方》卷6《妇人梦与鬼交方论》，《中华医书集成》第15册，第65页。

④ （宋）陈自明著，潘远根、胡静娟整理：《妇人大全良方》卷5《妇人血风劳气方论》，《中华医书集成》第15册，第57页。

⑤ （宋）陈自明著，潘远根、胡静娟整理：《妇人大全良方》卷16《〈产宝方〉周颋序》，《中华医书集成》第15册，第162页。

⑥ （宋）陈自明著，潘远根、胡静娟整理：《妇人大全良方》卷16《〈产宝方〉周颋序》，《中华医书集成》第15册，第162页。

⑦ （宋）陈自明著，潘远根、胡静娟整理：《妇人大全良方》卷16《〈产宝方〉周颋序》，《中华医书集成》第15册，第162页。

⑧ （宋）陈自明著，潘远根、胡静娟整理：《妇人大全良方·原序》，《中华医书集成》第15册，第2页。

⑨ （宋）陈自明编，（明）薛己校注：《外科精要·序》，第1—2页。

正常的生理现象当作疾病来治，以邀功利，如“孕妇不语非病也，间有如此者，不须服药。临产月但服保生丸、四物汤之类，产下便语。得亦自然之理，非药之功也。医家不说与人，临月则与寻常之药，产后能语则以为医之功，岂其功也哉！”[①]由于宋代的科举制度采取了“取士不问家世”[②]的政策，从而刺激了广大读书人的学习兴趣，全国各地的学校教育蓬勃兴起，尤其是各种专业性很强的武学、律学、算学、画学、书学、医学教育非常发达，这就为宋代科技文化的发展储备了大量人才资源。其中医学发展尤为儒者所关注，更受到宋朝统治者的高度重视，如国家医生有 6 个品级，19 阶具体官职，最高为翰林医官、保安郎等，翰林医官相当于五品大夫，后世遂称医生为大夫。[③]又宋仁宗庆历年间有进士沈常，拜太医院医师赵从古为师学习医学，开宋代“儒医”之先河。而“不为良相，则为良医”[④]则成为许多莘莘学子的人生理想，至宋徽宗时期，医学在行政隶属关系上由原来的太常寺管辖而改属国子监管辖，将医学发展正式纳入到儒学教育体系之中，其目的就是“广得儒医”[⑤]。南宋继续推进“儒医”教育，士人尚医之热情愈加炽烈[⑥]，涌现出了张锐、许叔微、洪遵、陈无择、杨倓、王璆、张杲、陈自明、严用和等一大批杰出的“儒医”，他们医术与医德兼备，垂裕后昆，实为后世医家之楷模和典范。何谓“儒医”？《宋会要辑稿·崇儒》载：“朝廷兴建医学，教养士类，使习儒术者通《黄》《素》，明诊疗，而施于疾病，谓之儒医。”[⑦]从表象上看，儒者行医即是“儒医”，但是，仅仅停留在这个层面还远远不够。如《医工论》说：

> 凡为医者，性存温雅，志必谦恭，动须礼节，举止和柔，无自妄尊，不可矫饰，广收方论，博通义理，明运气，晓阴阳，善诊切，精察视，辨真伪，分寒热，审标本，识轻重。疾小不可言大，事易不可云难，贫富用心皆一，贵贱使药无别。苟能如此，于道几希；反是者，为生灵之巨寇。[⑧]

可见，真正的“儒医”是那些以“术仁其民，使无夭札”[⑨]的实践者。对此，陈自明以郭茂恂为例，作了下面的说明：“大抵产者，以去败恶为先，血滞不快乃至是尔。后生夫妇不习此理，老媪、庸医不能中病，所以疾苦之人，十死八九。大数虽定，岂得无夭？不遇良医，终抱遗恨！今以施人，俾终天年，非祈于报者，所冀救疾苦、养性命

---

① （宋）陈自明著，潘远根、胡静娟整理：《妇人大全良方》卷 15《妊娠不语论》，《中华医书集成》第 15 册，第 161 页。

② （宋）郑樵撰，王树民点校：《通志二十略·氏族略·氏族序》，第 1 页。

③ 孟庆云：《宋代儒医与中医文化建设》，《中国中医药报》2001 年 11 月 15 日。

④ （清）陈梦雷等编：《古今图书集成医部全录》卷 502《总论·治病委之庸医比之不慈不孝》，北京：人民卫生出版社，1991 年，第 44 页。

⑤ （清）徐松辑：《宋会要辑稿》崇儒 3 之 14，北京：中华书局，1957 年，第 2214 页。

⑥ 陈元朋：《两宋的“尚医士人”与“儒医”——兼论其在金元的流变》，台北：台湾大学出版委员会，1997 年，第 81—99 页。

⑦ 苗书梅等点校，王云海审订：《宋会要辑稿·崇儒》，开封：河南大学出版社，2001 年，第 175 页。

⑧ （宋）佚名：《小儿卫生总微论方》卷 1《医工论》，上海：上海卫生出版社，1958 年，第 1 页。

⑨ （清）袁枚著，周本淳标校：《小仓山房文集》卷 19《与薛寿鱼书》，《小仓山房诗文集》，上海：上海古籍出版社，1988 年，第 1552 页。

尔。”[①]在这里，“所冀救疾苦、养性命”即是陈自明心目中的“儒医”，当然也是他所倡导的医德之思想宗旨。

二、从陈自明的医学思想看南宋医药学发展的特点

陈自明在《妇人大全良方》序中指出：“仆三世学医，家藏医书数千卷。既又遍行东南，所至必尽索方书以观。”[②]在南宋，东南地区不仅经济发达，而且科技文化事业鼎盛，当时的浙江、江西、福建、江苏、安徽等地是印刷业最为繁荣的地区，如叶梦得《石林燕语》卷8载全国有三大印书中心，即杭州、成都和福建，其中东南地区居其二。都城临安除汇集着官方各监、局、司的刻书机构外，杭城大街小巷还遍布着20多家私家刻书铺。[③]据近人王国维先生考：“北宋监本刊于杭者，殆居泰半。”[④]

前已述及，两宋政府将医学发展看作是仁政的基本内容之一，因而延续北宋的做法，建立了体现统治者“仁政”意志的太平惠民局、惠民和剂局、惠民药局等，如宋人吴自牧说：“民有疾病，州府设施药局于戒子桥西，委官监督，依方修制丸散㕮咀，来者诊视，详其病源，给药医治，朝家拨钱一十万贯下局……或民以病状投局，则畀之药，必奏更生之效。”[⑤]随着民众防治疾病意识的不断提高，如何解决处方难的问题便成为南宋医患矛盾的焦点。于是，南宋民间兴起了集方热，各种医药处方集子层出不穷。如流传至今的南宋方书有叶大廉的《叶氏录验方》、洪遵的《洪氏集验方》、方导的《方氏家藏集要方》、王璆的《是斋百一选方》、朱佐的《类编朱氏集验医方》、刘信甫的《活人事证方后集》、许叔微的《普济本事方》、张锐的《鸡峰普济方》、朱佐的《类编朱氏集验医方》，等等。陈自明《妇人大全良方》在所收集到的方书中已经出现了专门用于治疗妇科疾病的处方，如《专治妇人方》[⑥]等。至于他收集到的民间验方就更多了，如赵和叔传下死胎方、邓知县传方[⑦]及“治产后血晕，全不省人事，极危殆者”的张氏方、崔氏疗产乳晕绝方[⑧]，“疗产后因败血及邪气入心”的何氏方[⑨]，“治产后闭目不语”的胡氏孤凤散[⑩]，“治妇人产后蓐劳”的胡氏方人参鳖甲散、“治产后虚羸，发寒热，饮食少，腹胀”的老孙太保增损柴胡

---

① （宋）陈自明著，潘远根、胡静娟整理：《妇人大全良方》卷18《产后通用方论》，《中华医书集成》第15册，第184页。

② （宋）陈自明著，潘远根、胡静娟整理：《妇人大全良方·原序》，《中华医书集成》第15册，第2页。

③ 朱德明：《南宋时期浙江医药的发展》，第25页。

④ 王国维：《观堂集林（外二种）》卷21《两浙古刊本考序》，石家庄：河北教育出版社，2003年，第517页。

⑤ （宋）吴自牧：《梦粱录》，杭州：浙江人民出版社，1984年，第174页。

⑥ （宋）陈自明著，潘远根、胡静娟整理：《妇人大全良方》卷15《妊娠脏躁悲伤方论》，《中华医书集成》第15册，第161页。

⑦ （宋）陈自明著，潘远根、胡静娟整理：《妇人大全良方》卷17《产难子死腹中方论》，《中华医书集成》第15册，第178页。

⑧ （宋）陈自明著，潘远根、胡静娟整理：《妇人大全良方》卷18《产后血晕方论》，《中华医书集成》第15册，第190页。

⑨ （宋）陈自明著，潘远根、胡静娟整理：《妇人大全良方》卷18《产后颠狂方论》，《中华医书集成》第15册，第190页。

⑩ （宋）陈自明著，潘远根、胡静娟整理：《妇人大全良方》卷18《产后不语方论》，《中华医书集成》第15册，第191页。

汤[①]等。由此可见，民间验方的大量出现是南宋医药学发展的重要特点之一。

从宋代妇女的寿龄来看，其女子早夭的现象非常严重。以皇家女子的早夭现象为例，据《宋史》载："太祖六女。申国、成国、永国三公主，皆早亡"[②]；"太宗七女。长滕国公主，早亡"[③]；"真宗二女。长惠国公主，早亡"[④]；"仁宗十三女。徐国、邓国、镇国、楚国、商国、鲁国、唐国、陈国、豫国九公主，皆早亡"[⑤]；"英宗四女。舒国公主，早亡"[⑥]；"神宗十女。楚国、郓国、潞国、邢国、邠国、兖国六公主，皆早薨"[⑦]；"哲宗四女。邓国、扬国二公主，早亡"[⑧]；徽宗三十四女，其中早亡者14人[⑨]。北宋八帝计有80女，其中早夭37人，约占总数的46%。南宋则孝宗二女，次女生五月而夭[⑩]；光宗三女皆早卒[⑪]；宁宗女，祁国公主生六月而薨[⑫]；理宗二女，无早薨者。南宋有女者共4帝，计有8女，其中早夭5人，约占总数的62%，这个比例与唐代和北宋相比，都是很高的。据《新唐书》载，唐高祖十九女，无早夭者；唐太宗二十一女，早薨二女[⑬]；唐高宗三女，无早夭者；唐中宗八女，早薨一女[⑭]；唐睿宗十一女，早夭一女[⑮]；唐玄宗二十九女，早夭六女[⑯]；唐肃宗七女，无早夭者；唐代宗十八女，早薨七女[⑰]；唐德宗十一女，早薨三女[⑱]；唐顺宗十一女，早薨三女[⑲]；唐宪宗十八女，早薨三女[⑳]；唐穆宗八女，无早薨者；唐敬宗三女，无早薨者；唐文宗四女，无早薨者；唐武宗七女，无早薨者；唐宣宗十一女，无早薨者；唐懿宗八女，无早薨者；唐僖宗二女，无早薨者；唐昭宗十一女，早薨一人[㉑]。唐代19帝，共210女，其中早薨27人，约占总数的13%。综观唐代公主的早薨现象，多集中在政局动荡的玄宗及代宗、德宗、顺宗和宪宗五朝，仅此五朝就有22名，约占总数的10%，而此五朝正是唐朝政局最不稳定的时期，身处宫帏之中的女子，其心理的紧张程度，恐怕要远远大于一般人家中的女子，这应是造成诸多公主早薨的

---

① （宋）陈自明著，潘远根、胡静娟整理：《妇人大全良方》卷21《产后蓐劳方论》，《中华医书集成》第15册，第214页。

② 《宋史》卷248《公主列传》，第8772页。

③ 《宋史》卷248《公主列传》，第8773页。

④ 《宋史》卷248《公主列传》，第8776页。

⑤ 《宋史》卷248《公主列传》，第8776页。

⑥ 《宋史》卷248《公主列传》，第8778页。

⑦ 《宋史》卷248《公主列传》，第8780页。

⑧ 《宋史》卷248《公主列传》，第8781页。

⑨ 《宋史》卷248《公主列传》，第8787页。

⑩ 《宋史》卷248《公主列传》，第8788页。

⑪ 《宋史》卷248《公主列传》，第8789页。

⑫ 《宋史》卷248《公主列传》，第8789页。

⑬ 《新唐书》卷83《诸帝公主》，第3642—3649页。

⑭ 《新唐书》卷83《诸帝公主》，第3649—3655页。

⑮ 《新唐书》卷83《诸帝公主》，第3656页。

⑯ 《新唐书》卷83《诸帝公主》，第3657—3660页。

⑰ 《新唐书》卷83《诸帝公主》，第3660—3664页。

⑱ 《新唐书》卷83《诸帝公主》，第3664—3665页。

⑲ 《新唐书》卷83《诸帝公主》，第3665—3667页。

⑳ 《新唐书》卷83《诸帝公主》，第3667—3669页。

㉑ 《新唐书》卷83《诸帝公主》，第3669—3676页。

主要原因之一。虽然宋代的经济发展水平在总体上高于唐代，但是宋代之较唐代的公主，她们生活的政治环境却并不轻松。如石介将“女后预事而丧国家”[①]列为颠覆社稷的第一大祸患，而居宦官和奸臣之前。他在《唐鉴序》中说：“女后预事而丧国家者，臣观唐最甚矣。武氏变唐为周，韦庶人、安乐公主酖杀中宗，太平公主潜谋逆乱，杨贵妃召天宝之祸。”[②]可见，宋代士大夫对女后行为之戒防，恐怕是空前绝后的。所以南宋郑湜曾评论说：“本朝历世以来，未有不贤之后，盖祖宗家法最严、子孙持守最谨也。”[③]

从“家法最严”与“未有不贤之后”的因果关系看，有两点需要注意：第一，妇女的权益服从家的利益，在宋代，“家”成为束缚妇女个性自由的一条绳索。从司马光的《家范》到朱熹的《家礼》，妇女在家庭中的角色逐渐开始被淡化，甚至在某些生活领域已经出现了妇女形象不断被扭曲的现象。如缠足即是一个典型的例证。尽管对于缠足本身，人们有着各种不同的说法，但有一点不可否认，那就是缠足给妇女带来的身心伤害是持续的和严重的。例如，宋人车若水说：“妇女缠足不知起于何时，小儿未四五岁，无罪无辜，而使之受无限之苦，缠得小来，不使何用？”[④]1988 年 9 月我国考古工作者在江西省的德安县桃源山出土了一座南宋墓葬，其墓主是一位因难产而死的缠足贵族少妇周氏。[⑤]至于缠足对妇女生育功能的危害，《大公报》曾指出了这样三点：一是容易导致肝郁；二是易发生难产的危险；三是小孩生下来，单弱不强壮。[⑥]第二，由于妇女贞节观、缠足等现象在南宋中后期开始逐渐盛行，广大妇女的社会地位日渐下降，与之相应，她们的身心疾病却呈现明显上升的趋势。有资料证明：当妇女由于家庭地位低下，在受到不公待遇却不能找到正常的排解途径时，长期压抑极易导致精神忧郁、狂躁、自杀等疾病。[⑦]从《妇人大全良方》所讨论的妇科疾病来看，忧郁症如缺乏食欲、失眠、易疲倦、心情沮丧、情感淡漠、爱哭、多忧伤、妄想等疾病为多发病。譬如，“妇人梦与鬼交”：“其状不欲见人，如有对晤，时独言笑，或时悲泣是也”[⑧]；“妇人风邪颠狂”：“颠者，卒发意不乐，直视仆地，吐涎沫，口喎目急，手足撩戾，无所觉知，良久乃苏。狂者，少卧不饥，自高贤也，自辨智也，自贵倨也，妄笑好歌乐，妄行不休，故曰颠狂也”[⑨]；“妇人血风心神惊悸”：“夫妇人血风惊悸者，是风乘于心故也。心藏神，为诸脏之主。若血气调和，则心神安定；若虚损，则心神虚弱，致风邪乘虚干之，故惊而悸动不定也。其惊悸不止，则变恍惚而忧惧也”[⑩]；“产后

---

① （宋）石介著，陈植锷点校：《徂徕石先生文集》卷 18《唐鉴序》，北京：中华书局，1984 年，第 211 页。

② （宋）石介著，陈植锷点校：《徂徕石先生文集》卷 18《唐鉴序》，第 211 页。

③ （宋）刘时举：《续宋编年资治通鉴》卷 10“淳熙十六年二月壬戌”条，北京：中华书局，1985 年，第 132 页。

④ （宋）车若水：《脚气集》，北京：中华书局，1991 年，第 11 页。

⑤ 周迪人：《德安南宋周氏墓》，南昌：江西人民出版社，1999 年，第 1—99 页。

⑥ 《戒缠足说》，《大公报》1902 年 6 月 17 日。

⑦ 《西北：妇女心理疾病频发》，《山西商报》2005 年 3 月 8 日。

⑧ （宋）陈自明著，潘远根、胡静娟整理：《妇人大全良方》卷 6《妇人梦与鬼交方论》，《中华医书集成》第 15 册，第 65 页。

⑨ （宋）陈自明著，潘远根、胡静娟整理：《妇人大全良方》卷 3《妇人风邪颠狂方论》，《中华医书集成》第 15 册，第 40 页。

⑩ （宋）陈自明著，潘远根、胡静娟整理：《妇人大全良方》卷 3《妇人血风心神惊悸方论》，《中华医书集成》第 15 册，第 39 页。

脏虚心神惊悸”：“夫产后脏虚，心神惊悸者，由体虚心气不足，心之经为风邪所乘也。或恐惧忧迫，令心气受于风邪，风邪搏于心则惊不自安。若惊不已则悸动不安，其状目睛不转而不能呼，诊其脉动而弱者，惊悸也。动则为惊，弱则为悸矣”①，等等。尽管造成南宋妇女忧郁症的病因比较复杂，但是社会政治环境的紧张和家族戒律对妇女实施的精神禁锢，当是一个不能忽视的因素。

在陈自明关注的各种疾病中，由风寒所致的以拘挛疼痛为特点的疾病占有较大的比例，如《妇人大全良方》卷3专论“中风”、卷4专论“风冷疼痛”、卷19专论“产后中风”、卷20专论“产后风寒疼痛”。此外，尚有散见于各卷中针对不同生理阶段来分别治疗各种“伤寒”病的方论，如卷22“产后伤寒方论”、卷14“妊娠伤寒方论”、卷6“妇人伤寒方论”等。伤寒有广义和狭义之分，如《难经・五十八难》载：“伤寒有五，有中风，有伤寒，有湿温，有热病，有温病。”②而从狭义的角度理解，所谓伤寒就是人体感受风寒邪气，感而即发的病证，即《难经》中所说的“中风”和“伤寒”。据竺可桢先生依据“日中黑子愈多，而大寒年数亦愈众”的原理推断并考证：“南宋时代既为历史上日中黑子发现最盛之时期，则风暴固应频仍。”③“当时气候必较现时及唐、明两朝为冷”④，以杭州为例，“南宋时候（十二世纪），四月份的平均温度比现在要冷1℃—2℃”⑤。受此自然环境的影响，南宋因伤寒而死亡的人数恐怕要居众疾之首。如《夷坚志》载，张锐治一患阳证伤寒的孕妇，“一药而治两疾”，令人叹异⑥；许道人用奇术使“病伤寒暴亡”者起死回生⑦。窦材《扁鹊心书》中则载有一个因肺伤寒用灸过迟而死亡的病例。尤其是许叔微的《伤寒九十论》记载了11例因伤寒而死亡的案例，说明南宋的伤寒确实是一种严重威胁到广大民众生命健康的疾患。故陈自明说：“夫冬时严寒，人体虚，为寒所伤，即成病为伤寒。轻者淅淅恶寒，翕翕发热，微咳鼻塞，数日乃止；重者头疼体痛，先寒后热，久而不愈则伤胎。凡妊妇伤寒，仲景无治法，用药宜有避忌，不可与寻常妇人一概治之也。”⑧基于上述原因，南宋形成了研究和治疗伤寒病的又一个历史高峰，涌现出了一大批研治伤寒病的名家和名著，如许叔微的《伤寒百证歌》5卷、《伤寒发微论》2卷、《伤寒九十论》，郭雍的《伤寒补亡论》，杨士瀛的《仁斋伤寒类书》，孙志宁的《伤寒简要》，钱闻礼的《伤寒百问歌》等。

以陈自明的《外科精要》为标志，南宋的医学专科发展非常迅猛，呈现出一派百花齐放的欣欣景象。不可否认，南宋医学思想的发展离不开前辈医学知识的层累与积淀，但是如果没有超越前贤的创新意识也是不行的。故陈自明在《外科精要》序中说：“自古虽有

---

① （宋）陈自明著，潘远根、胡静娟整理：《妇人大全良方》卷19《产后脏虚心神惊悸方论》，《中华医书集成》第15册，第192页。

② 《黄帝八十一难经》卷上《八十一难》，陈振相、宋贵美编：《中国十大经典全录》，第322—323页。

③ 竺可桢：《竺可桢文集》，北京：科学出版社，1979年，第57页。

④ 竺可桢：《竺可桢文集》，第55页。

⑤ 竺可桢：《竺可桢文集》，第483页。

⑥ （宋）洪迈撰，何卓点校：《夷坚志・夷坚乙志》卷10《张锐医》，第263页。

⑦ （宋）洪迈撰，何卓点校：《夷坚志・夷坚志再补・许道人治伤寒》，第1790—1791页。

⑧ （宋）陈自明著，潘远根、胡静娟整理：《妇人大全良方》卷14《妊娠伤寒方论》，《中华医书集成》第15册，第146页。

疡医一科，及鬼遗等论，后人不能深究，于是此方沦没，转乖迷途。今乡井多是下甲人，专攻此科。”[①]“此科”即陈自明所说的外科；妇科则出现了诸如绍兴钱氏女科、海宁郭氏妇科、宁波宋氏女科等民间专业医疗机构；在临安，“下方寺里西房伤科”[②]从南宋高宗绍兴年间开始对外门诊，因其疗法独特、效果显著，在民间深负盛誉[③]；在儿科方面，刘昉著《幼幼新书》，集宋代中医儿科之大成，后被南宋政府确定为太医的儿科教材，而陈文中在《小儿病源方论》中提出了“若脾胃全固，则津液通行，气血流转，使表里冲和，一身康健”[④]的育儿思想，在此基础上，杨士瀛在《仁斋小儿方论》中更提出“调顺血气，温和脾胃，均平冷热”[⑤]的观点，推动了我国古代儿科学的发展；在眼科学方面，我国至迟在南宋就已发明了用于矫正眼屈光不正的水晶石眼镜，如赵希鹄的《洞天清录》载：“叆叇，老人不辨细书，以此（即叆叇眼镜矫正老视，引者注）掩目则明”[⑥]；由南宋宁全真传授、宋末元初林灵真编辑的《灵宝领教济度金书》载有“召天医一十三科”[⑦]符，其13科包括风科、大方脉、眼科、产科、小儿科、外科、耳鼻科、口齿科、伤折科、金簇科、砭热科、疮肿科及书禁科；在法医学方面，宋慈编著的《洗冤集录》，被誉为世界上现存最早的一部较完整的法医学专著，等等。仅就南宋医学的分科而言，如此丰富和多样化的专业分工，充分显示了南宋医家“补其偏而会其全”[⑧]的创新精神，如陈文中为了纠人们治病辄投寒凉攻下的时弊，提出了儿科疾病多为阳气虚损，因而临床应以温补脾胃为主的思想；陈自明则针对先前妇产著作所存在的“纲领散漫而无统”[⑨]状况，“聚于散而敛于约”[⑩]，著成《妇人大全良方》，至此，妇产科才有了第一部综合性专著。

第三节　宋慈的法医学思想

宋慈（1186—1249），字惠父，建阳（今福建建阳）童游里人。刘克庄记其家世说：“宋氏自唐文贞公传四世，由邢迁睦，又三世孙世卿丞建阳，卒官下，遂为邑人。”[⑪]嘉定十年（1217）进士，据《万姓统谱》载：宋慈“历湖襄提刑，以朝请大夫直焕章阁，帅广东。慈居官，所在有声，尝作《洗冤录》。及卒，理宗以其为中外分忧之臣，有密赞阃画

① （宋）陈自明编，（明）薛己校注：《外科精要・序》，第1页。

② 傅宏伟编著：《下方寺伤科医录》，杭州：浙江科学技术出版社，2015年，第86页。

③ 朱德明：《南宋时期浙江医药的发展》，第71—74页。

④ （宋）陈文中著，林慧光校注：《小儿病源方论》卷1《养子十法》，北京：中国中医药出版社，2015年，第5页。

⑤ （宋）杨士瀛：《仁斋小儿方论》卷5《疮疹备论》，林慧光主编：《杨士瀛医学全书》，北京：中国中医药出版社，2006年，第424页。

⑥ （宋）赵希鹄：《洞天清录》（今本已佚去），（清）陆凤藻：《小知录》卷9有《洞天清录》引文。

⑦ （宋）林灵真编：《灵宝领教济度金书》卷286，《正统道藏》第8册，第523—524页。

⑧ （宋）陈自明著，潘远根、胡静娟整理：《妇人大全良方・原序》，《中华医书集成》第15册，第2页。

⑨ （宋）陈自明著，潘远根、胡静娟整理：《妇人大全良方・原序》，《中华医书集成》第15册，第2页。

⑩ （宋）陈自明著，潘远根、胡静娟整理：《妇人大全良方・原序》，《中华医书集成》第15册，第2页。

⑪ （宋）刘克庄：《宋经略墓志铭》，曾枣庄、刘琳主编：《全宋文》第331册，第406页。

之计，赠朝议大夫”①。其中“为中外分忧之臣”当是指宋慈剿平南安境内三峒盗祸和通过抑制浙右的强宗巨室，使其变“闭籴以邀利”为开仓赈济饥民之功绩，而“有密赞阃画之计”则主要指其逊志时敏的儒学造诣，宋慈“少耸秀轩豁，师事考亭高第吴公雉，又遍参杨公方，黄公干，李公方子，二蔡公渊、沉，孜孜论质，益贯通融液。暨入太学，西山真公德秀衡其文，见谓有源流，出肺腑，公因受学其门”②，其“声望与辛（弃疾）、王二公相颉颃焉”③。可见，由上述行与知两方面的结合，就构成了宋慈撰著《洗冤集录》的前提条件。现传本《洗冤集录》共分为五卷，五十三目，内容从宋代的立法原则到具体断案的技术手段等，细针密缕，广收博采，可谓中国古代最为完备的法医学专著了。但即使如此，他仍然表示“贤士大夫或有得于见闻及亲所历涉出于此集之外者，切望片纸录赐，以广未备”④，其谦逊审密之性跃然纸上，真挚感人。

一、宋慈的法医实践与人道思想

宋慈虽有“持大体，宽小文，威爱相济”⑤之称，甚至连宋理宗都承认他是一位“为中外分忧之臣”，史家对他理应浓墨重彩一番才是，但《宋史》却没有为其立传，《续资治通鉴长编》亦不见宋慈事迹的片言只语，那么，宋元史学家为什么忽略了宋慈这个人物，这是一件颇让后人困惑的历史现象，或许宋元史学家“重北宋而轻南宋”的立史标准是一个重要原因，但这肯定不是全部原因。因为如果说按照“德高艺下”的标准来选择入正史的人物，而“法医学”尚不够资格的话，那宋慈定闽盗、赈饥民、雪冤案却是可圈可点的大德。因为宋慈的为人准则是“治世以大德，不以小惠”⑥，因此，从本质上看，宋慈的法医实践和法医学思想就是立足于“大德”和“大仁”之上。故和凝说：“大抵鞫狱之吏，不患其处事之不当，每患其用心之不公；不患其用心之不公，每患其立见之不明。苟其仁足以守，明足以烛，刚足以断狱，无余憾矣。”⑦另外，由于法医学是法学和医学相结合而产生的一门边缘学科。它是应用医学、生物学、化学及其他自然科学的理论和技术，研究并解决法律上和司法中有关医学问题的科学。就此而言，法医学的创立需要创立者本身执法经验的长期积累和整个医学理论的系统、全面发展。而关于宋代医学的发展状况，可参见赵璞珊先生所著《中国古代医学》第五章“宋辽金元时期的医学”。在此，我们想强调的是，宋代人体解剖学虽然建立在解剖的基础之上，如李攸《宋朝事实》卷16、杨仲良《通鉴长编纪事本末》卷49等文献中都载有数十人被“剖其腹，绘五脏图”的事实，但这一事实一方面表明科学发展本身是曲折的，另一方面又表明人体解剖在客观上促

---

① （明）凌迪知：《万姓统谱》卷92《宋慈传》，余嘉锡著，戴维校点：《四库提要辨证（1）》，长沙：湖南教育出版社，2009年，第536页。

② （宋）刘克庄：《宋经略墓志铭》，曾枣庄、刘琳主编：《全宋文》第331册，第406页。

③ （宋）刘克庄：《宋经略墓志铭》，曾枣庄、刘琳主编：《全宋文》第331册，第406页。

④ （宋）宋慈编，杨柳整理：《洗冤集录・序》，《中华医书集成》第22册，第2页。

⑤ （宋）刘克庄：《宋经略墓志铭》，曾枣庄、刘琳主编：《全宋文》第331册，第409页。

⑥ （宋）刘克庄：《宋经略墓志铭》，曾枣庄、刘琳主编：《全宋文》第331册，第409页。

⑦ （元）杜震：《疑狱集序》，（五代）和凝：《疑狱集》，杨一凡、徐立志主编：《历代判例判牍》第1册，北京：中国社会科学出版社，2005年，第232页。

进了宋代法医学的进步。以下仅就宋慈的执法实践来看宋代法医学达到一个新的顶点所需要的社会条件。

（1）“南安（江南西路南安军）境内三峒首祸，毁两县二寨，环雄、赣、南安三郡数百里皆为盗区”[①]，至于此“盗区”如何定性，本书暂不去探讨。但有一点可以肯定，那就是“盗区”里有大量“饥民”存在，它反映了这一带是一个百姓生活没有保障的区域。因此，宋慈剿平盗贼的主要方法是“先赈六堡饥民，使不从乱，乃提兵三百倡率隅总，破石门寨，俘其酋首”[②]。可见，宋慈平盗的基本方策是孤立盗贼，而使大多数平民免受其害。

（2）“辟知长汀县。旧运闽盐，逾年始至，吏减斤重，民苦抑配。公（即宋慈）请改运于潮，往返仅三月，又下其估出售，公私便之。”[③]又“浙右（西）饥，米斗万钱，毗陵调守，相以公应诏。入境问俗，叹曰：‘郡不可为，我知其说矣。强宗巨室始去籍以避赋，终闭粜以邀利，吾当伐其谋尔。’命吏按诉旱状，实各户合输米，礼致其人，勉以济粜。析人户为五等，上焉者半济半粜，次粜而不济，次济粜俱免，次半粜半济，下焉者全济之。米从官给，众皆奉令。又累乞蠲放，诏阁半租。明年大旱，祷而雨，比去，余米麦三十余斛、镪二十万、楮四十万”[④]。对于为官者来说，何为“大德”？把老百姓的事情当成自己的事情去做，就是为官者的大德。司马光说：“国以民为本，民以食为天。国家近岁以来，官中及民间皆不务蓄积，官中仓廪，大率无三年之储，乡村农民，少有半年之食。是以小有水旱，则公私穷匮，无以相救，流移转徙，盗贼并兴。当是之时，朝廷非不以为忧。及年谷稍丰，则上下之人，皆忘之矣，此最当今之深弊也。”[⑤]“盗兴”的根源在于“民贫”，这是司马光很有见地的一种思想认识，而犯罪的社会根源在一定程度上亦与民贫有关系。宋人的消费观念，即有钱就花，有谷就食，不注意蓄积，以备将来之用。然而，宋人的生活方式又有自己的特点，尤其是从北宋中后期开始，一些官僚大吃大喝，铺张浪费，奢侈之风席卷整个官僚阶层。王仁湘先生说：“到宋代以后，真正的会食——即具有现代意义的会食才出现在餐厅里和饭馆里。宋代的会食，由白席人的创设可以看得非常明白。陆游的《老学庵笔记》说北方民间有红白喜事会食时，有专人掌筵席礼仪，谓之‘白席’。白席人还有一样职司，即是在喜庆宾客的场合中，提醒客人送多少礼可以吃多少道菜。”[⑥]所谓“会食”，其实就是我们通常所说的“饭局”，它是宋代商品经济与官僚政治相结合的一种产物，是宋代“人情文化”的必然结果。《清明集》卷9载：南宋执法者奉行的原则是“法意、人情，实同一体”[⑦]。在这种执法模式之下，法官怎样去断案，那变数可就太多了。一方面，宋慈“性无他嗜，惟喜收异书名帖。禄万石，位方伯，家无钗

---

① （宋）刘克庄：《宋经略墓志铭》，曾枣庄、刘琳主编：《全宋文》第331册，第406页。

② （宋）刘克庄：《宋经略墓志铭》，曾枣庄、刘琳主编：《全宋文》第331册，第407页。

③ （宋）刘克庄：《宋经略墓志铭》，曾枣庄、刘琳主编：《全宋文》第331册，第407页。

④ （宋）刘克庄：《宋经略墓志铭》，曾枣庄、刘琳主编：《全宋文》第331册，第408页。

⑤ （宋）司马光著，李之亮笺注：《司马温公集编年笺注》卷31《蓄积札子》，成都：巴蜀书社，2009年，第3册，第352页。

⑥ 王仁湘：《分餐与会食：古代中国人进餐方式的转变》，《新华文摘》2004年第2期。

⑦ 《名公书判清明集》卷9《典卖田业合照当来交易或见钱或钱会中半收赎》，第311页。

泽，厩无驵骏，鱼羹饭，敝缊袍，萧然终身”[①]，起码从“饭局”中远离了人情，它有利于执法的公正和公平；另一方面，他的这种行为必然会遭到靠“饭局”生活的那些官僚们的排挤和责难，如“臬去仓摄，挟忿庭辱，公不屈折，拂衣而去”[②]，再有“知赣州。当路以要官钩致，公不答，遽劾免”[③]，等等。在当时的历史条件下，宋慈能够有“每念狱情之失”[④]的反思和心境，确实是与他立官之大德思想紧密相连的。

（3）“南吏多不奉法，有留狱数年未详覆者，公（即宋慈）下条约，立期程，阅八月决辟囚二百余。”[⑤]宋代对法官审理案件活动非常重视，雍熙二年（985）八月一日，宋太宗诏曰：“朕以庶政之中，狱讼为切，钦恤之意，何尝暂忘。盖郡县至广，械系者众，苟有冤抑，即伤至和。今遣秘书丞崔维翰等六人，分往两浙、荆湖、福建、江南、淮南，逐路按问，小事即决之，大事须证左者，促行之；仍廉察官吏勤惰以闻。”[⑥]在当时的历史背景下，宋太宗认识到“苟有冤抑，即伤至和”，即冤假错案是造成社会不稳定的主要根源之一。因此，为了社会的稳定与和谐，宋代统治者严格执法程序，不仅实行了三级三审制度，而且还推行审理案件的期限。在宋代，县是司法审判机关的初级单位，具体负责杖刑以下的刑事案件；州（包括府、军）是司法审判机关的高级单位，具体负责徒以上的刑事案件；大理寺是司法审判机关的最高单位，具体负责全国死刑案件的复审。按照法律程序，县狱只能羁押未决犯，而对于已决犯笞、杖罪的行刑后必须当庭释放。这里，如果没有审理期限，那么，县官就有可能在“未决”的环节上大做文章，久拖不决，致使当事人被无端地长期羁押，出现“诸州大狱，长吏不亲决，胥吏旁缘为奸，逮捕证佐，滋蔓逾年而狱未具”[⑦]的严重司法腐败现象。所以，宋太宗于太平兴国六年（981）规定：“自今长吏每五日一虑囚，情得者即决之。”[⑧]同时又规定：“听狱之限，大事四十日，中事二十日，小事十日，不他逮捕而易决者，毋过三日。”[⑨]对于那些“决狱违限”者，“准官书稽程律论，逾四十日则奏裁。事须证逮致稽缓者，所在以其事闻”[⑩]。且“令外县罪人五日一具禁放数白州。州狱别置历，长吏检察，三五日一引问疏理，月具奏上。刑部阅其禁多者，命官即往决遣，冤滞则降黜州之官吏”[⑪]。又“其鞫狱违限及可断不断、事小而禁系者，有司驳奏之”[⑫]。可见，从制度的层面看，鞫狱期限反映了宋代司法文明的巨大进步。当然，有了好的制度，法官不去严格执行，再好的制度也等于是一纸空文。因此，在这种情况之下，宋慈所作的主要工作就是监督法官严格执法和科学执法。其中《洗冤集

---

① （宋）刘克庄：《宋经略墓志铭》，曾枣庄、刘琳主编：《全宋文》第 331 册，第 409 页。
② （宋）刘克庄：《宋经略墓志铭》，曾枣庄、刘琳主编：《全宋文》第 331 册，第 407 页。
③ （宋）刘克庄：《宋经略墓志铭》，曾枣庄、刘琳主编：《全宋文》第 331 册，第 408 页。
④ （宋）宋慈编，杨柳整理：《洗冤集录・序》，《中华医书集成》第 22 册，第 2 页。
⑤ （宋）刘克庄：《宋经略墓志铭》，曾枣庄、刘琳主编：《全宋文》第 331 册，第 408 页。
⑥ （清）徐松辑：《宋会要辑稿》刑法 5 之 16，北京：中华书局，1957 年，第 6677 页。
⑦ 《宋史》卷 199《刑法志一》，第 4968 页。
⑧ 《宋史》卷 199《刑法志一》，第 4968 页。
⑨ 《宋史》卷 199《刑法志一》，第 4968 页。
⑩ 《宋史》卷 199《刑法志一》，第 4968—4969 页。
⑪ 《宋史》卷 199《刑法志一》，第 4969 页。
⑫ 《宋史》卷 199《刑法志一》，第 4969 页。

录》即是其科学执法的一个重要组成部分，宋慈说："狱事莫重于大辟，大辟莫重于初情，初情莫重于检验。"①而"检验"需要相对科学的技术手段和技术理念，在这个环节，宋慈建立了一套较为完备的法医学检验体系，其中有些论述具有科学性，所以至今仍发挥着它们的积极作用。如用明油伞检验尸骨伤痕："验尸并骨伤损处，痕迹未见，用糟（酒糟）醋泼罨尸首；于露天，以新油绢或明油雨伞覆欲见处，迎日隔伞看，痕即见。若阴雨，以熟炭隔照，此良法也。"②又验骨时，"向平明处，将红油伞遮尸骨验。若骨上有被打处，即有红色路，微荫；骨断处，其接续两头各有血晕色；再以有痕骨照日看，红活，乃是生前被打分明。骨上若无血荫，踪有损折，乃死后痕"③。这种检验尸骨伤损，与现代用紫外线照射一样，都是应用光学原理于具体的司法检验实践之中，其科学性和客观性是不容置疑的。

（4）"移节江西，赣民遇农隙率贩鹾于闽、粤之境，名曰盐子，各挟兵械，所过剽掠，州县单弱，莫敢谁何。公鳞次保伍，讥其出入，奸无所容。举行之初，人持异议，事定乃大服。谏省奏乞取宋某所行下浙右以为法。"④如何在"州县单弱"的情况下防止少数"不法之民"剽掠州县，扰乱社会治安？这是南宋地方官吏迫切需要解决的一个行政难题。根据宋慈的经验，既省财力又省人力，且效果明显的办法就是发动村民，自己保护自己。而在这个过程中，政府需要做的事情仅仅是编造鱼鳞簿。如"设保伍之法，绘为鱼鳞图，居处向背，山川远近，如指诸掌，又籍其家之长幼姓名、年齿、生业，纤悉毕载"⑤。据王曾瑜先生研究，宋慈的"鳞次保伍（护）"亦即是编造鱼鳞簿，严格保甲制度。⑥另外，由"讥其出入"知，各村有专人负责登记本村住户人口的临时流动情况，对其出入进行监督和掌控，一旦发现问题，即时依法处理。此工作虽然比较烦琐，但它相当于是一张乡村流动人口的"卫星定位图"，每个乡村居民的一举一动都在保人的掌握之中，况且由于一个人违法，按照保甲法，结果可能会危害到保内其他相关人员的切身利益，所以，每个人的行为都必然会被同伍的人制约和监督，这样，一保的人相互监督，相互制约，那些想"剽掠"的闲民，也得考虑后果了。鉴于宋慈推行"鱼鳞簿"收到了良好的社会效果，因此，"谏省奏乞取宋某所行下浙右以为法"⑦。通过这个事例，我们发现，宋慈工作的特点可以归结为一句话，那就是做任何事情都要"谨之于细"。

（5）"蜀相游公似大拜，以公按刑广右。循行部内，所至雪冤禁暴，虽恶弱处所，辙迹必至。除直秘阁，移湖南"⑧；"听讼清明，决事刚果，抚善良甚恩，临豪猾甚威。属部官吏以至穷阎委巷、深山幽谷之民，咸若有一宋提刑之临其前"⑨。其"雪冤禁暴"与

① （宋）宋慈编，杨柳整理：《洗冤集录·序》，《中华医书集成》第22册，第2页。
② （宋）宋慈编，杨柳整理：《洗冤集录》卷2《验尸》，《中华医书集成》第22册，第8页。
③ （宋）宋慈编，杨柳整理：《洗冤集录》卷3《论沿身骨脉及要害去处》，《中华医书集成》第22册，第13页。
④ （宋）刘克庄：《宋经略墓志铭》，曾枣庄、刘琳主编：《全宋文》第331册，第408页。
⑤ （宋）楼钥：《攻媿集》卷104《知梅州张君墓志铭》，《景印文渊阁四库全书》第1153册，第590页。
⑥ 王曾瑜：《宋朝的鱼鳞簿和鱼鳞图》，《中国历史大辞典通讯》1983年第1期。
⑦ （宋）刘克庄：《宋经略墓志铭》，曾枣庄、刘琳主编：《全宋文》第331册，第408页。
⑧ （宋）刘克庄：《宋经略墓志铭》，曾枣庄、刘琳主编：《全宋文》第331册，第408页。
⑨ （宋）刘克庄：《宋经略墓志铭》，曾枣庄、刘琳主编：《全宋文》第331册，第409页。

“听讼清明”是刘克庄对宋慈的“按刑”成绩的高度评价。宋慈总结一般法官断案失误的原因说：“狱情之失，多起于发端之差；定验之误，皆原于历试之浅。”[①]前者是指办案的官吏对案情的侦查和勘验工作不细致，不认真，敷衍了事，用宋慈的话说就是“仵作之欺伪，吏胥之奸巧”[②]。在这里，“仵作”相当于今天的法医，是官府检验命案死尸的人，通常由地位低下的贱民或奴隶检查尸体并向官员报告情况。由于他们缺乏专业的检验知识，加上当时检验行业所存在的种种潜规则，正如《无冤录》上卷格例《省府立到检尸式内二项》所言：“其仵作行人，南方多系屠宰之家，不思人命至重，暗受凶首或事主情嘱，捏合尸伤供报”[③]，致使案情往往“虚幻变化，茫不可诘”[④]。在宋代，“吏胥”主要是指国家机关中，负责处理日常具体政务，如“行文书，治刑狱钱谷”[⑤]的低级办事人员。马端临说：“府史胥徒，庶人之在官者也。”[⑥]这些人员虽然不入官品，但是他们在国家事务中所起的作用却不可等闲视之。故清梁章钜云：对于那些胥吏，“后世上自公卿，下至守令，总不能出此辈圈禬。刑名簿书出其手，典故宪令出其手，甚至于兵枢政要，迟速进退，无不出其手。使一刻无此辈，则宰相亦束手矣”[⑦]。与一般的官僚士大夫相比，科仕之人“通晓吏事者，十不一、二”[⑧]，而“吏胥之人，少而习法律，长而习狱讼”[⑨]。相对于“仵作”，“吏胥”显然属于有一定法律知识的文化群体。至于这个群体在宋代政治生活中的作用，祖慧从正反两个方面作了比较详尽的论说[⑩]，本书不再赘述。不过，我们在此需要强调一点，从宋代整个官僚系统的运行机制来讲，吏民矛盾与宋代社会秩序的运转，利害关系最大。因此，处在宋代统治阶级边缘的这个胥吏群体既是造成南宋社会不稳定的因素，同时又是腐蚀宋代国家肌体的蠹虫。对此，宋人俞文豹深切地认识到“凡为朝廷失人心、促国脉者，皆出于吏贪”[⑪]。其狱吏对社会危害最深，他们往往利用手中的权力，颠倒黑白，混淆是非，故“狱讼之曲直多失其实者，起于典狱之吏之私也”[⑫]。甚至，牟愿相更有唐宋以来“吏胥日横，其势足以攫财货，快恩仇”[⑬]的说法。

那么，吏胥为什么日横？首先，这个群体非常庞大，一般官僚奈何不了他们，如“上

---

① （宋）宋慈编，杨柳整理：《洗冤集录·序》，《中华医书集成》第22册，第2页。

② （宋）宋慈编，杨柳整理：《洗冤集录·序》，《中华医书集成》第22册，第2页。

③ （元）王兴撰，杨奉琨校注：《无冤录校注》卷上《省府立到检尸式内二项》，上海：上海科学技术出版社，1987年，第50页。

④ （宋）宋慈编，杨柳整理：《洗冤集录·序》，《中华医书集成》第22册，第2页。

⑤ （宋）窦仪等编，薛梅卿点校：《宋刑统》，北京：法律出版社，1998年，第65页。

⑥ （元）马端临：《文献通考》卷35《选举八·吏道》，第331页。

⑦ （清）梁章钜著，陈水云、陈晓红校注：《梁章钜科举文献二种校注》，武汉：武汉大学出版社，2009年，第161页。

⑧ （清）顾炎武著，（清）黄汝成集释：《日知录集释》卷8《选补》，上海：上海古籍出版社，1985年，第649页。

⑨ （宋）苏洵：《广士》，曾枣庄、曾涛选注：《三苏选集》，成都：巴蜀书社，2018年，第375页。

⑩ 祖慧：《论宋代胥吏的作用及影响》，漆侠主编：《宋史研究论文集》，保定：河北大学出版社，2002年，第110—125页。

⑪ （宋）俞文豹：《吹剑录外集》，上海：上海进步书局，1922年，第16页。

⑫ （宋）王炎：《与潘徽猷书》，曾枣庄、刘琳主编：《全宋文》第270册，第76页。

⑬ （清）魏源：《清经世文编》卷24《说吏胥》，《魏源全集》第14册，长沙：岳麓书社，2004年，第476页。

至朝廷，下至州县；每一职一司，官长不过数人，而胥吏不胜其众”①。其次，相对官府中的官员来说，胥吏的工作较专一，如狱吏、税吏、仓吏等，即“刑房专掌刑名，户房专掌钱粮，该吏承管日久，则知事首尾，容易发落”②。据不完全统计，宋代有“《六曹条贯》及《看详》三千六百九十四册”③，“敕令格式一千余卷册”④，在这律山令海的情况下，官吏非常繁忙。换言之，“虽有官吏强力勤敏者，恐不能遍观而详览，况于备记而必行之”⑤。最后，做官的像走马灯，迁徙无常，居无定所，可一般胥吏常常在一地待一辈子。正像叶适所说的：政府官员多“暂而居之，不若吏之久也”⑥。甚或世代居于一地，其人际关系比蜘蛛网罗织得还细密。可见，宋慈通过出任广东、江西、湖南提点刑狱司，不仅“体仁”的机会多了，而且在长期的司法实践中，各色吏胥他也见得多了，自然感触良多。久而久之，随着他对吏胥这个处于社会边缘的群体有了更深入的了解，便愈加感到提高宋代吏胥的综合素质非常必要。如众所知，提点刑狱司作为中央在地方各路的司法派出机构，主管一路所领州县的司法，但吏胥却是宋代司法的主体。在宋代，提点刑狱司有两个基本职责：一是掌本路郡县之庶狱，核其情实而覆以法，督治奸盗，申理冤滥；二是岁察所部官吏，保任廉能，劾奏冒法。因此，宋慈撰著《洗冤集录》至少有以下目的。

第一，“年来州县，悉以委之初官，付之右选，更历未深，骤然尝试”⑦。就“初官”的层面来说，“初官”是指担任州县最低级的监当、主簿、县尉等差遣，按官资，尚不到亲民资序。所以，从客观上讲，由于他们缺乏查办刑事案件第一现场的经验，加上法医知识尚未普及，因而给“初官”办案尤其是认识案件的事实真相带来很多不利因素。另外，从主观上讲，他们的思想修养与老百姓的要求还存在着一定距离，他们还不能把老百姓的事情当成自己的事情去做。于是，宋慈说：这些“初官”中，不乏“遥望而弗亲，掩鼻而不屑者”⑧。按照宋朝律法，验尸这个环节必须有“初官”在场，否则由县官本人亲自到案发现场。宋朝条令云：

> 诸验尸，州差司理参军（本院囚别差官，或止有司理一院，准此），县差尉。县尉缺，即以次差簿、丞。（县丞不得出本县界）监当官皆缺者，县令前去。⑨
>
> 诸县令、丞、簿虽应差出，须当留一员在县。⑩
>
> 州县检验之官，并差文官，如有缺官去处，覆检官方差右选。本所看详：检验

---

① （明）丘浚：《大学衍义补》卷98《胥隶之役》下，《丘濬集》第4册，海口：海南出版社，2006年，第1520页。

② 《明会典》卷10《各房吏典不许那移管事违者处斩》，《景印文渊阁四库全书》第617册，第93页。

③ 《宋史》卷204《艺文志三》，第5141页。

④ （宋）李焘：《续资治通鉴长编》卷385“宋哲宗元祐元年八月丁酉”条，第9380页。

⑤ （宋）李焘：《续资治通鉴长编》卷385“宋哲宗元祐元年八月丁酉”条，第9380页。

⑥ （宋）叶适著，刘公纯等点校：《叶适集・水心别集》卷15《上殿札子》，第835页。

⑦ （宋）宋慈编，杨柳整理：《洗冤集录・序》，《中华医书集成》第22册，第2页。

⑧ （宋）宋慈编，杨柳整理：《洗冤集录・序》，《中华医书集成》第22册，第2页。

⑨ （宋）宋慈编，杨柳整理：《洗冤集录》卷1《条令》，《中华医书集成》第22册，第1页。

⑩ （宋）宋慈编，杨柳整理：《洗冤集录》卷1《条令》，《中华医书集成》第22册，第2页。

之官自合依法差文臣。如边远小县，委的缺文臣处，覆检官权差识字武臣。今声说照用。①

在州县派出的检验官中，以“文官”为首发。此举既反映了宋代文治社会的基本特点，同时又表现了宋代统治者对刑事案件的重视，因为“文官”相对于“武官”，理论素质要高一些。所以，在程序上，宋律规定，无论初检还是覆检，都须要履行填写“验尸格目”一式三份。宋慈说：“诸初、覆验尸格目，提点刑狱司依式印造。每副初、覆各三纸，以《千字文》为号，凿定给下州县。遇检验，即以三纸先从州县填讫，付被差官。候检验讫，从实填写，一申州县，一付被害之家（无即缴回本司），一具日时字号入急递，径申本司点检（遇有第三次后检验准此）。”②特别要注意的是，在宋代，填写“验尸格目”绝对不是走过场，做表面文章，而是以此作为奖惩检验官的客观依据。宋律明确规定：“诸尸应验而不验；（初覆同）或受差过两时不发；（遇夜不计，下条准此）或不亲临视；或不定要害致死之因；或定而不当（谓以非理死为病死，因头伤为胁伤之类），各以违制论。即凭验状致罪已出入者，不在自首觉举之例。其事状难明，定而失当者，杖一百。”③看来，由于检验官一时疏忽，会给受害人及本人带来非常严重的后果。在宋慈看来，检验官于验尸的过程中，出现问题和差错，至少应当区分两种情况：故意为之和经验不足。其中，对于故意为之者，自有“公人法”论处，而宋慈所关注的则是后一种情况。

那么，如何避免和克服检验工作中的失误，从而使那些“历试之浅”的检验官少走弯路呢？宋慈想到了将前人的检验经验汇总起来，尤其是把那些具有规律性的东西抽取出来，编辑成册，使那些检验官茅塞顿开，从而有利于提高临场检验的质量和水平。用宋慈的话说，就是“示我同寅，使得参验互考”④。实际上，宋慈的《洗冤集录》不仅为州县的检验官提供了验尸的各种经验和方法，而且在更高的理论层面上为州县的检验官提供了法学的和科学的思想指南。因此，他说：《洗冤集录》一书的意义“如医师讨论古法，脉络表里先已洞澈，一旦按此以施针砭，发无不中，则其洗冤泽物，当与起死回生同一功用矣”⑤。

第二，鉴于“仵作之欺伪，吏胥之奸巧”的现象，宋慈撰著《洗冤集录》起到了揭露其“欺伪”及“奸巧”的客观作用。前面讲过，在宋代，像“仵作”“吏胥”之类低级政府职员，国家是不负责发薪酬的，所以他们为了从当事人那里捞得好处，往往会不顾国家法律和职业道德，弄虚作假，欺上瞒下，甚至不惜以制造冤假错案为代价。对此，宋朝法律有如下规定：

诸行人因验尸受财，依公人法。⑥

诸尸虽经验，而系妄指他尸告论，致官司信凭推鞫，依诬告法。即亲属至死所妄

① （宋）宋慈编，杨柳整理：《洗冤集录》卷1《条令》，《中华医书集成》第22册，第2页。

② （宋）宋慈编，杨柳整理：《洗冤集录》卷1《条令》，《中华医书集成》第22册，第2页。

③ （宋）宋慈编，杨柳整理：《洗冤集录》卷1《条令》，《中华医书集成》第22册，第1页。

④ （宋）宋慈编，杨柳整理：《洗冤集录·序》，《中华医书集成》第22册，第2页。

⑤ （宋）宋慈编，杨柳整理：《洗冤集录·序》，《中华医书集成》第22册，第2页。

⑥ （宋）宋慈编，杨柳整理：《洗冤集录》卷1《条令》，《中华医书集成》第22册，第1页。

认者，杖八十。被诬人在禁致死者，加三等。若官司妄勘者，依入人罪法。[①]

诸有诈病及死、伤，受使检验不实者，各依所欺减一等。若实病死及伤不以实验者，以故入人罪论。[②]

诸称违制论者，不以失论。诸监临主司受财枉法二十匹，无禄者二十五匹，绞。若罪至流，及不枉法，赃五十匹，配本城。[③]

至于吏人及合干人的作伪手段，可谓五花八门，形形色色。例如，“被伤处须子细量长阔、深浅、小大，定致死之由。仵作、行人受嘱，多以芮（一作茜）草投醋内，涂伤损处，痕皆不见。以甘草汁解之，则见”[④]；“随行人吏及合干人，多卖弄四邻，先期纵其走避，只捉远邻或老人、妇人及未成丁人塞责（或不得已而用之，只可参互审问，终难凭以为实，全在斟酌）。又有行凶人，恐要切干证人真供，有所妨碍，故令藏匿；自以亲密人或地客、佃客出官，合套诬证，不可不知”[⑤]；“其中不识字者，多出吏人代书；其邻证内或又与凶身是亲故，及暗受买嘱符合者，不可不察”[⑥]；“煮骨不得见锡，用则骨多黯。若有人作弊，将药物置锅内，其骨有伤处反白不见”[⑦]，等等。所以，如何去伪存真，保证检覆的真实性和可靠性，便是《洗冤集录》的主要内容之一。

以往研究《洗冤集录》的学者多停留在技术和法律的层面，而极少进一步探究其隐藏在那些技术和法律层面背后的思想根源。宋慈在《洗冤集录》序中强调说：此书“刊于湖南宪治”[⑧]。也就是说，宋慈在其担任湖南提刑司期间，一方面，为民伸张正义，“雪冤禁暴”；另一方面，则严厉整肃其治下的检验官队伍。因为任何法律制度和检验方法都是相对静止的和死的东西，然而，执法和检验官员却是活生生的人，是很容易被物质利益所引诱和遮蔽的主体。所以好的法律和法规，只有高素质的执法者去认真执行，才能发挥其公正和公平的价值及扶善抑恶的作用。从这个角度看，《洗冤集录》体现着儒家传统的“正义”思想和先秦法家的立法原则。荀子说：“夫义者，所以限禁人之为恶与奸者也。”[⑨]又说：“公平者，职之衡也。”[⑩]所谓“职之衡”是指应当把“正义”和“公平”放在一个制度架构中去理解和把握。可惜，一旦落实到现实的社会关系当中，“义”便屈居“礼”之后了。现代西方思想家罗尔斯说得好：“社会正义原则的主要问题是社会的基本结构，是一种合作体系中的主要的社会制度安排。”[⑪]与罗尔斯相比，宋慈虽然没有明确提出“公平”和“正义”是“一种合作体系中的主要的社会制度安排”的思想，但是他重申了法律

---

① （宋）宋慈编，杨柳整理：《洗冤集录》卷1《条令》，《中华医书集成》第22册，第2页。
② （宋）宋慈编，杨柳整理：《洗冤集录》卷1《条令》，《中华医书集成》第22册，第2页。
③ （宋）宋慈编，杨柳整理：《洗冤集录》卷1《条令》，《中华医书集成》第22册，第2页。
④ （宋）宋慈编，杨柳整理：《洗冤集录》卷2《验尸》，《中华医书集成》第22册，第8页。
⑤ （宋）宋慈编，杨柳整理：《洗冤集录》卷1《检覆总说下》，《中华医书集成》第22册，第4页。
⑥ （宋）宋慈编，杨柳整理：《洗冤集录》卷1《检覆总说下》，《中华医书集成》第22册，第4页。
⑦ （宋）宋慈编，杨柳整理：《洗冤集录》卷3《论沿身骨脉及要害去处》，《中华医书集成》第22册，第13页。
⑧ （宋）宋慈编，杨柳整理：《洗冤集录·序》，《中华医书集成》第22册，第2页。
⑨ 《荀子·疆国篇》，《百子全书》第1册，第187页。
⑩ 《荀子·王制篇》，《百子全书》第1册，第153页。
⑪ ［美］约翰·罗尔斯：《正义论》，何怀宏、何包钢、廖申白译，北京：中国社会科学出版社，1988年，第54页。

面前无贵贱的法学思想和正义原则。他说："诸缌麻以上亲因病死，辄以他故诬人者，依诬告法（谓言殴死之类，致官司信凭以经检验者），不以荫论，仍不在引虚减等之例。即缌麻以上亲自相诬告，及人力、女使病死，其亲辄以他故诬告主家者，准此（尊长诬告卑幼，荫赎减等，自依本法）。"①

那么，宋慈的上述思想究竟具有何等的法学意义？

中国儒家法学思想的突出特点就是礼法并用，但以礼为根本。比如，荀子说："《礼》者，法之大分。"②而"礼者，贵贱有等，长幼有差，贫富轻重皆有称者也"③。与荀子的主张不同，法家的基本指导思想却是"不别亲疏，不殊贵贱，一断于法"④。然而，在汉唐的多数学者看来，一方面，由于中国传统社会尚存在着许多以家本位及宗法制为特点的习惯法，它们在调节社会成员之间的行为关系方面起着非常重要的作用；另一方面，以家为本位及宗法制的人际关系中，必然存在着一定的灰色区间，或称特权阶层，他们的犯罪行为多不受刑律的追究，用孔子的话说，即大夫犯罪不受刑。如《汉书》曾载：对于大夫以上的贵族犯罪，"上不执缚系引而行也。其有中罪者，闻命而自弛，上不使人颈盭而加也。其有大罪者，闻命则北面再拜，跪而自裁，上不使捽抑而刑之也"⑤。唯其如此，才能彰显君对臣的恩德，所以"上设廉耻礼义以遇其臣，而臣不以节行报其上者，则非人类也"⑥。最后，贾谊得出结论说："以礼义治之者，积礼义；以刑罚治之者，积刑罚。刑罚积而民怨背，礼义积而民和亲。"⑦此外，司马迁亦批评法家的法学原则是"严而少恩"。他说："亲亲尊尊之恩绝矣。可以行一时之计，而不可长用也，故曰'严而少恩'。"⑧司马迁的批评不无道理，因为站在贵族宗法制度的立场，"一断于法"破坏了"亲亲尊尊"的社会规范，消除了"尊主卑臣"的等级差异，这显然与当时的贵族宗法制度不相适应。一言以蔽之，在贵族宗法制度下面，"一断于法"缺乏实现它的社会基础，而在这样的历史条件下，当根据尚未展开和必要条件暂时还不具备的时候，它只能"行一时之计，而不可长用"。但是条件是可以变化的，比如，宋代社会与汉唐相比，在政治、经济、思想、文化等诸方面，发生了巨大的变化。故明代史学家陈邦瞻说："今国家之制，民间之俗，官司之所行，儒者之所守，有一不与宋近乎？非慕宋而乐趋之，而势固然已。"⑨按照日本学者内藤湖南的理解，"从政治上来说，在于贵族政治的式微和君主独裁的出现"⑩。国人钱穆先生亦大体持有同论，他说："魏晋南北朝定于隋唐，皆属门第社会，可称为是古代变相的贵族社会。宋以下，始是纯粹的平民社会。""故就宋代而言之，政治经济、社会人

① （宋）宋慈编，杨柳整理：《洗冤集录》卷1《条令》，《中华医书集成》第22册，第2页。

② 《荀子·劝学篇》，《百子全书》第1册，第131页。

③ 《荀子·富国篇》，《百子全书》第1册，第158页。

④ 《史记》卷130《太史公自序》，第3291页。

⑤ 《汉书》卷48《贾谊传》，第2257页。

⑥ 《汉书》卷48《贾谊传》，第2257页。

⑦ 《汉书》卷48《贾谊传》，第2253页。

⑧ 《史记》卷130《太史公自序》，第3291页。

⑨ （明）陈邦瞻：《宋史纪事本末·叙》，北京：中华书局，1977年，第1191—1192页。

⑩ ［日］内藤湖南：《概括的唐宋时代观》，刘俊文主编：《日本学者研究中国史论著选译》第1卷《通论》，第10页。

生，较之前代莫不有变。”[①]而所谓“平民社会”的主要特点之一就是传统的门阀贵族特权不再被承认，于是，这个特点反映到法学领域，则出现了两种变化趋势：一种以宋慈为代表，主张在法律制度方面取消贵族的特权，一律平等地施用刑法；另一种以《名公书判清明集》为代表，主张“法意、人情，实同一体”。结合近代以来中国法律的变迁，我们发现，“人情”已经演变成为干扰法官依法办案的一个严重毒瘤。在宋代，贵族特权虽然没有了法律保障，但是“人情”实际上是“贵族特权”的一种变异，它所对抗的正是法律的公平与公正。如果说传统的“贵族”特权是一种政治特权，那么，“人情”下面的“特权”就完全是一种泛社会化的“特权”了，如亲情、乡情、权情、钱情、色情等等，“人情”可谓无处不在，无孔不入。所以，宋代将“人情”引入律法，无疑是一个不能忽视的因素。当然，宋慈的主张部分地适应了宋代社会发展的客观趋势，因而在特定的历史时期，或者在特定的地域，也有由抽象可能性转变为现实可能性的机会。从这层意义上说，《洗冤集录》是宋慈强化其司法制度建设的一个重要组成部分。

就《洗冤集录》的内容和结构而言，制度建设不仅被列为头等大事，而且始终贯穿着大仁大德的新儒学精神。《管子》云：“大德不至仁，不可以授国柄。”[②]在中国古代，“至仁”是一种很高的境界，《庄子》说：“大仁不仁。”[③]历来注释家对庄子的这句话语焉不详，在他们看来，“仁”与“不仁”作为对立的两极，怎么能够粘连在一起呢？殊不知，两极相通，在特定的历史条件下，作为目的的“仁”和作为手段的“不仁”具有内在的一致性和统一性。如果割裂了两者之间的联系，孤立地讲“仁”和“不仁”，都是违背庄子思想的本义的。如宋人褚伯秀引《吕注》之言云：“夫待规绳而正，胶漆而固者，是削性侵德，失其常。”[④]所以他主张“不事乎规绳胶漆而自然正”[⑤]的绝对自由的生活状态。与之相反，叶适则主张：“人主之所恃者法也，故不任己而任法，以法御天下。”[⑥]可见，宋代存在着两种不同的治国思想：一种是“仁治”，另一种是“法治”。其中关于“仁治”的思想渊源已见前述，而“法治”思想的源流亦可追溯到先秦时期。如《管子·任法》说：“君臣上下贵贱皆从法，此谓为大治。”[⑦]又《七法》云：“不为爱亲危其社稷，故曰社稷戚于亲；不为爱人枉其法，故曰法爱于人。”[⑧]显然，从理论根源上讲，宋慈的法学思想来源于《管子》。不过，宋代的帝王有“法大于情”的范例，如宋太宗之子赵元僖被御史中丞劾奏，“元僖不平，诉于上曰：‘臣天子儿，以犯中丞，故被鞫。愿赐宽宥。’上曰：‘此朝廷仪制，孰敢违之？朕若有过，臣下尚加纠擿。汝为开封尹，可不奉法耶？’论罚如式。”[⑨]对皇子皇孙的违法行为，“论罚如式”事实上已成为宋代家法的一个组成部分。所

---

① 钱穆：《理学与艺术》，《宋史研究集》第7辑，台北：中华丛书编审委员会，1974年，第2页。
② 《管子》卷1《立政》，《百子全书》第2册，第1265页。
③ 《庄子·齐物》，《百子全书》第5册，第4532页。
④ （宋）褚伯秀：《南华真经义海纂微》卷24《外篇骈拇》，《正统道藏》第15册，第315页。
⑤ （宋）褚伯秀：《南华真经义海纂微》卷24《外篇骈拇》，《正统道藏》第15册，第315页。
⑥ （宋）叶适著，刘公纯等点校：《叶适集·水心别集》卷1《君德一》，第633页。
⑦ 《管子》卷15《任法》，《百子全书》第2册，第1366页。
⑧ 《管子》卷2《七法》，《百子全书》第2册，第1273页。
⑨ （元）佚名撰，李之亮校点：《宋史全文》卷3“宋太宗一”条，第127—128页。

以，无论是刑法还是民法，宋代的皇帝多能从实际出发，对其不合时宜的条款，适当地加以补充和完善，使其尽可能地符合宋代社会发展的实际需要。而《洗冤集录》卷1《条令》中亦非常突出地反映了这个特点，如"敕臣僚奏：检验不定要害致命之因，法至严矣。而检覆失实，则为觉举，遂以苟免。欲望睿旨下刑部看详，颁示遵用。刑寺长贰详议：检验不当，觉举自有见行条法；今检验不实，则乃为觉举，遂以苟免。今看详命官检验不实或失当，不许用觉举原免。余并依旧法施行。奉圣旨依"①。由此可见，对失职的检验官吏严责重罚，体现了宋朝统治者的意志，而以此为前提，进一步加强检验工作的制度建设，就是顺理成章的事情了。

故《洗冤集录》卷1《检覆总说》及卷2《疑难杂说》等对检验官提出了诸多非技术性的职责要求，经归纳，可以概括为以下五点：

（1）检验官应独立办案，不许在众人面前招摇。"凡验官多是差厅子、虞候，或以亲随作公人、家人各自前去，追集邻人、保伍，呼为先牌，打路排保，打草踏路，先驰看尸之类，皆是搔扰乡众，此害最深，切须戒忌。"②

（2）检验官必须亲自到现场检核，不可虚应故事，更不能徇私枉法。"凡检验承牒之后，不可接见在近官员、秀才、术人、僧道，以防奸欺及招词诉。仍未得凿定日时，于牒。前到地头，约度程限，方可书凿，庶免稽迟。仍约束行吏等人，不得少离官员，恐有乞觅。遇夜行吏须要勒令供状，方可止宿"；又"凡承牒检验，须要行凶人随行，差土著有家累、田产、无过犯节级、教头、部押公人看管。如到地头，勒行人、公吏对众邻保当面，对尸子细检喝；勒令行凶人当面供状，不可下司，恐有过度走弄之弊。如未获行凶人，以邻保为众证。所有尸帐，初、覆官不可漏露。仍须是躬亲诣尸首地头，监行人检喝，免致出脱重伤处"；"凡检官遇夜宿处，须问其家是与不是凶身血属亲戚，方可安歇，以别嫌疑"；"凡血属入状乞免检，多是暗受凶身买和，套合公吏入状。检官切不可信凭，便与备申，或与缴回格目。虽得州县判下，明有公文照应，犹须审处。恐异时亲属争钱不平，必致生词，或致发觉，自亦例被，污秽难明"。③

（3）"体究"时须要"参会归一"，切不可敷衍塞责。即"凡体究者，必须先唤集邻保，反覆审问。如归一，则合款供；或见闻参差，则令各供一款。或并责行凶人供吐大略，一并缴申本县及宪司。县狱凭此审勘，宪司凭此详覆。或小有差互，皆受重责。簿、尉既无刑禁，邻里多已惊奔。若凭吏卒开口，即是私意。须是多方体访，务令参会归一。切不可凭一二人口说，便以为信，及备三两纸供状，谓可塞责"④。

（4）杜绝私情，以事实为重。"凡疑难检验，及两争之家稍有势力，须选惯熟仵作人、有行止畏谨守分贴司，并随马行，饮食水火，令人监之，少休以待其来。不知是，则私请行矣。假使验得甚实，吏或受赂，其事亦变。官吏获罪犹庶几，变动事情，枉致人

---

① （宋）宋慈编，杨柳整理：《洗冤集录》卷1《条令》，《中华医书集成》第22册，第2—3页。
② （宋）宋慈编，杨柳整理：《洗冤集录》卷1《检覆总说上》，《中华医书集成》第22册，第3页。
③ （宋）宋慈编，杨柳整理：《洗冤集录》卷1《检覆总说上》，《中华医书集成》第22册，第3页。
④ （宋）宋慈编，杨柳整理：《洗冤集录》卷1《检覆总说下》，《中华医书集成》第22册，第4页。

命，事实重焉。”[①]又“告状切不可信，须是详细检验，务要从实”[②]。

（5）当初检与覆检出现不一致的情况时，应反复审核查验，“不可据己见便变易”。宋慈说：“检得与前验些小不同，迁就改正；果有大段违戾，不可依随。更再三审问干系等人，如众称可变，方据检得异同事理，供申；不可据己见便变易。”[③]

总而言之，宋慈法医学思想的核心就是以事实为依据，重物证，轻口供。

在一般的刑事案件中，尸体检验是取得物证的必要手段。据考，《礼记·月令》、《吕氏春秋》、云梦睡虎地秦简《封诊式》等先秦文献都有关于尸体检验的记载。入汉以后，蔡邕根据当时司法实践的客观需要，提出了“以伤、创、折、断正其罪之轻重”[④]的损伤分类和程度思想。到唐代，随着尸体检验在断狱中的地位越来越重要，因此，《唐律》便以律令的形式对法医检验的每个环节都作了较为详细的规定。入北宋以后，宋朝统治者对法制在维护社会稳定方面的作用加倍重视，如富弼说：“历观自古帝王理天下，未有不以法制为首务。法制立，然后万事有经，而治道可必。”[⑤]与此同时，宋代司法官员的证据观念亦开始逐渐被强化，其具体表现是：第一，司法官员必须亲自到现场勘察案情，不可轻信吏人之言，因为“吏辈责供，多不足凭。盖彼受赂，所责多不依所吐，往往必欲扶同牵合，变乱曲直”[⑥]。而在宋以前，虽然封建统治者也重视物证，但法官断狱多是“取办胥吏之口而已”[⑦]，他们本人并不亲勘现场，从这个角度讲，宋代通过法律形式规定法官亲赴案发现场，它在中国古代确实属于第一次。第二，宋代出现了有关物证方面的理论专著，如郑克在《折狱龟鉴》一书中提出了“情迹论”[⑧]，强调“人有迹状重而本情轻者，昔既酌情而立法，今当原情以定罪”[⑨]，认为“推事有两：一察情，一据证。固当兼用之也”[⑩]。既重视审查案情，又不可忽略痕迹物证，这是对传统物证观的一个超越。故该书在分析“顾宪之放牛”案例时说：“证以人，或容伪焉，故前后令莫能决；证以物，必得实焉。”[⑪]说明在一般程度上物证之信力大于言词证据。第三，宋朝基本上建立和健全了古代检验制度的法律和法规，如《宋刑统》卷25《诈伪律》列有“检验病死伤不实”门，规定：“诸有诈病及死伤，受使检验不实者，各依所欺减一等。若实病死及伤，不以实验者，以故入人罪论。”[⑫]又如《庆元条法事类》卷73《刑狱门》更列有“检断”“验尸”等令格，其“断狱令”明确了司法者各自的权利，不能互相串通，也不能超越自己的权限而

① （宋）宋慈编，杨柳整理：《洗冤集录》卷2《疑难杂说下》，《中华医书集成》第22册，第7页。

② （宋）宋慈编，杨柳整理：《洗冤集录》卷2《初检》，《中华医书集成》第22册，第7页。

③ （宋）宋慈编，杨柳整理：《洗冤集录》卷2《覆检》，《中华医书集成》第22册，第7页。

④ （清）郭嵩焘著，邬锡非、陈戍国点校：《礼记质疑》，长沙：岳麓书社，1992年，第197页。

⑤ （宋）李焘：《续资治通鉴长编》卷143“仁宗庆历三年九月丙戌”条，第3455页。

⑥ （宋）陈襄：《州县提纲》卷2《面审所供》，徐梓编注：《官箴——做官的门道》，北京：中央民族大学出版社，1996年，第43页。

⑦ （唐）杜佑：《通典》卷17《选举五·杂议论中》，长沙：岳麓书社，1995年，第218页。

⑧ （宋）郑克编撰，刘俊文译注点校：《折狱龟鉴译注》卷2《释冤下》，上海：上海古籍出版社，1988年，第54—104页。

⑨ （宋）郑克编撰，刘俊文译注点校：《折狱龟鉴译注》卷8《矜谨》，第521页。

⑩ （宋）郑克编撰，刘俊文译注点校：《折狱龟鉴译注》卷6《证慝》，第377页。

⑪ （宋）郑克编撰，刘俊文译注点校：《折狱龟鉴译注》卷6《证慝》，第366页。

⑫ （宋）窦仪等撰，吴翊如点校：《宋刑统》卷25《诈伪律》，北京：中华书局，1984年，第402页。

干预他人办案，如“诸被差鞫狱、录问、检法官吏，事未毕与监司及置司所在官吏相见；或录问、检法与鞫狱官吏相见者，各杖八十”①。又“诸事应检法者，其检法之司唯得检出事状，不得辄言与夺”②。在此，“夺”即决定权，这句话的主要意思是说检法议刑之法官，只可参与议定罪名，但不能超越职权去干预长官的决定权。第四，从“人心向背”的高度来认识司法检验工作，主张“以忠厚为本”。如宋人桂万荣说：“凡典狱之官，实生民司命，天心向背，国祚修短系焉。”③《宋史·刑法志》也说：“宋兴，承五季之乱，太祖、太宗颇用重典，以绳奸慝，岁时躬自折狱虑囚，务底明慎，而以忠厚为本。海同悉平，文教浸盛。士初试官，皆习律令。其君一以宽仁为治，故立法之制严，而用法之情恕。狱有小疑，覆奏辄得减宥。观夫重熙累洽之际，天下之民咸乐其生，重于犯法，而致治之盛几乎三代之懿。”④

宋人“重于犯法”而“咸乐其生”，虽然不能完全归功于司法检验工作的客观和公正，但是宋代司法官的执法素质有了较大幅度的提高，却是事实。宋人重视每个生命个体的生命价值，以《梦粱录》为例，该书卷1—7比较详细地记述了南宋从正月元旦一直到十二月除夜，一年四季中所有传统节日的盛况，即使相隔近千年，我们也仍然能够感受到当时人们对生命的崇敬和关爱。例如，重阳节这一天“世人以菊花、茱萸为□，浮于酒饮之。盖茱萸名辟邪翁，菊花为延寿客，故假此两物，服之以消阳九之厄……此日赏菊，士庶之家亦市一二株玩赏，其菊有七八十种，且香而耐久……此日都人市肆，以糖面蒸糕，上以猪羊肉鸭子为丝簇饤，插小彩旗，名曰‘重阳糕’。禁中阁分及贵家相为馈送，蜜煎局以五色米粉塑成狮蛮，以小彩旗簇之，下以熟栗子肉杵为细末，入麝香、糖、蜜和之，捏为饼糕小段，或五色弹儿，皆入韵果糖霜，名之‘狮蛮栗糕’，供亲进酒，以应节序，其日诸寺院设供众僧，顷东都有开宝、仁王寺院设狮子会，诸佛菩萨皆驭狮子，则诸僧亦皆坐狮子上作佛事”⑤。透过赏菊、重阳糕、狮子会等活动，我们不仅能够感受到人头攒动、喜气洋洋的节日氛围，而且更能体悟出当时宋人对生命个体的珍爱和关怀，如“菊花为延寿客”最能反映人们对美好生命的企及和憧憬。正是在这样的文化背景下，宋人愈加敬重生命的诞生和成长。如《妇人大全良方》卷16《坐月门》主张“至灵者人，最重者命”⑥的思想观点，因此，“养命”便成为该书的核心内容之一。其卷10《胎教门》及卷12《妊娠门》依月记述了人体胚胎的形成与生长过程，即妊娠一月名始胚；妊娠二月名始膏；妊娠三月名始胎；妊娠四月，始受水精以成血脉；五月始受火精以成其气；六月始受金精以成其筋；七月始受木精以成其骨；八月始受土精以成肤革；九月始受石精以成毛

① （宋）谢深甫纂修：《庆元条法事类》卷9《旁照法·断狱敕》，杨一凡、田涛主编，戴建国点校：《中国珍稀法律典籍续编》第1册，哈尔滨：黑龙江人民出版社，2002年，第168页。

② （宋）谢深甫纂修：《庆元条法事类》卷73《断狱令》，杨一凡、田涛主编，戴建国点校：《中国珍稀法律典籍续编》第1册，第742页。

③ （宋）桂万荣：《棠阴比事序》，杨一凡、徐立志主编：《历代判例判牍》第1册，第520页。

④ 《宋史》卷199《刑法志一》，第4961—4962页。

⑤ （宋）吴自牧：《梦粱录》卷5《九月重九》，《丛书集成初编》本，上海：商务印书馆，1939年，第29页。

⑥ （宋）陈自明著，潘远根、胡静娟整理：《妇人大全良方》卷16《坐月门》，《中华医书集成》第15册，第162页。

发；十月五脏六腑、关节、人神皆备。从医学上讲，妊娠是培育生命的重要过程，只有人们掌握了人体胚胎的形成与生长规律，才能更有针对性地防治妊娠疾病，从而更好地保护生命。但是，从法学上讲，就涉及人类的生命个体应当以哪个阶段为标准来划分人与非人的问题，是出生以后还是出生以前？与现代中国法律不追究故意堕胎者的刑事责任不同[①]，宋代对故意堕胎是追究相应的刑事责任的，这应是宋代对人之为人的一种颇具时代性的理解，从一定意义上说，它也是宋代以人为本之法制思想和司法精神的一种生动体现。如宋慈在《洗冤集录》中指出：

> 堕胎者，准律：未成形像，杖一百；堕胎者，徒三年。律云：堕，谓打而落。谓胎子落者，按《五藏神论》：怀胎一月如白露，二月如桃花；三月男女分；四月形像具；五月筋骨成；六月毛发生；七月动右手，是男，于母左；八月动左手，是女，于母右；九月三转身，十月满足。若验得未成形像，只验所堕胎作血肉一片或一块。若经日坏烂，多化为水。若所堕胎已成形像者，谓头脑、口、眼、耳、鼻、手、脚、指甲等全者，亦有脐带之类。令收生婆定验月数，定成人形或未成形，责状在案。[②]

堕胎究竟违法不违法，目前在西方法学界仍然是有争议的。如德国、爱尔兰等国家法律认定堕胎是违法行为，而美国和法国法律则认为胎儿不是宪法的人，因而不受法律保护，其他如瑞典、意大利、瑞士等国家，允许妇女在妊娠 90 天内可自愿进行人工流产。的确，由于各国的传统习俗、宗教信念和文化传统等方面的差异，因而人们对堕胎现象必然会存在这样或那样的各不相同的思想认识，这本身并不奇怪。不过，我们在这里想说明的是，以人为贵是先秦以来中国传统文化的精髓，如《吕氏春秋·贵生篇》云："圣人深虑天下，莫贵于生。夫耳目鼻口，生之役也。耳虽欲声，目虽欲色，鼻虽欲芬香，口虽欲滋味，害于生则止。在四官者不欲，利于生者则弗为。"[③]在此，"生"指的是独立的生命个体。可惜，由于时代的局限，唐代之前的法律并没有对"人"这个概念作质的规定。与之不同，宋慈突破了古人对"人"的抽象理解，而是对其性质作出了明确的界定。在宋慈看来，凡是存活到 3 个月以上的胎儿，即属于正常意义上的"人"，因为他已经具备了成人的生理条件，理应受到法律的保护。这个思想与现代化国家的法律规定相一致，说明了宋慈对于生命的理解不仅具有前瞻性，而且更具有现实的合理性和科学性。总之，宋慈继承了唐代以前儒道两家的传统人学思想，并结合南宋社会发展的实际，以法医学为着眼点，将生命权由社会学意义上的生命个体进一步延伸至生物学意义上的生命个体，毫无疑问，这个颇具时代特点的思想认识极大地拓展了中国古代的贵人理论，并使中国古代的人学思想被赋予了法学的神圣内涵，从而更将南宋的法医学与中国古代的人学传统融合成一个整体，这样便非常集中地凸显了宋代法制文明的人性化特征。

---

① 注：虽然《人口与计划生育法》里规定严禁"非医学需要的选择性别人工终止妊娠"，以及《河南省禁止非医学需要胎儿性别鉴定和选择性别人工中止妊娠条例》中认定，故意堕胎属于违法行为，但其处罚仅仅局限于罚款。

② （宋）宋慈编，杨柳整理：《洗冤集录》卷 2《附小儿尸并胞胎》，《中华医书集成》第 22 册，第 9 页。

③ 《吕氏春秋·贵生》，《百子全书》第 3 册，第 2640—2641 页。

二、《洗冤集录》的法医学成就和中国古代传统科技思想的“缺陷”

1. 《洗冤集录》的法医学思想成就

（1）宋慈的《洗冤集录》虽然不是一部完整的体质人类学专著，但它包含着比较丰富的体质人类学思想因素。体质人类学是研究人类自身体质特征及其形成和发展规律的一门科学，恩格斯指出：人类学（即狭义的人类学或称体质人类学）“是从人和人种的形态学和生理学过渡到历史的桥梁”①。它起源于16世纪，当时德国学者玛格纳斯·亨德在莱比锡刊印了一本名为《人类学——关于人的优点、本质和特性，以及人的成分、部位和要素》的书，对人体解剖学和生理学进行了概括性的研究。1533年，意大利人加里阿佐·卡佩尔写了一本名为《人类学》（或《人类本质论考》）的书，它从人类个体变异的视角来考察人类的发展历史。可见，“人类学”最初的含义主要局限于对人类体质的研究，从这个角度看，早期的人类学实质上就是体质人类学。不过，“体质人类学”（physical anthropology）这一名称直到1871年才由英国人首创。

在中国古代，《黄帝内经》一书记载了不同地域人类的体质特征，骨骼和内脏器官度量等方面的资料，是人类体质学的最初萌芽。到宋代，由于验尸的客观需要，宋慈吸收了当时人体解剖的成果，就人体骨骼、牙齿等，用来分析和鉴别死者的性别、年龄、身高以及体貌特征，开创了法医人类学的历史先河。以牙齿为例，宋慈说：人类个体的牙齿数目因年龄的不同而多少不一，“有二十四，或二十八，或三十二，或三十六”②。根据人类恒牙生长发育的特点，9—14岁：牙齿总数为24颗，即第一磨牙4颗、切牙8颗、双尖牙8颗、尖牙4颗；12—15岁：牙齿总数一般为28颗，即在前一个年龄阶段的基础上，又长出第二磨牙4颗；17—30岁：牙齿总数一般为32颗，即在前一个年龄阶段的基础上，再长出第三磨牙或称“智牙”4颗。此外，有一些特殊群体，牙齿总数为36颗。通过解剖显示，自30岁以后，女性无第三磨牙者较男性为多，经统计，女性约为30.7%，男性约为15.7%。③宋慈从长期的法学实践中，已经初步认识到骨骼在检验工作中的重要性。例如，由人类的颅骨观测，男女之间存在着较大差异。宋慈说：“髑髅骨：男子自顶及耳并脑后共八片，脑后横一缝，当正直下至发际别有一直缝。妇人只六片，脑后横一缝，当正直下无缝。”④在正常情况下，人类的脑颅骨计有不成对的额骨、筛骨、蝶骨、枕骨和成对的顶骨、颞骨，总数为8块。这一点与现代解剖学的观测结果相一致，但他认为“妇人只六片”，则不符合观测结果。同时，宋慈对颅骨顶面外观的特征认识亦不符合观测结果。尽管如此，男女颅骨确实存在着性别差异，这一点则是正确的。如颅骨骨缝愈合男性略早于女性，女性性征较多地保留着幼年形性等。

在法医人类学中，尸体测量是其基本的技术之一。尽管宋慈没有使用“尸体测量”这个术语，但是他在《洗冤集录》里似乎已经意识到了“尸体测点”的问题。当然，宋慈头

---

① 《马克思恩格斯选集》第3卷，北京：人民出版社，2017年，第524页。

② （宋）宋慈编，杨柳整理：《洗冤集录》卷3《验骨》，《中华医书集成》第22册，第12页。

③ 王永贵主编：《中国医学百科全书·解剖学》，上海：上海科学技术出版社，1988年，第17页。

④ （宋）宋慈编，杨柳整理：《洗冤集录》卷3《验骨》，《中华医书集成》第22册，第12页。

脑中的“尸体测点”是通过体表的骨性标志来实现的。

首先，上肢部的体表标志，主要有手骨：包括腕骨、掌骨和指骨的背面。宋慈说：“夫人两手指甲相连者小节，小节之后中节，中节之后者本节。本节之后肢骨之前生掌骨，掌骨上生掌肉，掌肉后可屈曲者腕”①；桡骨：桡骨头、茎突。宋慈说：“腕左起高骨者手外踝，右起高骨者右手踝，二踝相连生者臂骨……三骨相继者肘骨，前可屈曲者曲肘。”②此处之“臂骨”实际上就是我们现在所说的“桡骨”，所谓“腕左起高骨者手外踝”，指的应是桡骨茎突，而“三骨相继者肘骨”之“肘骨”说得比较粗疏和笼统，因为它本身由桡骨头、肱骨小头、半月切迹等构成。尺骨：鹰嘴、尺骨头、茎突。宋慈说：“辅臂骨者髀骨。”③此“髀骨”即为尺骨，其腕“右起高骨者右手踝”，句子不通，既然与“左起高骨者手外踝”相对应，则“右手踝”实为“手内踝”，系指尺骨茎突，因为从解剖上看，尺骨茎突是指尺骨头之后内侧向下的突起。肱骨：肱骨内上髁、外上髁。宋慈说：“曲肘上生者臑骨。”④此“臑骨”指的就是肱骨，而“曲肘”则主要是指肱骨内上髁和外上髁；锁骨：全长；肩胛骨：肩峰、肩胛冈、肩胛下角。宋慈说：“臑骨上生者肩髃，肩髃之前者横髃骨，横髃骨之前者髀骨。”⑤在此，“肩髃”指的是肩峰，“横髃骨”指的是肩胛冈，而“髀骨”则指锁骨。又说：“肩井及左右饭匙骨。”⑥此处之“肩井”应当是指锁骨，“左右饭匙骨”则指肩胛骨。

其次，躯干部的体表标志，主要有胸骨：包括胸骨柄、胸骨体及剑突。宋慈说：“胸前骨三条。心骨一片，嫩，如钱大。”⑦其“胸前骨”是指胸骨，由于宋慈的表述与我们今天的表述不同，他将胸骨的三个部分（即胸骨柄、胸骨体及剑突）主观地分割开来，而不是客观地看成一个不可分割的整体。因为解剖学的观测结果证实，胸骨是一块扁骨，但各自的形态却大不相同，如上部较宽，被称为胸骨柄；胸骨中部呈长方形，被称为胸骨体；胸骨的下端则是一个形状不规则的薄骨片，被称为剑突，而宋慈所说的“心骨”实际上就是指胸骨下端的这个剑突。肋骨：第二至第十二肋骨及第一到第十肋软骨。宋慈说：“左右肋骨：男子各十二条，八条长、四条短。妇女各十四条。”⑧这句话须作两面观：第一，从一般意义上讲，因为不论男女，人体肋骨均为12对，所以宋慈的说法是对了一半，错了一半。第二，在特殊意义上讲，虽然说左右肋骨“妇女各十四条”不对，但“肋的数目可比12对多或少”亦是客观存在的事实，因为“有时肋的前端可出现分叉；邻位肋体之间有时借骨板相连；肋软骨缺如而代之以纤维组织，亦可出现”。⑨椎骨：颈椎、胸椎、腰椎、骶骨及尾骨。宋慈说：“自项至腰共二十四髓骨，上有一大髓骨。”⑩在此，宋慈计算

① （宋）宋慈编，杨柳整理：《洗冤集录》卷3《论沿身骨脉及要害去处》，《中华医书集成》第22册，第13页。
② （宋）宋慈编，杨柳整理：《洗冤集录》卷3《论沿身骨脉及要害去处》，《中华医书集成》第22册，第13页。
③ （宋）宋慈编，杨柳整理：《洗冤集录》卷3《论沿身骨脉及要害去处》，《中华医书集成》第22册，第13页。
④ （宋）宋慈编，杨柳整理：《洗冤集录》卷3《论沿身骨脉及要害去处》，《中华医书集成》第22册，第13页。
⑤ （宋）宋慈编，杨柳整理：《洗冤集录》卷3《论沿身骨脉及要害去处》，《中华医书集成》第22册，第13页。
⑥ （宋）宋慈编，杨柳整理：《洗冤集录》卷3《验骨》，《中华医书集成》第22册，第12页。
⑦ （宋）宋慈编，杨柳整理：《洗冤集录》卷3《验骨》，《中华医书集成》第22册，第12页。
⑧ （宋）宋慈编，杨柳整理：《洗冤集录》卷3《验骨》，《中华医书集成》第22册，第12页。
⑨ 王永贵主编：《中国医学百科全书·解剖学》，第19页。
⑩ （宋）宋慈编，杨柳整理：《洗冤集录》卷3《验骨》，《中华医书集成》第22册，第12页。

椎骨不包括骶骨及尾骨，因为骶骨及尾骨是单独出现的，如“男女腰间各有一骨，大如手掌，有八孔，作四行”①，这“大如手掌”，且“有八孔”的“一骨”即是我们现在所说的“骶骨”，它的形状呈三角，其底朝上，尖朝下，而底的前缘向前突出，是女性骨盆测量的重要标志。又说：“尾蛆骨，若猪腰子，仰在骨节下。”②此“尾蛆骨”即尾骨，因其上大下小，且第1尾椎体的上面是底，接骶骨尖，故宋慈称“仰在骨节下”。

最后，下肢部的体表标志，主要有髂骨：包括髂脊、髂前上棘、髂后上棘、耻骨联合、坐骨结节。宋慈说：“脊骨下横生者髋骨，髋骨两傍者钗骨，钗骨下中者腰门骨。”③根据宋慈对髂骨各个组成部分的叙述，然后结合现代解剖学的结论，此处的“钗骨”应是指髂骨，而“腰门骨”则是指耻骨，其耻骨嵴与耻骨结节都能在皮外扪到。股骨：大转子和髌骨前面。宋慈说：“钗骨上连生者腿骨，腿骨下可屈曲者曲䐐，曲䐐上生者膝盖骨。”④此处之“腿骨”是指股骨，而“曲䐐”就是指“大转子”，它是上外侧的方形隆起。不过，严格地讲，“曲䐐”应指转子窝，即位于大转子尖内面的那个凹陷小窝。“膝盖骨”即“髌骨”，它是一块扁圆略呈三角形的籽骨，底边在上，尖在下，上宽下窄，前面粗糙，此面虽然被股四头肌腱膜所覆盖，但在皮下可以触及。胫骨：胫骨前缘。宋慈说：“膝盖骨下生者胫骨。”⑤可见，胫骨是小腿主要负重的骨。胫骨体呈三棱柱形，其前缘特别锐利，是谓前嵴，它直接位于皮下，由皮肤表面可以摸到。腓骨：腓骨头和外踝。宋慈述：“胫骨傍生者䯒骨。䯒骨下左起高大者两足外踝，右起高大者两足右踝。”⑥在此，“䯒骨”指的是小腿部的腓骨，它位于小腿外侧，分上下端，上端略膨大，称腓骨头，下端膨大下突，是谓外踝。足骨：跗骨、跖骨、趾骨。宋慈说：“胫骨前垂者两足跂骨，跂骨前者足本节，本节前者小节，小节相连者足指甲。”⑦此处之“跂骨”系指跟骨，属于跗骨的一部分，它居于跗骨的后下方，其上方是距骨，距骨前方是足舟骨，足舟骨前接3块楔骨。其“足本节”指的是跖骨，共有5个，其中第Ⅰ跖骨最粗壮，第Ⅴ跖骨底外侧分突向后，成为第Ⅴ跖骨粗隆。⑧宋慈所说的“小节”即指14个趾骨，它们的形态特点是后端为底，拇趾2节，其余四趾为3节。

总之，宋慈对人体体表标志的叙述是建立在宋代解剖实践的基础之上的，因而具有一定的科学性，但这并不等于对他的思想成果全盘肯定，因为任何事物都是一分为二的。实事求是地讲，与现代的解剖学（仅指巨视解剖学而言）相比，南宋的解剖学毕竟还处在初始阶段，有些观察尚显粗糙，甚至有主观臆测的成分，而这些消极的东西在《洗冤集录》里亦有所反映和体现。不过，与《洗冤集录》所取得的体质人类学成就相较，其消极的方面终归是次要的和非主流的。

---

① （宋）宋慈编，杨柳整理：《洗冤集录》卷3《验骨》，《中华医书集成》第22册，第12页。
② （宋）宋慈编，杨柳整理：《洗冤集录》卷3《验骨》，《中华医书集成》第22册，第12页。
③ （宋）宋慈编，杨柳整理：《洗冤集录》卷3《论沿身骨脉及要害去处》，《中华医书集成》第22册，第13页。
④ （宋）宋慈编，杨柳整理：《洗冤集录》卷3《论沿身骨脉及要害去处》，《中华医书集成》第22册，第13页。
⑤ （宋）宋慈编，杨柳整理：《洗冤集录》卷3《论沿身骨脉及要害去处》，《中华医书集成》第22册，第13页。
⑥ （宋）宋慈编，杨柳整理：《洗冤集录》卷3《论沿身骨脉及要害去处》，《中华医书集成》第22册，第13页。
⑦ （宋）宋慈编，杨柳整理：《洗冤集录》卷3《论沿身骨脉及要害去处》，《中华医书集成》第22册，第13页。
⑧ 王永贵主编：《中国医学百科全书・解剖学》，第22页。

（2）从科学认识的角度看，《洗冤集录》“使得检验知识体系化，具备了构成一门‘科学’（就‘体系化知识’这一含义而言）的基本要素”①。如众所知，法医学理论体系的形成需要许多条件，而在诸多条件之中，尤以法医学各分支学科像法医物证、刑事侦察技术、法医病理学、法医毒理学、法医毒物分析、法医临床学等知识的积累与成熟状况为关键。在南宋之前，我国的法医学始终处于经验的累积阶段，正是从这个层面上，宋慈称其撰著《洗冤集录》时“博采近世所传诸书，自《内恕录》以下凡数家，会而粹之，厘而正之，增以己见，总为一编”②。究竟当时“所传诸书”有多少，因史料阙如，我们不得而知，但是有一点可以肯定，那就是宋慈将历代断案的经验与宋代的“求理”思维方式结合起来，并茹其英华，参以己见，因而实现了由感性认识到理性认识的飞跃。

首先，宋慈把前人和同时期见于各种“法家类”书中的各种零散、孤立的感性断狱材料通过由表及里的改造而形成一般的规律性认识。如五代时期成书的《疑狱集》（后宋人有增补），全书共有4卷，辑案79例，其中卷1为23例、卷2为24例、卷3为19例、卷4为13例。又南宋郑克的《折狱龟鉴》共8卷，收录了近400件案例，体例虽然是仿《疑狱集》而成，但内容和篇幅却扩充了很多。不过，就其辑录案例的指导思想看，仍以故事叙述为主，少有经验性的概括和总结。况且，无论是《疑狱集》还是《折狱龟鉴》，抑或是《棠阴比事》，从其案例选编的内容看，涉及法医检验的案例都不多，且既不系统又不规范。以服毒案件为例，如《疑狱集》卷4“范公疑毒”案载：“丞相范纯仁知齐州时，录事参军宋儋年中毒暴卒。公得罪人置于法。初，宋君因会客罢，是夜门下人遽以疾告公，遣家人子弟视其丧事。宋君小殓，口鼻血出，漫污幕帛。公疑其死不以理，果为宠妾与小吏为奸，付有司按治，具伏。因会客，置毒鳖肉中。公曰：‘肉在第几巡？岂有中毒而能终席邪？’命再劾之。宋君果不食鳖肉，同坐客亦然。及客散醉归，置毒酒杯中而杀之。承置毒鳖肉者，觊他日狱变，为逃死之计也。”③此案例亦见于《折狱龟鉴》和《棠阴比事》，它们在记载此案例时，均采用故事体的形式，仅仅注重情节的叙述，而不重视规律性的总结和认识，与此相反，宋慈则不注重情节的叙述，而重视规律性的总结和认识。例如，同样是中毒案例，宋慈的阐释是：

凡服毒死者，尸口眼多开，面紫黯或青色，唇紫黑，手、足指甲俱青黯，口、眼、耳、鼻间有血出。甚者，遍身黑肿，面作青黑色，唇卷发疱，舌缩或裂拆烂肿微出，唇亦烂肿或裂拆，指甲尖黑，腹肚胀作黑色生疱，身或青斑，眼突，口、鼻、眼内出紫黑血，须发浮不堪洗，未死前须吐出恶物或泻下黑血，谷道肿突，或大肠突出。有空腹服毒，惟腹肚青胀，而唇、指甲不青者；亦有食饱后服毒，惟唇、指甲青而腹肚不青者；又有腹脏虚弱老病之人，略服毒而便死，腹肚、口唇、指甲并不青者，却须参以他证。生前中毒而遍身作青黑，多日，皮肉尚有，亦作黑色。若经久，皮肉腐烂见骨，其骨黪黑色。死后将毒药在口内假作中毒，皮肉与骨只作黄白色。凡服毒死或即时发作，或当日早晚；若其药慢，即有一日或二日发。或有翻吐或吐不

① 廖育群：《宋慈与中国古代司法检验体系评说》，《自然科学史研究》1995年第4期。
② （宋）宋慈编，杨柳整理：《洗冤集录·序》，《中华医书集成》第22册，第2页。
③ （五代）和凝：《疑狱集》卷4《范公疑毒》，杨一凡、徐立志主编：《历代判例判牍》第1册，第269—270页。

绝。仍须于衣服上寻余药，及死尸坐处寻药物器皿之类。中蛊毒，遍身上下、头面、胸心并深青黑色，肚胀或口内吐血，或粪门内泻血。鼠莽草毒（江南有之），亦类中蛊，加之唇裂，齿龈青黑色，此毒经一宿一日，方见九窍有血出。食果实、金石药毒者，其尸上下或有一二处赤肿，有类拳手伤痕，或成大片青黑色，爪甲黑，身体肉缝微有血，或腹胀，或泻血。酒毒，腹胀或吐、泻血。砒霜、野葛毒，得一伏时，遍身发小疱，作青黑色，眼睛耸出，舌上生小刺、疱绽出，口唇破裂，两耳胀大，腹肚膨胀，粪门胀绽，十指甲青黑。金蚕蛊毒，死尸瘦劣，遍身黄白色，眼睛塌，口齿露出，上下唇缩，腹肚塌。将银钗验作黄浪色，用皂角水洗不去。一云如是，只身体胀，皮肉似汤火疱起，渐次为脓，舌头、唇、鼻皆破裂，乃是中金蚕蛊毒之状。手脚指甲及身上青黑色，口鼻内多出血，皮肉多裂，舌与粪门皆露出，乃是中药毒、菌蕈毒之状。如因吐泻瘦弱，皮肤微黑不破裂，口内无血与粪门不出，乃是饮酒相反之状。①

在这里，宋慈既有对中毒死亡之一般特点的描写，同时又有对“中虫毒”“食果实、金石药毒”“砒霜、野葛毒”“金蚕蛊毒”“中药毒、菌蕈毒”等特殊毒物导致死亡的情状的分析，且都具有相当的科学性。显然，宋慈对“服毒”的认识较前人的认识更加详尽、深刻和全面，因而他达到了对事物本质和规律的认识，而科学认识的任务归根到底就是把握事物的本质、全体和内部联系。

其次，通过对尸体检验的分类，系统地总结和认识各种刑事致死原因的一般特征。科学发展的实践证明，分类是一种古老而有效的科学研究方法。通常认为，根据对象的共同点和差异点，将客观对象划分为不同种类的方法，是谓分类法，它具体包括现象分类法、本质分类法和聚类分析法。按照人类认识由低级向高级、由现象到本质的发展规律，宋慈的《洗冤集录》尚处于现象分类方法的阶段。所谓现象分类法就是从事物的外部特征或外部联系着眼，在比较的基础上，按观察和研究对象各自的特殊性分成不同的种类。例如，法医检验面临着各种不同的刑事案件，而为了更有针对性，减少盲目性，所以宋慈从纷繁杂乱的刑事现象中，按照刑事犯罪手段的特点，将死亡分为“自缢”“被打勒死假作自缢”“溺死”“验他物及手足伤死”“自刑”“杀伤”“火死”“汤泼死”“服毒”“病死”“针灸死”“受杖死”“跌死”“塌压死”“外物压塞口鼻死”“硬物瘾痁死”“车马踏死”“车轮拶死”、“雷震死”“虎咬死”“蛇虫伤死”“酒食醉饱死”“醉饱后筑踏内损死”“男子作过死”“遗路死”等25类形态，并结合人体的一般生理和病理状况，各述其特点，具有很强的“指导尸体外表检验的法医学”②意义。当然，若依法律的性质来划分，上述死亡现象则又可分为刑事、民事、自然死亡及死于非命四类。其中像“针灸死”相当于今天的医疗事故，没有故意性，属于民事责任范畴，因此，宋慈说：“不应为罪。”③虽然“自缢”“自刑”“酒食醉饱死”的情况比较复杂，既有他人的因素，又有自身的因素，但在大多数情况下，属于民事范畴。而像“雷震死”“虎咬死”“男子作过死”“蛇虫伤死”等则属于横

① （宋）宋慈编，杨柳整理：《洗冤集录》卷4《服毒》，《中华医书集成》第22册，第22—23页。
② 贾静涛：《中国古代法医学史》，北京：群众出版社，1984年，第70页。
③ （宋）宋慈编，杨柳整理：《洗冤集录》卷4《针灸死》，《中华医书集成》第22册，第24页。

死，即死于非命。相反，像“病死”这类死亡案件在某种程度上具有不可抗拒性，在性质上应属于自然死亡。至于像“杀伤”“火死”“汤泼死”“服毒”“受杖死”“跌死”“塌压死”“外物压塞口鼻死”“硬物瘾痁死”“车马踏死”“车轮拶死”“醉饱后筑踏内损死”等，死亡原因不一，情况较为复杂，应具体问题具体分析。如“溺死”一类的死亡，宋慈根据南宋时期的各种“溺死”原因，又进一步分成五种类型：一是“若因病患溺死，则不计水之深浅可以致死，身上别无它故”[①]；二是“若疾病身死，被人抛掉在水内，即口鼻无水沫，肚内无水，不胀，面色微黄，肌肉微瘦”[②]；三是“若因患倒落泥渠内身死者，其尸口眼开，两手微握，身上衣裳并口、鼻、耳、发际并有青泥污者，须脱下衣裳，用水淋洗，酒喷其尸；被泥水淹浸处即肉色微白，肚皮微胀，指甲有泥”[③]；四是“若被人殴打杀死，推在水内，入深则胀，浅则不甚胀。其尸肉色带黄不白，口眼开、两手散，头发宽慢。肚皮不胀，口、眼、耳、鼻无水沥流出，指爪罅缝并无沙泥，两手不拳缩，两脚底不皱白却虚胀。身上有要害致命伤损处，其痕黑色，尸有微瘦。临时看验，若检得身上有损伤处，录其痕迹，虽是投水，亦合押合干人赴官司推究”[④]；五是“诸自投井、被人推入井、自失脚落井，尸首大同小异。皆头目有被砖石磕擦痕，指甲、毛发有沙泥，腹胀，侧覆卧之则口内水出，别无它故，只作落井身死，即投井、推入在其间矣。所谓落井，小异者：推入与自落井则手开、眼微开，腰身间或有钱物之类；自投井则眼合、手握，身间无物。大凡有故入井，须脚直下；若头在下，恐被人赶逼，或它人推送入井。若是失脚，须看失脚处土痕。自投河、被人推入河，若水稍深阔，则无磕擦沙泥等事；若水浅狭，亦与投井、落井无异。大抵水深三、四尺，皆能渰杀人；验之果无它故，只作落水身死。则自投、推入在其间矣。若身有绳索及微有痕损可疑，则宜检作被人谋害置水身死。不过立限捉贼，切勿恤一捕限，而贻罔测之忧”[⑤]。综上，宋慈在分类过程中，注重考察不同死亡原因所形成的特殊形态，从而为尸体检验提供必要的客观依据。宋慈强调“初情莫重于检验”，而他对刑事死亡的仔细分类和现场操作，正是上述思想在法医实践过程中的具体化和定性化，从这个层面上讲，它的科学性是毋庸置疑的。

最后，宋慈通过对刑事死亡现象的比较系统分类，初步确定了法医学作为一门学科的研究对象、方法和内容，从而为中国乃至世界法医学向更高阶段的上升和发展奠定了理论基础。

就学科的性质而言，法医学的研究对象包括人和物两个方面。其中人的方面分为活体检验与尸体检验，所谓“活体检验”主要是应用临床医学的方法（包括望、问、察、听等）对活人的身体进行检查，内容包括损伤检验，性问题检验，诈病、匿病、造作病的检查，亲权鉴定等。在案发现场，有时候被害人由于抢救及时，或可免于一死。为此，宋慈在《洗冤集录》卷5中，单列一节“救死方”，目的在于尽量挽救被害人的生命，最大限

① （宋）宋慈编，杨柳整理：《洗冤集录》卷3《溺死》，《中华医书集成》第22册，第17页。
② （宋）宋慈编，杨柳整理：《洗冤集录》卷3《溺死》，《中华医书集成》第22册，第17页。
③ （宋）宋慈编，杨柳整理：《洗冤集录》卷3《溺死》，《中华医书集成》第22册，第17页。
④ （宋）宋慈编，杨柳整理：《洗冤集录》卷3《溺死》，《中华医书集成》第22册，第17页。
⑤ （宋）宋慈编，杨柳整理：《洗冤集录》卷3《溺死》，《中华医书集成》第22册，第17页。

度地减少死亡率。如宋慈说："中恶客忤卒死，凡卒死或先病及睡卧间忽然而绝，皆是中恶也。用韭黄心于男左女右鼻内，刺入六七寸，令目间血出即活。视上唇内沿，有如粟米粒，以针挑破。又用皂角或生半夏末如大豆许，吹入两鼻。又用羊屎烧烟熏鼻中。又绵浸好酒半盏，手按令汁入鼻中，及提其两手，勿令惊，须臾即活。"①又如："若缢，从早至夜，虽冷亦可救；从夜至早，稍难。若心下温，一日以上犹可救。不得截绳，但款款抱解放卧，令一人踏其两肩，以手拔其发，常令紧。一人微微捻整喉咙，依先以手擦胸上，散动之。一人磨搦臂足屈伸之，若已僵，但渐渐强屈之。又按其腹。如此一饭久，即气从口出，复呼吸，眼开，勿苦劳动。又以少官桂汤及粥饮与之，令润咽喉。更令二人以笔管吹其耳内，若依此救，无有不活者。"②从技术的视角看，上述急救缢死的方法为心肺复苏法，实际上是心脏按摩法和胸外心脏挤压法，它是借人工的力量来帮助心脏跳动，最终达到自主心跳的目的。所谓"尸体检验"则是由法官指派专业人员对非正常死亡的尸体进行尸表检验的一种侦查活动，其目的是确定尸体死亡的原因、致死的手段和方法、判断凶器的种类等，以便于认定案件的性质，并为客观、公正地断狱提供证据。从《洗冤集录》的写作体例看，尸体检验是该书的核心内容，其中对各种尸伤检验区别之论述，尤为精彩。如宋慈在分辨自缢、勒死与死后被假作自缢的不同特征时说："其人已死，气血不行，虽被系缚，其痕不紫赤，有白痕可验。死后系缚者，无血荫，系缚痕虽深入皮，即无青紫赤色，但只是白痕。"③而真自缢者则"用绳索、帛之类系缚处，交至左右耳后，深紫色。眼合、唇开、手握、齿露。缢在喉上，则舌抵齿；喉下，则舌多出。胸前有涎滴沫，臀后有粪出"④，"惟有生勒未死间，即时吊起，诈作自缢，此稍难辨。如迹状可疑，莫若检作勒杀，立限捉贼也"⑤。在今天看来，这些判别真假"自缢"的方法完全符合现代法医学上辨认生前死后伤所依据的"生活反应"原理⑥，它显示了宋慈对观察对象的用心之细，正因如此，他的《洗冤集录》才"代表了中国古代司法检验技术沿着自身轨迹发展，所能达到的顶峰"⑦。物体检验包括人体物质及其他相关物体，其中人体物质是指法医物证如骨片、毛发、血痕及人的分泌物、排泄物等，而其他相关物体则是指垢、尘土、纤维及凶器与衣着等。例如，宋慈说：对于溺死，"口鼻内有水沫，及有些小淡色血污……此是生前溺水之验也"⑧。又如，宋慈在《检覆总说》一篇中说："凡行凶器仗，索之少缓，则奸囚之家藏匿移易，妆成疑狱，可以免死，干系甚重。初受差委，先当急急收索；若早出，官又可参照痕伤大小、阔狭，定验无差。"⑨而为了获取物体证据，宋慈提出了司法检验"贵在审之无失"⑩的思想。在他看来，"验尸失当，

① （宋）宋慈编，杨柳整理：《洗冤集录》卷5《救死方》，《中华医书集成》第22册，第28页。
② （宋）宋慈编，杨柳整理：《洗冤集录》卷5《救死方》，《中华医书集成》第22册，第28页。
③ （宋）宋慈编，杨柳整理：《洗冤集录》卷3《被打勒死假作自缢》，《中华医书集成》第22册，第16页。
④ （宋）宋慈编，杨柳整理：《洗冤集录》卷3《被打勒死假作自缢》，《中华医书集成》第22册，第16页。
⑤ （宋）宋慈编，杨柳整理：《洗冤集录》卷3《被打勒死假作自缢》，《中华医书集成》第22册，第16页。
⑥ 诸葛计：《宋慈及其洗冤集录》，杨奉琨校译：《洗冤集录校译》附录，北京：群众出版社，2006年，第97页。
⑦ 廖育群：《宋慈与中国古代司法检验体系评说》，《自然科学史研究》1995年第4期。
⑧ （宋）宋慈编，杨柳整理：《洗冤集录》卷3《溺死》，《中华医书集成》第22册，第17页。
⑨ （宋）宋慈编，杨柳整理：《洗冤集录》卷1《检覆总说上》，《中华医书集成》第22册，第3页。
⑩ （宋）宋慈编，杨柳整理：《洗冤集录》卷4《验他物及手足伤死》，《中华医书集成》第22册，第19页。

致罪非轻”[①]。这是因为验尸的每一个细节，都可能对判断案件的性质起着至关重要的作用，不能马虎，所以，宋慈把他在整个办案过程中“不敢萌一毫慢易心”作为一条极其宝贵的司法检验原则，写入《洗冤集录》序言之中。

至于司法检验法，除了那些常规方法外，宋慈还主要介绍了以下几种特殊的方法：①银钗或铜钗探毒。宋慈说：“凡检验毒死尸，间有服毒已久，蕴积在内，试验不出者，须先以银或铜钗探入死人喉，讫，却用热糟醋自下盦洗，渐渐向上，须令气透，其毒气熏蒸，黑色始现。如便将热糟醋自上而下，则其毒气逼热气向下，不复可见。或就粪门上试探，则用糟醋当反是。”[②]由于古代的化工生产技术比较落后，砒霜的提炼不纯，里面都伴有少量的硫和硫化物。所以，此处所说的毒是指砒霜，化学分子式是三氧化二砷，而在通常条件下，银与硫反应会变成黑色的硫化银，且这种化学变化可以在极微量的情况下发生，其反应式为：2Ag+S=Ag2S。②用明油伞检验尸骨伤痕。宋慈说：“将红油伞遮尸骨验。若骨上有被打处，即有红色路，微荫；骨断处，其接续两头各有血晕色；再以有痕骨照日看，红活，乃是生前被打分明。骨上若无血荫，踪有损折，乃死后痕。”[③]尸骨为不透明物体，它对阳光是有选择地反射的。当光线通过红油伞时，其中影响观察的部分光线被吸收了，所以容易看出伤痕。③原始的血清检验法。滴骨认亲是古代法医检验的独特方法，据《南史》载：“孙法宗一名宗之，吴兴人也。父随孙恩入海澨被害，尸骸不收，母兄并饿死。法宗年小流迸，至十六方得还。单身勤苦，霜行草宿，营办棺椁，造立冢墓，葬送母兄，俭而有礼。以父尸不测，入海寻求。闻世间论是至亲以血沥骨当悉渍浸，乃操刀沿海见枯骸则刻肉灌血，如此十余年，臂胫无完皮，血脉枯竭，终不能逢。”[④]在今天看来，滴骨认亲并不科学，但对于没有更加先进的检测手段和技术的古代社会而言，滴骨认亲不失为一种令多数人信服的方法。故宋慈说：“检滴骨亲法，谓如：某甲是父或母，有骸骨在，某乙来认亲生男或女何以验之？试令某乙就身刺一两点血，滴骸骨上，是的亲生，则血沁入骨内，否则不入。俗云‘滴骨亲’，盖谓此也。”[⑤]这里，同样是“滴骨验亲”，前揭孙法宗的方法与宋慈所采用的方法，不尽相同。其中孙法宗所用的骨为陈尸枯骨，在当时的历史条件下，此法肯定是毫无结果，但宋慈所检验的尸骨当是发案时间不长的较为新鲜的尸骨，故其检出的效果比较明显，至于可靠不可靠那是另外一个问题。从这个角度讲，宋慈将这种手段用于法医检验，在当时具有一定的创新性和先进性，因为科学本身也是历史的和发展的。换言之，就亲子鉴定来说，今天的分子生物学检验技术亦是从古代的滴骨认亲或滴血认亲方法逐步发展而来的。所以，“现代有些法医学家仍认为，‘滴血法’是现代亲权鉴定血清学的先声”[⑥]。④洗罨法。为了增强法医验尸的科学性和公正性，还事实以真相，宋慈特别强调“洗罨”这项基础工作对于法医验尸的重要性。他说：

---

① （宋）宋慈编，杨柳整理：《洗冤集录》卷5《验状说》，《中华医书集成》第22册，第29页。

② （宋）宋慈编，杨柳整理：《洗冤集录》卷4《服毒》，《中华医书集成》第22册，第23页。

③ （宋）宋慈编，杨柳整理：《洗冤集录》卷3《论沿身骨脉及要害去处》，《中华医书集成》第22册，第13页。

④ （唐）李延寿撰，周国林等校点：《南史》卷73《孙法宗传》，长沙：岳麓书社，1998年，第1044页。

⑤ （宋）宋慈编，杨柳整理：《洗冤集录》卷3《论沿身骨脉及要害去处》，《中华医书集成》第22册，第13页。

⑥ 诸葛计：《宋慈及其洗冤集录》，杨奉琨校译：《洗冤集录校译》附录，北京：群众出版社，2006年，第99—100页。

“验尸并骨伤损处，痕迹未见，用糟醋泼罨尸首。”①其法：“舁尸于平稳、光明地上，先干检一遍，用水冲洗。次挼皂角洗涤尸垢腻，又以水冲荡洁净（洗时下用门扇、簟席衬，不惹尘土）。洗了，如法用糟醋拥罨尸首，仍以死人衣物尽盖，用煮醋淋，又以荐席罨一时久。候尸体透软，即去盖物，以水冲去糟醋，方验。不得信行人说，只将酒醋泼过，痕损不出。”②当然，由于季节不同，洗罨的方法亦有变换。如“初春与冬月，宜热煮醋及炒糟令热。仲春与残秋宜微热。夏秋之内，糟醋微热，以天气炎热，恐伤皮肉。秋将深，则用热，尸左右手、肋相去三、四尺，加火熁，以气候差凉。冬雪寒凛，尸首僵冻，糟醋虽极热，被衣重叠，拥罨亦不得尸体透软。当掘坑，长阔于尸，深三尺，取炭及木柴遍铺坑内，以火烧令通红。多以醋沃之，气勃勃然，方连拥罨法物衬簟，舁尸置于坑内。仍用衣被覆盖，再用热醋淋遍。坑两边相去二、三尺，复以火烘。约透，去火，移尸出验。冬残春初，不必掘坑，只用火烘两边，看节候详度”③。

就《洗冤集录》所揭示的各种检验方法看，法医学的主要内容有：

（1）研究他杀、自杀、他杀伪装自杀的特点和规律。例如，“凡被人杀伤死者，其尸口眼开，头髻宽或乱，两手微握，所被伤处要害分数较大，皮肉多卷凸。若透膜，肠脏必出”④。又如，“凡自割喉下死者，其尸口眼合，两手拳握，臂曲而缩（死人用手把定刃物，似作力势，其手自然拳握），肉色黄，头髻紧”⑤。再有，“自缢、被人勒杀或算杀假作自缢，甚易辨。真自缢者，用绳索、帛之类系缚处，交至左右耳后，深紫色。眼合、唇开、手握、齿露。缢在喉上，则舌抵齿；喉下，则舌多出。胸前有涎滴沫，臀后有粪出。若被人打勒杀，假作自缢，则口眼开、手散、发慢。喉下血脉不行，痕迹浅淡。舌不出，亦不抵齿。项上肉有指爪痕，身上别有致命伤损去处”⑥。

（2）研究机械性死亡的分类、征象、后果及鉴别和检验方法，如机械性死亡分自缢、勒死、溺死、外物压塞口鼻死等。其中对于缢死征象，以“索沟”为标识，宋慈作了非常准确而详尽的阐释：“喉下痕紫赤色或黑淤色，直至左、右耳后发际，横长九寸以上至一尺以来（一云丈夫合一尺一寸妇人合一尺）。脚虚则喉下勒深，实则浅。人肥则勒深，瘦则浅；用细紧麻绳、草索，在高处自缢悬头顿身致死，则痕迹深；若用全幅勒帛及白练项帕等物，又在低处，则痕迹浅。低处自缢，身多卧于下，或侧或覆。侧卧，其痕斜起，横喉下；覆卧，其痕正起，在喉下，起于耳边，多不至脑后发际下。”⑦

（3）研究高温（如烧死、烫死等）和电流（如雷击）所致死亡的特点、征象及鉴别方法。例如，对于生前烧死和死后焚烧的区别，仅从征象上看，宋慈说：“凡生前被火烧死者，其尸口鼻内有烟灰，两手脚皆拳缩（缘其人未死前被火逼奔争，口开气脉往来，故呼

---

① （宋）宋慈编，杨柳整理：《洗冤集录》卷2《验尸》，《中华医书集成》第22册，第8页。
② （宋）宋慈编，杨柳整理：《洗冤集录》卷2《洗罨》，《中华医书集成》第22册，第10页。
③ （宋）宋慈编，杨柳整理：《洗冤集录》卷2《洗罨》，《中华医书集成》第22册，第10页。
④ （宋）宋慈编，杨柳整理：《洗冤集录》卷4《杀伤》，《中华医书集成》第22册，第20页。
⑤ （宋）宋慈编，杨柳整理：《洗冤集录》卷4《自刑》，《中华医书集成》第22册，第19页。
⑥ （宋）宋慈编，杨柳整理：《洗冤集录》卷3《被打勒死假作自缢》，《中华医书集成》第22册，第16页。
⑦ （宋）宋慈编，杨柳整理：《洗冤集录》卷3《自缢》，《中华医书集成》第22册，第14—15页。

吸烟灰入口鼻内)。若死后烧者，其人虽手足拳缩，口内即无烟灰。”①

(4)研究不同毒物中毒死亡的特点与急救解毒的方法。例如，“中蛊毒，遍身上下、头面、胸心并深青黑色，肚胀或口内吐血，或粪门内泻血。鼠莽草毒(江南有之)，亦类中蛊，加之唇裂，齿龈青黑色，此毒经一宿一日，方见九窍有血出。食果实、金石药毒者，其尸上下或有一二处赤肿，有类拳手伤痕，或成大片青黑色，爪甲黑，身体肉缝微有血，或腹胀，或泻血。酒毒，腹胀或吐、泻血。砒霜、野葛毒，得一伏时，遍身发小疱，作青黑色，眼睛耸出，舌上生小刺、疱绽出，口唇破裂，两耳胀大，腹肚膨胀，粪门胀绽，十指甲青黑”②。

(5)研究昆虫与尸体检验之间的内在联系。经黄瑞亭等人统计③，《洗冤集录》一书涉及昆虫学知识的内容共15处，具体言之，则涉及利用苍蝇生活习性检案的3处，利用蛆虫生长发育推断死亡时间的2处，蛆虫破坏尸体与验尸关系的5处，用蛆虫命名人体解剖学骨名的1处，服用有毒昆虫中毒症状的2处，有毒腺昆虫螫人致伤亡的1处，人死后昆虫对尸体破坏的1处。例如，“金蚕蛊毒，死尸瘦劣，遍身黄白色，眼睛塌，口齿露出，上下唇缩，腹肚塌。将银钗验作黄浪色，用皂角水洗不去。一云如是，只身体胀，皮肉似汤火疱起，渐次为脓，舌头、唇、鼻皆破裂，乃是中金蚕蛊毒之状”④。按照宋人蔡绦的说法：“金蚕毒始蜀中，近及湖、广、闽、粤寖多。”⑤经考证，古人所说的“金蚕蛊物”实际上是指隐翅虫科、芫菁科、棒角甲科和拟天牛科四类甲虫，因为“这些甲虫不少在幼虫为蛆形，成虫有一对带有金属光泽的坚硬被甲——翅，翅上有多种花纹，与古人说的‘金蚕’相吻合”⑥。而在宋代，遭金蚕毒的案件时有发生，如“福清县有讼遭金蚕毒者，县官治求不得踪。或献谋取两刺猬入捕，必获矣。盖金蚕畏猬，猬入其家，金蚕则不敢动。虽匿榻下墙罅，果为两猬擒出之，亦可骇也”⑦。因此，宋代不得不严厉打击造蛊毒者，如绍兴十九年(1149)“二月丁丑，禁湖北溪洞用人祭鬼及造蛊毒，犯者保甲同坐”⑧。“造畜蛊毒，知而不告，依律伍保法。”⑨可见，宋慈对“服毒”死亡所说的种种检验方法，无疑为南宋政府整治和剪除南方民间流行的蛊毒犯罪提供了有力的技术保证。从这个意义上说，“《洗冤集录》这部古代系统法医学著作创立了应用昆虫学知识检案的法医学分支学科——法医昆虫学”⑩。

2. 由《洗冤集录》的不足看中国古代传统科技思想的“缺陷”

《洗冤集录》除了上面所讲的思想成就外，我们还应当看到它本身固有的历史局限

① (宋)宋慈编，杨柳整理：《洗冤集录》卷4《火死》，《中华医书集成》第22册，第21页。
② (宋)宋慈编，杨柳整理：《洗冤集录》卷4《服毒》，《中华医书集成》第22册，第22页。
③ 黄瑞亭、胡丙杰、陈玉川：《宋慈〈洗冤集录〉与法医昆虫学》，《法律与医学杂志》2000年第1期。
④ (宋)宋慈编，杨柳整理：《洗冤集录》卷4《服毒》，《中华医书集成》第22册，第23页。
⑤ (宋)蔡绦撰，冯惠民、沈锡麟点校：《铁围山丛谈》卷6，北京：中华书局，1997年，第104页。
⑥ 黄瑞亭、胡丙杰、陈玉川：《宋慈〈洗冤集录〉与法医昆虫学》，《法律与医学杂志》2000年第1期。
⑦ (宋)蔡绦撰，冯惠民、沈锡麟点校：《铁围山丛谈》卷6，第104页。
⑧ 《宋史》卷30《高宗本纪七》，第569页。
⑨ 《宋史》卷192《兵志六》，第4767页。
⑩ 黄瑞亭、胡丙杰、陈玉川：《宋慈〈洗冤集录〉与法医昆虫学》，《法律与医学杂志》2000年第1期。

性。譬如，宋慈说："人有三百六十五节，按一年三百六十五日。"[①]很显然，这种思想认识是不符合实际的，因而是错误的。但是，自《内经》以来，上述观念已经成为一种主导中医学发展的思维范式了。学术界有一种观点认为，天人合一观"是中国古代文化最古老最有贡献的一种主张"[②]，甚至更有学者主张解决当代全球性的环境问题必须以"东方的天人合一的思想"[③]为其指导思想。且不说中国古代的文化思想能否用来解决当今的社会现实问题，即使退一步讲，仅用"一分为二"的矛盾观点看，"天人合一"本身也是需要辩证地去分析，辩证地去认识的。综观中国古代的思想文化，天人合一观确实占据着封建意识形态的主流地位，应当承认，它是与中国古代封建专制的政治体制紧密联系在一起的。在漫长的封建社会发展历史过程中，人们赋予"天人合一"思想以各种各样的表现形式，它在稳定社会秩序方面的确起到了积极的作用。但是，由于"天人合一"思想不断向古代社会生活的各个角落蔓延和渗透，因而它逐渐地就转变成了人们认识问题的一种思维模式。就《内经》来说，"天人合一"思想的具体表现是"天人相应"。《灵枢经》卷10《邪客》载：

> 天圆地方，人头圆足方以应之，天有日月，人有两目；地有九洲，人有九窍，天有风雨，人有喜怒；天有雷电，人有音声；天有四时，人有四肢；天有五音，人有五脏；天有六律，人有六腑；天有冬夏，人有寒热；天有十日，人有手十指；辰有十二，人有足十指，茎垂以应之，女子不足二节，以抱人形；天有阴阳，人有夫妻；岁有三百六十五日，人有三百六十节；地有高山，人有肩膝；地有深谷，人有腋腘；地有十二经水，人有十二经脉；地有泉脉，人有卫气；地有草蓂，人有毫毛；天有昼夜，人有卧起；天有列星，人有牙齿；地有小山，人有小节；地有山石，人有高骨；地有林木，人有募筋；地有聚邑，人有䐃肉；岁有十二月，人有十二节；地有四时不生草，人有无子。此人与天地相应者也。[④]

关于《内经》天人合一思维方式的优点，学界已经谈论得很多了，本书不再赘论。我们在此想要说明的是天人合一思维方式本身所存在着的历史局限性问题。吾淳先生在谈到《内经》科学方法的缺陷时，将"臆想性"看作是其中的重要缺陷之一。[⑤]而这个缺陷在《洗冤集录》里表现得尤为明显。如"左右肋骨……妇人各十四条"[⑥]；"男子骨白，妇人骨黑"[⑦]；"髑髅骨……蔡州人有九片"[⑧]；妇人无"捭骨"[⑨]；"胸前骨三条"[⑩]，等等。对此，清人许梿经过反复观察比较之后认为，以上说法，均缺少实证依据，不足为信。他

① （宋）宋慈编，杨柳整理：《洗冤集录》卷3《验骨》，《中华医书集成》第22册，第12页。
② 钱穆：《中国文化对人类未来可有的贡献》，《中国文化》1991年第1期。
③ 季羡林：《我的人生感悟》，北京：当代中国出版社，2006年，第414页。
④ 《黄帝内经灵枢经》卷10《邪客》，陈振相、宋贵美编：《中医十大经典全录》，第252—253页。
⑤ 吾淳：《古代中国科学范型》，北京：中华书局，2002年，第285—286页。
⑥ （宋）宋慈编，杨柳整理：《洗冤集录》卷3《验骨》，《中华医书集成》第22册，第12页。
⑦ （宋）宋慈编，杨柳整理：《洗冤集录》卷3《验骨》，《中华医书集成》第22册，第12页。
⑧ （宋）宋慈编，杨柳整理：《洗冤集录》卷3《验骨》，《中华医书集成》第22册，第12页。
⑨ （宋）宋慈编，杨柳整理：《洗冤集录》卷3《验骨》，《中华医书集成》第22册，第12页。
⑩ （宋）宋慈编，杨柳整理：《洗冤集录》卷3《验骨》，《中华医书集成》第22册，第12页。

说："余历次会检男女各骨，悉心比较，始知旧说之谬。"[①]又如："若真自缢，开掘所缢脚下穴三尺以来，究得火炭，方是。"[②]无论从理论还是实践来讲，"火炭"与"自缢"之间根本就不存在任何因果联系，怎能将"脚下穴"有无"火炭"作为判断真假自缢的客观标准呢？由此可见，宋慈受到传统天人合一观念的影响，在断狱的标准方面还不免带有很大的臆想性和主观性。

当常识作为一种客观依据被引入司法检验的过程中之后，往往使某些个体裁判者，毫不怀疑地把很多错误的东西当作是正确的东西。例如，宋慈在《洗冤集录》里存在着一种明显的思想倾向，那就是迷信常识，而迷信常识的结果则久而久之便形成了我们通常所讲的常识思维定势。在一般的意义上讲，作为"真理"的常识是有条件的和相对的，如果把一般的常识当作绝对真理，就必然导致错误的结论。以《洗冤集录》为例，形成常识的原因主要有：

第一，被尊奉为经典著述中的观点和思想。如《周易》《内经》《难经》《中藏经》等，前揭《内经》所言"岁有三百六十五日，人有三百六十（五）节"，即是一例。这种认识直至西方近代科学传入中国之前，始终没有得出正确的结论，尽管清朝已有人对此提出批评，如姚德豫在 1831 年所编撰的《洗冤录解》一书中指出：人体骨骼"共一百五十五节，故历历可数也，其无定者腕骨肢骨，多者亦不过二十节，即加以后天所生之齿牙，亦安得三百六十五节乎"[③]。除此之外，宋慈还说："尾蛆骨，若猪腰子，仰在骨节下。男子者，其缀脊处凹，两边皆有尖瓣，如棱角，周布九窍。妇人者，其缀脊处平直，周布六窍。"[④]在这里，宋慈试图从尾骨的形态特点来说明男女之间的区别，可惜弄巧成拙，不仅没有达到预期的目的，反而搞出了笑话。但是，我们必须承认，宋慈肯定是有所本的，因为像他那样持论"谨之至也"的儒者，绝对不会无中生有，信口开河。正如他自己所说"博采近世所传诸书，自《内恕录》以下凡数家"[⑤]，只是因《内恕录》早已失传，究竟宋慈的说法具体采自哪部书，我们今天已经无从查考了。又宋慈引《五藏神论》的话说："怀胎一月如白露，二月如桃花；三月男女分；四月形像具；五月筋骨成；六月毛发生；七月动右手，是男，于母左；八月动左手，是女，于母右；九月三转身，十月满足。"[⑥]经现代人体胚胎学的研究证实，胎动不分男女，都是随意运动，并没有固定规律。然而，由于古人是用"阴阳范式"来认识人类的性别差异的，因此，凡讲到男女问题，不管是否符合实际，都要搞出一些不同的花样来，以显示"男女有别"之现象的普遍性和恒定性。尤其明显的是，宋慈认为"男子骨白，妇人骨黑"[⑦]，这完全是一种常识性的错误，其实，男女尸骨究竟有没有黑白之别，对于宋慈而言，作出符合客观实际的鉴别并不难。因为即

---

① （宋）宋慈著，杨奉琨校译：《洗冤集录校译》，第 45 页。

② （宋）宋慈编，杨柳整理：《洗冤集录》卷 3《自缢》，《中华医书集成》第 22 册，第 15 页。

③ （清）姚德豫：《洗冤录解》，杨一凡主编：《历代珍稀司法文献》第 10 册，北京：社会科学文献出版社，2012 年，第 594 页。

④ （宋）宋慈编，杨柳整理：《洗冤集录》卷 3《验骨》，《中华医书集成》第 22 册，第 12—13 页。

⑤ （宋）宋慈编，杨柳整理：《洗冤集录・序》，《中华医书集成》第 22 册，第 2 页。

⑥ （宋）宋慈编，杨柳整理：《洗冤集录》卷 2《小儿尸并胞胎》，《中华医书集成》第 22 册，第 9 页。

⑦ （宋）宋慈编，杨柳整理：《洗冤集录》卷 3《验骨》，《中华医书集成》第 22 册，第 12 页。

使他不亲自掘地验骨，只要询问一下验骨的吏人和仵作也能明白。那么，宋慈为什么非要把这件很容易判别清楚的事情说得一塌糊涂呢？前圣的“阴阳思维定势”使然。

将阴阳之道推而广之到社会生活的各个方面，尤其是用来区别男女，大概始自汉晋时期，如董仲舒说：“丈夫虽贱皆为阳，妇人虽贵皆为阴。”[①]另《针灸甲乙经》卷5已经出现了“男阳女阴”这个词，但那主要是为了针灸施治的需要，并无性别歧视之义。然而，当宋人用“男阳女阴”的概念来关照社会分工的时候，那“男阳女阴”就含有一定的性别歧视因素了。如司马光说：“凡为宫室，必辨内外。深宫固门，内外不共井，不共浴室，不共厕。男治外事，女治内事，男子昼无故不处私室，妇人无故不窥中门。男子夜行以烛。妇人有故出中门，必拥蔽其面（如盖头、面帽之类）。男仆非有缮修及有大故（大故谓水火盗贼之类），不入中门。入中门，妇人必避之；不可避，亦必以袖遮其面。女仆无故不出中门（盖小婢亦然），有故出中门，亦必拥蔽其面。铃下苍头，但主通内外之言传，致内外之物，毋得辄升堂室、入庖厨。”[②]虽然司马光的思想脱胎于《礼记·内则》，但他的严苛程度远远超过了《礼记·内则》。因此，有学者称：“对宋人而言，所谓妇德主内，妇人无外事，不单只是社会分工的现象，而且带有道德价值判断的意义。”[③]正是在这样的社会观念之下，“男阳女阴”这个词才多见于宋人的著述里，如陈瓘的《了斋易说》、杨简的《杨氏易传》、冯椅的《厚斋易学》、王宗传的《童溪易传》，等等。不仅如此，宋人除了强调男女的第二性征之别外，还试图从人体的生理结构方面推演和夸大男女之间的生理差异，以此来凸显古代圣贤之别男女的明见。如宋慈说：“生前溺水尸首，男仆卧，女仰卧。”[④]此论应当不是宋慈的发明，但不管怎样，这个观点毕竟被打上了“阴阳思维定势”[⑤]的烙印。

第二，长期以来形成的直观感觉和主观经验。如宋慈说：“验是与不是处女。令坐婆以所剪甲指头入阴门内，有黯血出是，无即非。”[⑥]在一般情况下，从形态上来判别处女与非处女应看子宫口的形状，因为未产妇的子宫口为圆形或椭圆形，分娩后则变成横裂口。[⑦]事实上，清人王又槐等早已发现了从“阴门内有无黯血”来判别处女与非处女的方法是不可靠的。他们在《重刊补注洗冤录集证》一书中指出：“何南固始县处女田二姑尸身，令稳婆试，无黯血。以为被奸已成。据老练仵作供称，人死则血寂，安得有黯血？《洗冤》所称，原不甚确。惟探以指头，处女窍尖，妇人窍圆，较为的确。”[⑧]

又如：“有孕妇人被杀，或因产子不下身死，尸经埋地窖，至检时，却有死孩儿。推详其故，盖尸埋顿地窖，因地水火风吹死人，尸首胀满，骨节缝开，故逐出腹内胎孕。孩子亦有脐带之类，皆在尸脚下。产门有血水、恶物流出。”[⑨]元人王与在其所撰《无冤录》

---

① （汉）董仲舒：《春秋繁露》卷11《阳尊阴卑》，上海：上海古籍出版社，1989年，第66页。

② （宋）司马光：《司马氏居家杂仪》，费成康主编：《中国的家法族规》附录，上海：上海社会科学院出版社，1998年，第240页。

③ 刘静贞：《女无外事？——墓志碑铭中所见之北宋士大夫社会秩序理念》，《妇女和两性学刊》1993年第4辑。

④ （宋）宋慈编，杨柳整理：《洗冤集录》卷3《溺死》，《中华医书集成》第22册，第17页。

⑤ 王琳：《试论中国传统科学精神的缺陷——〈洗冤集录〉引起的反思》，《科学技术与辩证法》2000年第2期。

⑥ （宋）宋慈编，杨柳整理：《洗冤集录》卷2《妇人》，《中华医书集成》第22册，第9页。

⑦ 邱树华主编：《正常人体解剖学》，上海：上海科学技术出版社，1986年，第119页。

⑧ （宋）宋慈著，杨奉琨校译：《洗冤集录校译》，第33—34页。

⑨ （宋）宋慈编，杨柳整理：《洗冤集录》卷2《妇人》，《中华医书集成》第22册，第9页。

中看到了与宋慈所说的不同情形："予昔任盐官，案牍至治三年春复验崇德州石门乡孕妇沈观女死尸，当元殡殓入棺，怀胎在腹，众证明白。后因房亲发觉，开棺初检，则死胎已出在母裩袴中。虽已从实检复，每思与《洗冤录》抵捂，未能寤疑。是岁之夏，予又于盐官检一孕妇落水尸。初检，所怀胎孕亦在母腹中，复检之后，亲属领尸未殡，胎亦自出。自二死胎并未经埋地窖，俱各出离母腹，乃《洗冤录》议论有所未及者。"[①]这说明宋慈的认识不科学，并带有一定的主观片面性。从历史上看，我国古人很早就注意到了孕妇死亡与胎儿存活之间的关系问题，如《路史后纪》注引《启筮》云："鲧死，三岁不腐，剖之以吴刀，化为黄龙也。"[②]在此，这个传说虽然夸张，但却是对现实生活的客观反映。无独有偶，据有关媒体报道：一个600年前被积雪掩埋的孕妇，她体内的胎儿竟成功地接生下来，活了72小时，创造了医学史上的奇迹。[③]依生理学和组织胚胎学的知识，胎儿主要依靠着床于子宫的胎盘和脐带从母体中吸收营养来生长发育，所以在这样的生理状态下，即使母体死亡，子宫内的婴儿在特定的时间内也能够依靠胎盘里的营养物质而存活下来。可见，死亡孕妇体内的婴儿之所以还能出生，关键在于胎盘而不在于"地水火风吹"。又"虎咬人，月初咬头项，月中咬腹背，月尽咬两脚，猫儿咬鼠亦然"[④]。"虎咬伤人，多不经见，未敢置喙，惟闽广多有之。据云，虎之食人，及一切畜类，一日食一斤，以日而加，亦以日而减，如月系大尽，则食三十斤，小尽，止于二十九斤，确乎不易。此亦野人之谈如此，未知果否？若所云其食以舌，则确有可凭。先文通公任八闽时，有得虎而献者，剖其腹，毛皆向内如卷，详而推之，则以舌舐餍之语不诬。若相传虎伥之说，似不可信，但据一切野人云：'凡为虎食者，绝无寸衣。'更云：'有旁伺而见者，实乃自解其衣，然后跪伺，以听其食。'其亦天之所谴，如雷击者然，第以解手于虎耶？"[⑤]

直观感觉是人类认识的初级阶段，一般而言，凡是客观对象直接作用于人的感觉器官所产生的印象，即为直观感觉，它具有直接性和现实性的特点。据此，中医学获得了巨大的成功，如经络学说、藏象学说等，都是一种直观的认识。但在生活实践中，人的直观感觉往往会产生错觉，如太阳东升西落，使古人产生了"太阳围绕地球旋转"的错觉。又比如，人们通过对燃烧过程的直观感觉，产生了"燃素说"的错觉。以此来反思中医学的"经络学说"，就其内容来说，它里面亦包含有属于错觉的东西。虽然这样，但我们应透过现象看本质，正如黄龙祥先生所评说得那样："经络学说的科学价值在于其中揭示的人体体表与体表、体表与内脏之间特定联系的规律，而不在于古人对于这些规律所作的直观的（现在看来是错误的）解释。"[⑥]黄先生的话没有错，我们今人确实应该用"两点论"的观点来看待中医学的发展历史。因为只有那样，我们才能给中医学以客观和公正的评价。

承认中医是科学，绝不等于对其错误的东西就可以视而不见了。比如，《洗冤集录》

① （元）王与：《无冤录·妇人怀孕死尸》，（清）沈家本编：《枕碧楼丛书》，第237—238页。

② （晋）郭璞注，（清）毕沅校：《山海经》卷18《海内经》，上海：上海古籍出版社，1989年，第120页。

③ 《600年怀孕古尸产下婴儿》，《郑州晚报》2007年10月12日；《重庆晚报》2007年10月9日；《焦作日报晚报》2007年10月9日，等。

④ （宋）宋慈编，杨柳整理：《洗冤集录》卷5《虎咬死》，《中华医书集成》第22册，第26页。

⑤ （清）王明德撰，何勤华等点校：《读律佩觿》卷8《辨虎咬伤》，北京：法律出版社，2001年，第375页。

⑥ 黄龙祥：《"经络学说"究竟说什么？》，《中国中医药报》2000年6月28日。

里包含着一些非客观性的糟粕，像“滴骨亲法”“无凭检验”等，从现代法医学的视角看，都是应当抛弃的。所以，有人说：“这种断案技术带有很大的主观性及个人的经验成分，缺乏客观性与实质化的把握，其施行的过程中必须借助于官员个人的多年经验及智慧的积累，否则很难收到预期效果”，因而“科学技术的局限性是传统社会司法审判中出现冤案的一个重要原因”。①

第三，为历史条件所局限，宋慈将一些不健康的风俗习惯和民间巫术植入到法医检验这一实证科学技术领域之中，因此，在某些专业性的知识领域，宋慈不可避免地把科学与伪科学混为一谈。譬如，宋慈说：“检骨须是晴明。先以水净洗骨，用麻穿定形骸次第，以簟子盛定。却锄开地窖一穴，长五尺、阔三尺、深二尺。多以柴炭烧煅，以地红为度。除去火，却以好酒二升，酸醋五升泼地窖内。乘热气扛骨入穴内，以藁荐遮定，蒸骨一两时。候地冷，取去荐，扛出骨殖。向平明处，将红油伞遮尸骨验。”②其中“将红油伞遮尸骨验”固然有科学性的一面，但是前期的“掘地蒸骨”从总体来看其操作过程是违背科学原理的。因为使用“酸醋”和“酒”的作用无非是对尸骨进行洁净和消毒，大可不必造此声势和故弄玄虚。况且“蒸骨验尸”早在《梦溪笔谈》中就有记载：“太常博士李处厚知庐州慎县，尝有（欧）[殴]人死者，处厚往验伤，以糟胾灰汤之类薄之，都无伤迹，有一老父求见曰：‘邑之老书（史）[吏]也，知验伤不见其迹，此易辨也：以新赤油伞日中覆之，以水沃其尸，其迹必见。’处厚如其言，伤迹宛然。自此江淮之间官司往往用此法。”③与沈括的记载相比较，宋慈显然在“红光验尸”的过程中增添了“巫术”的成分，关于这一点，庄洁明先生在中央电视台录制的《历程》节目中已经说明④，我们毋需再论。又如：“魇死，不得用灯火照，不得近前，急唤多杀人。但痛咬其足跟及足拇指畔，及唾其面，必活。魇不省者，移动些小卧处，徐徐唤之即省。夜间魇者，原有灯即存，原无灯切不可用灯照。”⑤由于“魇死”多为鬼魔魂魄所为，故在巫术盛行的南宋格外受人重视，如初刊于宝庆二年（1226）的《备急灸法》载：“凡夜魇者，皆本人平时神气不全，卧则神不守舍，魂魄外游，或为强邪恶鬼所执，欲还未得，身如死尸。切忌火照，火照则魂魄不能归体。只宜暗中呼唤，其有灯光而魇者，其魂魄虽由明出，亦忌火照，但令人痛啮其踵及足大指甲侧即活。”⑥又如：“董小七，临川人，因避荒流落淮右，为海陵陈氏操舟。常独宿其中，天气盛寒，董糊室罅隙，置熅火，饮村醪一杯而就寝。热甚，气不宣泄，遂闷绝，傍无知者，乃见梦于陈曰：‘将闷死于船仓，急救尚可活。’陈觉以语妻，妻曰：‘彼既云未死，如何解讬梦，不足信也。’于是复睡，梦如前而加苦切曰：‘主人若来迟，定应不救。如肯来，乞勿张皇，仍勿用灯烛照见，魂魄遇之，必逝去不还，更须先屏炉火，俟某少醒，徐扶起则可。’陈惊寤，遂出，唤仆视之。既登舟，董如魇死之状，口

① 邓建鹏：《健讼与贱讼：两宋以降民事诉讼中的矛盾》，《中外法学》2003年第6期。

② （宋）宋慈编，杨柳整理：《洗冤集录》卷3《论沿身骨脉及要害去处》，《中华医书集成》第22册，第13页。

③ （宋）沈括著，侯真平校点：《梦溪笔谈》卷11《官政一》，第99页。

④ 《揭秘〈大宋提刑官〉——宋慈判案（上）》，中央电视台《历程》，2005年8月16日。

⑤ （宋）宋慈编，杨柳整理：《洗冤集录》卷5《救死方》，《中华医书集成》第22册，第28页。

⑥ （宋）闻人耆年著，（宋）孙炬卿辑刊，王玲玲、王欣君校注：《备急灸法·夜魇不寤》，北京：中国中医药出版社，2018年，第7页。

鼻气息仅如线不断，乃依其说，果复生。”[①]考北宋治疗魇死的方法，除了沿袭《巢氏诸病源候总论》所说的“勿点灯”和“不可近前及急唤”等法外，又增加了“齿其足”一法，如《圣济总录纂要》云：治卒魇死方，“勿以火照，俱痛齿其足后跟及足大指爪甲”[②]。入南宋之后，又出现了“唾其面”的方法。如《小儿卫生总微论方》说：“凡中恶邪或魔死者，不得用灯火照之，亦不得近前急唤，或与接气，恐被注染，多致杀人，但只与痛咬脚跟，及足指甲边，多唾其面，即活。”[③]我们知道，在临床上，因惊险怪诞之噩梦而惊叫，或梦中觉有物压住躯体，身体沉重，欲动不能，欲呼不出，挣扎良久，一惊而醒，此即为魇病。[④]根据上面的材料，不难发现，宋人所说的“魇死”多为脑缺氧和呼吸窒息所致，至于造成脑缺氧和呼吸窒息的原因，既有外界的因素，如屋子密闭、气不宣泄，同时又有自身的因素，如日间精神过度紧张、仰睡、晚饭吃得过饱等等，但绝对不是由鬼神、精怪等作祟所产生的后果。因此，治疗魇死的方法应审病求因，辨证施治，而不能轻信巫术和土法，以免贻误了救治的时机，从而造成不可逆转的严重后果。

第四，一定历史时期所形成的感性知识。中国古代的解剖学不发达，因而人们对人体结构的认识主要依赖其感性经验，这是中国古代医学发展的重要特征，因而用西方近代的科技传统来关照，则它便成为中国古代科技思想发展的一个严重“缺陷”。对此，韦伯说：“囿于经验立场的官僚阶层，可以在其固有的实际理性主义中大显身手，并因此形成了与它本身完全一致的伦理。”[⑤]例如，宋慈说：“凡自割喉下，只是一出刀痕。若当下身死时，痕深一寸七分，食系、气系并断；如伤一日以下身死，深一寸五分，食系断，气系微破；如伤三、五日以后死者，深一寸三分，食系断。须头髻角子散慢。”[⑥]这里，“食管”与“气管”的解剖位置是不正确的，因为现代解剖学的结论是：食管向下沿脊柱的前方、气管的后方入胸腔。故王与对宋慈的认识作了必要的纠正，他说：“夫所谓食、气系者，《结案式》中则名曰：‘食、气嗓。’予尝读医书，夫人身有咽、有喉，喉在前，通气；咽在后，咽物。二窍各不相丽。喉应天气为肺之系，下接肺经为喘息之道；咽应地气为胃之系，下接胃脘为水谷之路。错文见义，于《洗冤录》之说有所不通，切疑后人传写之际交错‘食’、‘气’二字，以致抵捂（牾）。反覆参考，喉气嗓在前，咽食嗓在后，医书足可征也。予非好异而征医书，亦惟其是而已。苟是予之言，似此之所不能尽言者，亦可推而知已。”[⑦]既然以感性认识为立论的向导，那我们就很难要求其说理严密而精细。所以，无论是宋慈，还是王与，都存在着论理粗疏这个缺点。正如纪昀在评价王与驳宋慈“食系在前，气系在后”的观点时说：“至上卷驳洗冤录食颡在前，气颡在后之误。而下卷自割条中乃仍用洗冤录一寸七分食气系并断，一寸五分食系断、气系微破之说，则亦未为精密

① （宋）洪迈撰，何卓点校：《夷坚志·夷坚支甲》卷9《董小七》，第786页。

② （清）程林删定：《圣济总录纂要》卷15《治卒魇死方》，合肥：安徽科学技术出版社，1992年，第381页。

③ （宋）佚名：《小儿卫生总微论方》卷15《三疰论》，第206页。

④ 吴小飞、王道坤：《“魇”病的病机与治则》，《光明中医》2008年第7期。

⑤ ［德］马克斯·韦伯著，张登泰、张恩富编译：《儒教与道教》，北京：人民日报出版社，2007年，第112—113页。

⑥ （宋）宋慈编，杨柳整理：《洗冤集录》卷4《自刑》，《中华医书集成》第22册，第20页。

⑦ （元）王与撰，杨奉琨校注：《无冤录校注》卷上《食气嗓之辨》，第10页。

矣。”[①]尽管有人对纪昀的这个评说颇有微词[②]，但在崇尚感性经验的前提下，“论理粗疏”确实是中国古代科技著作所存在的一个通病。因此，岳美中在论述中药方剂运用时指出：“仅学《伤寒论》易涉于粗疏，只学温热易涉于轻淡；粗疏常致于偾事，轻淡每流于敷衍。应当是学古方而能入细，学时方而能务实；入细则能理复杂纷乱之繁，务实则能举沉寒痼疾之重。”[③]如果说岳美中的观点太现代，他的话未免带有今人的思维特点，那么，下面的一则史料则出自唐朝人之口，它应更具说服力。

> 时关中多骨蒸病，得之必死，递相连染，诸医无能疗者。胤宗每疗，无不愈。或谓曰：“公医术若神，何不著书以贻将来？”胤宗曰：“医者，意也，在人思虑。又脉候幽微，苦其难别，意之所解，口莫能宣。且古之名手，唯是别脉，脉既精别，然后识病。夫病之于药，有正相当者，唯须单用一味，直攻彼病，药力既纯，病即立愈。今人不能别脉，莫识病源，以情臆度，多安药味，譬之于猎，未知兔所，多发人马，空地遮围，或冀一人偶然逢也。如此疗疾，不亦疏乎……脉之深趣，既不可言，虚设经方，岂加于旧。吾思之久矣，故不能著述耳。”[④]

在此，“医者，意也，在人思虑。又脉候幽微，苦其难别，意之所解，口莫能宣”道出了中国古代医学思想所存在的一个致命缺点，那就是医理不能定量化，而对客观事物进行确定性的量化分析，恰恰是近代科技的重要特征之一。从字面上讲，“意”具有不确定性，因而里面不能排除个人的主观性。所以，钱学森先生说：“凡不是自然科学的、从经验概括起来的理论，都可称之为自然哲学，因为它必然包括一些猜测、臆想的东西……所以中医理论是自然哲学，它独立于现代科学之外。”[⑤]那么，近代以前的自然哲学有何特征呢？恩格斯指出：那时的自然哲学是“用理想的、幻想的联系来代替尚未知道的现实的联系，用臆想来补充缺少的事实，用纯粹的想象来填补现实的空白”[⑥]。尽管钱先生的话在学术界尚有争议，但是他毕竟看到了中医作为一门学科，它自身还存在着一定的“不确定性”，或者说“臆想性”，其最突出的表现就是给“纯粹的想象”留有余地。

人体解剖学是一门实证科学，它的最初含义就是指用刀具剖割尸体，以观察其形态结构。由于在显微镜未发明之前，人们主要是用肉眼观察人体器官的形态结构，所以，狭义的解剖学亦称巨视解剖学。有人认为中医没有解剖学的基础[⑦]，这是不符合中医发展的历史事实的。从中医学的理论根源上看，《内经》开辟了两条发展路径：一条是以解剖为依据的实证医学，另一条是以比类取象为特点的经络和藏象学说。可惜，由于复杂的社会伦理因素，中医学主要沿着后一条路径发展，而忽视了前一条路径。尽管如此，我们也不能否认中医学本身具有实证科学的因素，因为这是历史事实。如《内经》说：“若夫八尺之

---

① （清）永瑢等：《四库全书总目》卷101《子部·法家类存目·无冤录》，第850页。

② 方龄贵：《读〈宋元检验三录〉》，《云南师范大学学报（哲学社会科学版）》2006年第3期。

③ 朱世增主编：《岳美中论内科》，上海：上海中医药大学出版社，2009年，第7页。

④ 《旧唐书》卷191《许胤宗传》，第5091页。

⑤ 《钱学森书信选》编辑组：《钱学森书信选》上册，北京：国防工业出版社，2008年，第93页。

⑥ 《马克思恩格斯选集》第4卷，北京：人民出版社，2017年，242页。

⑦ 陆广莘：《中医的传统和出路》，凤凰卫视《世纪大讲堂》，2006年3月。

士，皮肉在此，外可度量切循而得之，其死可解剖而视之，其脏之坚脆，府之大小，谷之多少，脉之长短，血之清浊，气之多少，十二经之多血少气，与其少血多气，与其皆多血气，与其皆少血气，皆有大数。”①此处所说的“解剖”显然具有严格意义上的实证科学的特点。可惜，从三国以降，直到南宋，中医解剖始终停留在一个初级的发展水平上，如沈括说：“世传《欧希范真五脏图》亦画三喉（即水喉、食喉、气喉，引者注），盖当时验之不审耳。”②又据陈垣考证，北宋时期绘成的《五脏图》和《存真图》，应是两幅比较完整的人体解剖图，可难以流传下来。对此，陈垣先生不无感慨地说：“今二图皆不可得见。《存真图》一卷，四库且已不著录。吾国人之不重实学，可见一斑。”③

最后，我们还想就《洗冤集录》里面存在着的“模糊思维”现象谈一点看法。宋慈说：

> 秋三月：尸经二、三日，亦先从面上、肚皮、两胁、胸前肉色变动；经四、五日，口鼻内汁流、蛆出，遍身胖胀，口唇翻，疱胗起；经六、七日，发落。④

黄瑞亭等从法医昆虫学的角度分析了宋慈上述尸体思想所存在的问题，在他们看来，尸体在不同季节随死后时间而呈现出来的自然变化，即是尸体现象，而人死后昆虫侵袭并取食尸体的现象，即为昆虫毁坏尸体。在现代法医昆虫学的范畴里，尸体现象和昆虫毁坏尸体有着严格的区别，两者不是一回事。但这两个概念在宋慈的头脑里没有区别，还处在模糊思维的阶段。同时，利用蛆虫侵袭并取食尸体的发生规律来推断死亡时间，具有一定的科学性，然而，如果对蛆虫的类型及其活动规律不加以必要的区分，在推断死亡时间方面就有可能出现较大的偏差。⑤从纵向比，在《洗冤集录》里，《四时变动》一节的逻辑论证较其他部分明显地要严谨一些，但正是在这个看起来比较严谨的论证过程中，还出现了诸多模糊不清的思维认识，这个现象足以表明《洗冤集录》还没有上升到理论分析的高度，从整体上看，它仍停留在感性经验的认识阶段。

从内容上讲，中国古代的“模糊思维”以强调意境为特点，对客观事物的描述不求精确。其具体表现是：第一，多用枚举事例的方法来表达自己的论点和主题思想，如《庄子》《孟子》《列子》《论衡》等古典名著，几乎都是用互不关联的故事单元来表达思想的，而这种思维方式被古人引入到科技著述之中，从而形成了中国古代科技思想的独特表现方式，以《九章算术》为例，它共有246个问题组成，其中每个问题都是用故事的形式来表述的。如“今有均输粟：甲县一万户，行道八日；乙县九千五百户，行道十日；丙县一万二千三百五十户，行道十三日；丁县一万二千二百户，行道二十日，各到输所。凡四县赋当输二十五万斛，用车一万乘。欲以道里远近、户数多少衰出之。问粟、车各几何？答曰：甲县粟八万三千一百斛，车三千三百二十四乘。乙县粟六万三千一百七十五斛，车

---

① 《黄帝内经灵枢经》卷3《经水篇》，陈振相、宋贵美编：《中医十大经典全录》，第190页。

② （宋）沈括著，侯真平校点：《梦溪笔谈》卷26《药议》，第220页。

③ 陈垣：《中国解剖学史料》，陈智超、曾庆瑛编：《陈垣学术文化随笔》，北京：中国青年出版社，2000年，第81页。

④ （宋）宋慈编，杨柳整理：《洗冤集录》卷2《四时变动》，《中华医书集成》第22册，第10页。

⑤ 黄瑞亭、胡丙杰、陈玉川：《宋慈〈洗冤集录〉与法医昆虫学》，《法律与医学杂志》2000年第1期。

二千五百二十七乘。丙县粟六万三千一百七十五斛，车二千五百二十七乘。丁县粟四万五百五十斛，车一千六百二十二乘。术曰：令县户数各如其本行道日数而一，以为衰。甲衰一百二十五，乙、丙衰各九十五，丁衰六十一，副并为法。以赋粟车数乘未并者，各自为实。实如法得一车。有分者，上下辈之。以二十五斛乘车数，即粟数”①。此例题不仅含有复杂的配分比例思想，而且还具有独特的思维意境。如前所述，宋代的许多法医著作实际上像《折狱龟鉴》《棠阴比事》等都是案例汇编，虽然从表面上看，宋慈的《洗冤集录》已经把案例变为原则，因而其更注重理论阐释，实际上并非如此。只要我们仔细去品味《洗冤集录》的内容，就一定能感受到以“意境”为特点的“模糊思维”对它的深刻影响。譬如，“有一乡民，令外甥并邻人子，将锄头同开山种粟。经再宿不归，及往观焉，乃二人俱死在山。遂闻官。随身衣服并在，牒官验尸。验官到地头，见一尸在小茅舍外，后项骨断，头面各有刃伤痕；一尸在茅舍内，左项下、右脑后各有刃伤痕。在外者，众曰：‘先被伤而死。’在内者，众曰：‘后自刃而死。’官司但以各有伤，别无财物，定两相拼杀。一验官独曰：‘不然，若以情度情，作两相拼杀而死，可矣；其舍内者，右脑后刃痕可疑，岂有自用刃于脑后者？手不便也。’不数日间，乃缉得一人，挟仇拼杀两人。县案明，遂闻州，正极典。不然，二冤永无归矣。大凡相拼杀，余痕无疑即可为检验。贵在精专，不可失误”②。尽管此则案例旨在说明检验“贵在精专”，但是从对案例的叙述过程看，“意境”思维仍起着非常重要的作用。第二，对客观事物的定位不准确，因而给阐释者带来不必要的分歧和争论。以《洗冤集录》为例，由于宋刻本至今没有发现，所以我们对《洗冤集录》的原始状态究竟是什么样子，还不是很清楚，仅就元刊本而言，不少地方的叙述非常笼统和粗疏，问题的指向不清晰。如《洗冤集录》卷3《论沿身骨脉及要害去处》对“腰门骨”的定位，其表述就十分模糊，文云：“髋骨两傍者钗骨，钗骨下中者腰门骨。”③“下中者”如何解释？学界有分歧。至于人们产生认识上的分歧，固然原因很多，但宋慈对“钗骨”表述不清应是一个非常重要的因素。另外，宋慈在《洗冤集录》所附的“骨图”里，对脊柱骨的标识较直观地分作六段，由下而上，依次是：尾蛆骨1节，方骨1节，腰门骨5节，脊膂骨7节，脊背骨6节，项颡骨5节，共25节，其中分离椎骨23节。现代人体解剖学将脊柱骨分为五段，由下而上，依次是：尾骨1块，骶骨1块，腰椎5块，胸椎12块，颈椎7块，共26块，其中分离椎骨24块。两者相较，宋慈所绘“骨图”少了1块颈椎骨。如果说椎骨仅仅是少了1块的话，那么，宋慈对颅骨的解剖观察和描述就更是粗线条的了。因为从形态观察来看，宋人观察到颅骨结构是：“男子自顶及耳并脑后共八片”，而“妇人只六片”。④且不说男人的颅骨结构与妇人的颅骨结构根本没有差别，即使退一步讲，以男人的颅骨结构为准，那也跟15块人类颅骨的实际数目相差较大。宋慈观察到的八片颅骨分别是：腮颊、颊车、颧骨、眼眶、耳窍、眉棱骨、

① （魏）刘徽注：《九章算术》卷6《均输》，郭书春、刘钝校点：《算经十书（一）》，沈阳：辽宁教育出版社，1998年，第56—57页。

② （宋）宋慈编，杨柳整理：《洗冤集录》卷1《疑难杂说上》，《中华医书集成》第22册，第6页。

③ （宋）宋慈编，杨柳整理：《洗冤集录》卷3《论沿身骨脉及要害去处》，《中华医书集成》第22册，第13页。

④ （宋）宋慈编，杨柳整理：《洗冤集录》卷3《验骨》，《中华医书集成》第22册，第12页。

鼻梁、额角。而人类颅骨实际是由15块所组成，它们分别为：犁骨、下颌骨与舌骨各1块，上颌骨、鼻骨、泪骨、颧骨、下鼻甲及腭骨各2块。两相比较，宋慈忽略了犁骨、下鼻骨、腭骨及泪骨等结构。显然，如此粗枝大叶的解剖观察，必然会导致法医检验工作的疏漏，从而影响到尸体检验的质量。一方面，宋慈强调“临时审察，切勿轻易，差之毫厘，失之千里”[①]；另一方面，诚如上述，宋代医官对尸体结构的认识还存在着比较严重的丢三落四现象，从技术的层面讲，这对宋代的法医检验工作不能不带来一定的消极影响。在《洗冤集录》里，概念不清的问题也较为突出。例如，清人刚毅说：“顩骨隐在膝盖中间，如大指大，图格不载，论沿身骨脉篇内亦不叙。”[②]实际上，宋慈不是不叙，而是没有把骨性的结构与非骨性的结构区分开来。《洗冤集录》卷3《验骨篇》中有下面的记载：“两脚膝头各有顩骨，隐在其间，如大指大。”[③]在正常条件下，人体的膝盖有三种结构：骨结构、关节外结构和关节内结构。其中关节内结构有软骨结构，即内、外半月板。所以，《汉语大字典》解释说：“顩骨，骨名。清许梿《洗冤录详义·验骨格》：‘盖骨一名膑骨，形圆而扁，中有顩骨一块如大指甲大。’按：今解剖学髌骨下无小骨。”[④]此说因是从骨性结构立言，故对“顩骨”的存在持否定态度。然而，宋慈在他的文本中本来就对骨与软骨这两者没有区分开来，从这层意义上，他把半月板这种软骨组织看成是骨性的东西，亦自在情理之中。但通过这个事例，我们可以看出宋慈法医检验所依赖的基础医学知识尚不成熟。此类例子，还见于《四时变动》篇中，宋慈将尸体现象与昆虫毁坏尸体相混淆[⑤]，等等。一句话，“中国的传统思维方式一直是以模糊思维为主要特征的”[⑥]，而这个特征在《洗冤集录》里亦有比较典型的表现，从中国古代科技思想的历史发展和演变进程看，这种“模糊思想”限制了中国古代科技发展由经验思维向理论思维的转进和飞跃。

第四节　秦九韶的数学分析思想

秦九韶（1202？—1261？），字道古，祖籍普州安岳（今四川省资阳市安岳县），周密称九韶“性极机巧，星象、音律、算术，以至营造等事，无不精究”[⑦]，并曾“以历学荐于朝，得对有奏稿，及所述教学大略。与吴履斋交尤稔”[⑧]。由于秦氏的“奏稿”已经失传，其内容不详，但从《数书九章》及《数书九章·序》的相关内容看，秦九韶的整体思

① （宋）宋慈编，杨柳整理：《洗冤集录》卷1《疑难杂说上》，《中华医书集成》第22册，第5页。

② （宋）宋慈著，罗时润、田一民译释：《〈洗冤集录〉今译》，福州：福建科学技术出版社，2006年，第99页。

③ （宋）宋慈：《洗冤集录》卷3《验骨》，北京：团结出版社，2017年，第99页。

④ 汉语大字典编辑委员会编纂：《汉语大字典（九卷本）》第8卷，成都：四川辞书出版社；武汉：崇文书局，2010年，第4666页。

⑤ 黄瑞亭、胡丙杰、陈玉川：《宋慈〈洗冤集录〉与法医昆虫学》，《法律与医学杂志》2000年第1期。

⑥ 冯颜利、周芬：《中国古代逻辑为何未能进一步发展》，《自然辩证法研究》2007年第9期。

⑦ （宋）周密撰，吴企明点校：《癸辛杂识·续集》卷下《秦九韶》，北京：中华书局，1988年，第170页。

⑧ （宋）周密撰，吴企明点校：《癸辛杂识·续集》卷下《秦九韶》，第170页。

维理路是清晰的，他既坚持“太虚生一”的理学派之自然观，同时又主张“经世务”与“计功策”的功利派之价值思想，因而他提出“先事而计”[①]的哲学命题。在天与人的关系问题上，他明确反对“混天人”的“合一”论。他说：“浸浸乎天纪、人事之殽，缺矣。”[②]可见，从现象上看，秦九韶是以“分”而不是“合”来建立他自己的天人观的，但他却反复强调“道本虚一”的主张，仅此而言，它说明秦九韶的“天人相分”有其特殊性，是一种以“虚一”即“合”为前提的“天人相分”。

《数书九章》成书于淳祐七年（1247），是秦九韶经历了一番仕途波折之后，乃悟“物莫不有数也”[③]，所以才“肆意其间”[④]，“尝设为问答以拟于用，积多而惜其弃，因取八十一题，厘为九类，立术具草，间以图发之”[⑤]。

秦九韶曾自我介绍其“数术”研究经历说：

> 愚陋不闲于艺，然早岁侍亲中都，因得访习于太史，又尝从隐君子受数学。际时狄患历岁遥塞，不自意全于矢石间。[⑥]

从早年对数学产生了兴趣开始，秦九韶其实并没有把它作为一生的奋斗目标。因为就目前所见的史料而言，秦九韶曾经非常热衷于仕途[⑦]，然仕途不顺遂促成他归心“数术”。依南宋藏书家陈振孙的说法，秦九韶《数书九章》原名《数术》。[⑧]《数术》计有九卷，包括大衍类、天时类、田域类、测望类、赋役类、钱谷类、营建类、军旅类、市物类。鉴于学界研究《数书九章》的成果比较丰富[⑨]，视角广泛且深入，故本书不再作专门论述，这里仅从以下两个侧面简单介绍其思想特点。

---

① （宋）秦九韶：《数书九章·序》，任继愈总主编，郭书春主编：《中国科学技术典籍通汇·数学卷》第1册，第439页。

② （宋）秦九韶：《数书九章·序》，任继愈总主编，郭书春主编：《中国科学技术典籍通汇·数学卷》第1册，第439页。

③ （宋）秦九韶：《数书九章·序》，任继愈总主编，郭书春主编：《中国科学技术典籍通汇·数学卷》第1册，第439页。

④ （宋）秦九韶：《数书九章·序》，任继愈总主编，郭书春主编：《中国科学技术典籍通汇·数学卷》第1册，第439页。

⑤ （宋）秦九韶：《数书九章·序》，任继愈总主编，郭书春主编：《中国科学技术典籍通汇·数学卷》第1册，第439页。

⑥ （宋）秦九韶：《数书九章·序》，任继愈总主编，郭书春主编：《中国科学技术典籍通汇·数学卷》第1册，第439页。

⑦ 杨国选：《秦九韶生平考》，成都：四川大学出版社，2017年，第38—42页。

⑧ （宋）陈振孙撰，尹小林整理：《直斋书录解题》卷12《数术大略》，济南：山东画报出版社，2004年，第225页。

⑨ 主要成果有：程廷熙：《秦九韶雨深云厚例解的讨论》，《数学通报》1963年第1期；钱宝琮：《秦九韶〈数书九章〉研究》，《宋元数学史论文集》，北京：科学出版社，1966年；郭书春：《学习〈数书九章〉札记二则》，《科技史文集》第8辑，上海：上海科学技术出版社，1982年；吴文俊主编：《秦九韶与〈数书九章〉》，北京：北京师范大学出版社，1987年；（宋）秦九韶原著，王守义遗著，李俨审校：《数书九章新释》，合肥：安徽科学技术出版社，1992年；李迪：《关于秦九韶与〈数书九章〉的研究史》，《中国数学史论文集（四）》，济南：山东教育出版社，1996年；吕兴焕：《〈数书九章〉与南宋社会经济》，北京：军事谊文出版社，2002年；查有梁等：《杰出数学家秦九韶》，北京：科学出版社，2003年；徐品方、张红、宁锐：《〈数书九章〉研究——秦九韶治国思想》，北京：科学出版社，2016年；杨国选：《秦九韶生平考》，成都：四川大学出版社，2017年；等。

一、用“大衍总数术”反对谶纬迷信的科学实践

数学是不是科学？牟宗三说：“智，在中国，是无事的。因为圆智、神智是无事的。知性型态之智是有事的。惟转出知性形态，始可说智之独立发展，独具成果（即逻辑、数学、科学），自成领域。圆智、神智，在儒家随德走，以德为主，不以智为主。它本身无事，而儒家亦不在此显精采。智只是在仁义之纲维中通晓事理之分际。而在道家，无仁义为纲维，则显为察事变之机智，转而为政治上之权术而流入贼……一个文化生命里，如果转不出智之知性形态，则逻辑、数学、科学无由出现，分解的尽理之精神无由出现，而除德性之学之道统外，各种学问之独立的多头的发展无由可能，而学统亦无由成。此中国之所以只有道统而无学统也。”[①]由此可见，牟宗三将“数学”与“科学”看成是两码事，实际上，这是默许了数学非科学说。与之相反，国家科技领导小组在1997年审议通过的《国家重点基础研究发展规划》中明确指出：“数学科学是研究数量关系和空间形式的一个宏大科学体系，它包括纯粹数学，应用数学以及这两者与其他学科的交叉部分，它是一门集严密性、逻辑性、精确性和创造力与想象力于一体的学问，也是自然科学、技术科学、社会科学、管理科学等的巨大智力资源。”[②]钱学森更认为“数学科学”是最重要的基础学科之一，并且在方法论上“数学”同美学、系统论、自然辩证法、人天观、认识论、历史唯物主义及军事哲学一样，都是属于哲学层面的思维活动。中国古代虽然没有“科学”这个词，但作为“思维科学”的数学还是有着源远流长的历史传统的，而秦九韶无疑是这个历史传统中极其关键的一个环节。从理论上讲，《周易》之象数说可以看作是中国先秦哲学模式在数学上的具体应用和实际表现，因此，自秦汉以来，中国古代数学的发展与《周易》象数之间存在着密不可分的联系，例如，刘徽在《九章算术·序》中说：“昔在庖牺氏始画八卦，以通神明之德，以类万物之情；作九九之数，以合六爻之变。”[③]尽管学界对《周易》象数的认识褒贬不一，但“象数”中寓意着深刻的数学思想却是不容否认的客观事实。《周易》象数发展到南宋时已经日趋成熟，且《数书九章》成为其易象数日趋成熟的一个重要标志。如秦九韶说：

> 昆仑旁礴，道本虚一，圣有大衍，微寓于易。奇余取策，群数皆捐，衍而究之，探隐知原，数术之传，以实为体，其书九章，惟兹弗纪。历家虽用，用而不知，小试经世，姑推所为，述大衍第一。[④]

秦氏《数书九章》与传统的《九章算术》的显著差异就是新设了“大衍法”。对此，他在自序中说：

> 今数术之书，尚三十余家，天象历度谓之缀术，太乙、壬、甲谓之三式，皆曰内

---

① 牟宗三：《历史哲学》，《牟宗三先生全集》第9册，台北：联经出版事业公司，2003年，第206—207页。

② 陈芳跃主编：《数理学科导论》，西安：西安电子科技大学出版社，2015年，第17页。

③ （魏）刘徽注：《九章算术·序》，任继愈总主编，郭书春主编：《中国科学技术典籍通汇·数学卷》第1册，第96页。

④ （宋）秦九韶：《数书九章·序》，任继愈总主编，郭书春主编：《中国科学技术典籍通汇·数学卷》第1册，第439页。

算，言其秘也。《九章》所载，即周官九数，系于方圆者为叀术，皆曰外算，对内而言也。其用相通，不可歧二。独大衍法不载《九章》，未有能推之者，历家演法颇用之，以为方程者误也。[①]

严格说来，秦九韶的“大衍术”属于《周易》象数的一种，更准确地说，应是将揲法数学化的一种“占法”。在宋代，“象数学”经过邵雍的点化与扩张之后，迅速地演变为一种很时髦的“占蓍之法”。如沈括曾记郑夬的话说：邵雍“能洞吉凶之变”[②]。南宋人李纲亦说：邵雍深于数“信如蓍龟，不可诬也”[③]。甚至《四库全书总目提要》卷一百零八《子部・术数类一》更有“邵子之占验如神”[④]的说法，所以在很多士人的眼里，邵雍的“占卦术”远远地掩过了他的“象数学”，而“象数学”与“占卦术”在本质上是根本不同的。正如朱熹所说：“《易》是卜筮之书，《皇极经世》是推步之书。”[⑤]在朱熹看来，《周易》“本是卜筮之书，今却要就卜筮中推出讲学之道，故成两节工夫”[⑥]。此“两节工夫”实际上就是把《周易》之“象数”与卜筮和谶纬之类的迷信说教区分开来，这是因为“《易》本卜筮之书，而其画卦系辞分别吉凶，皆有自然之理。读者须熟考之，不可只如此想象赞叹”[⑦]。毫无疑问，象数就是《周易》中“自然之理”的一个组成部分，而这一点恰恰同谶纬迷信划清了界限。南宋人程迥在《周易古占法・序》中这样说：

迥尝闻邵康节以《易数》示吾家伯淳，伯淳曰：“此加一倍法也。”其说不详见于世。今本之《系辞》《说卦》，发明倍法，用逆数以尚占知来，以补先儒之阙，庶几象数之学，可与士夫共之，不为谶纬瞽史所惑，于圣人之经，不为无助也。昔陆续读宋氏《太玄》曰：“《太玄》大义在揲蓍，而仲子失其指归，虽得文间义说，大体乖矣。”迥亦以是论《易》。[⑧]

这段话明确指出《周易》之“揲蓍”跟谶纬说是本不相干的，“揲蓍”反映的是“自然之理”，是可以用科学的符号或语言来加以表达的物质现象和客观事件，而谶纬反映的却是“主观妄想”，是不能用科学思维进行事实还原的乖谬之论。因此，从这个角度说，秦九韶的“蓍卦发微”具有反对谶纬迷信之价值与作用。

历来士者对《周易》“揲蓍之法”多给予一种“神性”的解读，而不是“知性”的阐释。如《周易・说卦》云：“昔者圣人之作《易》也，幽赞于神明而生蓍，参天两地而倚数。”[⑨]此后，其“幽赞于神明而生蓍”也就成了论《易》者的基调，如宋人李如篪说：“‘幽赞于神明而生蓍’，盖能以吉凶得失预晓于人者，神明也。神明不能与人相接，故圣

---

① （宋）秦九韶：《数书九章・序》，任继愈总主编，郭书春主编：《中国科学技术典籍通汇・数学卷》第1册，第439页。

② （宋）沈括著，侯真平校点：《梦溪笔谈》卷7《象数一》，第65页。

③ （宋）李纲著，王瑞明点校：《李纲全集》下册，第1296页。

④ （宋）邵雍著，郭彧、于天宝点校：《皇极经世书》，上海：上海古籍出版社，2017年，第1470页。

⑤ （宋）黎靖德编，王星贤点校：《朱子语类》卷100《邵子之书》，第2547页。

⑥ （宋）黎靖德编，王星贤点校：《朱子语类》卷66《易二》，第1626页。

⑦ （宋）朱熹撰，郭齐、尹波点校：《朱熹集》卷55《答苏晋叟》，第2812页。

⑧ （宋）程迥：《〈周易古占法〉序》，曾枣庄主编：《宋代序跋全编》第2册，第979页。

⑨ 《周易・说卦》，陈成国点校：《四书五经》上册，第206页。

人生揲蓍之法，探神明所为吉凶得失者以示于人。”①“揲蓍之法”果能“以吉凶得失预晓于人”吗？其实，对于上古之“揲蓍之法”，即使到《周易》成书时，人们仍知之甚少。因此，《周易·系辞上》仅仅作了下面的简略记述：

> 大衍之数五十，其用四十有九。分而为二以象两，挂一以象三，揲之以四以象四时，归奇于扐以象闰。五岁再闰，故再扐而后（挂）[卦]。②

虽然这段话不长，但它却是秦汉以后占筮术的理论之源。一般认为，《周易》揲蓍之法的基本程序可具体分作以下几步：

第一步，“夫端策者一变而遇少，与归奇而为五，再变而遇少，与归奇而为四，三变如之。是老阳之数分措于指间者十有三策焉，其余三十有六，四四而运，得九是已”③。

第二步，“一变而遇多，与归奇而为九，再变而遇多，与归奇而为八，三变如之。是老阴之数分措于指间者二十有五策焉。其余二十有四，四四而运，得六是已”④。

第三步，“借如一变而遇少，再变三变而遇多，是少阳之数分措于指间者二十有一策，其余二十有八，四四而运，得七。一变而遇多，再变三变而遇少，是少阴之数分措于指间者十有七策，其余三十有二，四四而运，得八。故九与六为老，老为变爻，七与八为少，少为定位”⑤。

上述几步实际上是一个数学模型的两个解，即第一变的解是 5 或 9，第二变的解是 4 或 8，第三变的余数为四个即 40、36、36、32，其解亦同为 4 或 8，第四变形成 36、32、32、28、32、28、28、24 八个余数，以四除之则最后得到 9、6、7、8 四个象数。可见，从数学的角度看，欲求得 9、6、7、8 四个象数，则必须应用“一次同余式”，故罗见今先生将它称为“周易分揲定理”，并且还给出了该定理的证明。⑥在此，如果用“周易分揲定理”分解上面的“揲蓍之法”，那么，原问题就变成了一个“一次同余式”问题：

其一，第一变的前提是“大衍之数五十，其用四十有九”，即 50−1=49，其解为 5 或 9；

其二，第二变的前提是 49−5=44，或 49−9=40，其解同为 4 或 8；

其三，第三变的前提是 44−4=40，40−4=36，或 44−8=36，40−8=32，其解同为 4 或 8；

其四，第四变的前提是 40−4=36，36−4=32，36−4=32，32−4=28，或 40−8=32，36−8=28，36−8=28，32−8=24；

其五，经过整理，第四变的余数实际上只有四个，即 36、32、28 及 24，它们分别除以四则得出 9、8、7 及 6 四个象数。

这些问题在揲蓍者的知识范围内，被认为是不可理解的。这种近乎数学游戏的所谓“揲蓍之法”，究竟能否“以吉凶得失预晓于人”？士人的看法不尽一致，相信者有之，不相信者亦有之。比如，王充就曾说过：“观揲蓍之法，二分以象天地，四揲以象四时，归

① （宋）李如箎：《东园丛说》卷上《生蓍》，《景印文渊阁四库全书》第 864 册，第 189 页。
② 《周易·系辞上》，陈戍国点校：《四书五经》上册，第 198 页。
③ （唐）刘禹锡：《刘禹锡集》卷 7《论下·辩易九六论》，上海：上海人民出版社，1975 年，第 64 页。
④ （唐）刘禹锡：《刘禹锡集》卷 7《论下·辩易九六论》，第 64 页。
⑤ （唐）刘禹锡：《刘禹锡集》卷 7《论下·辩易九六论》，第 64 页。
⑥ 吴文俊主编：《秦九韶与〈数书九章〉》，北京：北京师范大学出版社，1987 年，第 101—102 页。

奇于扐，以象闰月，以象类相法，以立卦数耳，岂云天地合报人哉？”[①]众所周知，“揲蓍之法”的思想基础是“天人合一”，而王充否定了“揲蓍之法”对于天地与人之间的统一性，实则是他承认了“天人相分”的客观性与历史性。或许是因为揲蓍者害怕一旦将“揲蓍之法”数学化之后就会泄露占筮的天机，所以他们很不情愿将“揲蓍之法”数学化，尽管“揲蓍之法”本身只是一种纯粹的数学游戏。且不说秦九韶把“蓍卦发微”列为《数书九章》的第一题，委实令那些态度保守的宋代士大夫们感到匪夷所思，即使像邵雍那样保守师说的“大儒”，也不免让二程说三道四，例如，二程说：“邵尧夫于物理上尽说得，亦大段漏泄佗天机。”[②]所谓“天机”实际上就是《周易》中不便道破的东西，而邵雍通过“象数学”将本来不便道破的东西一语破的。这样一来，《周易》中那些唬人的东西被揭穿了，二程当然从感情上是不好接受的。与邵雍相比，秦九韶做得更加彻底，因为他仅仅把“蓍卦”看作是一道数学题。其文云：“《周易》曰：‘大衍之数五十，其用四十有九。’又曰：‘分而为二以象两，挂一以象三，揲之以四，以象四时，三变而成爻，十有八变而成卦，欲知所衍之术及其数各几何？’”[③]对于该题的解法，秦九韶独出心裁，创造了他自己的一整套“秦氏揲法”。此解法即为“求解一次同余组的一般计算步骤”，而在西方数学史著述中，则称秦氏“求解一次同余组的一般计算步骤”为“中国剩余定理”，其通式可写作

$$X \equiv Ri \pmod{ai} \quad i=1，2，3，4$$

其中 ai 被称作第 i 个模数（或称作“问数”），则 Ri 被称作第 i 个余（或称“剩余”）。

虽然用专业的术语讲，这道数学题的解法标志着“大衍总数术”的诞生，在世界数学史上具有划时代的意义，但在当时它反对占蓍迷信的意义显然要大于其纯粹数学的意义。因此，《四库全书总目提要》说：“《大衍类·蓍卦发微》欲以新术改《周易》揲蓍之法，殊乖古义。”[④]阮元更批评僧一行、秦九韶的“揲法”是“窜入于易以眩众”[⑤]。其实，真正“于易以眩众”的是那些自以为“玄之又玄”的“揲蓍者”，譬如，在揲法程序的范围内，满足 9、8、7、6 四个象数的“用数”共有 46、47、48、49 四个数，因为如果取小于和等于 45 或大于和等于 50 的数，那么，其结果只能使占算失败，如秦九韶举例说：“就其三十七泛为用数，但三十七，无意义。兼蓍少太露，是以用四十有九。”[⑥]而为了不致出现这种灾难性的后果，秦九韶特别地将“定数”（即 1、1、3、4 四个数）还原为“元数”（即 1、2、3、4 四个数），则计算的结果就变成了用数“49”。秦氏说：“欲使蓍数近大衍五十，非四十九或五十一不可。”[⑦]前面讲过，同用数“37”在筮法中不仅没有意义，而且

① 《论衡》卷 24《卜筮》,《百子全书》第 4 册，第 3453 页。

② （宋）程颢、程颐著，王孝鱼点校：《二程集》上册，第 42 页。

③ （宋）秦九韶：《数书九章》卷 1《大衍类·蓍卦发微》，任继愈总主编，郭书春主编：《中国科学技术典籍通汇·数学卷》第 1 册，第 444 页。

④ （清）永瑢等：《四库全书总目提要》卷 107《子部·天文算法类二》，北京：中华书局，2003 年，第 905 页。

⑤ （清）阮元：《畴人传》卷 16《一行传后论》，本社古籍影印室辑《中国古代科技行实会纂》第 1 册，北京：北京图书馆出版社，2006 年，第 580 页。

⑥ （宋）秦九韶：《数书九章》卷 1《大衍类·蓍卦发微》，任继愈总主编，郭书春主编：《中国科学技术典籍通汇·数学卷》第 1 册，第 447 页。

⑦ （宋）秦九韶：《数书九章》卷 1《大衍类·蓍卦发微》，任继愈总主编，郭书春主编：《中国科学技术典籍通汇·数学卷》第 1 册，第 447 页。

对筮法本身还具有毁灭性一样，用数“51”亦不可用，最后就只有保留用数“49”了。从这个角度看，秦九韶的“蓍卦发微”本身具有揭露占筮之法骗人本质的作用，其思想的进步性是应当肯定的。正如李继闵先生所说：“‘蓍卦发微’所描述的筮法，几乎等同于一个数学游戏，哪里还有什么‘神圣’的意义！所以，与其说‘蓍卦发微’，是宣扬数字神秘主义，还不如说它是对占筮‘神圣性’的‘亵渎’。”①

在上述思想指导下，秦九韶对《九章算术》内含的中国古代算法或云“数术”做出了诸多创造性贡献。

第一，对“数术”这门学问的形而上探索。关于《九章算术》的评价，学界分歧比较大。整体微分几何学的开创者陈省身就曾经讲过：“中国数学没有纯粹数学，都是应用数学。”②如果与《几何原本》相比较，那么，“《九章算术》是在中国文化实用技艺的价值观念下展开构成的，因此，作为实用的技艺，对现存的经济、技术问题给出具体的、可运用的方法就是《九章算术》的惟一追求”③。正因如此，《九章算术》才将“大衍术”之类纯理论的形而上问题，排除在它的思想体系之外。理由很简单，在以“齐家、治国、平天下”为价值追求的儒士看来，追求形而上的“公理、公设、数论命题等一类概念和证明，无疑会被看做是一种无实用意义的游戏”④。为此，秦九韶提出了“数与道非二本”⑤和“道本虚一”⑥的命题。“道”是形而上的“存在”，它超言绝象，远非实用理性所能把握。因此，秦九韶在《数书九章》开篇就讨论了“微寓于易”⑦的“大衍术”，从体例上看，这绝对是对《九章算术》传统数学理论体系的一个突破。就此而言，秦九韶“关于道和术不可分割、数和理不可偏废的思想，既反对了重道轻术即轻视具体科学的倾向，也反对了重数轻理即忽视追求内在规律的倾向，这就纠正了数道割裂的思维错误，为科学的发展提供了一种新的价值标准和研究方法。宋元数学四大家之所以能登上中国古代数学发展的高峰，在很大程度上可以说是得力于他们所掌握的新的科学的思想方法”⑧。

第二，数值解多项式方程。数值解虽然不是秦九韶首创，但他在刘徽、贾宪等先辈研究工作的基础上，进一步完善了我国传统数值解（包括一般情形和特殊情形）的运算方法。如《数书九章・遥度圆城》载：

问：有圆城不知周径，四门中开，北外三里有乔木，出南门便折东行九里，乃见

---

① 吴文俊主编：《秦九韶与〈数书九章〉》，第134页。

② ［美］陈省身：《陈省身文集》，北京：科学出版社，1991年，第244页。

③ 郑毓信、王宪昌、蔡仲：《数学文化学》，成都：四川教育出版社，2001年，第250页。

④ 郑毓信、王宪昌、蔡仲：《数学文化学》，第250页。

⑤ （宋）秦九韶：《数书九章・序》，任继愈总主编，郭书春主编：《中国科学技术典籍通汇・数学卷》第1册，第439页。

⑥ （宋）秦九韶：《数书九章・序》，任继愈总主编，郭书春主编：《中国科学技术典籍通汇・数学卷》第1册，第439页。

⑦ （宋）秦九韶：《数书九章・序》，任继愈总主编，郭书春主编：《中国科学技术典籍通汇・数学卷》第1册，第439页。

⑧ 周瀚光：《周瀚光文集》第1卷《中国科学哲学思想探源》上，第77页。

木。欲知城周、径各几何？答曰：径九里，周二十七里。①

本来这道算题完全可以采用 3 次方程来计算，但秦九韶却给出了一个 10 次方程的算式："以勾股差率求之，一为从隅，伍因北外里，为从七廉。置北里幂，八因，为从五廉。以北里幂为正率，以东行幂为负率，二率差，四因，乘北里，为益从三廉。倍负率。乘五廉，为益上廉。以北里乘上廉，为实。开玲珑九乘方，得数，自乘，为径。以三因径，得周。"②文中的"上廉"是指二次项系数，"二廉"是指三次项系数，余则类推。设圆直径的平方根为 x，从北门到乔木的距离为 l，从南门东行 9 里的路程为 k，则上述文字可用算式表达如下：

$$\frac{x^2+2l}{2\sqrt{l\left(x^2+l\right)}}=\frac{k\left(x^2+2l\right)}{x\left(x+l\right)}$$

化简后得方程：

$$x^{10}+5lx^8+8l^2x^6-4l\left(k^2-l^2\right)x^4-16k^2l^2x^2-16k^2l^3=0$$

对于这样"殊甚迂回"③的方程，四库馆臣颇不解："元李冶《测圆海镜》一百七十问，仅一题取至五乘方，犹自以为烦，此题非甚难者，乃取至九乘方，盖未得其要也。"④真的是"未得其要"吗？当然不是。如前所述，秦九韶认为"道本虚一"，其"大衍术"的数学意义就在于观念变革，即由实用思维向抽象思维的跨越。诚如梁宗巨等先生所言："秦九韶解方程的方法是对任何次方程都适用的，但在实际问题中出现 4 次以上的方程并不多见。为了举一个相当高次的例子，特地造出一个 10 次方程来，说明解法的普遍性，他是煞费苦心的。这也许是比较合理的解释。其实为了说明解法，直接写出一个 10 次方程来也未尝不可，但由于中国数学的实用思想，一定要把每一例题都表述为实用问题形式而'实用形式'又无法产生 10 次方程，所以才出现'以繁解简'的问题。"⑤而"这种方程离现实较远，其抽象程度大为提高"⑥。

第三，提出"不寻天道，模袭何益"⑦的创新思想。秦九韶肯定"天道"是"大衍术"的本质，在他看来，"七精四穹，人事之纪。追缀而求，宵星昼晷。历久则疏，性智

---

① （宋）秦九韶：《数书九章》卷 8《遥度圆城》，任继愈总主编，郭书春主编：《中国科学技术典籍通汇·数学卷》第 1 册，第 522 页。

② （宋）秦九韶：《数书九章》卷 8《遥度圆城》，任继愈总主编，郭书春主编：《中国科学技术典籍通汇·数学卷》第 1 册，第 522—523 页。

③ （宋）秦九韶原著，王守义遗著，李俨审校：《数书九章新释》，合肥：安徽科学技术出版社，1992 年，第 290 页。

④ （清）宋景昌：《数书九章札记》引，任继愈总主编，郭书春主编：《中国科学技术典籍通汇·数学卷》第 1 册，第 700 页。

⑤ 梁宗巨、王青建、孙宏安：《世界数学通史》下册，沈阳：辽宁教育出版社，2001 年，第 357 页。

⑥ 周瀚光、孔国平：《刘徽评传附秦九韶、李冶、杨辉、朱世杰评传》，南京：南京大学出版社，1994 年，第 197 页。

⑦ （宋）秦九韶：《数书九章·序》，任继愈总主编，郭书春主编：《中国科学技术典籍通汇·数学卷》第 1 册，第 439 页。

能革。不寻天道，模袭何益”①。这段话若一字一句地解释，可能比较烦琐，但其主要思想却甚浅明，那就是“天道”是不断运动变化的，因而人们的思想必须适应“天道”的变化，不能因循守旧，更不能沿袭和套用。具体到《数书九章》一书中的各道算题，则尤其能体现出秦九韶无处不在求新的精神品质。例如，《数书九章·漂田推积》题云：

问：三斜田被水冲去一隅，而成四不等直田之状。元中斜一十六步，如多长；水直五步，如少阔；残小斜一十三步，如弦；残大斜二十步，如元中斜之弦，横量径一十二步，如残田之广，又如元中斜之句，亦是水直之股，欲求元积、残积、水积、元大斜、元中斜、二水斜各几何？②

为求“元大斜”，秦九韶突破原图形的限制，采用了加辅助线的方法，在刘徽之后，除了秦九韶，迄今还未发现其他数学家采用此方法。

又如，《数书九章·斜荡求积》题载：

问：有荡一所，正北阔一十七里，自南尖穿径中长二十四里，东南斜二十里，东北斜一十五里，西斜二十六里。欲知亩积几何？答曰：荡积一千九百一十一顷六十亩。术曰：以少广求之。置中长，乘北阔，半之，为寄。以中长幂减西斜幂，余为实。以一为隅，开平方，得数，减北阔，余自乘，并中长幂，共为内率。以小斜幂，并率，减中斜幂，余半之，自乘于上，以小斜幂乘率，减上，余四约之，为实。以一为隅，开平方，得数，加寄，共为荡积。③

若设中长（亦即高）为l，东南斜为k，东北小斜为m，北阔为$n=n_1+n_2$，西大斜为v，荡积为$S=S_1+S_2$，依术文，则有

$$S_1(\text{寄})=\frac{1}{2}\ln$$

$$n_1=\sqrt{v^2-l^2}$$

$$n_2=n-n_1=n-\sqrt{v^2-l^2}$$

$$\text{内率}=\left(n-\sqrt{v^2-l^2}\right)^2+l^2$$

$$n_2^2=\frac{1}{4}\left\{\left[\left(n-\sqrt{v^2-l^2}\right)^2+l^2\right]m^2-\left[\frac{\left(n-\sqrt{v^2-l^2}\right)^2+l^2+m^2-k^2}{2}\right]^2\right\}$$

此公式与海伦公式等价，但在我国，利用三边求三角形面积的算法却系秦九韶首创。

---

① （宋）秦九韶：《数书九章·序》，任继愈总主编，郭书春主编：《中国科学技术典籍通汇·数学卷》第1册，第439页。

② （宋）秦九韶：《数书九章》卷6《漂田推积》，任继愈总主编，郭书春主编：《中国科学技术典籍通汇·数学卷》第1册，第503页。

③ （宋）秦九韶：《数书九章》卷5《斜荡求积》，任继愈总主编，郭书春主编：《中国科学技术典籍通汇·数学卷》第1册，第498页。

二、以“格”为特征的数学分析法

秦九韶在求解“一次同余式组（以合为单位）”问题时，比较详细地记录了人类右脑思维的特定运算步骤，具体而清晰，因而为实现数学的机械化过程提供了难得的操作范例。倘若借用医学术语来讲，则这个过程可以称为“思维解剖”，而秦九韶把构成人类数学思维的基本细胞命名为“格”，秦氏认为在大衍求一术中共有四格，即“复数格”“收数格”“通数格”“元数格”，其每格都有自己特定的运算方法，它们体现着人类思维之共性与个性的有机统一。鉴于学界对上述“四格”的解释，见仁见智，异说纷呈，难以综览。故此，我们主要依据莫绍揆、李继闵等先辈的研究成果，略述秦九韶“四格”问题于后。

秦九韶“大衍总数术”的关键是解决如何将两两不互素的“问数”转变为两两互素的“定数”，即求方程组

$$N \equiv R_i \left(\bmod A_i\right), \left(i = 1,2,3,\ldots,\ n\right)$$

的解，式中 A_i 即“问数”。秦九韶创造性应用《九章算术》的“少广术”，通过“大衍求一术”而获得了最终结果，即把“问数” A_i 都转化为“定数（即定母）” a_i。

第一，对于“标准问数”的计算程序：“元数者，先以两两连环求等，约奇弗约偶；（或约得五，而彼有十，乃约偶而弗约奇）或元数俱偶，约毕可存一位见偶；或皆约而犹有类数存，姑置之，俟与其他约遍，而后乃与姑置者求等约之；或诸数皆不可尽类，则以诸元数命曰复数，以复数格入之。”①

在这里，“元数”即指所有问数都是正整数的数，亦即标准问数。所谓“两两连环求等”则是指在模不两两互素条件下求“定数”的方法，在西方称为“欧几里得算法”。其一般程序为：

设 M 和 N 是两个正整数，且用 N 除 M 得商 P，余数为 Q，则可写成下列通式

（1） $M = PN + Q$，$\left(0 \leqslant Q < N\right)$

当 $Q \neq 0$ 时，则须用 Q 除 N，求得商 P_1，余数为 Q_1，故（1）式变为（2）式

（2） $N = P_1Q + Q_1$，$\left(0 \leqslant Q_1 \leqslant Q\right)$

当 $Q_1 \neq 0$ 时，则须用 Q_1 除 Q，求得商 P_2，余数 Q_2，故（2）式变为（3）式

（3） $Q = P_2Q_2 + Q_2$，$\left(0 \leqslant Q_2 < Q_1\right)$

当 $Q_2 \neq 0$ 时，接着用 Q_2 除 Q_1，如此辗转循环，直至找出 M 和 N 的最大公约数来，此即为“求等”，其“等”就是 M 和 N 的最大公约数。

元数格的代表性算题是《数书九章·积尺寻源》算题，其经过 7 次辗转循环，不断化约，最后才求得两两互素的 8 个数（亦称定母或云定数），即 13、8、11、1、3、1、25、1，秦九韶分别称之为金、石、丝、竹、匏、土、革、木。②

---

① （宋）秦九韶：《数书九章》卷 1《大衍类·蓍卦发微》，任继愈总主编，郭书春主编：《中国科学技术典籍通汇·数学卷》第 1 册，第 444 页。

② （宋）秦九韶：《数书九章》卷 2《积尺寻源》，任继愈总主编，郭书春主编：《中国科学技术典籍通汇·数学卷》第 1 册，第 463 页。

当然，如果求等完毕，所得到的数仍非两两互素，那么，就用“复乘求定之原理”来处理。

第二，对“非标准问数”为小数的计算程序：“收数者，乃命尾位分厘作单零，以进所问之数，定位讫，用元数格入之。或如意立数为母，收进分厘，以从所问，用通数格入之。”①

凡“收数”就是指问数中含有小数的数，所谓“命尾位分厘作单零”是说为了算法的统一与方便，规定将最末位上之分、厘一类的小数转化成个位数，从而使小数变成整数，然后依照正整数“两两连环求等”的程序求出 M 和 N 的最大公约数来。

第三，对“非标准问数”为分数的计算程序：“通数者，置问数，通分内（同纳）子，互乘之，皆曰通数。求总等，不约一位，约众位，得各元法数，用元数格入之。或诸母数繁，就分从省通之者，皆不用元，各母仍求总等，存一位，约众位，亦各得元法数，亦用元数格入之。”②

凡“通数”是指问数中含有分数的数，所谓“通分内子，互乘之”的宗旨就是化分数为整数，而通分则是将异分母分数分别化成和原来分数相等的同分母分数，其具体计算步骤是：

设 M/N，M_1/N_1，M_2/N_2 为三个分数，其元数分别为 P，P_1，P_2，则

（1）$N \quad M \times N \times N_2 = P$

（2）$N_1 \quad M_1 \times N \times N_2 = P_1$

（3）$M \quad M_2 \times N \times N_1 = P_2$

求得上述通数后，按照“求总等，不约一位，约众位”的程序，在 P、P_1、P_2 之中任意约两个通数，所得“元法数”再依正整数“两两连环求等”的程序求出 M 和 N 的最大公约数来。

例如，《数书九章·古历会积》算题共有 $365\frac{1}{4}$，$29\frac{499}{940}$，60 三个分数，“通分内子”后得：1373340，111036，225600。约之，求得1，19，225600三个定数。

第四，对“非标准问数”为复数的计算程序：“复数者，问数尾位见十以上者。以诸数求总等，存一位，约众位，始得元数。两两连环求等，约奇弗约偶，复乘偶；或约偶或约奇，复乘奇。或彼此可约而犹有类数存者，又相减以求续等，以续等约彼，则必复乘此，乃得定数。”③

凡“复数”特指问数都是 10 的整数倍的自然数，所谓“两两连环求等，约奇弗约偶，复乘偶”，总的意思就是复乘求定法。其法为：

---

① （宋）秦九韶：《数书九章》卷 1《大衍类·蓍卦发微》，任继愈总主编，郭书春主编：《中国科学技术典籍通汇·数学卷》第 1 册，第 444 页。

② （宋）秦九韶：《数书九章》卷 1《大衍类·蓍卦发微》，任继愈总主编，郭书春主编：《中国科学技术典籍通汇·数学卷》第 1 册，第 444 页。

③ （宋）秦九韶：《数书九章》卷 1《大衍类·蓍卦发微》，任继愈总主编，郭书春主编：《中国科学技术典籍通汇·数学卷》第 1 册，第 444 页。

设 a_1，a_2，a_3，a_4，…，a_n 为复数格，总等为 P，先用 P 通约 a_1，a_2，a_3，a_4…，a_n 中所包含的多余因子，结果便得到新的一组复数格即 $a_1^{'}$，$a_2^{'}$，$a_3^{'}$，$a_4^{'}$，…，$a_n^{'}$，然后对所有 $a_i^{'}$ 实行第一步得到一组准定数 b_1，b_2，b_3，b_4…，b_n 后，任意用总等 P 乘其中的一个准定数，并对其进行复乘求定，最终得数即为定数。

“复数格”的典型算题为《数书九章·推计土功》算题。①a 题中有 4 个元数，分别为 $A_1=54$，$A_2=57$，$A_3=75$，$A_4=72$。用等数通约，则

$$\begin{pmatrix}75(约)\\72\end{pmatrix}\xrightarrow{P_1=3}\begin{pmatrix}25\\72\end{pmatrix}P_2=1(止)$$

$$\begin{pmatrix}57(约\\72\end{pmatrix}\xrightarrow{P=3_1}\begin{pmatrix}19\\72\end{pmatrix}P_2=1(止)$$

$$\begin{pmatrix}54(约\\72\end{pmatrix}\xrightarrow{P_1=18}\begin{pmatrix}3\\72(约\end{pmatrix}\xrightarrow{P_2=3}\begin{pmatrix}9\\24(约\end{pmatrix}\xrightarrow{P=3_3}\begin{pmatrix}27\\8\end{pmatrix}P_4=1(止)$$

得定数 $a_4=8$。续求 $A_1=27$，$A_2=19$，$A_3=25$，则

$$\begin{pmatrix}19\\25\end{pmatrix}P_1=1(止)，\begin{pmatrix}27\\25\end{pmatrix}P_1=1(止)$$

得定数 $a_3=25$。再续求 $A_1=27$，$A_2=19$，则

$$\begin{pmatrix}27\\19\end{pmatrix}P_1=19(止)$$

得定数 $a_2=19$，$a_1=27$。②

综上所述，我们不难看出，在秦九韶的“大衍术算法”中，整个求解定数的过程实际上就是一个“多重循环程序”。③李继闵先生曾将它翻译成下面的“程序框图”（图 3-2）④：

同程朱理学所讲的“天理”概念具有有序性和层次性一样，此“程序框图”亦内在地体现着“格”的一种有序性和层次性。因此，在秦九韶的内心世界里，“格”本身所反映的不仅仅是人类思维运动的一种表达形式，而且更是对南宋社会政治如何不断趋向理性化的一种特殊设计、建议和独白，是一种数学化的国家体制。⑤虽然由于宋儒的成见太深，秦九韶的政治热忱不仅不被那时的当权者所认同，反而被诬为“性喜奢，好大嗜”的势力小人和“如所不喜者必遭其毒手”⑥的阴恶之徒，但是事实胜于雄辩，秦九韶时刻不忘记自己对国家的责任，昭昭忠心天地可鉴。比如，他说：

---

① （宋）秦九韶：《数书九章》卷 1《大衍类·推计土功》，任继愈总主编，郭书春主编：《中国科学技术典籍通汇·数学卷》第 1 册，第 452 页。

② 吴文俊主编：《秦九韶与〈数书九章〉》，第 233 页。

③ 吴文俊主编：《秦九韶与〈数书九章〉》，第 215 页。

④ 吴文俊主编：《秦九韶与〈数书九章〉》，第 214 页。

⑤ 关于秦九韶的治国思想，参徐品方、张江、宁锐：《〈数书九章〉研究——秦九韶治国思想》，北京：科学出版社，2016 年，第 21—128 页。

⑥ （宋）周密撰，吴企明点校：《癸辛杂识·续集》卷下《秦九韶》，第 171 页。

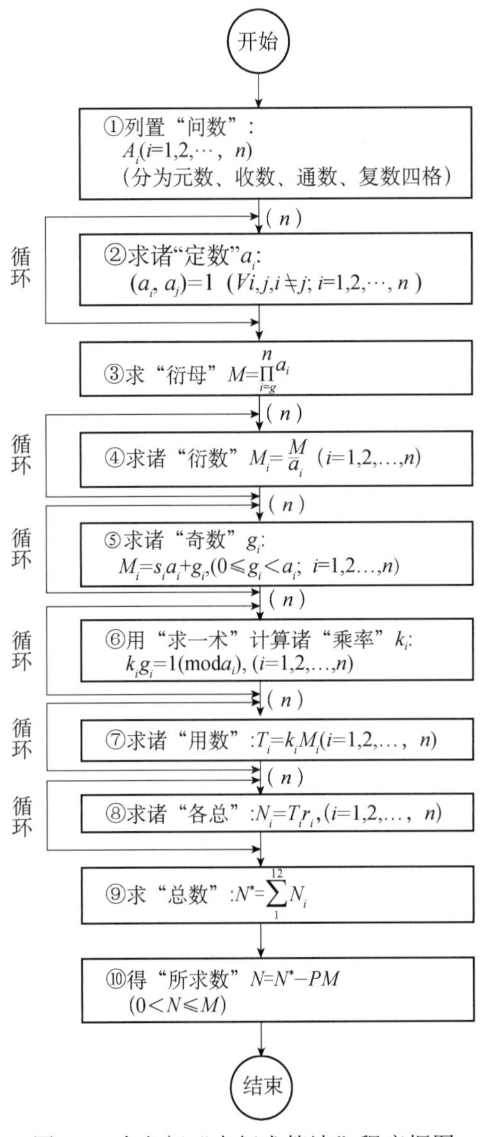

图 3-2　秦九韶“大衍术算法”程序框图

日中而市，万民所资，贾贸墆鬻，利析锱铢，蹛财役贫，封君低首，逐末兼并，非国之厚。①

在此，“封君低首”一词源自《史记》。《汉书·食货志》亦载有“封君皆氐首仰给”②之语，颜师古注曰：“封君，受封邑者，谓公主及列侯之属也。氐首，犹俯首也。时公主、列侯虽有国邑而无余财，其朝夕所须皆俯首而取给于富商大贾，后方以邑入偿之。”③这说明什么问题呢？一是它反映了中国传统社会存在着很典型的属于“官商合一”形式的

① （宋）秦九韶：《数书九章·序》，任继愈总主编，郭书春主编：《中国科学技术典籍通汇·数学卷》第1册，第440页。

② 《汉书》卷24下《食货志下》，第1162页。

③ 《汉书》卷24下《食货志下》，第1163页。

商品经济运行模式，二是它说明了富商大贾之所以能够“逐末兼并”的主要社会背景，是因为私商攀附权贵而受到其特殊“保护”，这种现象反证了商业贿赂现象不仅存在，而且在事实上已经发展到严重扰乱社会经济秩序的程度，而分析商业贿赂产生的原因固然很多，但财会制度不健全或者说政府对于工商业者经营活动的监督成本太高亦是不可忽视的一个重要因素。其实，秦九韶想做的事情也在于此。考《数书九章》卷 17《市物类》共选择了 9 道例题，如“推求物价”“均货推本”“互易推本”“推计互易”“推求本息”“推求典本”“僦直推原”等，其主要内容就是通过特定的量化途径或标准化的成本管理方法，使之更有利于国家对其进行有效的监督和控制。秦九韶在“推求本息”一题中提出了一种抑制兼并的主张，那就是用调整利率的经济杠杆来限制富商大贾屯积国家货币的行为，以使其更好地为国家的经济建设服务。题云：“问三库息例，万贯以上，一厘；千贯以上，二厘五毫；百贯以上，三厘。甲库本四十九万三千八百贯，乙库本三十七万三百贯，丙库本二十四万六千八百贯。今三库共纳到息钱二万五千六百四十四贯二百文，其典率，甲反锥差，乙方锥差，丙蒺藜差，欲知元典三例本息各几何？”[①]南宋经营高利贷的“库户”及其“质库营运”是受国家法律保护的，如《名公书判清明集》卷 9《质库利息与私债不同》中曾载：“若甲家出钱一百贯，雇倩乙家开张质库营运，所收息钱虽过于本，其雇倩人系因本营运所得利息”[②]，故“比之借贷取利过本者，事体不同，即不当与私债一例定断”[③]。将“库户利息”与“放私债”区别开来，有利于保护“库户”的合法利益，这是没有问题的。宋太祖曾说：凡富家的“兼并之财，乐于输纳，皆我之物”[④]。可见，宋太祖提倡“兼并”和鼓励“兼并”，这应是宋代高利贷发展的一个非常重要的政治原因。在通常情况下，“库户”将民间的闲散资金收拢起来，然后通过一定的信用制度和收取一定利息的办法再将其重新送回到社会经济的运行过程中，使其充分发挥货币流通的职能，从而增加“库户”所在地的社会财富，促进社会经济的发展。从理论上讲，在正常条件下，如果借贷数额愈大，其相应的利息反而愈低的话，那么，它就非常有利于满足国家之急需或者支持少数规模比较大且效益明显之项目投资，因为它可以大大降低投资者的金融风险。因此，秦九韶的低息多贷方案不失为一个缓解南宋社会经济矛盾的积极举措。然而，与“多贷低息”相对应的是“高息”。当然，“少贷高息”在法律上也有限制，如《庆元条法事类》卷 80《杂门・出举债负》载《关市令》说：“诸以财物出举者，每月取利不得过四厘，积日虽多，不得过一倍。即元借米谷者，止还本色，每岁取利不得过五分（谓每斗不得过五升之类）。仍不得准折价钱。”[⑤]准此，则年利以“五分”为限。在一般情况下，民间的借贷多是小额贷款，所以，对于小额贷款收高息的利弊，我们必须从后

---

① （宋）秦九韶：《数书九章》卷 18《推求本息》，任继愈总主编，郭书春主编：《中国科学技术典籍通汇・数学卷》第 1 册，第 640 页。

② 《名公书判清明集》卷 9《质库利息与私债不同》，北京：中华书局，1987 年，第 336 页。

③ 《名公书判清明集》卷 9《质库利息与私债不同》，北京：中华书局，1987 年，第 336 页。

④ （宋）王明清：《挥麈录・余话》卷 1《〈祖宗兵制〉名〈枢廷备检〉》，上海：上海书店出版社，2001 年，第 221 页。

⑤ （宋）谢深甫纂修：《庆元条法事类》卷 80《出举债负》，杨一凡、田涛主编，戴建国点校：《中国珍稀法律典籍续编》第 1 册，第 903 页。

果上分两种情况来看，第一种情况是因广大民众多是小额贷款，对他们收取高额利息，无疑是一种盘剥行为；第二种情况是用长远的眼光看，大规模的经济投资总是社会繁荣和发展的必然要求，所以优先保证这些项目的用钱既是社会的需要也是“库户”的重要职能之一，而“库户”采用小额贷款收高息的做法在一定程度上能够限制民间那些不必要或者不紧要的贷款，这样有利于集中财力办大事，可见，“高息少贷”在特定条件下有利于国家的重大经济建设。虽然在秦九韶看来，“逐末兼并，非国之厚”，但是“非国之厚”正是宋朝家法藏富于民之理念的必然结果，因为在宋朝的皇帝看来，“兼并之财”其实是“皆我之物”。由此可见，秦九韶“抑兼并”的主张与宋太祖“驰兼并”的政策实际上并不矛盾。

秦九韶又说：

> 斯城斯池，乃栋乃宇，宅生寄命，以保以聚，鸿功雉制，竹个木章，匪究匪度，财蠹力伤，围蔡而栽，如子西素，匠计灵台，俾汉文惧，惟武图功，惟俭昭德，有国有家，兹焉取则。①

在内忧外患的历史条件下，宋代不断兴建各种土木工程，严重消耗了国家财力，是造成“民力屈”②的一个直接原因，故引起士大夫阶层比较普遍而强烈的反对。如文彦博曾把“土木之工不息”③看作是引发“灾变”的七大社会因素之一。不过，具体问题应具体分析，在“土木之工无时暂辍”④的宋代，其土木建筑中既有“不急之工”⑤又有诸如河道、桥梁、城池等“国家大计所资”⑥之工，关键问题是应处理好“不急之工”与“国家大计所资”之工的比例关系，而政府应把有限的财政资源用到国家和人民最急需的农业和国防上。于是，秦九韶便有了“惟武图功，惟俭昭德”的议论。在秦九韶看来，造成“营筑亡度”的原因从理论上讲主要是因为没有标准化的规则，所以他提出了“兹焉取则”的土木建筑原则与规划设计思想。以此为前提，他从不同类别的建筑领域和部门选取了“计定城筑”“楼橹功料”“计造石坝”“计浚河渠”“计作清台”“堂皇程筑”“砌砖极积”“竹围芦束”“积木计余”等九个例题作为范式，人们即可以以此为准而触类旁通，举一反三，因而它们对于指导与社会发展相适应的城市及农田水利建设都具有重要的实用价值。例如，“问淮郡筑一城，围长一千五百一十丈，外筑羊马墙，开濠长与城同。城身高三丈，面阔三丈，下阔七丈五尺，羊马墙高一丈，面阔五尺，下阔一丈，开濠面阔三十丈，下阔二十五丈，女头鹊台共高五尺五寸，共阔三尺六寸，共长一丈，鹊台长一丈，高五寸，阔五尺四寸，座子长一丈，高二尺二寸五分，阔三尺六寸，肩子高一尺二寸五分，阔三尺六寸，长八尺四寸，帽子高一尺五寸，阔三尺六寸，长六尺六寸，箭窗三眼，各阔六

① （宋）秦九韶：《数书九章·序》，任继愈总主编，郭书春主编：《中国科学技术典籍通汇·数学卷》第1册，第440页。

② （宋）周必大：《文忠集》卷158《东宫故事》，《景印文渊阁四库全书》第1148册，第710页。

③ （宋）文彦博撰，申纪元、智小峰点校：《潞公文集》卷9《尧汤水旱何以不为民患论》，山右历史文化研究院编：《山右丛书》初编第5册，上海：上海古籍出版社，2014年，第116页。

④ （清）徐松辑，刘琳等校点：《宋会要辑稿》食货46之16，第7044页。

⑤ （宋）潘良贵：《默成文集》卷3《宝林禅寺记》，《景印文渊阁四库全书》第1133册，第384页。

⑥ （宋）张方平：《乐全集》卷23《论京师军储事》，《景印文渊阁四库全书》第1104册，第232页。

寸，长七寸五分，外眼比内眼斜低三寸，取土用穿四坚三为率，周回石版，铺城脚三层，每片长五尺，阔二尺，厚五寸，通身用砖包砌，下一丈九幅，中一丈七幅，上一丈五幅，砖每片长一尺二寸，阔六寸，厚二寸五分，护崄墙高三尺，阔一尺二寸，下脚高一尺五寸，铺砖三幅，上一尺五寸，铺砖二幅，每长一丈，用木物料永定柱二十条，长三丈五尺，径一尺，每条栽埋功七分，串凿功三分，爬头拽后木共八十条，长二丈，径七寸，每条作功三分，串凿功二分，挦子木二百条，长一丈，径三寸，每条作功二分，般加功二分，纴橛二千个，每个长一尺，方一寸，每个功七毫，纴索二千条，长一丈，径五分，每条功九毫，石版一十片，匠一功，般一功，每片灰一十斤，般灰千斤，用一功，砖匠每功砌七百片，石灰每砖一斤，芦席一百五十领，青茅五百束，丝竿筀竹五十条，笍子水竹一十把，每把二尺围，镬手、锹手、担土杵手，每功各六十尺，火头一名，管六十工，部押濠寨一名，管一百二十工，每工日支新会一百文，米二升五合，知城墙坚积、濠积、濠深，共用木竹、橛、索、砖、石灰、芦茅、人工钱米共数各几何？”[①]秦九韶算出了各自的得数，在这里，我们并不关心其修筑“淮城”的预算成本，因为秦九韶想说明的仅仅是一种数学化的“格”式思维的实际应用，同时更重要的是他想通过这些数据来证明，不管人们在此基础上如何变化，其数学的计算方法及其他所体现出来的数学规律是不变的，因而它就能够为政府制定土木建筑规划提供一种决策的客观依据。事实上，在土木建筑过程中，只有按照科学规律去设计和施工，才能真正做到“惟俭”，亦才能使土木工程做到“以邦财民力为念”[②]。可见，量化意识是秦九韶“格”式思维的基本内核，社会作为一个不断自我发展和自我完善的自组织系统，它本身不仅有质的规定性即“道”，同时还有量的规定性即“数”，因此，社会发展在一定意义上可以看作是“道”与“数”的统一。由此可见，程朱理学讲“道”，是从事物的质的角度来理解社会，理解自然，理解人本身，于是他们进一步把“道”区分为天道、地道和人道，体现了“道”的多样性和复杂性。与之相对，秦九韶讲“数”，则是从事物的量的角度来理解社会，理解自然，理解人本身，于是他将“数”细化为“天时”“田域”“赋役”等类型，并通过特定的“格”把它们贯通起来，使之服从于一定的“美学”规则，如“大衍求一术”。在科学实践中，数本身必然表现为一定的结构，而结构又必然符合一定的美学原则，比如，秦九韶认为“城身高三丈，面阔三丈，下阔七丈五尺”就是一个符合建筑美学原则的数学结构，用现代的计量单位表示，则大城的上阔与下阔的比是3∶7.5，而《武经总要》给出的结构比例则为2∶5[③]，此与秦九韶所说的结构比例基本上相一致，这说明事物内部的数学结构是以特定的美学原则为基础的，而且这个美学原则本身具有客观性和普遍实在性，因此，秦九韶说：“夫物莫不有数也。”[④]又说：“数术之传，以实为

① （宋）秦九韶：《数书九章》卷13《计定城筑》，任继愈总主编，郭书春主编：《中国科学技术典籍通汇・数学卷》第1册，第582—583页。

② （宋）周必大：《文忠集》卷140《乞裁节土木之费》，《景印文渊阁四库全书》第1148册，第546页。

③ （宋）曾公亮、丁度撰，浦伟忠、刘乐贤整理：《武经总要・前集》卷12《守城篇》，海口：海南国际新闻出版中心，1995年，第342页。

④ （宋）秦九韶：《数书九章・序》，任继愈总主编，郭书春主编：《中国科学技术典籍通汇・数学卷》第1册，第439页。

体。”[①]其“实”就是指数学结构的客观实在性，而秦九韶试图用具有数学性质的“格”来规范人类的社会行为，虽然在特定的背景下具有一定的理论价值，但从总体上看却是超时代的，因而在实践上也是行不通的。

第五节 杨辉的经济数学思想

杨辉字谦光，南宋钱塘（今浙江杭州）人，生卒年不详。据考，杨辉流传下来的著作主要有五种，即《详解九章算法》（1261）、《日用算法》（1262）、《乘除通变本末》（1274）、《续古摘奇算法》（1275）、《田亩比类乘除捷法》（1275），后三种合为《杨辉算法》。在中国数学史上，杨辉不仅保存了贾宪、刘益等前辈数学家的研究成果，而且还对组合数学（幻方）、高阶等差级数求和（垛积术）等数学领域进行了深入的探讨。对此，吴文俊主编的《中国数学史大系》第5卷《两宋》一书已有详述，兹不赘言。

如众所知，随着南宋商品经济发展的不断繁荣，如何应用便捷的数学工具来解决当时人们在社会经济生活中所遇到的各种经济问题，自然就成为需要南宋算学家及时破解的一个重大理论课题。于是，为了使数学发展与南宋商品经济的发展相适应，杨辉花费了大量精力去改进传统的计算工具，同时又致力于实用数学知识的推广。因此之故，杨辉以他卓越的经济数学成就，稳固地站立于中国古代经济数学思想发展的历史之巅。

一、《杨辉算法》中的经济数学思想

从名称上看，经济数学是直到西方近代才出现的一门新兴学科，然而，就一般人的理解而言，所谓经济数学实际上就是指“数学在经济学中的应用以及对经济学中提出的各种数学问题的研究”[②]。因此，李迪在《中国数学史研究的回顾与展望》一文中对未来中国数学史研究提出了一条非常有建设性的建议。他说：应当“把中国传统数学大体分为两类：一为地算，一为天算，略与古代的外算和内算相当，前者暂以经济数学史或其前史为主，后者以天算学史为主，比数理天文学史的范围广”[③]。依据这条建议，笔者业已对杨辉的经济数学思想作了较为系统的研究。[④]故此，这里择要述之。

（一）《乘除通变算宝》与“归除歌括”

算盘是商业数学发展的产物之一，它的起源众说纷纭，但“唐宋说”理由更充分。[⑤]

---

① （宋）秦九韶：《数书九章·序》，任继愈总主编，郭书春主编：《中国科学技术典籍通汇·数学卷》第1册，第439页。

② 郑方顺、于天福主编：《大学生素质教育知识手册》上册，深圳：国际文化交流出版中心，1999年，第407页。

③ 林东岱、李文林、虞言林主编：《数学与数学机械化》，济南：山东教育出版社，2001年，第421页。

④ 吕变庭：《杨辉算书及其经济数学思想研究》，北京：科学出版社，2017年，第32—209页。

⑤ 李彬主编：《考古知识》，北京：北京燕山出版社，2009年，第141页。

所以美国学者费正清主张："算盘于宋代晚期出现并成为后世东亚商人的主要计算工具。"[①]又有学者认为："算盘很可能萌芽于久远的年代，但在宋代趋于成熟。"[②]其成熟的标志之一就是出现了相对完整的"归除歌括"。如《乘除通变算宝》卷中就载有"九归新括"，其歌云：

归数求成十：九归，遇九成十；八归，遇八成十；七归，遇七成十；六归，遇六成十；五归，遇五成十；四归，遇四成十；三归，遇三成十；二归，遇二成十。

归除自上加：九归，见一下一，见二下二，见三下三，见四下四；八归，见一下二，见二下四，见三下六；七归，见一下三，见二下六，见三下十二，即九；六归，见一下四，见二下十二，即八；五归，见一作二，见二作四；四归，见一下十二，即六；三归，见一下二十一，即七。

半而为五计：九归，见四五作五；八归，见四作五；七归，见三五作五；六归，见三作五；五归，见二五作五；四归，见二作五；三归，见一五作五；二归，见一作五。

定位退无差。[③]

以上歌诀即使不为算盘而立（因当时尚处于珠筹并用时期），它也毕竟为算盘的普及创造了条件。换言之，这种便于记忆的歌诀形式，"反映了筹算算法的发展，也促进了珠算的产生，而它本身也逐渐演变成后人熟知的珠算口诀"[④]。所以中国台湾学者方豪很自豪地说："宋有算盘，至为可信；元有算盘，更无可疑。"[⑤]

（二）《法算取用本末》与"素数表"

如何提高多位数的运算速度？这是人们在商业交易过程中遇到的最大难题，如杨辉在《乘除通变算宝》和《法算取用本末》中的算题取材基本上都是人们在日常经济生活中遇到诸如买卖绢绫、田地、官收税钱等问题。而杨辉经过不懈努力，他根据数字的内在结构特点和乘除加减运算的规律，提出了"重乘""加一位""求一乘（除）"等简捷算法。其中"重乘"的特点是分解因数，故杨辉说："乘位繁者，约为二段，作二次乘之，庶几位简而易乘，自可无误也。"[⑥]如 $768\times36=768\times6\times6$，这道算题说明，乘数"36"除了被1和其本身整除之外，还可以被其他正整数整除。又如 768×211 算式中的乘数211，除了被1和其本身整除之外，已经没有任何其他正整数整除了，所以211这个数就是素数。虽然杨辉没有提出"素数"的概念，但他在《乘除通变算宝》一书中却使用了与"素数"等价

① ［美］费正清：《中国：传统与变迁》，张沛译，北京：世界知识出版社，2001年，第150—151页。

② 王俊编著：《中国古代科技》，北京：中国商业出版社，2015年，第26页。

③ （宋）杨辉：《乘除通变算宝》卷中，任继愈总主编，郭书春主编：《中国科学技术典籍通汇·数学卷》第1册，第1059页。

④ 白寿彝总主编，陈振主编：《中国通史》第7卷《中古时代·五代辽宋夏金时期》下，上海：上海人民出版社，2013年，第1768页。

⑤ 方豪：《中西交通史》下，上海：上海人民出版社，2015年，第500页。

⑥ （宋）杨辉：《法算通变本末》卷上，任继愈总主编，郭书春主编：《中国科学技术典籍通汇·数学卷》第1册，第1053页。

的“不可约”数概念。如题云：

三万八千三百六十七斤，每斤价钱二十三贯一百二十一文。问：钱若干？

答曰：八十八万七千八十三贯四百七文。

草曰：置价钱为法（二十三贯一百二十一文，即乘数，引者注），约之。先以九约，又以七约，乃见三百六十七，更不可约也。①

依现代的素数理论，杨辉上题所云“不可约”的367这个乘数，即是一个素数。②

更加可贵的探索是，杨辉列出了从201—300之间的所有素数。其文云：

二乙一，连身加一乙；二二三，连身加二三；二二七，连身加二七；二二九，连身加二九；二三三，连身加三三；二三九，连身加三九；二四乙，连身加四一；二五一，连身加五一；二五七，连身加五七；二六三，连身加六三；二六九，连身加六九；二七一，连身加七一；二七七，连身加七七；二八一，连身加八一；二八三，连身加八三；二九三，连身加九三。③

文中的“连身加某某”，表明都是“不可约”者。从201—300的素数表，总计16个。与古希腊欧几里得对素数的研究相比，杨辉的工作尽管还不完善，但正如有学者所言：杨辉是“在没有外来影响的情况下注意到这一重要问题，其思想之深刻是值得称道的”④。

（三）《田亩比类乘除捷法》与高次方程的解法

南宋的田亩类型非常复杂⑤，这就造成了计算田亩之积的困难。而为了解决人们在农业生产实践中所遇到的各种复杂田亩面积计算问题，刘益创造性地改进了中国古代解高次方程的方法。下面是杨辉在《田亩比类乘除捷法》卷下引录的一道应为刘益求解弓形面积的算题，其原文云：

圆田一段，直径十三步。今从边截积三十二步，问所截弦矢各几何？

答曰：弦十二步，矢四步。

术曰：倍因积步自乘为实，四因积步为上廉，四因径步为下廉，五为负隅，开三乘方除之，得矢；以矢除倍积，减矢，即弦。

草曰：倍田积自乘得四千九十六步为实，四因积步得一百二十八为上廉，别四因径步得五十二为下廉。置五算为负隅于实上，商置得矢四步。次命负隅五减下廉二十，余三十二。以上商四步依三乘方乘下廉入上廉，共二百五十六。又以上商四步乘

① （宋）杨辉：《乘除通变算宝》卷上，任继愈总主编，郭书春主编：《中国科学技术典籍通汇·数学卷》第1册，第1053页。

② 武焕章：《基础数论与哥德巴赫猜想》，北京：中国科学技术出版社，2007年，第49页。

③ （宋）杨辉：《法算通变本末》卷下，任继愈总主编，郭书春主编：《中国科学技术典籍通汇·数学卷》第1册，第1066页。

④ 唐明等主编：《亚洲数学精英传》，呼和浩特：远方出版社，2005年，第211页。

⑤ 吕变庭：《杨辉算书及其经济数学思想研究》，第96—101页。

上廉，得一千二十四为三乘方法。以上商命方法，除实尽，得矢四步。别置二因积六十四，以矢四步除，得一十六，减矢四步，余十二步，为弦，合问。①

按照草算，杨辉在题中给出的解法，如表 3-1 所示。②

表 3-1　杨辉用“增乘开方法”解高次方程步骤表

商	4	4	4	4	4
实	4096	4096	4096	4096	4096−1024×4=0
三乘方法				256×4=1024	1024
上廉	128	128	128+32×4=256	256	256
下廉	52	52+（−5）×4=32	32	32	32
负隅	−5	−5	−5	−5	−5

如果用霍纳算式表达，则为

$$\begin{array}{rl|l} & -5+52+128+\ \ 0-4096 & 4 \\ & -20+128+1024+4096 & \\ \hline & -5+32+256+1024\qquad 0 & \end{array}$$

设所求矢为 x，那么，上式方程可写作

$$-5x^4+52x^3+128x^2=4096。$$

若用“弧田术”求解，则如图 3-3 所示。③

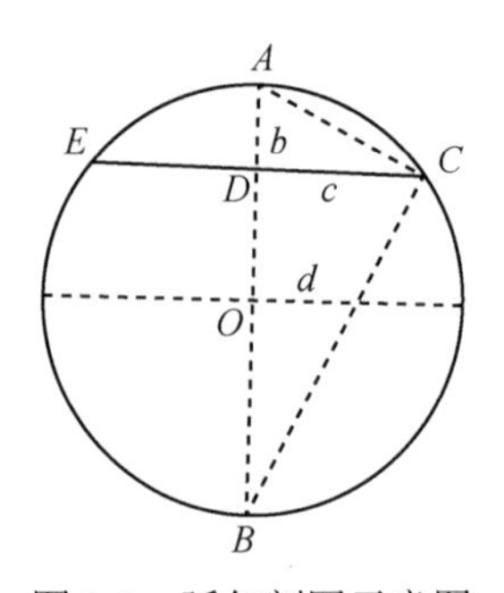

图 3-3　弧矢割圆示意图

设截矢为 b，弦为 c，直径为 d，截积为 A，依术草，求截矢高，即求解下面的方程

$$-5b^4+4db^3+4Ab^2-(2A)^2=0$$

然后，再求截弦的长。其术草给出的公式为

$$c=\frac{2A}{b}-b$$

① （宋）杨辉：《田亩比类乘除捷法》卷下，任继愈总主编，郭书春主编：《中国科学技术典籍通汇·数学卷》第 1 册，第 1093 页。

② 李俨、杜石然：《中国古代数学简史》下，北京：中华书局，1964 年，第 171 页。

③ 李逢平：《中国古算题选解》，北京：科学普及出版社，1985 年，第 102—103 页。

从学理上讲，上面的一元四次方程实由《九章算术》中之“弧田术”①与“圆材埋壁”②算式，二者合并变化而来。

即由 $A=\dfrac{bc+b^2}{2}$ 式，得 $c=\dfrac{2A-b^2}{b}$。

再由 $d=b+\dfrac{\left(\dfrac{c}{2}\right)^2}{b}$ 式，得 $c^2=4bd-4b^2$。故

$\left(\dfrac{2A-b^2}{b}\right)^2=4db-4b^2$，化简得

$$-5b^4+4db^3+4Ab^2-(2A)^2=0$$

因刘益和杨辉都没有具体给出上述一元四次方程的构造过程，而且杨辉估商“矢四步”也不足以显示“增乘开方法”的优越性，但“杨辉所引刘益《议古根源》中的这一个题目，仍然可以算作是运用‘增乘开方法’求解高次方程的最早的一个例题”③。

（四）《续古摘奇算法》与幻方

幻方亦称“纵横图”，它是杨辉《续古摘奇算法》重点探讨的问题。

在杨辉所处的那个时代，幻方虽然距离人们的经济生活较为遥远，但由于朱熹等理学家的倡导，“河图”“洛书”不断进入南宋算学家的研究视野，如杨辉、丁易东等。我们知道，所谓幻方是指在一个正方形内，数字从 1 至某一数成规律地布局其内，使得纵、横各条数字之和相等。从这个概念出发，“河图”“洛书”被称为幻方之祖。在《续古摘奇算

---

① （魏）刘徽注：《九章算术》卷 1《方田》，郭书春、刘钝校点：《算经十书（一）》，第 11 页。术文：“以弦乘矢，矢又自乘，并之，二而一。”即截积 $A=\dfrac{bc+b^2}{2}$。

② （魏）刘徽注：《九章算术》卷 9《句股》，郭书春、刘钝校点：《算经十书（一）》，第 97 页。其题文云：“今有圆材埋在壁中，不知大小。以锯锯之，深一寸，锯道长一尺。问径几何？答曰：材径二尺六寸。”如图 3-4 所示

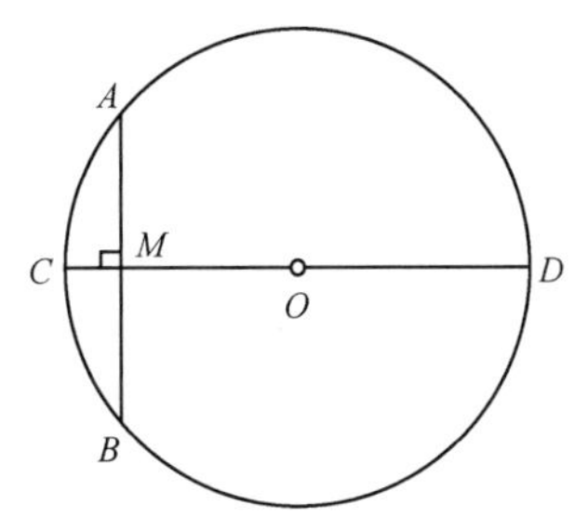

图 3-4　“圆材埋壁”示意图

设 CD 为直径 d，锯道 AB 为 c，锯深 CM 为 b，则由 $MA^2=MC\cdot MD$，求得

$$d=b+\frac{\left(\frac{c}{2}\right)^2}{b}。$$

③ 李俨、杜石然：《中国古代数学简史》下，第 172 页。

法》一书里，杨辉总共讨论了13个幻方和6个幻圆的数学性质，其中最有价值的成果是他对幻方构造法的研究。如杨辉发现“洛书”的构造规律是：

> 九子斜排，上下对易，左右相更，四维挺出。戴九履一，左三右四，二四为肩，六八为足。①

“九子”即从1—9这9个自然数，经过杨辉的上述排序，“洛书”就变成了图3-5所示。

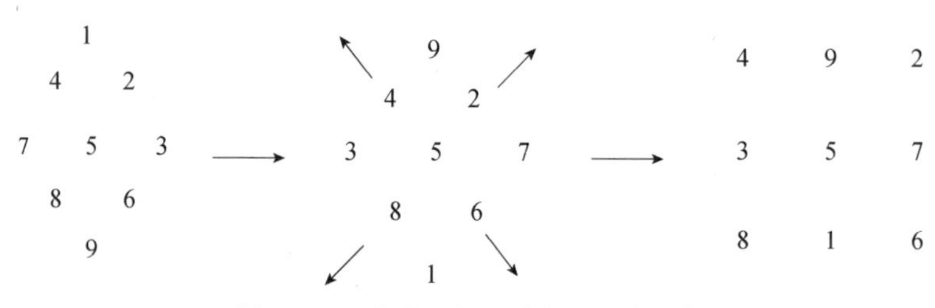

图3-5 “洛书”与三阶幻方示意图②

就“洛书”的数学性质而言，其方阵中的9个数，在以3个数构成的任何一条直、斜线上，它的和都等于15，此即三阶幻方的特点，15则是此三阶幻方的常数。③有学者称：“如果把经过旋转和反射以后产生的幻方看作相同的幻方，那么三阶幻方只有上述一种排法。”④在杨辉之前，一般人们都把“幻方”看作是一种玩具，而自杨辉之后，人们逐渐将“幻方”视为一种算具，显示了“幻方”具有一定的实用价值。⑤据考，杨辉在《续古摘奇算法》一书中所阐释的幻方有“四四图”“五五图”“七七图”“九九图”等，“他不仅构造了四阶至十阶幻方，还构造了不同形状的幻方，因而在组合数学发展史上具有开创性的价值和意义”⑥。而近代以来的科学实践一再证明，随着计算机技术应用的普及，杨辉幻方的构造方法“必将在解决缺陷幻方填充、幻方模和分解等新的幻方问题方面发挥越来越重要的作用”⑦。

二、《详解九章算法》中的经济数学思想

《详解九章算法》以贾宪《黄帝九章算法细草》为底本，又择《九章算术》中80道典型题例作为“矜式”，全书分为12卷，内容包括“图验”“乘除”“除率”“合率”“互换”

---

①（宋）杨辉：《续古摘奇算法》卷上，任继愈总主编，郭书春主编：《中国科学技术典籍通汇·数学卷》第1册，第1097页。

②（宋）杨辉：《续古摘奇算法》卷上，任继愈总主编，郭书春主编：《中国科学技术典籍通汇·数学卷》第1册，第1097页；刘军、王永庆：《三阶幻方探秘》，赵景耀、朴仲铉主编：《数学教育与应用数学论文集》，沈阳：辽宁大学出版社，1996年，第336页。

③ 吕变庭：《杨辉算书及其经济数学思想研究》，第132页。

④ 刘军、王永庆：《三阶幻方探秘》，赵景耀、朴仲铉主编：《数学教育与应用数学论文集》，第336页。

⑤ 周振章编：《计算技术》，大连：东北财经大学出版社，2009年，第233页。

⑥ 吕变庭：《杨辉算书及其经济数学思想研究》，第132页。

⑦ 吕变庭：《杨辉算书及其经济数学思想研究》，第139页。

“衰分”“垒积”“盈不足”“方程”“勾股”“题兼二法者”“纂类”，其中与《九章算术》相比较，“图验”“乘除”“纂类”是新增加的内容。因此，杨辉《详解九章算法》在数学史上的重大贡献主要表现在两个方面：一是记录了贾宪的研究成果；二是对《九章算术》的重新分类。

（一）贾宪-杨辉三角的结构与性质

贾宪三角亦称“杨辉三角”，又称“贾宪-杨辉三角”，见载于《详解九章算法》。可惜，现传本《详解九章算法》阙载，幸赖《永乐大典》卷 16344（原件现藏英国剑桥大学图书馆）才使之保留下来。

图 3-6 是如何构造出来的？贾宪用“左衺乃积数”等 25 字诀道出了个中秘密。原来贾宪在解方程的“增乘开平方”和“增乘开立方”运算过程中，发现了二项式方程即 $(x+a)^n$ 展开式各系数的排列规律，并可以用三角形（即二项式定理系数表）来直观地表达这个数表。

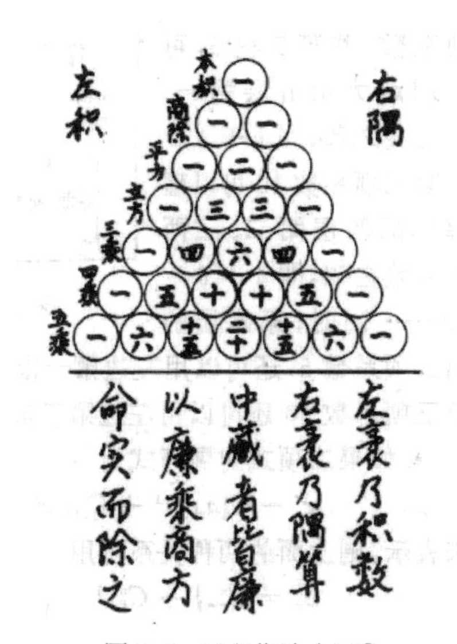

图 3-6　开方作法本源①

而 $(x+a)^n$（ $n=0,1,2,3,4,5,6$ ）的展开式如下：

$$(a+b)^0=1$$

$$(a+b)^1=a+b$$

$$(a+b)^2=a^2+2ab+b^2$$

$$(a+b)^3=a^3+3a^2b+3ab^2+b^2$$

① （明）解缙等：《永乐大典》卷 16344《十翰韵・算字部・算法十五》少广节内引，《永乐大典》第 7 册，北京：中华书局，1986 年，第 7024 页。

$$(a+b)^4=a^4+4a^3b+6a^2b^2+4ab^3+b^4$$

$$(a+b)^5=a^5+5a^4b+10a^3b^2+10a^2b^3+5ab^4+b^5$$

$$(a+b)^6=a^6+6a^5b+15a^4b^2+20a^3b^3+15a^2b^4+6ab^5+b^6$$

从结构上看，贾宪-杨辉三角具有以下特点：

第一，用 28 个数字叠加成一个金字塔式三角形，其数字的排列规律是，第 1 行 1 个数字，第 2 行 2 个数字，第 3 行 3 个数字，第 4 行 4 个数字，第 5 行 5 个数字，第 6 行 6 个数字，第 7 行 7 个数字。实际上，贾宪-杨辉三角应当不止 7 行，而贾宪之所以仅仅排列到第 7 行，是因为 28 个数字象征 28 宿。至于“7”，则源于中国古代对日月和五行的“七曜”崇拜。

第二，递归性。即除了第 1 行外，从第 2 行起，两边上的数字都为 1，而其余的数字则都等于它肩上的两个数字之和。

第三，中高线对称，即每行中与首尾两端等距离之数相等。

当然，以上述结构特点为基础，贾宪-杨辉三角还具有很多有趣的数学性质。主要有：

（1）自上而下，斜线上各行数字的和是 1，1，2，3，5，8，13，21，34，…此数列 $\{a_n\}$ 满足：$a_1=1$，$a=1$，且$a_{n+2}=a_{n+1}+a_n\left(n\geqslant 3, n\in N_+\right)$，这就是斐波那契数列。

（2）第 1，3，7，15，…行，也就是第 2^k-1 行（k 是正整数）的各个数字都是奇数。

（3）第 $n\left(n\in N_+，且n\geqslant 2\right)$ 行除去两端的数字 1 以外的所有数均能被 n 整除，那么，整数 n 必为质数。①

（4）以中高线为准，每条横线上的数从左至右，在与中高线相交之前的数是递增的，然而，在此之后的数则是递减的。

（5）除顶点外，每个数正巧是由顶点下滑到该数的全部不同的路径数。

（6）每条横线上的最大数是$\begin{pmatrix} n \\ [n/2] \end{pmatrix}$。②

（7）第 m 斜列中（从右上到左下）前 k 个数之和必等于第 $m+1$ 斜列中的第 k 个数。③

（8）贾宪-杨辉三角的基本性质是：$C_n^r=C_{n-1}^{r-1}+C_{n-1}^r$，此即杨辉恒等式。④

关于贾宪-杨辉三角的应用价值，华罗庚在《从杨辉三角谈起》一书中列举了高阶等差级数、差分多项式、逐差法、堆垛术、混合级数、无穷级数、无穷混合级数、循环级数及倒数级数等与贾宪-杨辉三角的关系。⑤而在人们的日常经济生活中，如弹球游戏⑥、矩形格中的最短路径⑦、股票的涨停问题等，也都可以用贾宪-杨辉三角来解决。

---

① 沈文选、杨清桃编著：《数学眼光透视》，哈尔滨：哈尔滨工业大学出版社，2008 年，第 254 页。

② 马光思编著：《组合数学》，西安：西安电子科技大学出版社，2002 年，第 74—75 页。

③ 沈文选、杨清桃编著：《数学眼光透视》，第 254 页。

④ 吕变庭：《杨辉算书及其经济数学思想研究》，第 139 页。

⑤ 华罗庚：《从杨辉三角谈起》，北京：人民教育出版社，1964 年，第 11—44 页。

⑥ 章文、曹亮：《杨辉三角形在弹球游戏中的应用》，《数学教学》2004 年第 10 期，第 42 页。

⑦ 宋碎让：《对于“矩形格中的最短路径与杨辉三角”的思考》，《数学教学》2004 年第 9 期，第 33 页。

（二）《详解九章算法》与“九章”分类

古本《九章算术》经过西汉张苍、耿寿昌的增补和整理，到三国刘徽注《九章算术》之后，刘徽注本便成为后世算家学习《九章算术》的范本。不过，从算学教育的传播特点来看，刘徽注《九章算术》的分类本身未必适合人类大脑对于解决算术问题的思维习惯，所以如何把中国古代的算学教育与《九章算术》的具体内容结合起来，既不失《九章算术》的本真，又不违背数学思维规律，就成为杨辉关注的一个现实问题。那么，是因循还是变革？杨辉根据他长期的数学教育经验，主张“改而正诸”“删立题术”，因而对古本《九章算术》的内容分类作了较多调整。杨辉说：

> 《黄帝九章》古序云：国家尝设算科取士，选九章以为算经之首。盖犹儒者之六经，医家之难、素，兵法之孙子欤！昔圣宋绍兴戊辰算士荣棨谓：靖康以来，罕有旧本，间有存者，狃于末习。向获善本得其全经，复起于学，以魏景元元年刘徽等、唐朝义大夫行太史令上轻车都尉李淳风等注释、圣宋右班直贾宪课草，辉尝闻学者谓《九章》题问颇隐，法理难明，不得其门而入。于是，以答参问、用草考法，因法推类，然后知斯文非古之全经也。将后贤补赘之文，修前代已废之法，删立题术。又纂法问，详著于后。倘得贤者改而正诸，是所愿也。[①]

可见，杨辉主张对古本《九章算术》“删立题术”，并不纯粹是他的主观愿望，而是源自南宋算学教育的现实需要。是先有社会的现实需要，然后才产生了杨辉的变革要求。因此，杨辉在《算法通变本末》卷上所讲的“习算纲目”，也可视为这种现实需要的一个重要组成部分。

1. 杨辉对古本“九章算术”的重新分类

“分类”是科学研究的重要方法之一，如前所述，《九章算术》不单是一部数学专著，而且还是一部数学教材。作为一部教材，如何使《九章算术》的内容与人类的记忆思维相符合，这对于《九章算术》的知识传播具有关键性意义。据考，“分类”思维至少在远古人类的采集生活时代就初步形成了。[②]以数学知识的积累为例，远古人类在长期的生活实践中，积累了比较丰富的数学知识，如9000年前的贾湖人已经“可以进行十以内的加减运算”[③]，距今约5000年的青墩人已经掌握了比例和划分五等分圆的几何数学知识[④]，记录周王朝官制系统的《周礼》则出现了“九数”的概念等，其中“九数”应当是先秦算学数学知识的一种系统分类，而且是“人们对数学方法进行分类的第一次尝试”[⑤]。所以刘徽说：“周公制礼而有九数，九数之流，则《九章》是矣。”[⑥]

---

① （宋）杨辉：《详解九章算法·纂类》，任继愈总主编，郭书春主编：《中国科学技术典籍通汇·数学卷》第1册，第1004页。

② 吾淳：《中国哲学的起源——前诸子时期观念、概念、思想的发生发展与成型的历史》，上海：上海人民出版社，2015年，第95页。

③ 胡大军：《伏羲密码——九千年中华文明源头新探》，上海：上海社会科学院出版社，2013年，第125页。

④ 王其银、李春涛编著：《青墩考古 江苏的河姆渡》，苏州：苏州大学出版社，2010年，第149—150页。

⑤ 郭书春：《算经之首——〈九章算术〉》，深圳：海天出版社，2016年，第118页。

⑥ （魏）刘徽：《九章算术注序》，郭书春、刘钝校点：《算经十书（一）》，第1页。

到南宋中后期，《九章算术》流传的版本较多，而杨辉所看到的《九章算术》，诚如其所言：

> 古本二百四十六问：方田三十八问（并乘除问）；粟米四十六问（乘除六问，互换三十一，分率九问）；衰分二十问（互换十一，衰分九问）；少广二十四问（合率十一，勾股十三）；商功二十八问（叠积二十七，勾股一问）；均输二十八问（互换十一，合率八问，均输九问）；盈不足二十问（互换三问，分率四问，合率一问，盈朒十一，方程一问）；方程一十八问（并本章问）；勾股二十四问（并本章问）。①

随着生产实践的历史发展，宋代数学的题材和研究内容也越来越丰富，上述古本《九章算术》对数学问题的分类，已经无法满足南宋数学教育的客观需要了。于是，杨辉对古本《九章算术》的分类作了大胆变革。他说：

> 类题：以物理分章有题法，又互之讹。今将二百四十六问，分别门例，使后学亦可周知也。
>
> 乘除四十一问（方田三十八，粟米三问）；除率九问（粟米五问，盈不足四）；合率二十问（少广章十一，均输章八问，盈不足一问）；互换六十三问（粟米三十八，衰分十一，均输十一，盈朒三问）；衰分一十八问（本章九问，均输九问）；叠积二十七问（并商功章）；盈不足十一问（并本章）；方程一十九问（盈朒一问，本章一十八问）；勾股三十八问（少广十三，商功一问，本章二十四）。
>
> 题兼二法者十二问：衰分，方程（九节竹），互换，盈朒（故问粝米、持钱之属，油自和漆），合率，盈朒（瓜瓠求逢），分率，盈朒（玉石隐互，二酒求价，金银易重，善恶求田），方程，盈朒（二器求容，牛羊直金），勾股，合率（勾中容方）。前术问已注，今将讹舛以法问浅深，资次类章，更不重注。②

显而易见，杨辉分类的特点是以"算法"为纲，而《九章算术》的分类则是以"事"推类，二者的差异比较明显。故有学者评论说："直到今日，翻开从小学到大学的数学教科书，仍可看到是以算法为纲来编排书籍目录的，如'乘除''比例''方程'……；正是这种方法的科学合理性使其富于生命力。"③

2. 《习算纲目》与《九章算术》

《习算纲目》是《乘除通变本末》的开篇，同时也是全书的总纲，更是"迄今为止所发现的最早的一个数学教学计划"④。杨辉根据他多年的实践经验，在文中谈论了对学习《九章算术》的看法。他说：

---

① （宋）杨辉：《详解九章算法·纂类》，任继愈总主编，郭书春主编：《中国科学技术典籍通汇·数学卷》第1册，第1004—1005页。

② （宋）杨辉：《详解九章算法·纂类》，任继愈总主编，郭书春主编：《中国科学技术典籍通汇·数学卷》第1册，第1005页。

③ 沙娜：《杨辉〈详解九章算法纂类〉研究》，李迪主编：《数学史研究文集》第5辑，呼和浩特：内蒙古大学出版社；台北：九章出版社，1993年，第41页。

④ 毛礼锐、沈灌群主编：《中国教育通史》第3卷，济南：山东教育出版社，1987年，第662页。

《九章》二百四十六问，固是不出乘、除、开方三术，但下法布置，尤宜编历。如互乘、互换、维乘、列衰、方程，并列图于卷首。

《九章》二百四十六问，除习过乘除、诸分、开方，自余［方田、粟米］只须一日下编，［衰分］功在立衰，［少广］全类合分，［商功］皆是折变，［均输］取用衰分、互乘。每一章作三日演习。［盈不足、方程、勾股］用法颇杂。每一章作四日演习。更将《九章纂类》消详，庶知用算门例，而《九章》之义尽矣。①

对于如何学习数学的问题，《习算纲目》已经讲得再透彻不过了。其要领有三：一是熟悉乘除运算的基本法则；二是演习题目；三是灵活致用。从明清算学的发展状况看，杨辉的这种数学理念和教学思想，影响十分深远。因为自杨辉之后，实用数学遂成为中国传统数学发展的主流，而抽象的纯理论数学则渐渐淡出了人们的视野。譬如，金元之际在北方出现的天元术，把中国传统数学推向了古代历史的最高峰。可惜，由于天元术远离了人们的实际生活，所以明及清初的数学家甚至连天元术著作都读不懂了。如明代数学家唐顺之说："艺士著书，往往以秘其机为奇，所谓天元一云尔，如积求之云尔，漫不省其为何语。"②许莼舫从理论数学的角度，认为"宋、元之交的一二百年间（约1100—1300)，好说是中国数学的极盛时代。贡献最多的算家，要推秦（九韶）、李（冶）、郭（守敬）、朱（世杰）四人"③。然而，尽管杨辉没有被许先生列入"贡献最多的算家"之列，但是杨辉所开创的实用数学之星火，却已成燎原之势，无论官方还是民间，习其算法者，遍及社会各个阶层。所以明代珠算的普及与杨辉诸多算法歌诀的流行，关系非常密切，尤其是杨辉算法对明代算器型算法体系的形成产生了直接影响。从元代开始，杨辉所倡导的简化筹算乘除法歌诀越来越完备，像朱世杰的《算学启蒙》、贾亨的《算法全能集》、何平子的《洋明算法》、严恭的《通原算法》、王文素的《算学宝鉴》、程大位的《算法统宗》等，都是在杨辉算法的基础上编撰而成。另外，从数学教育的层面看，《习算纲目》蕴含着丰富的课程论要素：有完善的数学知识体系；有明确的技能培训要求；有可行的学习进度日程；有精辟的教材层次分析；有适用的教学参考书目；有中肯的学习方法指导。同时，在课程观的主要倾向方面，杨辉已经形成了明确的"学生是学习过程的活动主体"和"数学课程是个有结构的体系"的思想认识，它对我们当今的数学教育改革仍具有重要的现实意义。④

第六节　储泳"验诸事，折诸理"的科技思想

储泳字文卿，号华谷，侨居华亭（今上海松江）人，主要生活在南宋末期，生卒年月

① （宋）杨辉：《详解九章算法·算法通变本末》，任继愈总主编，郭书春主编：《中国科学技术典籍通汇·数学卷》第1册，第1049页。

② 《清史稿》卷506《梅文鼎传》，第13955页。

③ 许莼舫：《中算家的代数学研究》，北京：中国青年出版社，1952年，第113页。

④ 张永春：《〈习算纲目〉是杨辉对数学课程论的重大贡献》，《数学教育学报》1993年第1期。

不详。据《四库全书总目提要》称：储泳“平生笃好术数，久而尽知其情伪”①。由此可见，储泳是一位自觉的无神论者，是以翻然改图为其行为基础的一种自我检讨，因而他的说服力更强，影响力也更大。从专业的角度看，储泳曾著有《参同契解》和《悟真篇解》等书，对道家的多部名典均有造诣，可惜这些著作都以散佚，而流传至今的著作仅见《祛疑说》一卷。虽然《四库全书总目提要》将《祛疑说》一书列入杂家类，但严格说来，《祛疑说》应是一部内容比较丰富的科技著作，它的内容涵盖了医学、物理学、天文学、化工学等多个专业学科，在宋代科技发展史上占有非常重要的地位。尤其可贵的是，储泳以科技知识为武器，有力地揭露和批判了神鬼迷信与方术骗局，具有醒世骇俗的社会价值和思想意义。

一、以辟邪为目的的科技实践活动

就自然观而言，宇宙的本源是“气”，这是先秦以来大多数无神论者所坚持的基本指导思想。如，王充说：“天地，含气之自然也。”②又说：“人，物也，而物之中有智慧者也；其受命于天，秉气之元，与物无异。”③毫无疑问，储泳坚定地继承了由王充所开辟的这条唯物主义思想传统，并通过对“气”的唯物主义阐释而将南宋的无神论思想推向了更高的发展阶段。例如，储泳说：

> 气者，形之始也，气聚则显然成象，气散则泯然无迹。④
>
> 一气运化，万物莫逃。人亦天地之一物，岂能独立于阴阳之外哉！⑤

此气实际上指的就是形成宇宙万物的物质元素，用西方的语言文本说，其“气聚”指的应是物质生成过程中的“化合”作用，与之相反，“气散”指的则是物质转化过程中的“分解”作用。“化合”与“分解”是物质运动过程的两个相反过程，当然，也是两个辩证统一的过程。如果把整个宇宙看成是一个大系统，那么，“化合”的过程表现为物质从一种简单的物理环境开始，不断生成比较高级和复杂的物质形态，从而使物质世界变得生动多彩；而“分解”的过程则表现为物质从一种比较高级和复杂的物质形态，不断还原为简单的无机形态，从而使物质世界变得单纯和原始。由于在中国古代，人们对物质世界的运动变化过程理解得还不够细致，特别是人们还不能够对“气散”过程本身作出科学的说明，因此，“形”与“神”的问题一直是“无神论”与“有神论”矛盾斗争的焦点。

从历史上看，形神问题产生于远古时期人们对人类自身所表现出来的各种复杂生命现象的认识与猜测。比如，人类的肉体是如何形成的？人为什么会做梦？灵魂的本质是什么？等等。对于这些问题，由于人们不能给予正确的解释，所以，人们普遍认为人体由两

---

① （清）永瑢等：《四库全书总目提要》，第1046页。

② 《论衡》卷11《谈天篇》，《百子全书》第4册，第3320页。

③ 《论衡》卷24《辨祟篇》，《百子全书》第4册，第3456页。

④ （宋）储泳撰，赵龙整理：《祛疑说·鬼神之理》，上海师范大学古籍整理研究所编：《全宋笔记》第9编第8册，第34页。

⑤ （宋）储泳撰，赵龙整理：《祛疑说·辨身壬法》，上海师范大学古籍整理研究所编：《全宋笔记》第9编第8册，第38页。

个相互独立的部分组成，一部分是肉体，另一部分则是灵魂。而“万物有灵”的观念曾经在一个很长的历史时期里，成为主导人类社会行为的基本意识形式。后来，当“天”的观念出现之后，便将“万物有灵”的鬼神观念与“天”的观念结合起来，从而使“天”获得了主宰人类命运的至上神地位。如《孝经·圣治章》载：“昔者周公郊祀后稷以配天，宗祀文王于明堂以配上帝。”①此“宗祀”即“祖先神”，而“上帝”即“至上神”，所谓“宗祀文王于明堂以配上帝”即为“祖先神”与“至上神”的结合与统一。同时，“天”成了有意志的主宰神，故《卜辞通纂》363片有“帝令雨足年？帝令雨弗其足年？”②的记载。因此，许地山先生在《道教史》一书中说：“天底观念底发展是从死生底灵而来，故在具有人格方面称为上帝。”③应当承认，许地山的观点是颇有见地的。然而，自春秋始，“天”的至上性地位开始被逐渐觉醒的士大夫所动摇，随之，形神问题便朝着两个方向演变：其一，原来“形神”的二元对立转而向“形神合一”的形态发展，如，荀子说：“形具而神生”④，这样，“形”与“神”或称“灵魂”就不是两个相互独立存在的实体了，而是一物之两面，且人类的灵魂不能脱离肉体而独立存在。荀子又说：“无形”即为“天”⑤，这个观念显然是与把“无形”理解为“鬼神”的“有神论”思想相对立的，它显示了荀子试图把“天”与“鬼神”在思维形式上加以分别开来的思维倾向。循着荀子指出的方向，南北朝时期的范缜在其《神灭论》一文中更提出了“神即形也，形即神也。是以形存则神存，形谢则神灭也”的形神合一思想，将我国古代的无神论思想推进到一个新的历史高度。其二，天人二分在形式上取代了形神的二元对立。把形神看成两个相互独立的实体在理论上是错误的，同时在实践上也是有害的。但是，把天人不加分别，看成是一种形态，则给有神论留下了地盘。所以，为了使天与人在观念上相互区别开来，人们便不得不对“天”与“鬼神”杂糅体进行艰难的剥离工作。其剥离的主要方法就是将有意志的天变为无意志的自然之天。而这个工作也主要由荀子来完成，他说：“天不为人之恶寒也而辍冬，地不为人之恶辽远也而辍广。”⑥故此，荀子提出了“明于天人之分”⑦的命题。如此一来，天与灵魂的联系就被阻断了，灵魂回归了肉体，而天也摆脱了“灵魂”的羁绊成为独立的物质实体，成为与人相对立的客观存在。可见，荀子的无神论思想是跟天人相分思想紧密联系在一起的，仅此而言，它是我国古代哲学思维过程的一次巨大飞跃。在此前提下，储泳指出：

盖人之与鬼，阴阳一气耳，一气受形而为人，一气离形而为鬼。血因形而生，既不受形，何从有血？天下未有无形而有血者。⑧

---

① 《孝经·圣治章》，（清）纪昀：《四库全书精华》，长春：吉林大学出版社，2009年，第179页。

② 罗振玉：《殷墟书契前编》卷1，珂罗版影印本，1913年，第50页。

③ 许地山：《道教史》，北京：商务印书馆，2017年，第120页。

④ 《荀子·天论》，《百子全书》第1册，第187页。

⑤ 《荀子·天论》，《百子全书》第1册，第187页。

⑥ 《荀子·天论》，《百子全书》第1册，第188页。

⑦ 《荀子·天论》，《百子全书》第1册，第187页。

⑧ （宋）储泳撰，赵龙整理：《祛疑说·叱剑斩鬼》，上海师范大学古籍整理研究所编：《全宋笔记》第9编第8册，第30页。

对“鬼”作了唯物的解释，认为“鬼”跟人一样，仅仅是“气”的一种存在方式。尽管这种解释未必科学，但储泳的用意非常明确，那就是将有血有肉的和不可理解的神鬼观念改变为一种可以理解的自然现象，从而揭开其披在头上的神秘面纱。众所周知，中国古代的鬼神观念有一个非常重要的功能，那就是假托鬼神的淫威和恐怖气象对民众进行训诫和教化，所谓“借鬼神之威以声其教”①是也。大概从南齐之后，民间又兴起了给鬼神烧纸钱的陋习。“南齐废帝东昏侯好鬼神之术，剪纸为钱，以代束帛，至唐盛行其事。”②然而，在现实社会中，人们有时想讨好“鬼神”，可“鬼神”并不一定领情。于是，在上述诸种媚神的方法之外，不知从何时起，民间更出现了“禁厌符咒”之术。比如，《后汉书》卷82下《解奴辜传》说：“河南有麹圣卿，善为丹书符劾，厌杀鬼神而使命之……初，章帝时有寿光侯者，能劾百鬼众魅。”③又《颜氏家训・风操》说：“偏傍之书，死有归杀。子孙逃窜，莫肯在家；画瓦书符，作诸厌胜。”④在储泳看来，“鬼”仅仅是“一气”，而且是“无形”之气，此“无形”之气其实是自然天，而不是“鬼”也不是“神”。储泳明确表示：

> 夫鬼神者，本无形迹之可见，声臭之可求，谓之有则不可。至于寒暑之代谢，日星之运行，雷电风雨之倏变倏化，非鬼神之显著者乎？⑤

从自然而然的意义上来理解人，则生人固然是“一气”之所使，而人死的现象也是“一气”之所使。把人的生与死看作是自然而然的事情，是宇宙万物自我否定和自我发展的客观外现。所以，与“死亡”现象相关联的“鬼神”意识，实际上是人们在日常生活中自己吓唬自己的一种障碍性心理疾病。对此，储泳这样解释道：

> 两仪立天地之体，一气妙阴阳之用。一阖一辟之间，阳生阴杀，贯乎万有，受其正气则为人，冗杂之气为异类，莫不有雌雄焉。原其受气之初，辟气为男，阖气为女，一阖一辟，男女攸分。《道藏》所载，以龙吟虎啸，不后不先，为结胎之始；以精血相包，处内处外，定男女之像。是则是矣，殊不知所以使之然者。盖有自然而然者矣，使之然者，其动静阖辟之机乎。人之生也以此，及其死也亦然。某日而死，则受某日之杀气，此理盖行乎其中，而不可见者也。⑥

从气的辩证运动过程来说明世界万物产生的根源，是储泳无神论思想的显著特点。在储泳的视域内，他看到了“一气”与“两仪”的相互作用是生命存亡的决定因素这个关键。据此，储泳将“一气”分为“正气”与“冗杂之气”两个组成部分，其中“正气”产生的是人类，而“冗杂之气”生成的是非人类。至于宇宙万物的生成模式，宋人有两派意

---

① 《淮南子・汜论训》，《百子全书》第3册，第2925页。

② （宋）叶寘：《爱日斋丛钞》卷5，《笔记小说大观》第25编，第317页。

③ 《后汉书》卷82下《方术列传・解奴辜传》，第2749页。

④ 王利器：《颜氏家训集解》卷2《风操》，北京：中华书局，2014年，第93页。

⑤ （宋）储泳撰，赵龙整理：《祛疑说・鬼神之理》，上海师范大学古籍整理研究所编：《全宋笔记》第9编第8册，第33—34页。

⑥ （宋）储泳撰，赵龙整理：《祛疑说・论男女之分生杀之气》，上海师范大学古籍整理研究所编：《全宋笔记》第9编第8册，第45页。

见：一派意见认为，“二气五行，化生万物”①，又“气不能不聚而为万物”②及“为气能一有无，无则气自然生，是道也”③。因此，我们将它称为“唯气派”；另一派意见则认为，“未有天地之先，毕竟也只是理”④，“有是理便有是气，但理是本”⑤。与“唯气派”不同，因这一派坚持“理在气先”的主张，故而我们将它称为“唯理派”。由此可见，储泳在理气问题上的取舍态度是很明确的，他是“唯气派”的坚定支持者。不过，在张载那里，关于“阖辟”与“男女”的内在联系，没有具体的说明，即使程朱之“唯理派”亦没有具体说明，而第一个对“男女”作“阖辟”解释的人就是储泳。当然，真正科学地解释生男生女问题是在20世纪初，染色体学说提出并经证实之后。而储泳的思想价值在于他发现了“男女”的生成来源于不同的物质结构形式这个基本点，也就是说，男女生成的本源是物质性的“气”，而“气”的结构形式则有所区别。借此，储泳进一步认为，人的生死也是“一气”的运动过程，他说：“使之然者，其动静阖辟之机乎。人之生也以此，及其死也亦然。”⑥即“一气”的“动静阖辟”产生不同的物质结构即“机”，然后由物质的不同结构形式产生人的“生”与“死”。换言之，人之“生”是物质存在的一种结构形式，而人之“死”也同样是物质存在的一种结构形式。这样，储泳就否定了人之“死”由外在于人的“凶神”所主宰的妄说。在储泳看来，“鬼神”仅仅是天地万物“倏变倏化”的一种外在现象。他说：

二气运行，本无形迹之可见，固不可谓之有，及其机微之积，错揉之变，则风霆流形，妖祥示象，此天地之鬼神也。⑦

鬼神者，阴阳显著之名耳。⑧

原来，人世间所说的“鬼神”其实就是“阴阳二气”屈伸运动变化的结果，是物质内部矛盾斗争显现于外的客观现象，是客观规律的一种曲折反映。在此前提下，储泳深刻揭露了“符印咒诀”的欺人本质。他说：

符印咒诀，行持之文具也；精神运用，行持之玄妙也。感应乃其枝叶，炼养乃其根本。不知其根本玄妙，而徒倚符印咒诀为事，虽甚灵验，亦徒法耳。盖符印本不能自灵，依神通而感应，苟得感通之道，何假符印咒诀哉？彼时师不达深妙，持将祭则灵之说，以愚后人。遂使后学一意祭赛，损物伤生，召引无依求食之鬼，日至月增，

---

① （宋）周敦颐撰，梁绍辉、徐荪铭等校点：《周敦颐集》，长沙：岳麓书社，2007年，第31页。

② （宋）张载撰，章锡琛点校：《张载集·正蒙·太和篇第一》，第7页。

③ （宋）张载撰，章锡琛点校：《张载集·横渠易说·系辞上》，第207页。

④ （宋）黎靖德编，王星贤点校：《朱子语类》卷1《理气上》，第1页。

⑤ （宋）黎靖德编，王星贤点校：《朱子语类》卷1《理气上》，第2页。

⑥ （宋）储泳撰，赵龙整理：《祛疑说·论男女之分生杀之炁》，上海师范大学古籍整理研究所编：《全宋笔记》第9编第8册，第45页。

⑦ （宋）储泳撰，赵龙整理：《祛疑说·鬼神之理》，上海师范大学古籍整理研究所编：《全宋笔记》第9编第8册，第34页。

⑧ （宋）储泳撰，赵龙整理：《祛疑说·鬼神之理》，上海师范大学古籍整理研究所编：《全宋笔记》第9编第8册，第34页。

结成徒党，自谓驱摄，指挥如意。不知以邪攻邪，实有损于行持者之身也。[①]

储泳对待“符印咒诀”的态度是“不卒受其说”，他举例说：

> 向遇一道友，能呼鹤、雀之类，从而求之，几月乃许传授。其法，用活雄鸠血书符，杀命助灵，心已不喜。先授七字咒，约旦日教以作用。阅其咒语，尽从反犬，有‘狐’‘狸’等字，方知此为岭南妖术耳，遂不卒受其说。彼察知不悦，亦就辞去。戏已无益，况左道乎？好怪伤生，尤非仁人君子之事。[②]

由于从东汉之后，“死”的迹象被描绘成一个十分恐怖的悲惨世界。因此，人们的内心深处不由得产生出一种惧怕死亡的心理反射。既然怕死，人们就想方设法追求不死的“法术”。在这样的氛围里，一种引导人们寻求不死的骗术便应运而生了。就理论形式而言，符咒之书成形于东汉时期的《太平经》，范晔说：其书“多巫觋杂语”[③]。所谓“杂语”主要包括诸如符箓咒术、神仙方术等内容。后来，西晋道士王纂把散布民间的各种符箓咒术汇总起来，撰为《太上洞渊神咒经》。接着，南朝时期又出现了专门讲求长生之术的《度人经》。此书备受宋徽宗的重视，其神霄派将《度人经》进一步改造为《灵宝无量度人上品妙经》六十一卷，该书的宗旨就是八个字：“仙道贵生，无量度人。”[④]书中甚至还有“死魂受炼，仙化成人……生身受度，劫劫长存，随劫轮转，与天齐年，保度三途，五苦八难，超凌三界，逍遥上清”[⑤]的说教。故此，储泳才反复强调说：“符印本不能自灵，依神通而感应。”[⑥]而储泳“符印本不能自灵”的思想实际上就是对东汉以来所流行的“符印咒术”能却病之迷信观念的否定，如唐代就流行有专业用符咒治病的《发病书》，而北宋成书的《云笈七签》也包含着大量的求长生不死的“符印咒术”，如《魂神》有“制七魂”的方术；《庚申部》则有“守三尸”及“去三尸”的诀法；《尸解》更载有“求尸解”的方法等。储泳认为，符咒治病可能有“灵验”的时候，但那“灵验”仅仅是偶然的巧合，而不是必然如此或一定要出现的结果。在储泳看来，“死”是必然的，但“生”具有相对的不稳定性，受外界因素的影响颇大。因此，他主张“感应乃其枝叶，炼养乃其根本”的“养生”思想。如果从道教的理念来讲，所谓“感应”指的应是“外丹”的修养功夫，而所谓“炼养”则主要指的是“内丹”的修养功夫。可见，储泳是“内丹”派的信奉者。从这个角度说，储泳斥“符咒”之术为“徒法”的思想，具有两个方面的意义：讲大处是反对“有神论”，讲小处则是拒斥“外丹”派所主张的“以邪攻邪”之修养方法。

当然，“无神论”与“有神论”之间的矛盾和斗争，在一定程度上说，反映的其实就

---

① （宋）储泳撰，赵龙整理：《祛疑说·符印咒诀不灵　祭将召邪》，上海师范大学古籍整理研究所编：《全宋笔记》第9编第8册，第29页。

② （宋）储泳撰，赵龙整理：《祛疑说·呼鹤自至》，上海师范大学古籍整理研究所编：《全宋笔记》第9编第8册，第31—32页。

③ 《后汉书》卷30下《襄楷传》，第1084页。

④ 《灵宝无量度人上品妙经》卷1，《正统道藏》第1册，第5页。

⑤ 《灵宝无量度人上品妙经》卷24，《正统道藏》第1册，第159页。

⑥ （宋）储泳撰，赵龙整理：《祛疑说·符印咒诀不灵　祭将召邪》，上海师范大学古籍整理研究所编：《全宋笔记》第9编第8册，第29页。

是科学与伪科学之间的矛盾和斗争。由于人类科学最初是从“宗教神学”的桎梏下解放出来的，因而自从科学获得相对独立的那一刻起，它就与各种各样的伪科学进行着长期不懈甚至是你死我活的艰巨斗争。从理论上讲，所谓科学主要是指人类运用逻辑思维和依靠实验过程而形成的对自然规律的正确认识和知识体系，它的主要特征是讲究实验，由实践检验；与之相反，所谓伪科学则主要是指依靠经验假象而使施伪者获得一定物质利益的一种属于知识性的骗术。因此，伪科学从来不敢面对实验。而为了更深刻地认识伪科学的思想实质，美国德克萨斯大学奥斯汀校区物理学博士罗瑞·科克尔（Rory Coker，Ph.D.）曾对伪科学的特征作了22点说明：①伪科学对事实不屑一顾；②伪科学从事的“研究”总是草率粗糙；③伪科学的目的就是将人们执迷不悟的东西合理化，而不是深入研究和验证替代错误观念的种种可能性；④伪科学对有效的物证标准不屑一顾；⑤伪科学侧重依赖主观正误判断；⑥伪科学依赖武断的人类文化常规而不是永恒不变的自然规律；⑦伪科学只要追根究底，最终归于荒诞；⑧伪科学总是回避使其理论接受科学验证；⑨伪科学经常自相矛盾，用其自身的术语来描述也如此；⑩伪科学通过隐瞒关键的信息和重要的细节蓄意制造并不存在的神秘现象；⑪伪科学永无进步；⑫伪科学企图用花言巧语、宣传手段，和歪曲事实来笼络人心，而不是靠有效的物证（根本不存在）；⑬伪科学的论证是出于无知，亦是其最根本的谬误；⑭伪科学的论证基于谣传例外、谬误、反常事物、怪异事件、可疑的理论，而不是基于有完善表述的自然规律；⑮伪科学借助于假权威、情绪、情感，或对已成立的事实的不信任态度；⑯伪科学出言大胆狂妄，推出异想天开的理论，其理论与已知自然现象相违背；⑰伪科学发明自己的词汇，许多术语缺乏精确或清晰的定义，一些没有任何定义；⑱伪科学借助科学方法的真理标准，同时又不承认其正确性；⑲伪科学宣称其研究的现象有“忌讳”；⑳伪科学的解释往往趋于情节剧；㉑伪科学常常借助于古人所习惯的魔幻思维方式；㉒伪科学依赖时代错位的思维方式。[①]尽管储泳的时代还没有“科学”与“伪科学”的观念，但他仍然用中国古代特有的文本语言，对“科学”与“伪科学”之间的差异作了严格区分。他说：

> 正法出于自然，故感应亦广大；邪法出于人为，故多可喜之术。[②]

此处之“正法”，用今天的术语讲就是“科学”，而此处之“邪法”，用今天的术语讲就是“伪科学”。而战胜“邪法”的最有效办法便是拿“正法”来拷问它，使之面对“正法”而不攻自破。下面我们看看储泳是如何揭露和批判“邪法”的：

第一例，邪法利用人类已有的科学知识和民众对某些科学知识的盲点，蓄意制造并不存在的神秘现象，从而欺骗世人。如《祛疑说》载有“咒枣烟起”和“咒枣自焦”的骗局。文曰：

> 旧闻咒枣而烟起，或咒而枣焦者，心虽知其为术，不知其所以为术也。后因叩之道师，乃知枣之烟者，藏药于枣，托名以咒，捻之则药如烟起。其枣之焦者，藏镜于

① ［美］罗瑞·科克尔：《区别科学与伪科学》，今科译，《今日科苑（综合版）》2007年第15期。

② （宋）储泳撰，赵龙整理：《祛疑说·咒水自沸 移景法》，上海师范大学古籍整理研究所编：《全宋笔记》第9编第8册，第29页。

顶，感召阳精，举枣就镜，顷之自焦。①

在火药知识已经十分普及的今天，人们理解“咒枣烟起”和“咒枣自焦”的现象并不难，但对于火药知识尚不普及的南宋时代，让人们去认识和想象“咒枣烟起”和“咒枣自焦”的道理，恐怕是很不现实的。毫无疑问，“咒枣烟起”和“咒枣自焦”都纯粹是“人为”的“假象”，是一种伪科学。例如，“咒枣自焦”的基本过程和原理是：找一些干枣来，预先将硫黄、烟硝、黑火药等一类易燃物放在干枣里，同时，施术者预先将一面凹面镜置于头顶的一个适当位置，待阳光强烈时，使凹面镜的燃点正好对准干枣内的引火源上，从而引起干枣“自燃”的化学燃烧现象。实际上，我国利用凹面镜取火的历史是十分久远的，如唐《开元占经·日占一》载：“积阳之热气生火，火气之精者为日。日者，阳之主也。故阳燧见日则然而为火。”②宋《能改斋漫录》卷3《辨误·阳燧》对“阳燧见日，则然而为火”③现象作了历史的回顾，说明宋人对“阳燧”取火的知识是不陌生的，他们所陌生的仅仅是火药燃烧的现象。④因为宋人对火药的制造采取保密措施，故有“禁其传”⑤的规定。

第二例，邪法将人们的主观愿望准“科学化”，使之在不知不觉中被其拖入到他所预设的观念误区里，从而依赖武断的人类文化常规而不是永恒不变的自然规律，对自然现象进行歪曲和误导。如《祛疑说》中载有“服丹药”一则事例，颇能说明问题。储泳说：

金石伏火丹药，有嗜欲者率多服之，冀其补助。盖方书述其功效，必曰“益寿延年，轻身不老”。执泥此说，服之无疑，不知其为害也。彼方书所述，诚非妄语，惟修养之士，嗜欲既寡，肾水盈溢，水能克火，恐阴阳偏胜，乃服丹以助心火。心为君，肾为臣，君臣相得，故能延年。况心不外役，火虽盛而不炎，以火留水，以水制火，水火交炼，其形乃坚。虽非向上修行，亦养形之道也。彼嗜欲者，水竭于下，火炎于上，复助以丹，火烈水枯，阴阳偏胜，精耗而不得聚，血渴而不得行。况复喜怒交攻，抱薪救火，发为消渴，凝为痈疽，或热或狂，百证俱见，此丹药之害也。人既不能绝欲，惟当助以温平之剂，使荣卫交养。有寒证，则间以丹药投之，病去则已。或者不知此理，每恃丹石以为补助，实戕贼其根本耳。⑥

在一定条件下，丹药具有补益身体的作用，但方术士将丹药的补益功用绝对化为一种“轻身不老”的灵丹妙药。于是，真理向前多走一步就变成谬误，而科学过了头也就转变成了伪科学。中国古人早已形成了自己的一整套价值判断体系，而这个价值体系的核心思

① （宋）储泳撰，赵龙整理：《祛疑说·咒枣烟起 咒枣自焦》，上海师范大学古籍整理研究所编：《全宋笔记》第9编第8册，第30页。

② （唐）瞿昙悉达：《开元占经》卷5《日占一》，北京：九州出版社，2012年，第41页。

③ （宋）吴曾：《能改斋漫录》，程毅中主编：《宋人诗话外编》上册，北京：国际文化出版公司，1996年，第611页。

④ （宋）吴曾：《能改斋漫录》，程毅中主编：《宋人诗话外编》上册，第611页。

⑤ （宋）王得臣撰，俞宗宪校点：《麈史》卷上《朝制》，《历代笔记小说大观》，上海：上海古籍出版社，2012年，第11页。

⑥ （宋）储泳撰，赵龙整理：《祛疑说·服丹药》，上海师范大学古籍整理研究所编：《全宋笔记》第9编第8册，第44页。

想就是只重视形式与表象，却不看重事物的内容与实质。所以，这种形式主义的思维模式极大地局限了人们的科学认识和求真意识。如中国古代的消费者只要看到是金光璀璨的金属器具，就毫不在乎它是真金还是伪金。可见，中国古人的防伪能力比较低下，而伪科学的滋生则跟中国古人缺乏防伪意识的大背景脱不了干系。中国金丹术兴起于西汉，当时汉武帝为了追求长生不老之药，他对李少君等“事化丹沙诸药齐为黄金”①的方术深信不疑，并以服食丹药作为成仙的手段。至于“丹药”的成分，由于属“《枕中鸿宝苑秘书》”②，世人一般是见不到的。直到东汉魏伯阳著《周易参同契》之后，人们始通过其《丹鼎歌》才了解到当时炼丹所用的药剂组成，归结起来，其主要原料有汞、铅、硫及其它们的化合物，如氧化铅、氧化汞、硫化汞以及氧化砷（雄黄、雌黄）、硝酸盐（硝石）等。从化学性质来说，像汞的蒸气及氧化砷（俗称“砒霜”）均有剧毒，而氧化汞（俗称“三仙丹”）也有毒。因此，由上述原材料所炼成的丹药本身则亦必然含有有毒性的汞、硫、砷等化合物，而在炼制过程中所产生或逸出的氮氧化物、硫氧化物及汞蒸气，则必然会不知不觉地对人体造成潜在的和长期的慢性中毒。尽管如此，但从魏晋开始，历代均有帝王情愿为服食丹药而付出生命的代价，如晋哀帝、北魏道武帝、北魏明元帝、唐太宗、唐宪宗、唐穆宗、唐武宗、唐宣宗、南唐烈祖、明仁宗、明世宗、清世宗等。而宋代仅见宋真宗有服食丹药的记载，不过并不严重。由此可知，外丹学经过唐代的极度“繁荣”之后，到北宋时期便“萧条”下来了。究其原因，主要是士大夫普遍反对炼金术，使之在宋代基本上没有了继续滋长的土壤，如北宋的郑獬说：“若夫按摩鼓漱采炼金石之术，则予未之达也。”③而南宋许棐则更有“不卖吓鬼符，不试炼金诀”④的诗句。不仅士大夫如此，君主的“科学”意识亦较唐代有了很大提高。比如，宋仁宗说：“其书（《道藏经》）多载飞炼金石方药之事，岂若老氏五千言之约哉？”⑤又宋高宗进一步明确地说：“药所以攻疾，疾良已则当却药，或者烹炼金石饵之，徒耗真气，非养生之道。”⑥当然，宋人反对炼丹长生的根本原因是他们看到了丹药本身的毒害，储泳说：“发为消渴，凝为痈疽，或热或狂，百证俱见，此丹药之害也。”⑦这并非没有根据，如五代的梁太祖因服食金丹而“眉发立堕，头背生痈”⑧，南唐烈祖李昪更是服食金石药致疽而死。⑨所以，何光远得出结论说：“‘九转’悞非一君，其次诸侯遇之死者无数。”⑩丹药害命，在南宋士大夫阶层已

① 《史记》卷12《孝武本纪》，第455页。

② 《汉书》卷36《刘向传》，第1928页。

③ （宋）郑獬：《养生记》，曾枣庄、刘琳主编：《全宋文》第68册，第161页。

④ （宋）许棐：《梅屋集》卷2《小蓑道人》，《景印文渊阁四库全书》第1183册，第202页。

⑤ （宋）李焘：《续资治通鉴长编》卷104“天圣四年二月庚戌”条，第2401页。

⑥ （宋）李心传：《建炎以来系年要录》卷96“绍兴五年十二月己酉”条，第1587页。

⑦ （宋）储泳撰，赵龙整理：《祛疑说·服丹药》，上海师范大学古籍整理研究所编：《全宋笔记》第9编第8册，第44页。

⑧ （五代）何光远：《鉴诫录》卷1《九转验》，吴玉贵、华飞主编：《四库全书精品文存》第17册，北京：团结出版社，1997年，第591页。

⑨ （宋）史□撰，虞云国、吴爱芬整理：《钓矶立谈》，朱易安等主编：《全宋笔记》第1编第4册，郑州：大象出版社，2003年，第226页。

⑩ （五代）何光远：《鉴诫录》卷1《九转验》，吴玉贵、华飞主编：《四库全书精品文存》第17册，第591页。

经是一种共识了，但这绝不意味着“炼丹术”从此就销声匿迹了。事实上，作为备制药物的金丹术仍然流行于民间。储泳也很客观地看到了这一点，他认为“以火留水，以水制火，水火交炼，其形乃坚。虽非向上修行，亦养形之道也”，问题在于如何正确地利用丹药的补益功能，使其有益于“养形”，并“使荣卫交养”，那才是鉴别科学与伪科学的试金石。

第三例，邪法在貌似神奇中暴露出荒诞，其理论与已知自然现象相违背。五行说是中国古代重要的思维范型，而方术家为了哗众取宠，而“随时抑扬，违离道本”①，故又在传统“五行”观的基础上推出了所谓的“大五行”说。储泳解释说：

> 大五行出于乾坤者十二位，出于六子者亦十二位，合六子足以当乾坤之数。盖乾坤之策三百六十，合六子之策亦三百六十，足以当乾坤之策也。但郭景纯所载未本属木，而金土木各得四位。故《山家五行篇》曰：“癸丑坤庚名稼穑，艮震巳未曲直痿。”今皆以未属土，殆必有所据，其理亦通。木三、金四、土五是也。然一为数之元，总摄八位可也。火何以不二不七而四耶？二说未知孰是。②

在《周易·说卦》中，除乾卦为父、坤卦为母外，其他六卦则震、坎、艮三卦为三男，巽、离、兑三卦为三女，是谓“六子”。而乾坤与六子在卦图中的位置，依邵雍的说法是“乾坤定上下之位，离坎列左右之门”，所谓“乾坤纵而六子横，易之本也”。③然而，宋人的“十二地支”图与五行的关系却是：巳午（火）上，亥子（水）下，寅卯（木）左，申酉（金）右，辰戌丑未（土）居中。与之相反，“三合派”风水术却规定：亥卯未属木，巳酉丑属金，寅午戌属火，申子辰属水。此外，《太平经钞甲部》亦有丑属金而未属木故“相刑”的记载，甚至唐代《宿曜经》中更有未属火的说法。可见，“未”究竟属“金”还是属“木”，抑或属“火”，古人尚且没有一个统一的认识，大五行怎么能自圆其说呢！因此，储泳说：“近世谢黄牛作《大五行歌》，附会不经，曲为之说，不足取。”④

诚然，储泳通过具体的个案式的剖析，深刻揭露了“邪法”的种种卑劣伎俩，使那些施“邪法”者无地自容。但这仅仅是问题的一个方面，因为储泳揭露和批判“邪法”的目的在于张扬“正法”的科学价值，从实践上堵塞“邪法”流行的途径，唯理是从，因而树立彰显自然本色的或者是具有科学意义的“天道观”。储泳说：

> 合于理者从之，背于理者去之。⑤

---

① 《汉书》卷30《艺文志》，第1728页。

② （宋）储泳撰，赵龙整理：《祛疑说·大五行说》，上海师范大学古籍整理研究所编：《全宋笔记》第9编第8册，第49页。

③ （宋）邵雍著，郭彧、于天宝点校：《邵雍全集》第5册《邵雍资料汇编》下，上海：上海古籍出版社，2015年，第179页。

④ （宋）储泳撰，赵龙整理：《祛疑说·大五行说》，上海师范大学古籍整理研究所编：《全宋笔记》第9编第8册，第47页。

⑤ （宋）储泳撰，赵龙整理：《祛疑说·阴阳家多拘忌》，上海师范大学古籍整理研究所编：《全宋笔记》第9编第8册，第37页。

那么，究竟如何去理解“合于理者从之”的实际内涵呢？储泳给出了一个非常典型和生动的实例。他说：

> 尝观刘向《灾异五行传》，后世或以为牵合。天固未必以屑屑为事，然殃咎各以类至，理不可诬。若遽以牵合少之，则箕子之五事庶证相为影响，顾亦可得而议乎？试以一身言之：五行者，人身之五官也，气应五脏。五气调顺，则百骸俱理，一气不应，一病生焉。然人之受病，必有所属。太阳为水，厥阴为木是也。而太阳之证，为项强，为腰疼，为发热，为恶寒，其患杂然而并出。要其指归，则一出于太阳之证也，犹貌不恭而为常雨、为狂、为恶也。况五官之中，或貌、言之间，两失其正，即《素问》所谓阳明厥阴之合病也。其为病又岂一端之所能尽哉！以一身而察之，则五事庶证之应，盖可以类推矣。刘向《五行传》直指某事为某证之应，局于一端，殆未察医书两证合病之理也。后之人主五事，多失其正，受病盖不止一证，宜乎灾异之互见迭出也。局以一证论之，未为得也。夫冬雷则草木华，蛰虫奋，人多疾疫，一气使然。景星庆云，不生圣贤，则产祥瑞。象见于上，则应在于下。如虹蜺，妖气也，当大夏而见，则不能损物，百物未告成也；秋见，则百谷用耗矣。或入人家而能致火，饮井则泉竭，入酱则化水。和气致祥，妖气致异，厥有明验。天道感物如响斯应，人事感天，其有不然者乎？如风花出海而为飘风，山川出云而为时雨。农家以霜降前一日见霜，则知清明前一日霜止；霜降后一日见霜，则知清明后一日霜止。五日十日而往，前后同占。欲出秧苗，必待霜止。每岁推验，若合符节，天道果远乎哉？感于此则应于彼，有此象则有此数，乃不易之理也。①

在这里，有两个问题需要辨明：一个问题是“天道不远”与“天人感应”的关系；另一个问题是“天道不远”与“天道远”的关系。从表面上看，储泳似乎亦在讲“天人感应”，比如他说“天道感物如响斯应，人事感天，其有不然者乎”。在此，储泳讲“感”不是附会，而是联系，它同董仲舒所说的“天人感应”截然有别。例如，董仲舒说：“天亦有喜怒之气、哀乐之心，与人相副。以类合之，天人一也。”②“天地之符，阴阳之副，常设于身，身犹天也，数与之相参，故命与之相连也。天以终岁之数，成人之身，故小节三百六十六，副日数也；大节十二分，副月数也；内有五藏，副五行数也；外有四肢，副四时数也；乍视乍瞑，副昼夜也；乍刚乍柔，副冬夏也；乍哀乍乐，副阴阳也。心有计虑，副度数也；行有伦理，副天地也。”③此“副”完全是一种“牵合”，一种穿凿附会。就实质而言，董仲舒的“人副天数”说其实就是一种神学目的论。然而，储泳的“天道感物”指的则是事物内部的各种联系，也就是事物与事物之间的相互依赖、相互制约、相互影响和相互作用。如生命对于阳光的联系，潮汐对于月球运动的联系，自然环境对于人体的联系，天象的变化对于作物生长的联系，“鱼跳水”对于“降雨”的联系，“芒种刮北风”对

---

①（宋）储泳撰，赵龙整理：《祛疑说·天道不远说》，上海师范大学古籍整理研究所编：《全宋笔记》第9编第8册，第35—36页。

②（汉）董仲舒著，陈蒲清校注：《春秋繁露 天人三策》，第204页。

③（汉）董仲舒著，陈蒲清校注：《春秋繁露 天人三策》，第219页。

于“干旱”的联系，等等。故沈括在《梦溪笔谈》卷20《神奇》篇中载有“凡鳗出游，越中必有水旱疫疠之灾，乡人常以此候之”[①]，这也是“天道感物”之一例。此外，我国劳动人民在长期的生产实践中总结出的许多农谚本身便是对事物之间相互联系的概括和总结，如“清明晴，六畜兴；清明雨，损百果”[②]，“立秋无雨，秋天少雨；白露无雨，百日无霜”[③]，“处暑种高山，白露种平川，秋分种门外，寒露种河湾”[④]等。储泳认为上述现象就是“天道感物如响斯应”，用现代的科学术语讲，就是“信息”，因为信息指的是两个及两个以上事物之间的相互作用和相互联系。所以，从这个角度说，宇宙万物无一不在联系中产生和发展。储泳说：“夫冬雷则草木华、蛰虫奋、人多疾疫，一气使然。”[⑤]它有没有道理？有的。一般而言，在我国大陆，冬季主要受冷气团控制，气候寒冷而干燥，加之太阳辐射不强烈，不能造成暖湿气流上升，或形成上下温度大落差之势，因而无法出现“冬雷”现象。但有时因冬季天气偏暖，暖湿空气势力不断加强，此时，当北方偶尔遇有较强冷空气南下，则近地的暖湿空气必然被迫抬升，使之上下空气对流加剧，便会出现所谓的“雷打冬”现象。而暖冬气象对于微生物的生长和繁殖非常有利，在这种自然环境中，病原体就很容易在空气中传播，从而造成流感一类的疫情。因此，深入研究客观事物之间的联系，注重分析和把握“天道感物”的特征，对于正确认识与理解“天道不远”的思想命题无疑是十分必要的。反过来，人类的社会行为也不能不对自然界的运动变化产生这样或那样的影响，如近代的工业化运动一方面给人类创造了大量的社会财富，另一方面却产生了可怕的废气、废料、废热、尘渣等污染物，它们造成了地球的“温室效应”和生态环境灾难，所有这一切都说明了一个道理，那就是四个字“人事感天”，此处的“感”可理解为“反作用”。可见，科学技术愈发展，人类距离“天道”就愈近。因为“天道”本身是科学研究的对象，从这个层面看，储泳的“天道不远”命题既是对宋代科学技术发展状况的概括，同时又是科学思想的一种升华，是宋代天人相分思想在历史发展的更高阶段上所产生出来的一种新形式和新类型。

“天道远，人道迩”是由春秋时期的子产所提出来的一个天人相分思想命题，它在中国古代无神论史上的重要地位是不言而喻的。可是，如果我们把子产对天人关系的命题放在一个更加广大的文化背景下去考察，就会发现它对天人关系的认识并不全面。因为“天道远”相对于“有神论”具有批判的价值和意义，然而，“无神论”战胜“有神论”不仅仅依靠批判的武器，更要依靠科学的思想和科学技术的进步，因为科学才是战胜神学迷信的最好武器。从人类社会的发展历史看，“不知”是宗教迷信产生的直接根源，而科学的任务则使人类的认识由“不知”变为“知”，由知之甚少变为知之渐多，由知之不确变为知之确切。虽然就“不知”的领域在一定范围内将长期存在的事实来说，迷信必然会表现

① （宋）沈括著，侯真平校点：《梦溪笔谈》卷20《神奇》，第161页。

② 王辉主编：《农学概论》，徐州：中国矿业大学出版社，2009年，第283页。

③ 王辉主编：《农学概论》，第283页。

④ 王辉主编：《农学概论》，第284页。

⑤ （宋）储泳：《论刘向灾异五行志》，钱远铭主编：《经史百家医录》，广州：广东科技出版社，1986年，第183页。

出长期性存在的特点，而储泳所说“心虽知其为术，不知其所以为术”的情形也还将在一个很长的历史时期里成为困扰人类思维的大难题，但是我们必须坚信，人类对事物认识的能力具有“至上性”和无限性的特征，所以随着科学的不断发展，许多迷信必将为科学真理所各个击破。列宁指出：“从现代唯物主义即马克思主义的观点来看，我们的知识向客观的、绝对的真理接近的界限是受历史条件制约的，但是这个真理的存在是无条件的，我们向它的接近也是无条件的。”①而储泳所作的《祛疑说》实际上就是向“绝对真理”的接近，比如他的“咒水自沸”“移景法”“钱入水即化”“请封书仙”等案例，都是可以认识和掌握的，或者说都是可以运用科学知识加以解释的自然现象，其果是有因的果，没有什么可神秘的。而迷信则利用人们实践能力本身的相对性和有限性，或者对某些人类暂时还没有认识清楚的“未知”事件进行歪曲和任意夸大，“专于愚世骇俗，耸动见闻”②，或者对某些已知的客观事实加以隐瞒，故弄玄虚，蒙骗世人。比如储泳所举“黄白之术”“六壬三杀乃先天四冲数”等，就是这方面的例子，故储泳说：“壬式之忌，莫大于三煞，三命家谓之破碎。阴阳家之用，莫先于身壬，而身壬之忌，亦莫大于三煞。犯之则祸常不赦，世人徒用之而不知其所以然也。盖巳、酉、丑者，五行之杀气也。”③既然“不知其所以然”而“用之”，就是一种虚妄和无知，所以储泳用科学的头脑对其作出了符合实际的理论阐释。如他在《辨身壬法》一文中说：“夫所谓身壬者，阴阳二命，皆起于壬也。”④故“此法自壬而起，壬水数一，故起法悉本于一，运于三而成于五，合三五一之数以为用。此所谓身壬之法也。立法而不本于理，不合乎数，吾未敢以为智者之创法也”⑤。虽然储泳还不免带有象数学的思想倾向，其对“身壬法”的解释也未必符合实际，但他试图从认识论的角度来探究迷信产生的根源，这种思维方法具有积极的意义，应当予以肯定。此外，储泳认为那些所谓的“神仙方士”之所以秘其术，闭其法，主要是因为他们都有自己不可告人的目的，“彼有是术，自能致富，惟恐人知”⑥。因此，储泳认为，揭穿“欺世之术”的有效方法，就是使那些“欺世之术”成为过街老鼠，具体地说，就是不断提示“君子之末，达者固多察之”，做到“察而知其所以为邪，足矣”的社会效果，只有这样，那些“欺世之术”便没有了推销自己的市场，同时也就失去了其赖以存在的群众基础，储泳将这种方法称之为“知术”。⑦此“知”即是指科学知识的宣传与普及，对于神学迷信来

① ［俄］列宁：《列宁选集》第2卷，北京：人民出版社，1995年，第135页。

② （宋）储泳撰，赵龙整理：《祛疑说·咒水自沸　移景法》，上海师范大学古籍整理研究所编：《全宋笔记》第9编第8册，第30页。

③ （宋）储泳撰，赵龙整理：《祛疑说·六壬三杀乃先天四冲数》，上海师范大学古籍整理研究所编：《全宋笔记》第9编第8册，第40页。

④ （宋）储泳撰，赵龙整理：《祛疑说·辨身壬法》，上海师范大学古籍整理研究所编：《全宋笔记》第9编第8册，第38页。

⑤ （宋）储泳撰，赵龙整理：《祛疑说·辨身壬法》，上海师范大学古籍整理研究所编：《全宋笔记》第9编第8册，第38—39页。

⑥ （宋）储泳撰，赵龙整理：《祛疑说·烧金炼银》，上海师范大学古籍整理研究所编：《全宋笔记》第9编第8册，第43页。

⑦ （宋）储泳撰，赵龙整理：《祛疑说·知术》，上海师范大学古籍整理研究所编：《全宋笔记》第9编第8册，第33页。

说，它是一种真正的治本之策。

二、储泳用科学反对方术迷信的斗争经验和历史影响

首先，自觉地以科学知识为手段，并深入到鬼神迷信所制造出来的种种“假象”之中，充分暴露其“欺世之术”的骗人伎俩和“挟此资身”的贪利本性，让世人从被蒙蔽的心理状态下清醒过来，主动同神学迷信作斗争，是南宋“无神论”思想的一个突出特征。北宋的科技进步给社会发展带来了经济的繁荣和文化的昌盛，与此相应，由于科学在本质上是反神学迷信的，故当时有许多科学家自发地从唯物主义的立场出发去反对神学迷信。如沈括云：“近岁延州永宁关大河岸崩入地数十尺，土下得竹笋一林，凡数百茎，根干相连，悉化为石。适有中人过，亦取数茎去，云欲进呈。延郡素无竹，此入在数十尺土下不知其何代物。无乃旷古以前地卑气湿而宜竹耶？婺州金华山有松石，又如核桃、芦根、地蟹之类，皆有成石者，然皆其地本有之物，不足深怪；此深地中所无，又非本土所有之物，特可异耳。”①又唐慎微更明确地表示：“有病须医药，何须祈祷信神盘！”②然正如列宁所说的，自发唯物主义仅仅是一种“对我们意识所反映的外界客观实在的自发的、不自觉的、不定型的、哲学上无意识的信念”③，此“信念”只是建立在一定的科学知识基础之上，而不是自觉地建立在一种“无神论”的哲学基础之上，因为“自发的唯物主义”虽说掌握了一定自然科学知识，但是他们还没有将已经获得的知识经验转化成一种比较彻底的无神论信念。因为科学知识只有转化为个人的信念才能决定一个人的世界观和人生观，指导一个人的行为和活动，否则就知行脱节。而北宋诸多科学家的自然观还处在自发的朴素唯物主义阶段，因此，其自觉的和定型的唯物主义无神论一般还没有形成。这样，他们的无神论思想不能不常常表现出一种矛盾的状态来，一方面他们反对有神论，另一方面又流露出有神论的思想倾向，表现出他们无神论思想的不彻底性和懦弱性。如王安石说：“命有贵贱乎？曰：有。有寿短乎？曰：有。故贤者贵，不贤者贱，其贵贱之命正也。”④沈括亦说：“（吴僧文捷）尝持如意轮咒，灵变尤多：瓶中水，咒之则涌立；畜一舍利，昼夜常转于琉璃瓶中，捷行道绕之，捷行速则舍利亦速，行缓则舍利亦缓。士人郎忠厚，事之至谨，就捷乞以舍利，捷遂与之，封护甚严，一日忽失所在，但空瓶耳。忠厚斋戒延捷加持，少顷，见观音像衣上一物蠢蠢而动，疑其虫也，试取，乃所亡舍利。如此者，非一。忠厚以余爱之，持以见归。予家至今严奉，盖神物也。”⑤可以肯定，沈括在许多“未知”的自然领域内，局限于科学认识水平，其有神论的思想倾向还十分严重。究其原因，大概跟沈括等人没有自觉地从认识论的根源来寻找“有神论”产生的原因有一定的关系。然而，到南宋时期，经过北宋科技高峰态的激励和推进，人们的科技意识不自主地便有了很大提高，这就为南宋士大夫在对待“有神论”问题上逐渐由重社会批判转向重科学知识

① （宋）沈括著，侯真平校点：《梦溪笔谈》卷21《异事》，第178页。
② （宋）唐慎微：《重修政和经史证类备用本草》卷9《草部中品之下·蒟酱》，第229页。
③ ［俄］列宁：《列宁全集》第14集，北京：人民出版社，2017年，第366页。
④ （宋）王安石：《临川先生文集》集外辑编卷1《性命论》，李之亮笺注：《王荆公文集笺注》，第2171页。
⑤ （宋）沈括著，侯真平校点：《梦溪笔谈》卷20《神奇》，第167页。

的宣传和普及创造了条件。比如，郑樵《通志》首次列《昆虫草木略》一目于史书，实乃一个伟大的创新之举，他为后代史学家将作为“隐学”的科学技术与作为“显学”的性命道德并立于史书之中树立了榜样。而郑樵的这个举措既是他个人努力的结果，同时更是宋代科学知识逐步发育成熟的一种“时态”反映。例如，郑樵在《灾祥略》中公开驳斥五行灾异之说，认为历代史书中所记载的“五行灾异”都是欺惑后人的“妖妄之说”，是“析天下灾祥之变而推之于金、木、水、火、土之域，乃以时事之吉凶而曲为之配”的“欺天之学”。[①]不仅如此，储泳还将批判“有神论”提升到认识论的高度，从而进行哲学层面的分析与批判。比如，储泳说：“人苟气宇清明，心神虚爽，邪魅何从而入？惟其昏扰，浊乱自生，颠倒见解，故外邪客气乘之。然外邪客气，即我之颠倒见解而已，非外来也。由内不自正。”[②]此处之“心神虚爽”其实就是一种“哲学自觉”，就是科学知识转化为个人信念之后的一种兴奋意识。仅此而言，储泳超越了沈括，且南宋的“无神论”思想较北宋的“无神论”思想更具有理性的思辨色彩。

其次，儒释道的合流虽然反映了整个宋代学术发展的特点，但是南宋儒者与北宋儒者相比较，两者在无神论方面还是表现出了不同的特色，如果说北宋的大多数士大夫对于“释道”思想还不敢公开表示支持的话，那么，南宋士大夫就显得格外大胆和张扬了。如二程在口头上绝不承认自己的理学思想与释道有任何联系，甚至他们认为“佛氏不识阴阳昼夜死生古今，安得谓形而上者与圣人同乎？”[③]而“庄子有大底意思，无礼无本”[④]，所以说“杨、墨之害，甚于申、韩；佛、老之害，甚于杨、墨”[⑤]。当然，二程反对佛、老二教并不说明他们就是彻底的“无神论”者，实际上，他们对“天人感应”及卜筮之术等神学迷信仍深信不疑，如二程说：“卜筮之能应，祭祀之能享，亦只是一个理。”[⑥]又说：“尝问好谈鬼神者，皆所未曾闻见，皆是见说，烛理不明，便传以为信也。假使实所闻见，亦未足信，或是心病，或是目病。”[⑦]但二程对这种“想出”[⑧]的鬼神本身是不加反对的，二程说：“杨定鬼神之说，只是道人心有感通……以至人心在此，托梦在彼，亦有是理，只是心之感通也。”[⑨]同二程一样，张载在思想形式上也反对佛、老，比如，张载批评佛教“妄意天性”，“不知天命”[⑩]，同时，他又提出“虚空即气”的命题以摈斥老子的“有生于无”[⑪]之说，因此，张载坚决反对将“儒、佛、老、庄混然一涂”[⑫]的主张。虽然

---

① （宋）郑樵撰，王树民点校：《通志二十略·灾祥略·灾祥序》，第 1905 页。

② （宋）储泳撰，赵龙整理：《祛疑说·邪正》，上海师范大学古籍整理研究所编：《全宋笔记》第 9 编第 8 册，第 33 页。

③ （宋）程颢、程颐著，王孝鱼点校：《二程集》上册，第 141 页。

④ （宋）程颢、程颐著，王孝鱼点校：《二程集》上册，第 97 页。

⑤ （宋）程颢、程颐著，王孝鱼点校：《二程集》上册，第 138 页。

⑥ （宋）程颢、程颐著，王孝鱼点校：《二程集》上册，第 51 页。

⑦ （宋）程颢、程颐著，王孝鱼点校：《二程集》上册，第 52 页。

⑧ （宋）程颢、程颐著，王孝鱼点校：《二程集》上册，第 52 页。

⑨ （宋）程颢、程颐著，王孝鱼点校：《二程集》上册，第 46 页。

⑩ （宋）张载撰，章锡琛点校：《张载集》，第 26 页。

⑪ （宋）张载撰，章锡琛点校：《张载集》，第 8 页。

⑫ （宋）张载撰，章锡琛点校：《张载集》，第 8 页。

张载也主张“天人相分”，但他又不放弃“天人合一”说，于是，他对于鬼神的态度就有些犹豫不决，一方面他说“鬼神常不死，故诚不可掩”[①]；另一方面又说“人有是心在隐微，必乘间而见，故君子虽处幽独，防亦不懈”[②]，既“诚”又“防”不是很矛盾吗？与北宋多数士大夫的这种矛盾心态不同，南宋士大夫大多不忌讳儒释道三者合一，甚至马永卿还公开提出了“儒、释、道、神四者，其心皆一”[③]的命题。不过，马永卿的这种主张是否表明南宋的“有神论”思想更甚于北宋了呢？恰恰相反，在马永卿的主张背后隐藏着士大夫“无神论”思想意识的普遍提高。下面的一组数字颇能说明这个问题：据《宋会要辑稿》统计，宋仁宗景祐元年（1034）全国的僧尼数为43万余人，宋神宗熙宁十年（1077）减少为23万余人，而至南宋绍兴二十七年（1157）更减少到20万人，至于道士才万人。[④]这组人数的递减性变化说明信奉释道的民众在不断减少，此结果既跟政府的宏观宗教限制政策有关，又在一定程度上反映了民众的“无神论”意识已经普遍地有所提高这个社会现实。而南宋的士大夫对于“有神论”的批判则更多集中在民间的神学迷信方面，也是跟当时社会的实际发展状况相适应的。比如，“风水”作为一门迷信卜术始兴于宋代，当时出现了一批诸如赖文俊、傅伯通、张鬼灵、孙伯刚、谢和卿、冯怀古、邹宽、刘潜等所谓的“风水师”。而对于风水术，朱熹的态度是“信便有，不信便无”。他说：“吕丈都不晓风水之类，故不信。今世俗人信便有，不信便无，亦只是此心疑与不疑耳。”[⑤]在朱熹看来，不仅风水如此，而且鬼神亦如此。他说：“世之惑者盖皆求鬼神于茫昧恍惚之间，而不知其所以致之者实在于我故也。”[⑥]又说：“鬼神，气也，人心之动亦气也。以气感气，故能相为有无”，因而“欲其有则有，欲其无则无”[⑦]，故他转述碑公的主张凡“世俗鬼神老佛之说，所至必屏绝之”[⑧]。同朱熹相近，储泳也对风水术提出了疑义和不同看法。他认为，人们“设土木像，敬而事之，显应灵感，此非土木之灵，乃人心之灵耳。夫坛、场、社、庙，或兴或废，有灵有不灵者，系人心之归与不归，风水之聚与不聚。盖人者具真觉之灵，受中和之气，天地之内，莫灵于人。人心所聚，灵气之所聚也”[⑨]。虽然储泳的解释暴露了一定的时代局限性，但就整体水平而言，还是较北宋前进了一大步。无论是朱熹还是储泳，他们都从“气”的角度对“鬼神”一类存在物作了“形而下”的解释，这样，鬼神便成了与人类紧密相连的一种思维现象，而不是高高在上的神秘主宰。人与鬼神的关系是鬼神由人来支配而不是相反，因此，储泳便有了“人心所聚，灵气之所聚也”的结论。鲁迅先生曾说：“一到求神拜佛，可就玄虚之至了，有益或是有

---

① （宋）张载撰，章锡琛点校：《张载集》，第16页。

② （宋）张载撰，章锡琛点校：《张载集》，第16页。

③ （宋）马永卿：《元城语录解》卷上，陶湘辑著：《拓跋廛丛刻》，北京：中国书店，2011年，第32页。

④ （宋）李心传：《建炎以来系年要录》卷177“绍兴二十七年八月辛亥”条，第2930页。

⑤ （宋）黎靖德编，王星贤点校：《朱子语类》卷138《杂类》，北京：中华书局，2004年，第3289页。

⑥ （宋）朱熹撰，郭齐、尹波点校：《朱熹集》卷52《答吴伯丰》，第2576页。

⑦ （宋）朱熹撰，郭齐、尹波点校：《朱熹集》卷41《答程允夫》，第1939页。

⑧ （宋）朱熹撰，郭齐、尹波点校：《朱熹集》卷89《右文殿修撰张公神道碑》，第4555页。

⑨ （宋）储泳撰，赵龙整理：《祛疑说·神像所以灵》，上海师范大学古籍整理研究所编：《全宋笔记》第9编第8册，第36页。

害，一时就找不出分明的结果来，它可以令人更长久的麻醉着自己。”[①]虽然南宋的无神论者还没有认清鬼神迷信的这个社会本质，但是他们试图从认识论的层面来揭露鬼神迷信存在的现实根源，认为鬼神都是人们主观意识的产物，是一种心灵空虚的造作，仅此而论，它的进步意义也是不言而喻的。

最后，将“格物之学”与“道家的行持”统一起来，认为鬼神迷信是“世之学者不务存养于平时”的必然后果。理学自南宋嘉定十三年（1220）开始，逐步取得了官方的认可，二程亦同时被抬高到“二三圣人”[②]的崇高地位，这表明理学的社会影响愈益广泛和深远了。与二程的“无神论”思想略有不同，朱熹对鬼神卜筮之类迷信思想持有怀疑态度，甚至在一定程度上他还反对鬼神卜筮之类的迷信活动。当然，从社会根源上讲，由于阶级矛盾的尖锐性和复杂性，一方面，农民起义有时也打着鬼神迷信的旗号进行反抗封建压迫的斗争；另一方面，封建统治阶级则利用鬼神迷信的“自我麻醉”作用来作为削弱人民反抗意志的精神鸦片。但在南宋的“无神论”者看来，鬼神迷信毕竟是一种“邪法”，而削弱人民反抗斗争意志的方法不仅有“邪法”，而且更有“正法”，所以，在同样效果的条件下，为什么不采用“正法”而用“邪法”呢？那么，什么是“正法”？所谓“正法”其实就是程朱理学的“格物”之学。二程说：“格，至也，穷理而至于物，则物理尽。”[③]有人问：“如何可以格物？”程颐回答说：“但立诚意去格物，其迟速却在人明暗也。明者格物速，暗者格物迟。”[④]把“立诚意”作为“格物”的基本手段，是二程理学的重要特色，只是在他们那里，这个基本手段还没有转变为克服和战胜鬼神迷信的一种有力工具。而朱熹的理学思想就不同了，朱熹首先否定了“天”的意志性和超经验性，他说：“天之所以为天者，理而已。天非有此道理，不能为天，故苍苍者即此道理之天……非如道家说，真有个‘三清大帝’著衣服如此坐耳！”[⑤]否定了有意志的天，道家所说的“仙人不死”也就失去了存在的根基，朱熹指出：“人言仙人不死。不是不死，但只是渐渐销融了，不觉耳。盖他能炼其形气，使渣滓都销融了，唯有那些清虚之气，故能升腾变化。”[⑥]从这个角度出发，朱熹反对道教的“外丹法”，在他看来，“铅汞龙虎”之类“非在外之物”，而是“人身内所有之物”[⑦]。在此，为了论证理学与道家“存想法”之间的内在联系，朱熹说：“义理不是面前物，皆吾心固有者，如道家说存想法。”[⑧]所谓“道家说存想法”又称作“持养”，用储泳的话说就是“行持”，朱熹说：“养，非是如何椎凿用工，只是心虚静，久则自明。”[⑨]进一步说“持养”便是“就身上存想”。[⑩]对此，储泳说得更清楚：“道家之行持，即吾儒格物之学也。盖行持以正心诚意为主。心不正，则不足以感

① 鲁迅：《朝花夕拾》，南京：江苏凤凰文艺出版社，2018年，第228页。

② 曾枣庄、刘琳主编，四川大学古籍整理研究所编：《全宋文》第39册，成都：巴蜀书社，1994年，第675页。

③ （宋）程颢、程颐著，王孝鱼点校：《二程集》上册，第21页。

④ （宋）程颢、程颐著，王孝鱼点校：《二程集》上册，第277页。

⑤ （宋）黎靖德编，王星贤点校：《朱子语类》卷25《与其媚于奥章》，第621页。

⑥ （宋）黎靖德编，王星贤点校：《朱子语类》卷125《论修养》，第3003页。

⑦ （宋）黎靖德编，王星贤点校：《朱子语类》卷113《训门人一》，第2745页。

⑧ （宋）黎靖德编，王星贤点校：《朱子语类》卷113《训门人一》，第2745页。

⑨ （宋）黎靖德编，王星贤点校：《朱子语类》卷12《学六·持守》，第204页。

⑩ （宋）黎靖德编，王星贤点校：《朱子语类》卷8《学二·总论为学之方》，第142页。

物；意不诚，则不足以通神。神运于此，物应于彼，故虽万里可驱摄于呼吸间。非至神，孰能与此？呜呼！广大无际者，心也；隔碍潜通者，神也。然心不存则不明，神不养则不灵。正以存之，久而自明；诚以养之，极而自灵。世之学者，不务存养于平时，而遽施行于一旦，亦犹汲甘泉于枯井，采英华于槁木，吾见其不可得矣。"[①]此"正以存之，久而自明"与朱熹所说持养"只是心虚静，久则自明"不谋而合，这说明南宋无神论在推行"正法"以取胜"邪法"方面，其方法与立场是共同的和一致的。

南宋无神论在反对有神论的思想斗争中，形成了把自然科学与无神论结合起来的思想传统，而这个传统则成为明清无神论者反对有神论的主要方式，如李时珍、方以智等都是这个思想传统的继承者和发扬光大者。如，李时珍在《本草纲目》一书中，坚持认为"气"是形成宇宙万物的根源，他说："石者，气之核，土之骨也……气之凝也，则结而为丹青；气之化也，则液而为矾汞。"[②]且"一气生人，乃有男女。男女构精，乃自化生"[③]。用"气"的物质特性来分析自然界的运动变化规律，则神鬼的超自然力量便不攻自破了。如李时珍认为："野外之鬼磷，其火色青，其状如炬，或聚或散，俗呼鬼火。或云：诸血之磷光也。"[④]又《神仙传》说："封君达、黑穴公，并服黄连五十年得仙。"[⑤]对此，李时珍通过科学的分析后认为："黄连大苦大寒之药，用之降火燥湿，中病即当止。岂可久服，便肃杀之令常行，而伐其生发冲和之气乎？"[⑥]"所以久服黄连、苦参反热，从火化也。余味皆然。久则脏气偏胜，即有偏绝，则有暴夭之道。"[⑦]至于神仙家将"金"奉为"成仙"之丹，诱导那些贪生者妄自服用，更是愚蠢至极，因此，李时珍毫不客气地指出："求生而丧生，可谓愚也矣。"[⑧]而对于社会上所流传的各种学说，储泳的态度是"合于理者从之，背于理者去之"，李时珍更把"格物穷理"的思想贯穿于药物学的研究，在他看来，"马食杜衡善走，食稻则足重，食鼠屎则腹胀，食鸡粪则生骨眼。以僵蚕、乌梅拭牙则不食，得桑叶乃解。挂鼠狼皮于槽亦不食。遇海马骨则不行"[⑨]等，"皆物理当然耳"[⑩]。既然是"皆物理当然"，就应当"从之"，相反，像"白雄鸡养三年，能为鬼神所使"[⑪]一类说法，"乃异端一说"[⑫]。此说显然有"背于理"，因而应"去之"。方以智是明末清初的一位杰出科学家和哲学家，他继承了储泳用自然科学的优秀成就去揭露和批判有神论的思想传统，博取中西科学之长，尤其是他自觉地吸纳西方科学技术的先进成果，认

---

① （宋）储泳撰，赵龙整理：《祛疑说·行持是正心诚意之学》，上海师范大学古籍整理研究所编：《全宋笔记》第9编第8册，第28—29页。

② （明）李时珍著，陈贵廷等点校：《本草纲目》卷8《金石部目录序》，第194页。

③ （明）李时珍著，陈贵廷等点校：《本草纲目》卷52《人部·人傀》，第1204页。

④ （明）李时珍著，陈贵廷等点校：《本草纲目》卷6《火部·阳火、阴火》，第175页。

⑤ （明）李时珍著，陈贵廷等点校：《本草纲目》卷13《草部二·黄连》，第337页。

⑥ （明）李时珍著，陈贵廷等点校：《本草纲目》卷13《草部二·黄连》，第337页。

⑦ （明）李时珍著，陈贵廷等点校：《本草纲目》卷13《草部二·黄连》，第337页。

⑧ （明）李时珍著，陈贵廷等点校：《本草纲目》卷8《金石部·金》，第197页。

⑨ （明）李时珍著，陈贵廷等点校：《本草纲目》卷50《兽部一·马》，第1134页。

⑩ （明）李时珍著，陈贵廷等点校：《本草纲目》卷50《兽部一·马》，第1134页。

⑪ （明）李时珍著，陈贵廷等点校：《本草纲目》卷48《禽部二·鸡》，第1077页。

⑫ （明）李时珍著，陈贵廷等点校：《本草纲目》卷48《禽部二·鸡》，第1077页。

为“太西质测颇精，通几未举”[①]。又说：“寂感之蕴，深究其所自来，是曰‘通几’；物有其故，实考究之，大而元会，小而草木蠢蠕，类其性情，征其好恶，推其常变，是曰‘质测’。‘质测’即藏‘通几’者也。”[②]其所谓“质测”指的是西方的自然科学，而“通几”则指脱离了神学束缚的西方哲学，从这句话中，我们不难看出，方以智对待西方文化的基本态度是扬科学而去神学的，是主张“寓通几于质测”和“通几护质测之穷”的。他认为，西方神学所宣扬的“上帝”观仅仅是一个没有意义的思想符号，他说：“物所以物，即天所以天。心也、性也、命也，圣人贵表其理。其曰上帝，就人所尊而称之。”[③]同南宋一样，明朝也是一个鬼神迷信盛行的时代，因此，用先进的自然科学知识去深刻揭露神鬼方术的骗人本质，是每一个无神论者义不容辞的历史使命。

本章小结

南宋与蒙古有 40 多年的对峙（1235—1279），在此期间，南宋社会尽管危机重重，但在与蒙古政权的对峙过程中，南宋军民表现出了顽强的斗志，尤其是在宋慈、秦九韶、杨辉等杰出科学家的爱国主义精神推动下，南宋后期的科学技术发展事业不仅没有中落，反而继续着南宋中期的科学创新局面，仍然保持着峰态时期的旺势。

宋慈的《洗冤录》（1247）“代表了当时世界最高检验水平，也是最早的法医学著作”[④]，魏了翁面对人生困境，不是退让，而是胸怀“兼济天下”之志，对积弊已深的南宋晚期政治进行理性的应对，提出了不少重振朝纲的改革主张，在思想上求新求变，方法上力求将考据与义理相结合，为南宋理学科学的发展探索出了一条新路径。陈自明的《妇人大全良方》在总结前贤诊治妇女疾病的经验基础上，第一次对妇产科临床疾病进行系统分类研究，提出了妇产科的诊治纲领和处方原则，为中医妇产科的创立奠定了坚实的理论基础。

数学发展来源于生产实践，这是基础，然而，就南宋的数学发展实际而言，象数易学对秦九韶和杨辉的数学研究影响至深。在象数易学史上，甄鸾《五经算术》首次对《周易》揲算作注解，后来经过孔颖达、朱熹等大儒的注疏和解释，到南宋秦九韶的《数书九章》在“数道统一”思想指导下，终于推演出揲法的一般性算法，“虽然进行这方面的尝试仅秦九韶一人，而且并不成功，但从揲算研究来说，却是一个重要阶段的代表”[⑤]，特别是在一次同余论和高次方程的数值解法方面所取得的成就，当时都走到了世界前列。杨辉则不仅完善了北宋初年出现的增成法，而且“在实用算术和高等数学以及几何学等方面

---

① （明）方以智：《通雅》卷首之 2，上海：上海古籍出版社，1988 年，第 36 页。

② （明）方以智：《物理小识自序》，《景印文渊阁四库全书》第 867 册，第 742 页。

③ （明）方以智：《通雅》卷 11《天文・释天》，第 433 页。

④ 王渝生等编著：《插图本极简中国科技史》，上海：上海科学技术文献出版社，2019 年，第 207 页。

⑤ 张图云：《〈周易〉揲算》，成都：巴蜀书社，2010 年，第 78—79 页。

都做出了巨大的贡献”①。

科学是在与神学迷信的不断斗争中向前发展的，针对社会上出现的种种“设土木像，敬而事之，显应灵感”的所谓“法术”，南宋储泳在《祛疑说》一书中作了大胆而深刻的揭露和批判，同时，还比较科学地论述了中医养生、诊脉及人体病理等方面的内容，其中储泳的诊脉论述被清代云南医学堂编写的教材《医学正皆择要》所收录。②

---

① 曲相奎：《宋朝的那些科学家》，北京：中国言实出版社，2014 年，第 225 页。

② 许芳编著：《浦东中医史略》，上海：上海远东出版社，2019 年，第 5 页。

结　语

程朱理学为什么在南宋晚期被推崇为国家哲学？这是一个颇为学界所关注的学术课题。漆侠先生在《宋学的发展和演变》一书中专列一章即第17章以“二程理学突然兴发”为标题来探讨这个问题。王曾瑜先生在《河南程氏家族研究》一文中也以“理学走向兴盛”为题对其进行专门研究。漆先生认为，理学在南宋的“突然兴发”基于以下几个因素：一是“朝廷上对程学的宣扬与提倡”①；二是程学“把三纲六纪之说推展到一个新的阶段，使之更加广泛，更加浅显，从而赋以新的理论意义”②；三是南宋的社会环境成为程学“最适宜孳生的土壤”③。这些观点从历史学的角度看，无疑都是正确的，并且为我们科学认识和理解程学之历史地位提供了方法论基础和向导。此外，刘子健先生还开辟了另外一条解释学的路径，即用社会心理的视角来分析《新儒家学派是如何成为国家正统的？》这个大问题。为了回答这个难题，刘先生除了这篇文章外，尚有《作为超越道德主义者的新儒家：争论、异端和正统》一文及《中国转向内在：两宋之际的文化内向》一书。对于刘先生的学术贡献，田浩有一段评论，他说：“关于道学是如何从起初作为一个受压制的异见团体到1241年被尊为国家正统的问题，刘教授最先进行了探讨。后来，田浩提出一些论据，认为刘教授所谓的道学一词原本是批评者用以嘲讽这个团体的观点值得商榷……即使如此，刘教授的著述仍然是宋史研究中重要的里程碑。”④

田浩等对刘先生的批评，因站的角度不同，他们对南宋晚期理学地位的变化自然会有不同的直观认识，用培根的话说，这是很正常的“洞穴假象”。在培根看来，“这个洞穴的形成，或是由于这人自己固有的独特的本性；或是由于他所受的教育和与别人的交往；或是由于他阅读一些书籍而对其权威性发生崇敬和赞美；又或者是由于各种感印，这些感印又是依人心之不同而作用各异的；以及类此等等”。因此，“人们之追求科学总是求诸他们自己的小天地，而不是求诸公共的大天地”⑤。每个学者都可能从自己研究的专业去认识问题，而刘先生所说的“内向”又确实是一个既面向专业又面向实际的问题，它不能仅仅求诸专业知识。说它是一个专业概念，主要是指它的特指性，“内向”不是一个政治学概念，而是一个社会心理学概念。人们通常从两个位相来界定“内向”的涵义：一个位相是“性格”，另一个位相是思维方式。例如，弗洛伊德、艾森克等心理学家都是从“性格位

---

① 漆侠：《宋学的发展和演变》，第522页。

② 漆侠：《宋学的发展和演变》，第530页。

③ 漆侠：《宋学的发展和演变》，第532页。

④ ［美］田浩编：《宋代思想史论》，杨立华、吴艳红等译，北京：社会科学文献出版社，2003年，“序言”第4页。

⑤ ［英］培根：《新工具》，许宝骙译，北京：商务印书馆，2017年，第20—21页。

相”来认识“内向”概念的，与之不同，荣格则从“思维位相”来解释“内向”的社会文化学意义。本书取荣格的“思维位相”说，荣格从“思维位相”的观察视角出发，认为内向性和外向性是内在人类社会的两种不同思维方式，其中东方思维属于内向性，而西方思维则属于外向性的，前者趋于理性和内心直觉，而后者趋于感性和外部经验。说它是一个非专业概念，主要是指它的大众性，因为“内向”是向一个中心而不是多个中心释放能量，因此，在这层意义上，“内向”强调的不是个性的张扬，而是集体的、公众的意识自觉，即一种道德合力，它所强化的观念是国家与个人的“和合”，而不是国家与个人的分离与割裂。

南宋与北宋的历史境遇略有不同，虽然从“普天之下，莫非王土”的角度讲，宋代的政权始终处于一种分离的状态中，政权和版图都是残缺不全的，但是北宋已基本上将契丹（辽）和西夏两个民族政权阻挡在中原文明区之外，而南宋却被女真（金）挤出了中原文明区。“中原”在中国古代被视为象征王权的“九鼎”所在，成语“问鼎中原”及“入主中原”都具有“居尊据极”的意思。如《魏书》载：“居尊据极，允应明命者，莫不以中原为正统，神州为帝宅。”[①]可见，中原文明区的丧失实际上是一种权力的让渡，尽管南宋的士大夫不愿意承认这一点，但事实上他们又何尝不想有朝一日光复中原呢？宋理宗以诗述怀：“宣王修政日，光武中兴时。”[②]当然，理想不等于现实，在宋理宗的理想与现实之间阻隔着许多不可逾越的沟壑，正如王夫之所说：对于宋理宗而言，“通蒙古亦亡，拒蒙古亦亡，无往而不亡”[③]，既然南宋的灭亡是不可抗拒的客观规律，那么，理宗又怎么能够改变历史发展的规律，从而跳跃过这条埋葬南宋王朝的沟壑呢！宋理宗具有强烈的中原情结，据《宋史》载：端平元年（1234）八月甲戌，“朱扬祖、林拓朝谒八陵（在河南巩县，引者注）回，以图进，上问诸陵相去几何及陵前涧水新复，扬祖悉以对，上忍涕太息”[④]。目睹此情，不由得想起南宋诗人辛弃疾的诗句来：“郁孤台下清江水，中间多少行人泪。”[⑤]于是，淳祐四年（1244）春正月壬寅诏：“边将毋擅兴暴掠，虐杀无辜，以慰中原遗黎之望。”[⑥]在如此无奈的历史条件下，宋理宗能做的就是设法稳定人心，统一思想。

宋理宗稳定人心的举措主要有：①赏激将士。宝祐六年（1258）五月庚戌，诏：“襄、樊解围，高达、程大元应援，李和城守，皆有劳绩，将士用命，深可嘉尚，其亟议行赏激。”[⑦]②维护生产秩序，体恤将士和流民的基本生活所需。如何在战争状态下，发展农业生产，这是宋理宗治理国家的当务之急。对此，淳祐十二年（1252）夏四月戊辰，“诏襄、郢新复州郡，耕屯为急，以缗钱百万，命京阃措置，给种与牛”[⑧]。宝祐六年五月

---

① 《魏书》卷108《礼志一》，第2744页。
② （清）厉鹗辑撰：《宋诗纪事》卷1《理宗》，上海：上海古籍出版社，2013年，第18页。
③ （清）王夫之著，舒士彦点校：《宋论》卷14《理宗》，北京：中华书局，2003年，第244页。
④ 《宋史》卷41《理宗本纪一》，第803页。
⑤ （宋）辛弃疾著，邓广铭笺注：《稼轩词编年笺注》上，上海：上海古籍出版社，2016年，第58页。
⑥ 《宋史》卷43《理宗本纪三》，第829页。
⑦ 《宋史》卷44《理宗本纪四》，第862页。
⑧ 《宋史》卷43《理宗本纪三》，第845—846页。

丁巳，宋理宗批准了李曾伯的请求："广西多荒田，民惧增赋不耕，乞许耕者复三年租，后两年减其租之半，守令劝垦辟多者赏之。"[①]而体恤的对象主要是士兵和流民，他们往往是造成社会不稳定的重要因素。如嘉熙元年（1237）春正月辛酉，诏："江阴、镇江、建宁、太平、池、江、兴国、鄂、岳、江陵境内流民，其计口给米，期十日竣事以闻。"[②]次年（1238）二月戊戌，再诏："蜀浙次收复，然创残之余，绥抚为急，宜施荡宥之泽。淮西被兵，恩泽亦如之。其降德音，谕朕轸恤之意。"[③]又宝祐二年（1254）夏四月辛亥，诏"边兵贫困可闵，闲田甚多，择其近便者分给耕种，制司守臣治之"[④]。此外，开庆元年（1259）冬十月丁丑，诏："给还浙西提举常平司岁收上亭户沙地租二百万，永勿复征。"[⑤]同时，又诏："比者蜀道稍宁，然干戈之余，疮痍未复，流离荡析，生聚何资。咨尔旬宣之寄，牧守之臣，轻徭薄赋，一意抚摩，恤军劳民，庶底兴复。其被兵百姓，迁入城郭，无以自存者，三省下各郡以财粟振之。"[⑥]③惩治贪官污吏。由于宋理宗正在用人之际，尽管他在惩治贪官污吏方面，有"罪大罚轻"[⑦]之弊，但总的来说，他还是最大限度地拿出撒手锏，并且从表面上也着实做出了一些样子，以平民愤。如淳祐五年（1245）三月庚子，诏："严赃吏法，仍命有司举行彭大雅、程以升、吴淇、徐敏子纳贿之罪。准淳熙故事，戒吏贪虐、预借、抑配、重催、取赢。"[⑧]宝祐四年（1256）十一月癸丑，诏："戒群臣洗心饬行，毋纵于货贿，其或不悛，举行淳熙成法。"[⑨]④倡导诚善民风，树立"有道"之气。淳祐八年（1248）春二月乙未，"福州福安县民罗母年过百岁，特封孺人，复其家，敕有司岁时存问，以厚风化"[⑩]。淳祐十一年（1251）夏四月戊戌，"潭州民林符三世孝行，一门义居，福州陈氏，笄年守志，寿逾九帙，诏皆旌表其门"[⑪]。宝祐二年春正月乙亥，"诏湘潭县民陈克良孝行，表其门"[⑫]。景定四年（1263）春正月戊子，"林希逸言莆阳布衣林亦之、陈藻有道之士，林公遇幼承父泽，奉亲不仕。诏林亦之、陈藻赠迪功郎"[⑬]。

这就是宋理宗为其臣民所营造的社会文化环境，人的思想是一定社会环境的产物，而社会环境不是一种孤立的社会现象，它本身是由多种环境因子相互联系和相互作用所构成的文化系统。这个文化系统究竟对当时的社会及其生活在此环境中的民众产生了什么样的积极影响，我们可以举出两个例子来说明一下：一是民众对宋理宗朝的信任度较高。如嘉

① 《宋史》卷44《理宗本纪四》，第862页。
② 《宋史》卷42《理宗本纪二》，第812—813页。
③ 《宋史》卷42《理宗本纪二》，第816页。
④ 《宋史》卷44《理宗本纪四》，第852页。
⑤ 《宋史》卷44《理宗本纪四》，第867页。
⑥ 《宋史》卷44《理宗本纪四》，第867—868页。
⑦ 《宋史》卷41《理宗本纪一》，第801页。
⑧ 《宋史》卷43《理宗本纪三》，第832页。
⑨ 《宋史》卷44《理宗本纪四》，第858页。
⑩ 《宋史》卷43《理宗本纪三》，第839页。
⑪ 《宋史》卷43《理宗本纪三》，第844页。
⑫ 《宋史》卷44《理宗本纪四》，第851页。
⑬ 《宋史》卷45《理宗本纪五》，第883页。

熙二年（1238）冬十月丁卯，“宗子赵时哽集真、滁、丰、濠四郡流民十余万，团结十七砦。其强壮二万可籍为兵，近调五百援合肥，宜补时哽官”①。绍定三年（1230）秋七月丁酉，“汀州宁化县曾氏寡妇晏给军粮御漳寇有功，又全活乡民数万人，诏封恭人，赐冠帔，官其子承信郎”②。宝祐二年（1254）十二月甲午，“安西堡受攻五月，将士力战解围，居民以资粮助军实”③。据粟品孝先生的不完全统计，南宋发生的著名兵变至少有45次④，而宋高宗35次，宋孝宗（在位27年）2次，宋宁宗（在位30年）4次，宋理宗（在位39年）朝计4次。考虑到宋高宗朝为宋金之间全面战争期，而宋理宗朝则为宋蒙之间全面战争期，我们有理由认为宋理宗朝应当是南宋民心较稳定的历史时期之一，如果不是贾似道擅权，情况可能还会更好。众所周知，宋元之间的全面战争若从1235年算起，到1279年结束，则前后进行了整整44年，而光宋理宗一朝就跟元军相持了30年之久。在这30年中，南宋的人员伤亡和物资消耗都是很大的，然而在战略上南宋却尚未转于劣势，相反，经过南宋军民英勇顽强的战斗，南宋收复了许多被元军占领的城镇，如淳祐十一年（1251）十一月丙申，“京湖制司表都统高达等复襄、樊，诏立功将士三万二千七百有二人各官一转，以缗钱三百五十万犒师”⑤。南宋之所以在强敌面前，不示弱，至少有两点需要注意：一是，从统治者来说，依靠实施“结人心”⑥工程，从广大的民众来说，在一定程度上，依靠对南宋统治者的信任。二是，在布衣阶层形成了一个比较具有生机与活力的科技创新群体。布衣科技创新群体的形成是南宋晚期科技思想发展的一个重要特色，它本身具有明显官民互动的特点，因而能在当时产生较强烈且又比较持久的社会共振效应。前面说过，南宋较北宋在天文学方面的最大变化，就是开始大量起用布衣参与修造历法，因而使民间私习天文历法者具有了合法的身份。以宋孝宗为例，下面的记载颇能折射出南宋天文历法发展变化的历史轨迹。

淳熙十二年（1185）九月，“师鲁请诏精于历学者与太史定历，孝宗曰：‘历久必差，闻来年月食者二，可俟验否。’十三年（1186），右谏议大夫蒋继周言，试用民间有知星历者，遴选提领官，以重其事，如祖宗之制。孝宗曰：‘朝士鲜知星历者，不必专领。’乃诏有通天文历算者，所在州、军以闻。八月，布衣皇甫继明等陈：‘今岁九月望，以《淳熙历》推之，当在十七日，实历敝也。太史乃注于十六日之下，徇私迁就，以掩其过。请造新历。’而忠辅乞与历官刘孝荣及继明等各具己见，合用历法，指定今年八月十六日太阴亏食加时早晚、有无带出、所见分数及节次、生光复满方面、辰刻、更点同验之，仰合乾象，折衷疏密”⑦。

宋孝宗道出了“试用民间有知星历者”的原因，是由于“朝士鲜知星历者”。这里提出了一个“朝士”的知识结构问题，关于此问题，我们将另文讨论，这里不作赘述。

---

① 《宋史》卷42《理宗本纪二》，第817页。
② 《宋史》卷41《理宗本纪一》，第793页。
③ 《宋史》卷44《理宗本纪四》，第854页。
④ 粟品孝等：《南宋军事史》，第306—311页。
⑤ 《宋史》卷43《理宗本纪三》，第844页。
⑥ 《宋史》卷43《理宗本纪三》，第845页。
⑦ 《宋史》卷82《律历志十五》，第1938—1939页。

宋理宗不仅继续“壹以孝宗为法”[①]，而且对布衣科学家的重视程度又有一定的提高。比如，淳祐四年（1244），“兼崇政殿说书韩祥请召山林布衣造新历”[②]。淳祐八年（1248）尹涣奏云：“历者，所以统天地、侔造化，自昔皆择圣智典司其事。后世急其所当缓，缓其所当急，以为利吾国者惟钱谷之务，固吾圉者惟甲兵是图，至于天文、历数一切付之太史局，荒疏乖谬，安心为欺，朝士大夫莫有能诘之者。请召四方之通历算者至都，使历官学焉。”[③]由一州、一军到集聚“四方之通历算者至都”，布衣天文学家迅速成长为一股为南宋晚期统治者所不可忽视的科研力量，泽被后世，这确实是宋理宗朝对中国古代天文学发展所做出的一个历史贡献。

当然，在以残酷竞争和淘汰为特征的科举氛围里，士子总能够找到适于他们生存和施展其才华之职业，如自创书院，教授门徒，即是多数士子所选择的救世之路，像“教授于乡”的休宁人汪大发[④]、“高抗不仕”避居沙上教授生徒的孔元虔[⑤]等。这部分以教授生徒为职业的布衣士人，充当着向民众传播人文和科学两大知识体系的重要媒介，而在这个布衣群体中，不乏精通科技专业知识和关注自然界运动变化规律的“智者”。如毛奎“淳祐间知吉阳军。能文章，通术数之学。修建城池，迁学造士”[⑥]。

统一思想是宋代最值得注意的政治文化现象之一。从科技思想的角度讲，宋代科技发展的两个峰值，即北宋中后期与南宋中后期，恰与其一统思想的政治走向相重叠，这绝不是偶发的现象。在北宋，王安石变法推动了北宋科技事业的兴旺发达，促进了多元文化在同一个时空扇面内的趋同，而趋同的思想基础就是“一道德”。《宋史》载：

> 神宗笃意经学，深悯贡举之弊，且以西北人材多不在选，遂议更法……他日问王安石，对曰：“今人材乏少，且其学术不一，异论纷然，不能一道德故也。一道德则修学校，欲修学校，则贡举法不可不变。若谓此科尝多得人，自缘仕进别无他路，其间不容无贤；若谓科法已善，则未也。今以少壮时，正当讲求天下正理，乃闭门学作诗赋，及其入官，世事皆所不习，此科法败坏人材，致不如古。”[⑦]

那么，如何“一道德”？宋神宗曾经对王安石说：“今谈经者人人殊，何以一道德？卿所著经，其以颁行，使学者归一。”[⑧]宋熙宁八年（1075），“颁王安石《书》《诗》《周礼义》于学官，是名《三经新义》”[⑨]。回顾中国古代科技思想史的发展历程，我们很容易发现，《周易》和《周礼》分别为中国古代科学和技术发展之流的“源”。其中《周易》为中国古代科学发展之源，而《周礼》为中国古代技术发展之源。《周礼》从内容上分天、地、春、夏、秋、冬六官，其冬官《考工记》虽为汉时学者补入，但原本《周礼》于“百

① 《宋史》卷41《理宗本纪一》，第785页。
② 《宋史》卷82《律历志十五》，第1948页。
③ 《宋史》卷82《律历志十五》，第1948页。
④ （清）王梓材、（清）冯云濠：《宋元学案补遗》卷80《汪先生大发》，《四明丛书》第5集第98册，第37页。
⑤ （清）褚翔等：《靖江县志》，台北：成文出版社，1983年，第289—290页。
⑥ （明）郭棐纂修，谢晖点校：《万历广东通志·琼州府》，海口：海南出版社，2006年，第148页。
⑦ 《宋史》卷155《选举志一》，第3616—3618页。
⑧ 《宋史》卷157《选举志三》，第3660页。
⑨ 《宋史》卷157《选举志三》，第3660页。

工”定有说法，而汉代学者补入“冬官”当必有所据。《考工记》云：“国有六职，百工与居一焉……坐而论道，谓之王公。作而行之，谓之士大夫。审曲面势，以饬五材，以辨民器，谓之百工。通四方之珍异以资之，谓之商旅。饬力以长地财，谓之农夫。治丝麻以成之，谓之妇功。”①而“六职”并举在北宋都具有非常重要的现实意义，当然，它也是王安石变法的基本思路。比如，刘敞说：“凡士农工商者，盖通功易事，相为用者也。”②王令又说：“夫惟至治之世，其措民各有本而次第之，以及其化，故地各井而民自食其业，虽有士农工商之异，未尝不力而食，因其资给，然后绳其游惰，澄其淫邪，锄其强梗，其治略以定矣。”③王令虽为布衣之士，但他对王安石变法思想的影响是其对宋学发展的主要贡献之一。宋神宗时期，统治者面临的政治、经济、思想、军事等各方面的问题比较复杂，而诸多问题的关键症结归根到底还在于“国用不足”④。因此，围绕如何解决“国用不足”的问题，王安石在《答圣问赓歌事》中作了非常明确的回答。他说：

> 人君能敕正则治，不能敕正则乱，所以敕之不可以无。其为一也。然为于可为之时则治，为于不可为之时则乱，故人君不可以不知时。时有难易，事有大细，为难当于其易，为大当于其细。几者，事细而易为之时也，故人君不可以不知几。“帝庸作歌曰：‘敕天之命，惟时惟几。’”此之谓也。人君虽知此，然贤臣不心悦而服从，则不能兴事造业而熙百工。“乃歌曰：‘股肱喜哉，元首起哉，百工熙哉！’”此之谓也。夫欲股肱之喜，盖有其道矣。盖人君率其臣作而兴事，在明乎善而已。明乎善，在所为法以示人者当，所为法以示人者当，乃股肱之所以喜也。股肱喜而事功成，事功成而能屡省以不怠废，此又股肱之所以喜也。为是者，在钦而已矣。⑤

这段话可以看作是王安石变法的主要思路，其中有三个环节是十分关键的，即“人君”、“贤臣”和“百工”。对于这三者的层次，王安石的观点是：“人君不可以不知几”，这是第一位的事情；然后，“人君率其臣作而兴事”，意思是说没有“贤臣”辅佐“人君”，欲实现“兴事造业”之理想境界，则是不可能的。在王安石的思维意识里，他本人便是“贤臣”。于是，他对宋神宗说：“窃以钧衡之任，实总于百工，苟非经济之才，曷熙于庶绩？”⑥关于王安石变法的效果评价，虽然宋人的说法不一，但有一个事实是肯定的，那就是王安石变法催生了北宋中后期科技事业的繁荣发展，并由此培育了一大批科技思想家，如张伯端、沈括、苏颂、李诫等。从实践的层面看，北宋中后期科技思想的生机勃发，得益于王安石变法。倘若我们进一步看，由实践的层面深入到理论的层面，则《周礼》在北宋中后期科技思想的发展过程中，无疑地起着灯塔般的导向作用。在王安石变法前后，士大夫都以《周礼》为立论的依据，这种现象在宋代以前是很少见的。例如，宋初的石介说：“《周礼》《春秋》万世之大典乎？周公、孔子制作，至矣。周自夷王以下，寖

① 《周礼·冬官考工记》，陈成国点校：《周礼·仪礼·礼记》上册，第116页。
② （宋）刘敞：《仕者世禄论》，曾枣庄、刘琳主编：《全宋文》第59册，第237页。
③ （宋）王令著，沈文倬校点：《王令集》卷12《师说》，上海：上海古籍出版社，1980年，第225—226页。
④ 《宋史》卷176《食货志上四》，第4288页。
⑤ （宋）王安石撰，李之亮笺注：《王荆公文集笺注》，第922页。
⑥ （宋）王安石撰，李之亮笺注：《王荆公文集笺注》，第1457页。

衰寖微，京师存乎位号而已，然五六百年间，绵绵延延，不绝如线，而诸侯卒不敢叛者，《周礼》在故也。”[①]无独有偶，被胡适称作“王安石的先导”[②]的李觏，对《周礼》的价值同样有一段精彩的评论，他说：

> 昔刘子骏、郑康成皆以《周礼》为周公致太平之迹，而林硕谓末世之书，何休云六国阴谋。然郑义获伸，故《周官》遂行。觏窃观《六典》之文，其用心至悉，如天焉有象者在，如地焉有形者载。非古聪明睿智，谁能及此？其曰周公致太平者，信矣。[③]

看来，王安石作《周礼新义》是宋初以来崇尚《周礼》思潮的一种历史必然，它本身主要基于北宋社会历史发展的客观需要，而并不完全是他个人意志的产物。王安石说：

> 制而用之存乎法，推而行之存乎人。其人足以任官，其官足以行法，莫盛乎成周之时。其法可施于后世，其文有见于载籍，莫具乎《周官》之书。盖其因习以崇之，赓续以终之，至于后世，无以复加。则岂特文、武、周公之力哉？犹四时之运，阴阳积而成寒暑，非一日也。自周之衰，以至于今，历岁千数百矣。太平之遗迹，扫荡几尽，学者所见，无复全经。于是时也，乃欲训而发之，臣诚不自揆，然知其难也。以训而发之之为难，则又以知夫立政造事追而复之之为难。[④]

可见，王安石推崇《周礼》的目的还在于“立政造事”，而“造事”的要点则在于如何处理“人君”、“贤臣”与“百工”之间的关系。所以，王安石变法之后，北宋士大夫对《周礼》的兴趣陡然增强，研究《周礼》的学者越来越多，争论自然也就多了起来。受党派之争的影响，研究《周礼》者亦相应地分成两派：一派以二程为代表，否定王安石《周礼新义》的价值，认为《周礼》制度仅仅是勾画在纸面上的蓝图和“理想国”，难于在现存的社会制度下变成现实。如，有人问：“《周礼》之书有讹缺否？”程颐回答说：“甚多。周公致治之大法，亦在其中，须知道者观之，可决是非也。”[⑤]又说：“《周礼》不全是周公之礼法，亦有后世随时添入者，亦有汉儒撰入者。”[⑥]不仅如此，在二程看来，“周公不作膳夫庖人匠人事，只会兼众有司之所能”[⑦]，且“必有《关雎》《麟趾》之意，然后可行周公法度”[⑧]。在这里，《关雎》和《麟趾》是指一种“家齐俗厚”的社会状态，程颐说：“《关雎》之化行，则天下之家齐俗厚，妇人皆由礼义，王道成矣。”[⑨]而“《关雎》而下，齐家之道备矣，故以《麟趾》言其应。《关雎》之化行，则其应如此，天下无犯非礼

---

① （宋）石介著，陈植锷点校：《徂徕石先生文集》卷 7《二大典》，第 77 页。
② 胡适著，胡明主编：《五十年来之世界哲学》，北京：光明日报出版社，1988 年，第 28 页。
③ （宋）李觏著，王国轩校点：《李觏集》，北京：中华书局，1981 年，第 67 页。
④ （宋）王安石：《王安石集》，北京：中国戏剧出版社，2002 年，第 318 页。
⑤ （宋）程颢、程颐著，王孝鱼点校：《二程集》上册，第 230 页。
⑥ （宋）程颢、程颐著，王孝鱼点校：《二程集》上册，第 404 页。
⑦ （宋）程颢、程颐著，王孝鱼点校：《二程集》上册，第 96 页。
⑧ （宋）程颢、程颐著，王孝鱼点校：《二程集》上册，第 428 页。
⑨ （宋）程颢、程颐著，王孝鱼点校：《二程集》下册，第 1048 页。

也”①。于是，“天下之治，由兹而始；天下之俗，由此而成；风之正也”②。显然，二程把《诗》看作是实现《周礼》社会理想的重要前提，而《诗》的社会基础即是以“家齐俗厚”为特征的“王道”，可见，程颐不认为北宋已成就了“王道”，这是他否定《周礼新义》的主要依据。此外，杨时著《周礼辨疑》一卷，此为“攻安石之书”③。另一派以王昭禹为代表，追崇王安石的《周礼新义》。如陈振孙在评价王昭禹著《周礼详解》一书的价值时说：“近世为举子业者多用之，其学皆宗王氏新说。”④顺着王昭禹的理路，我们自然会想到，在追崇王安石《周礼新义》的一派人看来，冬官《考工记》的地位是不容轻视的，而宋代社会经济和科学技术发展的历史进程，业已进一步肯定了《考工记》的向导作用。

在韩钟文先生看来，“从经学史或儒学史的演进历程看，从汉唐到宋初，是以《诗》、《书》、《易》、《礼》、《春秋》五经为中心的阶段，从宋元之际到明清是以‘四书’为中心的阶段”⑤。当然，这个转变不是短时间所能完成的，也不是直线过渡的。事实上，里面有许多曲折的细节尚待研究。但本书的主旨不是去诠释这个转变的内在必然性或合理性问题，也不是去说明南宋历史形态的结构和经济运行机制问题，作为一种思想形态，我们仅想观察一下，在以“四书”为中心的南宋中后期，《周礼》是否被程朱理学挤出了其思想理论的核心地位？

南宋中期的社会经济逐步得到了恢复和发展，各种商贸活动空前繁荣，文教事业蓬勃兴盛。这时，学者又开始关注《周礼》的“兴事造业”思想。如陈亮说：“《周礼》一书，先王之遗制具在，吾夫子盖叹其郁郁之文，而知天地之功莫备于此，后有圣人，不能加毫末于此矣……盖至于周公，集百圣之大成，文理密察，累累乎如贯珠，井井乎如画棋局，曲而当，尽而不污，无复一毫之间，而人道备矣。人道备，则足以周天下之理，而通天下之变。变通之理具在，周公之道盖至此而与天地同流，而忧其穷哉！”⑥针对士大夫中有人否定《周礼》思想价值的学术倾向，朱熹非同寻常地站在维护《周礼》学术地位的一边，尊崇周公，阐扬《周礼》的政治理念，特别明确地肯定了“艺”的地位。他说：“《周礼》，胡氏父子以为是王莽令刘歆撰，此恐不然。《周礼》是周公遗典也。”⑦当有人问“《周礼》如何看”时，朱熹回答：“也且循《注疏》看去。”⑧他认为：“《五经》中，《周礼疏》最好，《诗》与《礼记》次之，《书》《易疏》乱道。”⑨既然把《周礼》抬举到《五经》之首，那么，朱熹就不能不回答“道”与“艺”的关系问题。何谓“道”？朱熹说：“大而天地事物之理，以至古今治乱兴亡事变，圣贤之典策，一事一物之理，皆晓得所以

① （宋）程颢、程颐著，王孝鱼点校：《二程集》下册，第1049页。

② （宋）程颢、程颐著，王孝鱼点校：《二程集》下册，第1047页。

③ （宋）王应麟撰，武秀成、赵庶洋校证：《玉海艺文校证》上，南京：凤凰出版社，2013年，第219页。

④ （宋）陈振孙撰，尹小林整理：《直斋书录解题》，第28页。

⑤ 韩钟文：《中国儒学史（宋元卷）》，第99页。

⑥ （宋）陈亮著，邓广铭点校：《陈亮集》卷10《六经发题·周礼》，第104页。

⑦ （宋）黎靖德编，王星贤点校：《朱子语类》卷86《礼三·周礼》，第2204页。

⑧ （宋）黎靖德编，王星贤点校：《朱子语类》卷86《礼三·周礼》，第2204页。

⑨ （宋）黎靖德编，王星贤点校：《朱子语类》卷86《礼三·周礼》，第2206页。

然，谓之道。”[①]或曰：“道则知得那德、行、艺之理所以然也。”[②]注云：“‘德行是贤者，道艺是能者。’盖晓得许多事物之理，所以属能。”[③]可见，朱熹在对待《周礼》的认识态度方面，与王安石所见略同，有殊途同归之效。这是一个很值得玩味的意识现象，如众所知，叶适作为浙东功利派的著名代表，他的思想最应该跟王安石保持一致，但事实恰恰相反，反对王安石《周礼新义》的人不是来自于理学家朱熹，而是功利派中的叶适。叶适说：“《周官》晚出，而刘歆遽行之，大坏矣，苏绰又坏矣，王安石又坏矣。千四百年，更三大坏，而是书所存无几矣。”[④]“虽然，以余考之，周之道固莫聚于此书，他经其散者也；周之籍固莫切于此书，他经其缓者也。公卿敬，群有司廉，教法齐备，义利均等，固文、武、周、召之实政在是也，奈何使降为度数事物之学哉！”[⑤]在这里，叶适将《周礼》的经国之“教法”（即道）与“度数事物之学”（即艺）割裂开来，反对将“度数事物之学”纳入到“经学”的层面和高度，倒是朱熹不仅没有降低“度数事物之学”的科学地位，反而将其提升到与“道”具有同等名分的历史高度，其“道艺是能者”即是典型的例证。当然，叶适仅仅是在《周礼》问题上把“道”与“艺”分为两个不同层面的文化现象，但这并不表明他一般地反对或蔑视技艺之学，相反他也是积极主张士者“旁达于技艺”的科技思想家。

我们在本书中一再强调程朱理学对南宋科技发展起着比较积极的作用，这是问题的一个方面。恩格斯指出：“事实上，世界体系的每一个思想映象，总是在客观上被历史状况所限制，在主观上被得出该思想映象的人的肉体状况和精神状况所限制。”[⑥]这种“限制”同样体现在程朱理学的思想体系里，仅就其内含的科技思想而言，道德思想是本体，科技思想则不过是体之用而已，或者说只是其道德思想的一个附庸。所以，另一个方面，我们还应看到，与希腊哲学的内质相比，程朱理学中确实缺乏科技本位意识。

韩愈曾为儒学建立了一个半开放性的道统谱系，他说：“斯吾所谓道也，非向所谓老与佛之道也。尧以是传之舜，舜以是传之禹，禹以是传之汤，汤以是传之文、武、周公，文、武、周公传之孔子，孔子传之孟轲，轲之死，不得其传焉。”[⑦]在宋人看来，孟子之后，应当有两个传承谱系：一个是理学家认定的传承谱系，即“西洛程颢、程颐传其道于千有余岁之后”[⑧]，“孟子之后，观圣道自程子始”[⑨]；一个是为王称所认定的谱系：“孟子之后有荀卿，荀卿之后而扬雄出。雄之后而韩愈，继愈之后而修（即欧阳修，引者注）得其传。”[⑩]这两个谱系当然以理学家所认定的谱系为主，因为这个谱系得到了南宋统治者

---

① （宋）黎靖德编，王星贤点校：《朱子语类》卷86《礼三・周礼》，第2218页。

② （宋）黎靖德编，王星贤点校：《朱子语类》卷86《礼三・周礼》，第2218页。

③ （宋）黎靖德编，王星贤点校：《朱子语类》卷86《礼三・周礼》，第2218页。

④ （宋）叶适著，刘公纯等点校：《叶适集》，第219页。

⑤ （宋）叶适著，刘公纯等点校：《叶适集》，第220页。

⑥ 《马克思恩格斯选集》第3卷，北京：人民出版社，1995年，第76页。

⑦ （唐）韩愈著，马其昶校注，马茂元整理：《韩昌黎文集校注》第1卷，上海：上海古籍出版社，1986年，第18页。

⑧ （宋）李心传：《建炎以来系年要录》卷101“绍兴六年五月辛卯”条，第1660页。

⑨ （宋）周应合：《景定建康志》卷29《儒学志二》，南京：南京出版社，2017年，第769页。

⑩ （宋）王称撰，孙言诚、崔国光点校：《东都事略》卷72《欧阳修传》，济南：齐鲁书社，2000年，第604页。

的认可和推崇。

朱熹分析了“孟子之后不得其传”的原因，他说：“后世学者不去心上理会。尧舜相传，不过论人心道心，精一执中而已。”[①]然而，认真分析两个谱系，就会发现朱熹所说的“人心”（即人欲）和“道心”（即天理）实在是一个一般人都难以突破的思想“瓶颈”。因为凡是进入其谱系前七位的均为帝王，可见，韩愈所称的“道”是帝王之道。由于这个缘故，周公之后的孔子才提出了一个十分重要的人生命题：“仕而优则学，学而优则仕”[②]这个命题尽管出自子夏之口，但却是孔子的核心思想。这个思想显然是延续了“帝王之道”的真脉，因为它的始点是“仕”，终点还是“仕”，而“学”只不过是通向“仕”的桥梁和纽带，也就是说，帝王之道只有通过“仕”才能承担，只有通过“仕”才能展示自身。毫无疑问，把学术和仕途联结得如此紧密，这在西方传统学术思想里是从来没有过的现象。

在这样的原则之下，孔子进一步讨论了“道”与“学”的关系。具体地讲，可分为三个层次：第一个层次是将“道”与科技活动对立起来，孔子说：“百工居肆以成其事，君子学以致其道。”[③]在孔子门派看来，科技活动这类事情属于“小道”，而帝王之道才是“大道”。孔子说：“虽小道，必有可观者焉；致远恐泥，是以君子不为也。”[④]孔子说：“吾不试，故艺。”[⑤]这句话的意思是说，由于我没有做官，因此，便学到了很多技艺。此话虽然是反说，但我们不妨正着听，它说明了一个道理：即科技的主要载体应是学术自由人，而不是仕者。第二个层次是将“仕”与“隐者”对立起来，据《论语・微子》载：

> 子路从而后，遇丈人，以杖荷蓧。子路问曰：“子见夫子乎？”丈人曰：“四体不勤，五谷不分。孰为夫子？”植其杖而芸。子路拱而立。止子路宿，杀鸡为黍而食之，见其二子焉。明日，子路行，以告。子曰：“隐者也。”使子路反见之。至则行矣。子路曰：“不仕无义。长幼之节，不可废也；君臣之义，如之何其废之？欲洁其身，而乱大伦？君子之仕也，行其义也。道之不行，已知之矣。”[⑥]

在这段话里，体现了孔子的一个基本人生态度，即有知识的人（孔子称之为“隐士”）“不仕无义”。这个“隐士”究竟是“儒者”还是“道人”，孔子没有作解释，但此“隐士”不仅能够种田谋生，自食其力，而且有头脑，有思想，当是一个掌握了熟练种田技术的知识分子。孔子尊敬他，不是因为他能种田，而是因为他可以为帝王所用，可以践行“帝王之道”。所以，子路抱怨他“欲洁其身，而乱大伦”，即逃避现实，对自己是一种解脱，但对“君臣之道”却是一种严重的损害。然而，社会的存在和发展，不单需要“仕”者，即国家的管理人员，同时更需要懂科技和谋“小道”的专业人员。随着历史的发展，秦汉以后，道家主张“出世”，到山林野谷去追问“天道”和“地道”，在这个过程中，他们自觉和不自觉地探讨了自然界运动变化的规律及其宇宙万物自身的内在结构和组成元

① （宋）黎靖德编，王星贤点校：《朱子语类》卷 12《学六・持守》，第 203 页。
② 《论语・子张》，陈戍国点校：《四书五经》上册，第 58 页。
③ 《论语・子张》，陈戍国点校：《四书五经》上册，第 58 页。
④ 《论语・子张》，陈戍国点校：《四书五经》上册，第 57—58 页。
⑤ 《论语・子罕》，陈戍国点校：《四书五经》上册，第 33 页。
⑥ 《论语・微子》，陈戍国点校：《四书五经》上册，第 56—57 页。

素，并为中国古代科技的发展做出了卓越的贡献。我们知道，李约瑟撰写多卷本的《中国科学技术史》，其主要参考文献便是来源于道家的著述。所以，他在《中国古代科学思想史》一书中说："道家思想是中国科学与技术的根本。"①这个结论有其合理之处，因为孔子自己承认科学研究的承担者最好是"学术自由人"，他们不是"仕"者，而是"隐者"。从这个角度出发，李约瑟认为："儒家学说成为仕宦者之正统思想。"②第三个层次，科技知识有高低之分：最高层面是"六艺"，孔子说："志于道，据于德，依于仁，游于艺。"③朱熹注："艺，则礼乐之文，射御书数之法，皆至理所寓，而日用之不可阙者也。"④至于"游于艺"之"游"，朱熹释："游者，玩物适情之谓。"⑤从"志于道"到"游于艺"，里面的内涵是不同的，它反映了儒家对"道"与"艺"关系和地位的一种态度。中间层面为天文、数学、医学和农学这四大学科，故李约瑟说："数学至某种程度，是用于治水所必需的，但有此学问的人，很可能只屈居下位，有天文知识的人，官阶可较高，医学与农学受相当重视。"⑥最底层面的是一般技艺，如点金术、手艺工匠、作坊工作者等，它们被"认为不合儒者身分"⑦，因而是属于社会生活中低贱的职业。

《论语》中有"樊迟请学稼"的记载，人们从各个角度对其进行阐释，自然是各有道理。本书亦特转引于下，只想说明一个现象，那就是在儒家的视野里，从事科技活动仅仅是"小道"，而读书的人就应当去追求"大道"，去进仕，去为官。文云：

> 樊迟请学稼，子曰："吾不如老农。"请学为圃，曰："吾不如老圃。"樊迟出。子曰："小人哉，樊须也！上好礼，则民莫敢不敬；上好义，则民莫敢不服；上好信，则民莫敢不用情。夫如是，则四方之民襁负其子而至矣，焉用稼？"⑧

这是一种社会资源的分享问题。对一个人来说，谁分享的社会资源越多，那么，他的人生价值就越大，社会地位就越高。老农的社会资源不过几亩地而已，而一个领导者却可以指使一村一乡一县一州一府乃至一国的民众，那是何等的气派呀！因此，孔子教育学生的目的不能不眼睛向上，去分享领导者的社会资源，而不是去分享老农的社会资源，况且一个老农的社会资源加起来才有多少，值得一个读书人去分享吗？可见，孔子在这里自觉地以"官"为学的"本位"。从这个层面讲，孟子之后之所以道"不得其传"，在客观上是因为科举制还没有成为封建统治者选拔官吏的途径，在此历史背景下，读书人不得志，因而大道不行。自唐以后，尤其是宋代，科举制发达，读书人扬眉吐气，大道运行，圣学有传。所以，二程说："孔子为宰则为宰，为陪臣则为陪臣，皆能发明大道。孟子必得宾师之位，然后能明其道。"⑨此话说得坦诚，也很直率，无论是"陪臣"还是"宾师"，在当

---

① ［英］李约瑟：《中国古代科学思想史》，陈立夫等译，第 149 页。
② ［英］李约瑟：《中国古代科学思想史》，陈立夫等译，第 34 页。
③ 《论语·述而》，陈成国点校：《四书五经》上册，第 28 页。
④ （宋）朱熹：《论语集注》，朱杰人、严佐之、刘永翔主编：《朱子全书》第 6 册，第 121 页。
⑤ （宋）朱熹：《论语集注》，朱杰人、严佐之、刘永翔主编：《朱子全书》第 6 册，第 121 页。
⑥ ［英］李约瑟：《中国古代科学思想史》，陈立夫等译，第 34 页。
⑦ ［英］李约瑟：《中国古代科学思想史》，陈立夫等译，第 34 页。
⑧ 《论语·子路》，陈成国点校：《四书五经》上册，第 42 页。
⑨ （宋）程颢、程颐著，王孝鱼点校：《二程集》上册，第 78 页。

时都是很高的官阶。由此我们便可以理解程颐为什么要讲“师道尊严”了。例如，周敦颐说：“师道立则善人多，善人多则朝廷正而天下治。”[①]程颐也说：“帝王之道也，以择任贤俊为本，得人而后与之同治天下。”[②]南宋的王柏在《跋寺簿徐公帖》中更具体地说：

> 公学问该洽，操履端亮，自为诸生，众已推重，既登科第，声誉益休。今掌教一邦，师道尊严，学校整肃，士子知所向慕。若置之周行，其谋议献替，必有可取，诚足以上备旁招之列。[③]

可见，“师道”与“帝王之道”有一定的内在联系，而在宋代的理学家看来，“师道尊严”只有在科举制下才能真正张扬其传道的本色，才能实现与皇帝“同治天下”的人生理想。我国自春秋战国时期开始：首先，科学研究还没有变成学术自由人的事业，学术活动大都附属于一定的国家政权，并为特定的统治利益服务。如司马迁说：“孟轲，邹人也。受业子思之门人。道既通，游事齐宣王，宣王不能用。适梁，梁惠王不果所言，则见以为迂远而阔于事情。当是之时，秦用商君，富国强兵；楚、魏用吴起，战胜弱敌；齐威王、宣王用孙子、田忌之徒，而诸侯东面朝齐。天下方务于合从连衡，以攻伐为贤，而孟轲乃述唐、虞、三代之德，是以所如者不合。退而与万章之徒序《诗》《书》，述仲尼之意，作《孟子》七篇。”[④]前386年，齐桓公所建立的稷下学宫可以称作是中国历史上的第一座大学，但其政治味更重于其学术味。故司马迁说：当战国之时，“（齐）宣王喜文学游说之士，自如驺衍、淳于髡、田骈、接予、慎到、环渊之徒七十六人，皆赐列第，为上大夫，不治而议论”[⑤]。像“文学游说之士”及“赐列第为上大夫”都是官僚政治的派生物，而“不治而议论”即不从事具体政务，只讨论学术思想和国家大事，则带有鲜明的说教倾向和政客性质。例如，“驺子重于齐。适梁，惠王郊迎，执宾主之礼。适赵，平原君侧行撇席。如燕，昭王拥彗先驱，请列弟子之座而受业，筑碣石宫，身亲往师之”[⑥]。凡此种种，它反映了一种现象，那些学者被“尊宠”的背后隐藏着很深的政治目的。所以，“在中国历史上知识分子是没有自身独立的社会地位的，而是一直依附、隶属于君权而存在，并且依靠君权取得辅助政务的价值和身分。帝王和知识分子之间的这种相互需要，形成了中国历史上的一种特有社会结构，即以帝王为中心，以知识分子为主体的官僚政体，从而使‘官僚王国’与‘士大夫王国’重叠。这种社会结构与西方国家迥然不同”[⑦]。其次，理论科学研究如果没有俸禄的经济保障，多数科学家的研究活动是无法进行的。因此，如果科学研究作为科学家自己的一件事情，那么，他就只有去从事被儒家视为“小道”的具体技艺活动了。对此，李泽厚先生在为《论语》“君子谋道不谋食”一则经典作注时说：“《正义》：春秋时，士之为学者，多不得禄，故趋于异业。而习耕者众，观于樊迟以学

① （宋）张栻撰，邓洪波校点：《张栻集》下，长沙：岳麓书社，2017年，第583页。
② （宋）程颢、程颐著，王孝鱼点校：《二程集》下册，1035页。
③ （宋）王柏：《跋寺簿徐公帖》，曾枣庄主编：《宋代序跋全编》第8册，第5350页。
④ 《史记》卷74《孟子荀卿列传》，第2343页。
⑤ 《史记》卷46《田敬仲完世家》，第1895页。
⑥ 《史记》卷74《孟子荀卿列传》，第2345页。
⑦ 卢嘉锡总主编，金秋鹏分卷主编：《中国科学技术史·人物卷》，“前言”第V页。

稼、学圃为请，而长沮、桀溺、荷蓧大人之类，虽隐于耕，而皆不免谋食之意。则知当时学者以谋食为亟，而谋道之心或不专矣。夫子示人以君子当谋之道，学当得禄之理，而耕或不免馁，学则可以得禄，所以也诱掖人于学。”[①]至宋代，这种“诱掖人于学”的力度就更大了。比如，宋真宗《劝学文》云：“书中自有千钟粟……书中自有黄金屋……书中车马多如簇……书中有女颜如玉。”[②]客观上讲，这种功名利禄的诱惑，确实在一定程度上激励着士人的读书热情，不过，从当时的社会环境看，它与宋代火爆的科举制相适应。然而，事物都有两面性，而诱学也是一把双刃剑。到南宋以后，为功名而学已经成为一种时尚。故朱熹说：“大抵今日后生辈以科举为急，不暇听人说好话，此是大病。”[③]而针对南宋士人读书不求甚解的弊病，朱熹指出：“平日读书只为科举之计，贪多务得，不暇子细，惯得意思长时忙迫，凡看文字不问精粗，一例只作如此涉猎。今当深以此事为戒。”[④]结论：“大抵科举之学误人知见，坏人心术，其技愈精，其害愈甚。”[⑤]如此看来，科举发展到南宋时，它的危害性就完全显露出来了，它已经由北宋时对科技发展的促进作用逐渐演变为一种对科技发展起促退作用的消极因素，这是我们在考察南宋科技发展的整体状况时，不能不认真思索的一个大问题。实际上，明人高拱早就发现了宋真宗的《劝学文》的另一面，他说：“诚如此训，则其所养成者，固皆淫佚骄侈、残民蠹国之人。”[⑥]此言虽重，但切中了宋代科举制的要害，发人深思。正是从这个角度，邢铁先生认为：在科举制的读书模式下，尤其到南宋以后，“从皇帝到文人学士，对自然科学技术不仅不懂，而且不屑一顾，盲目排斥”[⑦]，从而阻碍了中国古代科学技术在北宋所奠定的深厚基础上的进一步提高和发展。

---

① 李泽厚：《论语今读》，第 375—376 页。

② ［日］大木康：《关于宋真宗〈劝学文〉》，王水照、朱刚主编：《新宋学》第 7 辑，上海：复旦大学出版社，2018 年，第 164 页。

③ （宋）朱熹撰，郭齐、尹波点校：《朱熹集》卷 49《答滕德章》，第 2395 页。

④ （宋）朱熹撰，郭齐、尹波点校：《朱熹集》卷 58《答宋容之》，第 2971 页。

⑤ （宋）朱熹撰，郭齐、尹波点校：《朱熹集》卷 58《答宋容之》，第 2972 页。

⑥ （明）高拱：《本语》卷 6，郭银星编选：《唐宋明清文集》第 2 辑《明人文集》卷 2，天津：天津古籍出版社，2000 年，第 773 页。

⑦ 邢铁、李晓敏：《科举制度与科学技术》，《河北师范大学学报（教育科学版）》2006 年第 3 期。

主要引用和参考文献

一、古籍

（春秋）卜子夏：《子夏易传》，《景印文渊阁四库全书》，台北：台湾商务印书馆，1986年

（春秋）旧题左丘明：《国语》，《二十五别史》，济南：齐鲁书社，2000年

（春秋）孔子：《论语》，《黄侃手批白文十三经》，上海：上海古籍出版社，1986年

（春秋）左丘明：《春秋左传》，《黄侃手批白文十三经》，上海：上海古籍出版社，1986年

（战国）荀况：《荀子》，《百子全书》，长沙：岳麓书社，1993年

（战国）佚名：《世本作篇》，《二十五别史》，济南：齐鲁书社，2000年

（战国）庄周：《庄子》，《百子全书》，长沙：岳麓书社，1993年

（春秋战国）：《黄帝内经素问》，《中医十大经典全录》，北京：学苑出版社，1995年

（战国末年）吕不韦：《吕氏春秋》，上海：学林出版社，1984年

（秦）商鞅：《商子》，《百子全书》，长沙：岳麓书社，1993年

（西汉）董仲舒：《春秋繁露》，上海：上海古籍出版社，1989年

（西汉）桓宽：《盐铁论》，《百子全书》，长沙：岳麓书社，1993年

（西汉）贾谊：《新书》，《百子全书》，长沙：岳麓书社，1993年

（西汉）刘安：《淮南子》，北京：华夏出版社，2000年

（西汉）司马迁：《史记》，北京：中华书局，1982年

（西汉）张良注：《阴符经》，《百子全书》，长沙：岳麓书社，1993年

（东汉）班固：《汉书》，北京：中华书局，1962年

（东汉）王充：《论衡》，《百子全书》，长沙：岳麓书社，1993年

（东汉）许慎：《说文解字》，北京：中华书局，1987年

（东汉）郑玄笺（唐）孔颖达疏：《毛诗注疏》，《景印文渊阁四库全书》，台北：台湾商务印书馆，1986年

（三国吴）韦昭注：《国语》，上海：上海古籍出版社，1978年

（魏晋）皇甫谧：《帝王世纪》，《二十五别史》，济南：齐鲁书社，2000年

（晋）葛洪：《抱朴子》，北京：中华书局，1987年

（晋）张华：《博物志》，《百子全书》，长沙：岳麓书社，1993年

（刘宋）范晔：《后汉书》，北京：中华书局，1987年

（梁）昭明太子萧：《文选》，长沙：岳麓书社，2002年

（唐）杜佑：《通典》，长沙：岳麓书社，1995 年
（唐）房玄龄等：《晋书》，北京：中华书局，1987 年
（唐）刘禹锡：《刘宾客文集》，西安：陕西人民出版社，1974 年
（唐）陆淳：《春秋集传纂例》，《景印文渊阁四库全书》，台北：台湾商务印书馆，1986 年
（唐）孟浩然：《孟浩然集》，《景印文渊阁四库全书》，台北：台湾商务印书馆，1986 年
（唐）释道宣：《添品妙法莲花经》，《新修大正大藏经》第 9 卷，日本：大正一切经刊行会，1922 年—1934 年
（唐）释道宣：《续高僧传》，《新修大正大藏经》第 50 卷，日本：大正一切经刊行会，1922 年—1934 年
（唐）苏敬等：《新修本草》，合肥：安徽科学技术出版社，1981 年
（唐）孙思邈：《千金翼方》，北京：人民卫生出版社，2000 年
（唐）魏征、令狐德棻：《隋书》，北京：中华书局，1987 年
（唐）张彦远：《历代名画记》，《丛书集成初编》，北京：中华书局，1985 年
（唐）长孙无忌等：《唐律疏义》，北京：中华书局，1983 年
（唐）宗密：《华严原人论》，《新修大正大藏经》第 45 卷，日本：大正一切经刊行会，1922 年—1934 年
（五代后晋）刘昫等：《旧唐书》，北京：中华书局，1975 年
（宋）冯椅：《厚斋易学》，《景印文渊阁四库全书》，台北：台湾商务印书馆，1986 年
（宋）庄绰：《鸡肋编》，北京：中华书局，1983 年
（北宋）蔡襄：《端明集》，《景印文渊阁四库全书》，台北：台湾商务印书馆，1986 年
（北宋）晁说之：《景迂生集》，《景印文渊阁四库全书》，台北：台湾商务印书馆，1986 年
（北宋）程颢、程颐：《二程外书》，上海：上海古籍出版社，1995 年
（北宋）程颢、程颐著，王孝鱼点校：《二程集》，北京：中华书局，2004 年
（北宋）程俱：《北山小集》，《四部丛刊》续编，上海：上海书店出版社，2015 年
（北宋）范仲淹：《范文正公文集》，《四部丛刊》初编本，台北：台湾商务印书馆，1967 年
（北宋）高承：《事物纪原》，《丛书集成初编》，北京：中华书局，1985 年
（北宋）韩琦：《安阳集》，《景印文渊阁四库全书》，台北：台湾商务印书馆，1986 年
（北宋）胡瑗：《洪范口义》，《景印文渊阁四库全书》，台北：台湾商务印书馆，1986 年
（北宋）胡瑗：《周易口义》，《景印文渊阁四库全书》，台北：台湾商务印书馆，1986 年
（北宋）黄裳：《演山集》，《景印文渊阁四库全书》，台北：台湾商务印书馆，1986 年
（北宋）寇宗奭：《本草衍义》，北京：中国中医药出版社，1997 年
（北宋）李觏：《李觏集》，北京：中华书局，1981 年
（北宋）李诫：《营造法式》，《景印文渊阁四库全书》，台北：台湾商务印书馆，1986 年
（北宋）李焘：《续资治通鉴长编》，上海：上海古籍出版社，1985 年

（北宋）刘翰：《开宝本草》，合肥：安徽科学技术出版社，1998年
（北宋）刘牧：《易数钩隐图》，正统《道藏》第3册，1988年
（北宋）刘牧：《易数钩隐图遗事九论》，正统《道藏》第3册，1988年
（北宋）柳开：《河东先生集》，《四部丛刊》初编本，台北：台湾商务印书馆，1967年
（北宋）梅尧臣：《梅尧臣诗选》，北京：人民出版社，1997年
（北宋）欧阳修：《欧阳文忠公文集》，《四部丛刊》初编本，台北：台湾商务印书馆，1967年
（北宋）欧阳修：《欧阳文忠公文集外》，《景印文渊阁四库全书》，台北：台湾商务印书馆，1986年
（北宋）欧阳修：《新唐书》，北京：中华书局，1987年
（北宋）欧阳修：《新五代史》，北京：中华书局，1986年
（北宋）秦观：《淮海集》，《四部丛刊》初编本，台北：台湾商务印书馆，1967年
（北宋）阮逸、胡瑗：《黄祐新乐图记》，《文渊阁四库全书》，台北：台湾商务印书馆，1986年
（北宋）邵伯温：《邵氏闻见录》，北京：中华书局，1997年
（北宋）邵雍：《击壤集》，《景印文渊阁四库全书》，台北：台湾商务印书馆，1986年
（北宋）邵雍：《渔樵问答》，《说郛》，上海：上海古籍出版社，2018年
（北宋）邵雍著，郭彧、于天宝点校：《皇极经世书》，上海：上海古籍出版社，2017年
（北宋）沈括：《梦溪笔谈》，长沙：岳麓书社，1998年
（北宋）石介著，陈植锷点校：《徂徕石先生文集》，北京：中华书局，1984年
（北宋）释志圆：《佛说阿弥陀经疏》，《新修大正大藏经》第37卷，日本：大正一切经刊行会，1922年—1934年
（北宋）释志圆：《涅磐玄义发源机要》，《新修大藏经》第38卷，日本：大正一切经刊行会，1922年—1934年
（北宋）释志圆：《请观音经疏阐义钞》，《新修大藏经》第37卷，日本：大正一切经刊行会，1922年—1934年
（北宋）释志圆：《维摩经略疏垂裕记》，《新修大藏经》第38卷，日本：大正一切经刊行会，1922年—1934年
（北宋）释志圆：《闲居编》，《续藏经》，上海：商务印书馆，1923年
（北宋）司马光：《资治通鉴》，上海：上海古籍出版社，1988年
（北宋）苏轼、沈括：《苏沈良方》，北京：人民卫生出版社，1956年
（北宋）苏轼：《东坡七集》，《四部备要》，上海：中华书局，1936年
（北宋）苏轼：《东坡易传》，《景印文渊阁四库全书》，台北：台湾商务印书馆，1986年
（北宋）苏轼：《东坡志林》，北京：中华书局，1981年
（北宋）苏轼：《苏轼全集》，《景印文渊阁四库全书》，台北：台湾商务印书馆，1986年
（北宋）苏颂：《本草图经》，合肥：安徽科学技术出版社，1994年
（北宋）苏颂：《苏魏公集》，北京：中华书局，2004年

（北宋）苏颂：《新仪象法要》，《景印文渊阁四库全书》，台北：台湾商务印书馆，1986 年

（北宋）苏洵：《嘉祐集》，《四部丛刊》初编本，台北：台湾商务印书馆，1967 年

（北宋）苏辙：《栾城集》，《景印文渊阁四库全书》，台北：台湾商务印书馆，1986 年

（北宋）苏辙：《颖滨先生诗集传》，《诗经要籍集成》，北京：学苑出版社，2002 年

（北宋）孙复：《春秋尊王发微》，《景印文渊阁四库全书》，台北：台湾商务印书馆，1986 年

（北宋）唐慎微：《重修政和经史证类备用本草》，北京：人民卫生出版社，1982 年

（北宋）王安石：《临川文集》，《景印文渊阁四库全书》，台北：台湾商务印书馆，1986 年

（北宋）王安石：《王安石全集》，上海：上海古籍出版社，1999 年

（北宋）王得臣：《麈史》，上海：上海古籍出版社，1986 年

（北宋）王怀隐等：《太平圣惠方》，北京：人民卫生出版社，1959 年

（北宋）王钦若：《册府元龟》，北京：中华书局，1982 年

（北宋）夏竦：《文庄集》，《景印文渊阁四库全书》，台北：台湾商务印书馆，1986 年

（北宋）谢良佐：《上蔡先生语录》，《丛书集成初编》，北京：中华书局，1985 年

（北宋）谢良佐：《上蔡语录》，《景印文渊阁四库全书》，台北：台湾商务印书馆，1986 年

（北宋）佚名：《宣和画谱》，《丛书集成初编》，北京：中华书局，1985 年

（北宋）易祓：《周官总义》，《景印文渊阁四库全书》，台北：台湾商务印书馆，1986 年

（北宋）游酢：《游豸山集》，《景印文渊阁四库全书》，台北：台湾商务印书馆，1986 年

（北宋）赞宁：《宋高僧传》，北京：中华书局，1996 年

（北宋）曾公亮、丁度：《武经总要》，《景印文渊阁四库全书》，台北：台湾商务印书馆，1986 年

（北宋）张伯端：《玉清金笥青华秘文金宝内炼丹诀》，正统《道藏》第 4 册，1988 年

（北宋）张伯端撰，翁葆光注：《悟真篇注疏及悟真篇三注拾遗》，正统《道藏》第 4 册，1988 年

（北宋）张方平：《乐全集》，《景印文渊阁四库全书》，台北：台湾商务印书馆，1986 年

（北宋）张耒：《柯山集》，《丛书集成初编》，北京：中华书局，1985 年

（北宋）张载：《横渠易说》，通志堂经解本，台北：成文出版社，1976 年

（北宋）张载：《张载集》，北京：中华书局，1978 年

（北宋）赵佶敕撰：《圣济总录》，北京：人民卫生出版社，1962 年

（北宋）周敦颐著，谭松林、尹红整理：《周敦颐集》，长沙：岳麓书社，2002 年

（南宋）不著撰人名氏：《名公书判清明集》，北京：中华书局，2002 年

（南宋）蔡戡：《定斋集》，《景印文渊阁四库全书》，台北：台湾商务印书馆，1986 年

（南宋）晁公武：《郡斋读书志校证》，上海：上海古籍出版社，2006 年

（南宋）陈亮著，邓广铭点校：《陈亮集》，北京：中华书局，1987 年

（南宋）陈耆卿：《嘉定赤城志》，《宋元方志丛刊》，北京：中华书局，1990 年
（南宋）陈振孙撰，尹小林整理：《直斋书录解题》，济南：山东画报出版社，2004 年
（南宋）陈自明：《妇人大全良方》，北京：中国医药科技出版社，2020 年
（南宋）邓椿：《画继》，太原：山西教育出版社，2017 年
（南宋）范成大：《范成大笔记六种》，北京：中华书局，2002 年
（南宋）方大琮：《铁庵集》，《景印文渊阁四库全书》，台北：台湾商务印书馆，1986 年
（南宋）高斯得：《耻堂存稿》，《景印文渊阁四库全书》，台北：台湾商务印书馆，1986 年
（南宋）洪迈著，夏祖尧、周洪武校点：《容斋随笔》，长沙：岳麓书社，1994 年
（南宋）洪迈撰，何卓点校：《夷坚志》，北京：中华书局，1981 年
（南宋）黄震：《黄氏日钞》，《景印文渊阁四库全书》，台北：台湾商务印书馆，1986 年
（南宋）江少虞：《宋朝事实类苑》，上海：上海古籍出版社，1981 年
（南宋）黎靖德编，王星贤点校：《朱子语类》，北京：中华书局，1986 年
（南宋）李衡：《周易义海撮要》，《景印文渊阁四库全书》，台北：台湾商务印书馆，1986 年
（南宋）李石：《方舟集》，《四库全书珍本初集》，上海：商务印书馆，1934 年
（南宋）李心传：《建炎以来朝野杂记》，台北：文海出版社，1967 年
（南宋）李心传：《建炎以来系年要录》，北京：中华书局，1988 年
（南宋）李攸：《宋朝事实》，《丛书集成初编》，北京：中华书局，1985 年
（南宋）廖刚：《高峰文集》，《景印文渊阁四库全书》，台北：台湾商务印书馆，1986 年
（南宋）刘克庄：《后村先生大全集》，成都：四川大学出版社，2008 年
（南宋）刘宰：《漫塘集》，《景印文渊阁四库全书》，台北：台湾商务印书馆，1986 年
（南宋）楼钥：《攻媿集》，北京：中华书局，1985 年
（南宋）陆九渊：《陆九渊集》，北京：中华书局，1980 年
（南宋）陆游：《渭南文集》，《景印文渊阁四库全书》，台北：台湾商务印书馆，1986 年
（南宋）陆游撰，刘文忠评注：《老学庵笔记》，北京：学苑出版社，1998 年
（南宋）罗大经撰，王瑞来点校：《鹤林玉露》，北京：中华书局，1983 年
（南宋）吕颐浩：《忠穆集》，《景印文渊阁四库全书》，台北：台湾商务印书馆，1986 年
（南宋）孟元老：《东京梦华录》，北京：中华书局，1982 年
（南宋）耐得翁：《都城纪胜》，北京：中国商业出版社，1982 年
（南宋）潘自牧：《记纂渊海》，北京：中华书局，1988 年
（南宋）彭耜：《道德经集注》，正统《道藏》，1988 年
（南宋）潜说友：《咸淳临安志》，《宋元方志丛刊》，北京：中华书局，1990 年
（南宋）秦九韶：《数书九章》，《中国科学技术典籍通汇》，郑州：河南教育出版社，1993 年
（南宋）邵博：《邵氏闻见后录》，北京：中华书局，1997 年
（南宋）宋慈：《洗冤集录》，长沙：湖南科学技术出版社，2019 年
（南宋）孙应时：《烛湖集》，《景印文渊阁四库全书》，台北：台湾商务印书馆，1986 年

（南宋）唐仲友：《帝王经世图谱》，上海：上海古籍出版社，1994 年
（南宋）王明清：《挥麈录》，北京：中华书局上海编辑所，1961 年
（南宋）王十朋：《王十朋全集》，上海：上海古籍出版社，2012 年
（南宋）王十朋注：《东坡诗集注》，《景印文渊阁四库全书》，台北：台湾商务印书馆，1986 年
（南宋）王炎：《双溪类稿》，《景印文渊阁四库全书》，台北：台湾商务印书馆，1986 年
（南宋）王应麟：《玉海》，扬州：广陵书社，2003 年
（南宋）王应麟：《元本困学纪闻》，北京：国家图书馆出版社，2017 年
（南宋）王与之：《周礼订义》，《景印文渊阁四库全书》，台北：台湾商务印书馆，1986 年
（南宋）魏了翁：《鹤山全集》，上海：上海书店，1989 年
（南宋）吴曾：《能改斋漫录》，上海：上海古籍出版社，1984 年
（南宋）吴泳：《鹤林集》，《景印文渊阁四库全书》，台北：台湾商务印书馆，1986 年
（南宋）熊克：《中兴小记》，台北：文海出版社，1968 年
（南宋）薛季宣：《浪语集》，《景印文渊阁四库全书》，台北：台湾商务印书馆，1986 年
（南宋）阳枋：《字溪集》，《景印文渊阁四库全书》，台北：台湾商务印书馆，1986 年
（南宋）杨辉：《杨辉算法》，《中国科学技术典籍通汇》，郑州：河南教育出版社，1993 年
（南宋）杨简：《杨氏易传》，《景印文渊阁四库全书》，台北：台湾商务印书馆，1986 年
（南宋）杨万里：《诚斋集》，《景印文渊阁四库全书》，台北：台湾商务印书馆，1986 年
（南宋）叶梦得：《石林诗话校注》，北京：人民出版社，2011 年
（南宋）叶适著，刘公纯等点校：《叶适集》，北京：中华书局，1961 年
（南宋）俞琰：《读易举要》，《景印文渊阁四库全书》，台北：台湾商务印书馆，1986 年
（南宋）袁采：《袁氏世范》，长春：北方妇女儿童出版社，2006 年
（南宋）袁燮：《絜斋家塾书钞》，《景印文渊阁四库全书》，台北：台湾商务印书馆，1986 年
（南宋）张栻：《南轩集》，《景印文渊阁四库全书》，台北：台湾商务印书馆，1986 年
（南宋）张孝祥著，徐鹏校点：《于湖居士文集》，上海：上海古籍出版社，1980 年
（南宋）章定：《名贤氏族言行类稿》，上海：上海古籍出版社，1994 年
（南宋）赵汝适：《诸蕃志校释》，北京：中华书局，2008 年
（南宋）赵汝愚：《宋名臣奏议》，北京：商务印书馆，2005 年
（南宋）赵希弁：《郡斋读书志后志》，北京：商务印书馆，1988 年
（南宋）赵希鹄：《洞天清录》，《丛书集成初编》，北京：中华书局，1985 年
（南宋）赵彦卫：《云麓漫钞》，北京：中华书局，1996 年
（南宋）赵与时：《宾退录》，上海：上海古籍出版社，1983 年
（南宋）真德秀：《西山读书记》，《全宋笔记》，郑州：大象出版社，2018 年
（南宋）郑刚中：《北山集》，《景印文渊阁四库全书》，台北：台湾商务印书馆，1986 年

（南宋）郑樵撰，王树民点校：《通志二十略》，北京：中华书局，1995年
（南宋）周密：《齐东野语》，北京：中华书局，1997年
（南宋）周去非：《岭外代答》，上海：远东出版社，1996年
（南宋）朱熹：《伊洛渊源录》，上海：商务印书馆，1936年
（南宋）朱熹撰，郭齐、尹波点校：《朱熹集》，成都：四川教育出版社，1996年
（南宋）朱彧：《萍州可谈》，《四库全书子部精要》，1998年
（南宋）祝穆：《方舆胜览》，北京：中华书局，2003年
（金）王若虚：《滹南遗老集》，《四部丛刊初编》，北京：中华书局，1985年
（元）李冶：《敬斋古今黈》，《景印文渊阁四库全书》，台北：台湾商务印书馆，1986年
（元）马端临：《文献通考》，北京：中华书局，1999年
（元）脱脱等：《宋史》，北京：中华书局，1985年
（元）王祯：《王祯农书》，长沙：湖南科学技术出版社，2015年
（元）佚名撰，李之亮校点：《宋史全文》，哈尔滨：黑龙江人民出版社，2005年
（明）冯从吾：《少墟集》，《景印文渊阁四库全书》，台北：台湾商务印书馆，1986年
（明）黄綰：《明道编》，北京：中华书局，1959年
（明）李中梓著，江厚万点评：《医宗必读》，北京：中国医药科技出版社，2018年
（明）吕柟：《张子抄释》，《景印文渊阁四库全书》，台北：台湾商务印书馆，1986年
（明）倪元璐：《儿易外仪》，《景印文渊阁四库全书》，台北：台湾商务印书馆，1986年
（明）宋濂等：《元史》，北京：中华书局，1976年
（明）孙谷：《古微书》，《景印文渊阁四库全书》，台北：台湾商务印书馆，1986年
（明）孙一奎：《医旨绪余》，北京：中国中医药出版社，1996年
（明）邢云路：《古今律历考》，《景印文渊阁四库全书》，台北：台湾商务印书馆，1986年
（明末清初）王夫之：《张子正蒙注》，北京：中华书局，1975年
（清）陈大章：《诗传名物集览》，《景印文渊阁四库全书》，台北：台湾商务印书馆，1986年
（清）翟均廉：《海塘录》，《景印文渊阁四库全书》，台北：台湾商务印书馆，1986年
（清）宫懋猷：《万寿盛典初集》，《景印文渊阁四库全书》，台北：台湾商务印书馆，1986年
（清）黄宗羲：《宋元学案》，北京：中华书局，1986年
（清）嵇璜、刘墉等：《钦定续文献通考》，《景印文渊阁四库全书》，台北：台湾商务印书馆，1986年
（清）李铭皖、谭钧培修、冯桂芬纂：《同治苏州府志》，南京：江苏古籍出版社，1991年
（清）王昶：《金石萃编》，北京：中国书店，1985年
（清）徐松辑：《宋会要辑稿》，北京：中华书局，1957年
（清）永瑢等：《四库全书总目》，北京：中华书局，2003年

（清）章学诚：《文史通义》，长沙：岳麓书社，1995 年
《三辅黄图》，《景印文渊阁四库全书》，台北：台湾商务印书馆，1986 年
《太平经》，正统《道藏》第 24 册，1988 年

二、国外学者的研究论著

［澳］查尔默斯：《科学究竟是什么》，北京：商务印书馆，1982 年
［比利时］普利高津：《确定性的终结》，上海：上海科技教育出版社，1999 年
［比利时］李倍始（U.LIbbrecht）：《十三世纪中国数学——秦九韶的〈数书九章〉》，马萨诸塞州剑桥：美国麻省理工学院出版社，1973 年
［德］爱因斯坦：《爱因斯坦文集》，北京：商务印书馆，1994 年
［德］恩格斯：《自然辩证法》，于光远等译编，北京：人民出版社，1984 年
［德］黑格尔：《哲学史讲演录》，北京：商务印书馆，1997 年
［德］康德：《未来形而上学导论》，北京：商务印书馆，1978 年
［德］康德：《宇宙发展史概论》，上海：上海人民出版社，1972 年
［德］马克思、恩格斯：《德谟克利特的自然哲学与伊壁鸠鲁的自然哲学的差别》，北京：人民出版社，1973 年
［德］马克思、恩格斯：《马克思恩格斯全集》，北京：人民出版社，2006 年
［德］马克思、恩格斯：《马克思恩格斯选集》，北京：人民出版社，1995 年
［德］马克思：《资本论》，北京：人民出版社，1975 年
［德］普朗克：《从现代物理学来看宇宙》，北京：商务印书馆，1959 年
［法］贝尔纳：《实验医学研究导论》，北京：商务印书馆，1996 年
［古希腊］亚里士多德：《尼各马科伦理学》，北京：中国人民大学出版社，2003 年
［古希腊］亚里士多德：《物理学》，北京：商务印书馆，1997 年
［古希腊］亚里士多德：《形而上学》，北京：商务印书馆，1996 年
［韩］洪大容：《湛轩书》内集，首尔：景仁文化社，1969 年
［韩］朴趾源：《燕岩集》，首尔：庆熙出版社，1966 年
［美］E.G.波林：《实验心理学史》，高觉敷译，北京：商务印书馆，2017 年
［美］霍夫曼：《相同与不相同》，长春：吉林人民出版社，1998 年
［美］科恩：《科学革命史》，北京：军事科学出版社，1992 年
［美］杨振宁：《杨振宁演讲集》，天津：南开大学出版社，1989 年
［日］山田庆儿：《朱子の自然学》，东京：岩波书店，1978 年
［日］伊藤仁斋：《语孟字义》，《日本儒林丛书》（六）解说部 2，东京：风出版，1926 年—1938 年
［意］伽利略：《关于两门新科学的对话》，沈阳：辽宁教育出版社，2004 年
［英］贝尔纳：《科学的社会功能》，北京：商务印书馆，1986 年
［英］波普尔：《猜想与反驳》，上海：上海译文出版社，1986 年
［英］波普尔：《客观知识》，上海：上海译文出版社，1987 年

［英］丹皮尔：《科学史及其与哲学和宗教的关系》，北京：商务印书馆，1997 年
［英］霍布斯：《论物体》，《十六——十八世纪西欧各国哲学》，北京：商务印书馆，1975 年
［英］霍金：《时间简史——从大爆炸到黑洞》，长沙：湖南科学技术出版社，2000 年
［英］李约瑟：《中国古代科学思想史》，南昌：江西人民出版社，1999 年
［英］罗素：《西方哲学史》，北京：商务印书馆，1976 年
［英］洛克：《人类理解论》，北京：商务印书馆，1997 年
［英］斯蒂芬·F.梅森：《自然科学史》，周煦良等译，上海：上海译文出版社，1980 年

三、大陆及港台学者的研究论著

鲍家声等：《中国佛教百科全书·建筑、名山名寺卷》，上海：上海古籍出版社，2001 年
北京大学哲学系：《古希腊罗马哲学》，北京：商务印书馆，1961 年
北京大学哲学系外国哲学史教研室：《西方哲学原著选读》，北京：商务印书馆，1981 年
北京大学哲学系中国哲学史教研室：《中国哲学史》，北京：中华书局，1980 年
蔡宾牟等：《物理学史讲义——中国古代部分》，北京：高等教育出版社，1985 年
陈来：《宋明理学》，上海：华东师范大学出版社，2004 年
陈美东：《古历新探》，沈阳：辽宁教育出版社，1995 年
陈青之：《中国教育史》，《民国丛书》第 1 编，1989 年
陈戍国点校：《四书五经》上下，长沙：岳麓书社，2014 年
陈修斋：《欧洲哲学史稿》，武汉：湖北人民出版社，1984 年
陈钟凡：《两宋思想述评》，上海：商务印书馆，1933 年
程民生：《宋代地域文化》，郑州：河南大学出版社，1997 年
程宜山：《张载哲学的系统分析》，上海：学林出版社，1989 年
戴念祖：《中华文化通志·第七典·科学技术·物理与机械志》，上海：上海人民出版社，1998 年
邓广铭：《邓广铭治史丛稿》，北京：北京大学出版社，1997 年
杜明通：《古典文学储存信息备览》，西安：陕西人民出版社，1988 年
杜石然：《数学·历史·社会》，沈阳：辽宁教育出版社，2003 年
杜石然等：《中国科学技术史稿》，北京：科学出版社，1982 年
冯契：《中国古代哲学的逻辑发展》，上海：华东师范大学出版社，1997 年
冯友兰：《新知言》，北京：商务印书馆，1946 年
冯友兰：《中国哲学史》，北京：商务印书馆，1947 年
葛金芳：《南宋手工业史》，上海：上海古籍出版社，2008 年
葛荣晋主编：《道家文化与现代文明》，北京：中国人民大学出版社，1991 年
葛荣晋主编：《中国实学思想史》，北京：首都师范大学出版社，1994 年
葛兆光：《思想史研究课堂讲录（增订版）》，北京：生活·读书·新知三联书店，2019 年

葛兆光：《中国思想史》，上海：复旦大学出版社，2001 年
龚杰：《张载评传》，南京：南京大学出版社，1996 年
顾颉刚：《古史辨自序》，石家庄：河北教育出版社，2002 年
管成学：《南宋科技史》，北京：人民出版社，2009 年
管成学等：《苏颂与〈新仪象法要〉研究》，长春：吉林文史出版社，1991 年
郭明哲：《20 世纪法国科学史和科学哲学研究》，上海：上海人民出版社，2018 年
韩钟文：《中国儒学史（宋元卷）》，广州：广东教育出版社，1998 年
贺威：《宋元福建科技史研究》，厦门：厦门大学出版社，2019 年
侯外庐等主编：《宋明理学史》，北京：人民出版社，1997 年
胡道静：《中国古代典籍十讲》，上海：复旦大学出版社，2004 年
胡适：《胡适精品集》，北京：光明日报出版社，1998 年
胡适：《胡适文存二集》，上海：亚东图书馆，1924 年
黄昊：《朱子学与河图洛书说研究》，成都：西南交通大学出版社，2015 年
江国樑：《周易原理与古代科技》，厦门：鹭江出版社，1990 年
姜声调：《苏轼的庄子学》，台北：台湾文津出版社，1999 年
金生杨：《〈苏氏易传〉研究》，成都：巴蜀书社，2002 年
乐爱国：《儒家文化与中国古代科技》，北京：中华书局，2002 年
乐爱国：《宋代的儒学与科学》，北京：中国科学技术出版社，2007 年
李华瑞：《宋代酒的生产和征榷》，保定：河北大学出版社，2001 年
李申：《中国古代哲学和自然科学》，北京：中国社会科学出版社，1993 年
李申：《中国科学史》，桂林：广西师范大学出版社，2018 年
李新伟：《〈武经总要〉研究》，北京：军事科学出版社，2019 年
李泽厚：《己卯五说》，北京：中国电影出版社，1999 年
李泽厚：《美的历程》，天津：天津社会科学出版社，2002 年
李泽厚：《世纪新梦》，合肥：安徽文艺出版社，1998 年
李泽厚：《中国古代思想史论》，北京：人民出版社，1986 年
梁启超：《清代学术概论》，《梁启超论清学史二种》，上海：复旦大学出版社，1985 年
梁启超：《饮冰室合集》，北京：中华书局，1989 年
梁启超：《中国近三百年学术史》，北京：东方出版社，1996 年
梁思成：《中国建筑史》，天津：百花文艺出版社，1998 年
林文勋、张锦鹏主编：《中国古代农商——富民社会研究》，北京：人民出版社，2016 年
林语堂：《苏东坡传》，上海：上海书店，1989 年
刘敦桢：《中国古代建筑史》，北京：中国建筑工业出版社，1984 年
刘克明：《中国建筑图学文化源流》，武汉：湖北教育出版社，2006 年
罗志希：《科学与玄学》，北京：商务印书馆，1999 年
吕思勉：《理学纲要》，上海：商务印书馆，1931 年
冒从虎、王勤田、张庆荣编著：《欧洲哲学通史》，天津：南开大学出版社，2000 年

蒙文通：《蒙文通文集》，成都：巴蜀书社，1999 年
苗春德、赵国权：《南宋教育史》，上海：上海古籍出版社，2008 年
牟宗三：《牟宗三先生全集》，台北：联经出版事业有限公司，2003 年
牟宗三：《宋明儒学的问题与发展》，上海：华东师范大学出版社，2004 年
潘谷西、何建中：《〈营造法式〉解读》，南京：东南大学出版社，2017 年
庞景仁：《马勒伯朗士的“神”的观念和朱熹的“理”的观念》，北京：商务印书馆，2005 年
漆侠：《宋学的发展和演变》，石家庄：河北人民出版社，2002 年
漆侠：《中国经济通史——宋代经济卷》，北京：经济日报出版社，1999 年
钱宝琮：《钱宝琮科学史论文选集》，北京：科学出版社，1983 年
钱宝琮主编：《宋元数学史论文集》，北京：科学出版社，1966 年
钱穆：《国史大纲》，北京：商务印书馆，1994 年
钱学森：《人体科学与现代科技发展纵横观》，北京：人民出版社，1996 年
曲安京：《中国古代数理天文学探析》，西安：西北大学出版社，1994 年
阙勋吾主编：《中国古代科学家传记选注》，长沙：岳麓书社，1983 年
任继愈：《道藏提要》，北京：中国社会科学出版社，1991 年
任继愈：《中国哲学史》，北京：人民出版社，1979 年
任继愈主编：《中国科学技术典籍通汇》，郑州：大象出版社，1993—1997 年
沈子丞：《历代论画名著汇编》，北京：文物出版社，1982 年
粟品孝：《朱熹与宋代蜀学》，北京：高等教育出版社，1998 年
孙国中：《河图洛书解析》，北京：学苑出版社，1990 年
谭嗣同：《谭嗣同全集》，北京：中华书局，1998 年
汤用彤：《汤用彤全集》，石家庄：河北人民出版社，2000 年
唐玲玲、周伟民：《苏轼思想研究》，台北：文史哲出版社，1996 年
唐明邦：《邵雍评传》，南京：南京大学出版社，2011 年
汪奠基：《中国逻辑思想史》，台北：明文书局，1993 年
王鸿生：《中国历史中的技术与科学》，北京：中国人民大学出版社，1991 年
王建生：《“中原文献南传”论稿》，上海：上海古籍出版社，2020 年
王菱菱：《宋代矿冶业研究》，保定：河北大学出版社，2005 年
王应伟：《中国古历通解》，沈阳：辽宁教育出版社，1998 年
王渝生等编著：《插图本极简中国科技史》，上海：上海科学技术文献出版社，2019 年
王兆春：《中国古代军事工程技术史（宋元明清）》，太原：山西教育出版社，2007 年
吴国盛：《科学的历程》，北京：北京大学出版社，2002 年
吴文俊主编：《秦九韶与〈数书九章〉》，北京：北京师范大学出版社，1987 年
吴文俊主编：《中国数学史大系》，北京：北京师范大学出版社，1999 年
席泽宗：《科学史十论》，上海：复旦大学出版社，2003 年
夏君虞：《宋学概要》，《民国丛书》第 2 编，上海：上海书店，1990 年

夏甄陶：《中国认识论思想史稿》，北京：中国人民大学出版社，1996 年
肖萐父、李锦全主编：《中国哲学史》，北京：人民出版社，1983 年
谢无量：《朱子学派》，上海：中华书局，1916 年
牙含章、王友三主编：《中国无神论史》，北京：中国社会科学出版社，1992 年
杨天石：《朱熹及其哲学》，北京：中华书局，1982 年
杨渭生等：《两宋文化史研究》，杭州：杭州大学出版社，1998 年
姚进生：《朱熹道德教育思想论稿》，厦门：厦门大学出版社，2013 年
叶鸿洒：《北宋科技发展之研究》，台北：银禾文化事业公司，1991 年
余敦康：《内圣外王的贯通——北宋易学的现代阐释》，上海：学林出版社，1997 年
曾枣庄主编：《宋代序跋全编》，济南：齐鲁书社，2015 年
张岱年：《张岱年全集》，石家庄：河北人民出版社，1996 年
张君劢：《新儒家思想史》，台北：弘文馆出版社，1986 年
张立文：《宋明理学研究》，北京：中国人民大学出版社，1985 年
张世英：《天人之际——中西哲学的困惑与选择》，北京：人民出版社，2005 年
张图云：《周易揲算》，成都：巴蜀书社，2010 年
张子高：《中国化学史稿——古代之部》，北京：科学出版社，1964 年
赵纪彬：《中国哲学思想史》，上海：中华书局，1948 年
周辅成：《西方伦理学名著选辑》，北京：商务印书馆，1996 年
周瀚光：《周瀚光文集》，上海：上海社会科学院出版社，2017 年
周嘉华、王治浩：《中华文化通志·第七典·科学技术·化学与化工志》，上海：上海人民出版社，1998 年
朱伯崑：《易学哲学史》，北京：北京大学出版社，1988 年
庄添全、洪辉星、娄曾泉主编：《苏颂研究文集》，厦门：鹭江出版社，1993 年
（宋）陈旉撰，万国鼎校注：《陈旉农书校注》，北京：农业出版社，1965 年

四、论文

包伟民：《宋代技术官制度述略》，《漆侠先生纪念文集》，保定：河北大学出版社，2002 年
蔡景峰：《中国医学妇产科学奠基者陈自明》，《自然科学史研究》1987 年第 2 期
陈义彦：《从布衣入仕论北宋布衣阶层的社会流动》，《思与言》1972 年第 9 卷第 4 号
邓广铭：《论宋学的博大精深》，《新宋学》第 2 辑，上海：上海辞书出版社，2003 年
邓宇等：《藏象分形五系统的新英译》，《中国中西医结合杂志》1999 年第 9 期
董光璧：《中国自然哲学大略》，吴国蓝主编：《自然哲学》第 1 辑，北京：中国社会科学出版社，1994 年
范立舟：《论荆公新学的思想特质、历史地位及其与理学思潮之关系》，《西北师范大学学报》2003 年第 3 期
方豪：《宋代僧徒对造桥的贡献》，《宋史研究集》第 13 辑，台北：编译馆，1981 年

冯友兰：《为什么中国没有科学——对中国哲学的历史及其后果的一种解释》，《国际伦理学杂志》，1922 年

郭黛姮：《李诫》，杜石然主编：《中国古代科学家传记》，北京：科学出版社，1993 年

郭彧：《〈皇极经世〉与〈夏商周年表〉》，朱伯崑主编：《国际易学研究》第 7 辑，北京：华夏出版社，2003 年

郭彧：《〈易数钩隐图〉作者等问题辨》，《周易研究》2003 年第 2 期

胡昭曦：《略论晚宋史的分期》，《四川大学学报（哲学社会科学版）》1995 年第 1 期

黄克剑：《〈周易〉"经"、"传"与儒、道、阴阳家学缘探要》，《中国文化》1995 年第 2 期

黄生财：《从中国古代思想观念谈李约瑟命题》，《自然辩证法通讯》1999 年第 6 期

季羡林：《天人合一，文理互补》，《人民日报》海外版，2002 年 1 月 8 日

孔令宏：《张伯端的性命思想研究》，《复旦学报（社会科学版）》2001 年第 1 期

孔淑贞：《妇产科家陈自明》，《中华医史杂志》1955 年第 3 期

李华瑞：《20 世纪中日"唐宋变革"观研究述评》，《史学理论研究》2003 年第 4 期

李零：《"式"与中国古代的宇宙模式》，《中国文化》1991 年第 1 期

李申：《巫术与科学》，《人民日报》1997 年 3 月 5 日

李泽厚：《宋明理学片断》，《中国社会科学》1982 年第 2 期

林文勋：《中国古代"富民社会"的形成及其历史地位》，《中国经济史研究》2006 年第 2 期

禄颖等：《〈三因极一病证方论〉七情学说特点分析》，《吉林中医药》2013 年第 8 期

内藤湖南：《概括的唐宋时代观》，《日本学者研究中国史论著选译》第 1 卷，北京：中华书局，1992 年

倪南：《易学与科学简论》，《自然辩证法通讯》2002 年第 1 期

潘谷西：《〈营造法式〉初探》，《南京工学院学报》1985 年第 1 期

潘谷西：《关于〈营造法式〉的性质、特点、研究方法》，《东南大学学报（自然科学版）》1990 年第 5 期

钱学森：《关于思维科学》，《自然杂志》1983 年第 8 期

任鸿隽：《科学精神论》，中国科学社：《科学通论》，1934 年

任鸿隽：《说中国无科学之原因》，《科学》杂志创刊号，1915 年

沈长云：《中国古代没有奴隶社会——对中国古代史分期讨论的反思》，《天津社会科学》1989 年第 4 期

石声汉：《以"盗天地之时利"为目标的农书——陈旉农书的总结分析》，《生物学通报》1957 年第 5 期

王曾瑜：《宋朝户口分类制度略论》，邓广铭、漆侠主编：《中日宋史研讨会中方论文选编》，保定：河北大学出版社，1991 年

王曾瑜：《宋代文明的历史地位》，《河北学刊》2006 年第 5 期

王风：《刘牧的学术渊源及其学术创新》，《道学研究》2005 年第 2 辑

吴国盛：《气功的真理》，《方法》1997 年第 5 期

吴宓：《论新文化运动》，《学衡》1922 年第 4 期

徐宗良：《科学与价值关系的再认识》，《光明日报》2005 年 6 月 21 日

杨渭生：《宋代科学技术述略》，《漆侠先生纪念文集》，保定：河北大学出版社，2002 年

叶鸿洒：《北宋儒者的自然观》，邓广铭、漆侠主编：《国际宋史研讨会论文选集》，保定：河北大学出版社，1992 年

叶鸿洒：《试探沈括在北宋政坛的建树》，《国际宋史研讨会论文集》，台北：中国文化大学出版社，1988 年

俞佩琛：《达尔文主义遇到的新问题》，《科学实验》1982 年第 1 期

章林：《试论朱熹思想中的经验主义》，中国实学研究会编：《传统实学与现代新实学文化（二）》，北京：中国言实出版社，2017 年

周伊平：《易学“天人合一”与现代宇宙观》，《中国青年报》2005 年 1 月 17 日

朱伯崑：《易学与中国传统科技思维》，《自然辩证法研究》1996 年第 5 期

诸葛计：《宋慈及其〈洗冤集录〉》，《历史研究》1979 年第 4 期

邹勇：《陈无择五运六气学术思想》，《中国中医药现代远程教育》2016 年第 11 期

［美］刘子健：《略论南宋的重要性》，《大陆杂志》1985 年第 2 期

［日］阿部乐方：《杨辉算法中的方阵》，日本数学史学会：《数学史研究》，1976 年

［日］山田庆儿：《模式 • 认识 • 制造——中国科学的思想风土》，《日本学者研究中国史论著选译》第 10 卷，北京：中华书局，1992 年

［日］寺地遵：《陈旉〈农书〉与南宋初期的诸状况》，《东洋的科学和技术 • 薮内清先生颂寿纪念论文集》，京都：同朋舍，1982 年

［日］源了圆：《朱子学“理”的观念在日本的发展》，黄玮译，《哲学研究》1987 年第 12 期